JIANGHAN PENDI JIANGLING AOXIAN
KANTAN KAIFA JISHU YU SHIJIAN

江汉盆地江陵凹陷
勘探开发技术与实践

李新文 ◎著

中国石化出版社
·北 京·

图书在版编目(CIP)数据

江汉盆地江陵凹陷勘探开发技术与实践 / 李新文著.
北京 ：中国石化出版社，2025. — ISBN 978-7-5114
-7824-5

Ⅰ. P618. 130. 8

中国国家版本馆 CIP 数据核字第 2025KX2151 号

中国石化出版社出版发行
地址：北京市东城区安定门外大街 58 号
邮编：100011　电话：(010)57512500
发行部电话：(010)57512575
http://www. sinopec-press. com
E-mail：press@ sinopec. com
北京艾普海德印刷有限公司印刷
全国各地新华书店经销
*
787 毫米×1092 毫米 16 开本 25. 75 印张 518 千字
2025 年 8 月第 1 版　2025 年 8 月第 1 次印刷
定价：168. 00 元

《江汉盆地江陵凹陷勘探开发技术与实践》

编　委　会

CONTENTS / 目录

第一章

江陵凹陷概况及发展历程

第一节 油田概况

一、自然地理环境

江陵凹陷位于江汉平原的湖北省荆州市境内，距北部荆门市 50km，南邻公安、江陵等县市。属亚热带季风气候，光照充分，四季分明，年平均气温 20℃左右，年降水 1000mm 左右。地面海拔 36m，地势平坦，人口稠密，良田密布，沟渠纵横，电网交织，水陆交通便利，是湖北省经济较发达地区。

二、区域地质背景

江陵凹陷位于江汉盆地西部，是中新生代陆相盆地的一个重要次级构造单元，北以纪山寺断层为界，分别与河溶凹陷、荆门凹陷相接；西以问安寺断层为界，分别与枝江凹陷、宜都鹤峰复背斜相邻；南以白垩系剥蚀线为界，与华容隆起相接；西部与洞庭盆地澧县凹陷相通，桑植-石柱复向斜自北东方向插入凹陷内，在凹陷内大路口附近形成凸起；东以清水口断层及龙湾断层为界，分别与丫角-新沟低凸起及陈沱口凹陷相邻，面积 6500km^2(图 1-1-1)。

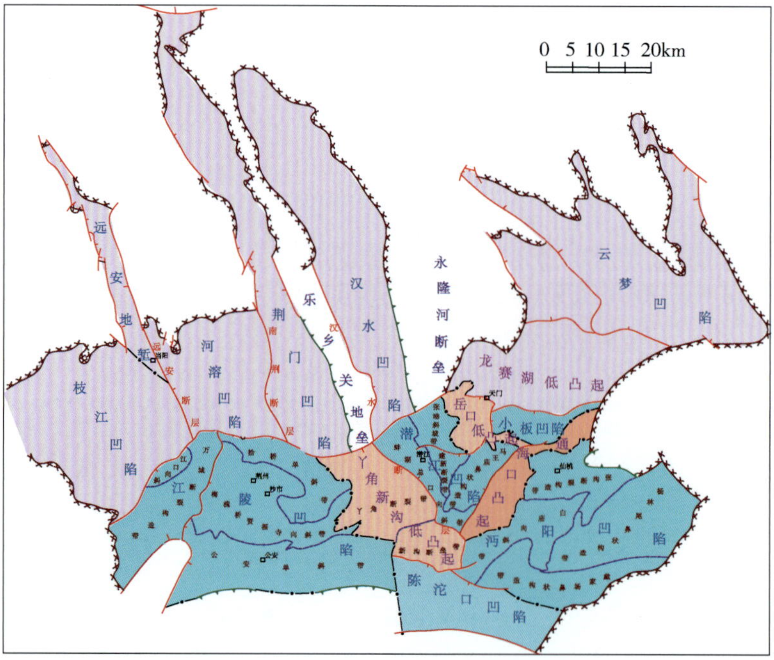

图 1-1-1 江汉盆地构造单元划分图

江陵凹陷白垩系-第三系受基底构造起伏和边界断裂控制，褶皱特征明显，总体上由三个褶皱组成，即北部向斜带、中部背斜带和南部向斜带，三个褶皱相间分布，形成两个向斜带夹-背斜带的褶皱格局。北缘以纪山寺断层为界，南缘以剥蚀线为界，中部背斜带由八岭山背斜、复兴场背斜、沙市背斜和范家台背斜组成，北部向斜带由裁缝店向斜和清水口向斜组成，南部向斜带由梅槐桥向斜、虎渡河向斜、资福寺向斜及张金向斜组成(图 1-1-2)。

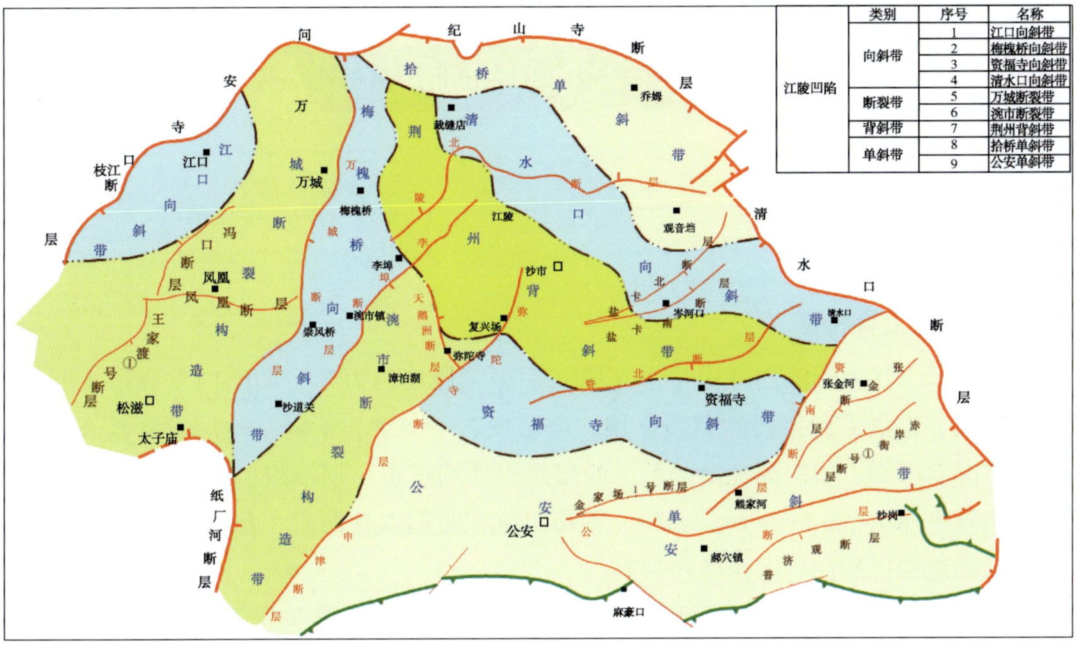

图 1-1-2　江陵凹陷构造单元划分图

三、勘探概况

江陵凹陷的油气勘探始于 1958 年，至今已有六十余年历史，截至 2023 年底，已先后完成大量的重力、磁、电、地震、化探、大地电磁测深及 ME 油气预测等石油地球物理勘探和化探工作。全区共钻各类探井、地质井 389 口，总进尺 415564.56m，探井密度为 0.025 口/km^2。全区共有取心井 67 口，进尺 8166.97m，心长 5305.2m，收获率 65.0%，含油岩心长 168.18m，研究院新区所在沙市钻盐井 4 口，共 10700m，在沙市组内取心 700m；完成二维数字地震 12500.655km，二维地震测网密度达 1km×2km，局部构造测网密度达 1km×1km、1km×0.5km，三维地震 1202.22km^2。平面上以荆沙背斜带、纵向上以主要目的层系新沟嘴组勘探程度相对较高。

目前共发现油田 6 个，即八岭山油田、花园油田、荆西油田、沙市油田、万城油田、谢凤桥油田，探明石油地质储量 1809.37×10^4t。根据全国三次资源评价的资源量数据，江陵凹陷的总资源量为 1.0361×10^8t，因此其资源探明率仅为 17.46%。虽然具有成油气地质条件较好，勘探层系多、领域广、油藏类型多的有利条件，但是由于断裂发育，岩浆活动频繁，构造复杂，岩性岩相又复杂多变，再加上长期以来地震资料品质不好，影响对地质情况和成油气成藏规律的深化认识，尽管油气显示十分广泛，遍及凹陷的大部分地区和层组，却难以找到富集部位，使油气勘探时起时落，勘探效果不好，资源探明率很低，制约勘探进程。

第二节　油田地质特征

一、地层特征

（一）地层发育特征

钻井揭示，江陵凹陷内晚白垩系至第三系最大厚度近万米，凹陷内发育最主要断裂为万城断层，上盘受到强烈的剥蚀作用，地层发育不齐全，下降盘地层发育较齐全，地层发育情况自下而上依次为晚白垩系、沙市组、新沟嘴组、荆沙组、潜江组、荆河镇组、广华寺组及平原组(图 1-2-1)。其中，沙市组沉积时期以膏泥岩、膏岩盐沉积序列为主，而其他沉积地层以砂泥岩沉积序列为主。

晚白垩系(K_2)。该套分布面积较广泛，厚度达上千米，其主要发育两套地层，即渔洋组和红花套组。

红花套组。岩性以暗紫色砾岩、砂砾岩、含砾砂岩、细砂岩或粉砂岩为主，单层厚度达上百米，自然伽马曲线多为箱状、齿化箱形或指状，是凹陷的主要勘探层系，已在谢凤桥地区发现整装油田。

渔洋组。下部岩性主要为泥岩与粉、细砂岩不等厚互层，底部有白云质砂岩。声波时差曲线则比较稳定，上部略高于下部，数值基本在 200μs/m 左右，反映组段岩性较为致密。并且砂体单层发育厚度较大，含油层多，是本区主要的含油层段。上部岩性以红色、灰色泥岩、砂质泥岩、粉砂岩与细砂岩互层为主，顶部夹多层玄武岩、膏盐岩，自然伽马、自然电位电阻多呈指状，与下伏地层区别明显。

沙市组(Es)。岩性等差异较大，分上、下两段。下段($Es^{下}$)：主要为盐岩、棕红色及灰色含膏泥岩、钙芒硝泥岩夹砂岩，最大厚度大于 1000m。上段($Es^{上}$)：为暗色泥岩发育集中段，下部红色地层增多，一般厚 300m，为凹陷内生油层段之一。

新沟嘴组(Ex)。该套地层在万城断层上升盘地层被剥蚀或沉积间断，主要发育在万城断层下降盘，地层的厚度在 600~900m，主要发育两套地层，即新上段和新下段。

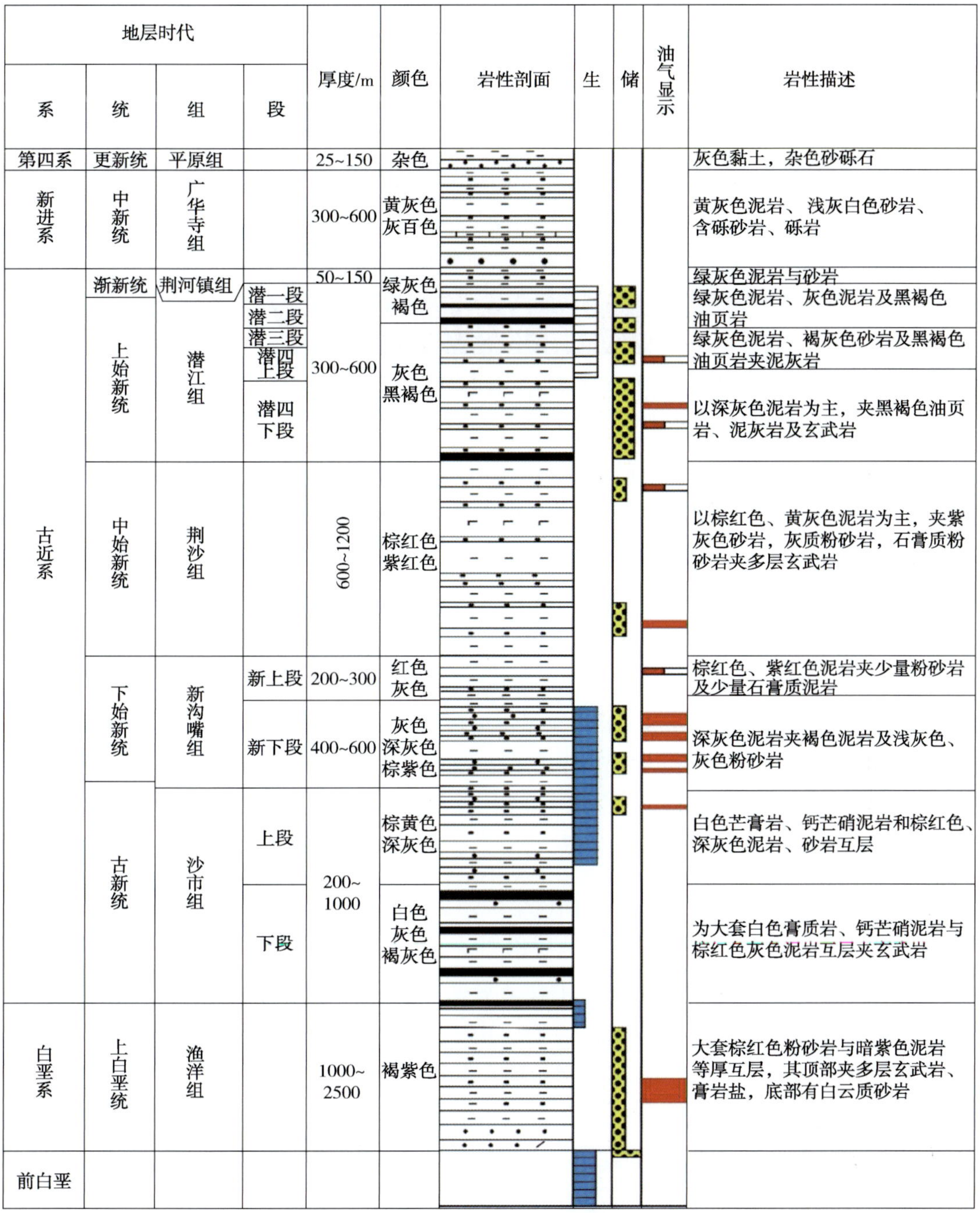

图 1-2-1　江陵凹陷白垩系-下第三系地层综合柱状图

新下段。底部岩性为一套红色、灰色为主，红灰间互的泥岩夹砂岩及少量含膏泥岩、粉砂岩，局部地区存在暗色泥岩发育段，4m 电阻率曲线呈块状高值夹谷状低值，其值为 2~24Ω·m。自然伽马曲线呈不规则锯齿状夹指状低值，其值为 58~180API。中部岩性为灰-深灰色泥岩夹砂岩、含膏泥岩、白云岩，上部以红灰间互为主，油层主要发育于中上部，4m 电阻率曲线上部呈波状，其值为 6~23Ω·m；下部基值抬高，呈不规则齿状，自然伽马曲线上部起伏较大为块状高低值间互，其值为 54~180API，下部为较紧密的梳状，其值为 58~180API，是凹陷的主要生油层系和储油层系。顶部岩性以红色泥岩、砂岩及含膏泥岩为主，夹泥膏岩，局部地区底部为红灰间互，油层主要发育于中下部，顶部发育有凹陷内可追踪对比的大膏层，4m 电阻率曲线呈不规则齿状，其值为 7.2~18Ω·m，自然伽马曲线呈现起伏幅度大的、较紧密梳状及砂岩引起的指状低值，其值为 36~180API。

新上段。岩性以红色泥岩和砂岩为主，夹有膏质泥岩或砂岩，地层厚度在 300~400m，4m 电阻率曲线呈不规则齿状，自然伽马曲线表现为锯齿状曲线，其值多在 130~180API。

荆沙组(Ej)。岩性为一套棕红色、紫红色泥岩和砂岩为主，该区下段红色或紫红色砂岩较发育，上伏地层砂岩含量逐步减少，该区的玄武岩不发育。地层厚度一般厚 600~1200m，是江陵凹陷西南缘的主要勘探层系。

潜江组(Eq)。岩岩性以灰绿色、灰色泥岩为主，夹含膏泥岩、泥膏岩、油页岩，局部火成岩发育。厚度一般为 500~1600m，最厚达 3000m。

荆河镇组(Ejh)。岩性分为两套，上部以灰绿色泥岩与灰色泥岩不等厚互层。中下部为灰绿色泥岩与黑褐色油页岩不等厚互层，厚度一般为 50~150m，由于受到大量的剥蚀，地层残留不全。

广华寺组(Ng)。岩性主要以绿灰色、蓝灰色黏土岩和浅灰白色粉砂岩，含砾砂岩、砾岩组成韵律层，厚 300~600m，与下伏地层呈不整合接触，但成层性较差，易发生井漏等现象。

平原组(Q)。岩性主要以灰色黏土、杂色砾石、夹未成岩松砂层，厚 25~150m。与上第三系呈平行不整合接触。

（二）沉积层序格架

在江陵凹陷内选取了 7 条连井剖面(图 1-2-2)，南北向剖面 4 条，东西向剖面 3 条，建立凹陷内晚白垩系至广华寺组等时地层格架。

晚白垩系：目前钻遇地层主要集中在万城断裂附近，发育两套地层组，渔洋组和红花套组。红花套组地层厚度在 1000m 左右，由于受早期剥蚀作用和构造作用，古地貌极其复杂，以填平补齐式为主，发育辫状河相，由南向北，砂岩分选逐步变好，地层加厚。渔二段地层厚度为 400~500m，继红花套组补齐之后，以河流相为主，凹陷中部地层加厚，加厚地层主要集中在谢凤桥地区，向周缘逐步减薄。渔一段沉积时期，古地貌差异变化不大，主要为浅湖相沉积，厚度为 150~200m，地势相对平缓。

沙市组：从现有资料看，沙市组整体上表现为二个旋回，即沙市组上段和沙市组下段。沙市组下段主要发育盐岩相，累计厚度上千米，重力载荷和构造作用引起的塑性流动变形，造成沙市组不同地区的盐厚度差异极大，盐构造极其发育。沙市组上部夹有盐岩层，但以暗色灰色泥岩为主，局部夹有三角洲沉积。垂向上，在万城断裂带下降盘、资北断裂带下降盘等大断裂下降盘地层加厚，并向斜坡带减薄，大断裂上盘地层厚度变

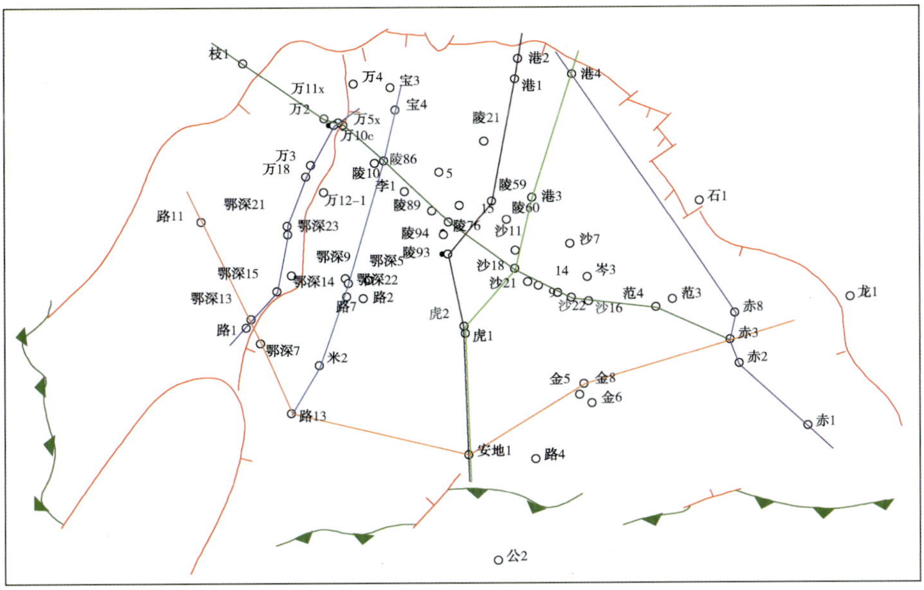

图 1-2-2 江陵凹陷连井剖面测线图

化不大。平面上，地层加厚地区主要位于盐构造上，地区主要位于荆州背斜带附近、万城断裂带、资北断裂带。

新沟嘴组：新沟嘴组主要发育二段，即新上段和新下段。新下段地层发育厚度在400~600m，但万城断层上盘遭受大量的剥蚀，新沟嘴组的地层残留较薄，厚度为50~100m，下盘地层发育相对齐全。垂向上，在Ⅱ油组时期断裂活动发育，主大断裂控制沉积明显，地层发育较厚，Ⅰ油组沉积时期，古地貌基本填平，整体地层厚度变化不大。平面上，凹陷主要发育早谢凤桥-梅槐桥洼陷，虎渡河-资福寺洼陷，地层相对较厚，斜坡带相对变薄。新上段地层发育厚度在300~600m，以浅湖相沉积为主，构造抬升，受枝江、远安物源的影响严重，此时期地层整体特征表现为西厚东薄的特点。

荆沙组：根据目前的认识，荆沙组沉积时期经过一期大规模的剥蚀，将荆沙组划分为二套地层：荆沙组上段、荆沙组下段。荆沙组下段受剥蚀作用的影响，致使荆沙组下段地层分布不均，地层总体厚度在500~1000m，剥蚀区主要位于万城断层上升盘，涴市构造带、公安断裂带以南，剥蚀厚度上百米。荆沙组上段沉积时期构造活动强烈，强烈断陷，强烈的火山喷发，并且以浅湖相沉积为主，大断裂沉积控制作用明显，古地貌特征差异较大，局部地区与下伏地层呈现不整合接触，但地层厚度变化具有南厚北薄的沉积特征。

潜江组：潜江组地层主要分为二段，即潜四段和潜一~潜三段。厚度达500~1000m，江陵凹陷继续火山喷发，凹陷构造运动强烈。潜四段地层厚度在100~200m，以泥岩沉积为主，颜色表现主要为灰色、绿色、红色交互沉积，整个凹陷地层发育较平缓。潜一~潜三段沉积时期，沉积厚度在300~800m，受周围物源的影响，凹陷中心厚度、断裂下降盘地层巨厚，向周缘和斜坡带变薄。

广华寺组-平原组：广华寺组厚度在300~600m左右，是继荆河镇组被剥蚀之后形成的辫状河沉积特征，地势整体趋近于平缓，地貌差异变化不大，今地貌特征延续当时的古地貌特征。

（三）地层精细划分对比

以层序地层学、沉积学、石油地质学理论为指导，综合应用地震、测井、钻井、录井等资料，依据“标准层控制、旋回对比”的原则，全面考虑构造、沉积旋回、沉积相以及油水关系等多种因素，进行细致对比，全面分析。流程如下：

（1）确立区域地层标准层，为准确划分地层打下良好基础。

（2）建立标准井；要求标准井地层发育齐全，无断层、剥蚀造成的地层缺失标准层岩性、电性特征明显容易辨认，地层沉积旋回非常清晰。

（3）建立对比剖面骨架网，在全区开展地层对比。

（4）对比结果要随时和构造及动态资料结合、验证。

（5）全区闭合对比。

1. 地层对比标志

标准层是标志明显、分布稳定的时间地层单元。根据等时性、稳定性、特殊性等原则，通过对工区地层划分和对比研究并结合前人的研究成果，认为工区内存在具有特征比较明显的标志层主要是大膏层、泥隔层等，由于它们分布广泛，岩性稳定，可以作为区域上对比时的标志层。

（1）新沟嘴组“大膏段”是区域性标志层，为10~20m的深灰色膏质泥岩，含膏泥岩夹暗棕色粉砂质泥岩，是新沟嘴组上、下段分界（表1-2-1）。

表1-2-1 花园油田新沟嘴组小层划分表

组	段	油组	小层	标志层	岩性描述	厚度/m
新沟嘴组	上段				棕红色、紫红色泥岩夹薄层粉砂岩及少量石膏质泥岩，局部见玄武岩	200~300
	下段	Ⅰ油组	大膏层		以红色泥岩及粉砂岩、含膏泥岩为主，夹膏泥岩，局部地区底部为红灰间互	120~200
			7			
		Ⅱ油组	9		灰-深灰色泥岩夹砂岩、含膏泥岩，上部以红灰色泥岩间互为主	130~310
		Ⅲ油组	泥隔层		以红色为主，红色、灰色间互泥岩夹砂岩及少量含膏泥岩，局部地区下部存在暗色泥岩发育段	100~160
			3			

（2）“泥隔层Ⅰ”在研究区厚约40m，为灰色（含膏）泥岩夹浅灰色（含灰质）粉砂岩，在测井上表现为低阻，是区域性标志层。

(3) 沙市组底部“大砂岩段”厚度在30~60m，低GR段(60API)，或呈齿状或箱状，岩性为灰色厚层含膏细砂岩夹含膏泥岩，或不等厚含膏砂泥岩互层，明显具有不整合面上沉积特征，在地震上表现为连续强反射，与下伏地层呈不整合接触。

(4) 渔洋组5砂组顶(K_2y_5)的“泥隔层Ⅱ”，俗称“泥脖子”，为K_2y_5顶部的稳定泥岩沉积，沉积厚度为30~40m，具有局部区域对比特征。

(5) 渔洋组5砂组中下部泥岩发育段，位于“泥隔层Ⅱ”之下，厚度约60m，为辅助标志层。

(6) 渔洋组6砂组底部(K_2y_6)“高阻段”，为含膏泥岩夹砂岩，电阻率可大于1000Ω·m，高者可超过2000Ω·m，相对于渔洋组地层电阻率10~100Ω·m及红花套组地层电阻率<8Ω·m(低阻油层)，具有明显的标志特征。

(7) 红花套组厚层砂岩，为低阻、低速段，与渔洋组6砂组底部高阻段形成明显对比，地震显示为强的反射界面。测井曲线特征总体显示为巨厚砂岩层，测井曲线特征与渔洋组有明显差异。红花套组自然伽马曲线为巨型箱体夹1~2m泥质隔夹层，其箱体底部一般为40~60API，而上覆渔洋组为60~140API；深侧向电阻率为0.5~3.0Ω·m，渔洋组为10~100Ω·m；砂岩声波时差为240~250μs/m，反映该组砂岩较为疏松，物性较好，而渔洋组大多在200μs/m左右；密度为2.36~2.42g/cm^3，而渔洋组大多在2.5g/cm^{3}以上。红花套组顶部界限清楚(图1-2-3)，可对比性强。

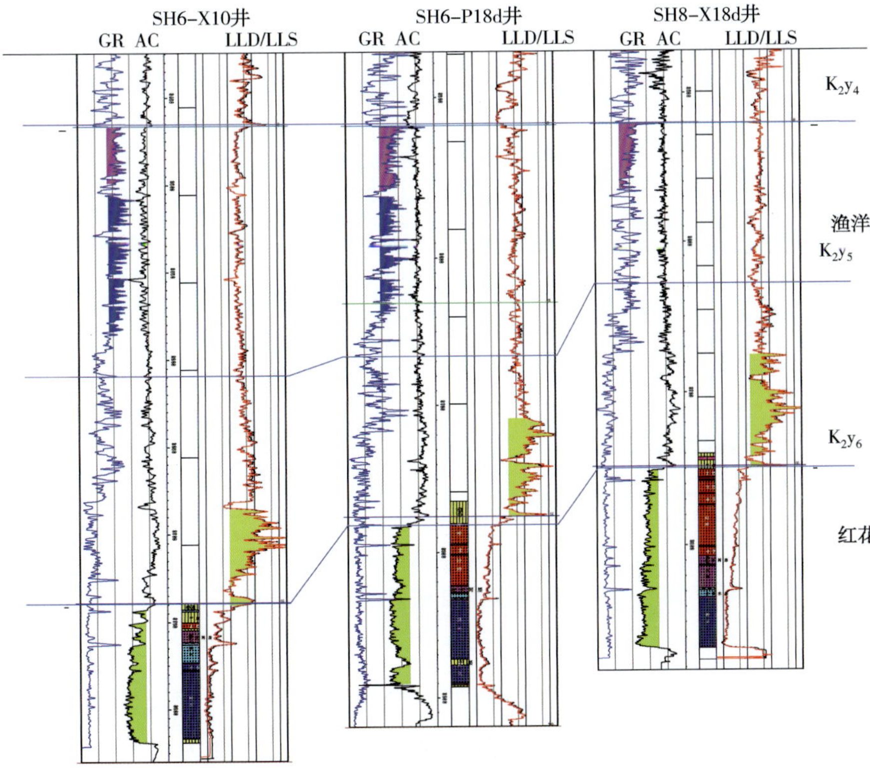

图1-2-3 复Ⅰ断块红花套组标志井及对比标志

2. 地层对比结果

1）红花套组

地层特征：①岩性整体为一大套粉砂岩、细砂岩，中间夹少量薄层泥岩，岩性颜色以棕色(砖红色)为基调，含油部分颜色变为褐色、黑色、灰色。SK8-16井红花套组地层上部岩性为灰褐色油斑细砂岩夹棕色泥岩，顶部少量灰褐色油斑含砾细砂岩；下部岩性为棕色细砂岩夹棕色泥岩。②岩心中以块状层理为主，局部见少量泥砾、石英砾及裂缝等动力构造现象。

测井曲线特征：总体显示该组地层为巨厚砂岩层，测井曲线特征与渔洋组有明显差异。红花套组自然伽马曲线为巨型低值箱体夹少量由薄层泥岩引起的小尖峰状，其箱体底部一般为40~60API，而上覆渔洋组为60~140API；深侧向电阻率为0.5~3.0Ω·m，渔洋组为10~100Ω·m；砂岩声波时差为240~250μs/m，反映该组砂岩较为疏松，物性较好，而渔洋组大多在200μs/m左右；密度为2.36~2.42g/cm^3，而渔洋组大多在2.5g/cm^3以上。红花套组顶部界限清楚，可对比性强，其油层分布在层组上部(图1-2-4、图1-2-5)。

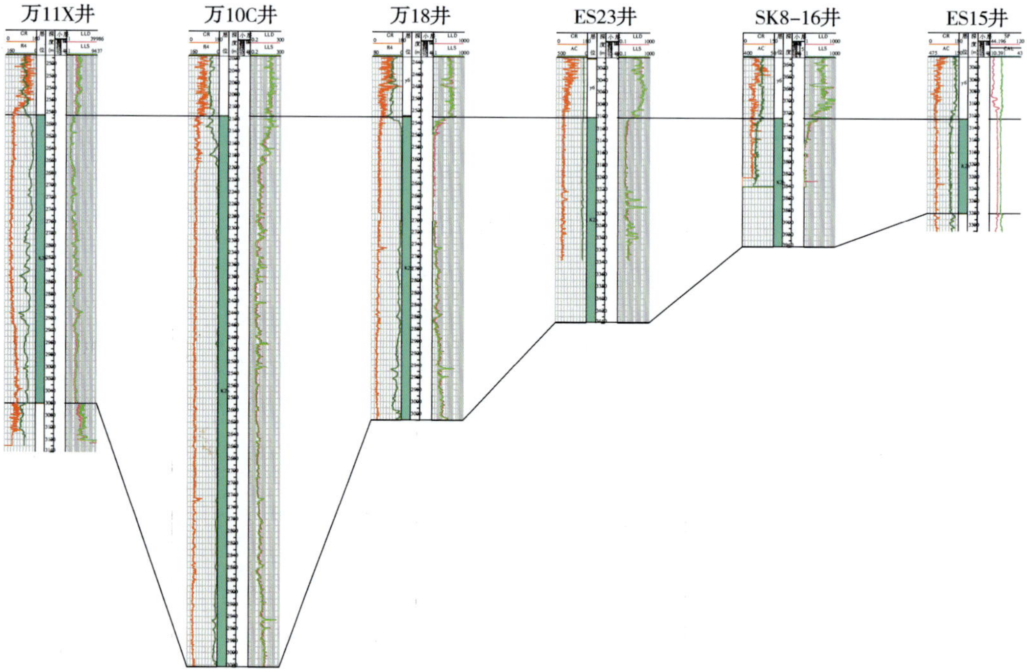

图1-2-4 江陵凹陷红花套组地层对比图

2）渔洋组

岩性组合：上部为暗棕、棕、红棕色泥岩、粉砂质泥岩与灰棕、棕灰、浅灰色粉砂岩、浅灰、灰色细砂岩不等厚互层，局部夹棕色含膏泥岩；下部为红棕、棕色(夹深灰、

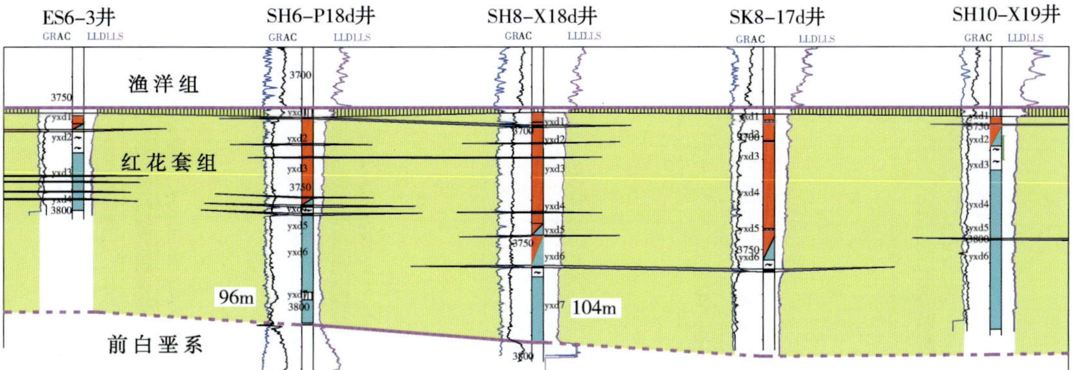

图 1-2-5 复Ⅰ断块红花套组 ES6-3 井~SH10-X19 井南北向地层对比图

灰色)泥岩、(暗)棕色粉砂质泥岩与棕灰色(泥质)粉砂岩、浅灰、灰、深灰色细砂岩不等厚互层。

地层特征：①岩性颜色以棕色为基调，上部泥岩以暗棕为主，往下渐变为以红棕、棕色为主；砂质岩较粗，以粗粉砂-细砂为主，颜色自上而下依次为棕灰、灰、深灰色，砂岩层发育且单层厚度大。②上部泥岩中局部含膏。③岩心中见平行层理、波状层理、交错层理和扰动构造，局部岩心见泥砾及擦痕、裂缝等动力构造现象。

测井曲线特征：总体显示该组地层砂岩层发育，并且单层厚度较大，含油层位多，2.5m 底部梯度曲线呈不规则波形背景上的小尖峰状，且往下视电阻率有增高的趋势，其阻值一般为 15Ω · m 左右，自然伽马曲线为箱状背景上叠加小尖峰状，其值一般为 60~140API，井径与钻头直径基本相近。砂岩声波时差大多在 200μs/m 左右，反映该组砂岩较为致密，物性较差(图 1-2-6)。

3）沙市组

复Ⅰ断块沙市组厚度 420m 左右，分为 4 个砂组。从实钻情况看，其岩性特征上部为暗棕、红棕、深灰色泥岩、含膏泥岩、灰棕色粉砂质泥岩与灰棕、浅灰色粉砂岩、膏质细砂岩不等厚互层。下部为暗棕、棕、灰色泥岩、含膏泥岩、灰棕色粉砂质泥岩与灰棕、棕灰、浅灰、灰、深灰色粉、细砂岩不等厚互层。其下部的第 3、4 砂组为主要含油砂组，岩性组合为含膏灰、深灰色细砂岩夹薄层含膏泥岩，分布相对稳定。测井曲线特征：自然伽马曲线呈箱状背景上叠加小尖峰，砂岩值在 60API，泥岩值在 80API 左右(图 1-2-7)。

4）新沟嘴组

新沟嘴组小层的划分和对比主要利用微相驱动的对比方法，同时还要结合岩性和厚度(表 1-2-1)来进行，划分的结果是Ⅰ油组有 7 个小层，分别为新下$^1_1$、新下$^1_2$、新下$^1_3$、新下$^1_4$、新下$^1_5$、新下$^1_6$、新下$^1_7$等 7 个小层；Ⅱ油组有 9 个小层，分别为新下$^2_1$、新下$^2_2$、新下$^2_3$、新下$^2_4$、新下$^2_5$、新下$^2_6$、新下$^2_7$、新下$^2_8$、新下$^2_9$等 9 个小层；Ⅲ油组有 3 个小层，分别为新下$^3_1$、新下$^3_2$、新下$^3_3$等 3 个小层。

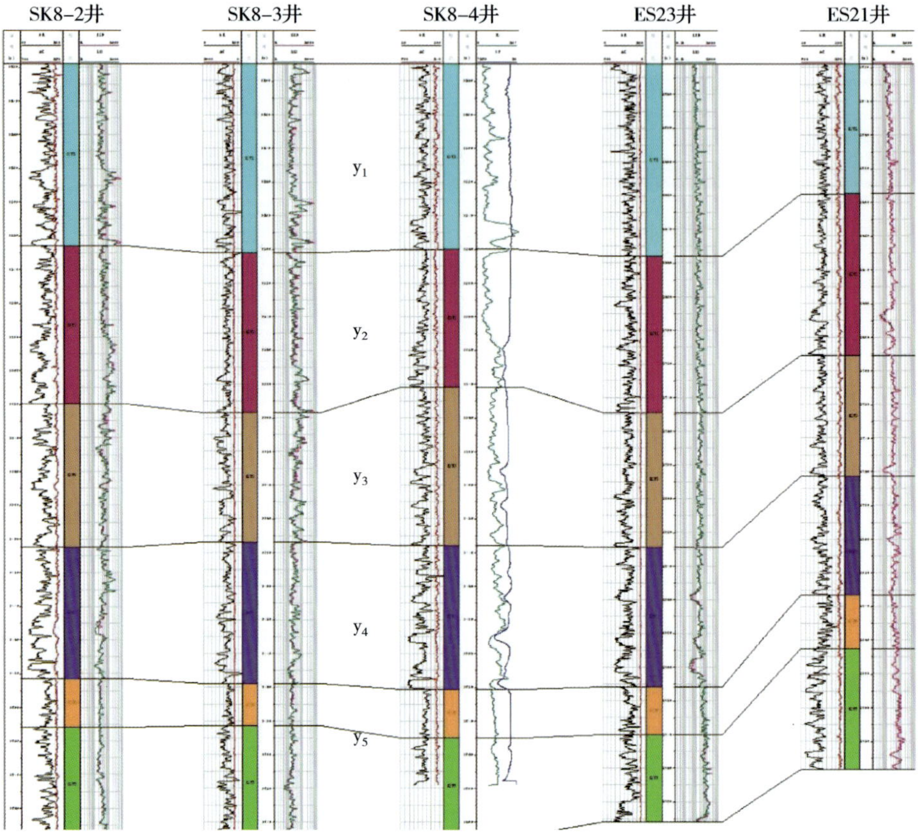

图 1-2-6　SK8-2～SK8-3～SK8-4～ES23～ES21 井渔洋组地层对比图

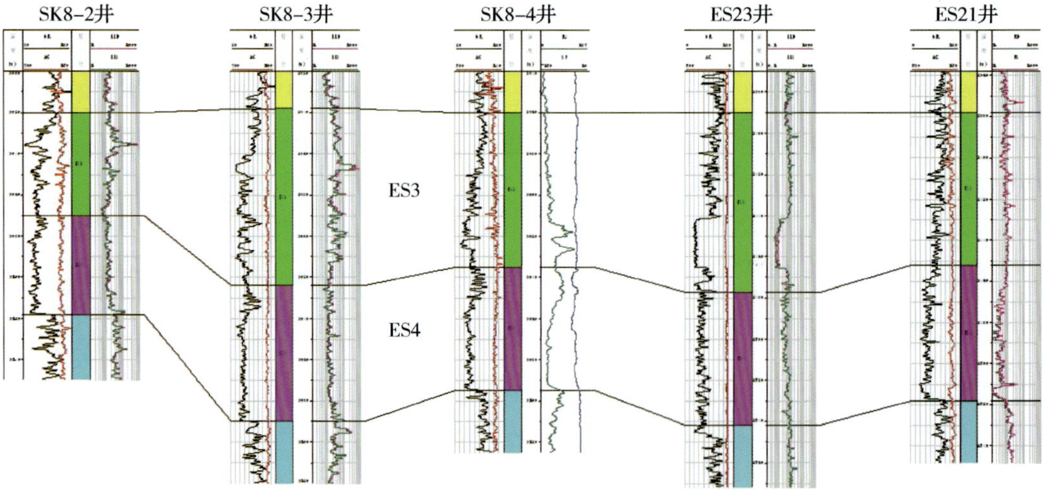

图 1-2-7　SK8-2～SK8-3～SK8-4～ES23～ES21 井沙市组地层示意图

从小层对比图(图 1-2-8)可以看出，各小层在横向和纵向上发育较好，中部为储集层集中发育部位，剖面上渗透性砂岩连通性较好，但延伸距离有限，多为断层切割。

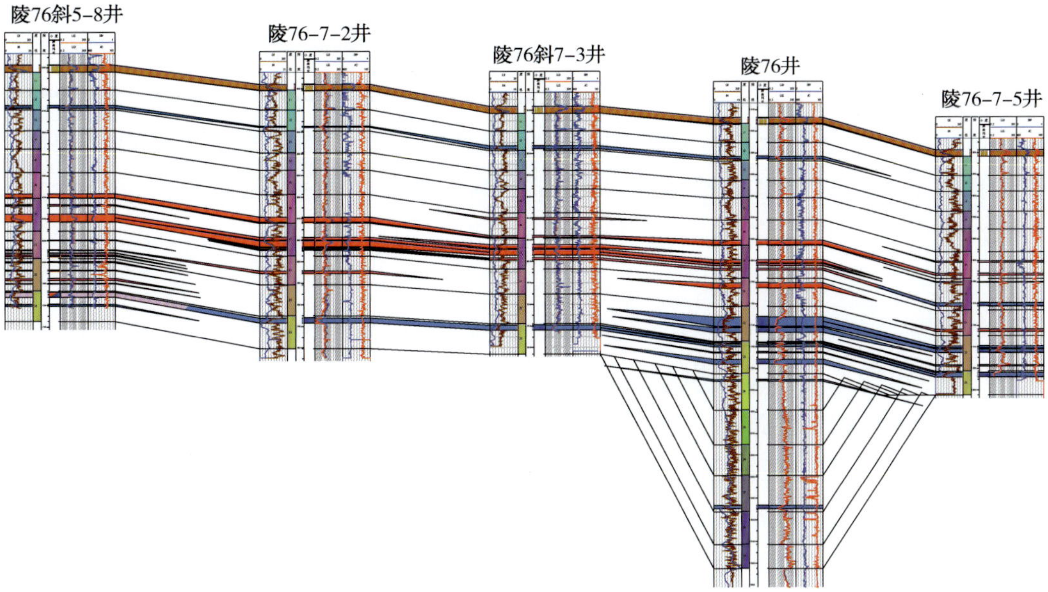

图 1-2-8　陵 76 井区新沟嘴组小层对比图

二、构造特征

（一）基底及周缘构造背景

1. 周缘构造作用

江汉盆地处于中扬子相对稳定的构造部位，其基底构造形成演化主要与周缘活动带作用有关，属于大别碰撞造山体系与雪峰陆内造山体系的复合构造区。

1）大别碰撞造山体系

秦岭-大别-苏鲁碰撞造山带的大地构造位置在中朝板块(或称华北板块)与扬子板块之间，其地理上横亘于中国中部，又称中央造山带。代表晚古生代-早三叠世残余洋壳的勉略-湖北随州花山一带的蛇绿岩套，在中三叠世末期遭受的挤压变形十分强烈，大量的同碰撞期变质和岩浆作用的年龄数据均为 210～240Ma，由此认定，秦岭-大别-苏鲁隆起带是南北两大板块最后完成拼合的碰撞造山带，时间是三叠纪晚期。中央造山带可以分为三段，西段为秦岭造山带，中段称为大别造山带，东段是苏鲁造山带。三段的变形特点和构造体系有些差异，江汉盆地的基底构造主要受大别造山形成的构造体系影响。大别造山带南北界限分别是襄樊-广济断裂带和洛南-方城-桐柏-桐城断裂带，由碰撞造山形成的构造体系影响到了扬子北缘和华北南缘。

大别造山带具有垂向成层、横向分块、两侧向外缘逆冲的特点(图 1-2-9)。徐佩芬等根据三维 P 波速度层析成像分析，杨文采等根据郯城-涟水综合地球物理剖面分析，在大别-苏鲁造山带的莫霍面之下发现了古俯冲板块的踪迹，推测扬子板块向北俯冲于华北板块之下，并在 170~200km 的深度上发生断离，从而控制了大别-苏鲁造山带超高压变质岩的折返。目前，人们对大别造山带基本结构的认识已趋于一致，即具有扬子板块与华北板块分别向大别之下俯冲的花状结构(图 1-2-10)。相应地，在华北和扬子板块边缘形成滑脱逆冲构造，构成叠瓦式逆冲断裂组合，推覆构造带具有由造山带向盆内呈前展式递进的特征，滑脱面层次由深变浅，变形强度逐步减弱。

印支-早燕山逆冲后、晚燕山转化为张性正断层，强烈张断区发育中、新生代断陷盆地。与北侧具有明显前陆盆地构造样式不同，南侧主要表现为从山根向扬子板块内部涉及层位逐步变新的叠瓦逆冲席，可能受雪峰陆内造山的影响，在江汉盆地东部的裸露区可见山前表层存在反向逆冲现象，襄樊-广济断裂东段扬子与大别呈“鳄鱼嘴”式对接，在古生代盖层之下发育基底滑脱与浅层向北逆冲，扬子基底则俯冲至大别之下，两者叠覆 30km 左右(图 1-2-9~图 1-2-11)。

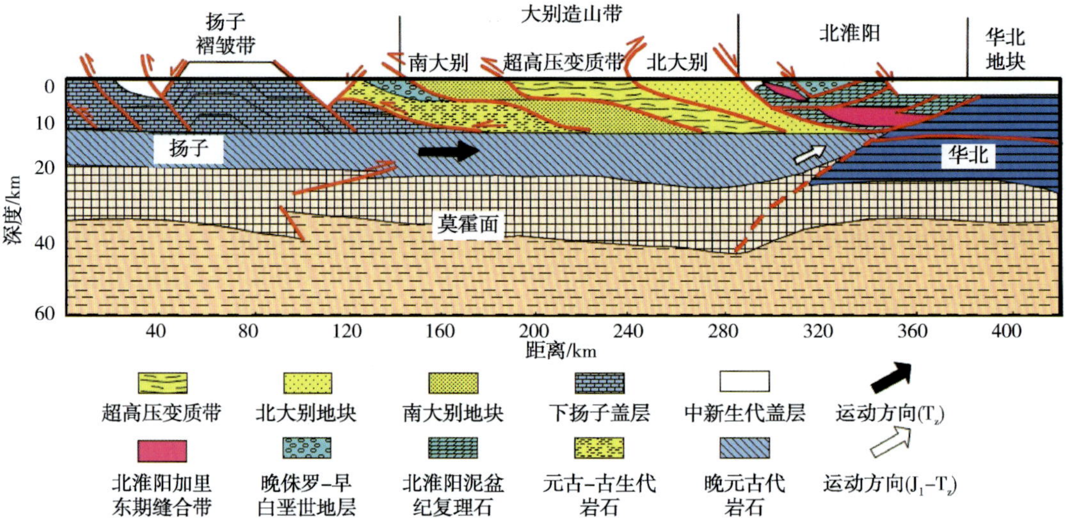

图 1-2-9　大别山地壳结构推断图[据董树文等，(1998)修改]

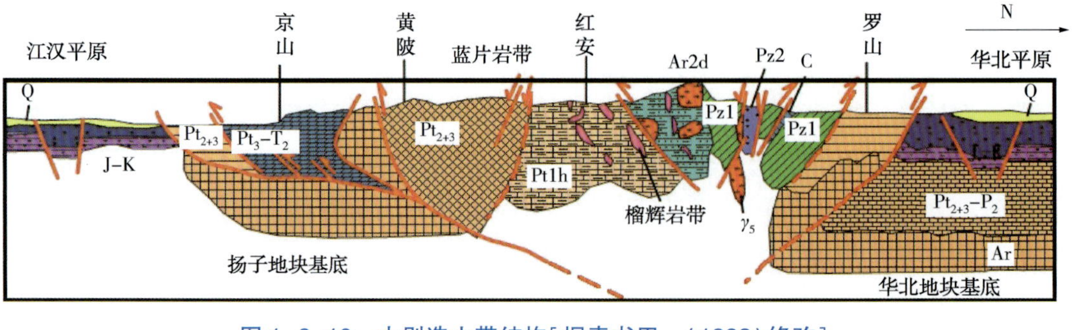

图 1-2-10　大别造山带结构[据索书田，(1993)修改]

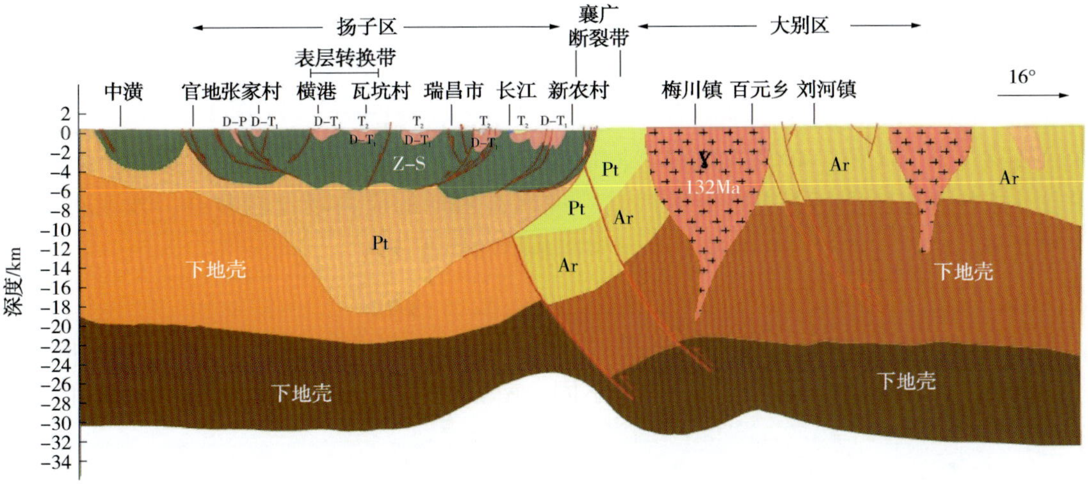

图 1-2-11 中扬子与大别对接关系图

2）雪峰陆内造山体系

雪峰是我国南方醒目的弧形构造带，由于与江南构造带连片出露元古界而常被统称江南(或江南-雪峰构造带)。黄汲清最早用槽台说提出江南古陆的概念，后来由于在其核心部位发现古生代沉积又被称为江南隆起。板块构造提出后，许靖华提出，华南中生代前存在大洋，江南隆起带为中生代的碰撞造山带，是来自华夏古陆的阿尔卑斯式巨型推覆体。刘鸿允等研究表明，板溪群中含蛇绿岩外来岩块的变质岩系形成于前震旦纪而非中生代，也就是说，江南-雪峰是元古代造山带，而自古生代以来，江南与雪峰是两个不同的构造单元，江南是与华南洋褶皱回返有关的扬子陆缘隆起，而雪峰位于中扬子东南部，是印支-早燕山期的陆内造山带(图 1-2-12)。

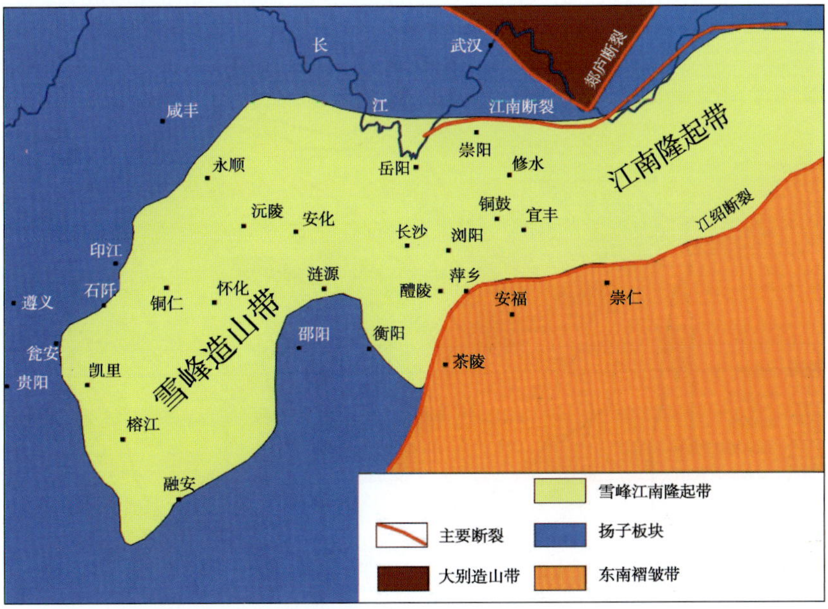

图 1-2-12 江南隆起带分布图[据马昌前等，(2006)]

印支运动是最大的一次地质变革，沉积从海相变为陆相，构造从稳定性变为活动性。陆内造山作用主体运动方向北西，可以分为印支和早燕山两期。印支期逆冲推覆前锋位于铜仁-丹寨一带；早燕山期逆冲推覆峰带位于沅麻盆地西缘一带(图 1-2-13)。晚白垩世应力场发生了反转，在伸展体制下形成晚白垩世和古近系断陷盆地，沉积了红色砂、泥岩。这些盆地也受到了逆断层的改造，说明喜山期的应力场比较复杂，发生过反转。江汉盆地的研究也表明，喜山期发生过多期断陷和构造反转。

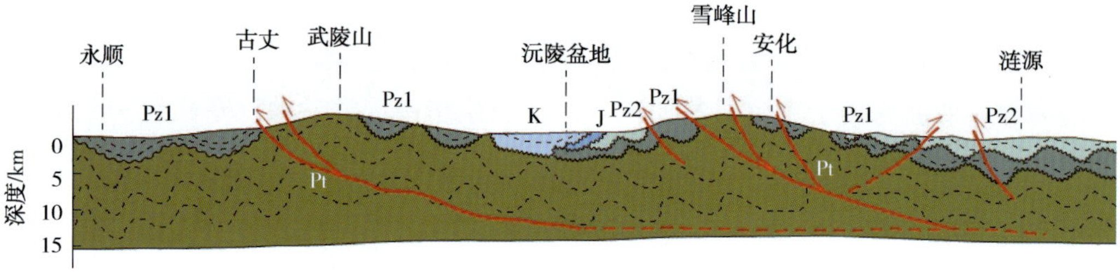

图 1-2-13　雪峰陆内造山峰带分布图

雪峰陆内造山体系为一向西北凸出的弧形构造带(图 1-2-14)。横向上，弧顶构造变形较强、传播距离远，向南北两端构造变形较弱、传播距离也变短。纵向上，构造变形具有明显的分带性，造山带以基底冲断褶皱为主，前陆盆地不发育，仅在早燕山期基底冲断前缘形成了小型沅麻盆地；造山前缘主要发育隔槽式断褶带，以隔槽式褶皱为主体，宽缓背斜大多属于阶梯逆冲产生的断弯褶皱，其间的向斜以牵引褶皱为主，构造缩短由断层扩展与层间滑脱相结合完成，以断层作用为主，卷入褶皱的主体为古生界，三叠和侏罗系只出露于向斜轴部；远缘形成隔档式褶皱，以滑脱褶皱为主，属于盖层顺层滑脱而成的薄皮构造，在靠近隔槽式断褶带有断展式隔槽褶皱，宽缓向斜对应的是断坪，断展式褶皱构成背斜。

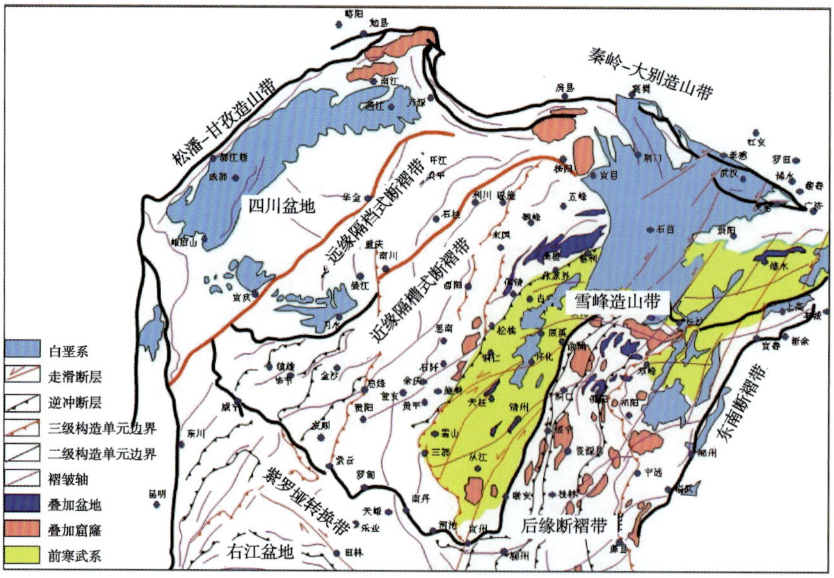

图 1-2-14　雪峰陆内造山体系平面分布图

2. 江汉盆地基底

江汉盆地前白垩系基底具有双层结构特征，下层为下元古界-上元古界变质岩系，即准扬子克拉通的结晶基底；上层结构为震旦系至中生界侏罗系的沉积岩系，厚度为10000~15000m，可以分为震旦系至中三叠统扬子克拉通的海相盖层岩系和上三叠统至侏罗系陆相沉积。其间的印支运动不仅使中扬子由海相沉积转化为陆相沉积，而且使扬子克拉通盆地由沉积期转化为改造期，还使江汉盆地基底构造格局开始形成。

1）中扬子克拉通演化阶段

从震旦纪开始，进入原特提斯拉张-伸展阶段。南方大陆发生裂解，以江绍-萍乡-郴州-钦防为界，西北为扬子克拉通盆地，东南为新生华南深海盆地。寒武纪-奥陶纪中扬子总体为稳定型碳酸盐岩台地沉积，向东南逐步过渡为陆棚-陆坡(过渡型)和深海槽盆(活动型)沉积(图1-2-15)。在地域上，稳定型分布于湘鄂西地区，过渡型分布于湘中-赣西北地区，活动型分布于湘东南、粤北、赣西南及桂东北地区。江汉盆地所在区域以稳定型沉积为主，南部转为过渡型沉积，早古生代沉积具有北薄南厚的特点。

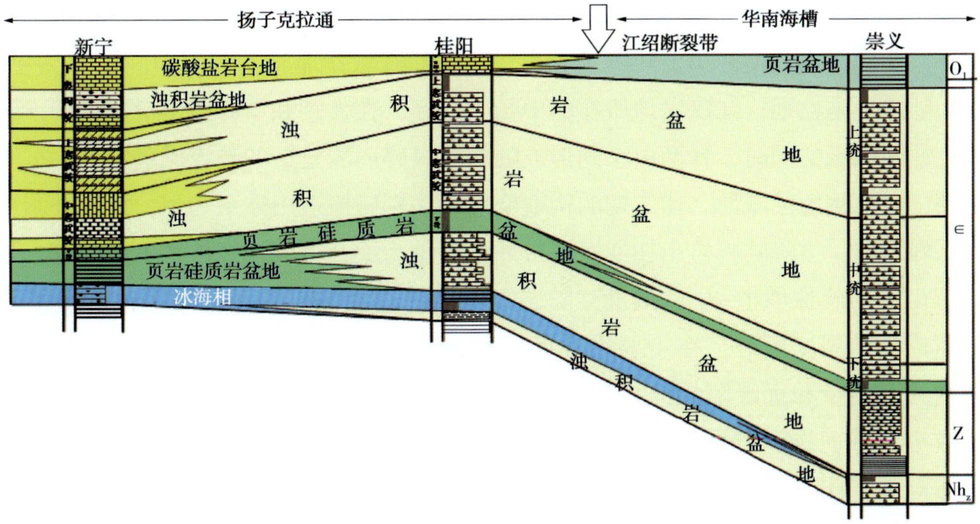

图 1-2-15 湖南新宁-江西崇义沉积对比剖面图[据王岳军等，(2009)修改]

中、晚奥陶世开始的加里东运动使扩张转变为收缩背景，华南深海盆地褶皱回返，除钦防-湘中一带为残留海槽外，华南与扬子基本拼合为新的南方大陆。扬子克拉通内部褶皱不明显，主要表现为大隆大坳的构造格局，形成江南-雪峰-黔中和川中2个隆起分隔的3个坳陷带。加里东运动之后，中国南方整体隆起抬升，并一直持续到晚古生代早期，造成志留系、下泥盆统大面积缺失。

伴随古特提斯洋的打开，中国南方地区晚古生代的构造活动又处于拉伸引张的地块离散状态。早期继承了加里东期的大隆大坳格局，江汉所在的川渝鄂坳陷中泥盆世晚期才接受南盘江海槽的海侵。泥盆纪-石炭纪沉积呈近东西向展布，中泥盆世云台观组为一套滨海相的石英砂岩、粉砂岩沉积，晚泥盆世为滨海-浅海陆棚沉积，沉积物主要为砂岩、泥质岩及泥质灰岩。该坳陷内晚泥盆世沉积后一度抬升，致使早石炭世早期大部分地区未接受沉积，仅局部沉积了和洲组细碎屑岩。晚石炭世为局限台地相-开阔台地相沉积环境。中二叠世是中国南方一次广泛的海进时期，中扬子台地上普遍发育了一套浅海相沉积，具开阔海台地相沉积特征。早三叠世基本继承了晚二叠世晚期的海侵范围。中三叠世，海水由东向西退出，沉积面貌表现出东高西低的特征，中扬子地区为巴东组与黄马青组沉积类型，至中三叠世末到晚三叠世初期印支运动发生。

2）江汉盆地基底构造形成演化

中三叠世至晚三叠世早期开始，随着古特提斯洋的消亡，扬子周缘的各小洋盆及裂陷盆地先后关闭；同时发生在中国南方的陆内裂陷亦相继关闭，南方广大地区的海相沉积基本结束，进入与造山活动有关的扬子克拉通盆地改造和陆相盆地沉积阶段。对江汉地区影响最大的是大别碰撞造山体系和雪峰陆内造山体系。

江汉盆地基底构造形成演化可以分为印支和早燕山两期。

印支期为晚三叠世-中侏罗世，在扬子西和北缘碰撞造山、扬子东南部雪峰陆内造山和华南海槽褶皱回返形成的东南褶皱带复活的共同作用下，中国南方总体表现为东部上升西部下降，西部形成大型四川前陆盆地和黔西-滇东前陆盆地，东部以山间盆地为主，中、下扬子为陆缘坳陷盆地。江汉盆地所在的中扬子地区，在大别和雪峰造山对冲作用下，海相地层发生冲断褶皱的同时，在两山系间形成陆相含煤碎屑岩建造的陆缘坳陷盆地，沉降中心位于中部，向两侧山前减薄。印支期的构造变形以大别碰撞造山体系为主，滑脱冲断褶皱带扩展到雪峰山前；雪峰陆内造山初期以根带冲断褶皱为主，扩展构造体系不太发育。

早燕山期为晚侏罗世-早白垩世，随着雪峰陆内造山作用的发展，在其造山带西北外围形成宽广的扩展变形区，在主要逆冲的北西向扩展变形区宽达数百公里，且有明显的前缘隔槽式断褶带和远缘隔档式褶皱带。江汉盆地所在的中扬子地区为向北逆冲，扩展变形区较窄，且远缘隔档式褶皱带不发育，断褶带前锋位于荆州-土地堂一带。雪峰早燕山断褶带对大别印支期滑脱冲断褶皱带进行了改造，近东西向逆断层切割北西向逆断层。大别碰撞造山构造体系与雪峰陆内造山构造体系的复合区主要表现为雪峰构造体系斜向叠加在大别构造体系上的干涉构造（图 1-2-16）。中扬子地区在晚侏罗世-早白垩世以冲断隆升为主，仅在局部冲断带因相对高差于下降盘堆积粗碎屑物质，盆地小而零星分布。

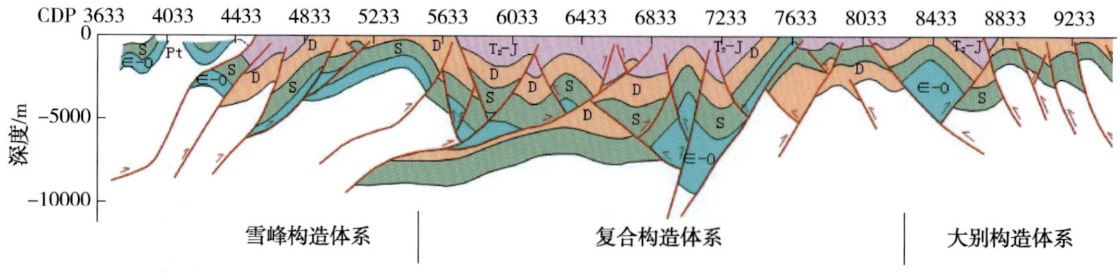

图 1-2-16　248.7+WT1 地震地质解释大剖面图

3）基底构造面貌

江汉盆地基底构造可以分为两大弧形体系，北部为与大别碰撞造山有关的大洪山弧形滑脱断褶体系，南部是雪峰陆内造山弧形冲断褶皱体系。大洪山弧形构造体系东部构造走向为北西西，向西部转变为北西向，以滑脱冲断褶皱为主；雪峰弧形构造体系主体构造走向仅东西，向西端转化为北东或北北东，以基底冲断褶皱为主。相应地，江汉盆地的基底断层可分为大别断层系和雪峰断层系。大别断层系以远离造山带的浅源滑脱断层为主，走向从东部为北西西向到西部呈北西向；雪峰断层系多为近造山带(或造山带内)深源冲断层，以近东西向为主，西部有北东或北东东向。其间有一系列北东走向的调节断层。根据基底断层走向总体可以分为3组，以近东西向断层最多，其次是北西向断层，北东向断层最少(图1-2-17)。

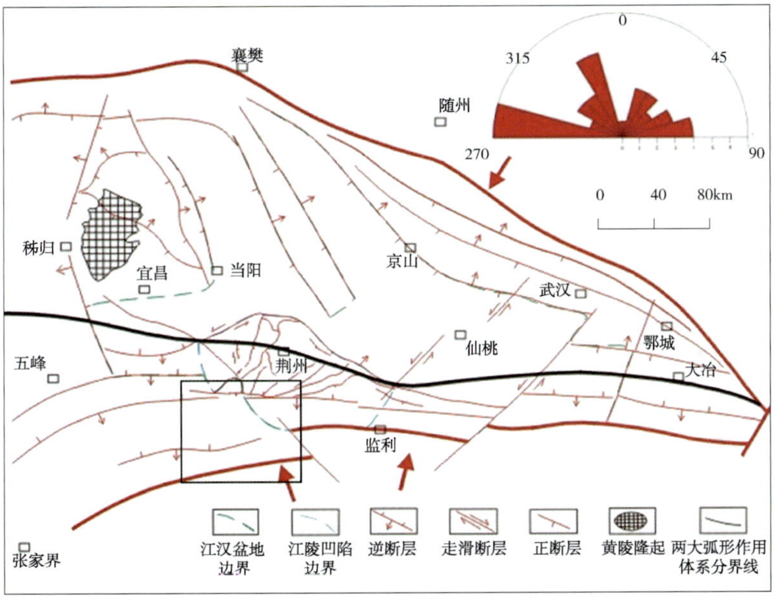

图1-2-17 江汉盆地及周缘基底断裂分布图

北部大洪山弧形滑脱断褶体系的褶皱比较宽缓，以北西向大型复背斜和复向斜为特点，自西向东依次为当阳复向斜、乐乡关-潜江复背斜、沉湖-土地堂复向斜；南部雪峰弧形冲断褶皱体系为近东西向较窄的冲断褶皱，包括崇阳断向斜和通山断背斜(图1-2-18)。

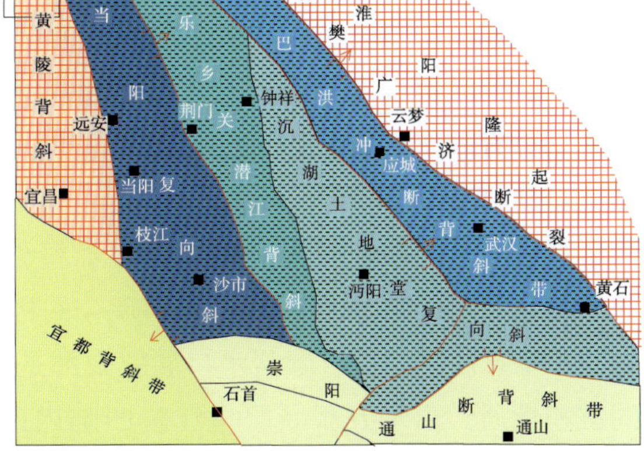

图1-2-18 江汉盆地前白垩系构造分区图

早燕山期，区域抬升遭受大规模的剥蚀，在复向斜区和复背斜区形成了强烈的差异剥蚀：复向斜区剥蚀作用弱，残余地层较年轻，一般是三叠系-侏罗系；复背斜区剥蚀作用强烈，剥蚀量大，残余地层较老，一般是志留系以前的地层(图 1-2-19)。

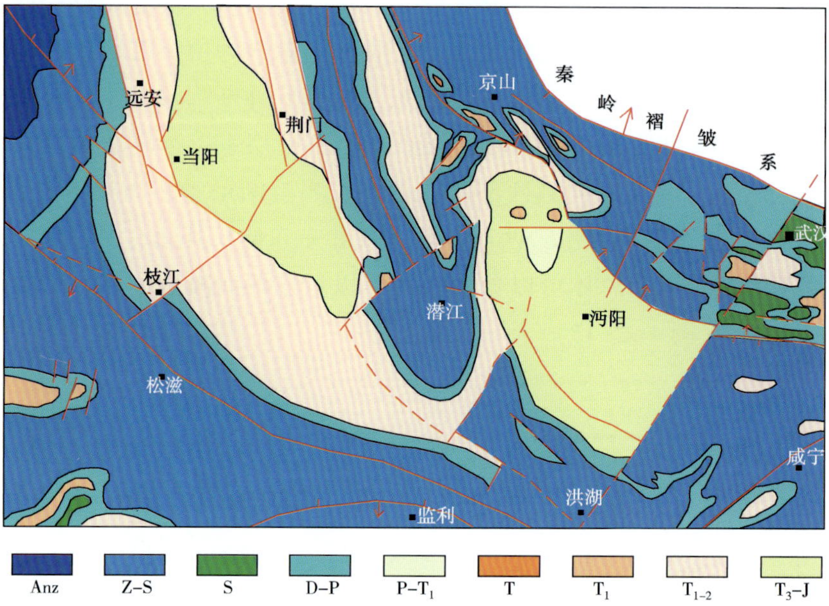

图 1-2-19　江汉盆地前白垩系古地质图

(二) 构造单元划分及其基本特征

1. 构造单元划分

1) 构造单元划分依据

构造单元划分是进行盆地评价和油气勘探研究的第一步。划分构造单元有利于了解可能生油区和油气聚集区。构造单元划分的主要依据：

(1) 最大限度地反映主要目的层沉积时的古构造，主要考虑构造组合与区域断层对构造的控制作用。以构造演化史作为主要依据，同一构造单元应具有相同的沉积背景和沉积特征。

(2) 以主要目的层现今构造面貌作为第二划分依据，并以此构造特征命名。

(3) 研究沉积岩厚度，尤其是烃源岩所属层段地层厚度的区域性变化，尽量使构造单元划分有利于主要目的层段的勘探评价。

2) 次级构造单元

通过对江陵凹陷地震资料、钻井资料分析及重新编图、构造分析，对凹陷构造单元进行了划分(表 1-2-2)。江陵凹陷现今的构造格局由 4 个向斜带、2 个断裂带、2 个单斜带和 1 个背斜带构成，除清水口向斜南部是挤压向斜性质的构造洼陷外，其他向斜都属于同沉积性质。由于万城断层是江陵凹陷内的重要断层，以该断层为界将凹陷东西分块，西部为一洼一隆的构造格局，即分为江口向斜带和万城断裂带两个次级构造单元；东部以凹陷内几条主要三级断层为界又可南北分带，从北往南细分为拾桥单斜带、清水口向斜带、荆州背斜带、梅槐桥向斜带、涴市断裂带、资福寺向斜带、公安单斜带。

表 1-2-2 江陵凹陷次级构造单元划分表

	类别	序号	名称	面积/km^2
江陵凹陷	向斜带	1	江口向斜带	180
		2	梅槐桥向斜带	310
		3	资福寺向斜带	350
		4	清水口向斜带	420
	断裂带	5	万城断裂带	760
		6	涴市断裂带	410
	背斜带	7	荆州背斜带	590
	单斜带	8	拾桥单斜带	400
		9	公安单斜带	1380
有效勘探面积合计				4800

2. 构造单元基本特征

1）江口向斜带

江口向斜带位于江陵凹陷西部，其内部结构相对简单，总体表现为受问安寺边界断层控制的西断东抬式箕状断陷。走向总体上呈北东向展布，面积约 180km^2(图 1-2-20)。它是白垩纪以来继承性发育的负向构造单元，根据其沉积与沉降演化特征，又可划分出江口洼陷带和冯口断坡带。江口洼陷为江口向斜带之沉积和沉降中心，靠近问安寺断层下降盘一侧沉积厚度最大，达 6100m，新沟嘴组底面最厚为 4300m，往东逐渐减薄，至冯口断坡带减薄至 3000m 左右。渔洋组沉降速率为 222m/Ma，沙市组沉降速率为 220m/Ma，新沟嘴组沉降速率只有 120m/Ma，但荆沙组沉降速率明显增大，为 280m/Ma，潜江组-荆河镇组的沉降速率约为 110m/Ma。冯口断阶带是由一系列向北西倾斜的阶段状断块组成，沉降速率也明显降低，其构造组合形态多为向北西向倾斜的小型断块，该断阶古近系的沉积厚度减薄为 3000~3500m。从地震剖面分析可以看出，新沟嘴组内部反射结构为平行席状反射特征，为浅湖-半深湖沉积环境，推测新沟嘴组具有一定的生烃能力，但面积有限。

2）万城断裂带

万城断裂带是受冯口断层和万城断层控制的大型屋脊断块，位于万城断层的上升盘，走向自南向北由北北东转为北北西向，是江口向斜带和梅槐桥向斜带之间的“分水岭”，面积约 760km^2。万城断裂带是白垩纪以来长期继承性的古隆起，地震剖面和钻井资料显示，该突起带上白垩系-古近系的沉积厚度最薄。在空间上整体呈“马鞍”形，即大致以断裂构造带中部近东西向展布的凤凰断层为界，断裂带的轴向分别向南、北抬升，荆沙组

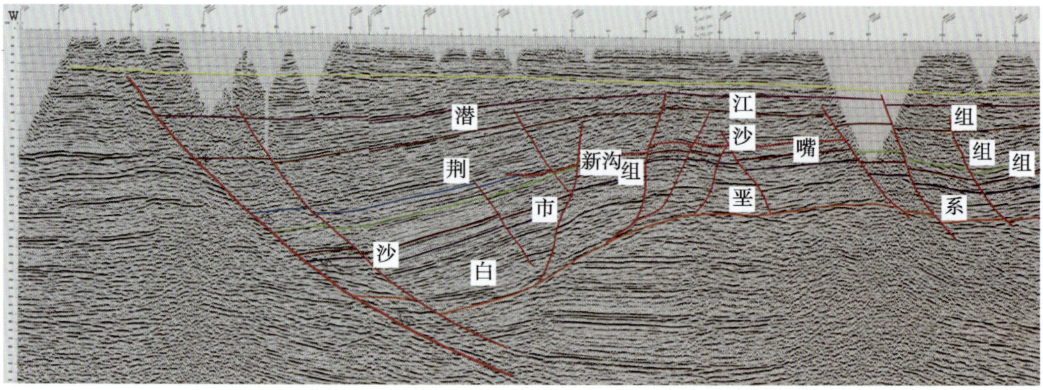

图 1-2-20　江口向斜带 115.2 测线地震地质解释剖面图

沉积中期的构造抬升运动，将荆沙组中下部-新沟嘴组下段泥隔层大部分剥蚀。万城断层贯穿南北，一系列北东向断层与万城断层呈羽状斜交，形成多个断块、断鼻构造。

根据构造带内新沟嘴组埋深起伏状况、断裂组合样式，可将万城断裂带大致分为三段：

北段是万城断裂带鼻状隆起的主体部分，地层破碎，总体鼻状形态尚在，万城断层断距变小，浅层结构比较清楚，自万 1 井以北，万城断层结构表现为“上逆下正”，新沟嘴组以上地层发生明显逆推挤压作用，新近纪早期区域弱挤压作用明显(图 1-2-21)。最北段主要断裂和地层走向由北北东向转为北北西向，构造复杂可能与构造应力场的转换有关。

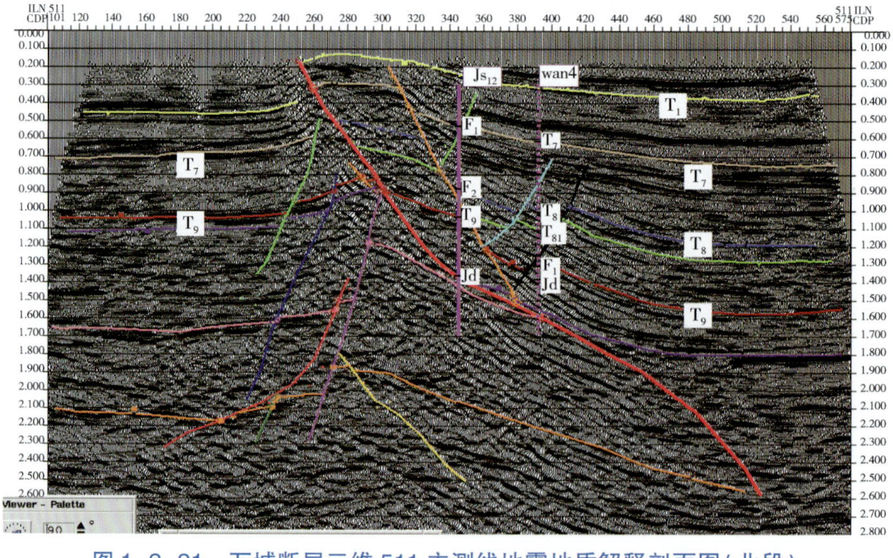

图 1-2-21　万城断层三维 511 主测线地震地质解释剖面图(北段)

中段指采穴构造段，断裂走向以北北东向为主，众多北东向和少量近东西向的分支断层相互交切，形成了多个断块、断鼻。万城断层中段具有从白垩纪-潜江组沉积末期长期活动特征，在潜江组沉积末期停止活动，整个断层表现为拉张正断层，晚喜山活动不强。万城断层在该段断距大，下降盘梅槐桥洼陷是江汉盆地新沟嘴组最大沉降洼陷，烃源岩与上升盘沙市组、白垩系直接接触(图 1-2-22)。

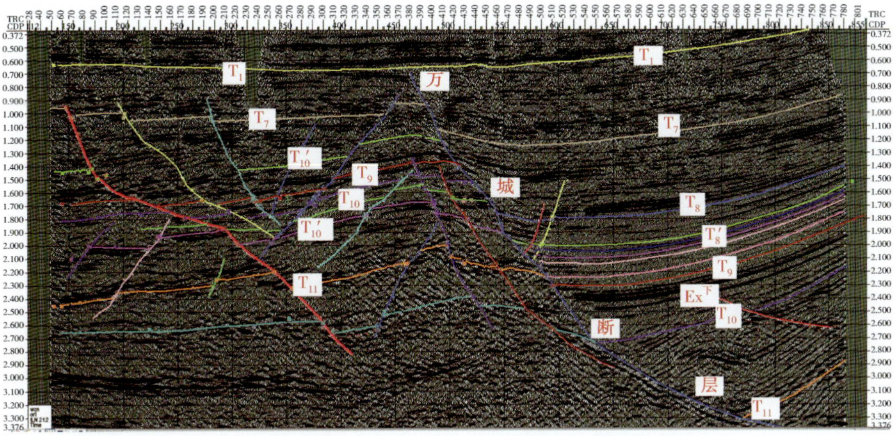

图 1-2-22 万城断层三维 221 主测线地震地质解释剖面图(中段)

南段万城断层被分解为多条断层，形成多个台阶，产状呈西北倾斜，鼻状构造的南倾部分，有 1~2 条较小的断层与万城断层平行，构成东倾的台阶。万城断层南段又表现为上逆下正的形态，但反转量小，新沟嘴组以上地层逆推挤压作用不甚明显，反映新近纪早期区域挤压作用较弱(图 1-2-23)。

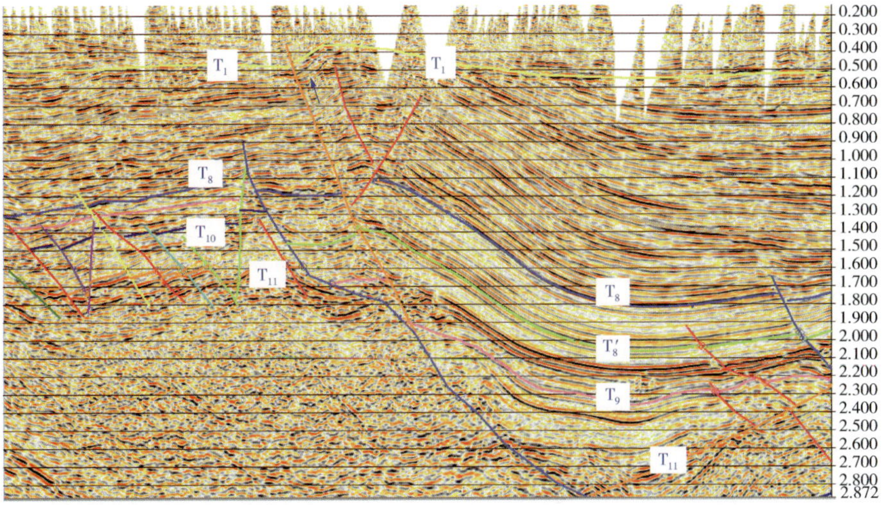

图 1-2-23 万城断层三维 261 主测线地震地质解释剖面图(南段)

3）梅槐桥向斜带

梅槐桥向斜位于万城断层的下降盘，是白垩纪-古近纪以来长期发育的继承性洼陷，总体呈北北东向展布，为西断东抬的似箕状断陷(图 1-2-24)，面积约 310km^2。

梅槐桥向斜被中部的低突起分成两个次一级的负向构造，北部次一级的负向构造呈北北东向，深度大，随万城断裂带向北逐渐抬起；南部次一级的负向构造呈近北东向，规模相对较小；两段之间的转换带形成一个相对沉降较小的鞍部，即谢凤桥、万 5 断裂鼻状构造，将梅槐桥洼陷平面改造成双“哑铃”状。这两个次一级的负向构造具有同沉积性，

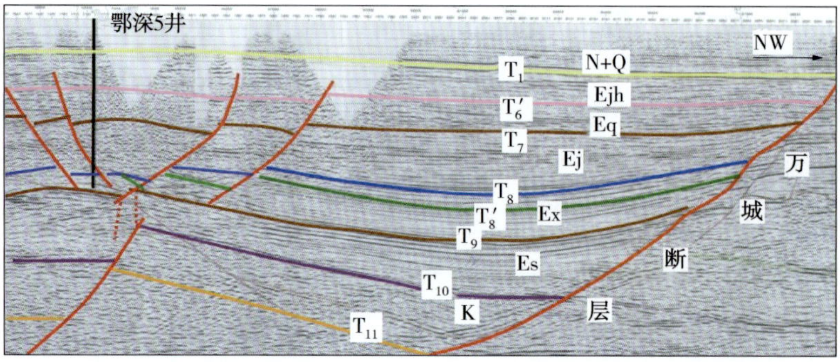

图 1-2-24　梅槐桥向斜 129.1 测线地震地质解释剖面图

主要活动期的差异导致了沉降中心的迁移。在白垩系、沙市组沉积期以南部为沉降中心，而新沟嘴组和荆沙组沉积时期的沉积中心向北部迁移。地震剖面和钻井资料显示，该区渔洋组最大埋深 7900m，新沟嘴组底界最大埋深 6000m，已证实该带是目前所发现的最有利生油洼陷。

4）资福寺向斜带

资福寺向斜总体呈东西向展布，是江陵凹陷另一个规模最大的负向构造带，面积约 350km^2。自西向东由虎渡河、资福寺两个洼陷呈串珠状组成。从地震 T_8'反射层构造图（图 1-2-25）上可看出，资福寺向斜带平面呈“一”字形展布。虽然它受到资北断层作用的影响，但活动强度相对较弱，荆沙组、潜江组沉积期是主要沉降期，荆沙组沉积厚度在 2200 多米。该向斜带在新沟嘴组沉积时期属于区域性坳陷沉降带，也具有较好的生烃条件，虽然它受到资北断层作用的影响，但活动强度相对较弱，为浅水动荡-半深水沉积环境，沉积水体相对较浅，因而生烃能力逊色于同时期的梅槐桥生油洼陷。梅槐桥向斜带-资福寺向斜带轴向体系由 NNE 向 NEE 转变，可能是盆缘不同构造轴向体系在凹陷内汇聚的结果。

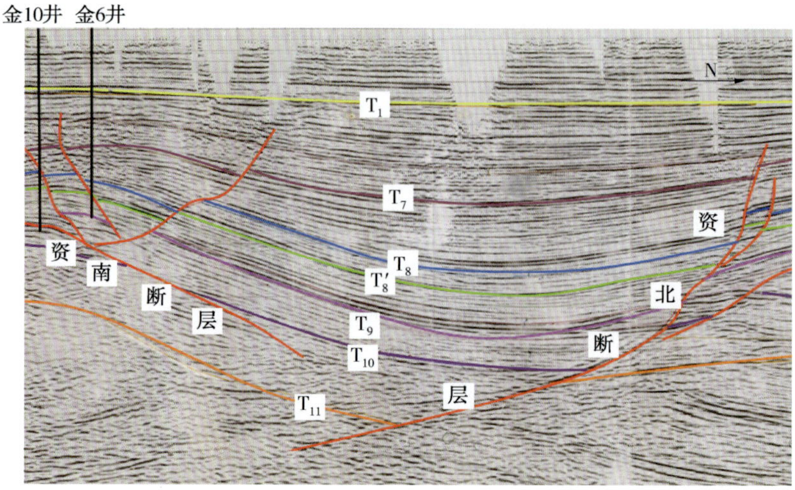

图 1-2-25　资福寺向斜带 629 测线地震地质解释剖面图

5）清水口向斜带

清水口向斜是一复合性的洼陷，受陵北断层的控制，陵北断层以北的安家岔次洼具同沉积性质，以南则由多个北西向展布的挤压向斜呈串珠状组成，总面积约 420km^2。安家岔次洼是荆沙组沉积时期以来受陵北断层控制发育的箕状洼陷，南厚北薄，南断北超，其走向近东西；南部系列小次洼在古近纪末期喜山运动影响下受北东（或北东东）向构造挤压作用形成，其走向呈北西西向（图 1-2-26）。

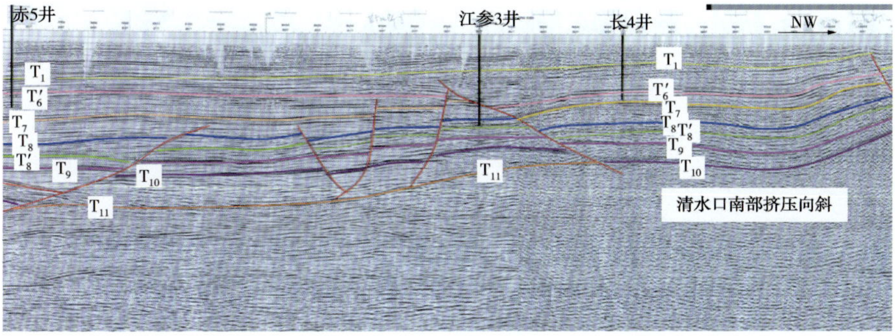

图 1-2-26　清水口向斜 575.5 测线地震地质解释剖面图

6）涴市断裂带

涴市断裂带位于梅槐桥向斜带和资福寺向斜带之间，其边界受李埠断层和弥陀寺断层以及早期的天鹅洲断层所限，面积约 410km^2（图 1-2-27）。区内断层多呈北北东、北东向展布。带内发育了米积台、涴市等盐拱升隐刺穿构造，中小断层众多，局部圈闭破碎。其中，东部新沟嘴组内部反射结构为厚层平行席状反射特征，沉积较稳定，具备一定的生油条件。

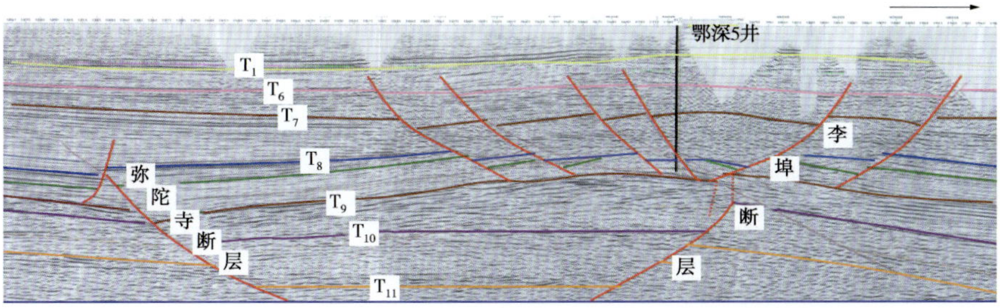

图 1-2-27　涴市断裂带 129.1 测线地震地质解释剖面图

7）荆州背斜带

荆州背斜带位于江陵凹陷中部，主要包括西北段的八陵山背斜、中段的复兴场断背斜、沙市背斜和东南段的范家台断背斜，面积约 590km^2（图 1-2-28）。整个构造带的轴向从八岭山-复兴场-沙市-范家台断裂背斜构造，由 SN 依次向 NW-NNW-EW 向转换，可能与凹陷周缘三大构造轴向体系在江陵凹陷内部汇聚有关，与区域构造应力作用产生的构造带走向是一致的。它是受断层和构造挤压反转与盐隆等共同作用形成的构造带。

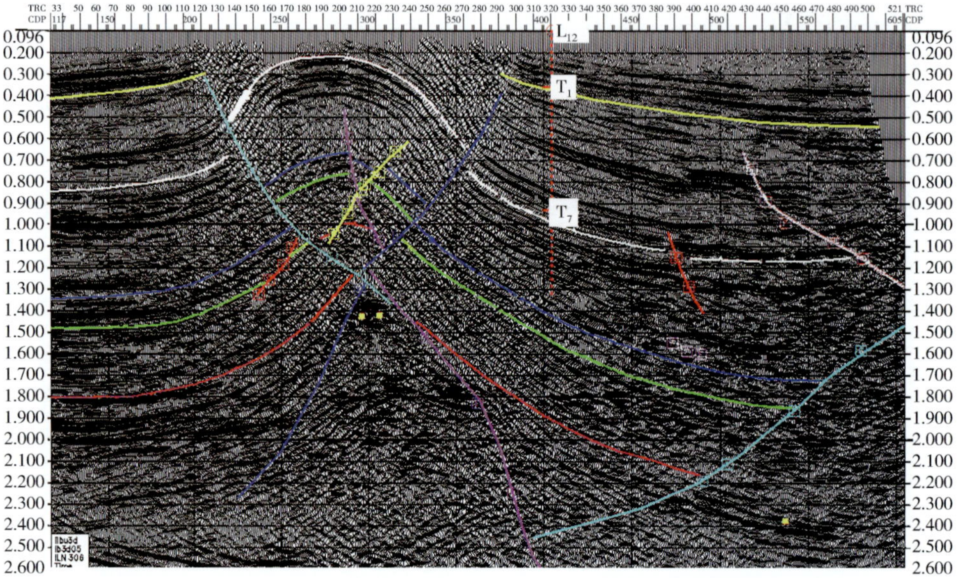

图 1-2-28　荆州背斜带八岭山构造三维 266 主测线地震地质解释剖面图

8）公安单斜带

公安单斜带位于江陵凹陷南部，走向为近东西向，面积约 1380km^2。受华容隆起的影响，形成了由北向南抬升的斜坡，斜坡上发育多条向北倾斜的断层，地层减薄超覆，甚至缺失，形成了多个断鼻和断阶(图 1-2-29)，主要发育了金家场、魏家场断背斜构造和沙岗断块、断鼻群。公安断层是带内最主要的断层，断裂组合形式主要为断阶组合、反向断阶斜坡组合和同向断阶斜坡组合样式。斜坡带的东部高部位受反向断层切割，形成范围有限的普济观次洼。斜坡带的西段，受纸厂河一级断层的控制，盆地范围向南扩展，可能与洞庭盆地相连。

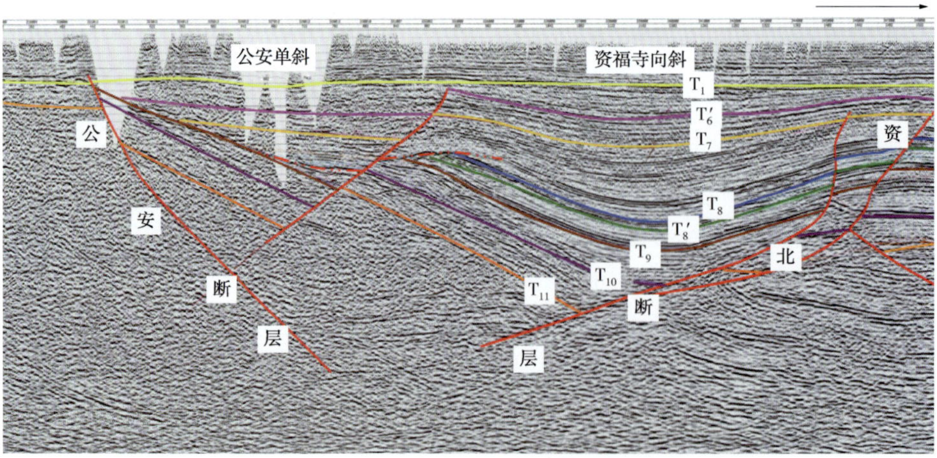

图 1-2-29　公安单斜带 632 测线地震地质解释剖面图

9）拾桥单斜带

拾桥单斜带位于江陵凹陷东北部，东北部以纪山寺断层为界与河溶、荆门凹陷相邻，为清水口向斜北部翘倾端，走向为近东西向，面积约 400km²，向斜带由于受到新近纪早期的区域挤压作用，发育了多个北西向展布的鼻状构造和挤压构造，为一个向南倾斜的断裂斜坡带。

（三）断裂发育特征

江陵凹陷经历了多期构造运动，发育了众多断层，各期次运动发育的断层在性质上、展布上都有极大的差异，因而凹陷内的断层具有多向性、多类型、多级别、多期性及分区性等特征，它们同盆地的发展、变化密切相关，对不同时期的沉积建造、岩浆活动及油气的形成与分布具有控制作用。

1. 断裂展布特征

通过二维地震追踪对比解释，结合重磁、钻井等资料综合分析，江陵凹陷现今断层十分发育，不同方向、不同级别、不同期次的断层相互交错、切割，在空间上形成了错综复杂的配置关系，在平面上形成了密如蛛网的格局。

1）断裂发育程度

受多期构造应力及强烈底辟作用的影响，凹陷内断裂十分发育。在统计的 182 口探井中，共钻遇断点 286 个，平均每口井钻遇断点 1.572 个。目前除复兴场、八岭山地区发现 7 条小型逆断层外，其余皆为正断层。以地震 T_8'反射层构造图为例，断层近 400 条，断层延伸长度最长达 70km，平均单条断层延伸长度为 11.88km；断层断距最大超过 2000m。总之，江陵凹陷断层发育，以断距大小不等、延伸长为特点。

2）断裂组系

统计其大部分断裂走向表明，江陵凹陷主要发育有北西-北北西（NW-NNW）、北北东（NNE）、北东（NE）和北东东-近东西向（NEE-EW）等四组断层，以 NE、NNE 向断裂为主，NEE 向断裂次之，NW 向断裂最少。这四组断裂的分布具有较强的规律性，NE、NNE 向断层主要发育于万城断裂构造带和涴市断裂构造带，而 NW 向断层主要发育于拾桥单斜带，EW 向断层则主要发育于公安单斜带，而荆州背斜带断层从八岭山经沙市到范家台地区，断层走向具有由 NNW 向经 NE 向到 EW 向的变化势趋，但以 NE 向为主。这四组断裂在平面上纵横交错、在纵向上共同制约和控制了白垩系-第三系凹陷的形成、演化，构成了江陵凹陷现今复杂的构造面貌。

2. 断裂分类分级

按其成因分类，江陵凹陷断裂可分为正断层、逆断层和反转断层等三类，以正断层为主，反转断层和逆断层较少。大部分 NE、NW 和近 EW 向断层都是正断层，全区分布；而逆断层、反转断层的走向主要为 NNW、NW 向，主要分布在凹陷北部。如资北、弥陀寺、李埠断层以及沉积盖层中若干次级小断层都是正断层，八岭山地区的复兴场断裂就是逆断层，万城断层南北两端局部地区就表现为反转断层。

按其不同的控凹（或洼）作用及活动规模，江陵凹陷的主要断裂又可划分为三个级别（表 1-2-3）。

表 1-2-3 江陵凹陷主要断层要素表

序号	级别	断层名称	性质	走向	倾向	延伸长度/km	最大落差/m	主要活动期
1	Ⅰ	纸厂河	正断层	NE30°	SEE	>25	>2000	K
2	Ⅱ	问安寺	正断层	NE42°	SE	约 60	>3000	K
3	Ⅱ	纪山寺	正断层	NW60°	SWW	>45	>1000	Ej
4	Ⅱ	清水口	正断层	NW50°	SW	>35	>1500	K、Ej
5	Ⅲ	万城	先正后逆	NE20°	SEE	46	>2000	长期
6	Ⅲ	天鹅洲	正断层	NNW10°	NEE	10	>400	K、Es
7	Ⅲ	陵北	正断层	NE70°	NW	30	1500	Ej、Eq
8	Ⅲ	李埠	正断层	NE50°	ES	27.5	1000	Es、Ej
9	Ⅲ	弥陀寺	正断层	NE35°	NW	35	600	Ej
10	Ⅲ	资北	正断层	NE65°	SSE	25	1600	K、Ej
11	Ⅲ	资南	正断层	NE35°	NW	18	700	Ej
12	Ⅲ	公安	正断层	EW	NNW	56	1000	K、Ej
13	Ⅲ	复兴场	逆断层	NW20°	SWW	7	140	N
14	Ⅲ	八岭山东	逆断层	NW15°	SWW	13	500	N
15	Ⅲ	八岭山西	逆断层	NW15°	NEE	12	600	N

一级断层为控制盆地边界的大断层，是先存基底断裂，发育早，如纸厂河断层。

二级断层为控制凹陷边界的大断层，也是先存基底断裂，发育早，如问安寺、纪山寺、清水口断层。

三级断层指对分割凹陷内次级构造单元和局部构造起主导作用的断层，发育时间不一，活动时间有长有短，除万城断层长期继承性活动外，大部分三级断层主要活动期在荆沙期。

一、二、三级断层大多断距大、延伸远、活动时间长，不仅控制断陷期的沉积充填，而且对凹陷内次级构造单元的分布亦可起主控作用。除此之外，还有众多次级小断层，多发育在次级构造单元之内，规模较小，形成或分割局部构造，与主断裂构成多种平面、剖面组合样式。

3. 主要断层特征

江陵凹陷的主干断层包括一级断层（如纸厂河断层）、二级断层（如问安寺、纪山寺、清水口断层）以及大部分三级断层（如万城、陵北、李埠、弥陀寺、资北、资南、公安、天鹅洲、复兴场等），它们的形成与演化直接控制着凹陷的形成与演化以及三级圈闭的发育，下面对其特征作一一描述。

1）纸厂河断层

纸厂河断层为控制盆地边界的一级大断层，位于江陵凹陷西南部，为桑植-石门复向斜与江陵凹陷西南缘的分界断层，走向 NE、倾向为 SEE，倾角为 40°～60°。断层沿 NE 向延伸至大路口南可能与万城断裂相连，延伸长度大于 25km，使得桑植-石门复向斜沿 NE 向直接插入江陵凹陷大路口、米积台地区。地垒上所钻斯 2 井揭示，上升盘无古近系沉积导致第四系直接覆盖在志留系之上，而下降盘古近系沉积厚度大于 2000m(表 1-2-3)，说明纸厂河断层控制了白垩系-古近系的沉积，靠近纸厂河断层附近地层明显加厚，有向凹陷内部减薄的趋势，向西南延伸到湖南洞庭盆地澧县凹陷(图 1-2-30)。

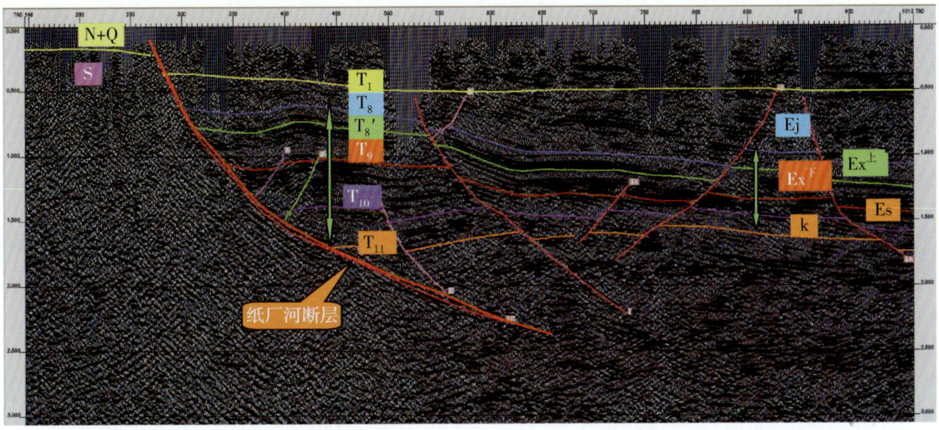

图 1-2-30　江陵凹陷二维 330 测线地震地质解释剖面图(纸厂河断层)

2）问安寺断层

问安寺断层为江陵凹陷西北缘与枝江凹陷的分界断层，是凹陷内的二级断层，南段呈 NE 向展布，北段呈 NEE 向展布，倾向 SE，倾角近 45°，断层各处落差悬殊，最大落差大于 3000m，延伸长度约 60km(表 1-2-3、图 1-2-31)，向南延伸至松滋张家畈镇附近，推测该断层南段应是江陵凹陷西部与宜都鹤峰复背斜分界断层。该断层是盆地演化过程中的一条调节断层，断层活动时期自白垩纪至渐新世均有活动，且活动强度总体较大，在空间上构成了单断箕状的江口向斜带。

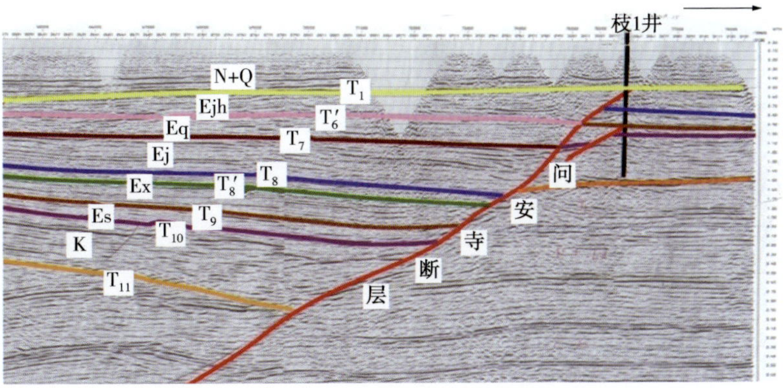

图 1-2-31　江陵凹陷二维 128.1 测线地震地质解释剖面图(问安寺断层)

3）纪山寺断层

纪山寺断层为江陵凹陷北缘与河溶、荆门凹陷的分界断层，是凹陷内的二级断层，走向由西段近 EW 向逐渐转为东段 NW 向，西段与问安寺断层相接，东段与清水口断层相连，延伸长度>45km，倾向 SW，倾角 20°～50°，地震 T_8' 反射层最大落差大于 1000m（表 1-2-3、图 1-2-32）。

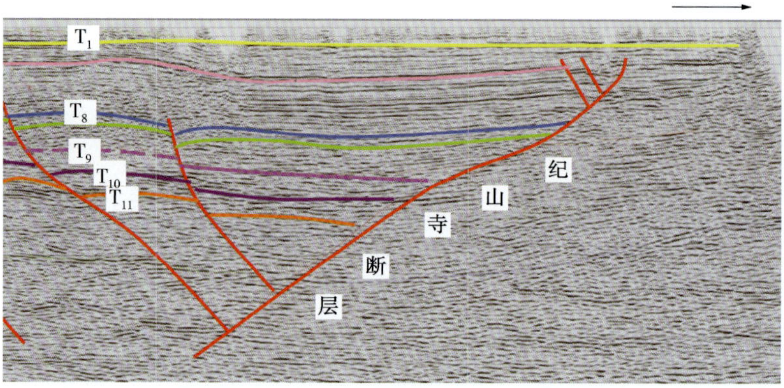

图 1-2-32　江陵凹陷二维 605 测线地震地质解释剖面图（纪山寺断层）

断层于白垩系-沙市组下段沉积期开始活动，新沟嘴组沉积期处于休眠状态，断层上、下盘地层厚度变化不大。荆沙组-潜江组沉积期复活，并强烈活动，表现为火山岩强烈喷发，造成陵北地区荆沙组玄武岩特别发育，至早第三纪荆河镇组沉积末期受喜山运动的影响，断层强烈错断，上升盘剧烈上升剥蚀。

4）清水口断层

清水口断层是凹陷东部边界断层，是凹陷内的二级断层（图 1-2-33）。走向 NW、倾向 SW，断距较小，最大断距 1500m，延伸长度大于 35km。该断层形成于晚白垩世，但晚期活动较强烈，分别控制了清水口向斜 Eq 沉积（表 1-2-3）。

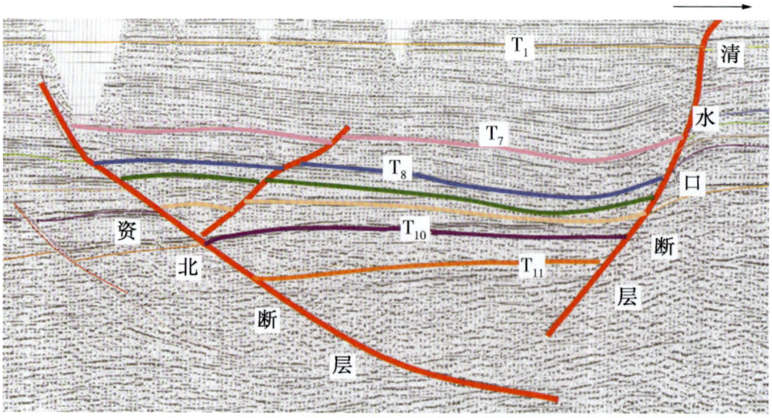

图 1-2-33　江陵凹陷二维 71 测线地震地质解释剖面图（清水口断层）

5）万城断层

万城断层位于江陵凹陷西部，是凹陷内的三级断层，总体呈 NE 向展布，延伸长度约 46km，断面倾向 SEE，产状较陡，倾角约 40°~50°，断层最大落差大于 2000m（表 1-2-3），是凹陷内长期活动的正断层，也是凹陷内重要的三级断层之一（图 1-2-34）。

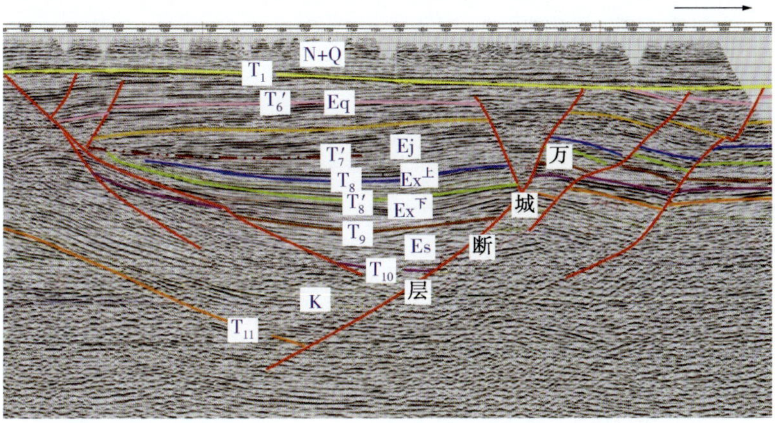

图 1-2-34　江陵凹陷二维 119. 5 测线地震地质解释剖面图（万城断层）

万城断层南段（采穴以南）表现为帚状分支组合，分支成多个断层，如复兴场、万城 1 号、2 号断层等，再向南与纸厂河一级断层交汇，现今剖面表现为先逆后正的形态，但反转量小，反映新近纪早期区域挤压作用较弱；中段（采穴以北、梅槐桥以南）走向北北东，一系列北东向断层与万城断层呈羽状斜交，形成多个断块、断鼻构造，具有从白垩纪-潜江组沉积末期长期活动特征，在潜江组沉积末期停止活动，整个断层表现为拉张正断层；北段断距大，推测与纪山寺断层交汇，下降盘一侧发育 1~2 个断阶，断层的北段向北西偏转，可能与远安断层相连，现今剖面又表现出先逆后正，新沟嘴组以上地层发生明显逆推挤压作用，反映新近纪早期区域挤压作用明显。

6）陵北断层

陵北断层位于江陵凹陷北部，是凹陷内的三级断层，呈 NE-NEE 向展布，倾向 NW，倾角 40°，最大落差达 1500m，延伸长度约 30km（表 1-2-3）。该断层的主要活动期为荆沙组-潜江组沉积时期，受其影响，形成了陵北地区荆沙组-潜江组箕状洼陷即安家岔向斜的北部，潜江组最大厚度在断层根部，呈楔状向北自然减薄（图 1-2-35）。

7）李埠断层

李埠断层位于江陵凹陷中部，是凹陷内的三级断层，走向为 NE 向，倾向 ES，倾角 40°~50°，最大落差达 1000m，延伸长度约 27. 5km（表 1-2-3）。该断层的主要活动期为 Es、Ej 沉积时期，在荆沙组沉积时期由于该断层的活动，使盐岩上覆压力降低，塑性状态的盐岩会向压力较小的断层发育带发生塑性流动，同时盐岩的塑性流动也会进一步加剧断层的活动。由于盐岩塑性流动，在靠近断层的附近沙市组厚度局部增大，由此可见该处

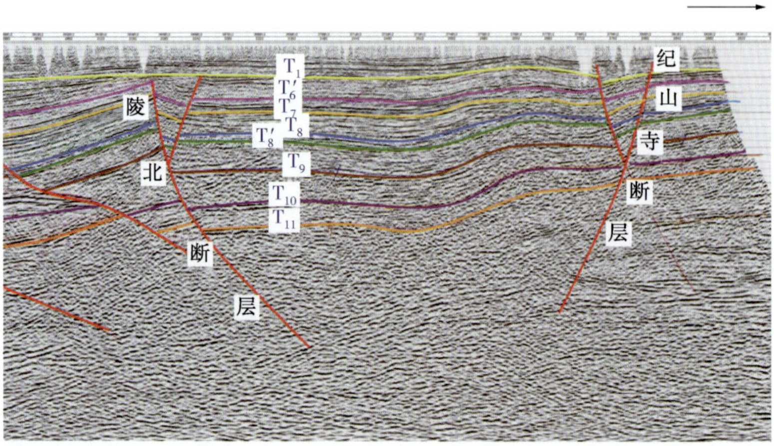

图 1-2-35 江陵凹陷二维 632 测线地震地质解释剖面图(陵北断层)

盐构造的发育与李埠断层的活动密切相关。

8) 弥陀寺断层

弥陀寺断层位于江陵凹陷西南部，是凹陷内的三级断层，其走向为 NE 向，倾向 NW，倾角 40°~50°，最大落差达 600m，延伸长度约 35km(表 1-2-3)。该断层的主要活动时期是上白垩统渔洋组、古近系沙市组和新沟嘴组下段沉积时期，后期活动减弱。

9) 资北断层、资南断层

资北断层位于江陵凹陷中东部，是凹陷内的三级断层，总体走向为 NE 向，倾向 SSE，倾角 40°~50°，最大落差达 1600m，延伸长度约 25km(表 1-2-3)。该断层在荆沙组沉积时期活动明显，测线 640 所算 Ej 时期的生长指数为 4.7，形成了荆沙期凹陷南部主要的沉降带，控制着资福寺向斜的发育。

资南断层位于江陵凹陷东南部，是凹陷内的三级断层，走向 NE，倾向 NW，倾角 35°~50°，最大落差达 700m，延伸长度约 18km(表 1-2-3)。资南断层的主要活动时期是荆沙组和潜江组沉积时期，与资北断层一起控制着资福寺向斜的发育(图 1-2-36)。

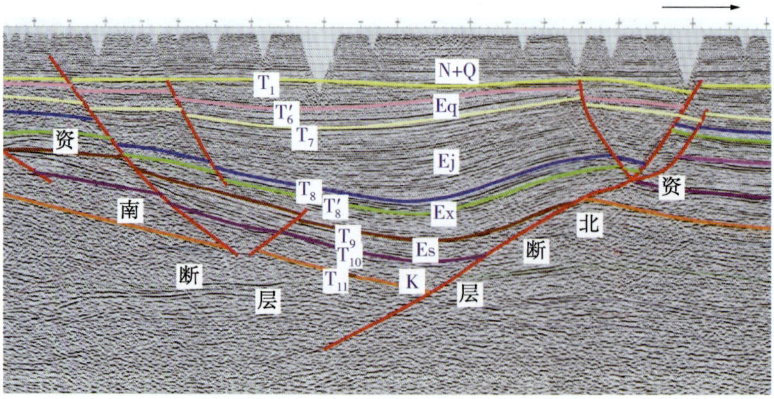

图 1-2-36 江陵凹陷二维 640 测线地震地质解释剖面图(资北断层、资南断层)

10）公安断层

公安断层位于江陵凹陷南部，是凹陷内的三级断层，总体走向近 EW，断面北倾，延伸长度约 56km（表 1-2-3）。该断层是一条长期活动的断层，主要有两个活动期，即 K-Es 和 Ej-Eq 时期，分别控制了这两个时期的地层沉积（图 1-2-37）。

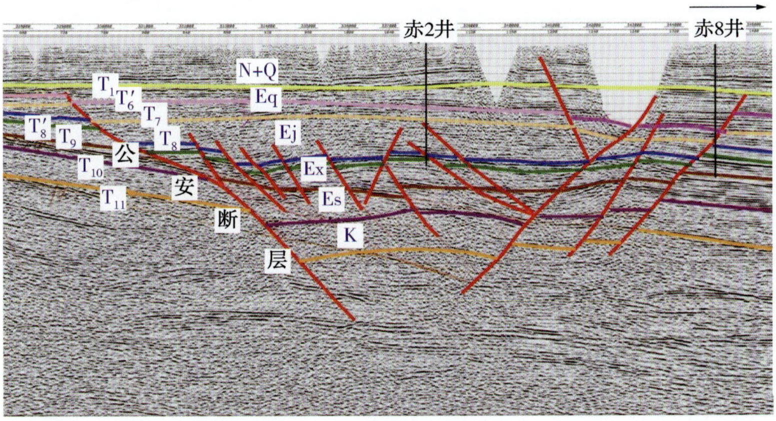

图 1-2-37 江陵凹陷二维 648 测线地震地质解释剖面图（公安断层）

11）天鹅洲断层

天鹅洲断层位于江陵凹陷中部，是凹陷内的三级断层，走向近 NNW 向，长约 10km，断面上陡下缓，倾向 NEE，倾角约 40°~50°，是在前白垩纪的挤压逆冲断层的基础上发育起来的，在白垩纪拉张应力背景的作用下，发生负反转活动的张性断层。该断层主要活动时期在 K、Es，Ej-Eq 时期有一定活动，向下切割盆地基底，对白垩系有一定的控制作用，向上可能断切至荆沙组-潜江组，主要控制着早期 K、Es 时期的地层沉积（表 1-2-3、图 1-2-38）。

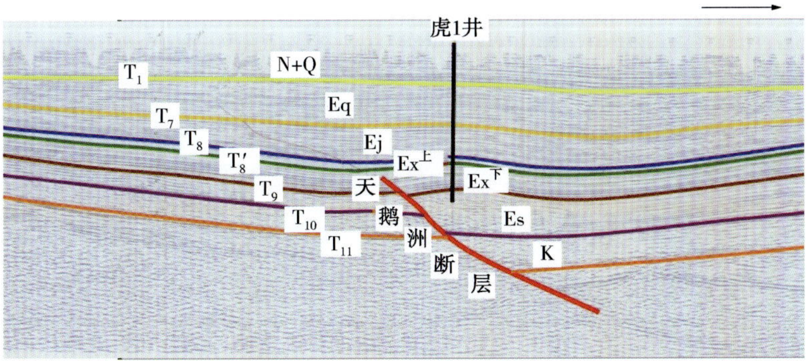

图 1-2-38 江陵凹陷二维 30 测线地震地质解释剖面图（天鹅洲断层）

12）复兴场逆断层

复兴场逆断层位于江陵凹陷中部，是凹陷内的三级断层，呈近 NW 向展布，断面倾向 SWW，倾角 60°~70°，延伸长度约 7km（表 1-2-3）。该断层主要发育于古近纪末-新近纪，受北东–南西向构造挤压应力作用所形成的北西向逆断层。在地震剖面(图 1–2–39)上未见到该断层对地层厚度有明显的控制作用，但其对构造变形以及圈闭的发育和隆起带的形成具有明显的改造作用。

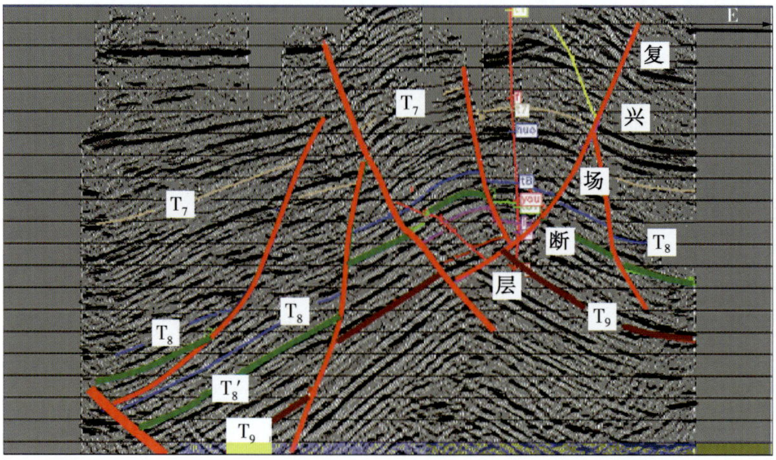

图 1–2–39　江陵凹陷复兴场三维 327 测线地震地质解释剖面图(复兴场断层)

4. 断层组合特征

自白垩纪以来的多期构造运动在江陵凹陷内形成了大量多方向、不同规模的张性正断层和压性逆断层，这些断层在盆地内形成了多种组合样式。

1）断层剖面组合样式

通过大量地震地质剖面观察总结可归纳出 10 种断裂剖面组合样式(图 1–2–40)。简单的犁形正断层：一般发育单条断层，调节断层在其周缘不发育[图 1–2–40(a)]。“Y”字形组合：一条大断层与相对掉向的调节断层组合[图 1–2–40(b)]。马尾状组合：多条距离较近的同向正断层组合，在断层的根部相互汇聚在一起[图 1–2–40(c)]。羽状组合：一条大断层与多条相同掉向的调节断层组合[图 1–2–40(d)]。复合“Y”字形组合：由多组不同级别的“Y”字形断裂组合而成[图 1–2–40(e)]。断阶状组合：由两条或两条以上的同向正断层组合而成[图 1–2–40(f)]。类花状组合：由于盐构造作用形成的特殊断裂组合样式[图 1–2–40(g)]。简单斜坡：在构造斜坡上断裂不发育[图 1–2–40(h)]。同向断阶斜坡组合：在斜坡部位发育多条断层，断面倾向与地层倾向一致的组合样式[图 1–2–40(i)]。反向断阶斜坡组合：在斜坡部位发育多条断层，断面倾向与地层的倾向相反的组合样式[图 1–2–40(j)]。

不同断裂组合样式发育在不同的构造部位。简单的犁形正断层、“Y”字形组合、羽状组合、马尾状组合和断阶状组合一般发育在构造陡坡带，如万城断层的陡坡带就是“Y”字形组合样式(图 1–2–41)，问安寺断层的陡坡带就是马尾状组合样式。简单斜坡、反向断阶斜坡组合和同向断阶斜坡组合一般发育在斜坡带，如江陵凹陷南部公安单斜带是以同向断阶斜坡组合为特征(图 1-2-42)。类花状组合一般发育在洼间低凸起上，如江陵凹陷涴市断裂带上李家台低凸起为典型的类花状构造。复合"Y"字形组合则在不同部位均可能发育(图 1-2-43)。

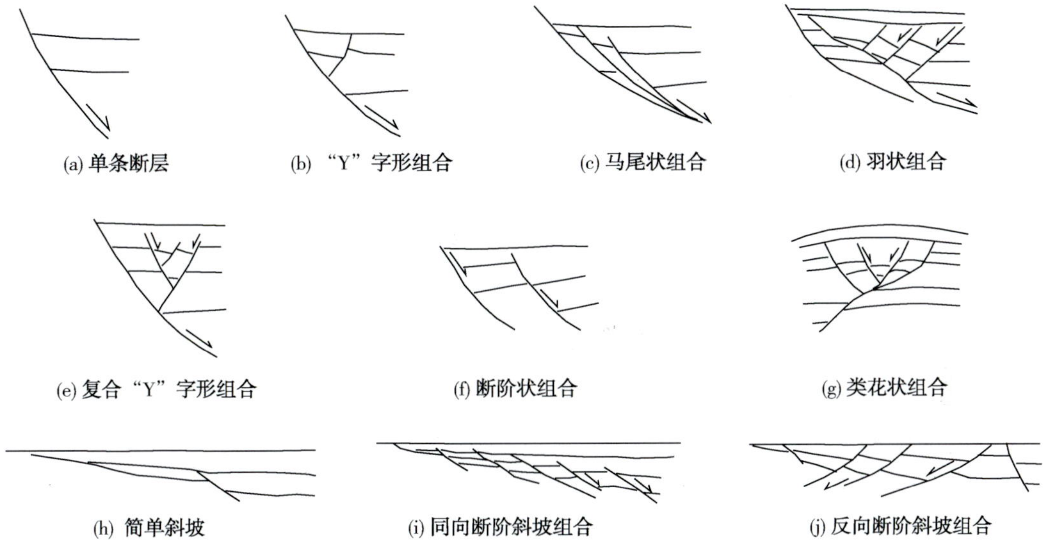

图 1-2-40 断裂剖面组合样式图

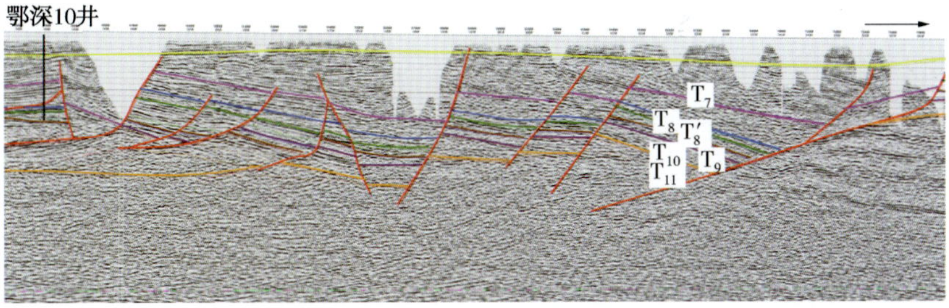

图 1-2-41 万城、问安寺断裂 109. 4 测线"Y"字形、马尾状剖面组合样式图

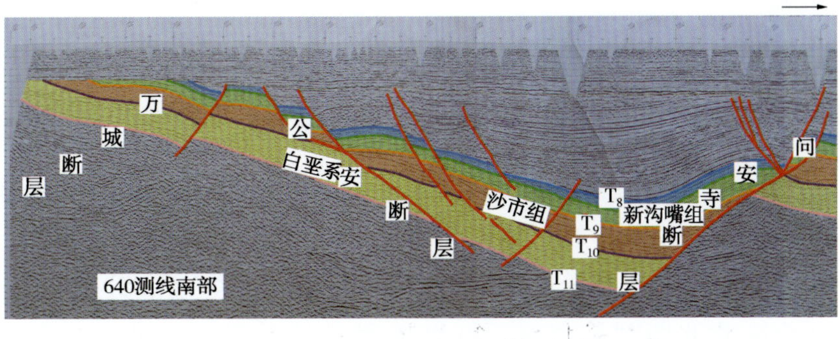

图 1-2-42 公安断裂 640 测线南部同向断阶组合样式图

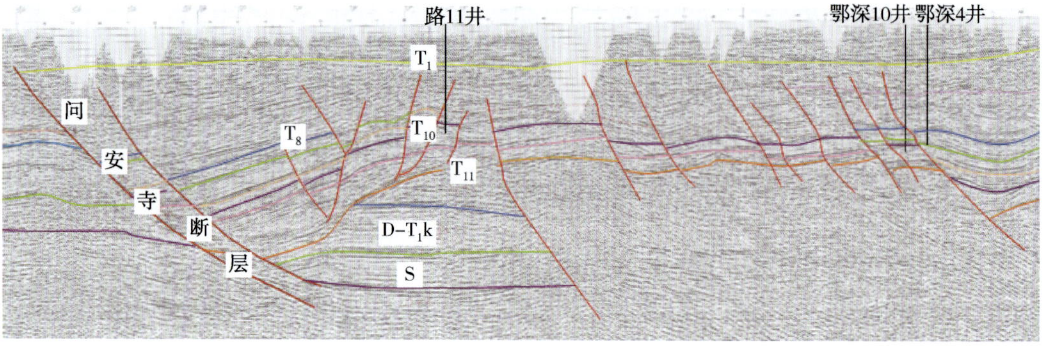

图 1-2-43 江陵凹陷 115. 2~348. 9 测线复合“Y”字形组合样式图

2）断层平面组合样式

江陵凹陷的一、二、三级断裂大都是一些先存基底断裂，后期沿先存破裂面继承性发育，可能不同时期的区域伸展方向不尽一致；而次级小断裂一般都是后期在沉积盖层中发育生长起来的，其伸展方向大都与区域伸展方向一致，或受局部构造活动(如盐底辟作用)控制而呈放射状。这样就造成了早期主断裂和大量次级小断裂组合成多种样式在平面上有规律地分布，且不同组合样式反映不同构造应力背景。

江陵凹陷中数百条大小断层平面展布形如蛛网，相互交叉、切截，细致分析可归纳出 3 种平面组合样式，即平行组合、羽状组合和放射状组合(图 1-2-44)。平行组合是一组平行或近于平行的次级断裂和主断裂方向也近乎平行的组合样式[图 1-2-44(a)]。羽状组合是一组斜列的断层与一条主断层斜向相交的组合样式[图 1-2-44(b)]。放射状组合是在主断裂或构造隆起周缘形成的发散状的断裂组合样式[图 1-2-44(c)]。

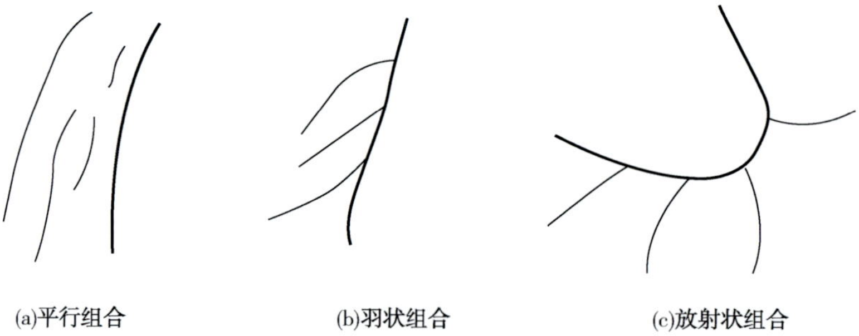

图 1-2-44 断裂平面组合样式图

上述断裂平面组合样式主要发育在江陵凹陷内的一些正向构造带上。平行组合主要分布在凹陷西南部，如万城断裂构造带凤凰断裂以南的断层组合就是平行组合样式(图 1-2-45)；放射状组合主要分布在荆州背斜带上，可能与盐底辟、火山底辟作用有关，如安家岔地区陵北断裂带北缘、复兴场背斜的断裂组合就是放射状组合样式(图 1-2-46)；羽状组合分布广泛，在万城断裂带中段、公安单斜带上特别典型，晚期北东向次级断层斜向收敛到早期先存北北东、近东西向主断裂上，如沙岗地区公安断裂带就是平面羽状组合样式(图 1-2-47)。

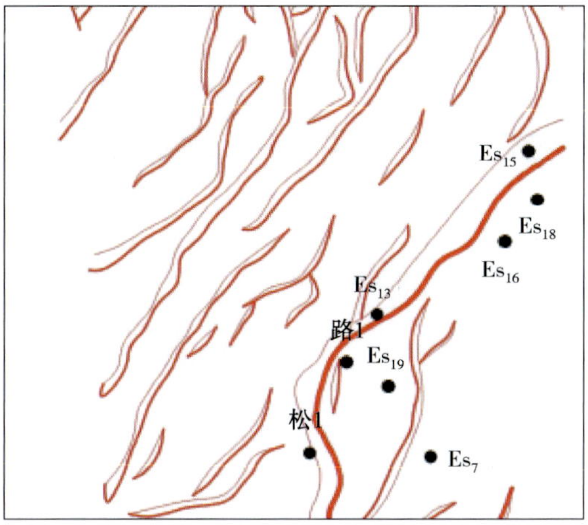

图 1-2-45　江陵凹陷万城断裂带南段断裂平行组合样式图

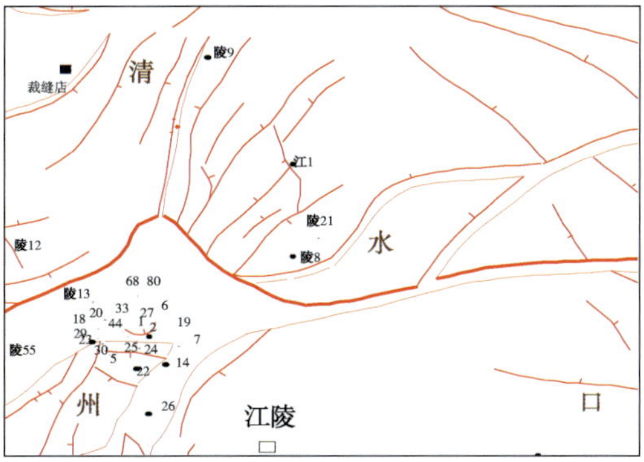

图 1-2-46　江陵凹陷安家岔地区陵北断裂放射状平面组合样式图

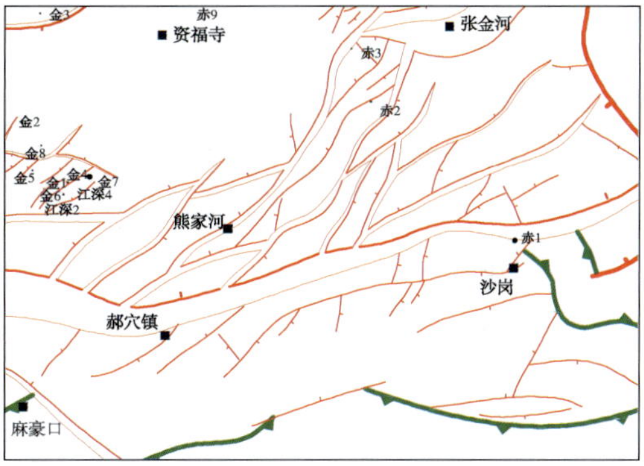

图 1-2-47　江陵凹陷资福寺南侧公安断裂羽状平面组合样式图

5. *断层活动规律*

一个地区的构造是地壳不断递进变形和演化相结合的产物，这种演化以不可逆的运动过程进行旋回式的发展。断裂的形变过程(生成-发展-消亡)亦是如此。江陵凹陷经历了多期构造运动，形成了其独特的活动方式和断裂组合样式。

通过对江陵凹陷内主干断层活动性分析发现(图 1-2-48)，其断裂发育演化大致可分为三个阶段：燕山晚期、喜山早期和喜山中晚期。现将各期次断层组合及活动方式、特点简述如下。

燕山晚期(晚白垩世-始新世新沟嘴组期)，江陵凹陷总体持续处在南东-北西向拉张的背景下，且伸展方向有向东偏转的趋势。在晚白垩世的断陷初始期，断裂走向表现出各向异性，大量北东(或北北东)向断层开始正断活动，如问安寺断层北段、万城断层南

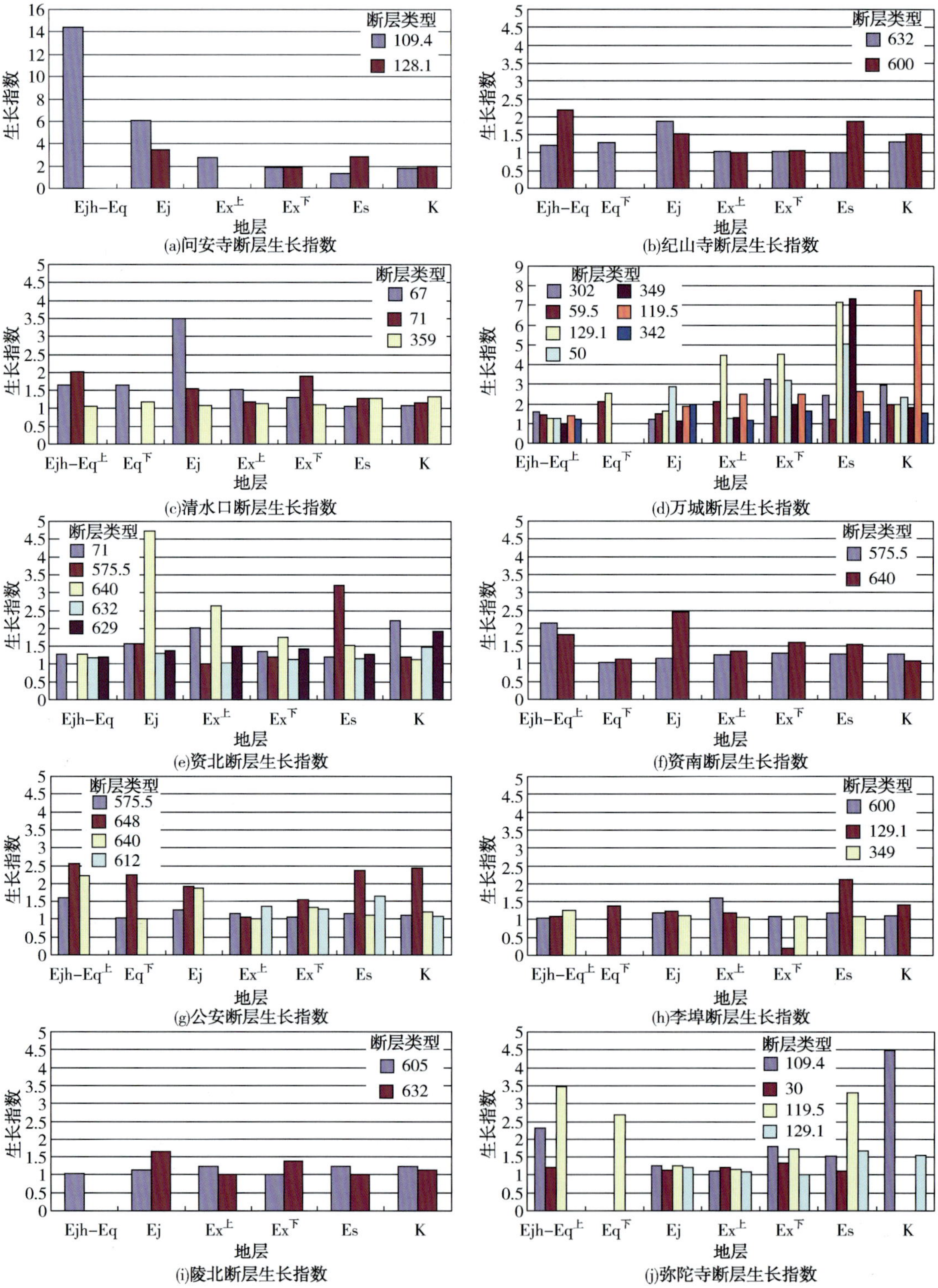

图 1-2-48　江陵凹陷各主干断层生长指数统计图

段和资北断层的生长指数分别可达到2、7.7和2.2，同时受边界条件以及先存断裂的影响，也会发育一些沿其他方向展布的断层，如北西向的天鹅洲断层也发生了正断活动，反映出破裂伸展初期的特点。随着断陷作用的进一步增强，垂直伸展方向的北东向断层逐步成为拉张应力集中释放带，如万城断层的强烈断陷作用延伸到北段，以北东向、北东东向为主的三级断层增多；北西向断陷逐步被废弃，诸如盆缘的汉水、荆门、河溶等凹陷，盆内的天鹅洲、汉水等北西向断层在新沟嘴组下段末期基本停止活动。

喜山早期(荆沙组期–潜江组期)，江陵凹陷仍持续南东–北西向拉张并继续向东偏转，大量北东向以及近东西向的三级断层开始正断活动。在荆沙组期，北东向的万城、李埠、弥陀寺断层和北东东向的资北断层等联合强烈活动形成一个横跨梅槐桥–资福寺地区的“丁”字形洼陷带，资北断层的生长指数更是达到了4.7；进入潜江组期，二级断层中问安寺、清水口断层活动强度较大，三级及更次级的断层中活动强度较大的主要包括万城、资北、盐卡断层，与上期相比，凹陷内发育的断层增多，但整体活动不强，断陷不深。

喜山中晚期(古近纪末期–新近纪早期)，江陵凹陷的应力背景由北西(北北西)向的拉张转变为北东(北东东)向的挤压，发育了一些北西(北西西)向的逆断层。由于喜山中期(E末)和喜山晚期(N末)两次运动叠加改造，很难区分。这两期断裂是在区域挤压环境下形成的，地震剖面上表现出的都是挤压断层或原生正断层性质反转成逆断层而形成的反转断层，如谢凤桥断层和八岭山东、西逆断层。平面展布上，晚期形成的逆断层呈北西向，早期正断层形成的反转断层则呈北东向。如北西向的复兴场逆断层就是这一时期形成的，呈北东向展布的万城断层南段在这一时期也发生了弱反转。

经以上分析可以看出，控制着盆地发育的主要断裂，大都是追踪利用先存的断层面再活动的。先存断裂的产状及其组合样式对盆地构造格架产生了重要的影响。现存断裂的再活动也具有选择性，在一定构造应力背景的作用下，那些与区域构造应力背景相匹配的方向的断面最易再次活动。

总的来说，断层的活动及其走向是受区域应力场控制的，不同时期区域构造应力的方向或性质发生变化，断层的走向或性质也相应地发生变化，二者是一致的，江陵凹陷的断裂演化具有北北东、北东、北东东向顺时针有序右旋的变化规律。在先存断裂的影响下，从初始断陷时期发育有多个方向的断裂，到断陷发展定型，正断层的走向逐渐趋向统一，现今的正断层分布以北东(北东东)向为主；逆断层主要是喜山中晚期挤压构造活动的产物，走向主要为北西或北北西向。

(四) 局部构造类型及机制

盆地的不同演化阶段形成了众多的构造类型，划分构造类型的方法有多种，可按构造形态分为断背斜、断鼻、断块，又可按成因分为张性、压性和底辟性质的。本次研究主要是按成因分类，将这些局部构造分为四种类型，即同生构造、反转构造、盐构造、火山岩构造，每一类按构造形态又可细分为几种亚类(表1-2-4)。

表 1-2-4 江陵凹陷局部构造类型分类表

成因	类	亚类
张性	同生构造	逆牵引背斜、断块构造
压性	反转构造	背斜、断块构造
底辟	盐构造	盐枕、盐背斜、盐脊构造
	火山岩构造	火山锥、披覆构造

1. 同生构造

同生构造又称同沉积构造或生长构造，主要发育于拉张应力场环境中伸展型正断层的下降盘，是重要的含油气构造，受控于构造活动与沉积作用，是在断层活动与沉积充填压实共同作用下形成，其主控断层称为同生断层或生长断层。由于同生构造的形成与同生断层密切相关，本书主要通过对同生断层以及伴生构造（逆牵引背斜和断块构造）进行分析来研究该区同生构造的特征。

1）同生构造的类型及特征

（1）同生断层。

凹陷内同生断层发育，边断裂、边沉积的同生断层是同生构造发育的基础条件，同生构造的发育模式受控于同生断层各方面的性质特征。同生断层的断面弯曲一般为铲形，上陡下缓、凹面朝上。同生断层在发育过程中，沉积作用所导致的重力滑动和差异压实作用在一定程度上促进了断层的活动，使得同生断层的生长指数较高。

万城断层是江陵凹陷内一条典型的同生断层，从地震剖面（图 1-2-49）上可以看出，断面弯曲、上陡下缓、凹面朝上，为典型的铲形或犁式断层，其下降盘地层明显增厚，同时逆牵引背斜和断块等伴生构造在该断层的上、下盘较发育。

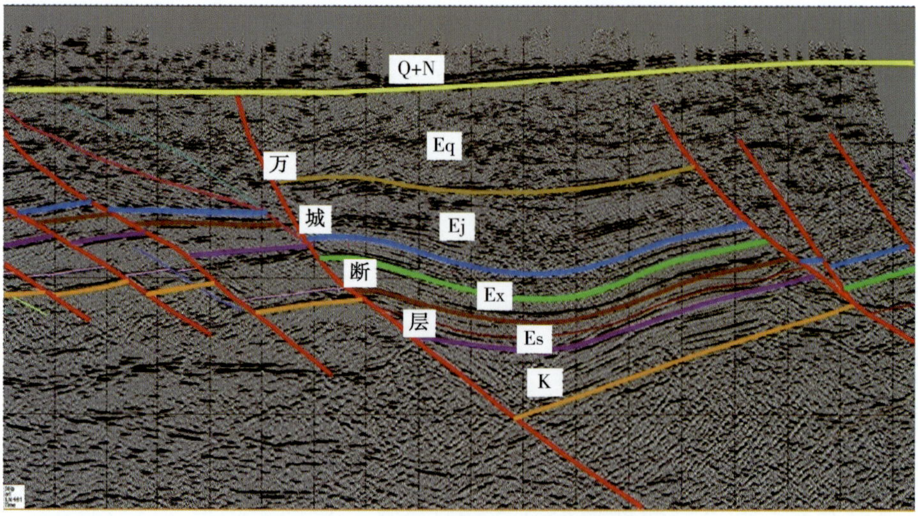

图 1-2-49 江陵凹陷万城同生断层剖面图

（2）正断层下降盘的逆牵引背斜。

逆牵引构造是同生断层活动所形成的主要伴生构造之一，是紧靠断层下降盘出现的小型背斜或鼻状构造。由于它的形态和正断层下降盘牵引作用形成的向斜形态恰恰相反，故称为“逆牵引”构造。

江陵凹陷内的逆牵引背斜构造主要分布在强烈活动同生正断层的下降盘。如在万城断层沿线的谢凤桥、梅槐桥地区可见逆牵引背斜(图 1-2-50)，为油气聚集提供了良好的圈闭条件，是该区主要的含油气构造。

（3）正断层上升盘的断块构造。

同生断层活动时期，在其上升盘由于同沉积的反向正断的断裂活动使得夹持在两条断层中间的地层抬升，在上升盘形成断块构造。

在万城断层中部的谢凤桥地区，受万城断层及相邻的反向正断层活动的影响，两条断层之间的地层相对抬升，形成断块构造，从而为油气聚集提供有利的圈闭条件，这一构造在该地区也是主要的含油气构造(图 1-2-51)。

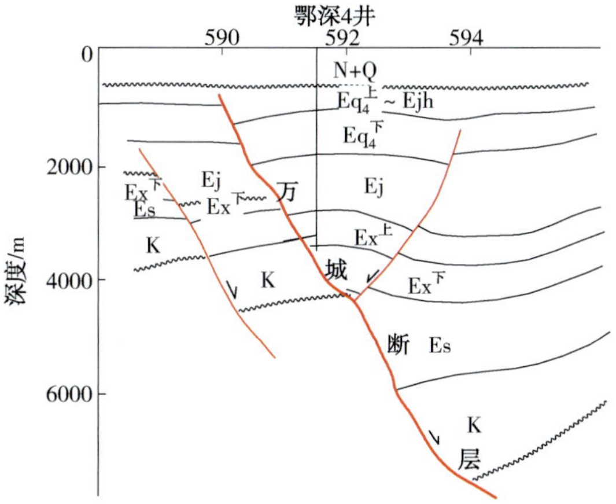

图 1-2-50 江陵凹陷 349 测线万城断层下降盘的逆牵引背斜构造剖面图

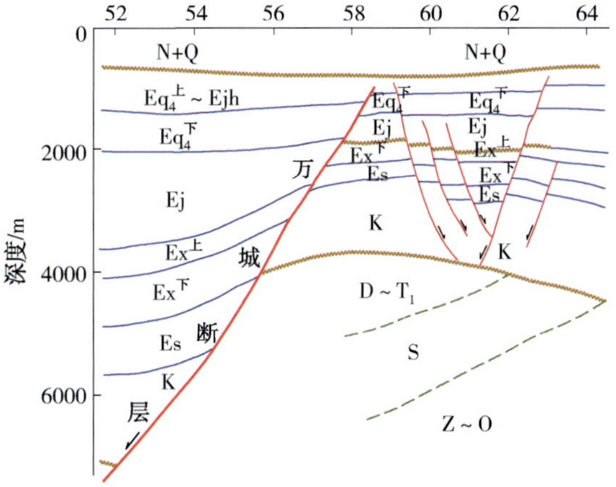

图 1-2-51 江陵凹陷 129.1 测线万城断层上升盘的断块构造剖面图

2）同生构造的形成

同生构造的发育主要受控于同生断层的活动，控凹断层持续强烈活动就会形成同生构造。如万城断层作为凹陷内一条重要的同生断层，长期强烈正断活动，在其下降盘就形成了逆牵引背斜。同生断层伴生的断块构造可能出现的时间要早于逆牵引背斜，且形成时期跨度可能较大。

3）同生构造的分布特征

江陵凹陷内的同生构造紧邻同生断层分布，以万城断层最为典型，在其上下盘发育同生构造，其总体平面展布方向与万城断层的走向一致，呈北东向，集中分布在位于万城断层中部的梅槐桥和谢凤桥地区。另外，江陵凹陷南部的资北断层在强烈断陷期也可能伴生系列同生构造，其走向与断层走向近乎一致，呈北东东向。

4）同生构造与油气聚集的关系

同生构造从区域上说可控制生烃洼陷的范围和烃源岩的厚度，从局域上可为单个油气藏形成提供大量有利同沉积圈闭。断块构造和逆牵引背斜都是十分有利的同沉积圈闭，万城断裂下降盘发育的系列逆牵引背斜、断块构造在荆沙组沉积时期已基本定型，早于梅槐桥生烃洼陷大量生排烃期。新沟嘴组下段生成油气大量初次运移进入同层系的砂岩储集体后，侧向二次运移至新下段同沉积圈闭中聚集成藏，如万城、谢凤桥油田的新下段油藏；上升盘断块构造中白垩系砂岩储集体与新下段烃源岩侧向对接时，油气就会穿断层面运移至断块构造中聚集成藏，如采穴、谢凤桥油田的白垩系油藏。另外，荆州背斜带南斜坡也可能在潜江中晚期–荆河镇组沉积期形成系列同生断块圈闭，为油气富集提供有利场所。

2. 反转构造

1）反转构造的类型及基本特征

反转构造是指地质历史发展过程中，不同时期两种不同性质的构造应力作用于同一地质体上的叠加复合构造体，主要体现为反转断层的正负反转和不协调的剥蚀，后者也被称为隐性反转构造。根据应力出现的时间先后可以划分为两类，即正反转构造和负反转构造。构造应力背景由早期的挤压性质转变为拉张性质，断层由逆断层转变为正断层的过程为负反转，形成的构造样式为负反转构造。构造应力背景由早期的拉张性质转变为挤压性质，断层由正断层转变为逆断层的过程为正反转，形成的构造样式为正反转构造，在这一地质过程中，根据挤压应力的差异可以形成挤压背斜和挤压断块。

与同生构造类似，由于逆断层与反转构造密切相关，下面通过对逆断层、挤压背斜和挤压断块进行分析来研究该区的反转构造的特征。

（1）逆断层。

江陵凹陷内的逆断层主要形成于喜山中晚期，相当部分是早期的正断层发生正反转所形成的，目前发现的7条逆断层，大体呈北西向展布，主要分布在凹陷中北部，如万城断层北段、八岭山、复兴场等地区。在区域挤压应力的影响下，伴随逆断层的活动，形成了一些典型的挤压背斜和挤压断块构造。

（2）挤压背斜。

当反转程度很强时，区域挤压作用使早期的地层发生褶皱变形，形成挤压背斜。万城断层北部马山地区可见这一现象（图1–2–52）。早期的正断层发生正反转转变为逆断层，相应地，早期地层遭受挤压，褶皱变形，形成背斜，可为油气聚集提供有利场所。

（3）挤压断块。

挤压断块是在区域挤压应力作用下，由逆断层和反向断层夹持所形成的一种反转构造，凹陷内在复兴场地区可见这一现象（图1–2–53）。在地层遭受挤压、褶皱变形的同时发育的反向断层切割地层，在两条断层之间形成断块构造。这一构造也是凹陷内主要的含油气构造。

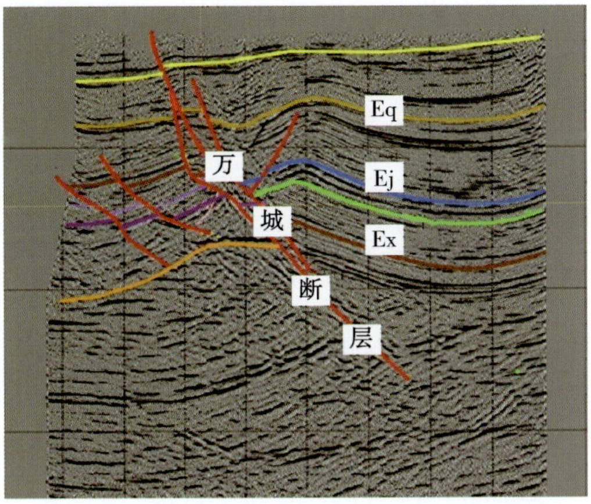

图 1-2-52 万城断层北部挤压背斜剖面图

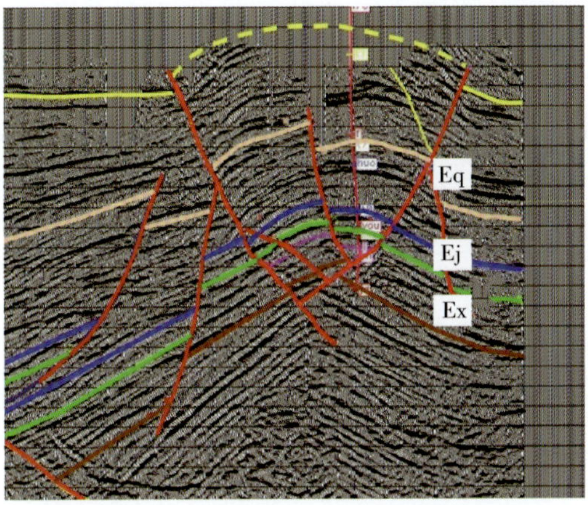

图 1-2-53 复兴场地区挤压断块剖面图

2）反转构造的形成

江陵凹陷古近纪以来主要发育正反转构造，至少可以识别出荆沙组早期、荆河镇组末期和新近纪早期三期挤压。荆沙组早期主要体现在褶皱剥蚀反转和沙市组盐岩定向上拱，造成明显的角度不整合（图 1-2-54），没有发现明显的逆断层和大幅度的褶皱变形；荆河镇组末期为区域性角度不整合，并形成了大量反转断层，盐拱背斜得到明显加强，背斜顶部遭到强烈剥蚀；新近纪早期除构造反转外还形成明显的挤压褶皱（图 1-2-55）。总体来看，上述三期的挤压作用是逐步加强的。

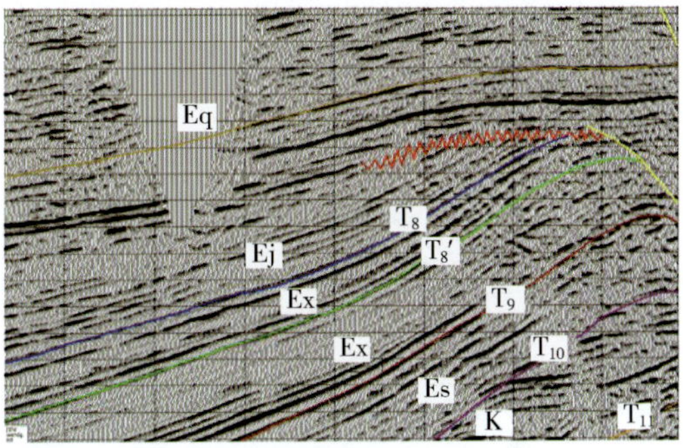

图 1-2-54 江陵凹陷二维 50 测线荆沙组早期构造反转地震地质解释剖面图

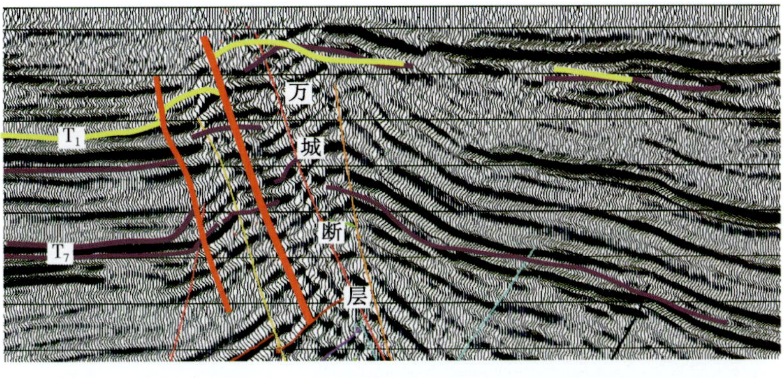

图 1-2-55 万城三维 447 测线新近纪早期构造反转地震地质解释剖面图

此外，在晚白垩世的早晚也存在隐性反转现象。在晚白垩世早期，先存的基底逆冲断裂反转为正断层，这类断层在 T_{11} 反射界面广泛发育，伴生大量负反转构造，如万城断层的负反转导致了不整合面 T_{11} 下伏的向斜与上覆层的万城断裂隆起相对应，在区内不整合面（T_{11}）上下广泛发育这种镜像构造。在晚白垩世晚期，从白垩系北西向构造的废弃等构造面貌变化来看，末期可能存在不整合，但深层资料反映不清，只有部分地震剖面能见反转剥蚀现象。

3）反转构造的平面分布特征

江陵凹陷反转构造的展布方向与凹陷内逆断层的走向一致，强反转构造总体上呈北西向，主要分布在凹陷北部，如万城断层北部（与南部不同，其北侧走向为北北西向）以及八岭山、复兴场等地区（图 1-2-56），一般表现为断层完全或大部分被逆转且在上升盘发生了褶皱或剥蚀现象的新近纪早期正反转；弱反转构造大体上呈北北西向或近南北向，主要分布在凹陷南部，如谢凤桥 Es14 井～Es11 井地区的万城断层段（图 1-2-57），一般表现为反转程度较弱的荆沙早期或更早期的抬升剥蚀不整合面接触。总的来说，正反转伴随的挤压现象具有北强南弱的特点，尤以潜北断层延线以北明显，反映潜北断层对来自东北向的挤压有一定调节作用。

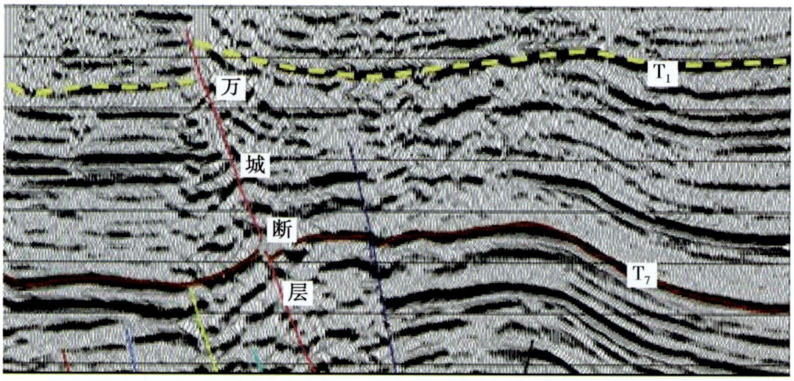

图 1-2-56　万城三维 353 测线新近纪早期构造反转地震地质解释剖面图

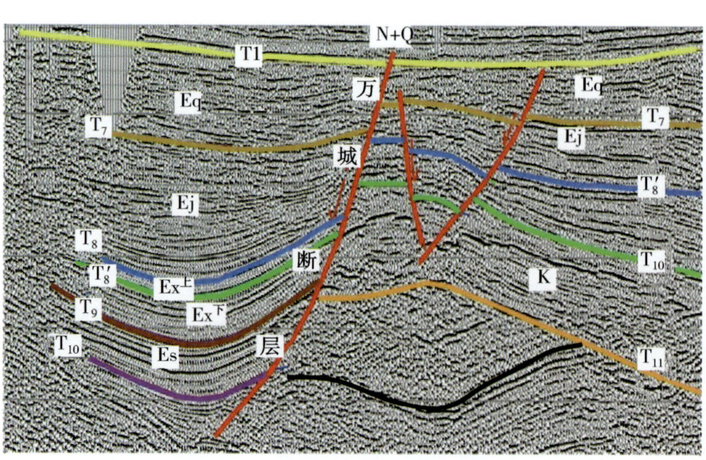

图 1-2-57　万城断裂带负反转构造剖面图

4）反转构造与油气聚集的关系

江陵凹陷反转构造对油气聚集既有积极作用，也有消极作用。其积极作用体现为在盐底辟核心作用基础上加剧荆州背斜带的隆起幅度，增加南部洼陷带与荆州背斜带之间的势能差，加速油气二次运移进程，提高油气富集程度；其消极作用体现为对单个油气藏的次生改造或破坏逸散，荆州背斜带的系列反转构造主要于荆河镇组沉积末期和新近纪末期形成，同期或晚于江陵凹陷新下段烃源岩主要排烃期，潜江中晚期形成的原生油气藏遭到反转断层改造或破坏，油气沿断层垂向运移在新上段、荆沙组次生成藏或逸散。

3. 盐构造

盐构造主要是盐源层塑性流动发生底辟作用，向上侵入或刺穿所产生的构造。按照底辟核与围岩的关系可将底辟分为刺穿构造和隐刺穿构造。隐刺穿构造是指底辟物质没有刺穿围岩，其底辟核顶面的形态和围岩保持一致，常常是底辟发育初期的形态，或者底辟物质黏度大、塑性差、变形弱的结果。刺穿底辟通常是底辟发育到成熟阶段的产物。盐构造是江汉盆地发育较为广泛的构造样式，它的形成与盆地内部沉积的一定厚度的盐岩地层密切相关。

1）构造类型及特征

根据盐构造发育程度的差异性可以将江陵凹陷的盐构造分为盐枕、盐背斜、盐脊。下面将遴选一些典型三维剖面对三种盐构造类型分别进行描述：

（1）盐枕。

复兴场地区的三维120测线发育盐枕构造（图1-2-58），盐岩埋深近5000m，其上拱幅度不大，盐核上拱幅度为250m左右。上拱的沙市组中下部的盐源层使上覆新沟嘴组明显出现顶薄翼厚的特征，并持续影响荆沙组，而更上层的潜江组厚度较均匀且其底面无起伏说明进入潜江期该盐构造已停止生长。该处断裂不发育，构造变形弱，仅形成盐枕构造（表1-2-5）。

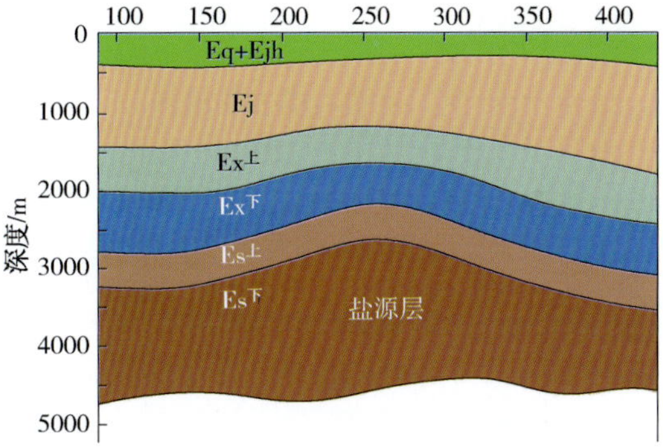

图1-2-58　复兴场三维120测线盐枕构造剖面图

表1-2-5　江陵凹陷盐构造类型及特征统计表

三维测线号	类型	埋深/m	上拱幅度/m	影响的盐上层	结果
复兴场120	盐枕	5000	250	新沟嘴组	盐上层顶薄翼厚；无伴生构造，变形弱
沙市163	盐背斜	3500	400	新沟嘴组-荆沙组	盐上层顶薄翼厚；伴生地堑、弱反转构造
八岭山294	盐脊	5000	640	新沟嘴组-第四系	盐上层顶薄翼厚；伴生地堑、强反转构造

（2）盐背斜。

沙市三维163测线呈北西向切过沙市盐背斜构造，其背斜形态较为对称，盐岩埋深约为 3500m，盐核上拱幅度为 400m 左右(图 1-2-59)。沙市组中下部的盐层明显加厚，而沙市组底界以下地层褶皱幅度很小，反映沙市组以上的背斜构造与盐层的加厚上拱有关。由于盐岩上拱而使上覆地层新沟嘴组和荆沙组顶部薄、两翼厚，盐上层伴生的地堑构造在荆河镇组末期遭受弱挤压而形成正反转构造(表 1-2-5)。

(3) 盐脊。

八岭山三维 294 测线正好切过一个盐脊构造，形状呈"V"字形，上部形态较对称，盐岩埋深在 5000m 左右，被"挤入"幅度较大，盐核上拱幅度达 640m(图 1-2-60)。该构造是由重力滑塌导致盐岩"挤入"上覆地层，并在盐上层发育地堑构造，地堑内部出现一系列近似平行的正断层构成复杂的断裂系，在荆河镇组末期遭受强挤压而发生抬升剥蚀形成正反转构造(表 1-2-5)。

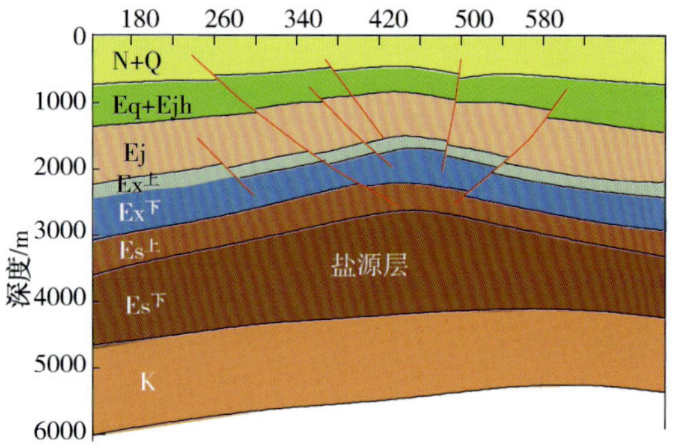

图 1-2-59　沙市三维 163 测线
盐背斜构造剖面图

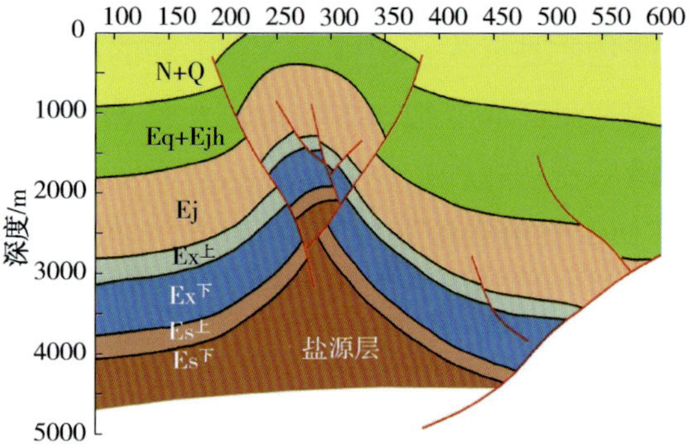

图 1-2-60　八岭山三维 294 测线
盐脊构造剖面图

综上所述，江陵凹陷的各类盐构造形态一般表现为上凸下平的丘状，个别为上凸下凹的透镜状；盐源层均是沙市组下段，由于盐岩上拱，盐上层大都出现顶薄翼厚现象，上拱幅度最大可达 640m；盐岩塑性流动上拱幅度大的地方结合断层可以在盐上层伴生地堑构造和后期反转构造。

2) 构造形成演化

在正常情况下，由于盐构造的形成与迁移会造成其顶部和翼部地层厚度的变化，在盐丘开始发育的时候，其两翼的地层逐渐向顶部减薄，甚至出现沉积间断和地层不整合，由于溶蚀流失与盐源补充的枯竭，沿盐体两翼可能出现箕状的沉降洼陷，这些是判断盐构造形成与演化的主要手段。地层顶薄翼厚说明盐岩仍在上拱，更确切地讲，说明盐岩上拱速率要大于地层沉积速率，表现为盐构造的生长。在上覆地层出现等厚的情况下，则说明盐构造停止生长。

江汉盆地盐岩塑性流动临界深度为 1400m、临界温度为 60℃，江陵凹陷沙市组普遍较厚，沙市组早期沉积盐源层，新沟嘴组末期-荆沙组早期沉积已达到盐岩塑性流动的临界深度，此时盐岩开始塑性流动，形成了盐构造的雏形，为盐构造的发育期。

在二维 129.1 测线上盐构造表现比较明显（图 1-2-61），由地层不整合可以判断出有一层剥蚀面的存在，即 T_7'地震反射界面，是由于此时盐岩上拱使盐上层抬升遭受剥蚀，可以判断出该盐构造在荆沙组早期开始生长。同样在二维 50 测线处存在一层剥蚀面（T_7'地震反射界面），此处盐岩上拱幅度虽小，但也导致上覆新沟嘴组上拱而遭受剥蚀，说明荆沙组早期盐构造开始生长。故全区的盐构造开始生长的时间大致相同，为荆沙组早期。

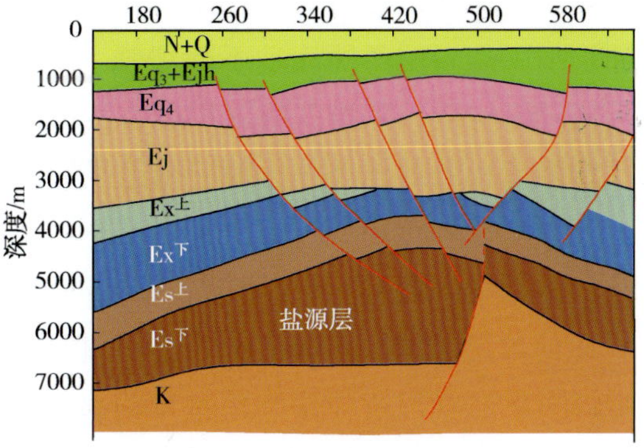

图 1-2-61　江陵凹陷二维 129.1 测线盐枕构造剖面图

在荆河镇组末期，江陵凹陷受到局部抬升剥蚀，挤压作用致使大部分地区的盐岩上隆，盐上层发生反转，盐构造基本定型，新近纪以来遭受挤压改造而伴生正反转构造最终形成现今面貌，但少数地区的盐枕构造发育程度低，盐上层在潜江组沉积时期已出现地层等厚，说明盐构造停止生长，后期的挤压作用对盐枕构造的影响较小。

综上所述，盐构造的发育是一个相对较长的地质过程，根据江陵凹陷盐构造现今特征及区域构造演化，将江陵凹陷盐构造演化划分为以下 3 个阶段：

（1）盐构造产生。

晚白垩世开始，区域动力背景由挤压转变为拉张。沙市组早期沉积时，盆地在拉张背景下，沉积了一套厚度在 700m 以上的盐系及膏盐地层，这正为盐构造的发育提供了物质条件。沙市组晚期-新沟嘴组时期，盆地以坳陷沉积为主，沙市组晚期，气候变暖，湖水逐渐上升，沉积范围扩大，沉积了一套千米的稳定砂泥岩地层。随后因不断地沉积而埋深逐渐增大，沙市组下段盐源层厚度及岩性比较稳定，盐源层尚未发生塑性蠕动，但盐岩层所承受的温度和压力在不断增大，这样为盐岩塑性流动及盐构造形成孕育了一定的温度和压力。

新沟嘴组沉积之后，沙市组下段盐源层埋深普遍达到 1500m，加上断层和区域应力作用和火山、岩浆强烈活动作用下，盐源层具有一定的流动性质。盐岩层在一定温度和压力条件下软化点降低，盐岩开始发生塑性蠕动。受喜山一幕构造运动区域隆起的影响，凹陷遭受北东-南西向的区域挤压，在北部砂体与湖相泥岩沉积过渡带存在不均衡重力负荷，而且埋深不同，此时，在不均衡负荷和反转挤压的共同作用下盐岩开始发生塑性流动。

（2）盐构造生长。

荆沙组期-荆河镇组早期为盐构造生长期。荆沙组变为强烈拉张阶段，沉积了一套

1500~3000m厚的砂泥岩。到荆沙组沉积末期，沙市组盐源层埋深在2000m以上，盐岩塑性较强，在断层的引导下，向埋藏浅处压力较低的断层发生塑性流动，之后随着埋深不断增加，盐岩的塑性流动不断增强，盐岩上拱幅度也不断增大，致使上覆地层产生断裂形成地堑构造。到潜江组沉积后，沙市组含盐地层埋深可达2500~3000m，此时盐岩达到了塑性流动的最佳条件。荆河镇组早期的沉积使得埋深更大，盐的流动性更强。

（3）盐构造定型。

古近纪末期-新近纪早期，发生的喜山二幕区域挤压抬升运动，产生强烈扭压，使盐岩活动尤为强烈，同时形成许多逆冲构造及部分断层反转，盐背斜隆起幅度更大，局部地区可见盐脊构造和盐上层发育的反转构造。新近纪末期的喜山三幕区域挤压抬升运动也使得盐隆活动较为强烈，强烈构造挤压作用使盐构造的盐上层剥蚀变薄，局部地区仅50~200m厚，盐隆幅度可达600m，也使盐构造改造基本定型，形成现今构造格局。

3）平面分布特征

江陵凹陷到目前为止所发现的盐构造有11个，主要分布在凹陷沙市组含盐地层分布范围内，如荆州背斜带、梅槐桥向斜带和涴市断裂带等次级构造单元上都可见盐构造，其中荆州背斜带盐构造最为发育（图1-2-62）。

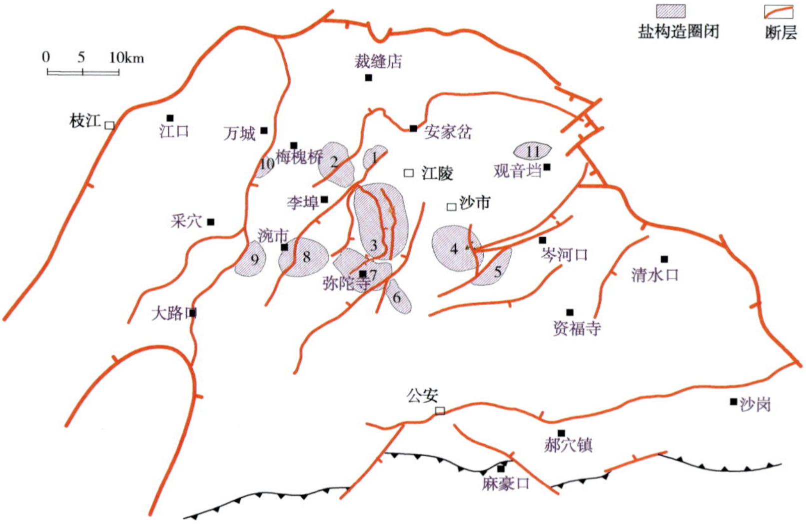

图1-2-62　江陵凹陷现今盐构造分布图

1—花园构造；2—李埠-八岭山构造；3—复兴场构造；4—沙市构造；5—新杨场构造；6—李家台构造；7—弥陀寺构造；8—涴市构造；9—谢凤桥构造；10—王家渡构造；11—观音垱构造

每个盐构造的展布方向与盐源层上隆时所受的构造挤压应力方向及相邻断层走向有关，如万城断层附近所发育的盐构造展布方向与万城断层的走向一致，主要呈北东向，复兴场地区的盐构造展布方向则与该地区的逆断层走向一致，呈北西向，沙市盐背斜长轴方向也是北西走向，受控于盐卡南断层的新杨场盐构造走向则呈北东东向。盐构造整体呈现出明显的线性分布，李埠–八岭山–复兴场–弥陀寺一线的盐构造明显呈北北西向分布，可能主要受控于该区域北北西向展布的逆断层。

4）盐构造与油气聚集的关系

江陵凹陷盐构造的形成演化在早期对荆州背斜带油气聚集成藏至关重要，到晚期则主要起次生改造或破坏作用。

早期，盐构造快速生长使荆州背斜带隆起成形，阻止油气越过背斜带继续向北侧运移、逸散而成为有利近源油气聚集区，盐隆幅度不断加大也使得洼、隆之间的势能差不断增加，指向斜坡和背斜高部位的二次运移也不断加速；同时，在油气主排烃期之前形成的盐构造及伴生圈闭也是油气的理想聚集地，背斜带上系列新下段原生油气藏形成。

晚期，区域抬升剥蚀致使盐隆活动再次加剧，盐构造及其相关断层构成了流体流动和油气聚集的立体网络，由盐构造上部的断裂和流体底辟通道、盐体/围岩接触断裂等构成垂向输导通道，使早期原生油气藏中的油气沿通道再次运移到上部层系次生成藏或逸散。

这些已经在多年油气勘探中得到证实，江陵凹陷目前发现油气显示井 112 口，油气层井 61 口，油气显示广泛分布于盐构造及其伴生构造圈闭的新沟嘴组、荆沙组和潜江组。

4. 火山岩构造

江陵凹陷火山岩非常发育，火山岩分布面积达 3527km^2，最大厚度为 588.6m，平均厚度为 122.7m，白垩系–第三系均有火山岩分布，在金家场构造上还发现了火山岩油气藏。

与盐构造类似，火山岩构造是由火山活动深部物质上涌所形成的一种底辟型构造。对火山岩的基本特征、形成演化和分布特征进行研究，有利于查明火山活动与盆地构造演化、油藏之间的关系。

1）火山岩构造的基本特征

研究区在地质历史过程中火山活动频繁，喷发方式有裂隙式、中心式，空间展布有岩株式、岩被式，既有辉绿岩侵入，又有玄武岩喷发。目前发现的火山岩刺穿构造有 5 个，主要分布在八岭山构造的东、西翼和拾桥单斜带的纪山寺、砖桥地区，在地震地质解释剖面上呈“蘑菇云”状由下而上刺穿了围岩，引起围岩变形，在火山岩刺穿构造的深部有一较窄的“根”与深断裂相连，在“蘑菇云”（岩株）的周围地震反射同相轴立即中断，内部反射结构为杂乱地震相，顶部下陷，在地面呈“漏斗”状。火山岩刺穿构造发育在深断裂（主控断层）附近。如八岭山东断层的南段（图 1–2–63）和纪山寺断层的西北段（图 1–2–64）发育的火山岩刺穿构造，这些火山岩体（岩株）沿断层喷发呈“串珠状”分布。另外，在江陵凹陷南部金家场地区的一些三维地震剖面上也可见到火山锥构造及伴生的披覆构造（图 1–2–65）。

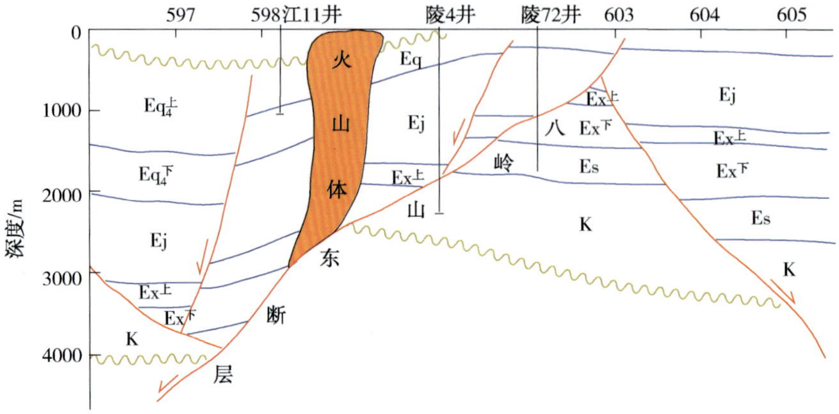

图 1-2-63 八岭山东断层南段火山岩刺穿构造剖面图

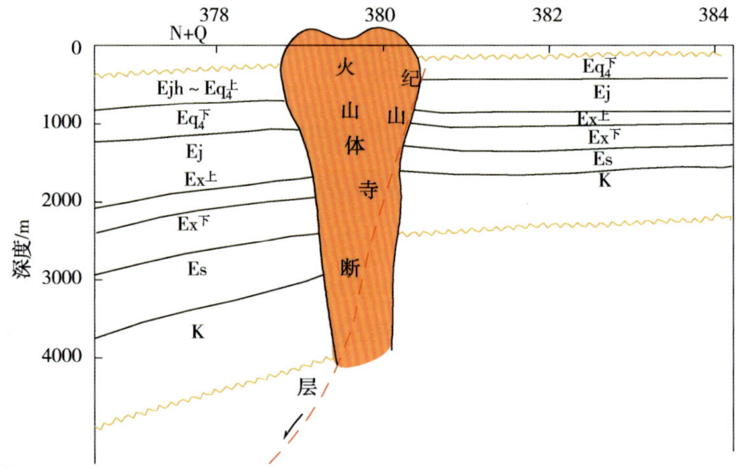

图 1-2-64 纪山寺断层西北段火山岩刺穿构造剖面图

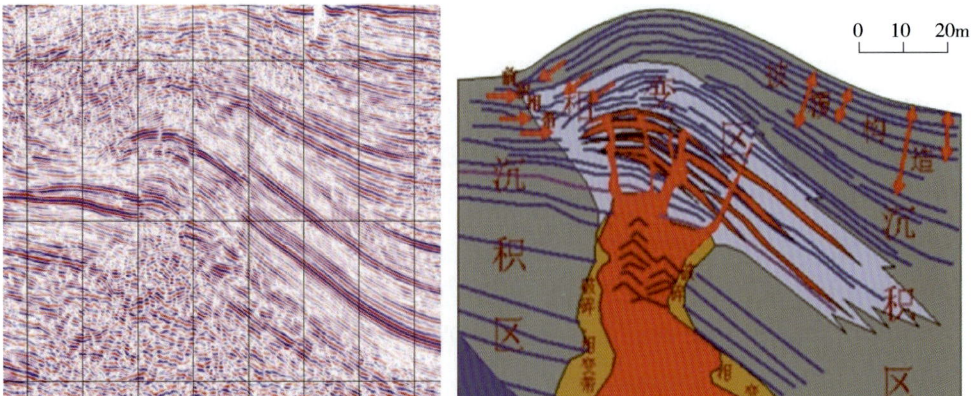

图 1-2-65 金家场地区火山锥、披覆构造的地震剖面及喷发模式图

2）火山岩构造的形成期次

江陵凹陷火山喷发活动具有多期次性，主要有四期，即潜江期、荆沙期、新沟嘴组和沙市组沉积时期。各个期次火山活动程度及影响范围有所不同，早期沙市组和新沟嘴组沉积时期，仅凹陷南部的局部地区有火山活动，火山喷发强度不大。荆沙期火山活动强烈，主要集中在凹陷东北部。潜江期火山活动以北部最为强烈，火山口位于纪山寺断层附近。

3）火山岩构造的分布特征

断裂活动时期和强度控制了火山岩体的分布层位和规模，根据江陵凹陷180余口钻井资料统计，纵向上潜江组、荆沙组、新沟嘴组、沙市组均钻遇有火山岩，厚度变化较大。根据江陵凹陷火山岩厚度等值线图可以看出，凹陷北部的火山岩发育，分布范围广且厚度大，北部后港地区火山岩厚度最大为588.6m，往南火山岩的厚度逐渐变薄，减薄为小于50m，呈局部分布，范围较小。北部主要分布层为较新的潜江组、荆沙组，中部为荆沙组和新沟嘴组上段，向南方向转变为层位较老的新沟嘴组、沙市组，凹陷内火山岩分布面积达3527km^2。

同时，从江陵凹陷火山岩厚度等值线图可以看出，火山岩的分布受近东西向断裂的控制，沿凹陷内断层形成的火山岩体平面上呈椭圆状和长条状，其长轴方向与断层走向大体一致。

4）火山岩构造与油气聚集的关系

江陵凹陷火山构造的形成发育对油气聚集有利有弊。

首先，火山岩构造可为砂岩储集体不发育的江陵凹陷南部提供火山岩储层。目前已在金家场构造火山岩储层中发现了工业油流，预示着火山岩储层作为油气储层具有良好的前景。根据野外地质调查和井下样品的分析，气孔构造不仅是火山岩最明显的识别标志，而且是火山岩储层最主要的储集空间[图1-2-66(a)、图1-2-66(b)]。火山岩资料的统计表明，火山岩中气孔含量与储层物性成正比，即气孔对火山岩储层的储集性能具有重要作用。据野外观察和镜下薄片观察[图1-2-66(c)、图1-2-66(d)]，火山岩气孔一般呈断续层状分布，气孔椭园形居多，长轴为3~13mm，短轴为0.2~7mm，气孔面积含量不均，密集处为20%~25%，稀疏处为3%~5%，气孔一般不连通。

火山岩气孔的发育程度主要受控于火山岩相、喷发环境、构造背景和剥蚀面。火山岩以隐爆隐流相的气孔最发育，最高可达53.8%。江陵凹陷在白垩纪-古近纪期间为湖盆沉积，火山岩以水下喷发为主，使得水下喷发岩气孔发育程度较差，陆地喷发的火山岩气孔则较发育，容易形成火山岩中的有利油气储集带。断层往往控制着火山岩相的发育，沿断裂带分布的火山岩的气孔带发育，加之断裂在活动过程中形成了众多的裂隙以及破碎带，使得原来孤立分布的气孔连通起来，增加了火山岩储层的有效孔隙度，提高了油气储集性能。断层和古隆起共同控制着地下水的溶蚀淋滤、渗透溶滤以及沉淀充填作用，

(a)气孔边部充填圈层状绿泥石
(纪山寺，$Eq_4^{下}$)

(b)玄武岩中气孔构造
(仙女庙西采石场，$Eq_4^{下}$)

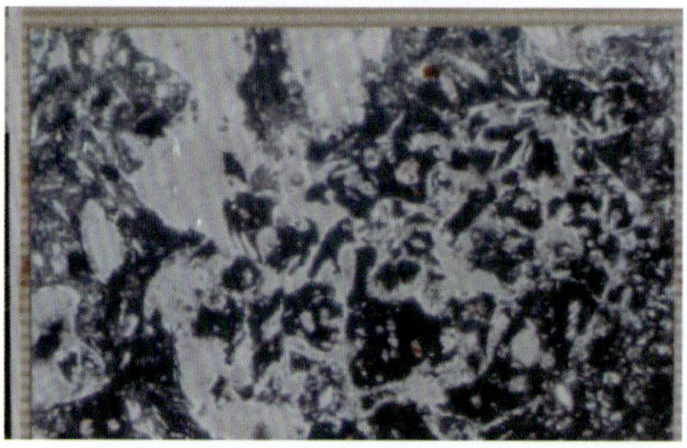

(c)岩流自碎凝灰岩气孔发育，由微裂缝连通
(金4井2095.6m，$Ex^{上}$)

(d)气孔断续相连呈层状排列
(仙女庙西采石场，$Eq_4^{下}$)

图 1-2-66 江陵凹陷火山岩镜下薄片和野外观察照片

对气孔中充填杏仁体或形成溶孔起主导作用。

其次，火山岩构造可为江陵凹陷南部新下段砂体不发育的地区提供垂向输导通道和储集场所。江陵凹陷火山多期活动，早于油气大量生排期形成的垂向连通性较好的岩体直插源岩层，向上可沟通新上段、荆沙组砂岩储集体或火山岩储集体。

最后，火山活动也会对油气生成及原生油气藏起一定的破坏作用。前已述及，江陵凹陷火山喷发活动较大期次有 4 次，潜江期的火山活动就以破坏作用为主，一般沿断裂喷发，火山喷发的“烘烤”作用，使先期烃类物质“挥发”；同时，火山通道及其伴生断裂也会使部分原生油气藏遭到次生改造或破坏。当然，潜江期火山活动主要集中在凹陷东北部地区，对南部公安单斜同期的油气成藏、保存影响不大，说明南部断坡带的火山岩油藏勘探前景广阔。

5. 局部构造的分布与叠置

同生构造、反转构造、盐构造以及火山岩构造在凹陷内广泛分布，这些不同的构造类型在空间上有序地分布与叠置，构成了江陵凹陷现今独特的构造面貌。

上述四种局部构造在不同地区呈现出不同类型及叠置关系。由西到东，荆州背斜带上的局部构造就表现出较大差异性，八岭山地区主要是反转构造、盐构造以及火山岩构造三者叠加，复兴场地区主要是反转构造与盐构造的叠加，而沙市地区主要发育盐构造。同时，由于断层走向发生变化，万城断层不同部位的局部构造类型及叠置关系也有所差异，其北段主要是反转构造与火山岩构造的叠加，中段是盐构造与同生构造的叠加，南段（路 1 井以南）则主要发育反转构造。

四种局部构造发育的差异性主要是与各地区所处的构造位置有关。以荆州背斜带为例，位于其北段的八岭山地区，沙市组盐源层发育，在荆沙组期盐构造逐渐发育成北西向隆起，到荆河镇组末期基本定型；由于凹陷北部地区的火山活动频繁，火山岩极其发育；同时该地区构造脊线大体走向呈北西向，也有利于古近纪末期北西向的构造反转活动；因此，不同时期发育的三种局部构造在空间上叠置，构成该地区现今复杂的构造面貌，形成了大量的有利圈闭。位于荆州背斜带中段的复兴场地区，该地区的火山岩相对不发育，但反转构造和盐构造的发育情况与八岭山地区类似，二者在该地区叠置也形成了大量的有利圈闭。而位于荆州背斜带西段的沙市地区，火山岩不发育，同时，其构造脊线大体为近东西向，北西向的构造反转活动也不发育，但其沙市组盐源层发育，大量的盐构造到荆沙组末期逐渐形成使该地区呈近东西向隆起。

同理，四种局部构造在万城断层不同段也表现不同。其北段的走向大体为北西向，有利于北西向的构造反转活动，同时该段的火山活动强烈，火山岩构造也发育，故该段是反转构造与火山岩构造的有序叠加；万城断层中段大体走向为北东向，在主要断陷期北西-南东向拉张作用下，中段断陷期活动最强，相应地，同生构造在中段也最发育，同时，中段下降盘较厚的沙市组盐源层也导致该段盐构造较发育，因此，万城断层中段就体现出同生构造与盐构造的叠加；万城断层南段（路 1 井以南）大体走向为北北西向，与北段类似，该段古近纪末期反转构造发育，但火山活动与盐源层在该段不发育，故南段只发育四种局部构造中的弱反转构造。

综上所述，江陵凹陷内各地区受所处构造位置的影响，在不同时期发育了不同类型的局部构造，这些局部构造在空间上有序地分布与叠置形成了大量的构造圈闭，为油气聚集提供了有利场所，构成江陵凹陷多种勘探目标和模式。

（五）构造演化特征

现今，盆地是由不同运动体制下形成的具有不同沉降结构的原型盆地叠加、改造所组成。多幕式构造作用在我国东部裂陷盆地演化过程中表现明显。研究构造活动形迹、断裂活动的特点以及地层充填序列，划分盆地演化的阶段，并恢复不同阶段的原型盆地，从而描述盆地演化的过程及特征，客观地建立沉积体系展布和成藏过程，为油气勘探方向的选择提供依据。

1. 构造演化阶段划分

1）构造演化阶段

江陵凹陷自晚白垩世以来经历了多幕的构造运动，根据主要构造不整合面、沉积旋回以及火山活动的旋回性等方面的综合分析，可以将江陵凹陷的构造演化划分为三个旋回阶段和七个亚期（图 1-2-67）。三大演化阶段起止时期分别对应晚白垩世至中始新世早期（$T_{11} \sim T_7'$）、中始新世中期至渐新世（$T_7' \sim T_1$）、新近纪至第四纪（T_1 以上）。每阶段又包括多个亚期，第一阶段包括红花套组对应的断陷期、渔洋组对应的断拗期、沙市组对应的断陷期、新沟嘴组-荆沙组下段对应的断拗期；第二阶段包括荆沙组中上段-潜四下段对应的断陷期、潜四上段-荆河镇组对应的拗陷期；第三阶段包括广华寺组-第四系对应的拗陷期。

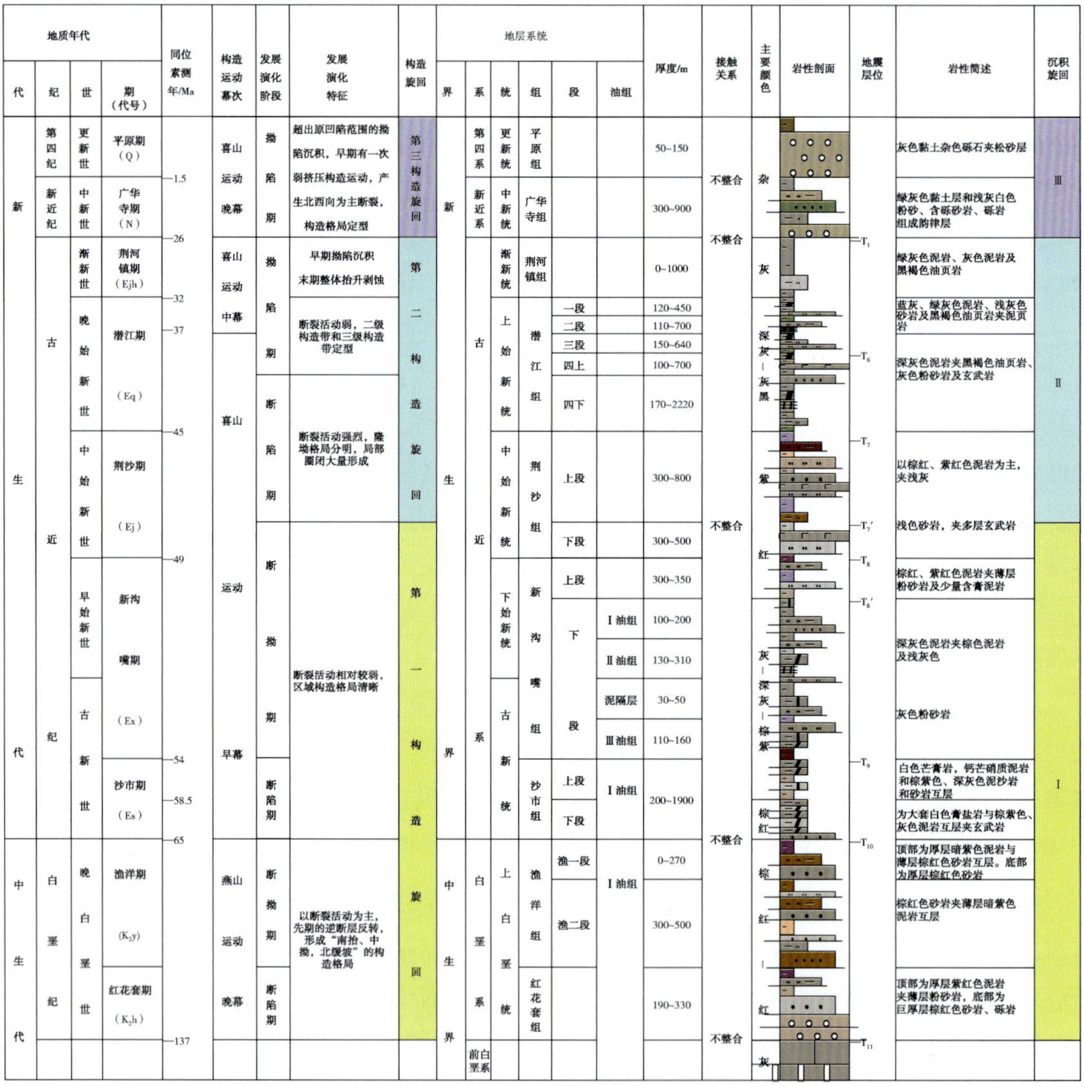

图 1-2-67　江陵凹陷构造演化阶段划分图

2）划分依据

（1）不整合面。

不整合是盆地内不同构造单元的地质结构差异的基础，不整合界面的分布特征和组合样式，反映了主要的构造变革期次和特征。因此，识别和定量研究不整合界面对分析盆地演化史及油气生成、运移、聚集有非常重要的实际意义。

江陵凹陷在上白垩统-新近系沉积期，由于多幕构造活动，产生了四期较大规模的地层不整合界面，主要包括：①白垩系与下伏地层之间的界面(T_{11})，②古近系沙市组与白垩系之间的界面(T_{10})，③荆沙组中下部附近的界面(T_7')，④新近系广华寺组与古近系荆河镇组之间的界面(T_1)。其中，T_{11}、T_1 是区域一级不整合面，它们是燕山运动、喜山运动的产物，而 T_{10}、T_7'为较大规模的二级不整合面。

① 白垩系与前白垩系的不整合面(K/AnK)。

该不整合面是凹陷内第一个一级不整合面，相当于白垩系与下伏中、古生界的地震 T_{11}反射界面，是超出凹陷范围的区域性的大型角度不整合面。T_{11}反射界面之上为白垩系的一套砂、泥岩互层，界面之下不同地区分别为中、古生界的浅海台地相的碳酸盐岩、陆棚碎屑岩和煤系碎屑岩。在地震剖面上 T_{11}反射界面表现为 2~3 个相位的中-强振幅反射，连续性为中-差、中-低频，局部见绕射，界面上的上超关系与界面下的剥蚀关系十分普遍，从断洼向隆起过渡的斜坡上，角度不整合明显，可以明显地看到 T_{11}以下为一套近于水平产状的反射波，在剖面的中部，自右向左 T_{11}以上为一套产状为逐渐抬升的倾斜地层，与下伏地层角度交切关系十分清楚(图 1-2-68)。

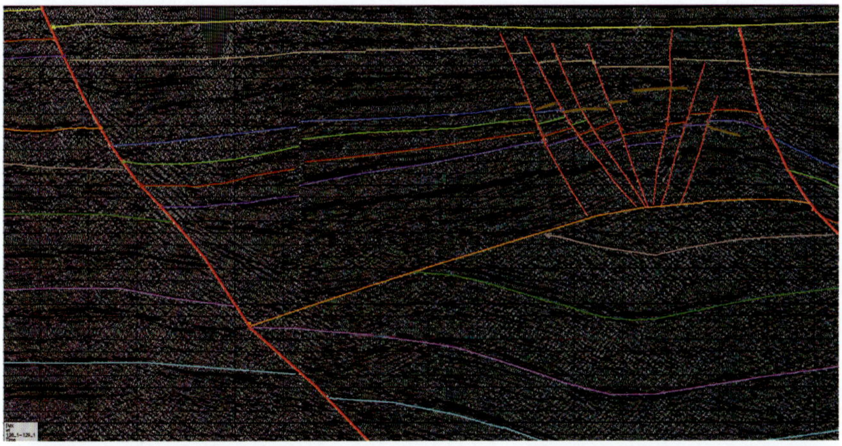

图 1-2-68　江陵凹陷二维 128.1~129.1 测线地震地质解释剖面图(T_{11}角度不整合)

② 沙市组与白垩系的不整合面(Es/K)。

沙市组与白垩系之间的不整合面为二级不整合面，相当于地震 T_{10}反射界面。这个不整合面发育在以砂、泥岩和含膏泥岩为主的互层中，不整合面上、下地层的波阻抗差异较小，因而 T_{10}的反射与其上、下构造层内部反射波的能量、频率、连续性相当，一般均为中-高频、中连续、中振幅的反射，因而仅根据反射波自身的特点识别该界面难度较大，但根据角度不整合的地震反射结构在部分地区还是较易识别，且一旦识别出来后即可在同一地区一定范围内连续追踪。如在江陵凹陷的花园、范家台、八岭山等正向构造带的高部位都已经发现了明显的角度不整合，说明其分布范围较为广泛，是影响凹陷的一次重要构造回返事件。如江陵凹陷八岭山地区的二维 50 测线上 T_{10}界面的角度不整合很清晰(图 1-2-69)，可以见到白垩系被明显地削截。

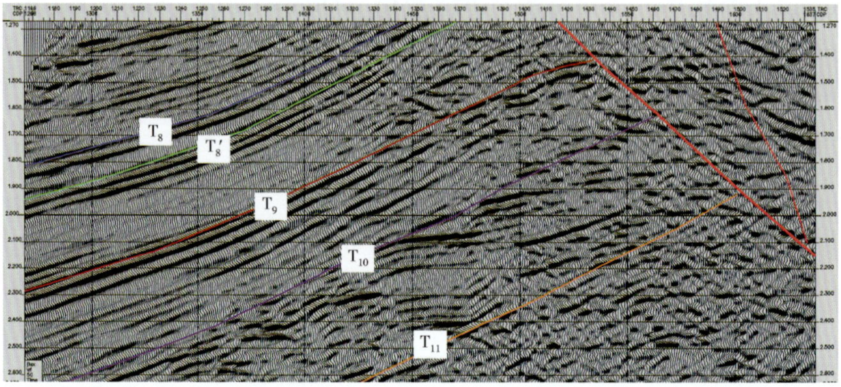

图 1-2-69　八岭山二维 50 测线地震地质解释剖面图(T_{10}角度不整合)

③ 荆沙组中下部附近的不整合面(T_7')。

该界面位于荆沙组内部，称为 T_7'，相对来说，距下伏的 T_8反射界面较近。在江陵凹陷涴市镇路 2 井附近的二维 129.1 测线地震剖面上的 T_7'剥蚀面明显(图 1-2-70)，仅地震剖面反映的剥蚀量已经在 400m 左右。新沟嘴组上段在万城上升盘北部万 1 井、万 3 井地区地层已经被削蚀，江陵凹陷南部大路口东侧的新沟嘴组下段也被削蚀，此外在江陵二维 632 测线上可连续追踪 T_7'剥蚀面。该不整合面在凹陷中发育较广泛，在构造演化的划分中具有重要的意义。

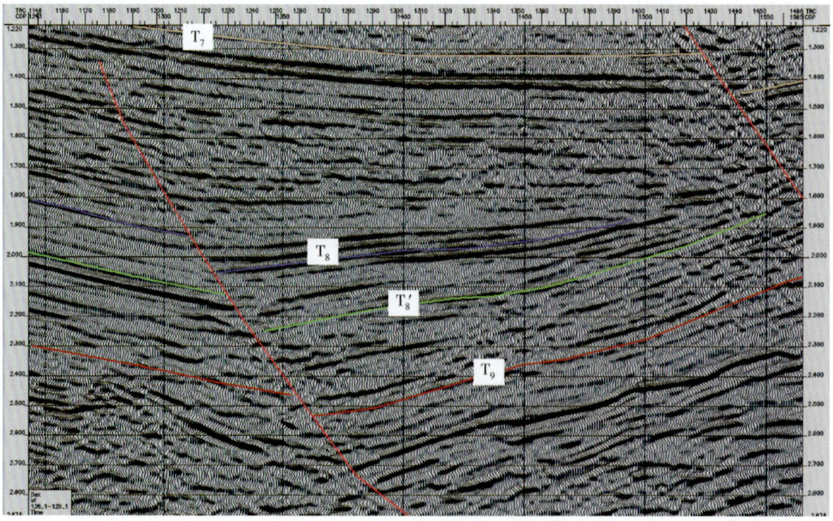

图 1-2-70　江陵凹陷二维 129.1 测线地震地质解释剖面图(T_7'剥蚀面)

④ 新近系与古近系之间不整合面(N/E)。

新近系与古近系之间不整合面相当于地震 T_1 反射界面，也是超出盆地范围的区域性的大型角度不整合面。T_1 反射界面之下在不同地区分别为古近系荆河镇组、潜江组、荆沙组、新沟嘴组、沙市组和白垩系的一套砂泥岩或盐岩地层，界面之上为广华寺组底部的砾石层。在地震剖面上 T_1 反射界面表现为 1~2 个相位的中−强振幅反射，连续性好，波组特征稳定，能在全凹陷范围内追踪对比，上、下层位一般呈微角度或平行不整合接触关系，在江陵六连片三维 271 主测线地震地质解释剖面(图 1−2−71)上可见该波组与下伏地震反射呈明显的角度不整合接触关系。

图 1−2−71　江陵六连片三维 271 主测线地震地质解释剖面图(T1 角度不整合)

(2) 沉积旋回。

从江陵凹陷晚白垩世−第四纪的沉积环境、岩性、粒度等方面的变化来看，可以划分为三个沉积旋回，白垩纪−荆沙组沉积时期早期为第一个沉积旋回，荆沙组中上段−荆河镇组沉积时期为第二个沉积旋回，新近纪−第四纪为第三个沉积旋回。

第一个旋回又可分为晚白垩世、沙市−新沟嘴组两个次级旋回。前一个次级旋回是不完整的半旋回，主要发育旋回早期的红色砂、砾岩，地层呈典型楔状，中期红色的砂、泥岩互层沉积，地层稳定等厚，而凹陷萎缩期的碟状地层可能受到区域抬升被剥蚀，据此可把本次级旋回划分出两个亚期；后一个次级旋回则相对较完整，也可根据沉积地层的典型断陷期楔状和拗陷期碟状划分出两个亚期。相应地，第二个旋回也可据上述依据划分出两个亚期。

从旋回性来说，第一和第二个旋回类似，总体上均表现为水体由浅变深再变浅的过程，红花套组和荆沙组分别为旋回早期的浅水沉积时期，岩性主要为红色的砂、泥岩地层，主要为河流和冲积平原相，反映一个湖盆发育的早期沉积环境和沉积相特征。沙市组−新沟嘴组下段和潜江组沉积时期，湖盆水体最大，主要发育泥岩、泥膏岩、盐岩夹砂岩地层，泥岩主要为灰色和深灰色，反映湖盆水体较深，沉积物处于还原环境，是烃源岩发育的主要时期。新沟嘴组上段和荆河镇组是湖盆萎缩期，发育红色、浅灰色泥岩，反映湖盆水体较浅。第三个旋回是不完整的半旋回，主要发育旋回早期的红色砂泥岩地层。

（3）火山活动。

火山活动与构造运动有着密切的联系，火山岩的成分和分布特征可以揭示构造运动的性质和强弱变化，因此研究凹陷内的火山活动可以为构造演化阶段的划分提供依据。

火山活动时期与凹陷的主要断陷期有着大致对应的关系。江陵凹陷火山活动经历了四期，火山活动具有明显的分时分带性，即由南至北，活动的时期由早变晚，南部为沙市组和新沟嘴组下段沉积期，中部为荆沙期，北部为潜江期。

2. 构造单元演化特征

构造运动环境控制了构造的演化、地层沉积规模及充填物系列，为构造演化研究留下了清楚的历史记录。不同时期同沉积断裂的活动控制着凹陷的古构造格局，通过构造运动定量描述参数，研究大断裂的形成时期和发育特点，确定断裂演化的主要阶段，细致探讨凹陷内次洼、突起的演化与盆地沉降、断裂生长活动之间的关系，再利用各时期的残存地层等厚图、剥蚀强度图恢复原始地层沉积厚度图，就可编制出各个时期的古构造图，进而分析凹陷各时期的古构造格局和演化规律。

1）晚白垩世-中始新世早期阶段

侏罗纪末期-白垩纪早期是中国东部中、新生代构造演化的重大变革时期。这一时期受北东-南西向挤压应力作用，基底遭受抬升剥蚀，发育了凹陷内第一个一级不整合面（T_{11}）。

晚白垩世早期，江陵凹陷发生强烈负反转，由先前的强烈挤压褶皱、逆冲推覆、隆升剥蚀转变为剧烈的拉张断陷沉降，即晚白垩世-中始新世早期为江陵凹陷的强烈裂陷期，裂陷期可以进一步划分为四个亚期，即晚白垩世的断陷和断拗两个亚期、沙市期的断陷亚期、新沟嘴组-荆沙组下段沉积期的断拗期。

（1）上白垩统断陷-断拗亚期。

该亚期张性断裂十分发育，凹陷边缘的纸厂河、问安寺等一、二级断层和凹陷内部的万城、天鹅洲、资北等三级断层均开始活动，在有大量先期断裂存在的条件下，同期控制凹陷发育的主要断裂大部分利用先存断面再活动，断层走向有北东向、北西向、北西西向及近东西向等多组，反映了断陷破裂伸展初期的特点。

控洼正断层的块断活动相应地形成了一系列沉降规模不等的箕状洼陷，初步展示了多沉降中心的特点。由于先期断裂走向各异，因此这一时期形成的洼陷展布方向不同，各洼陷与相应的控洼断层走向一致，如江口、资福寺、纸厂河向斜呈北东向，天鹅洲向斜呈北北西向，同时作为断陷发育初期，该期形成的各洼陷分布范围有限。白垩系在箕状洼陷中厚度一般为2000～2500m；万城断裂带为1000～1500m；公安单斜带约1000m，向南减薄；最大沉降中心在弥陀寺地区的天鹅洲向斜，其受天鹅洲断层所控制，厚度大于2800m。上白垩统的红花套组、渔洋组以河流冲积相和湖泊相碎屑岩充填式沉积为主。

整体的古构造格局北低南高，江口、梅槐桥、资福寺、纸厂河、天鹅洲等向斜开始形成，万城断裂带和涴市断裂带已初具规模，八岭山、沙市、范家台地区为北西向宽缓的隐伏突起，公安单斜带已形成。

在白垩纪晚期，随着裂陷作用的逐渐减弱，沉积作用和基底的隆升导致凹陷整体抬升，沉积作用逐渐结束且断陷萎缩期的地层最终发生剥蚀，与上覆地层之间发育凹陷内第一个二级不整合面(T_{10})，钻井揭示万城断裂带缺失沙市组下段，证实了沙市组与白垩系之间的这一局部不整合。在抬升过程中由于局部运动的不均衡，在部分地区的白垩系上部地层中发育一些张性小断层。

（2）沙市组断陷亚期。

该时期主要发育北北东向的张性正断层，仅有少量其他方向活动的断层，主要是一些调节断层，而先前北西向的大断层基本不活动。这些北北东向的断层主要在沙市组沉积早期活动，随着时间推移断层活动有逐渐减弱的趋势。

沙市组沉积早期，江陵凹陷总体隆洼相间的构造格局较为清晰，晚白垩世发育的各洼陷进一步下陷，沉降幅度、范围进一步扩大，地层厚度一般为1000~1400m，最大沉降中心仍在弥陀寺地区的天鹅洲向斜，厚度大于1800m。到沙市组沉积晚期，除问安寺、万城断层活动较强外，其他断裂活动较弱，构造活动趋于平缓，沉积较稳定，厚度一般为300~500m，由凹陷中心向四周减薄，对前期形成隆洼相间的构造格局影响不大。沙市组以一套红灰间互的砂泥岩夹泥膏岩地层为主。

整体上江陵凹陷呈南抬升、中断陷、北缓坡的构造面貌。江口、梅槐桥、资福寺、纸厂河、天鹅洲等向斜继续生长，更具规模的万城断裂带、涴市断裂带和拾桥单斜带以及公安单斜带共同构成凹陷的正向构造单元，围绕凹陷的沉降中心分布。

沙市组沉积早期，江陵凹陷在拉张背景下，由于气候干燥，水体蒸发使湖水不断浓缩，沉积了一套厚达500m的盐系及膏岩地层，为后期盐构造的形成提供了物质条件。沙市组晚期，气候渐暖，湖水逐渐上升，沉积范围扩大，沉积了一套300~500m稳定的砂泥岩地层。随着埋深的增大，沙市组下段盐源层所承受的温度和压力也增大，为盐岩塑性流动及盐构造形成孕育一定的温度和压力。

该时期的火山活动相对较弱，火山岩仅在金家场断层、范家台构造、清水口向斜的东部等局部地区发育。在沙4井中钻遇的沙市期基性岩浆岩主要为橄榄拉斑-石英拉斑玄武岩。

（3）新沟嘴组-荆沙组下段断拗亚期。

该时期的断层活动总体较弱，除少数几条控凹(洼)断层时有活动外，凹陷中北部断裂活动较弱，但在凹陷南部也有部分断裂活动较强，如金家场断层的活动导致金8井新沟嘴组下段见单层厚度达46m的火山碎屑岩(图1-2-72)。

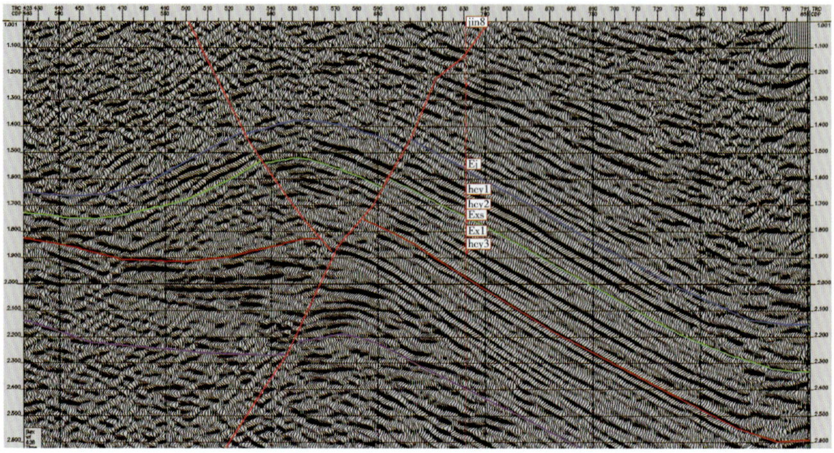

图 1-2-72　江陵凹陷二维 628 测线地震地质解释剖面图(金 8 井新下段火成岩)

早期控洼的大断层对沉积的控制作用不再明显，凹陷的沉降中心趋于统一，形成了江陵独具特色的在拗陷背景下的断陷。早期的次级洼陷也是新沟嘴组的沉积中心，各洼陷沉积厚度在 800~1200m，随着万城断裂带、涴市断裂带的持续隆升，纸厂河、天鹅洲洼陷消失，梅槐桥、资福寺向斜连为一体作为凹陷的沉降中心，呈北西西向展布，位于凹陷中部，但在凹陷的南部由张金断层和金家场断层分别所控制的小型洼陷已初具雏形。新沟嘴组下段为一套深灰色泥岩夹棕色泥岩及浅灰色、灰色粉砂岩沉积，也为凹陷主力烃源岩；其上段+荆沙组下段为一套棕红、紫红色泥岩夹薄层粉砂岩及少量含膏泥岩沉积。

该期总体呈现“四周隆、中心凹”的构造格局。北部斜坡带范围扩大，南部继续抬升，凹陷边缘发育的纪山寺、砖桥、后港、沙岗、公安、胡家场等鼻状隆起向凹陷延伸，八岭山、复兴场、沙市、范家台沿线出现系列宽缓的低突起构造。

新沟嘴组沉积之后，沙市组下段盐源层埋深普遍达到 1200m，加上火山、岩浆活动十分强烈，盐源层地温普遍在 60℃以上，盐源层在一定温度和压力条件下软化点降低。到新沟嘴组末期，受喜山早幕构造运动区域隆升的影响，凹陷遭受 NE-SE 向的区域挤压，盐源岩开始塑性流动，沙市、复兴场等一些盐构造已初具雏形。

该时期的火山活动也相对较弱，火山岩仅在金家场、范家台构造、清水口向斜的东部等局部地区发育。在新沟嘴组(如赤 1-1、金 7 等井)中的基性火山岩主要为石英拉斑玄武岩和玄武玢岩。从岩石成分和规模来看，自沙市组到新沟嘴组的火山岩来源具有变浅的趋势，活动强度也随之变小。

新沟嘴组末期-荆沙组早期，受喜山早幕构造运动的影响，区域构造应力由北西向拉张转变为北东向挤压，江陵凹陷再次发生抬升剥蚀，在荆沙组底部发育不整合界面(T_7')，这一角度不整合界面就是划分第一、第二构造演化阶段的地质界面。

2）中始新世中期-渐新世阶段

（1）荆沙组中上段-潜四下段断陷亚期。

控洼的一、二、三级断层再次强烈活动，如问安寺、万城、资北断层；并又新发育了一系列控制荆沙组沉积的断层，如陵北断层；但主要断裂的方向已由原来的北北东向变为北东向，大量沉积盖层中次级北东向断裂与先存北北东或近东西向主断裂构成羽状平面组合样式。

该沉积期的构造格局总体上隆、洼分明，但局部被断层复杂化。控洼断层的强烈活动使得早期分散的沉降中心复活，主要包括北东向的江口向斜、北北东向的梅槐桥向斜以及近东西向的资福寺向斜；同时，在陵北断层控洼作用下在其北侧形成新的洼陷，即安家岔次洼。江陵凹陷同期各向斜（洼陷）沉积厚度均大于1400m，其中沉积厚度最大的地方位于资福寺向斜，大于2300m。该亚期的地层以一套夹浅灰、浅色砂岩的棕红、紫红色泥岩为主，并夹多层玄武岩。

万城断裂构造带进一步抬升，其次级构造如万城断鼻、冯口背斜、大路口断鼻趋向基本定型，且在万城断层两侧伴生大量同生构造；涴市断裂带南抬北倾，其北部成为连接资福寺、梅槐桥向斜的鞍部；荆州背斜带也于该期隆起形成，其次级构造如八岭山、复兴场、沙市、范家台等背斜基本定型；北部拾桥单斜带分布范围缩小，南部公安单斜带隆起范围则进一步扩大。

在荆沙组沉积末期，沙市组下段的盐源层埋深一般大于2000m，温度和压力已达到盐岩塑性流动的条件，由于差异负荷增大，在荆州背斜带上，沙市组下段的盐源层向高部位侧向蠕动加速，沙市、范家台、涴市、花园、李埠等盐底辟构造进一步生长。

这一断陷亚期是区内火山岩的广泛发育期。井下资料统计表明，火山喷发达23次以上，主要分布在纪山寺、范家台、沙市-八岭山、涴市和金家场地区，面积分布至少1560km^2，平均厚度为150m，最大厚度达到304.8m，火山岩体积达到229.813km^3，占整个盆地火山岩体积的61.37%，时间集中在45Ma左右，为喜山运动早期的强烈火山活动。从陵40等井钻遇的荆沙期火山岩以橄榄拉斑玄武岩为主，代表来源相对较深的火山岩喷发的产物。

总体来说，该亚期是江陵凹陷多类局部构造及相关圈闭的主要形成期，为后期油气聚集准备了场所。各次级构造单元如江口向斜带、万城断裂带、涴市断裂带、梅槐桥向斜带、荆州背斜带、资福寺向斜带、清水口向斜带、拾桥单斜带、公安单斜带等初步成形。

（2）潜四上段-荆河镇组拗陷亚期。

该亚期的断层活动逐渐减弱，主要断裂方向由北东向变为北东东向，其他方向的先存断裂继续活动，且派生了少量的三级断层和众多的四级断层，如盐卡南、盐卡北断层主要活动期就是潜江组沉积期。

湖盆逐渐萎缩，江口向斜、梅槐桥向斜和资福寺向斜的总沉降幅度进一步加大，资福寺向斜最大沉积厚度可达3200m，拗陷沉积范围往北扩大；同时，北东东向次级断层也催生了一些小型狭长深地堑和箕状半地堑，如盐卡地堑、清水口半地堑和王家渡半地堑。该亚期的地层以蓝灰、绿灰色泥岩、浅灰色砂岩及黑褐色油页岩夹泥页岩为主。

万城断裂带、涴市断裂带和公安单斜带持续隆升，北部拗陷范围扩大致使拾桥单斜带继续抬升变窄。

潜江组沉积末期，上述各次洼及大部分圈闭已基本定型。火山喷发活动变弱，火山口位于纪山寺断层附近；盐底辟构造活动增强，上拱幅度加大，盐构造样式更趋丰富。

荆河镇组沉积期，沉积特征与潜江组沉积期相似，不同的是断裂活动进一步减弱、火山岩不发育、湖盆进一步萎缩。该沉积期为各类构造的定型巩固期，有利于油气的聚集。

（3）新近纪-第四纪阶段。

在古近纪末-新近纪初，凹陷再次整体抬升，遭受强烈剥蚀，形成区内第二个一级不整合面（T_1）。荆河镇组仅在江口、梅槐桥、虎渡河、资福寺、张金、裁缝店等洼陷的局部地区及盐卡地区残留了100~200m，大部分地区剥蚀殆尽，甚至剥蚀到荆沙组。

在广华寺组沉积前，在北东-南西向挤压构造应力的作用下，凹陷产生了北西向的褶皱，强化了北西向的构造格局，如清水口向斜带上陵北断层以南的系列挤压性质向斜就在这一时期形成。在褶皱的转折端附近发育少量的北西向逆断层，这类逆断层目前在江陵凹陷较发育，如万城断层的北段、八岭山断层、复兴场断层等。

江陵凹陷沙市组的盐岩层在挤压应力的诱导下，再次上涌，在断层的引导下，向埋藏较浅的、压力较低的断层上升盘发生塑性流动，形成盐枕、盐背斜和盐脊等各类盐构造，盐隆幅度可达640m。

总之，荆河镇组沉积末期的大幅度抬升运动，油气生成过程近乎终止，构造抬升一方面有助于油气快速充注成藏，另一方面对已经形成的各类圈闭或油气藏起到一定改造破坏作用，对油气富集不是十分有利。

随后，凹陷整体沉降进入拗陷阶段接受广华寺组沉积。断层活动总体较弱，沉降中心从之前的资福寺向斜带转移到清水口向斜带，反映同期断层活动北强南弱。

在新近纪末期，又有一次短期的弱挤压构造运动，凹陷局部地区先存逆断层再次活动，经历整体抬升剥蚀，再沉降接受第四系沉积。在复兴场、安家岔、八岭山、万城地区都发现了同期正反转构造，在万城断层北段地震剖面上可以清楚地看出在古近系卷入弱挤压运动的变形之中。同时，弱挤压作用使沙市组下段盐岩层的盐隆活动再趋强烈，在逆断层的上升盘可见到盐上层遭到强烈剥蚀，盐构造最终定型。

综上所述，江陵凹陷的构造演化史总体上表现为早期北东向断陷、中期东西向拗陷和晚期北西向反转构造的叠加；凹陷自老而新的多幕断陷作用主要沿北东向基底断层正断活动，主伸展方向有不断向东有序偏转的变化趋势。

3. 构造迁移与反转

盆地(凹陷)凸凹格局的变化是受构造演化控制的，在不同演化阶段构造格局表现出一定的差异性，其演化性质总体上表现为三种：继承性、反转性和复合性(表1-2-6)。同样，在不同演化阶段沉积充填格局也会表现出相应的差异性，其沉积沉降中心也会具有一定的迁移性。由于江陵凹陷正好处于秦岭和雪峰两大构造体系的干涉带，两大构造体系交替影响研究区的构造演化，其构造迁移与反转表现较为突出。

表1-2-6 江陵凹陷构造单元演化性质划分表

演化性质	构造单元名称
继承性	江口、梅槐桥、资福寺向斜带；万城断裂带；拾桥、公安单斜带
反转性	荆州背斜带，涴市断裂带
复合性	清水口向斜带

1）突洼格局的变化特征

江陵凹陷自晚白垩世以来经历了多幕拉张断陷和挤压隆升，现今划分的各次级构造单元在演化过程中突洼格局变化特征显著，不同次级构造单元的演化性质不同。

(1) 突洼格局的继承性。

晚白垩世以来，江陵凹陷多个次级构造单元的构造演化均表现出一种继承性，包括负向构造单元(如江口向斜带、梅槐桥向斜带、资福寺向斜带)和正向构造单元(如万城断裂带、拾桥及公安南北两单斜带)。

万城断裂带为晚印支-早燕山期挤压褶皱作用形成，后在晚燕山-喜山期拉张块断作用下反转活动，总体上为一继承性的古隆升断裂构造带。晚白垩世-中始新世早期阶段，万城断层负反转，持续正断活动，万城断裂构造带翘倾抬升，隆起幅度逐渐加大；到该阶段末期，区域短暂整体抬升剥蚀，处于万城断层上升盘的该构造带剥蚀强烈，大部分地区缺失荆沙组下段-新沟嘴组上段。到中始新世中期-渐新世阶段，早期构造活动加速，断裂作用增强，发育大量北东向调节断层与主干万城断裂组成羽状组合样式，构造带被断层分隔复杂化，大量断鼻、断块、断背斜发育定型；同时，万城断层强烈正断活动，使上升盘的老地层与下降盘的新地层出现错层对接；晚期断裂活动减弱，在北东东向伸展作用下，发育多组相向而掉的小型狭长地堑；到该阶段末期，区域整体抬升剥蚀，万城断裂带上的荆河镇组被剥蚀殆尽。到新近纪-第四纪阶段，区域整体拗陷接受广华寺组、平原组沉积，其间又经历了一次弱挤压构造运动，该带北段伴生系列弱反转构造，万城断裂带最终定型。

江口向斜带是一个晚白垩世以来长期继承性发育的负向构造单元，问安寺断层自晚白垩世负反转后开始持续正断活动，但其控凹强度呈幕式变化，向斜演化相应出现多次断-拗转换。晚白垩世-中始新世早期阶段，早期沉积沉降中心在枝江附近，向斜断陷式沉降，范围较大，沉积厚度在2750m以上；到沙市组沉积期，向斜拗陷式沉降，沿控凹断层变得狭长，沉积厚度缩减为800多米；进入新沟嘴组沉积期，洼陷持续萎缩，沉积厚度减为300多米。到中始新世中期-渐新世阶段，早期构造活动加速，块断作用再次增强，向斜再次断陷沉降，范围再次变大，荆沙组沉积厚度增大到1400多米；到潜江组的沉积中晚期，断层活动再次变弱，向斜大幅拗陷沉降，潜江组厚度达2000多米；到该阶段末期，区域整体抬升剥蚀，仅在向斜带深洼部位才残存荆河镇组。到新近纪-第四纪阶段，区域整体拗陷接受广华寺组、平原组沉积，江口向斜带最终定型。

梅槐桥向斜带也是一个晚白垩世以来长期继承性发育的负向构造单元，万城断层自晚白垩世负反转后开始持续正断活动，其控洼强度也呈幕式变化，向斜演化相应出现多次断-拗转换。晚白垩世-中始新世早期阶段。晚白垩世-沙市组沉积期的沉积沉降中心在采穴以南，向斜沉降方式由断陷向断拗转换，范围较大，上白垩统沉积厚度在2750m以上，沙市组沉积厚度也在1600m以上；进入新沟嘴组沉积期，向斜持续断拗式沉降，沉积中心转移到采穴以北，沉积厚度超过1200m；到该阶段末期，拗陷范围向东扩展，与东侧资福寺向斜连成大片“丁”字形沉积区，沉积厚度缩减到最大不过600m。到中始新世中期-渐新世阶段，荆沙组沉积期构造活动加速，万城正断活动再次增强，向斜再次断陷沉降，荆沙组沉积厚度增大，超1800m；到潜江组的沉积中晚期，断层活动再次变弱，向斜带大幅拗陷沉降，且范围向北扩展至裁缝店附近，潜江组厚度在2000m以上；到该阶段末期，区域整体抬升剥蚀，仅在向斜带深拗部位（如梅槐桥附近）才残存荆河镇组。到新近纪-第四纪阶段，区域整体拗陷接受广华寺组、平原组沉积，梅槐桥向斜带最终定型。

资福寺向斜带也是一个自晚白垩世以来长期继承性发育的负向构造单元，经历了多幕断-拗转换沉降。晚白垩世-中始新世早期阶段，该向斜带在晚白垩世是一个受控于资北断层的小型断陷，沉降中心就在资福寺附近，分布范围有限，沉积厚度在2500m以上；进入沙市组期后逐步接受拗陷沉积，资北断层近乎停止活动沉积厚度不到600m；新沟嘴组沉积时期虽整体上属于区域性拗陷期，但资北断层活动还是略有加强，其下段沉积厚度在800m以上，上段沉积厚度也在500m以上。到中始新世中期-渐新世阶段，进入荆沙、潜江组沉积期，资北断层强烈正断活动，向斜带快速断陷式沉降，荆沙组沉积厚度更是超过2200m；到该阶段末期，区域整体抬升剥蚀，仅在向斜带深拗部位（如资福寺）附近才残存荆河镇组。到新近纪-第四纪阶段，区域整体拗陷接受广华寺组、平原组沉积，资福寺向斜带最终定型。

拾桥、公安单斜带是自晚白垩世以来在江陵凹陷南北两端长期继承性发育的正向构造单元。晚白垩世-中始新世早期阶段，两单斜带上沉积厚度呈不断减薄趋势，如公安单斜带上白垩统厚度范围为500～1000m，到新沟嘴组上段变为100～300m；同时，公安单斜不断向南推进变宽，而拾桥单斜不断向北萎缩变窄。到中始新世中期进入第二个裂陷旋回后，两单斜带的构造演化类似上一旋回规律，直至区域整体拗陷接受广华寺组、平原组沉积，南北两单斜带最终定型。

综上所述，不论是正向还是负向构造单元要想继承性发育演化，都离不开合适稳定的边界条件，江陵凹陷上述继承性发育的构造单元都受控于继承性发育的主控边界断裂或稳定的周缘构造背景。

（2）突洼格局的反转性。

晚白垩世以来，江陵凹陷也有两个次级构造单元的构造演化表现出一种反转性，包括由负向构造单元向正向构造单元反转的荆州背斜带和由正向构造单元向负向构造单元转换的涴市断裂带。

荆州背斜带位于江陵凹陷中部，是一个由洼变突发生正反转的正向构造单元。晚白垩世–中始新世早期阶段，该背斜带在晚白垩世是一个受控于天鹅洲断层的大型断陷，走向为北北西向，沉降中心就在复兴场附近，沉积厚度可达2800m，向东南侧可能与同期资福寺向斜相通；到沙市组沉积期，控凹断层继续正断活动，沙市组沉积厚度可达1800m；进入新沟嘴组沉积时期，区域整体拗陷，控凹断层停止活动，天鹅洲洼陷废弃逐渐消失，到晚期八岭山、复兴场、沙市、范家台沿线开始出现正向构造，主要表现为系列宽缓的北西向低突起。到中始新世中期–渐新世阶段，荆沙期的陵北断层、资北断层相背强烈正断活动加上系列盐构造的底辟活动使得荆州背斜带隆起形成，其东南段的范家台断背斜就于该期基本定型；该阶段末期的挤压抬升剥蚀使得西北段的八岭山背斜以及中段的复兴场背斜改造定型。到新近纪–第四纪阶段，该背斜中段的沙市盐背斜受新近纪末的构造挤压作用后也基本定型。

涴市断裂带是一个南部正反转、北部负反转的复杂构造单元。晚白垩世–中始新世早期阶段，在晚白垩世–沙市组期，纸厂河断层正断活动强烈，在该带南部形成一个较大的同沉积洼陷，沙市组埋深更是达到了1400m，其北部呈鞍状低幅突起分隔同期的梅槐桥洼陷和天鹅洲洼陷；进入新沟嘴组期，其南部的纸厂河、北侧的天鹅洲洼陷随着纸厂河、天鹅洲断层停止生长而消失，且南部发生整体抬升致使南部正反转完成，该带演化成一个南高北低的低突起转而分隔同期的梅槐桥洼陷和资福寺洼陷。到中始新世中期–渐新世阶段，南部抬升更高，北部发育大量北东向次级断层使其构造破碎化，荆沙期随着弥陀寺、李埠断层的正断活动在北部出现了两个沉降幅度不大的北东向次洼，标志着北部负反转的完成，随后进入潜江期接受整体拗陷沉积，在该阶段末期区域整体抬升剥蚀结束后，涴市断裂带基本格局定型。到新近纪–第四纪阶段，该断裂带受新近纪末的构造挤压作用很弱，在地震剖面上很难找到相关作用痕迹。

（3）突洼格局的复合性。

晚白垩世以来，江陵凹陷还有一个次级构造单元的构造演化表现出一种复合性，主要指由西北部同沉积性质的安家岔次洼和东南部系列挤压性质的小向斜复合组成的清水口向斜带。

清水口向斜带是江陵凹陷自晚白垩世以来构造演化较复杂的一个负向构造单元，其演化性质呈现出一种复合性。晚白垩世-中始新世早期阶段，该带东南端在晚白垩世出现一受控于清水口断层的小型断陷，位于观音垱南侧，上白垩统沉积厚度在 1500m 以上，进入古近纪后断陷逐步萎缩废弃；该带其他部位始终属于同期拾桥单斜南端，但构造轴向由早期的近东西向逐步转为北西向。到中始新世中期-渐新世阶段，陵北断层在荆沙期强烈正断活动，形成安家岔同生洼陷，南断北抬，其走向与控洼断层走向一致，近东西向展布，荆沙组沉积厚度可达 2000m，其南侧仍为宽缓单斜；潜江组中后期，陵北断层活动减弱，沉降中心西迁至裁缝店附近，北侧大部拗陷沉降；南侧发育北北东向次级断层而出现相向而掉的小型狭长地堑，清水口断层中部的走向近东西段正断活动较大，在其南侧清水口附近出现一个小型断陷；该阶段末期，受喜山运动的影响，在北东向构造挤压作用下，在该带南部形成系列北西向展布的挤压向斜，清水口向斜带基本成型。到新近纪-第四纪阶段，区域整体拗陷接受广华寺组、平原组沉积，其间该向斜带受新近纪末的构造挤压作用在局部地区出现弱反转现象，清水口复合式向斜带最终定型。

2）沉降中心的迁移

构造演化控制了沉降中心的分布，盆地沉降中心的迁移是构造对沉积控制作用的重要表现形式之一。不同时期由于构造活动的不同，沉降中心发生变化，这一变化同时也影响着生烃中心的分布，进而影响油气藏的分布。因此，研究凹陷的沉降中心与构造演化的关系有利于油气成藏方面的研究。

江陵凹陷各期的沉降中心随古构造背景的变化发生着迁移，主要表现为两个方面：一是随控洼(凹)断层活动的差异性产生方向性迁移；二是随裂陷旋回活动的阶段性产生聚敛性迁移。

（1）随控洼(凹)断层的方向性迁移。

前已述及，江陵凹陷晚白垩世-古近纪发育多条继承性生长的控洼(凹)同生断裂，如问安寺断裂和万城断裂，控洼(凹)断裂不同分段的活动强度具有选择性，其倾向与区域伸展方向一致性越好，正断活动越强烈。由于江陵凹陷的区域伸展方向不断沿顺时针向东偏转，所以上述控洼(凹)断层活动会表现出分时分段性，伴生同生洼(凹)陷的沉积、沉降中心就会沿着断层走向产生方向性迁移。

晚白垩世以来，受控于万城断层活动的分时分段性，梅槐桥向斜的沉降中心持续向北北东向迁移。沙市组断拗沉积期以前，断层南部活动较强，沉积中心在采穴以南的鄂深 10 井附近；到新沟嘴组拗陷-荆沙组断陷沉降期，断层中部同生正断活动最强，沉降中心往北迁移到采穴以北、李埠以南地区；到潜江组拗陷沉积晚期，正断活动中心继续北移，沉降中心往北迁至梅槐桥附近。

同样，受控于问安寺断层晚白垩世以来活动的差异性，江口向斜的沉降中心持续向北东方向迁移。在枝江地区附近，问安寺断层平面呈弧形展布，以枝江为弧顶向北西突出，枝江以南断层走向北东，以北断层走向北东东。第一裂陷旋回的区域伸展方向为北西–南东向，所以江口向斜在晚白垩世–沙市组沉积期的沉降中心位于断层弧顶以南；第二裂陷旋回的区域伸展方向向东偏转为北北西–南南东向，所以江口向斜在荆沙组沉积期的沉降中心沿断层走向转移到弧顶之北。

（2）随裂陷旋回的聚敛性迁移。

江陵凹陷晚白垩世–古近纪发育两大裂陷旋回，且每个旋回又可分为多个断陷、拗陷亚期。就每个旋回发育来看，从初始断陷、断陷发展到拗陷，沉降中心具有从多到少的趋势；就整体演化进程来看，晚期裂陷相对早期裂陷的沉降中心也具有从分散到统一的趋势。总之，江陵凹陷构造演化呈多旋回的断–拗转换，各期发育的沉降中心就会形成螺旋式的聚敛性迁移。

第一裂陷旋回的断陷初始期(晚白垩世)，北东向(北北东向)的纸厂河、问安寺、万城断层，北西向的天鹅洲、清水口断层，北东东向的资北断层，上述三组断裂均开始同生正断活动，相应地形成了一系列沉降规模不等的小型箕状洼陷，初步展示了凹陷破裂伸展初期具有规模小、沉降中心多的特点。到沙市组断拗期，随着与区域伸展方向平行的清水口断层的同生正断活动近乎停止，观音垱洼陷消失。到新沟嘴组拗陷期，梅槐桥洼陷和资福寺洼陷逐渐连为一体，成为一个统一的东西向拗陷沉降带。到该裂陷旋回末期，早期的多沉降中心演变统一为两个大型断拗沉降带，即所谓万城断层东西两侧的江口断凹和江陵断凹。

随着第二裂陷旋回的到来，与区域伸展方向正交或大角度相交的断层再度发生强烈正断活动，早期统一的拗陷沉降带被先存或新生的次级深洼分割。荆沙组沉积期又出现了江口、梅槐桥、资福寺、安家岔等多沉降中心。到潜江组断拗期，同生断层活动再度减弱，多沉降中心再次由多变少、由分散走向统一，安家岔断陷向西萎缩至裁缝店附近与梅槐桥断陷连为一体，资福寺断陷向北与清水口断陷、盐卡地堑连为一体。到该裂陷旋回末期，江口洼陷、梅槐桥洼陷、资福寺洼陷连成一个近东西向展布的大型断拗沉降带。

4. 盆地形成演化机制

江汉盆地的断陷形成主要与印度板块强烈向北推移派生扬子板块北西向拉张和顺时针旋转有关，拗陷源于深部物质上涌的热沉降，反转可能与大别造山带挤压有关。三者方向的差异造成江汉盆地复杂的构造和沉积格局。

1）伸展与反转作用

中国大陆地处印度板块、欧亚板块和太平洋板块的交会部位，在中国大陆西南侧，印度板块以 50mm/a 的速率向欧亚板块推进，在中国西部产生向北的强烈推挤力；在中国东部，太平洋板块向欧亚板块的俯冲和日本海的弧后扩张，相当于施加了一个北西西向的推挤力。因此，印度板块和太平洋板块作用的综合效应，在中国大陆区形成了主压应力轴由西部的近南北向有规律地向东部偏转成北东东向的总体应力场格局(图 1-2-73)。在这样的区域应力场作用下，中国西部地壳除在逆冲断裂带附近缩短外，其间的塔里木和甘青块体等以 14~15mm/a 的速率向北运动。向东由于主压应力轴逐渐向东偏转，其向北的作用力分量将会有规律地依次递减，包括青藏高原东缘的川滇菱形块体、甘青块体东部和扬子板块西部等地区随印度板块的大规模向北推进而被动地向北运动，运动幅度和速度向东逐渐减小，使扬子及其邻区在内的中国东部广大地区自晚白垩世以来普遍被动地发生了大规模的顺时针转动。据早第三纪玄武岩和砂岩的古地磁磁偏角计算，扬子及其邻区顺时针转动大约为 10.6°，其中扬子板块的顺时针转动量较西部的新疆和田地区要大 1.6°~3.5°(图 1-2-74)。

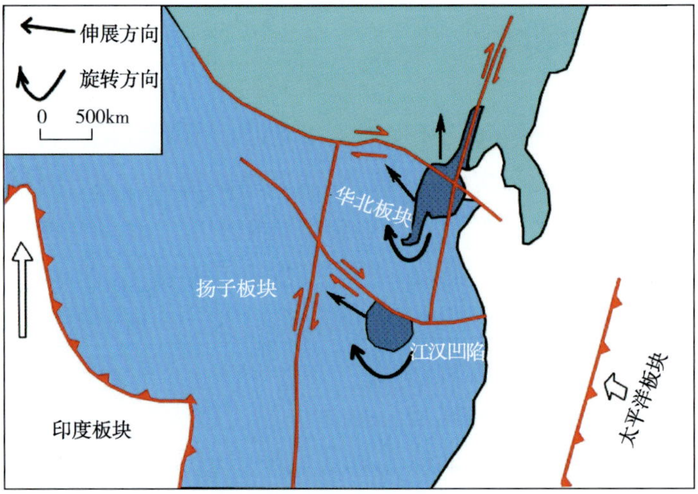

图 1-2-73 江汉盆地形成演化与板块相互作用关系图

在上述区域应力和块体运动背景下，在中扬子及邻区形成从南襄盆地到江汉-洞庭盆地的断陷盆地带(图 1-2-75)。在块体间不均衡向北推移的同时，扬子板块东西两端向北运动的速率和距离的差异，引起板内的北西向拉张，在大别和雪峰构造体系复合的江汉断裂发育区，断层反转活动发生断陷(图 1-2-76)。由于基底断层的多向性，在初始断陷期(晚白垩世)，不同方向的断层都可能有一定的反转复活，形成多向断陷的局面。随着断陷作用的增强，张应力主要沿垂直拉张方向的断层释放，其他方向的断陷逐步被废弃，后期断陷层很薄或缺失(图 1-2-77)。随着印度板块向北推移距离的增大和扬子板块的旋转，在总体北西向拉张的背景下，伸展方向有从偏西向偏北演化的趋势，断陷展布由北东向北东东转变(图 1-2-78)。

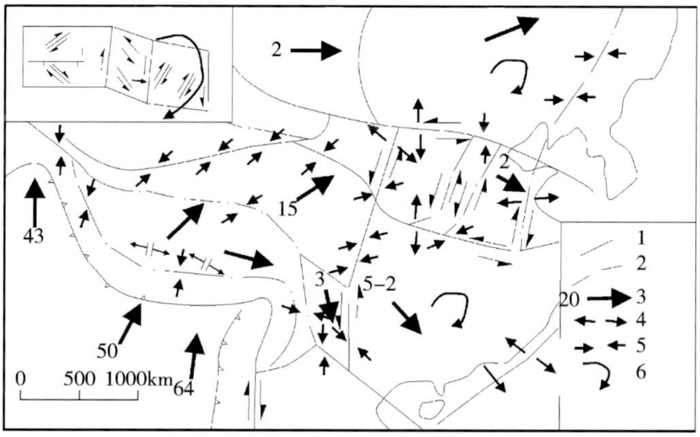

图 1-2-74 中国各块体运动示意图

1—亚板块边界；2—板块边界；3—亚板块与块体相对运动方向和速率；4—伸展方向；5—区域压缩方向；6—亚板块转动方向

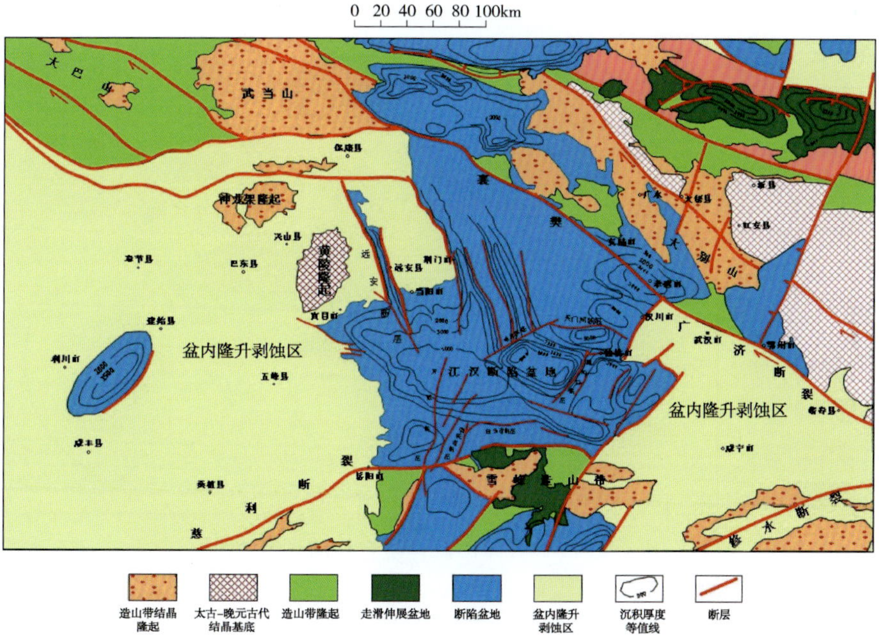

图 1-2-75 中扬子及邻区晚燕山-喜山期盆山体系图

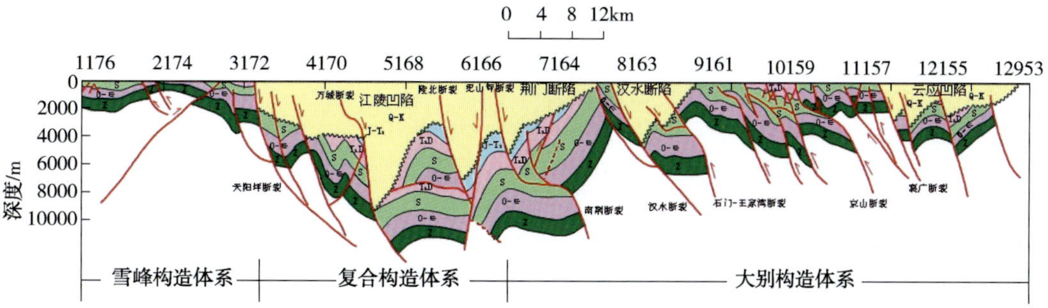

图 1-2-76 大别-雪峰构造体系与断陷的关系图(松安大剖面)

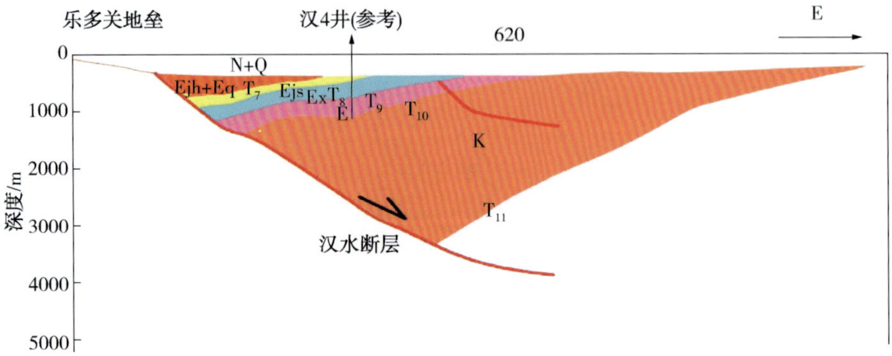

图 1-2-77 汉水凹陷剖面图

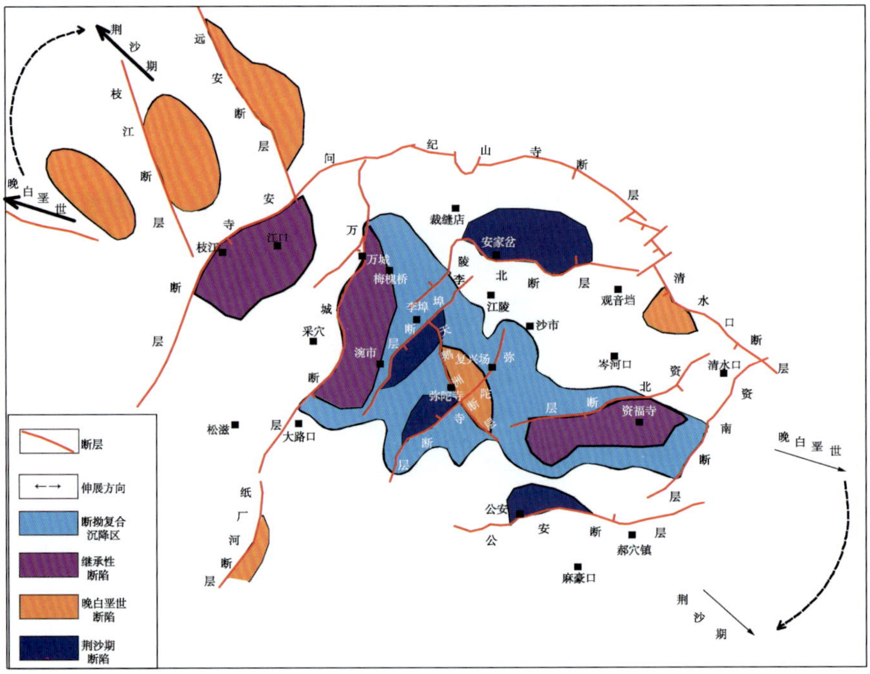

图 1-2-78 江陵凹陷伸展方向演化示意图

江陵凹陷内发生了多期构造反转，反转构造基本都是北西向，最典型的例子是万城断层，在南北两端北北西向段发生了明显反转，而主体北东向段没有反转迹象（图 1-2-79~图 1-2-81）。江陵凹陷盐构造总体也呈北西向分布，盐构造演化研究表明，其形成与荆沙早期的构造反转有关，从侧面也说明江陵凹陷的构造反转作用主要源于北东-南西向的挤压，与大别造山作用力方向一致。可能反映大别造山带晚白垩纪以来还有多期挤压作用。

2）断陷与拗陷作用

裂谷盆地的断陷作用与拗陷作用是有成因联系的，主动裂谷因深部物质上涌引起表壳破裂断陷，上涌的深部物质冷却导致热沉降拗陷；被动裂谷因拉张表壳破裂伸展、地壳减薄导致深部物质上涌，同样却热沉降拗陷。因此，无论是幅度还是范围，断陷、拗陷和地幔隆起三者往往具有一致性。

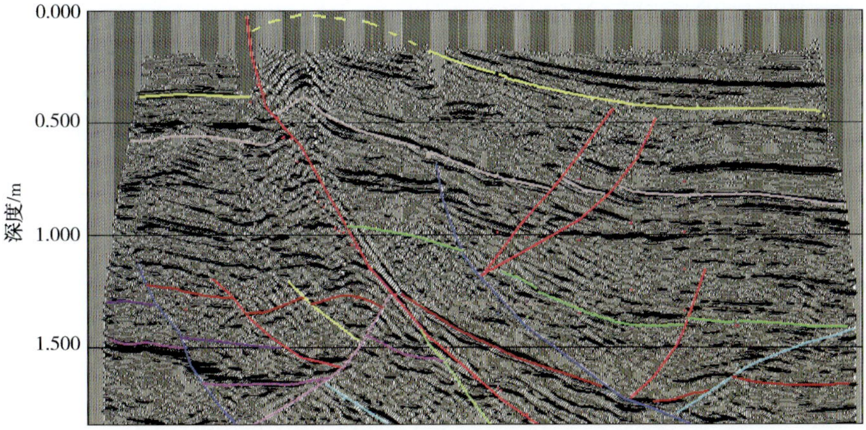

图 1-2-79　万城北三维 663 主测线地震地质解释剖面图(万城断层北端)

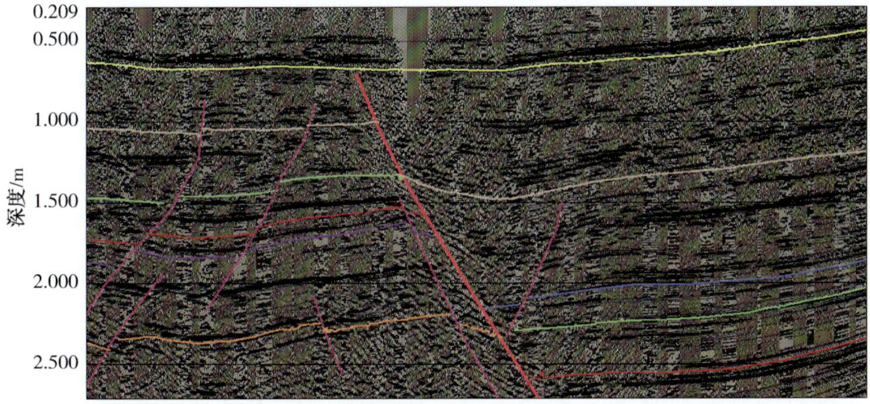

图 1-2-80　万城南三维 124 主测线地震地质解释剖面图(万城断层主体段)

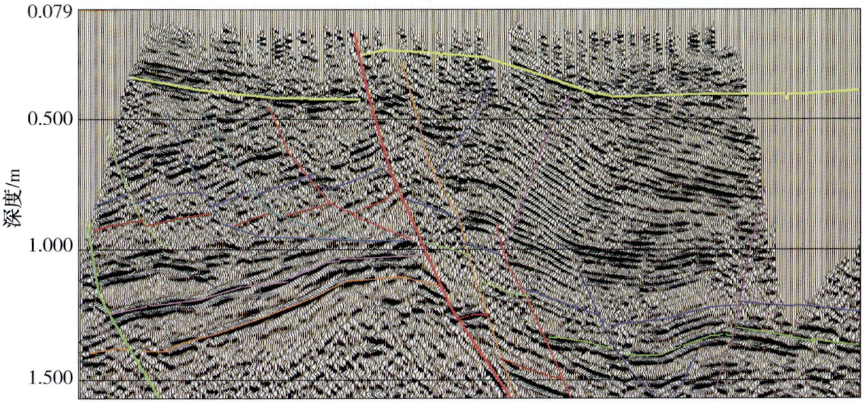

图 1-2-81　江陵六连片三维 141 主测线地震地质解释剖面图(万城断层南端)

江汉盆地火山活动频繁，从晚白垩世到古近纪都有。渔洋组中已发现的在晚白垩世末期的喷发次数为 7 次(年龄为 65.35~66Ma)，平均厚度为 34.4m，晚白垩世火山岩主要为基性-超基性的碱性橄榄玄武岩，表明是来自岩石圈深部的岩浆岩，K_2O 含量大于 Na_2O，地球化学特征显示为由岩石圈地幔熔融的产物。沙市组-新沟嘴组火山喷发 17 次，平均厚度为 20~30m，主要喷发时间集中在 50~60Ma，在沙 4、宋 4 等井中钻遇的沙市组火山岩主要为橄榄拉斑和石英拉斑玄武岩；而新沟嘴组(如赤 1、金 7、江参 3 等井)中的基性火山岩主要为石英拉斑玄武岩和玄武玢岩。从岩石成分和规模来看，自白垩纪渔洋组到古近纪新沟嘴组的火山岩来源具有变浅的趋势，活动强度也随之变小。荆沙组沉积时期是火山活动最为强烈、面积和规模最大的的时期，火山喷发达 23 次以上，主要分布在纪山寺、范家台、沙市-八岭山、涴市和金家场地区，面积分布至少在 1560km^2，平均厚度为 150m，最大厚度达到 304.8m，火山岩体积达到 229.813km^3，占整个盆地火山岩体积的 61.37%，火山岩以橄榄拉斑玄武岩为主，代表来源相对较深的产物；潜江组潜火山岩分布广泛，但次数(10 次)和厚度(平均约 20m)明显减小，岩石类型为石英拉斑玄武岩，表明来源深度再次减小。

江汉盆地火山呈点状喷发、带状分布，但总体火山岩体积占沉积岩体积的比例很小，是岩石圈地幔熔融的产物，不具主动裂谷特征，表明是表壳破裂伸展引起深部物质上涌在岩石圈的部分熔融物质；火山喷发可以分为渔洋-新沟嘴和荆沙-潜江两个旋回，表现出强-弱-强-弱、深-浅-深-浅的特点(表 1-2-7)。预示着在断陷过程中热点深度有显著变化，也就是说，在每个断陷晚期伴有热沉降，后期断陷可能伴有前期断陷引起热沉降。在地质剖面上也有断拗的特点，除少数断陷外，各断陷期的楔状体不典型，越新的断陷层拗陷特点越明显，以强烈断陷的荆沙组沉积时期为例，梅槐桥洼陷内都可以见到其底部的碟状体特点(图 1-2-82)。因此，江汉盆地的成盆模式可总结为地壳拉张→表壳破裂伸展和下岩石圈黏弹性流变减薄→地幔上隆→幔源物质侵入和部分熔融→热衰减沉降。这个过程可能是多次重复，至少有晚白垩世、沙市组-新沟嘴组沉积时期、荆沙组-荆河镇组沉积时期和新近纪-第四纪等四幕，新近纪-第四纪以热沉降为主；沙市组-新沟嘴组和荆沙组-荆河镇组沉积时期两幕断陷都叠加了前期断陷诱发的热沉降拗陷；晚白垩世裂陷幕保存不完整，资料较少且不具生烃能力，通常将之与沙市组-新沟嘴组沉积时期裂陷幕一并考虑。

表 1-2-7 江汉盆地火山岩特征统计表

喷发时期	喷发次数	平均厚度/m	岩石类型	相对来源深度
潜江组	10	20	石英拉斑玄武岩	浅
荆沙组(45Ma)	>23	150	橄榄拉斑玄武岩	深
新沟嘴组	17	20~30	石英拉斑玄武岩和玄武玢岩	浅
沙市组			橄榄拉斑-石英拉斑玄武岩	较深
渔洋组(65.35~66Ma)	7	34.4	碱性橄榄玄武岩	深

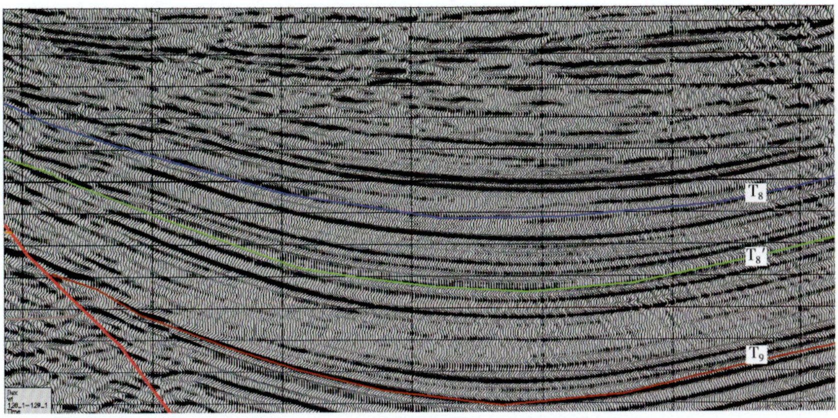

图 1-2-82　江陵凹陷二维 129.1 测线地震地质解释剖面图(梅槐桥洼陷碟状体)

江汉盆地的断陷方向与拗陷方向不一致，断陷以北东向为主，响应北西-南东向的构造张应力；拗陷长轴方向呈近东西或北西西向，与深部地幔上隆方向一致(图 1-2-83)。这种差异可能与两个断裂体系的断层深度和作用不同有关，江汉地区的大别断裂体系为远缘滑脱断层，断裂深度局限于上地壳上部甚至结晶基底之上；而雪峰断裂体系以造山带或近缘冲断层为主，多为超地壳甚至岩石圈断裂。北东向控洼断层主要由造山期斜向调节断层或不同方向断层联合构成，在海相地层、结晶基底面或上地壳上部滑脱，切割深度一般比较浅。而深部韧性变形和物质上涌主要沿切割深度大的仅东西向雪峰断裂体系完成，江陵凹陷火山岩沿东西向分布能印证这一推断。造成断陷与地幔上隆发生在同一地区，但方向不一致，由热衰减产生的拗陷自然也与断陷方向不一致(图 1-2-84)。

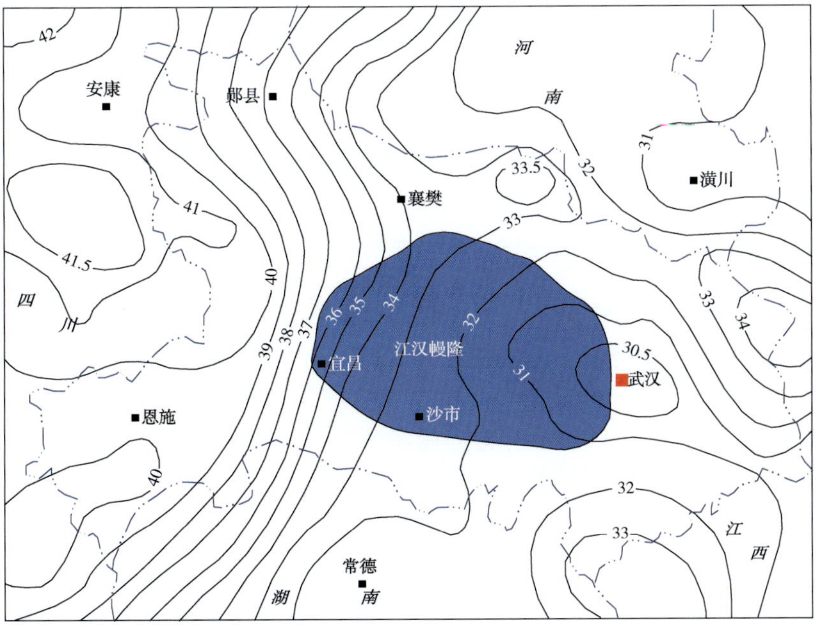

图 1-2-83　中扬子地区莫霍面等深图

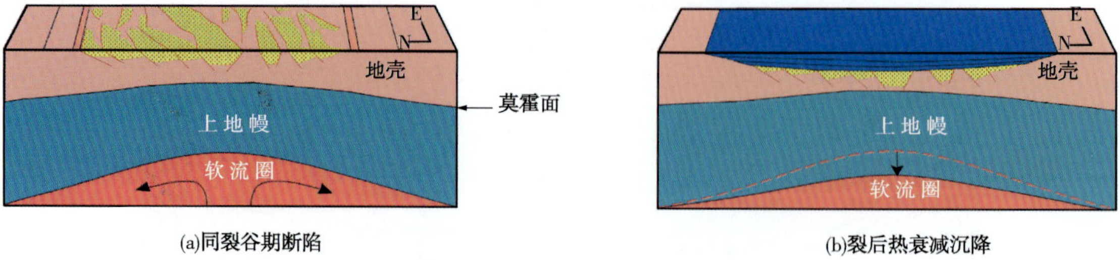

图 1-2-84　江汉盆地裂陷动力学模型图

另外，江汉幔隆不完全是表壳破裂伸展减薄引起的，可能还与南北两侧造山带的拆沉作用有关，高点位于武汉附近而不是在江汉盆地断陷最深部位。因此，江汉盆地尽管不是主动裂谷，但江汉幔隆发育可能比较早，从而在早期断陷就伴有拗陷现象。

断陷造成多突多洼，拗陷引起整体沉降，江陵凹陷在断陷叠加拗陷的背景下，形成具有多突多洼底部的统一湖盆，甚至太阳山-华容隆起也被沉降到水下，江汉盆地南界只是后期剥蚀边界(图 1-2-85)。由于江汉地区基底断裂的复杂性，在北东向断陷过程中要利用不同方向的断裂系构成控洼主断层，所以在不同断陷期或者在同一断层不同段的构造迁移现象比较普遍，在大面积断陷区内，只有少数相对稳定的北东向断陷才发育成为良好的生烃断陷。洞庭盆地处于雪峰陆内造山带内，主要发育近东西向的冲断层，北东向断层大部分具有新生性，而结晶基底面滑脱层又比较浅，所以相对江汉盆地其断陷沉降幅度更小，断拗特点更显著(图 1-2-86)，难以形成良好的生烃断陷。成熟生烃洼陷不仅受原始沉积断陷的烃源岩分布控制，还受后期埋藏的影响，断陷与拗陷方向差异造成成熟生烃洼陷与原始沉积断陷面貌不一致，江陵凹陷发育良好烃源岩的断陷呈北东和北东东向展布，而总体构成的是梅槐桥-资福寺北西西向成熟生烃洼陷带。

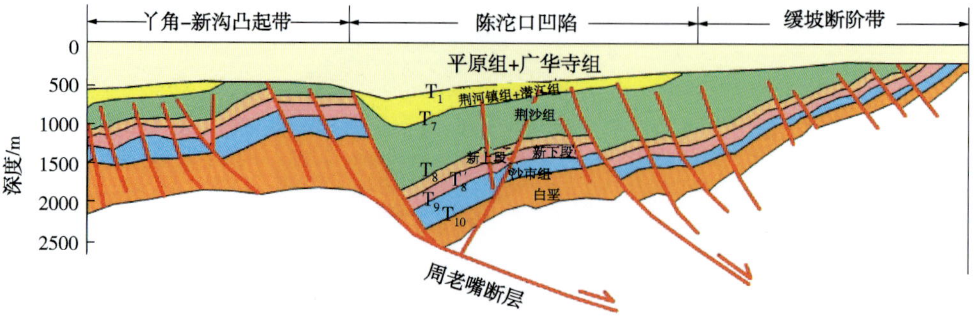

图 1-2-85　陈沱口凹陷地质剖面图(599 测线)

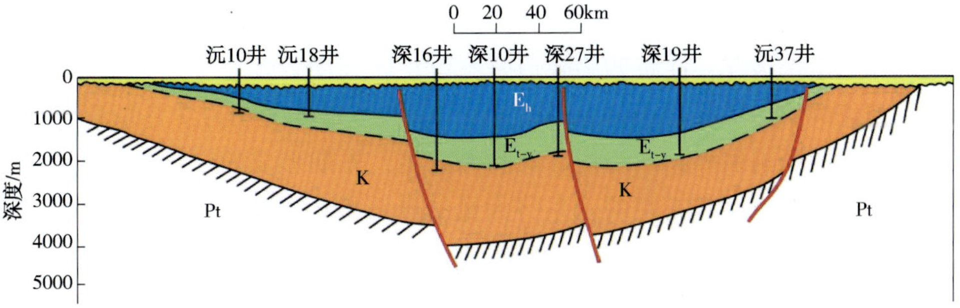

图 1-2-86　沅江凹陷南次凹剖面图

三、沉积特征

（一）沉积体系

江陵凹陷白垩纪沉积时期，主要发育有从冲积扇、辫状河到浅水氧化型湖泊沉积的演化序列，并以中下部发育巨厚的冲积扇和辫状河砂质沉积为特征（图 1-2-87），物源主要存在于西北和西南方向。西北部河流体系延伸较远，在盆地边缘形成巨厚的粗碎屑砂砾质沉积并向前推进到凹陷中央的浅水氧化湖泊，形成三角洲体系；西南部公安一带存在较厚的粗碎屑沉积，搬运距离较近，推测物源来自江南隆起。白垩系沉积期湖盆水体浅，以褐红色氧化型膏盐湖沉积为特征。从盆地形成的动力学背景看，这一时期的沉积充填可能为热隆起张裂背景下的裂陷早期充填，以发育广泛的近源粗碎屑冲积相为特征。

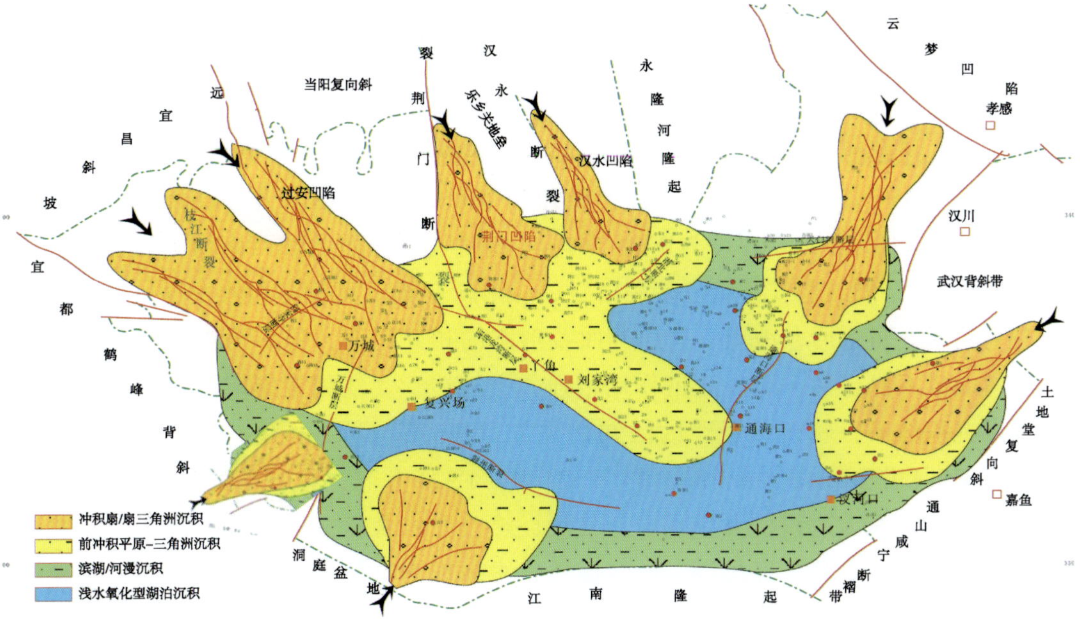

图 1-2-87　江汉盆地白垩系沉积体系展布图

1. 白垩系沉积体系

根据现在的钻探情况，江陵凹陷晚白垩系沉积时期主要发育三大沉积体系：冲积扇沉积体系、河流沉积体系以及浅湖相沉积体系。从盆地形成的动力学背景看，这一时期，盆地受构造运动的影响强烈，凹陷周缘的物源充足，先期形成的山系沟谷成为物源运移的通道，但气候炎热，没有充足的水系将大量的砾石搬运洼陷，仅存凹陷边缘，表现为近源粗碎屑冲积扇体系。随着物源的不断减少，地势差逐渐变小，水体的携载能力变弱，构造运动频繁程度减少，沉积体系向河流沉积体系转变，这一时期，以西北和西南方向的物源为主，其中西北部河流体系延伸较远。直至晚白垩系晚期，地势趋于平缓，少数构造运动，水体滞留，形成河漫湖泊或浅水氧化湖泊，水体的注入量大于蒸发量，逐渐演变为浅水氧化湖沉积序列。根据体系的演化序列将晚白垩系地层分为两个组，即红花套组和渔洋组。

红花套组：该套地层成因不同学者有着不同的看法，本书主张该套地层表现为冲积扇沉积体系。钻遇该层位的已知探井：万 1 井、万 9 井、万 10x 井、万 10c 井、万 11c 井、ES11 井、万 18 井、ES10 井、ES12 井、ES13 井、ES14 井、ES15 井、ES16 井、ES20 井、ES21 井等，地层厚度为 229~963.6m，周缘多物源对凹陷进行沉积充填，岩性变化较大，自周缘向凹陷沉积中心逐渐变细，从含砾砂岩向凹陷沉积中心过渡到粉砂岩，并且砂质较纯，泥岩含量极少，其亚相表现为扇中和扇端。对其成因本书主张，主要受多期构造运动的影响，造成地表大量物质的多次破碎及筛选，没有充足的水源将山体的物质进行携载，但可将细小的砾石、砂岩携带较远，相对较大的砾石在自身重力和水体的冲刷下，就近在山口沉积，由于多期的构造运动，新沉积的地层固结程度较低，再次被分选，加上水体的侵染和淘洗，使泥质含量极少，砂质较纯，在渗透性砂岩中，地下暗河和沙漏较发育，受气候氧化影响较严重，主要表现为红色的地层。

渔洋组：该套地层早期主要表现为河流沉积体系。钻遇该层位的已知钻井：万 3 井、万 9x 井、万 18 井、ES10 井、ES11 井、ES12 井、ES13 井、ES14 井、ES15 井、ES20 井、ES21 井、ES23 井等，地层厚度为 342~560m，此时物源以西北和西南物源为主。岩性表现为中厚层-厚层的红色或紫红色砂泥岩互层。河床亚相、河漫亚相较发育，自然伽马曲线表现为箱形、漏斗形、钟形、指形等曲线形态的相互组合，但多为锯齿状波动，反映当时水体能量不稳定性，河流改道作用很强，受构造、气候因素影响严重。晚期主要表现为浅湖沉积体系，钻遇该层位的已知钻井：万 9x 井、万 10x 井、ES10 井、ES11 井、ES12 井、ES14 井、ES15 井、ES20 井、ES21 井、ES23 井等，地层厚度为 27~422 米，此时周缘的物源表现为退积，水量减少，气候炎热，泥岩含量急剧增加，沉积中心发育膏盐岩，局部河漫湖泊发育膏盐岩。自然伽马曲线表现为高值锯齿状曲线形态，反映当时水体少，能量低的沉积结构，局部可能发育浅水三角洲沉积体系。

2. 沙市组沉积体系

沙市组沉积时期主要发育浅湖相沉积体系，主要受到古气候影响，发育一套完整的沉积旋回，二套具有岩性差异的地层，将其分为沙市组下段和沙市组上段。

沙市组下段：古地貌趋于平坦，气候干旱炎热，底部以盐湖相的膏岩、盐岩层为主，夹少量泥岩层。地震剖面上，底界是 T_{10} 反射界面，为不整合面。顶部由膏岩、盐岩层，所占比例为 30%~50%。

沙市组上段：该层序所夹盐湖相的膏岩和盐岩层所占的比例减少，低于 30%，不同钻孔变化较大。泥岩和砂岩的比例相对增加。主要由两类沉积体系组成，一类是三角洲沉积体系，另一类是浅湖沉积体系。

3. 新沟嘴组沉积体系

新沟嘴组沉积时期，主要发育三角州和湖泊两大沉积体系(图 1-2-88)。受古地貌控制(图 1-2-89)沿凹陷西北、北、北东边缘的问安寺断裂-纪山寺断裂带以河流和三角洲平原沉积组合为主。从荆州背斜带的北翼到南翼以三角洲前缘沉积组合为主。西北边缘的河流-三角洲体系总体向南东推进。在万城断裂陡坡边缘可观察到前积的地震反射结构，表明三角洲体系可能推进到这一地带，在万城断层下降盘断裂坡折带发育扇群。湖盆的中心位于梅槐桥洼陷和资福寺洼陷的中西部，以浅湖-半深湖泥质沉积和含膏泥岩为主。其内可进一步分为水下分流河道、河口坝和席状砂。

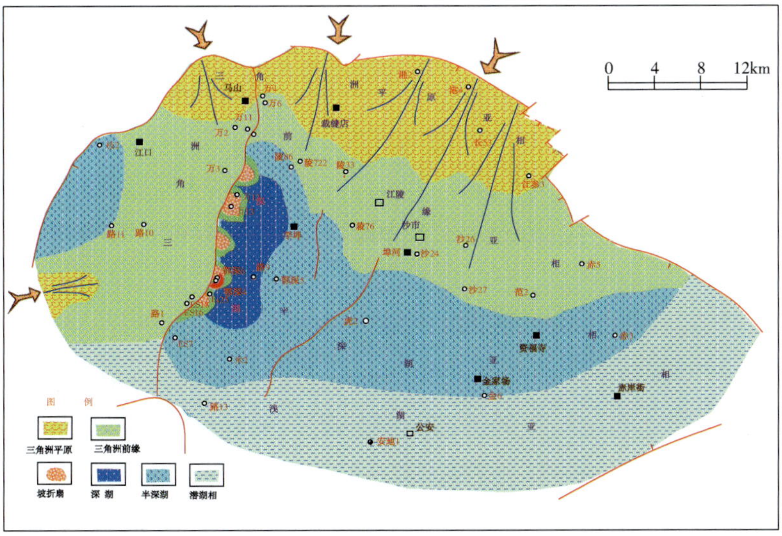

图 1-2-88　江陵凹陷新沟嘴组下段沉积体系展布图

4. 荆沙组沉积体系

荆沙组沉积时期，由于喜山运动造成西部抬升，物源由新沟嘴组时期的北部单向物源转向西部物源，总体形成三角洲-浅湖相沉积，以紫红色泥岩夹灰白色砂岩和火山岩互层为主，地层厚 1000~2000m。西部为紫红色泥岩、灰白色砂岩互层，为三角洲沉积；中

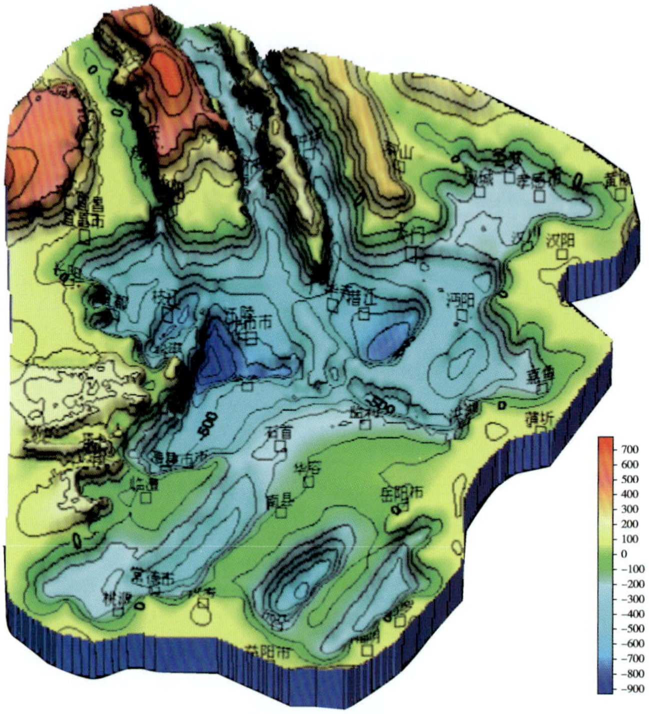

图 1-2-89　江陵凹陷新沟嘴组下段古构造图

东部为棕红、紫红色泥岩夹薄层浅灰、浅棕色粉砂岩，含膏泥岩，为滨浅湖相。

荆沙组沉积时期构造极其复杂，由于受到底部盐隆、火山喷发及区域应力的作用，形成了大量北东向断裂。根据地震资料和钻井分析，荆沙期断层发育，以北东向展布为主，其中二、三级断层有 20 多条，四级断层更为发育，形成 5 个较大的沉积沉降中心——江口、梅槐桥、弥陀寺、资福寺、安家岔，最大地层厚度近 2000m。同时由于受到周边盆地的挤压作用，整个荆沙组中部有一期较为明显的剥蚀，有些地区甚至有两期以上的剥蚀面。

荆沙组沉积时期也是火山频繁活动的时期，根据钻井资料统计，荆沙组时期火成岩累计厚度可达 250~300m，单层厚度最大在 30m 以上，荆沙组是火成岩纵向分布最多的层位。火成岩主要分布在江陵凹陷东北部的裁缝店和范家台一带，此外在涴市地区也有零星分布。

5. 潜江组沉积体系

潜江组沉积时期受到喜山运动的影响，凹陷西部抬升，以西部物源为主，即枝江物源、远安物源以及西南物源，南荆物源向东迁移。荆沙组沉积时期晚期构造活动逐步减弱，在潜四段沉积时期，沉积相表现为滨浅湖相，潜三段-潜一段沉积时期，构造活动再次加强，以洼陷为主，西部大量物源充填凹陷，河道相十分发育，以三角洲相沉积为主，东部以滨浅湖相沉积为主。晚期构造活动减弱，局部遭受剥蚀，以浅水氧化湖泊为主。

（二）沉积相

1. 白垩系沉积相

通过岩心观察描述，结合录井、测井、分析化验等资料分析，晚白垩系渔洋组发育有冲积扇、河流和浅湖三大沉积相。

1）冲积扇相

冲积扇是指气候干热、地壳升降运动较强烈的地区，风化、剥蚀作用强烈，其形成的产物被山区的暂时性水流或山区河流带走，当水流流出山口，地形坡度急剧变缓，水流向四方散开，流速剧减，碎屑物质大量沉积，形成锥状或扇状锥体，它具有山区河流冲积的特点，故称冲积扇。其平面上分为三个亚相：扇根、扇中、扇端。冲积扇主要表现在红花套组，根据目前的勘探，还未见到扇根的沉积相特征，受西北、西南物源的影响，周缘大量的冲积扇体伸入凹陷，扇根主要分布在凹陷周缘，岩性以砂、砾、泥混杂岩为主，扇中在江陵凹陷大面积发育，主要集中在北部、西北、西南缘，发育含砾砂岩。局部根据古地貌特征，发育扇端沉积相，其主体发育在江陵凹陷南缘或东南缘，砂体以细砂岩或粉砂岩为主。

扇中：岩性为灰色、杂色含砂砾岩及砂岩，砾石成分为灰岩、白云岩、石英、方解石等，含量为20%~40%，粒径为2~30mm，大小混杂，呈次圆-次棱状，扁平状顺层排列。砂岩为红色，成分混杂，泥质含量极少，整体表现为颗粒支撑。自然伽马曲线呈微齿状低值(图1-2-90)，为20~40API，对应电阻率曲线为块状高值，沉积相表现为冲积扇扇中的心滩沉积特征。

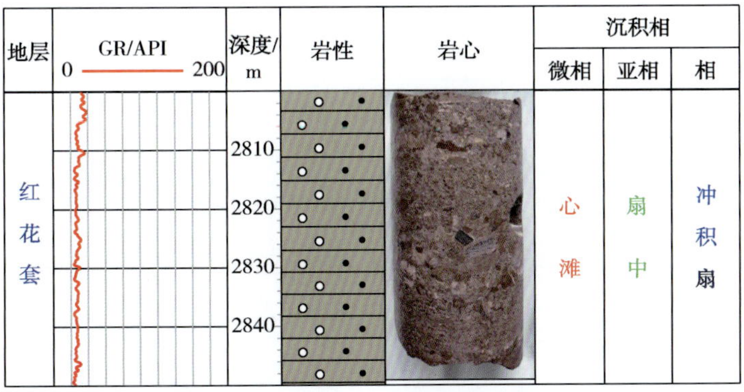

图1-2-90 江陵凹陷晚白垩系地层心滩沉积微相图(ES13井)

扇端：岩性为红色砂岩，砾石成分少，含量为1%~5%，粒径为2~4mm，大小混杂，呈次圆-次棱状，以红色砂岩为主，含量在95%以上。自然伽马曲线呈微齿状低值(图1-2-91)，为30~60API，对应电阻率曲线为块状高值，沉积相表现为冲积扇扇端根部沉积特征。

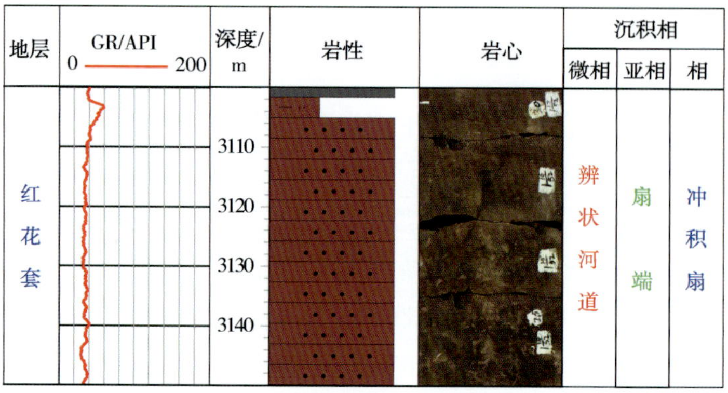

图 1-2-91　江陵凹陷晚白垩系地层辫状河道沉积微相图(ES11 井)

2）河流相

河流是流水由陆地向湖泊或海洋运移的通道，也是把沉积物由陆地搬运到海洋和湖泊中去的主要营力。不同类型的河流在河道的几何形态、横截面特征、坡降大小、流量、沉积负载、地理位置、发育阶段等方面都存在着差别，根据拉斯特划分方法，将河流分为平直、蛇曲、辫状、网状四种类型。综合分析，该时期主要发育曲流河，其亚相分为河床亚相、堤岸亚相、河漫亚相。

(1) 河床亚相。

河道微相：岩性为灰色砂岩，砾石成分少，以灰色砂岩为主，含量在 97% 以上，分选好，野外露头可见冲刷面，侵蚀下切“V”字形割槽(图 1-2-92)。

水平层理发育，水进的沉积演化，块状构造(图 1-2-93)，砂岩间夹薄泥层。自然伽马曲线呈微齿状箱形、钟形及漏斗形的组合(图 1-2-94)，其值为 20～120API，沉积相表现为河道微相沉积特征。

图 1-2-92　江陵凹陷白垩系河道微相沉积野外露头(“V”字形割槽)

图 1-2-93　江陵凹陷白垩系河道微相沉积野外露头(块状构造)

边滩微相：又称“点砂坝”，岩性以砂岩为主，地表受氧化影响，多为红色，地下以灰色为主。可见交错层理、水平层理(图 1-2-95)，块状构造。自然伽马曲线呈微齿状箱形组合(图 1-2-96)，整体表现为垂向加积，其值为 60~180API，沉积相表现为边滩微相沉积特征。

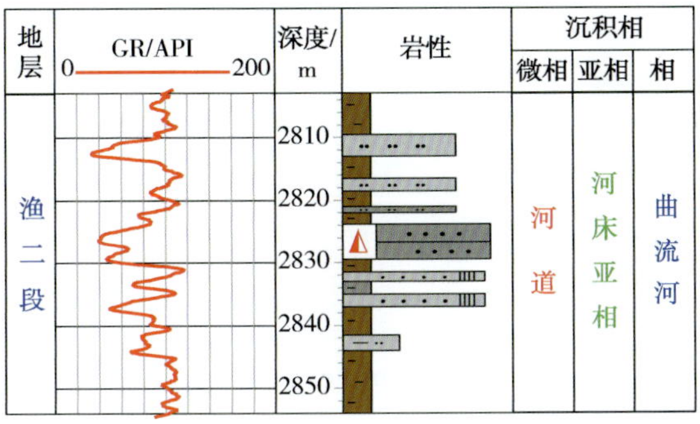

图 1-2-94 江陵凹陷晚白垩系地层河道沉积微相图(ES11 井)

图 1-2-95 江陵凹陷白垩系河道微相沉积野外露头(交错层理、水平层理)

(2) 堤岸亚相。

堤岸亚相相对河床而言，主要发育在河床沉积的上部，属于顶层沉积，岩石类型简单，粒度较细，以小型交错层理为主，进一步可分为天然堤和决口扇两个沉积微相。

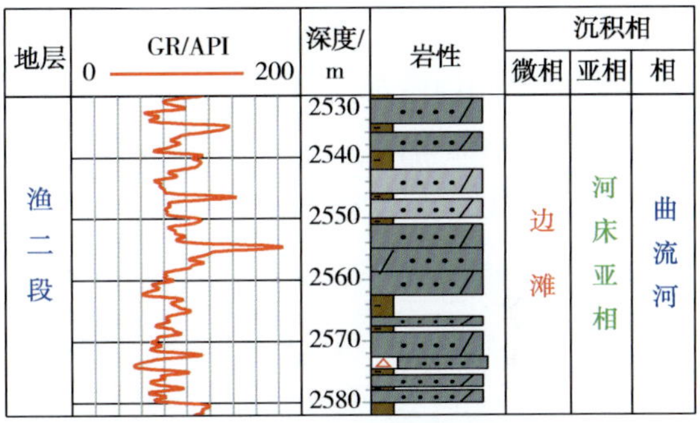

图 1-2-96 江陵凹陷晚白垩系地层边滩沉积微相图(ES13 井)

① 天然堤微相：由红色粉砂岩、泥质粉砂岩和砂质泥岩构成的薄互层沉积，层理构造以小型波状层理为主。一般砂质岩发育斜层理和波状层理，砂岩底面常发育冲刷构造。与边滩沉积相比，有时很难区分，但沉积物中常含有钙质结核，泥质、泥质粉砂岩中可见干裂纹和虫迹。在自然伽马曲线上表现为河道沉积曲线上方的尖指状(图 1-2-97)，其值为 100~140API。随着河床的迁移，天然堤随边滩不断扩大，增长，形成覆盖边滩之上的盖层。

② 决口扇微相：与天然堤共生，主要由细砂、粉砂组成，粒度比天然堤粗，成分比天然堤复杂，洪水期河水冲决天然堤，部分水流由决口流向河漫，砂、泥物质在决口堆积，形成扇体，可见砾石，泥岩、泥包砂、砂包砾等混杂沉积现象，可见冲蚀与充填构造，剖面上呈现透镜状(图 1-2-98)。自然伽马曲线呈指状特征，其值为 100~140API。

(3) 河漫亚相。

河漫亚相是平原河流的亚相类型，位于天然堤外侧，地势低洼而平坦。洪水泛滥期间，水流漫溢天然堤，流速降低，使河流悬浮物大量堆积。主要为粉砂岩和黏土岩，层

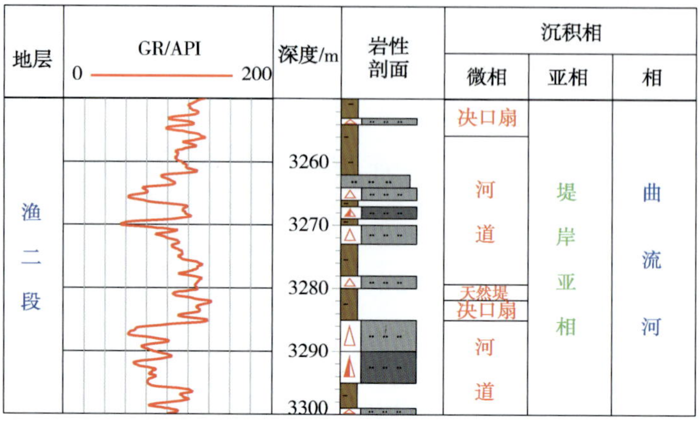

图 1-2-97　江陵凹陷晚白垩系地层堤岸亚相图(SK8-16 井)

理单一，主要发育水平层理，薄砂泥岩互层，其微相为河漫滩沉积和河漫湖泊沉积。

① 河漫滩微相：以粉砂岩、泥岩为主，其交互叠置(图 1-2-99)，说明当时水体动荡不安，发育水平层理，未见化石，植物碎片等。自然伽马曲线表现为高幅的锯齿形(图 1-2-100)，其值为 80~120API。

② 河漫湖泊微相：以棕色、灰色黏土岩沉积为主，夹有盐岩，层理不发育，干旱气候条件下，水面下降，表面急剧蒸发，形成钙质结核，铁质结核或膏盐岩(图 1-2-101)。自然伽马曲线表现为向上渐变的钟形特征，其值为 0~120API。

图 1-2-98　江陵凹陷白垩系决口扇微相沉积野外露头

图 1-2-99　江陵凹陷白垩系泛滥河漫滩微相沉积野外露头

河流沉积相主要分布在渔二段，冲积扇相主要分布在山前，凹陷主体发育河流相，其河床亚相、堤岸亚相、河漫亚相极其发育。

3）浅湖相

位于滨湖亚相内侧至浪基面以上的地带，水体比滨湖深，沉积物受波浪和湖流作用的影响较强。其包括浅水泥坪亚相和近岸浅滩亚相，前者岩性为棕色、灰棕色泥岩和粉砂质泥岩，具有断续水平层理，后者岩性为灰棕色席状粉砂岩，两者呈不等厚互层组成浅湖相。主要发育在渔一段。自然伽马曲线呈梳齿状，自下而上强度增加，视电阻率曲线呈齿状、梳齿状自下而上强度降低；岩性为红、灰间互的粉砂岩和泥质岩互层，自下而上砂岩减少、泥质岩增多。自然伽马曲线表现为锯齿状(图1-2-102)，其值为40~100API。随着气候的干旱，构造运动变弱，冲积扇相在洼陷内不发育，河流相主要发育在凹陷边缘，凹陷内以浅水氧化湖相为主，岩性以红色或棕色泥岩或薄砂条为主，局部可见含膏砂岩条或膏泥岩。

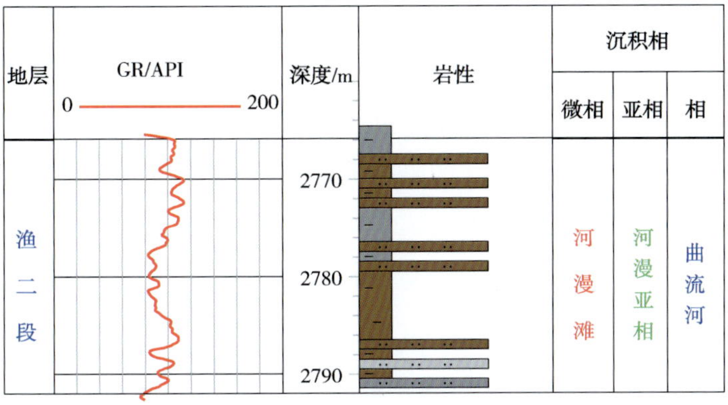

图1-2-100　江陵凹陷晚白垩系地层河漫滩沉积微相图(ES11井)

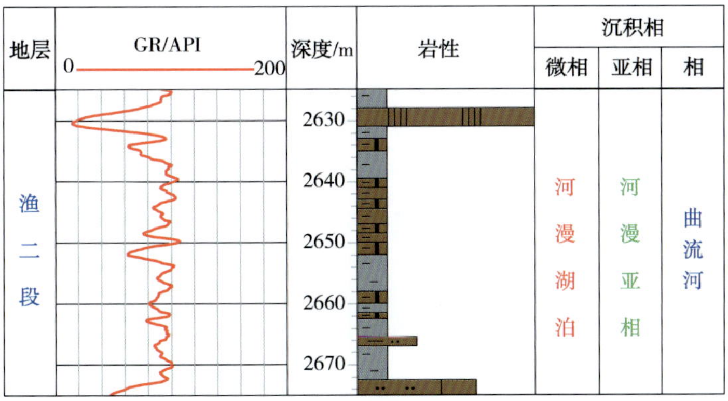

图1-2-101　江陵凹陷晚白垩系地层河漫湖泊沉积微相图(ES11井)

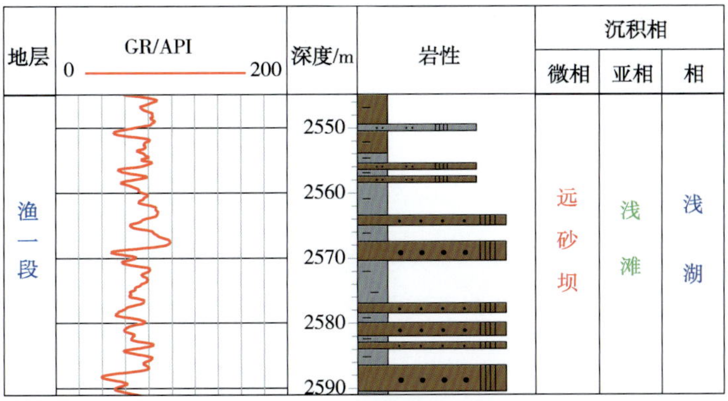

图1-2-102　江陵凹陷晚白垩系地层浅湖沉积相图(ES11井)

2. 沙市组沉积相

通过岩心观察描述，结合录井、测井、分析化验等资料分析，沙市组主要发育浅湖相和三角洲两大沉积相。

1）浅湖相

浅湖相主要分布在沙市组下段和沙市组上段顶部，岩性主要为钙芒硝、膏盐岩，夹有少量的紫红色泥岩(图 1-2-103)，表现为稳定的沉积环境，构造运动较弱，三角洲相主要发育在凹陷边缘，凹陷内部以浅水氧化湖相为主。

2）三角洲相

三角洲相主要发育三角洲前缘亚相，位于沙市组上段下部，河道微相较少，以间湾微相为主(图 1-2-104)，主要发育在凹陷北缘，发育时期比较短暂，仅位于沙市组上段的中下部，沉积厚度位于 50~100m。

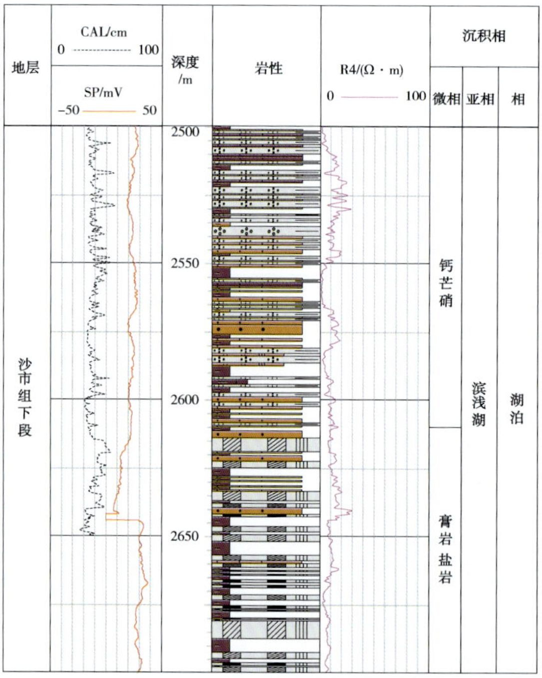

图 1-2-103　江陵凹陷沙市组下段沉积相图(陵 2 井)

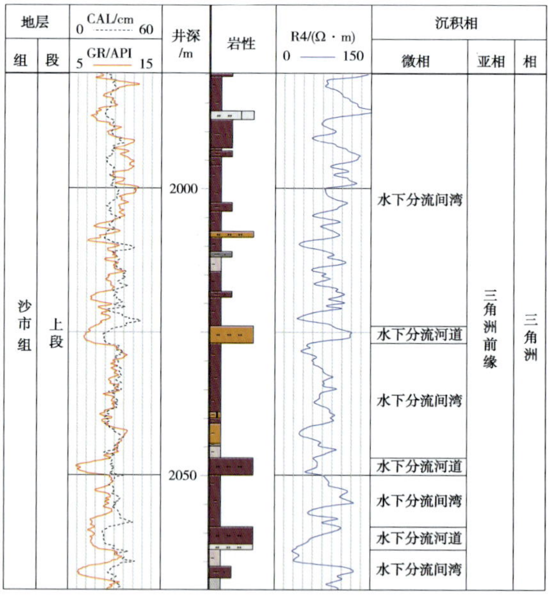

图 1-2-104　江陵凹陷沙市组下段三角洲相图

3. 新沟嘴组沉积相

根据区域沉积背景、岩心观察、测井及地震反射特征，将新沟嘴组下段沉积相类型进行了划分(表 1-2-8)，并分别建立了三角洲、湖相等相的识别标志(图 1-2-105)。

表 1-2-8　江陵凹陷新沟嘴组下段沉积微相类型划分表

地层	相	亚相	微相	备注
新沟嘴组下段	三角洲	三角洲平原	分流河道、河漫滩，可能有：天然堤、决口扇、废弃河道、牛轭湖	发育
		三角洲前缘	水下分流河道、远砂坝、河口坝、席状砂沉积	很发育
		前三角洲	前三角洲泥	发育
	湖相	滨浅湖	滩砂、砂坝、泥滩	发育
		浅-半深湖	泥滩、盐滩	很发育

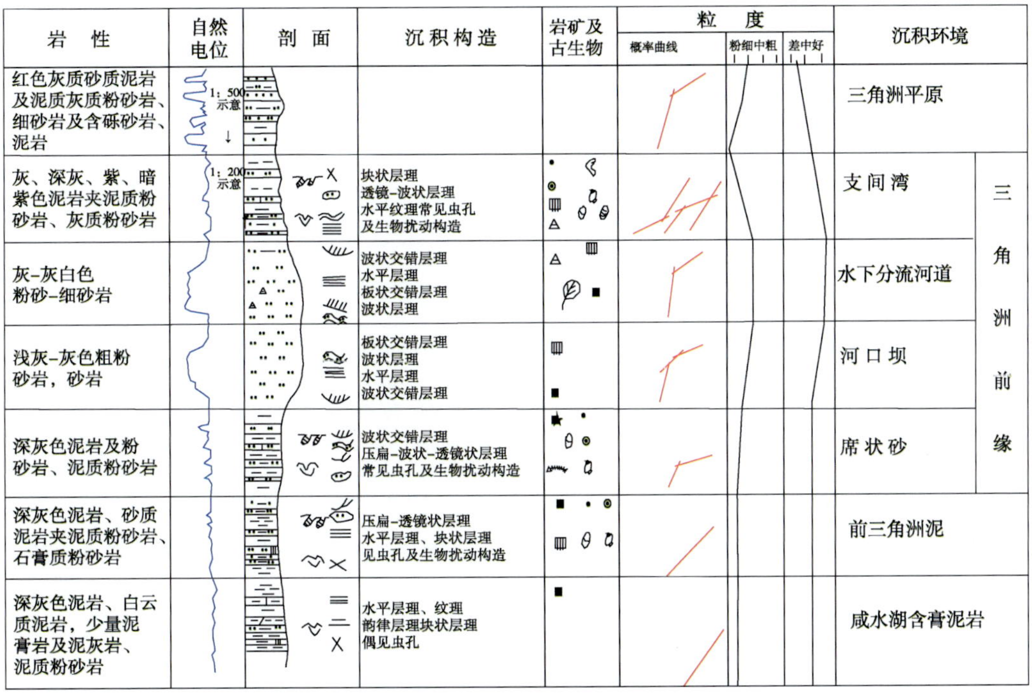

图 1-2-105　江陵凹陷新沟嘴组下段沉积微相识别标志图版

1）三角洲相

三角洲是河流到达湖(海)盆地入口处，由于坡底减缓，流速突然减低，水流扩散，将携带的砂泥在河口附近堆积下来，形成平面上略似顶尖朝向陆地的三角形的沉积体，是河流作用和湖(海)作用在河口地区相互影响的结果。其发育情况除与河流供给的沉积物和沉积区的下降有关外，还与沉积区的气候，排水量，河口地质作用，湖浪、湖流、坡度等有关。在凹陷近物源的西北部和东北部，沉积坡度不大，具有三角洲发育的有利古地理背景，发育三角洲平原、三角洲前缘和前三角洲亚相。

（1）三角洲平原亚相。

三角洲平原亚相内还可见含砾砂岩和砾状砂岩。岩性自下而上由粗变细呈正旋回，泥岩颜色依次为深灰、灰绿、紫红色；沉积构造极其发育，板状交错层理、槽状交错层理、波状层理、爬生层理、脉状层理等。自然电位曲线上表现为钟形和齿形(图 1-2-106)。

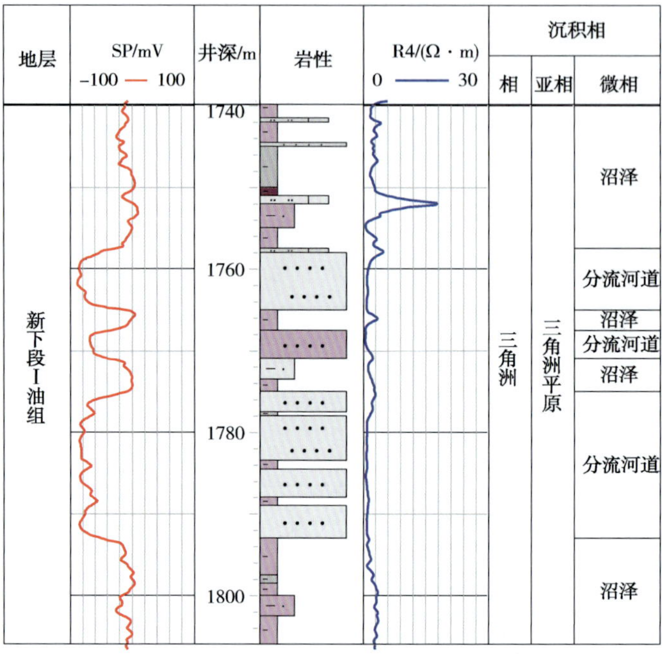

图 1-2-106 三角洲平原分流河道微相标准剖面图(港 4 井)

江陵凹陷三角洲平原相带发育面积较小，主要发育在东北部的物源入口处。因钻井少，无岩心资料，主要依据录井、测井资料进行确定。港 2 井、港 4 井均为灰白色砂岩和紫红色泥岩互层，砂岩中有少量含砾砂岩，岩性比较粗，单层厚度大，层数多，砂泥比大多为 0.7~1.0，砂岩层在自然电位曲线上均为箱状。发育各种流水成因的交错层理，但底部一般为中-细粒砂岩，常含有泥砾和炭屑等，港 1 井、港 2 井、港 4 井、宝 4 井没有含膏泥岩、泥膏岩等。

（2）三角洲前缘亚相。

岩性主要为砂泥岩互层，砂泥比为 0.3~0.7，一般均发育泥膏岩或含膏泥岩。自然电位、自然伽马曲线反映为箱状、指状、漏斗状和小齿状交互出现，主要发育水下分流河道、河口坝、远坝砂体。常见碳酸盐岩盆屑，还有铁锰结核和钙质结核、轮藻化石丰富，具有明显的浅水标志(图 1-2-107)。前缘亚相广泛分布在凹陷的中北部，荆州背斜带的主体部位及以南地区。

① 水下分流河道微相：三角洲前缘亚相中普遍发育的一种微相，系平原分支河道入湖后在水下的延续部分，以灰、浅灰色细砂岩，粉砂岩为主，夹少量泥质粉砂岩或粉砂质泥岩条带。具块状层理，板状交错层理。粒度自下而上由粗变细，剖面上具正韵律或复合韵律，反映出水动力能量由强到弱的变化过程，自然电位曲线为箱形正粒序特征(图 1-2-108)。在沉积构造上既有与单向物源有关的板状交错层理，又有浪成波状层理，近岸的叠加波痕以及大大小小直立或近直立的虫孔发育(图 1-2-109)。

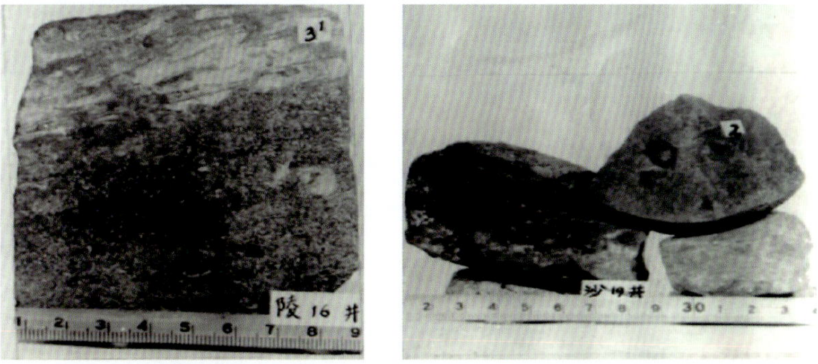

(a)陵16井 (b)沙19井

图 1-2-107 三角洲前缘相带岩心照片

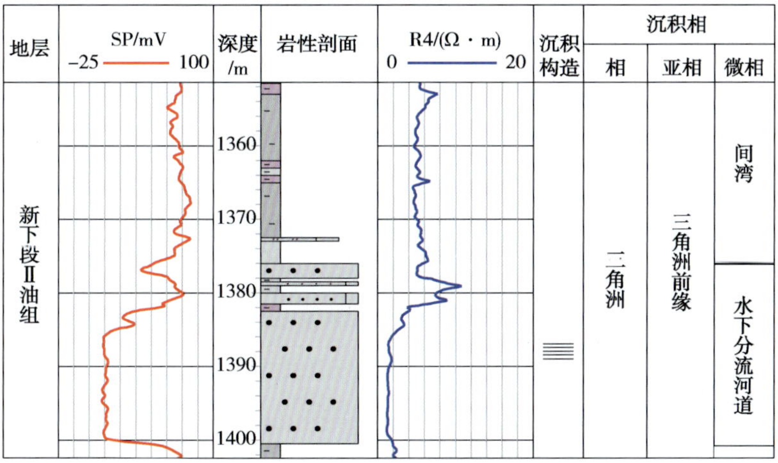

图 1-2-108 水下分流河道微相标准剖面图(陵 30 井)

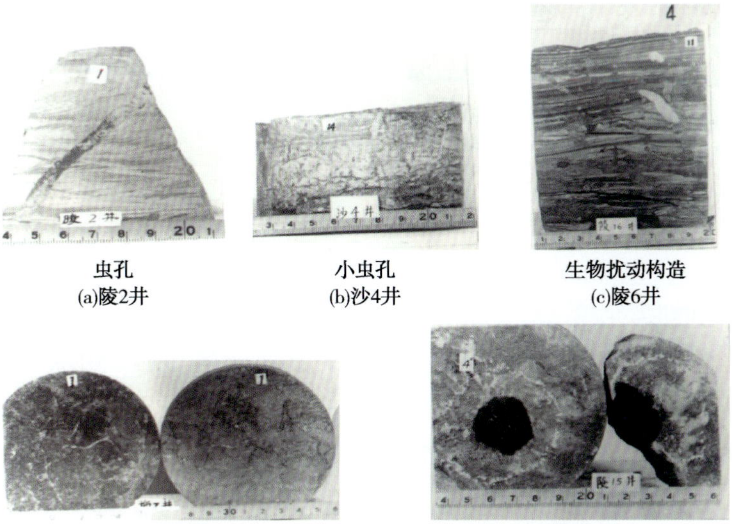

虫孔
(a)陵2井

小虫孔
(b)沙4井

生物扰动构造
(c)陵6井

生物爬痕
(d)陵76井

螺化石
(e)陵15井

图 1-2-109 三角洲前缘相带岩心照片

② 河口坝微相：该微相下部多为砂质泥岩、泥质粉砂岩薄互层（1～2m），向上粉砂岩单层厚度加大，可达3～8m，有时含有膏泥斑块，具有典型的由细变粗的反粒序特征，以槽状层理为主，伴有平行层理与脱水变形层理。有时河口坝逐渐堆高，易滑塌形成小褶皱，常见冲刷面，概率曲线为滚动-跳跃-悬浮三段式，但滚动组分含量低一般小于10%，自然伽马曲线呈倒钟形显示岩性反粒序特征。

③ 席状砂微相：该相位于河口坝向湖方向，纵向上位于河口坝上方，岩性较河口坝细，为泥岩、砂质泥岩与粉砂岩按2∶4∶1的互层，以泥质岩为主，其粉砂岩含量低于远砂坝，岩性比远砂坝更细；具有典型的薄层槽状层理，伴有透镜状微波状层理和滑塌褶皱的破碎体，显然河口坝滑塌褶皱破碎体是被搬运而来的；粒度曲线为多段式；自然伽马曲线为齿化平直形背景上出现低幅单峰，或笔架状峰组，其特征明显。

（3）前三角洲亚相。

三角洲泥微相：位于三角洲前缘亚相的前方，主要由灰色、深灰色泥岩组成，夹薄层粉砂岩条带，介形虫、轮藻与孢粉化石发育。前三角洲位于河流作用与湖泊波浪作用的交互带，往往发育砂泥互层层理与透镜状复合层理类型，生物扰动构造发育。前三角洲泥岩中往往夹薄层粉砂岩、钙质粉砂岩与灰岩，含有丰富的浅水化石。

2）湖相

滨浅湖岩性为浅灰/灰绿/暗紫色泥岩、粉砂质泥岩，夹粉砂岩、细砂岩薄层，局部地区发育盐湖沉积，半深-深湖岩性以深灰、褐灰色泥岩为主；滨浅湖沉积物常见水平层理、波状层理、浪成波痕及虫孔构造，近岸部分常出露水面，出现泥裂、雨痕等暴露标志，半深-深湖沉积物中多呈厚层块状或显细微水平层理；滨浅湖沉积测井曲线呈低平或低幅齿状，间夹中幅指状，半深-深湖沉积测井曲线主要为低平或低幅微齿状组合；滨浅湖沉积地震剖面上呈向滨湖收敛、向深湖发散的楔状，深湖表现为连续的平行反射；滨浅湖沉积物中富含藻类、腹足类、介形类化石，半深-深湖底栖生物稀少，浮游生物较多，属种单调。

（1）滨浅湖亚相。

以滨浅湖泥为主，为紫红色、浅灰色薄中层状泥岩、泥质粉砂岩、粉砂岩等。主要分布在江陵凹陷的江口到万成断裂带的南部地区，资福寺东部地区，以及凹陷的南部地区，分布面积最大。

① 边缘砂坝和湖湾充填。

边缘砂坝和湖湾充填均表现为略向上变粗的垂向序列。主要由灰色、褐灰色砂质泥岩，薄层砂岩等组成。可观察到小型交错层理、波状层理，大量的潜穴和生物扰动构造。测井曲线形态为锯齿状，向上变粗或略向上变粗。这些沉积分布于三角洲朵体或分流河道沉积的边部，与滨浅湖泥质沉积共生。

② 滨浅湖砂质沉积或湖岸砂坝沉积。

滨浅湖砂质沉积或湖岸砂坝沉积的测井曲线形态与边缘砂坝、间湾充填沉积相似，由席状薄层砂岩与砂质泥岩组成，见水平纹理、低角度交错层理等，下部发育波状层理，大量遗迹化石和生物扰动构造，具有向上变粗的特点。

③ 干旱盐湖沉积。

由褐红色、褐灰色含膏泥岩、石膏岩和盐层等沉积组成，与红色、褐红色泥岩共生。新沟嘴组下段Ⅰ油组的含膏泥岩的上部邻近古土壤层，在测井曲线上，含膏泥岩显示高视电阻率异常。

（2）半深湖泥质沉积。

浅湖-半深湖泥质沉积，由灰色、暗灰色泥岩组成，块状或水平纹理和微波状层理，时常与浅色或褐红色的泥岩共生。主要发育于新沟嘴组下段Ⅱ油组和泥隔层的湖侵期。这反映区内的湖泊水体浅，长期稳定的深湖沉积不发育(图 1-2-110)。

主要分布在梅槐桥、弥陀寺、资福寺一带，为暗色泥岩、膏岩盐互层沉积，粉砂质泥岩加薄层粉砂岩质泥膏岩。沉积构造上以水平层理为主，平面分布稳定(图 1-2-111)。

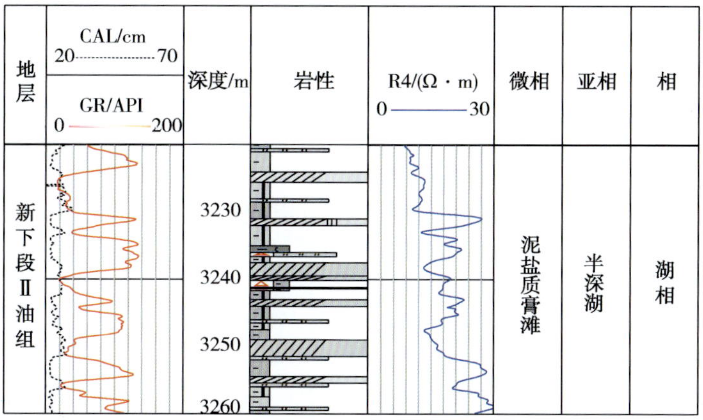

图 1-2-110　半深湖泥岩道微相标准剖面图(鄂深 22 井)

图 1-2-111　半深湖泥岩-盐岩相岩心照片(鄂深 22 井)

4. 荆沙组沉积相

根据钻井资料结合岩心及测井资料，认为荆沙组沉积时期气候干燥，物源条件不够丰富，且凹陷内水体较浅，整个荆沙组表现为浅水三角洲-浅湖演化湖泊沉积特点。在构造沉降和气候周期的双重驱动作用下，荆沙组泥岩以氧化色的红色为主，基本上没有暗色泥岩，直接导致了荆沙组没有生烃能力；同时其三角洲向湖推进的距离很短，三角洲平原和三角洲前缘相带很窄，其滨浅湖沉积范围很大，因此导致砂岩发育区主要集中在物源入口处。

荆沙组沉积环境主要表现为相类型及其分布区域的差别。沉积相类型可以分为两大类，即三角洲和浅湖，进一步可细分为 7 个微相(表 1-2-9)。

表 1-2-9　江陵凹陷荆沙组沉积微相类型划分表

相	亚相	微相	岩性特征
三角洲	三角洲平原亚相	分流河道	红色、棕红色、灰白色泥粉砂岩、细砂岩
		分流间湾	红色、棕红色砂质泥岩、泥岩
	三角洲前缘亚相	水下分流河道	棕色、褐色粉砂岩
		水下分流间湾	棕红色、紫色泥岩
	前三角洲	前三角洲泥(不发育)	棕红色、紫色泥岩
浅湖相	滨浅湖亚相	湖滩砂	棕色粉砂岩、细砂岩
		滨浅湖泥	棕色、棕红色泥岩

根据岩屑岩心观察、分析化验结果，同时结合电测曲线特征将各相带的特征简述如下：

1）三角洲相

（1）三角洲平原亚相。

三角洲平原主要发育在凹陷西部万城断层上升盘，该相由分流河道、分流间湾组合而成，二者在横向上互为过渡，在垂向上彼此交替组成下粗上细的正向韵律层。每个韵律层下部为分流河道相，岩性多为红色、棕红色、灰白色泥粉砂岩、细砂岩，有底冲刷面，近底部含泥砾，具有平行层理和交错层理；每个韵律层上部为分流间湾相，岩性为红色、棕红色砂质泥岩、泥岩。

（2）三角洲前缘亚相。

三角洲前缘亚相位于三角洲平原外侧向湖的方向，处于湖平面以下，为河流和湖水作用剧烈交汇带，沉积作用活跃，是三角洲砂体的主体。随水体变深，沉积粒度变细，成熟度变高。三角洲前缘相带位于涴市断裂带及向北延伸的部分区域。三角洲前缘可细分为水下分流河道、分流间湾两种微相类型。

① 水下分流河道微相。

水下分流河道是三角洲平原辫状河道入湖后的水下分流部分，继承了平原水道的岩性特点，垂向上具正韵律特征，岩性为棕色、褐色粉砂岩，分选性中等，磨圆度为次棱-次圆状，泥质胶结，大量砂体中见到膏质成分，可见块状层理及不太明显的正韵律，自然伽马曲线呈箱状。水下分流河道砂体是本区最好的储层，但是受荆沙组气候干旱和水体较浅的影响，砂体厚度较薄，一般小于5m，其砂岩比较致密，物性较差。

② 水下分流间湾微相。

水下分流间湾微相是河道之间的地区，以发育厚层泥岩夹薄层砂岩为主要特征。本区以棕红色、紫色泥岩为主，自然伽马曲线形态为高伽马特征，伴有尖峰状底值。

（3）前三角洲亚相。

前三角洲亚相位于三角洲前缘向湖延伸的部分，以氧化色泥岩沉积为主。由于荆沙组是典型的浅湖沉积，其浅湖沉积物也为棕红色、紫色泥岩，与前三角洲沉积物难于区分，或者可以理解为在荆沙组沉积时期，前三角洲亚相位置与浅湖亚相位置是一致的，所形成的沉积物也是一样的，无法区分两则，因此认为前三角洲泥岩不发育。

2）浅湖相

主要分布在凹陷以东地区，以滨浅湖亚相为主(图1-2-112)。滨浅湖亚相主要发育湖滩砂与滨浅湖泥微相，湖滩砂微相主要岩石类型为棕色粉砂岩、细砂岩，暗色泥岩不等厚互层，砂岩分选中等，磨圆度为次圆，反粒序，砂泥岩中水平层理均发育，偶见小型交错层理，常常可以见到炭屑和植物碎片化石，反映水体较浅。

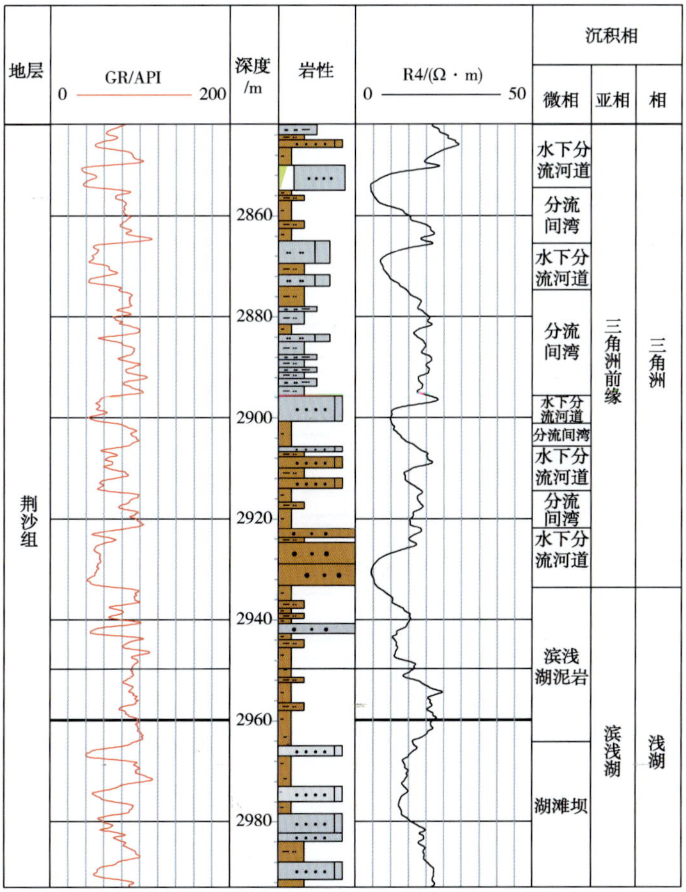

图1-2-112　鄂深5井单井沉积相柱状图

5. 潜江组沉积相

根据区域沉积背景、岩心观察、测井及地震反射特征，潜江组沉积时期主要发育浅湖相和三角洲相。

1）浅湖相

浅湖相主要发育在潜四段沉积时期，以半干旱-半湿润气候为主，岩性主要为砂泥岩互层，泥岩颜色表现为杂色，红色、绿色、棕色等，砂岩条以紫红或灰色为主，构造运动较弱，但较频繁。凹陷内部以浅水氧化湖相为主。

2）三角洲相

潜三-一段沉积时期主要发育三角洲相，以三角洲前缘亚相为主，发育水下分流河道微相、席状砂、分流间湾微相三种类型。

（1）水下分流河道微相。

水下分流河道岩性由棕红色、紫色块状、薄层状砂岩组成，分选性中等，自然伽马曲线呈微锯齿形箱状、微锯齿形钟状、少数呈现指状。自然电位曲线呈箱形、漏斗形。单层厚度可达 20m，具有较好的储集物性。

（2）席状砂。

席状砂岩性深灰色、灰色薄层状砂岩条带组成，分选性好，薄砂与灰色薄泥岩条带互层。自然伽马曲线呈微锯齿形指状，垂向具有叠加特征。声波时差和密度变化较大，呈锯齿形。单层砂体厚度为 1~2m，储集物性较差(图 1-2-113)。

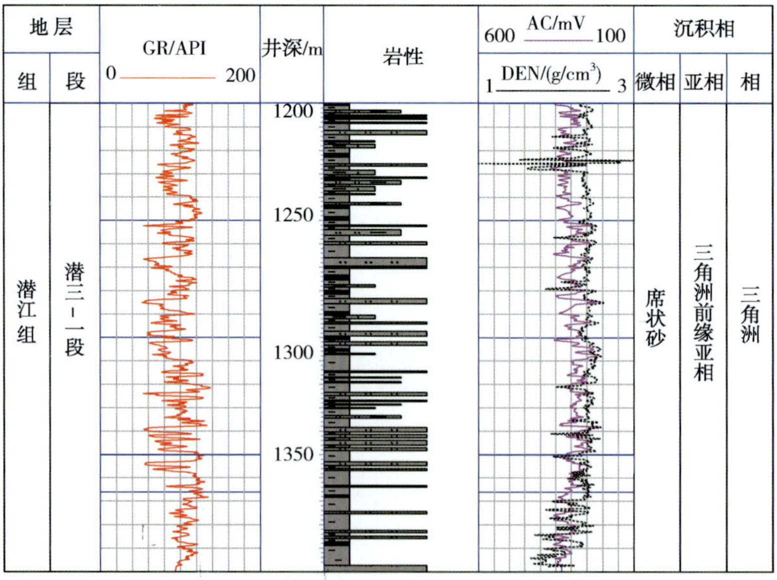

图 1-2-113 沙 27 井潜江组沉积微相图

（3）分流间湾微相。

分流间湾微相是河道之间或浅湖微型河道间发育地区，以发育厚层泥岩夹薄层砂岩或砂岩条带不发育为主要特征。本区以紫色、紫红色、棕红色泥岩为主，自然伽马曲线形态为中低伽马微锯齿特征，扩径特征明显，电阻率变化较大，综合工区多口井，认为为浅水湖泊沉积环境。

第三节 油田勘探开发历程

一、花园油田

花园油田地处湖北省中南部的荆州市花园村(图 1-3-1)，距荆州古城 5km，交通方便。区域构造位于江陵凹陷荆沙背斜带北段，花园-李埠断裂带上，为荆州背斜带最高部位，其南部有荆西油田，东南面有沙市油田沙 24、沙 26 和沙 27 井区，东北部有八岭山油田。

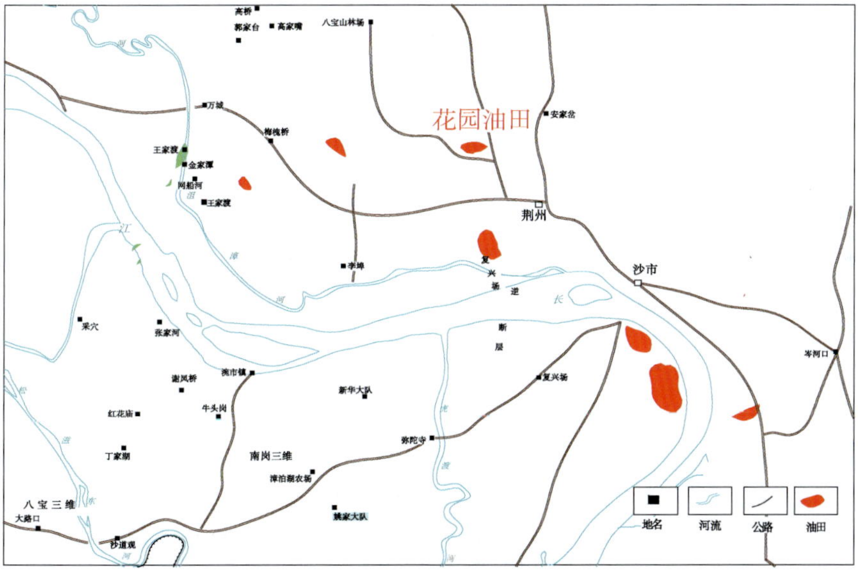

图 1-3-1 花园油田地理位置图

地史时期，荆沙背斜带断裂、盐隆和火山喷发活动强烈，造就了荆州背斜带高低起伏、高垒低堑的区域构造面貌，“高垒”成为油气聚集和保存的有利场所。

目前花园地区已发现花园油田和李 3 井区两个含油区块，截至 2023 年 12 月，共探明含油面积 1.25km^2，探明石油地质储量 115×10^{4}t，可采储量 32.23×10^{4}t，标定采收率 28.03%。

花园地区的油气勘探工作始于 20 世纪 60 年代中期，1966 年 12 月经过地震详查，发现花园断块圈闭，1968 年 4 月 17 日钻探陵 1 井，同年 11 月完井，发现油层 10.0m/3 层，

1968 年 12 月 31 日对新下Ⅰ油组 1162.0~1178.4m 试油，获日产 10.2t 工业油流，从而发现花园油田(陵 16 块)。

20 世纪 90 年代中期，在李埠地区开展三维地震勘探，面积 $150km^2$，1997 年 5 月 19 日在花园构造西南低部位的李埠断鼻上钻探李 3 井，1997 年 8 月 6 日对新下Ⅰ油组 1781.0~2069.6m，2 层 3.4m 油层试油，获日产 1.06t 工业油流，发现李 3 井区含油区块。

1999 年 2 月 29 日在江陵凹陷安家岔地区开展三维地震勘探，进一步落实了花园构造以东断块，在花园构造东块部署钻探了陵 24-1 井，测井在新下Ⅰ油组 1110.8~1131.2m 共解释出 2 层 5.2m 油层。2000 年 3 月 28 日对该层试油，获日产 24.8t 工业油流，发现陵 24-1 井区含油区块。

2004 年 10 月至 2005 年 1 月，在李埠地区开展三维地震勘探，面积 $84.31km^2$，2009 年万城、万城南、李埠三连片，处理三维地震资料 $350km^2$，进一步落实了花园地区构造。

花园油田 1968 年 12 月开始试油，1973 年 7 月投入开发，1980 年投入注水开发，采取点状注水+边部注水方式。井区先后经历上产稳产阶段、产量递减阶段和综合调整阶段。李 3 井区 2008 年 5 月投入开发，采取边部注水方式，油井低液低产。截至 2023 年底，花园地区累计产油 31.2×10^4t，采出地质储量的 26.52%，可采储量采出程度 94.63%。累计注水 $135.67\times10^4m^3$，累计注采比 1.29。

二、沙市油田

沙市油田位于湖北省荆州市沙市区和公安县境内，长江纵贯本区，构造处于江陵凹陷荆沙背斜带东南段，是受断层改造和岩盐拱升复合作用形成的断裂背斜构造带，构造轴部走向从沙 24 至沙 26 至沙 27 井区，由 SE 向 SEE 转换，整个构造带总长度 10km、宽 6km、面积约 $60km^2$。

沙市地区构造位置较高(图 1-3-2)，区内储层发育，以新沟嘴组较好，荆沙组和潜江组次之。区域位置上毗邻资福寺生油凹陷，具有较好的成藏基础，沙市背斜构造形成于荆沙组沉积时期，圈闭发育，是油气运移的有利指向区和聚集区。

沙市油田的勘探工作始于 20 世纪 60 年代，1961—1972 年完成了地质普查、详查，钻井 26 口，试油部分井获少量油流，仅沙 12 井在下第三系新沟嘴组新下段Ⅰ油组压裂试油，获日产油 2.8t 工业油流。1992 年冬至 1993 年春完成沙市构造 $60.38km^2$ 的三维地震勘探，重新落实了构造和老井复查，并于 1993 年钻探沙 24 井，经压裂改造油层，经江斯顿测试获日产 20.6t 工业油流，随后又钻探沙 26 井，试获日产 26.4t 工业油流，从而发现沙市油田。1995 年在沙市油田东南部钻探沙 27 井，在新下段Ⅰ油组钻遇油层 18.2m/5 层，经试油日产 32.0t；1997 年进一步钻探沙 304 井，钻遇油层 8.0m/4 层，经试油日产 4.1t。沙市油田现已发现沙 24、沙 26、沙 27、沙 304 井区共 4 个含油区块，探明石油地质储量 291.38×10^4t。

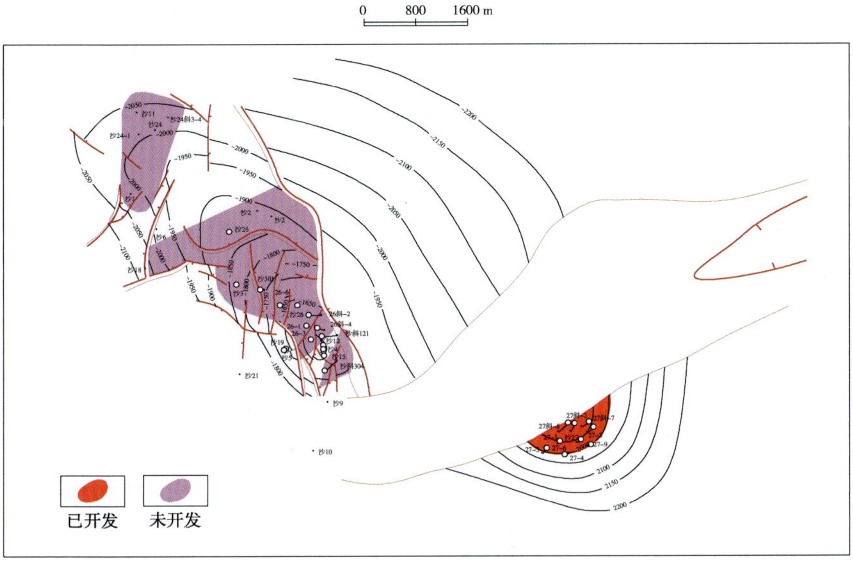

图 1-3-2 区域构造位置图

1995 年在沙市油田东南部钻探沙 27 井，在新下段 I 油组钻遇油层 18.2m/5 层，经试油日产 32.0t。沙 27 井区全面投入开发。1996 年 3 月投入注水开发，经历了上产、快速递减、沙 26 井区接替产建后低水平稳定三个阶段。

沙 27 井区 1995 年 4 月投入开发，1996 年 3 月投入注水开发。1995—1998 年为生产建设阶段，产量不断攀升，1995 年 4 月—1996 年 2 月为天然能量开发阶段；1996—1999 年为上产稳产阶段，在这期间，注水后一线井见效明显，井区日产油一直在 55t 以上。1996 年 3 月注水后，一线井见效明显，1998 年达到最高峰 2.3×10^4t。1999—2011 年由于砂体面积小，调整工作单一，油井单向收效、水线推进快，综合含水率不断上升，油田产量大幅下降。沙 26 井区 1994 年 7 月投入试采，初期产能高，递减快。因井网不完善，一直为天然能量开发，低液低产。2011 年至 2023 年底，边认识边滚动，陆续投产 5 口井，因储层物性差且连片性差，转注后难以形成注采井网，油井见效不明显，稳产难度大，产量起伏波动，目前井区日产油保持在 6.0t 水平。

三、荆西油田

荆西油田地处湖北省荆州市和公安县境内，地面条件为平原农田，交通方便，长江横贯本区。构造位于江汉盆地江陵凹陷荆沙背斜带中部，复兴场构造整个背斜带平面上似一开口平缓的 V 字符，西半部长轴走向为北西向，东半部变为东偏北。其埋深总趋势为西北部高、东南部低，内部呈高低起伏状。

地史时期，荆沙背斜带断裂、盐隆和火山喷发活动强烈，造就了荆沙背斜带高低起伏、高垒低堑的区域构造面貌，“高垒”成为油气聚集和保存的有利场所。荆沙背斜带断层发育，荆沙组和潜江组沉积期活动最为强烈；多为正断层，逆断层少见。

荆西油田陵76井区位于荆州背斜带中部复兴场断背斜新垸断鼻高部位(图1-3-3)，其构造形态为一受断层控制的地层南顷、走向北西的断鼻，地层倾角为7°~16°，圈闭面积为4.5km^2，闭合幅度为120m，高点埋深为1640m(图1-3-4)。

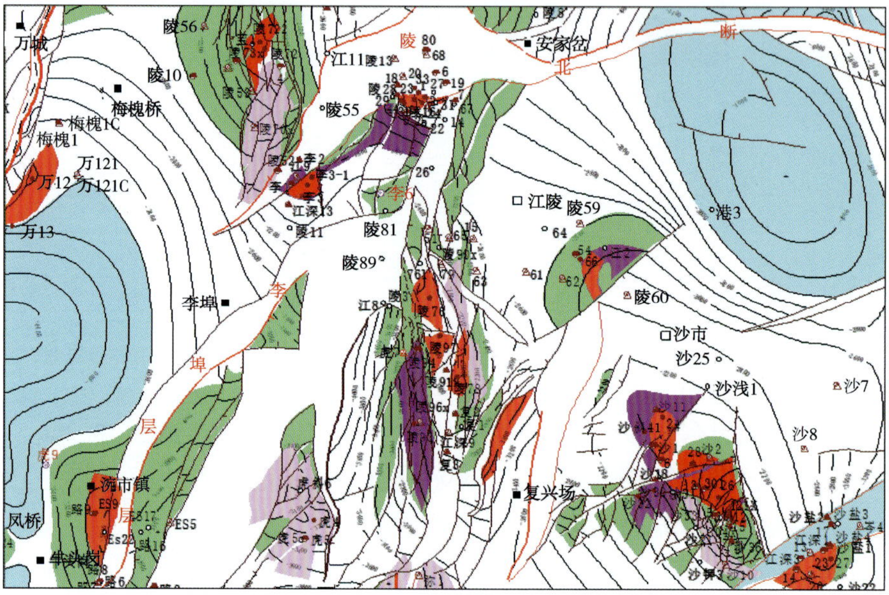

图1-3-3　江陵凹陷勘探成果图

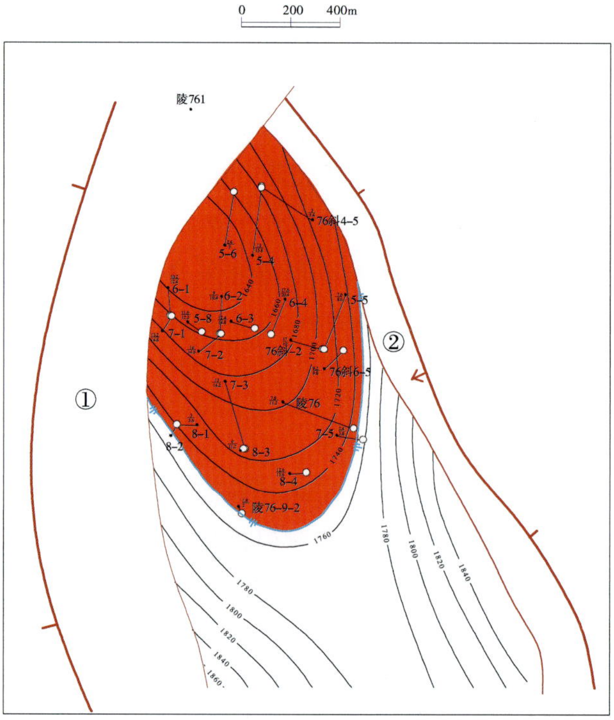

图1-3-4　陵76井区新下Ⅰ构造图

江陵凹陷复兴场地区油气勘探工作始于 20 世纪 60 年代，第一口探井江深 9 井，1967 年 8 月完钻，完钻井深 2468.07m，完钻层位 $Ex^{下}$Ⅱ油组，在 $Ex^{下}$Ⅰ、Ⅱ油组见 16 层油气显示，但未下套管试油。

1969—1971 年先后在该构造带钻探井 6 口，均在 $Ex^{下}$段发现油气显示。但因试油产量低而终止勘探。

1992 年重上勘探，在荆州背斜带复兴场断背斜完成二维地震测线 6 条，初步落实了新垸断鼻四级构造。1994 年又补做二维地震 2 条，进一步落实了构造。1995 年 10 月在新垸断鼻高部位钻探陵 76 井，在 $Ex^{下}$Ⅰ、Ⅱ油组发现油层 14.4m/5 层，对 $Ex^{下}$Ⅰ、Ⅱ油组 1714.60~1760.20m 井段，经江斯顿测试，在 10MPa 生产压差下，折算日产油 20t，从而发现陵 76 井区含油区块。

1995 年底，陵 76 井区共完钻探井 1 口(陵 76 井)，评价井 1 口(陵 761 井)，正钻开发井 1 口(陵 76-2 井)，1996 年 1 月上报国家储委批准含油面积 $1.7km^2$，Ⅲ类探明原油地质储量 184.0×10^4t，命名为荆西油田。

1997 年，在陵 76 井区以南的复兴场断背斜带南部高断块钻探陵 78 井，于 $Ex^{上}$和 $Ex^{下}$Ⅰ油组发现 5 层 8.6m 油层，对 $Ex^{上}$和 $Ex^{下}$Ⅰ油组 1760.4~1916.6m 井段试油，抽 1700m/56 次，日产油 6.4t，无水，从而发现陵 78 井区含油区块。

1997 年，上报国家储委批准陵 78 井区含油面积 $1.1km^2$，Ⅲ类探明原油地质储量 35.0×10^4t，截至 2023 年底，陵 76 井区已全面投入开发；陵 78 井区，未投入开发。

在构造研究和储层精细描述的基础上，1996 年编制了滚动勘探开发方案，对该块实施滚动勘探开发。

陵 76 井区大体上经历了以下两个阶段：

(1) 上产阶段(1996—2001 年 12 月)。

(2) 产量递减阶段(2002 年 1 月至今)。

1996 年，在陵 76 井区滚动勘探开发及试采工作中发现，该区投产初期产量较高，但产量递减快，天然能量不足，地层压力下降快，单井排液能力较低。

陵 76 井区 $Ex^{下}$Ⅰ油组为主要含油层位，为构造油藏，$Ex^{下}$Ⅱ油组以岩性油藏为主，储量规模较小，两油组油层具有相对集中的特点，开发上以 $Ex^{下}$Ⅰ油组油层为主要对象，兼顾 $Ex^{下}$Ⅱ油组油层，以一套开发层系，采用面积井网，250m 井距，注采井数比 1∶2 开发。

目前，荆州背斜带复兴场断背斜带完成三维地震 $64.58km^2$，陵 76 井区为三维地震满覆盖，截至 2023 年底，共钻井 21 口(探井 1 口、开发井 20 口)，取心井 1 口，试油 16 口，试采投产 16 口。取高压物性分析样品 1 个，取原油分析 16 个，油层物性分析 13 块，薄片分析取样 15 块。

四、松滋油田

松滋油田位于江汉平原长江以南的湖北省松滋市境内，东距涴市镇6km，南距米积台镇约10km，北临长江约3km。属亚热带季风气候，光照充分，四季分明，年平均气温20℃左右，年降水量为1000mm左右。地面海拔36m，地势平坦，人口稠密，良田密布，沟渠纵横，电网交织，水陆交通便利，是湖北省经济较发达地区(图1-3-5)。

图1-3-5 松滋油田地理位置示意图

松滋油区构造位于江汉盆地江陵凹陷西南部，自西向东可分为采穴断凸、复兴场永固断阶、谢凤桥-八宝鼻状构造、梅槐桥洼陷及南岗断背斜等构造单元。本区的主要断层——谢凤桥断层为区域性大断层，走向呈“S”形展布，为一断面东倾的正断层。断距大于1000m，具有上小下大的特征，延伸长度大于10km。切割层位从荆沙组下部到基底，断面具有上陡下缓的特征。

松滋油田分为谢凤桥断鼻、南岗断鼻、复Ⅰ断块和采穴断块共4个含油区块(图1-3-6)。油气藏平面展布：一是邻近生油凹陷的局部圈闭，如谢凤桥断鼻、南岗断鼻；二是沿谢凤桥断裂带上的局部构造展布，如复Ⅰ断块、采穴断块。纵向上，在生油凹陷带周缘油藏主要分布在古近系新沟嘴组；沿谢凤桥断层带附近的上升盘以白垩系渔洋组、红花套组和古近系沙市组储层为主要聚油场所。

油源对比证实，谢凤桥断层下盘沙市组、渔洋组、红花套组及断层上盘新沟嘴组油藏的油源均来自断层下降盘梅槐桥洼陷新沟嘴组下段烃源岩，该区存在两类油藏组合：第一类是自生自储——古近系新沟嘴组自生自储，第二类是新生古储型——下第三系新沟嘴组下段为生油岩，古近系沙市组和白垩系渔洋组、红花套组为储层。

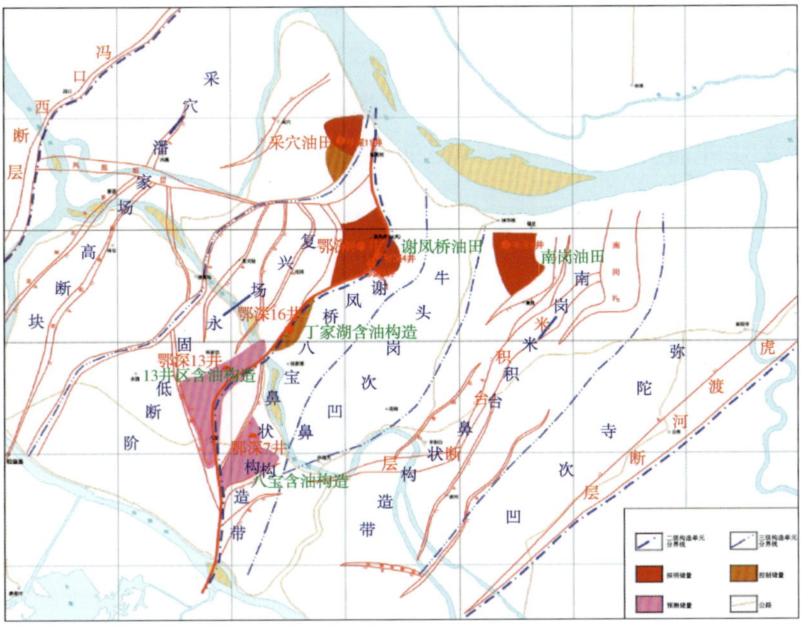

图 1-3-6 江陵凹陷松滋地区含油面积图

1994 年至 1997 年经二维地震普查发现了江陵凹陷谢凤桥构造、采穴构造。1997 年 9 月在谢凤桥构造上部署钻探了 ES4 井，在 2244～3529m 井段(荆沙组中下段、新沟嘴组)发现较好油气显示，对其中 4 个层段进行了测试和试采，于 3526～3529m 新沟嘴组获得日产 6.28m^3 工业油流，从而发现谢凤桥油田。

1999 年 5 月部署评价井 ES6 井，于 2855～3554m 新沟嘴组见多层油气显示，对 5 个层段进行了测试，获低产油流。2000 年 6 月钻探 ES8 井，在 3487～3520m 井段新沟嘴组下段(现为白垩系 K_2y_4)下部见含有油浸级别的厚层砂岩，测试 8mm 油嘴放喷获日产 32.4m^3 工业油流。2000 年谢凤桥油田新沟嘴组下段探明石油地质储量 110×10^4t，含油面积 2.90km^2。

2001 年为更清晰地评价谢凤桥油田，部署并完成了该地区三维地震 62.542km^2，三维解释发现了谢凤桥断层。2000 年探明的新沟嘴组下油藏石油地质储量 110 万 t，其构造和储量一分为二：西为复Ⅰ断块白垩系渔洋组(K_2y_4)，东为谢凤桥断鼻新沟嘴组($Ex^{下}$Ⅲ)。2002 年复算核定复Ⅰ断块白垩系渔洋组(K_2y_4)探明储量 104×10^4t，含油面积 2.3km^2；谢凤桥断鼻新沟嘴组($Ex^{下}$Ⅲ)探明储量 6×10^4t，含油面积 0.6km^2。

2001 年在复Ⅰ断块部署钻探评价井 ES10 井，在渔洋组发现多层油气显示，对其中 3352～3370m 井段(K_2y_3)进行压裂测试，获得 15m^3/d 工业油流，同年初还对 ES4 井进行老井挖潜，于井深 3412～3414m($Ex^{下}$Ⅲ)获得自喷 12.1m^3/d 的工业油流。2002 年探明谢凤桥断鼻新沟嘴组下段($Ex^{下}$Ⅲ$_1$)石油地质储量 12.0×10^4t，含油面积 0.6km^2；复Ⅰ断块白垩系渔洋组(K_2y_3)石油地质储量 93.0×10^4t，含油面积 2.3km^2。

2001 年部署钻探的 ES10 井除在白垩系获得工业油流外，沙市组 3065.8~3101.0m 井段经酸化也获得了 4.6t/d 的工业油流。随后钻探的 SK8-3 井沙市组 2967~2986.2m 井段获得了 3.2t/d 的工业油流。2003 年谢凤桥油田复Ⅰ断块沙市组探明石油地质储量 152×10^4t，含油面积 1.6km^2。

截至 2005 年，全国油气储量套改，谢凤桥油田复Ⅰ断块白垩系渔洋组探明石油地质储量 163.36×10^4t、沙市组探明石油地质储量 123.04×10^4t，谢凤桥断鼻新沟嘴组下段探明石油地质储量 25.50×10^4t。

2007 年 8 月，在勘探万城断层下降盘上层系油气的过程中，ES6-3 井钻遇上升盘白垩系红花套组(K_2h)地层 48.2m，其顶部 2.4m 岩屑录井为浅灰色荧光粉砂岩，气测录井全烃由 0.04% 上涨至 0.29%，测井解释为油水同层。对同层井段 3765.0～3767.0m，2.0m/1 层进行试油、酸浸，均不出。决定上返试油，在上返前洗井过程中槽面见油 0.5m^3，油样分析与上层系新下段及渔洋组为同源原油，确定了红花套组的含油性。

后经构造解释，发现了复Ⅰ断块红花套组双高点背斜圈闭。2008 年部署钻探 SK8-16 井，在白垩系红花套组(K_2h)3739.0~3768.13m 录井和取心发现油斑细砂岩 26.38m，解释油层和油水同层 26.4m/3 层，对 3749~3754m 井段，厚度 5m/1 层试油，日产油 9.5m^3，该井是江陵凹陷白垩系红花套组首次试获工业油流。从而发现了红花套组厚油层底水油藏。

2009 年对谢凤桥油田复Ⅰ断块 SK8-16 井区开展油藏评价，分别钻探了 SK8-17 井和 SH-P2 井两口水平井，SK8-17 井导眼段钻遇油层 79.0m(水平段钻遇油层 366.6m/2 层)，红花套组试油日产 17.0m^3；SH-P2 井导眼段钻遇油层 96.6m(水平段钻遇油层 320m/6 层)，红花套组试油日产 19.4m^3。并对 SK8-16、SK8-17、SH-P2 井进行试采，直井日产油量稳定在 8t，水平井日产油量稳定在 15~25t。复Ⅰ断块红花套组油藏的发现，是当年江汉油田勘探开发的重大突破。2009 年底谢凤桥油田复Ⅰ块 SK8-16 井区红花套组探明石油地质储量 468.18×10^4t，含油面积 2.31km^2。

截至 2023 年底，松滋油田累计产油 56.48×10^4t(其中老层系累计产油 8.88×10^4t，红花套组累计产油 47.6×10^4t)，地质储量采出程度 10.97%，可采储量采出程度 63.98%，累计注水 67.40×10^4m^3，累计注采比 0.58，累计地下亏空 48.6×10^4m^3。

五、万城油田

江陵凹陷构造格局具有东西分块、南北分带的特点，即以万城断层为界分为东西相对独立的两个单元，万城断层以西为一洼一隆的构造格局，以东呈两洼一隆两斜坡的构造格局。研究目的区为万城断层以西地区，即万城断裂上升盘，研究区面积 925km^2。

前期勘探中(图 1-3-7)，在万城断裂上升盘钻遇红花套组的钻井有 21 口，主要分布于沿万城断裂一线。三维地震勘探面积 $435km^2$，主要分布于研究区以东沿万城断裂一线。目前已发现万 12 井区和万 5 井区两个含油区块，探明含油面积 $3.12km^2$，探明石油地质储量 102.8×10^4t。

通过对万城断裂带的整体评价，认为该带具有较好的成油气地质条件。大量的油气显示和储量表明该带具有较大的勘探潜力，是白垩系勘探的有利地区。目前万城断裂带剩余白垩系较有利圈闭 15 个，面积 $29.3km^2$，圈闭资源量 1282.5×10^4t(表 1-3-1)。

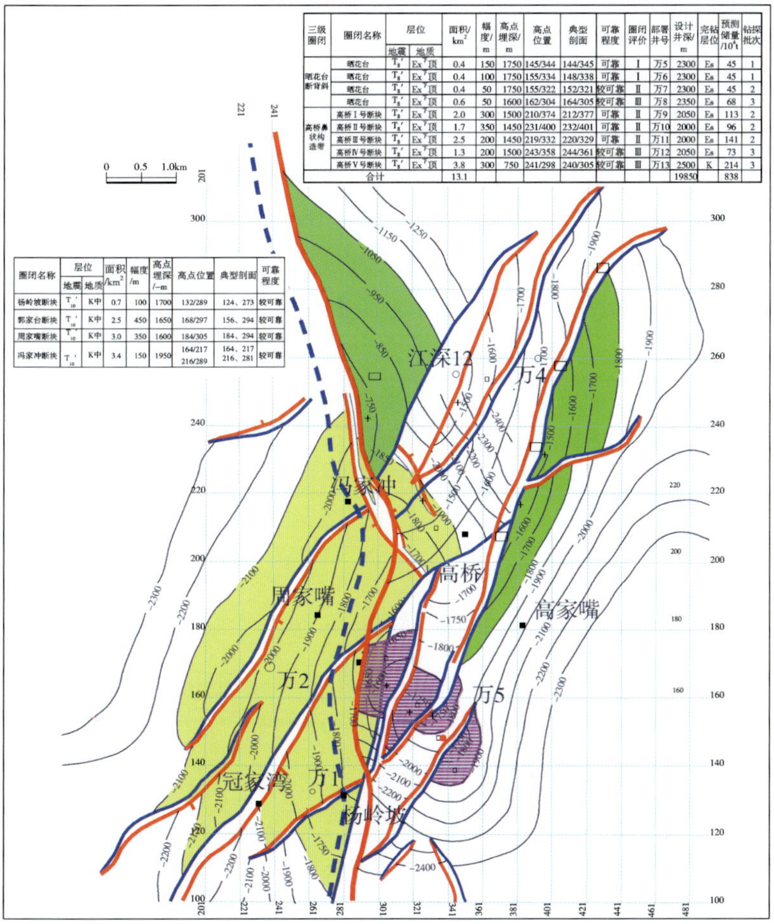

图 1-3-7　万城地区勘探成果图

表 1-3-1　万城断裂带白垩系剩余圈闭资源量表

编号	局部构造圈闭名称	层位		面积/km^2	幅度/m	高点埋深/m	高点位置	落实程度	预计油层厚度/m	单储系数	充满程度/%	圈闭资源量/10^4t
		地震	地质									
1	冯口断块	T_{10}'	K 中	3. 1	450	2550	688/406	较可靠	15	10	50	232. 5
2	金星断块	T_{10}'	K 中	1. 6	100	2600	368/486	较可靠	15	10	50	120

续表

编号	局部构造圈闭名称	层位		面积/km^2	幅度/m	高点埋深/m	高点位置	落实程度	预计油层厚度/m	单储系数	充满程度/%	圈闭资源量/10^4t
		地震	地质									
3	凤凰断块	T_{10}'	K 中	1.5	150	2700	328/566	较可靠	15	10	50	112.5
4	复Ⅰ断块	T_{10}'	Es 底	6.0	100	2920	441/901	较可靠	20	10	50	600
5	金家潭北断块	T_{10}''	K 中	0.4	75	2375		较可靠	15	10	50	30
6	金家潭断块	T_{10}''	K 中	3.6	400	2300		较可靠	15	10	50	270
7	金家潭南断块	T_{10}''	K 中	0.8	125	2475		较可靠	15	10	50	60
8	王家渡西断块	T_{10}''	K 中	0.8	50	2200		较可靠	15	10	50	60
9	冯家冲断块	T_{10}'	K 中	2.6	125	2400	427/275	较可靠	15	10	50	195
10	樊家湾断块	T_{10}'	K 中	1.8	175	1975	359/301	较可靠	15	10	50	135
11	郭家台断鼻	T_{10}'	K 中	1.6	350	1750	301/302	较可靠	15	10	50	120
12	杨岭坡断块	T_{10}'	K 中	0.5	100	1850	243/277	较可靠	15	10	50	37.5
13	关桥断块	T_{10}	Es 底	1.2	100	2500	118/48	较可靠	15	10	50	90
14	陶家铺断鼻	T_{10}	Es 底	2.0	100	4600	122.5/349	较可靠	15	10	50	150
15	陶家铺西断块	T_{10}	Es 底	1.8	100	3200	121.8/349	较可靠	15	10	50	135
合计				29.3								1282.5

六、八岭山油田

八岭山油田位于江陵凹陷的北部，从勘探历史来看，共经历了“三上三下”三个阶段。第一阶段勘探工作始于 20 世纪 60 年代，此阶段以潜江组为主要勘探目的层，1967 年 7 月在八岭山地区完钻探井陵 4，该井完钻白垩系渔洋组，录井显示仅仅在荆沙组 648.5～650m 处见有 1.5m 油斑，后试油未获工业油流，以失败而告终，后续所钻一批探井均因构造不落实钻探失败，没有获得重大发现，70 年代停止勘探。第二阶段于 1995 年重新开始对该区进行勘探，1995 年 5 月完钻探井陵 72 获得成功，初期试油新沟嘴组下段Ⅱ油组获日产 3.8t 工业油流，从而发现了八岭山油田，但仍然由于对地质构造认识不清，后续钻陵 72-1 裸眼完井，同样以失败而告终，停止了对该区的勘探开发。第三阶段于 2005 年又在该区开展滚动勘探评价，10 月完钻陵 72-3 井钻遇新下段油层 8.6m，试油获日产 9t 工业油流，获得成功，基于当时对八岭山油田为单斜构造的认识，于 2006 年 1—2 月相继钻探陵 72-5 井和陵 72-7 井，但陵 72-5 井试油下$^1{}_7$仅获 1.3t，投产后产量很低，后期很快不出液；陵 72-7 井在构造高点(原构造图)上未钻遇油层，却见有 29m 厚的水层，后侧钻但同样遇水层和干层，仍旧效果不理想，再次停止了对该区的勘探开发。总结“三上三下”失败的主要原因在于八岭山地区复杂的地面地下地质条件，特别是在勘探目的层系上广泛覆盖的火山岩层的屏蔽作用以及多期次构造运动的影响导致该地区地层破碎，地震资料品质低，给地震资料构造解释造成了巨大的困难，使目的层的构造形态不能正确地反映出来，而传统的构造研究方法较单一片面地依靠物探手段，所建立的构造模型不能正确地刻画地下实际形态，加上过去的技术手段有限及认识思路上的限制，综合导致八岭山地区勘探开发工作一直停滞不前。

针对油气成藏规律进行研究，认为八岭山地区油源主要来自梅槐桥向斜沙市组上段-新沟嘴组下段的暗色泥岩，生油条件较好，并且圈闭的形成早于油气大规模的运移期，各种成藏要素在时空上的有效配置使八岭山地区新下段具备良好的成藏条件，在各种成藏动力过程的控制下可以形成典型的自源自生自储型油藏。

随着动态跟踪的不断深入，初步证实陵 72 井区的储量基础较好。通过重新解释三维地震资料，并利用地层倾角测井、实际钻井等数据，对该井区重新进行构造解释、精细小层对比和沉积微相研究，分析认为荆沙背斜带是相邻的梅槐桥-资福寺向斜带生油区油气运移的有利指向区，具有进一步滚动增储的潜力。

2009 年提出扩边挖潜方案，2009 年 10 月部署了陵 72 斜-9 评价井，成功钻遇油层 26.8m，1245.0~1248.0m 井段投产后日产油 6t。2010 年 1 月初，又相继部署陵 72 斜-11 井和陵 72 斜-12 井，分别钻遇油层 56.8m 和 43.6m，投产后日产油均在 12t 以上。这几口井的成功钻探，说明陵 72 井区有极大的勘探开发潜力。2010 年在该区新完钻井 11 口，10 口新投产井日均产油量超过 10t。

鉴于目前的地质认识、构造解释、储层分布特征和完钻井情况与原提交储量时的情况相比，已发生了很大变化，而且通过目前的开发评价井钻探和试采，八岭山油田陵 72 井区新沟嘴组下段Ⅰ、Ⅱ油组油藏得到了进一步控制，已具备对该区重新计算探明储量的条件。

截至 2023 年底，八岭山油田陵 72 井区新沟嘴组油藏获取资料情况如下：区内三维地震满覆盖，完钻井 19 口，取心井 3 口，取心进尺 64.36m，心长 61.31m，收获率 95.3%，取出油砂 12.55m，试油 16 口 20 层。取得高压物性、孔隙度、渗透率、饱和度、粒度、碳酸盐、压汞、相对渗透率、润湿性、薄片、铸体、电镜、原油分析、地层水分析等分析化验项目共 21 项，合计 635 块(个)。

第二章

江陵凹陷成藏地质条件及成藏规律

第一节　成藏地质条件

一、烃源条件

前已叙及在构造运动的控制作用下，江陵凹陷形成了两套烃源层系——新下段和潜江组。由于潜江组烃源岩埋深较浅，大都未达到生烃门限，是未成熟的烃源岩，因此本次烃源评价仅仅针对新下段的主力烃源岩。

前人在评价江陵凹陷各个生烃次洼的烃源潜力时，由于在洼陷中部没有钻井或者钻井资料较少，各生烃洼陷内部生烃能力具有较大的推测性。近年来随着勘探的不断深入，在洼陷中心钻探多口深井，为进一步认识洼陷的生烃潜力提供了翔实的资料。

（一）烃源分布

新沟嘴组下段沉积期，凹陷进入早第三纪以来第一个拗陷期，江陵凹陷呈南抬、中洼、北缓坡的构造面貌，断拗型的凹陷特征控制了凹陷的沉积中心，主要沉积中心在凹陷中心的梅槐桥地区和虎渡河-资福寺地区，在沉积中心地带沉积了较厚的新下段地层，地层厚度 500~800m，地层围绕梅槐桥和虎渡河-资福寺及江口三个沉降中心，向北、南、东三个方向减薄。由于拗陷期的沉积充填作用，新下段烃源岩层分布广泛，面积约为 $5760km^2$。根据钻井统计的暗色泥岩分布的厚度，发现纵向上主要分布在新沟嘴组下段Ⅱ油组，厚度为 100~120m；Ⅲ油组次之，厚度为 40~60m；Ⅰ油组不发育。平面上主要围绕梅槐桥、虎渡河-资福寺、江口三个生烃洼陷，向两边减薄。

江继刚等人认为在烃源岩中，有机质丰度较高，母质类型较好，生烃潜力较大，生排烃能力较强，为油田或油藏的形成提供主要烃源的母岩，可称为主力烃源岩，并于 1995 年建立了江汉盆地新下段主力烃源岩划分标准(表 2-1-1)。

表 2-1-1　江汉盆地新下段主力烃源岩划分标准

类别	沉积特征	测井曲线特征			有机质丰度实测或计算 *TOC*	母质类型
		自然伽马	声波时差	深侧向		
主力烃源岩	以浅湖亚相为主，部分为三角洲前缘亚相，沉积较稳定，属还原环境，暗色泥质岩发育，连续厚度较大，均大于 30m	高	高	高	*TOC*>0.4% *TOC* 平均值>0.6%	以Ⅱ型和Ⅰ型为主。Ⅱ型占 50%~54%；Ⅰ型占 8%~23%
非主力烃源岩	以三角洲前缘亚相为主，沉积较动荡，属氧化-弱还原环境，红、灰间互，以红色为主，暗色泥质岩不发育	低	低	低	部分样品 *TOC*>0.4% *TOC* 平均值多数在 0.4%~0.6%	以Ⅲ型为主，占 65%以上

根据这一标准分析，江陵凹陷新下段主力烃源岩总体分布在泥隔层-Ⅱ油组中下部。

（二）烃源岩地化特征

1. 有机质丰度

根据凹陷内190余口井地化资料统计，新下段烃源岩有机碳以Ⅱ油组最好，平均值为0.8%~1.0%；Ⅲ油组次之，平均值为0.6%~0.8%；Ⅰ油组较差，平均在0.4%~0.7%。

新下段Ⅲ油组：有机碳最大值为2.22%，最小值为0.33%。一般为0.53%~0.65%，平均值为0.75%；氯仿沥青“A”最大值为0.234%，最小值为0.002%，一般为0.009%~0.08%，平均值为0.054%；烃含量最大值为1983ppm（$1ppm=10^{-6}$），最小值为3ppm，一般为30~82ppm，平均值为222ppm。整体上新下段Ⅲ油组有机质丰度仅次于Ⅱ油组，达到中等以上。从各区带来看，梅槐桥向斜带、江口向斜带有机质丰度达到中等-好，具有一定的生烃基础。荆州背斜带、南部斜坡带以差-中等为主（表2-1-2），也具有一定的生烃能力。

表2-1-2 江陵凹陷新下段Ⅲ油组烃源岩评价表

地区	井名	有机碳/%（最小值；最大值；平均值）	氯仿沥青“A”/%（最小值；最大值；平均值）	总烃/ppm（最小值；最大值；平均值）	R_o/%	评价
梅槐桥向斜带	鄂深25井	0.67；0.93；0.87				中等-好
	路9井	0.67；2.22；1.77	0.1；0.234；0.167	715；1983；1349	1.1	
江口向斜带	路10井	0.66；1.42；0.81	0.0028；0.207；0.0313	30.3；54.7；42.4	0.86	中等-好
荆州背斜带	复2井	0.57；0.93；0.74	0.0129	43	0.89	差-中等
	陵72井	0.5；0.84；0.64				
	李1井	0.49；0.89；0.63	0.002；0.093；0.024	3；305；82		
	陵15井	0.59；0.71；0.65	0.053；0.077；0.07	57；60；58		
	陵33井	0.57；0.75；0.71	0.006；0.012；0.009	43	0.8	
	陵61井	0.63				
	陵60井	0.46；0.5；0.48	0.06	108		
	沙18井	0.62；0.85；0.7	0.06；0.11；0.08	64；72；68		中等-好
	沙27井	0.63；0.84；0.71				
南部斜坡带	金6井	0.33；0.68；0.53	0.002；0.011；0.011	30	0.87	差-中等

新下段Ⅱ油组：有机碳最大值为2.93%，最小值为0.24%。一般为0.49%~0.83%，平均值为0.75%；氯仿沥青“A”最大值为0.53%，最小值为0.003%，一般为0.041%~0.08%，平均值为0.062%；烃含量最大值为4224ppm，最小值为4ppm，一般为84~1933ppm，平均值为395ppm。整体上新下段Ⅱ油组有机质丰度较高，达到中等以上。从各区带来看，梅槐桥向斜带、虎渡河向斜带、江口向斜带、荆州背斜带有机质丰度达到中

等-好以上，具有较好的生烃基础；只有南部斜坡带以中等为主(表 2-1-3)，具有一定的生烃能力。

表 2-1-3 江陵凹陷新下段Ⅱ油组烃源岩评价表

地区	井名	有机碳/%(最小值；最大值；平均值)	氯仿沥青“A”/%(最小值；最大值；平均值)	总烃/ppm(最小值；最大值；平均值)	R_o/%	评价
梅槐桥向斜带	万 13 井	0.48；1.29；0.87	0.045；0.11；0.067	310；753；473	1.34	好
	鄂深 25 井	0.24；2.93；0.83	0.004；0.53；0.2124	10；4224；1933	1.34	
	路 9 井	0.29；2.45；0.83	0.0043；0.2735；0.041	4；1788；235	1.1	
虎渡河向斜带	虎 2 井	0.18；2.23；0.61	0.003；0.123；0.021		1.15	好
江口向斜带	路 10 井	0.24；1.45；0.73	0.0038；0.207；0.0717	32.6	0.86	中等-好
荆州背斜带	复 2 井	0.42；1.29；0.72	0.033	169	0.9	中等-好
	陵 72 井	0.53；2.67；0.9	0.04		0.72	
	李 1 井	0.47；0.78；0.58	0.036；0.081；0.06	16；255；101		
	陵 15 井	0.45；1.39；0.68	0.004；0.235；0.05	8；1226；192	0.84	
	陵 33 井	0.61；2.88；1.08	0.003；0.04；0.013	10；225；84	0.9	
	陵 61 井	0.44；0.64；0.57	0.09			
	陵 76 井	0.24；2.0；0.8	0.08	325；1048；608		
	陵 60 井	0.39；0.51；0.49	0.08			
	沙 18 井	0.64；1.0；0.81	0.046；0.11；0.08	48；97；69		
	沙 27 井	0.35；1.33；0.8	0.04	165；316	0.81	
南部斜坡带	金 6 井	0.45；1.47；0.73	0.004；0.069；0.03	173	0.86	中等

新下段Ⅰ油组：有机碳最大值为 1.30%，最小值为 0.13%。一般为 0.31%~0.64%，平均值为 0.48%；氯仿沥青“A”最大值为 0.11%，最小值为 0.0006%，一般为 0.0042%~0.11%，平均值为 0.022%；烃含量最大值为 411ppm，最小值为 5ppm，一般为 6~18.4ppm，平均值为 76ppm。整体上新下段Ⅰ油组有机质丰度较低，以差-中等为主，局部达到中等。从各区带来看，梅槐桥向斜带有机质丰度达到了中等，具有一定的生烃基础。其他地区以差-中等为主(表 2-1-4)，生烃能力相对较差。

2. 有机质类型

从表 2-1-5 中可看出，新下段烃源岩干酪根以$Ⅱ_2$、Ⅲ型母质为主，Ⅰ型母质较少仅占样品总数的 8.49%，$Ⅱ_1$型母质占样品总数的 12.73%，$Ⅱ_2$型母质占样品总数的 32.27%，Ⅲ型母质占样品数的 46.51%。烃源岩母质的生源构成比较复杂，不仅含有陆源高等植物的成分较多，而且菌藻类低等水生动植物成分也占有一定比例。从各区带来看，梅槐桥、虎渡河洼陷一带$Ⅱ_1$、$Ⅱ_2$型母质所占比例较高，荆州背斜带、南部斜坡带则以$Ⅱ_2$、Ⅲ型母质为主，表明梅槐桥向斜带烃源岩生烃能力好于其他地区。

表 2-1-4 江陵凹陷新下段 I 油组烃源岩评价表

地区	井名	有机碳/%(最小值;最大值;平均值)	氯仿沥青“A”/%(最小值;最大值;平均值)	总烃/ppm(最小值;最大值;平均值)	R_o/%	评价
梅槐桥向斜带	鄂深 25 井	0.54;0.76;0.65				中等
	路 9 井	0.3;0.88;0.61	0.004;0.011;0.007	5;25;11.6		
荆州背斜带	复 2 井	0.13;0.62;0.36	0.002	11.3	0.84	差-中等
	陵 72 井	0.55;0.76;0.64				
	李 1 井	0.5;0.52;0.51				
	陵 15 井	0.23;1.30;0.62	0.002;0.008;0.004	6	0.8	
	陵 61 井	0.44				
	陵 76 井	0.37				
	陵 60 井	0.39				
	沙 18 井	0.23;0.31;0.26	0.11	411		差-中等
	沙 27 井	0.37;0.63;0.45				
南部斜坡带	金 6 井	0.28;0.74;0.46	0.0006;0.015;0.01	18.4	0.85	差-中等

表 2-1-5 江陵凹陷新下段烃源岩干酪根类型镜下鉴定统计表 单位:%

地区	井名	干酪根类型			
		腐泥型(Ⅰ)	腐殖-腐泥型($Ⅱ_1$)	腐泥-腐殖型($Ⅱ_2$)	腐殖型(Ⅲ)
梅槐桥洼陷	路 9 井	7.1	28.6	50	14.3
虎渡河洼陷	虎 1 井	37.5	25	12.5	25
	虎 2 井	5	5	26.3	57.9
江口向斜带	路 10 井	18.18	18.18	27.27	36.36
	路 11 井			66.6	33.3
荆州背斜带	沙 4 井		12.5	37.5	50
	沙 27 井			40	60
	范 1 井				100
	陵 33 井		16.7	50	33.3
	陵 72 井		37.5	12.5	50
	陵 76 井	16.7		41.7	41.7
	复 2 井	25	16.7	8.3	50
南部斜坡带	金 6 井	10	10	40	40
总计		8.49	12.73	32.27	46.51

综上所述,平面上有机质丰度具有洼陷中心高,四周低的变化趋势,有机质类型镜检结果表明新下段烃源层以$Ⅱ_2$、Ⅲ型母质为主,Ⅰ型极少。研究结果表明,新下段主力

烃源岩(有机碳含量>0.4%，平均值大于0.6%，以Ⅱ型和Ⅰ型为主)集中分布于新下段Ⅱ油组-泥隔层，厚度一般变化于50~150m，平均厚度为112m；平面上主要分布于梅槐桥洼陷和虎渡河-资福寺洼陷，其中梅槐桥向斜厚度大于250m，该套烃源岩有机质丰度明显高于新下段总烃源层平均值，有机碳含量大都>0.6%，好烃源岩占71.5%，中等烃源岩占26%。平面上主力烃源岩的变化趋势与新下段总烃源岩大体一致，同样具有南好北差，西好东差的特征。其中以梅槐桥洼陷生油潜力最大，有机碳含量均大于1.0%，局部可高达2.93%。有机质类型明显变好，说明该烃源岩沉积时期环境相对较稳定，湖相有机质来源增多，改善了烃源岩的品质，是新下段所生成烃类物质的主要贡献者。

3. 生烃洼陷烃源能力评价

从以上评价可以看出，梅槐桥洼陷是江陵凹陷烃源能力最强的生烃洼陷，其次为虎渡河洼陷，与虎渡河洼陷相连的资福寺洼陷的烃源能力紧随其后，再差一点的是荆州背斜带、江口洼陷和南部公安单斜带。在这些地区中，大部分是有钻井证实的，但是资福寺洼陷和江口洼陷没有钻井资料揭示新下段地层，给烃源评价带来一定的难度。

资福寺洼陷位于凹陷的中东部，与虎渡河洼陷相连，形成一个大的洼陷带。在资福寺北部是荆州背斜带的范家台地区，南部是公安单斜带的金家场地区，在这两个构造上均有大量的钻井资料揭示新下段地层。虽然资福寺洼陷没有钻井，但是通过邻井烃源能力对比的方法，可以推测出洼陷的烃源能力。在虎渡河洼陷中心钻探的虎2井，通过系统取样，得到虎2井烃源岩评价综合柱状图，各项指标表明虎2井生烃能力中等-好的生烃能力，虎2井的烃源岩的指标可以代表虎渡河洼陷的烃源能力，表现了洼陷较好的生烃能力。在资福寺洼陷带南部的金家场地区钻探的江深2井，整个新下段厚度为610m，与虎2井新下段厚度(616m)相当，且地层中暗色泥岩发育(图2-1-1)；江深2井同一构造上钻探的金6井新下段实验室分析的有机碳平均在0.6%，与虎2井的指标相近。江深2井、金6井与虎2井的对比表明，随着金家场构造向资福寺洼陷带延伸，新下段地层应该有加厚的趋势，暗色泥岩应该更加发育，烃源能力比金家场构造更好，因此资福寺洼陷的烃源与虎渡河洼陷的烃源应该是接近的。从地震剖面的反射特征看，虎渡河洼陷与资福寺洼陷的反射特征类似，都具有低能湖相沉积的弱振幅、高频、连续的反射特征，且两个洼陷的新下段厚度相当，又是紧邻连为一体的洼陷，因此虎渡河洼陷和资福寺洼陷烃源能力相当。

江口洼陷也没有钻井揭示新下段地层，周边仅有路10井、路11井钻探到新下段地层。路10井和路11井均被剥蚀到新下段泥隔层。路10井新下段有机碳含量的平均值为1.17%(23块样品)，剔除异常值后，有机碳平均含量为0.78%(20块样品)；路11井新下段有机碳平均值为1.26%(8块样品)，剔除异常值后，有机碳平均含量为0.82%(4块样品)。根据烃源岩评价标准，有机碳含量达到了中等烃源岩标准。路10井氯仿沥青“A”的平均值为0.0313%(9块)；路11井氯仿沥青“A”有1块样品，值为0.0819%。氯仿沥青“A”含量评价为差-中等，表明其转化率较低。从干酪根类型看，路 10 井有 2 块样品是Ⅰ型，$Ⅱ_1$ 型有 2 块样品，$Ⅱ_2$ 型有 3 块样品，Ⅲ型有 4 块样品；路 11 井 $Ⅱ_2$ 型有 2 块样品，Ⅲ型有 1 块样品。两口井Ⅰ型和Ⅱ型总和占样品的 64%。实验室成熟度分析表明，路 10 井 R_o 为 0.8649%，路 11 井为 0.72%，两则均达到成熟阶段(图 2-1-2)。考虑到由路 10、路 11 井向江口洼陷推进，新下段Ⅱ油组要好于目前路 10 井、路 11 井泥隔层和Ⅲ油组的指标，因此江口洼陷应当具备一定的烃源条件。同时从地震剖面看，其反射特征有一定的湖相沉积特征，也佐证了江口洼陷具备一定的烃源能力。

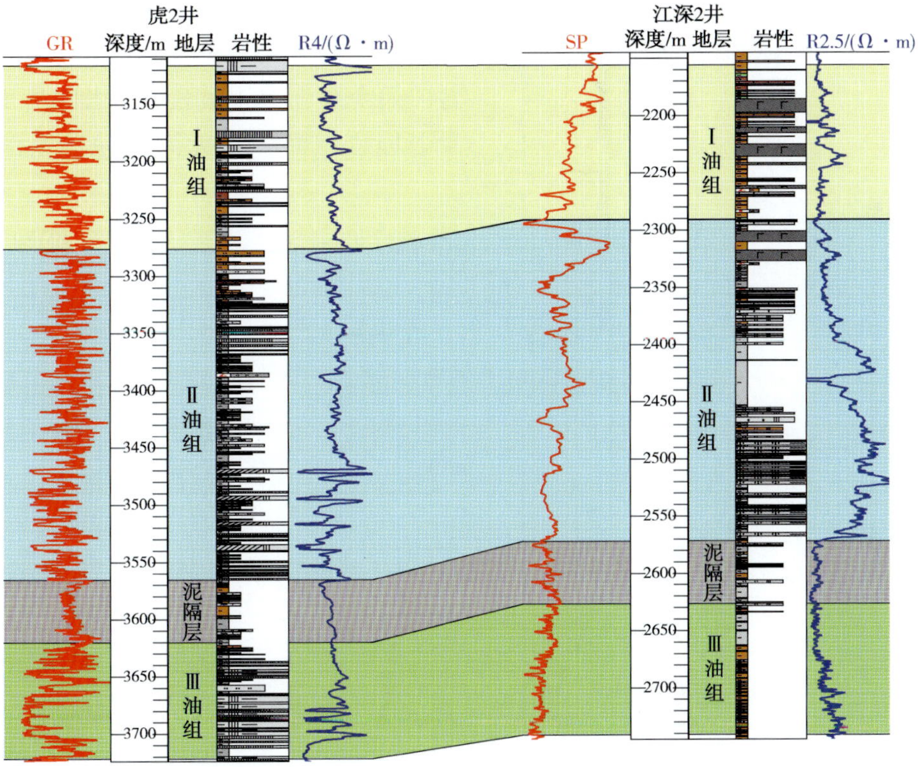

图 2-1-1　虎 2 井—江深 2 井新下段地层对比图

综上所述，拗陷型的构造格局控制了烃源岩的平面分布广的特征，构造控制下的沉积充填决定了烃源岩的纵向分布在新下段Ⅱ油组中下部的特征。

(三) 烃源岩演化

1. 烃源岩演化特征

从新下段烃源岩有机质演化图(图 2-1-3)可见，有机质随古埋深增加，地温增高，成熟度指标呈有规律增大，可以划分为未成熟、低成熟、成熟和高成熟四个演化阶段。到目前为止，凹陷内只见到成熟和高成熟阶段烃源岩提供的原油，表明江陵凹陷烃源岩处于成熟-高成熟阶段，以高成熟为主。

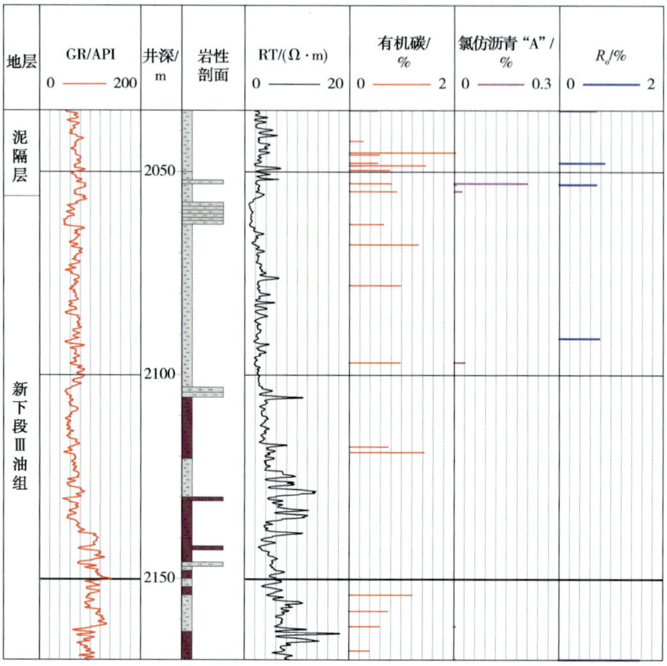

图 2-1-2　路 10 井烃源岩地化综合柱状图

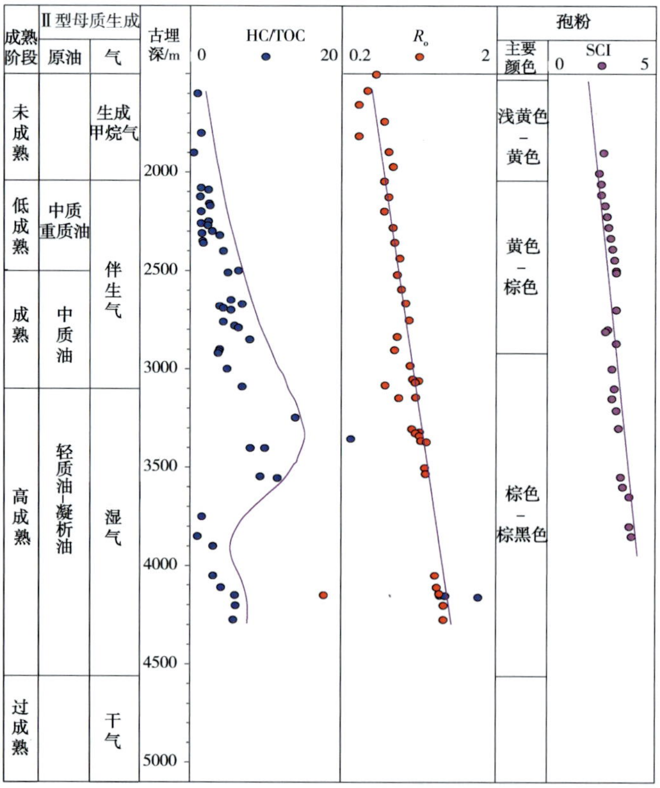

图 2-1-3　江陵凹陷新下段有机质演化图

1）荆沙组沉积期——未成熟-低成熟阶段

凹陷内新下段烃源岩层之上沉积了新上段和荆沙组，特别是荆沙组沉积厚度大，加速了有机质的演化进程。新下段底界负向构造埋深2200~3200m，古地温分别达66~86℃，有机质处于低成熟-成熟阶段，R_o 值为0.6%~1.0%。

2）潜江组沉积期——成熟-高成熟阶段

该期是凹陷内有机质演化的关键时期，烃源岩体埋深几乎都超过2100m，是凹陷内液态烃生成的主要时期。新下段底界埋深为2500~4500m，古地温达到104~155℃，R_o 为0.8%~1.5%，烃源岩层处于成熟-高成熟阶段，其中主要生油洼陷如梅槐桥、虎渡河-资福寺、江口向斜处于高成熟阶段，其他地区处于成熟阶段。

3）荆河镇组沉积期——高成熟阶段中晚期

至荆河镇组沉积末期，烃源岩埋深达最大深度，新下段底埋深一般达3000~5000m，前期已处于成熟-高成熟阶段的烃源岩热演化程度加深，除隆起带和斜坡带的高部位处于成熟阶段外，负向构造单元处于高成熟阶段中晚期，R_o 值为1.3%~1.7%。随后，由于凹陷整体隆升剥蚀，剥蚀量一般为700~1000m，最大可达1200m，烃源岩的热演化处于停滞状态。

4）晚第三纪-第四纪——高成熟烃源岩持续排烃

经历早第三纪末期区域性剥蚀后接受沉积补偿厚度小，晚第三纪至今达到24.6Ma，热演化进程明显减缓，但还有一定的油气生成，主要表现在新下段底 R_o 值主要介于1.0%~1.75%之间，高成熟烃源岩继续有一定排烃能力，4000~4300m深层勘探具有一定的物质基础。

到目前为止，凹陷内只见到成熟和高成熟阶段烃源岩提供的原油，表明江陵凹陷烃源岩处于成熟-高成熟阶段，以高成熟为主。

2. 重点洼陷烃源岩演化特征

在生烃潜力较大的梅槐桥洼陷和虎渡河洼陷，根据单井钻探资料，开展烃源岩单井模拟，以了解这些洼陷的新下段烃源岩的演化史。

1）梅槐桥洼陷烃源岩成熟演化史

梅槐桥洼陷里选取鄂深25井和万13井作为模拟单井。梅槐桥洼陷南部鄂深25井单井模拟（图2-1-4）显示：新下段烃源岩在潜江组早期45~47Ma进入生烃门限，此时埋深在1900~2400m；在潜江组中晚期39~42Ma进入成熟阶段，此时埋深在2900~3000m；在早第三纪末期荆河镇组抬升剥蚀前30~33Ma进入高成熟阶段，此时新下段烃源岩埋深最大达到4600m，后期晚第三纪至第四纪新的沉积和重埋及其时间作用没有造成烃源岩成熟度的增加，目前新下段烃源岩已经大部分进入高成熟阶段。

梅槐桥洼陷北部万13井单井模拟（图2-1-5）显示：新下段烃源岩在潜江组早期46~48Ma进入生烃门限，此时埋深在2400~2500m；在潜江组中晚期41~45Ma进入成熟阶段，此时埋深在2800~2900m；在早第三纪末期荆河镇组抬升剥蚀前30~33Ma部分进入高成熟阶段，此时新下段烃源岩埋深最大达到4500m，后期晚第三纪至第四纪新的沉积和重埋及其时间作用没有造成烃源岩成熟度的增加，目前新下段烃源岩已经部分进入高成熟阶段。对比梅槐桥洼陷南北的烃源岩成熟度演化史，大致相同。对比成烃门限北部时间稍早、埋深稍浅，主要原因是早期北部热流值较南部稍大；后期南部的烃源岩则整体进入高成熟阶段，而北部只有部分进入高成熟阶段，其原因除了后期两侧热流值趋于一致外，北部埋深较南部稍浅也是南部较北部成熟度高的原因。

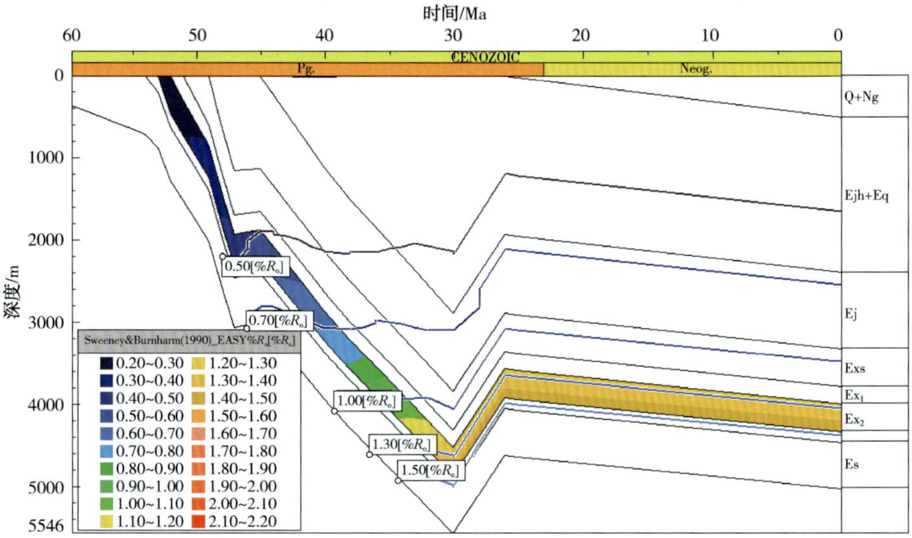

图 2-1-4　鄂深 25 井新下段烃源岩成熟度演化史

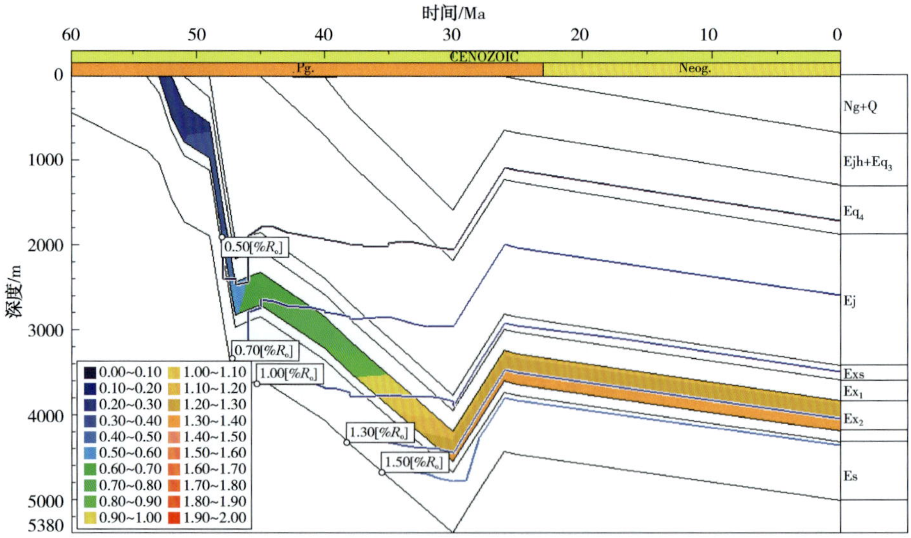

图 2-1-5　万 13 井新下段烃源岩成熟度演化史

2）虎渡河-资福寺洼陷烃源岩成熟演化史

虎渡河-资福寺洼陷选取虎 2 井作为模拟单井。虎 2 井单井模拟(图 2-1-6)显示：新下段烃源岩在潜江组早期 46~47Ma 进入生烃门限，此时埋深在 1900~2000m；在潜江组中晚期 42~45Ma 进入成熟阶段，此时埋深在 2200~2400m；早第三纪末期荆河镇组抬升剥蚀前 30~33Ma 进入成熟阶段高演化阶段，目前新下段烃源岩并未进入高成熟阶段。

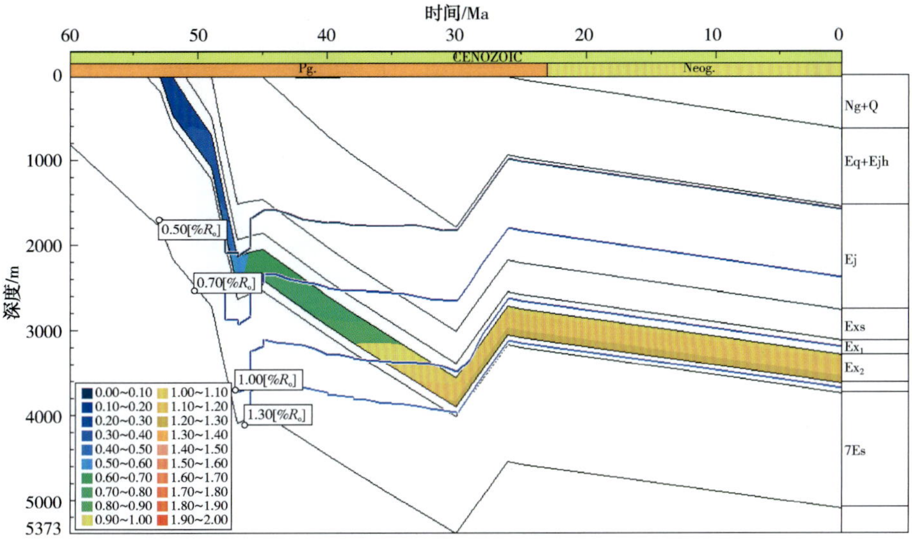

图 2-1-6　虎 2 井新下段烃源岩成熟度演化史

（四）资源量测算

1. 盆地模拟介绍

本次采用盆地模拟的方法进行资源评价和含油气系统分析，盆地模拟软件应用德国 IES 公司盆地模拟软件 PetroMod10。IES 的 PetroMod 是大型综合性含油气系统模拟分析软件，它能定量模拟盆地的地史、热史、生烃史、排烃史和油气运聚史，拥有预测油气资源潜力、认识成藏富集规律、提出有利勘探目标、指明区域勘探方向等地质评价和油气勘探工作不可或缺的功能。对比目前开展的含油气盆地模拟软件，PetroMod 软件具有独特的优势。

本次盆地模拟，开展了江陵凹陷内 20 余口井的单井模拟，选取 129. 1、630 等两条二维测线开展二维模拟，进行了全盆地 6500km^2 的三维模拟，系统地分析盆地的地史、热史、生烃史、排烃史和油气运聚史。限于篇幅，在本章中仅解释资源量的测算结论及分析情况，对于参数的选取不作解释。

2. 生排烃量分析

本次盆地模拟主要烃源岩是新下段三个油组。经过模拟测算出江陵凹陷新下段总生烃量为 15. 93×10^{8}t。新下段三个油组中主力生烃层是新下段Ⅱ油组，为 12. 83×10^{8}t；其次为Ⅲ油组，为 2. 94×10^{8}t；Ⅰ油组生烃总量为 0. 1585×10^{8}t。占总生烃总量的百分比分别是 80. 54%、18. 46%、1. 00%。从平面上看，生烃中心仍旧在梅槐桥洼陷、虎渡河洼陷和江口洼陷，三者的生烃总量依次是 7. 53×10⁸t、4. 88×10⁸t、3. 52×10⁸t，分别占总生烃量的 47. 27%、30. 63%、22. 10%(图 2-1-7)。

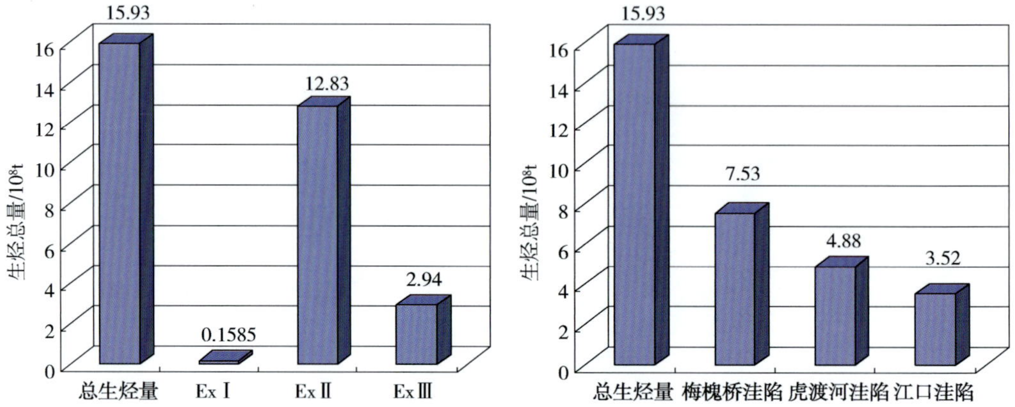

图 2-1-7　江陵凹陷新下段生烃总量分布图

经过盆地模拟测算江陵凹陷新下段总排烃量为 5. 13×10⁸t。从平面上看，梅槐桥洼陷排烃量最大，为 2. 56×10⁸t，其次为虎渡河洼陷和江口洼陷，分别为 1. 45×10⁸t 和 1. 12×10⁸t，三个生烃洼陷的排烃量分别占到 49. 90%、28. 27%和 21. 83%。排烃量纵向分布仍旧以新下段Ⅱ油组最大，为 3. 95×10⁸t，其次为Ⅲ油组，为 0. 94×10⁸t，Ⅰ油组生烃总量为 0. 24×10⁸t；占总排烃总量的百分比分别是 77. 00%、18. 32%、4. 68%(图 2-1-8)。

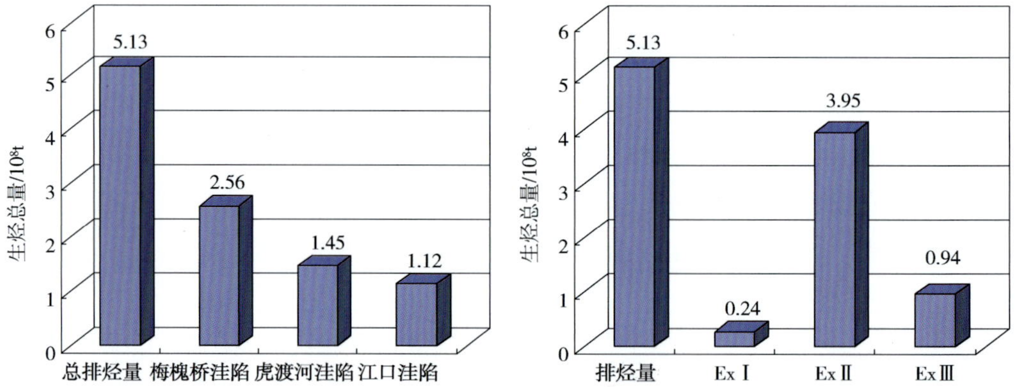

图 2-1-8　江陵凹陷新下段排烃总量分布图

理论上排烃期较生烃期要略晚一点，但大致在同一个时期。胜利油田研究认为，压力变化较小的主洼陷区(烃源岩发育区)为高压区，洼陷周边和凹陷边缘地区(储集层相对发育区)，剥蚀后压力变小，成为相对低压区，并且剥蚀导致的压力变化，形成了从烃源岩高压区到储集岩低压区的压力差，为石油运移提供了动力，因此江陵凹陷在早第三纪末期荆河镇组洼陷和隆起区遭受的剥蚀强度有相当大的差别，导致烃源岩内部油气压力平衡系统被打破，产生大规模的排烃。所以，本次区域的构造运动是油气成藏的关键时刻，单井模拟排烃期也证实了这一观点。梅槐桥洼陷鄂深25井和万13井模拟的排烃期在30~47Ma(图2-1-9)，大量排烃期在潜江组中晚期至荆河镇组沉积时期。

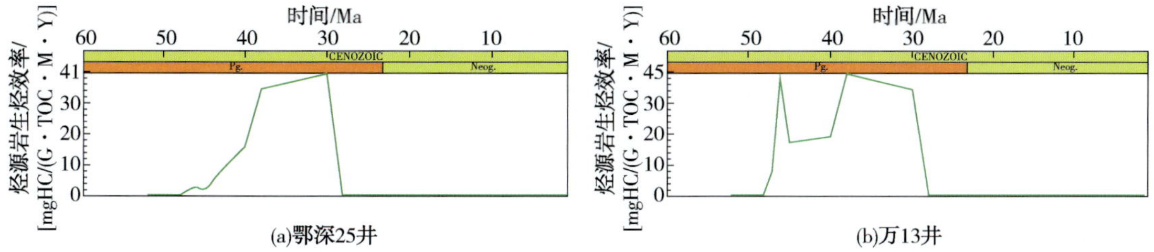

图2-1-9　鄂深25井、万13井新下段烃源岩排烃演化史

前文已论述，江陵凹陷生、排烃中心在平面上以三个洼陷为主，其中梅槐桥洼陷为最大生、排烃中心，虎渡河洼陷和江口洼陷为次生、排烃中心，纵向层位上以新下段Ⅱ油组为主力的生、排烃层位，其次为Ⅲ油组和Ⅰ油组(表2-1-6)。

3. 运聚史分析

本次通过模拟计算出整个江陵凹陷油气聚集总量为0.9665×10^8t，主要分布在新下段和白垩系砂岩储集层中，其油气聚集量分别为0.7783×10^8t、0.1882×10^8t，分别占总聚集量的80.53%，19.47%。

表2-1-6　江陵凹陷生排烃量分布表　　单位：10^8t

生排烃量	梅槐桥洼陷	虎渡河洼陷	江口洼陷	总量
生烃量	7.53	4.88	3.52	15.93
排烃量	2.56	1.45	1.12	5.13
生排烃量	ExⅠ	ExⅡ	ExⅢ	总量
生烃量	0.1505	12.83	2.94	15.93
排烃量	0.94	3.95	0.24	5.13

模拟结果表明，新下段砂岩油藏集中在荆州背斜带及其南部，同时虎渡河洼陷南部和万城断层下降盘也有部分油藏；白垩系油藏主要集中在万城断层上升盘。

理论上，烃源岩排烃后油气就进行运移和聚集，因此排烃期和运移聚集应在同一时期。模拟结果显示，江陵凹陷油气的运移充注和油气排烃期在同一个时期，即都在潜江组至荆河镇组沉积时期。

从各个时期新下段的油藏图上可以看出，早在潜江组沉积中期(37Ma前)油气就已经开始运移和充注，并且形成部分小型油藏；在早第三纪末期(30Ma前)油气大量开始运移和充注，油藏已经基本开始定型；在荆河镇组末期(26Ma前)油藏进一步调整。白垩系油藏由于油源为新沟嘴组烃源岩，其油气的运移和聚集与新沟嘴组油藏形成时间相同，均在晚第三纪末期已经形成和大致定型。

从油气运移聚集图上还可以看到各个生烃洼陷的排烃期，同时油气在流体势作用下运移的路线也可以清楚了解。前文已叙述江陵凹陷是一个常温常压的凹陷，因此流体势遵循一般规律，即在洼陷里面流体势相对较大，在隆起区和背斜带流体势相对较小，因此油气由洼陷生烃区向隆起带和背斜带进行运移。这些类型的运移包括垂向运移和侧向运移。在隆起区的高点和背斜带及白垩系次生的油藏以侧向运移为主，在洼陷周缘包括砂岩尖灭带形成的油藏则以侧向运移为主。这样就导致了油藏在纵向层位上的不一致，即靠近油源油藏层位偏下，远离烃源油藏层位则有所上移，形成在隆起区的高点和背斜带形成的油藏中油藏层位大部分分布在Ⅱ油组上部至Ⅰ油组，在洼陷边缘形成的油藏层位大多在Ⅱ油组，而白垩系形成的油藏需要看与新下段烃源岩对接的白垩系储层的位置。

从油藏形成的类型来看，大部分油藏以构造油藏为主，但在虎渡河洼陷南部砂岩尖灭带可能形成岩性油藏。这样的油藏特征导致了构造高点和有利的储集砂岩是油气聚集的有利场所。在荆沙期的构造运动和盐隆等的共同作用下形成了大量的圈闭，因此江陵凹陷存在大量的构造圈闭。盆地模拟的孔隙度等值线图(图 2-1-10)显示，在 30Ma 油气大量排烃和运移时，新下段的物性仍旧达到中孔水平，因此可以完全聚集大量的油气。

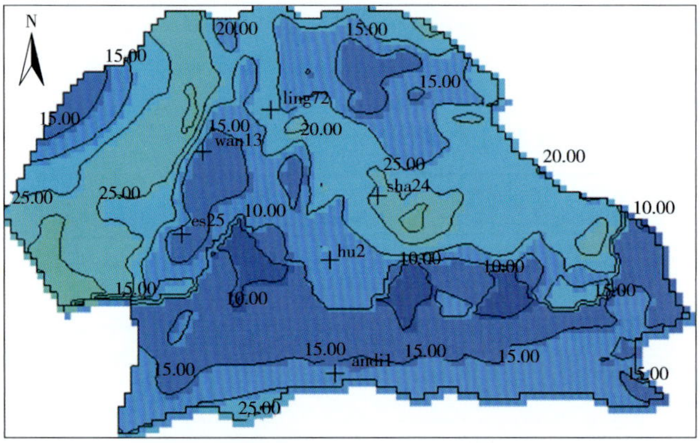

图 2-1-10　江陵凹陷新下段 30Ma 孔隙度等值线图(单位:%)

综上所述，各个生烃洼陷在潜江组早期进入生烃门限，在早第三纪末期荆河镇组抬升剥蚀前已经进入高成熟阶段，目前新下段烃源岩大部分进入高成熟阶段。生烃洼陷主要排烃期在潜江组中后期至荆河镇组沉积时期，而圈闭形成于荆沙期，因此圈闭形成期要早于油气排烃期，同时在油气排烃期储集层的物性相对较好，有利于油气的聚集，同时分析表明，江陵凹陷成藏的关键时期是晚第三纪末期(30Ma)(图 2-1-11)。

4. 资源量分析

对比本次盆地模拟测算的资源量与最近一次 2000 年全国第三次资源评价的资源量，本次模拟资源量略有增加，同时生烃量和排烃量也有增加(表 2-1-7)。产生差异的原因主要表现在对江陵凹陷的烃源岩有新的认识。

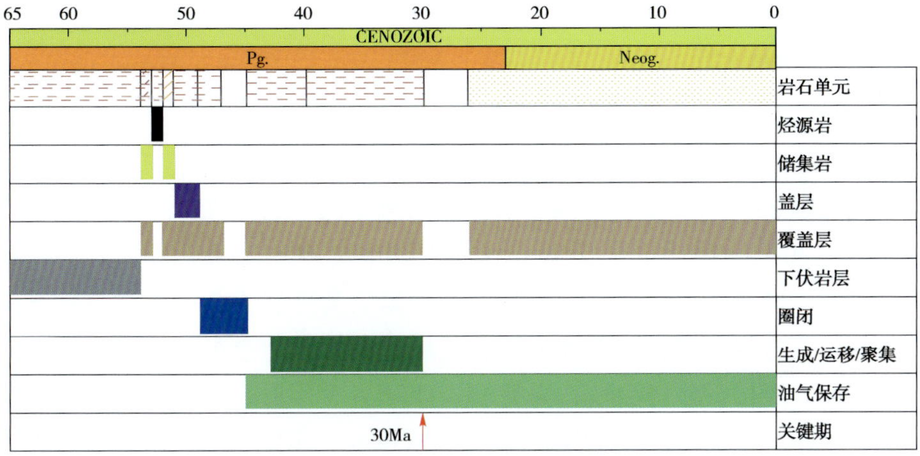

图 2-1-11　江陵凹陷含油气系统成藏事件图

表 2-1-7　资源评价对比表

评价	层位	生烃量/10^8t	排烃量/10^8t	资源量/10^8t	排聚系数/%
第三次资源评价	$Ex_下$	8.84	2.88	0.7109	7.20
	$Es_上$	2.58	0.56		2.90
本次盆地模拟	$Ex_下$	15.93	5.13	0.9665	6.08

近年随着勘探的深入，在生油洼陷中钻探了多口深井，如在梅槐桥洼陷中钻探的梅槐 1、万 13、万 12、鄂深 24、鄂深 25 等井，在虎渡河洼陷中钻探了虎 2 井、虎 3 井，通过这些井的钻探对于江陵凹陷各个生油洼陷的烃条件有了进一步的认识。实验室地化分析和地层重新统层及对比表明，目前江陵凹陷的主力烃源岩为新下段，以Ⅱ油组为主体，而沙市组上段基本不具备烃源条件，突破前人认为沙市组具备一定的烃源条件的思路。同时，在烃源岩分布范围、厚度、有机质丰度、有机质类型上也与前人有一定的差异。前人认为江陵凹陷生烃洼陷有江口、梅槐桥、虎渡河、资福寺、张金、清水口和裁缝店 7 个生烃洼陷，现在通过钻井和地震剖面认为，裁缝店是后期荆沙期洼陷，清水口和张金是挤压形成的洼陷，这 3 个洼陷生烃能力差或者根本不具备烃源能力。虽然前人认为有 7 个生烃洼陷，本次模拟仅有 4 个生烃洼陷，生烃洼陷数量上有所减少，前人认为生烃层位是沙市组上段-新沟嘴组，本次模拟仅有新下段为主力生烃层位，纵向分布范围缩短，但是烃源厚度、丰度及能力上却比前人认为的高很多，因此所测算的资源量仍旧比前人计算的要高。

二、储集条件

江陵凹陷各层组储层以砂岩为主，另外还存在玄武岩储层。砂岩储层的沉积特征在前面章节已作详细描述，本节将重点分析主要勘探层系的砂岩储层岩矿、物性、微观孔隙及砂体的展布特征。

（一）白垩系储集条件

1. 储层特征

1）岩石学特征

根据万城地区25口井的600多块岩心样品的薄片镜下观测结果，从砂岩的矿物组成，石英含量一般为70%~88%、长石为6%~17%、岩屑为5%~18%，碎屑岩的石英矿物颗粒含量普遍较高，岩石类型以长石石英砂岩、岩屑石英砂岩为主，次之为长石砂岩、岩屑长石砂岩和长石岩屑砂岩，从下到上依次为红花套组、渔洋组，具有成熟度增高的趋势，长石砂岩、岩屑长石砂岩和长石岩屑砂岩明显减少，长石石英砂岩增多，砂岩整体成分成熟度普遍较高。颗粒分选性中等-较好，次圆状，填隙物中，杂基含量较少，一般小于5%，主要为胶结物，含量为5%~20%，以方解石为主，其次为硬石膏，其他还有硅质、自生黏土矿物、铁质等，渔洋组属结构成熟度较高的砂岩。

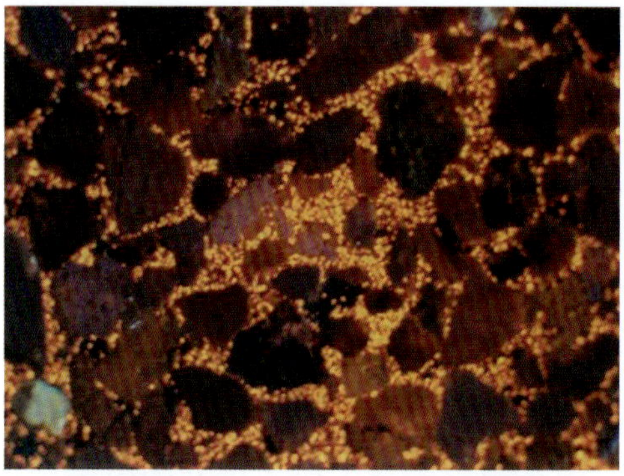

图2-1-12　鄂深11-1井2809.8m
棕灰色细砂岩图(微晶碳酸盐胶结)

本区胶结物的含量和种类与深度的关系较弱，而不同地区胶结物的含量和类型差异较大，但总的来说，本区胶结物的总含量较高，平均含量分别为15%、19.9%和15.9%。胶结物以方解石、白云石、石膏为主，次之为铁白云石、石英加大和高岭石，另外局部地方可见少量黄铁矿、伊利石和绿泥石。碳酸盐的平均含量分别为9%、14.3%和13.5%，其次为石膏，平均含量分别为4.4%、2.2%和2.5%，见图2-1-12~图2-1-14。

图2-1-13　SK8-4井3432.8m
浅灰色细砂岩图(粗晶碳酸盐胶结)

图2-1-14　鄂深11-1井2809.18m
棕灰色细砂岩图(硬石膏胶结)

2）物性特征

储层岩心实测孔隙度范围值为2.6%~26.7%，渗透率范围值为0.01×10^{-3}~$1612\times10^{-3}\mu m^2$。单井渗透性砂岩测井孔隙度范围值为8.7%~18.4%。一般孔隙度大的地方，渗透率也相对较好，孔隙度-渗透率呈非线性正相关关系(图2-1-15)。

物性统计资料表明，沉积相带影响储层物性的发育，白垩系主要发育冲积扇-河流-湖泊相沉积体系，发育扇中辫状沟槽、漫流带-河道底部滞留沉积、河道填积、边滩、心滩-滨浅湖滩砂等储层。河道亚相砂体的河道填积砂岩和边滩砂岩物性较好，其岩心孔隙度平均值分别为20.7%和10.9%，测井孔隙度平均值分别为18.3%和14.9%，渗透率平均值分别为$314\times10^{-3}\mu m^2$和$119.6\times10^{-3}\mu m^2$，属中孔中渗储层；扇中亚相砂体中的漫流带砂岩物性较差，岩心孔隙度平均值为15.0%，测井孔隙度平均值为17.0%，渗透率平均值为$3.23\times10^{-3}\mu m^2$，属中孔低渗储层；滨浅湖亚相的滩砂、河道亚相的心滩物性更差，属低孔低渗储层；扇中亚相砂体的辫流线及河道亚相的河底滞留沉积砾岩物性最差，其岩心孔隙度平均值分别仅为1.3%和2.6%，测井孔隙度平均值分别为1.7%和2.4%，渗透率平均值分别仅为$0.065\times10^{-3}\mu m^2$和$0.079\times10^{-3}\mu m^2$，属于非储集层。

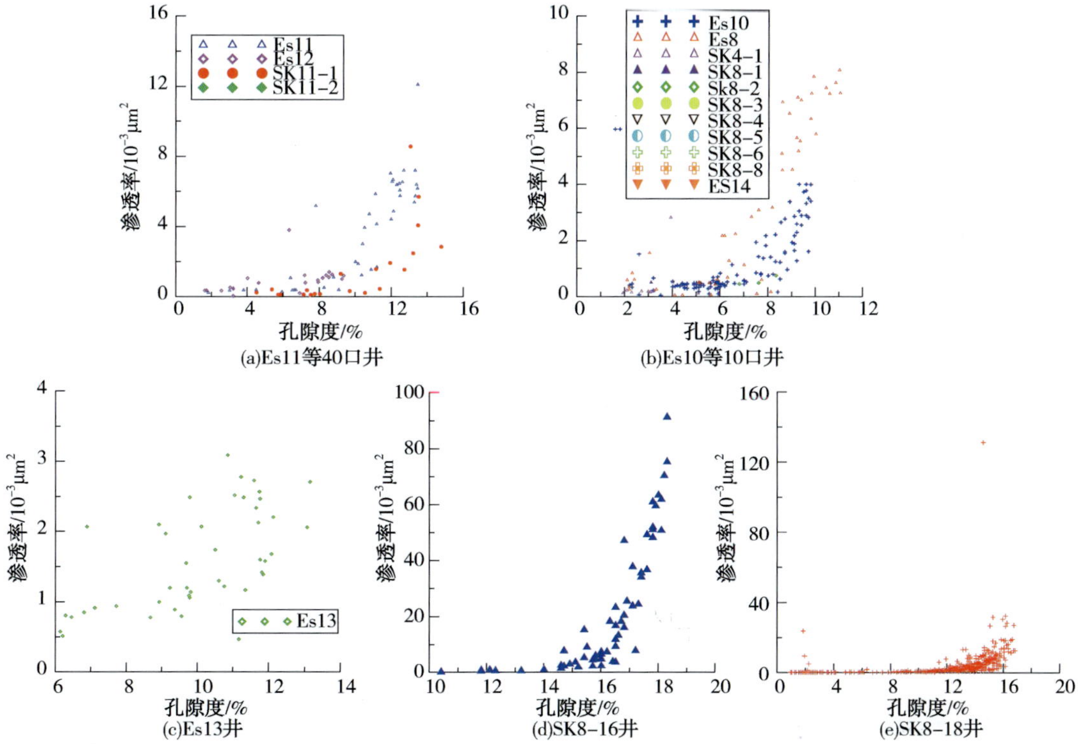

图2-1-15　白垩系砂岩孔隙度-渗透率关系图

红花套组根据SK8-16井岩心取样岩石物性数据(表2-1-8)，孔隙度最大平均值为17.6%，最小平均值为11.8%，平均值为15.4%($N=271$)；渗透率最大平均值为$91.3\times10^{-3}\mu m^2$，最小平均值为$0.8\times10^{-3}\mu m^2$，平均值为$10.5\times10^{-3}\mu m^2$($N=271$)。孔隙

度与渗透率相关性好，储集空间以孔隙类型为主，储层物性为中孔低渗储层(图 2-1-16、图 2-1-17)。

表 2-1-8 SK8-16 井区红花套组油层物性统计表

井名	样品数/块	孔隙度/%			渗透率/$10^{-3}\mu m^2$			样品数/块	饱和度/%		碳酸盐含量/%
		最大值	最小值	平均值	最大值	最小值	平均值		油	水	
SK8-16 井	60	18.3	10	16.4	91.3	1.8	15.0	18	30.0	30.4	1.2
SH-P2 井	211	17.3	10	14.5	17.3	0.8	6	59(封蜡)	53.8	21.5	3.2
平均	271	18.3	10	15.4	91.3	0.8	10.5	77	41.9	25.9	2.2

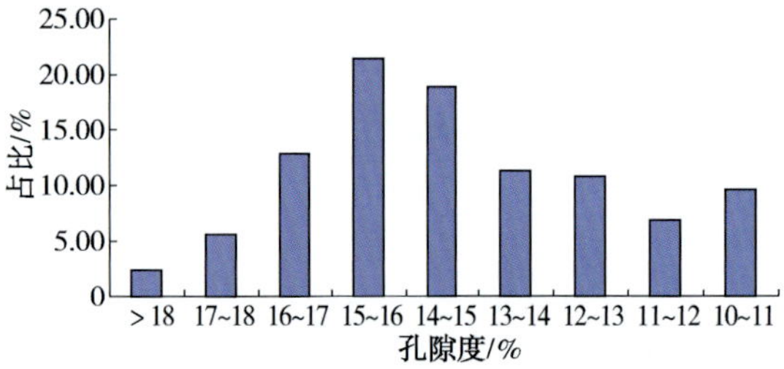

图 2-1-16 江陵凹陷白垩系红花套组孔隙度分布图

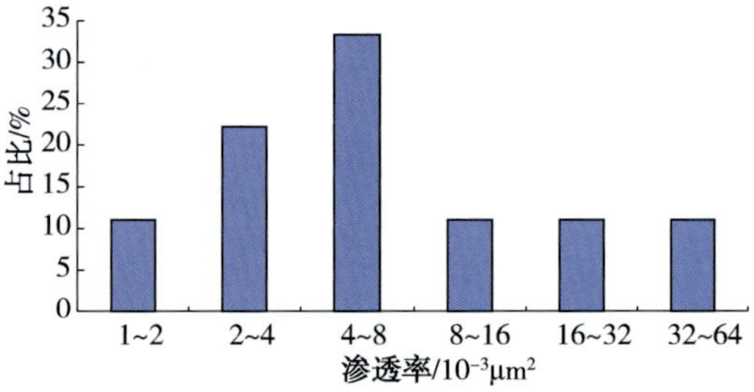

图 2-1-17 江陵凹陷白垩系红花套组渗透率分布图

渔洋组储层在万城断层中部及南部，物性相对较差。如从采穴及复Ⅰ断块渔洋组岩心样品孔隙度、渗透率直方图(图 2-1-18、图 2-1-19)看，储层孔隙度分布范围主要为 4%~10%，主峰有两个，为 6%和 9%左右，渗透率分布范围主要为 $0\sim1\times10^{-3}\mu m^2$，渗透率主峰在 $1\times10^{-3}\mu m^2$ 左右。

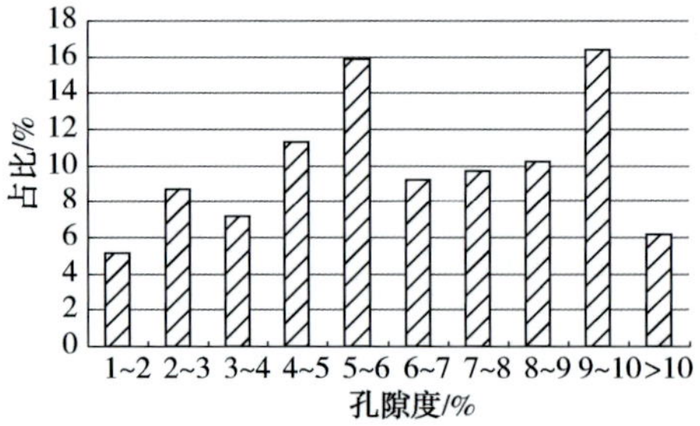

图 2-1-18 复Ⅰ断块渔洋组岩心孔隙度直方图

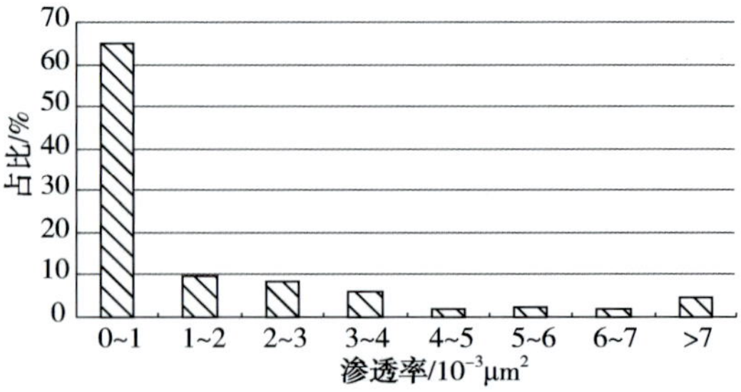

图 2-1-19 复Ⅰ断块渔洋组岩心渗透率直方图

统计鄂深 10 井、鄂深 8 井渔洋组储层物性分析结果，孔隙度一般在 5%~10%，最小值为 4.5%，最大值为 11.03%；渗透率一般在 $0.5\times10^{-3}\sim4\times10^{-3}\mu m^2$，最小值为 $0.354\times10^{-3}\mu m^2$，

最大值为 7.84×$10^{-3}\mu m^2$，为低孔低渗类型的储层。在北部渔洋组砂岩储层不仅单层厚度增大，而且储层物性明显变好。如万 10X 井底部渔一段砂岩单层厚度达到 59.8m，取心最大孔隙度为 28.0%，最小孔隙度为 10.6%，平均孔隙度为 19.1%，最大水平渗透率为 3109.00×$10^{-3}\mu m^2$，最小水平渗透率为 9.95×$10^{-3}\mu m^2$，平均水平渗透率为 200.01×$10^{-3}\mu m^2$，属于中孔中渗类储层(表 2-1-9)。

表 2-1-9 江陵凹陷万 10X 井渔一段岩心物性统计表

物性	最大值	最小值	平均值	样品数/块
孔隙度/%	28.0	10.6	19.1	156
水平渗透率/$10^{-3}\mu m^2$	3109.00	9.95	200.01	156

白垩系红花套组在万城地区南部鄂深 13 井为紫红色、红色砂砾岩、砾岩，虽没有取心资料证实其物性，但是根据测井资料分析，其物性极差。其砂砾岩电阻率可达数百个欧姆·米，双侧向完全重合，三孔隙度测井参数声波时差和补偿密度及中子测井均接近骨架值，表明其岩石的物性极差。鄂深 13 井往北鄂深 15 井红花套组底部仍为砾岩和砂砾岩，物性很差；上部岩相变为紫色、红色细砂岩和粉砂岩，测井解释物性较好。再往北部复 I 断块及采穴断块再往北鄂深 21 井至鄂深 23 井，红花套组全部相变为紫色、红色细砂岩和粉砂岩，物性为中孔中渗。据 SK8-16 井红花套组取心资料(表 2-1-10)看，孔隙度最大值为 18.3%，最小值为 10.4%，平均值为 16.1%；水平渗透率最大值为 91.30×$10^{-3}\mu m^2$，最小值为 0.11×$10^{-3}\mu m^2$，平均值为 21.70×$10^{-3}\mu m^2$，评价为中孔低渗类型储层。再到北部万 18 井及万 9 井、万 10C 井、万 11X 井，红花套组底部砂岩厚度不断变大，物性不断变好。万 18 井取心物性资料表明，孔隙度最大值为 25.2%，最小值为 20.6%，平均值为 22.9%；水平渗透率最大值为 1974.00×$10^{-3}\mu m^2$，最小值为 173.00×$10^{-3}\mu m^2$，平均值为 858.80×$10^{-3}\mu m^2$，评价为中孔高渗类型储层。

表 2-1-10 江陵凹陷 SK8-16 井红花套组岩心物性统计表

物性	最大值	最小值	平均值	样品数/块	评价
孔隙度/%	18.3	10.4	16.1	59	中孔低渗
水平渗透率/$10^{-3}\mu m^2$	91.30	0.11	21.70	59	

3）孔隙结构特征

铸体薄片资料表明，白垩系储层主要为粒间溶孔，少量填隙物内溶孔和剩余粒间孔，原生粒间孔少见。平均孔隙半径为 13～51μm，平均喉道宽度为 4～12μm。孔径为 20～70μm，其中 30～50μm 孔径分布频率最大，且孔隙大小分布较为集中，平均喉道半径为 0.1～1μm，最大喉道半径为 0.2～3μm，在孔喉结构划分方案中属中-大孔隙、细喉-微细喉结构。

红花套组储层孔隙类型以粒间溶孔为主，少量剩余粒间孔和微孔；平均孔喉半径为

0.56μm，平均孔隙半径为16.98μm，平均孔喉比为1.04，平均配位数为0.96；喉道宽度最大值为15.17μm，喉道宽度最小值为4.38μm，喉道宽度平均值为7.72μm。排驱压力较小，为0.48MPa，进汞迂曲度平均值为2.07，属微细-细喉储层（表2-1-11、图2-1-20）。

表2-1-11　SK8-16井区孔隙结构统计表

井名	样品数/块	压汞						铸体					
								孔隙特征			喉道宽度		
		排驱压力/MPa	微观均质系数	最大孔喉半径/μm	平均孔喉半径/μm	歪度	均值/μm	平均孔隙半径/μm	平均孔喉比	平均配位数	最大值/μm	最小值/μm	平均值/μm
SK8-16井	15	0.30	0.20	4.50	0.80	1.20	0.70	22.09	2.79	1.27	13.03	2.38	4.49
SH-P2井	44	0.54	0.16	1.08	0.48	1.35	0.42	15.24	0.44	0.86	15.90	5.07	8.82
平均		0.48	0.17	1.90	0.56	1.31	0.49	16.98	1.04	0.96	15.17	4.38	7.72

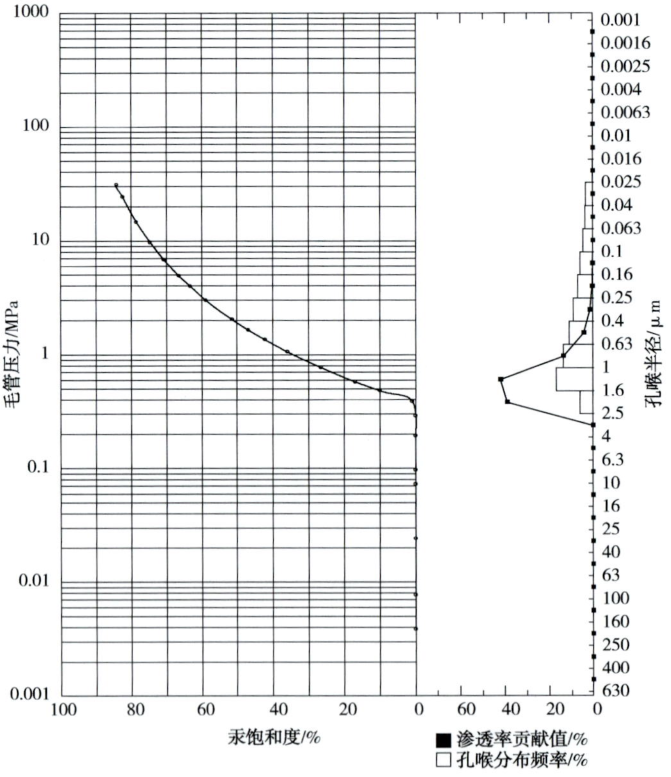

图2-1-20　SK8-16井区典型毛管压力曲线图

渔洋组储层主要为粒间溶孔，少量填隙物内溶孔和剩余粒间孔，原生粒间孔少见。平均孔隙半径为13~51μm，平均喉道宽度为4~12μm。孔径20~70μm，其中30~50μm

孔径分布频率最大，且孔隙大小分布较为集中，平均喉道半径 0.1~1μm，最大喉道半径 0.2~3μm，在孔喉结构划分方案中属中-大孔隙、细喉-微细喉结构。如鄂深 8 井 3515.2m 井段(图 2-1-21)，铸体薄片平均孔隙半径 39.84μm，平均喉道宽度 10.5m，孔隙类型以粒间溶孔为主，占孔隙个数的 0.6%，占面积数的 98.55%，少量粒内溶孔。

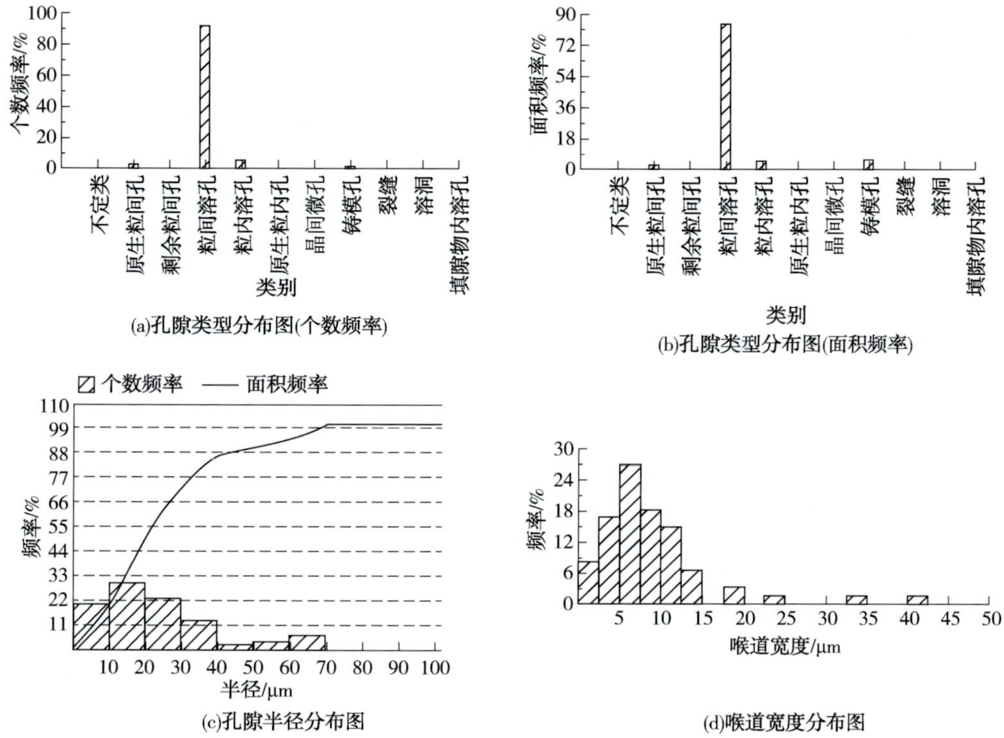

图 2-1-21 白垩系砂岩储层孔隙特征图(鄂深 8 井)

裂缝作为白垩系储层储集空间在深部储层中较为发育，据岩心观察本区天然裂缝较发育。例如在鄂深 8 井区岩心中见有水平和垂直裂缝，水平裂缝一组，缝宽为 1~4mm，分布不均匀，裂缝内充填物为方解石、石膏、黏土矿物及有机质。垂直缝常见两组，缝宽 1~5mm。鄂深 8 井白垩系渔洋组储层属裂隙-孔隙性油藏，孔隙部分物性差，裂隙是形成高产的主要原因。压汞资料计算出的排驱压力(P_d)、最大孔喉半径(R_d)、毛管压力中值(P_{50})、中值孔喉半径(R_{50})、最大汞饱和度、退汞效率等参数能较好地反映孔隙结构的特征。

排驱压力是评价岩石储集性能好坏的主要参数之一，由排驱压力的大小，可评价岩石性能，特别是渗透性的好坏，凡岩石渗透性好，排驱压力 P_d 均比较低；反之 P_d 越大，岩石物性越差。一般认为：$P_d \leq 0.1$MPa，$R_d \geq 7.35$μm 为好的储集层；0.1MPa$<P_d \leq$1MPa，$0.735 \leq R_d < 7.35$μm 为中等储层；$P_d > 1.0$MPa，$R_d < 0.735$μm 为差储层。

鄂深 8 井渔洋组 8 个样品中有 4 个属于中等储层，另外 4 个属于差储层；鄂深 10 井渔洋组的 8 个样品中有 5 个属于中等储层，另外 3 个属于差储层。

4）储层评价

据3口井压汞实验分析资料，将本区有效样品毛管压力曲线进行“J”函数处理，得出平均毛管压力曲线，并按特征参数分类，结合物性将储层划分为以下三类：

Ⅰ类：本区最好的储层，为均质油迹以上粗粉砂岩-细砂岩储层，孔隙度大于9%，渗透率大于$4\times10^{-3}\mu m^2$，毛管压力曲线平缓段较长，排驱压力一般小于0.5MPa，最大连通孔喉大于2μm，主要孔喉半径分布范围为1.6~4.4μm，渗透率贡献中值孔喉半径大于2μm，无效孔隙所占体积少，为20%，进汞饱和度为65%~85%，退汞率为40%~50%。这类储层孔隙结构较好，储能中等偏好，渗流能力强，常规测试自然产能达工业油流。

Ⅱ类：这类储层孔隙度一般在5%~8%之间，毛管压力曲线表现为平缓段短，排驱压力小于4MPa，最大连通孔喉半径大于0.2μm，主要孔喉半径分布范围为0.1~0.5μm，贡献中值孔喉半径在0.1~0.4μm。无效孔隙所占体积较小。进汞饱和度为40%~70%，退汞率为20%~40%。这类储层的储能较Ⅰ类差，其渗流能力因裂缝的存在与否而具有不确定性，从而分为$Ⅱ_1$和$Ⅱ_2$类，$Ⅱ_1$类储层因裂隙存在渗透率常较大，常规测试具有产能，$Ⅱ_2$类储层渗透率一般小于$0.4\times10^{-3}\mu m^2$，常规测试不具产能，需压裂产油。

Ⅲ类：非储层。其孔隙度小于5%，渗透率小于$0.4\times10^{-3}\mu m^2$，毛管压力曲线陡短，排驱压力大于4MPa，最大连通孔喉半径小于0.1μm，孔隙极不发育，储集能力低，无产能。

Ⅰ类储层分布在白垩系红花套组和渔洋组渔二段的江陵凹陷谢凤桥、采穴—鄂深8井、11井一带；Ⅲ类储层主要分布在白垩系渔洋组渔一段，该区为河漫滩亚相或滨浅湖亚相带，是储集条件较差的地区；其余地区的储层为Ⅱ类，是储集条件良好的区域。

2. 储层展布

白垩系为冲积扇-河流-滨浅湖相沉积，白垩系储层发育，砂岩展布面积大，从已钻井资料看，白垩系储层发育，砂岩展布面积大，口口井见砂岩。钻遇白垩系地层较全的单井砂岩厚度为247.6~963.6m，占地层厚度的10.1%~79.64%；渗透性砂岩厚度为15.4~899.6m，占地层厚度的1.8%~74.34%。砂岩展布体现了多物源的特征。平面上白垩系储层主要分布于江陵凹陷中北部(万10C井砂岩厚达963.6m)，西南部公2井、鄂深13井一带，西北部物源砂体延伸较远；西南部物源砂体影响范围广，但延伸距离较短。

白垩系渗透性砂岩分布相对较局限，厚度为100~899.6m，集中分布于层系的中、下部，最大单层厚度可达565m；厚度大于50m的区域主要位于江陵凹陷西部万2井一带。受沉积环境变化等因素影响，砂岩的分布各有其不同的特点。

红花套组砂岩比较发育，但多数砂体为厚层砂，沉积相以冲积扇、辫状河为主，岩性以暗紫色砾岩、砂砾岩夹砂岩、细砂岩为主，所钻探井显示本段主要存在两套砂体，是本区重要的含油层段，一套是西南部以冲积扇为主的砂体，自然伽马曲线多为箱状低值，齿化箱形或指状，物源入口处或顺物源方向砂岩厚、单层厚度大；远离物源处和主流线侧翼砂岩变薄，单层厚度减小。另一套是西北部以辫状河道砂体，自然伽马曲线多为齿化箱形，砂岩底部与下伏岩层多为突变接触，顶部与上覆层多为渐变接触，砂岩单层厚度大。例如：位于西北部的万 10C 井，红花套组砂岩厚 963.6m，占地层厚度的 79.64%；中西部的 SK8-16 井，红花套组砂砾岩厚度 123m，占地层厚度的 53%；西南部的鄂深 13 井，红花套组砾岩厚度 330m，占地层厚度的 44%。

渔洋组为河流-湖相沉积，沉积物为以棕紫、棕红色为主的砂岩与泥岩、砂质泥岩互层，发育河底滞留、河道充填、河漫滩等微相砂体。沉积物的岩性以粗屑、红色为主，自下而上呈现为正粒序组合。物源影响以西北部为主、以西南部为辅，总砂岩厚度具有由西北向东南减薄的趋势，砂岩厚度一般为 40~170m，渗透性砂岩厚度一般为 20~120m，物源入口处砂岩及渗砂厚度大于 120m。

渔二段砂体较发育，泥岩段侧向电阻率自上而下有渐次升高的趋势，声波时差曲线则比较稳定，上部略高于下部，数值基本在 200μs/m 左右，反映组段岩性较为致密。岩性主要为泥岩与粉、细砂岩不等厚互层，并且砂体单层发育厚度较大，含油层多，是本区主要的含油层段。测井曲线中声波时差值基本在 200μs/m；深侧向电阻率值在泥岩段一般为 10~30Ω·m，砂泥段变化较大，为 10~100Ω·m；补偿密度值在泥岩段基本为 2.7g/cm^3，密度曲线与微球曲线受井眼影响明显。

渔一段以红色、灰色泥岩、砂质泥岩、粉砂岩与细砂岩互层为主，沉积环境以湖相为主，自然伽马、自然电位电阻多呈锯齿状箱形，与下伏地层区别明显，砂层厚度为 20~100m，分布范围较广，可以进行全区域对比。例如：万城断层附近钻穿白垩系的井均钻遇厚砂岩，该套砂层厚度分布特征自北向南逐渐变薄，鄂深 21 井砂层厚度为 60m，鄂深 13 井为 25m，SK8-16 井为 100m，鄂深 15 井为 25m。

（二）新沟嘴组下段储集条件

1. 储层特征

1）岩石学特征

根据薄片分析结果，岩石碎屑成分主要为石英、长石和岩屑，见少量内碎屑及其他碎屑，石英平均含量为 62.5%，长石平均含量为 27.0%，以正长石为主，次为斜长石，少量微斜长石，岩屑含量较少，平均值为 9.75%，主要是变质岩成分。

岩石粒径平均为 0.09mm，分选中等，分选系数为 1.82。胶结物含量平均值为 12.37%，以碳酸岩及硬石膏为主，次为方沸石和黄铁矿。胶结类型以孔隙、接触式胶结为主，次为基底、压嵌、次生加大式胶结。

黏土矿物平均含量 2.01%，为以伊利石、绿泥石和伊/蒙混层为主。伊利石相对含量为 43.7%，绿泥石相对含量为 37.4%，伊/蒙混层相对含量较少，为 18.9%。

2）物性特征

根据岩心样品的物性分析资料统计，储层孔隙度分布在 5.5%~16.5%，由孔隙度频率与累计频率分布曲线(图 2-1-22)可见，储层最大频率的孔隙度介于 14%~16%，累计频率占比为 50%时，对应的平均孔隙度约为 12.0%(这是由于大部分取心段没有取到储层的有利部位)；渗透率分布在 0.06×10^{-3}~$178\times10^{-3}\mu m^2$，由渗透率频率分布图(图 2-1-23)可见，储层渗透率<$5\times10^{-3}\mu m^2$ 的频率为 39.13%，$5\times10^{-3}\mu m^2$≤渗透率<$50\times10^{-3}\mu m^2$ 的频率为 41.3%；储层物性特征表现为低孔、低渗特征。

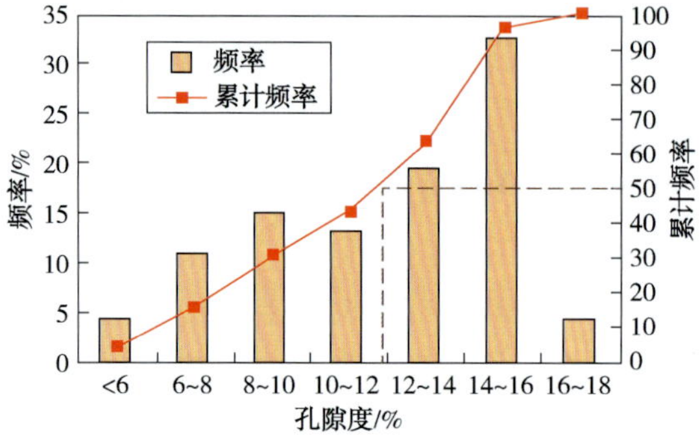

图 2-1-22 新下段孔隙度频率与累计频率分布图

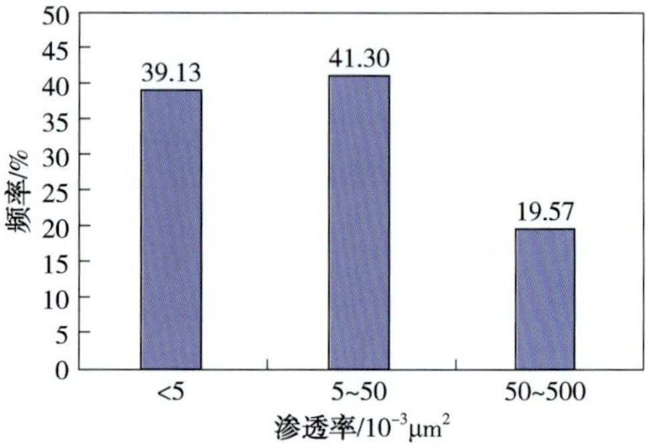

图 2-1-23 新下段渗透率频率分布图

3) 孔隙结构特征

根据岩心薄片、扫描电镜及铸体薄片资料的分析结果，储层类型为孔隙型，储集空间类型以粒间次生孔隙为主，其次为长石粒内溶孔，孔隙分布不均，局部孔隙连通性好，岩石面孔率约为 15%。

根据岩心铸体薄片和压汞资料分析，储层排驱压力最大值为 0.50MPa，最小值为 0.14MPa，平均值为 0.29MPa，中值压力最大值为 1.19，最小值为 0.34，平均值为 0.85MPa，最大孔喉半径为 4.34μm，平均孔喉半径为 1.26μm，中值孔喉半径 1.72μm，属细喉型储层。

本区岩心毛管压力曲线形态特征和孔隙结构参数特征表明，储层孔隙结构较好，孔喉半径分布较为集中，最大进汞饱和度基本大于 95%，毛管压力曲线形态为Ⅰ类和Ⅱ类特征(图 2-1-24)。

4) 储层评价

根据江汉盆地下第三系新沟嘴组下段储层级别划分标准(表 2-1-12)。对本凹陷储层进行评价，由于江陵凹陷钻穿 $Ex^{下}$Ⅲ油组的井较少，本次只对 $Ex^{下}$Ⅰ、Ⅱ油组的储层进行评价。$Ex^{下}$Ⅰ、Ⅱ油组储层得出结论：Ⅰ类储层主要分布在研究区的北部，大部分分布在拾桥单斜带内，多为三角洲平原亚相；Ⅱ类储层分布在中部荆州背斜带、万城断裂构造带内，大部分为三角洲前缘亚相；Ⅲ类储层分布在中部，小部分为前缘亚相，大部分为浅湖亚相；Ⅳ类储层主要分布在埋深较大的清水口向斜带和资福寺向斜带内。

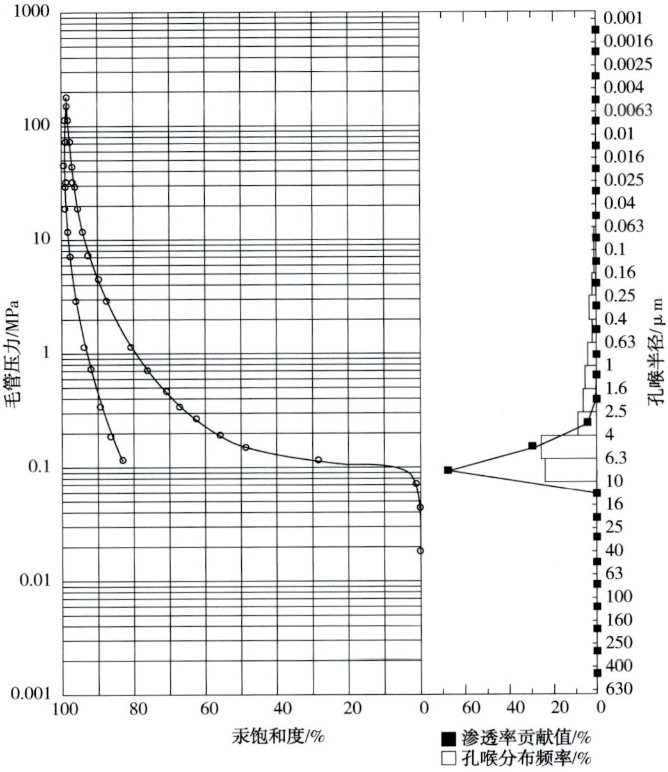

图 2-1-24　新沟嘴组下段典型毛管压力曲线图

表 2-1-12　新沟嘴组下段储层级别划分标准

砂岩累计厚度/m	孔隙度>18%，渗透率>$100\times10^{-3}\mu m^2$	10%<孔隙度≤18%，$10\times10^{-3}\mu m^2$<渗透率≤$100\times10^{-3}\mu m^2$	8%≤孔隙度≤10%，$0.8\times10^{-3}\mu m^2$≤渗透率≤$10\times10^{-3}\mu m^2$	孔隙度<8%，渗透率<$0.8\times10^{-3}\mu m^2$
>30	I_1	II_1	III_1	
10~30	I_2			IV
<10		II_2	III_2	

2. 储层展布

新沟嘴组下段为三角洲-湖相沉积，储层以粉砂岩和细砂岩为主，受后港物源和马山物源的影响，总砂岩厚度具有由北向南减薄的趋势，砂岩厚度一般为20~180m，渗透性砂岩厚度一般为10~100m，物源入口处砂岩及渗砂厚度大于200m，砂体成因有水下分流河道砂、河口坝砂、砂坝和滩砂等，西部在鄂深13井及其南侧发育向东部进积的小型三角洲沉积，这些沉积砂体来自凹陷的西缘，在万城断层下降盘的不同部位形成坡折带类型的沉积砂体，从鄂深8井、鄂深4井、万5井、万12井、万13井发育砂体的分析可看出，相带窄、单砂层厚度大且变化快。

纵向上Ⅱ油组砂岩厚度最大，Ⅰ油组次之，Ⅲ油组最小，如陵25井：Ⅰ油组砂岩厚度为43.8m，Ⅱ油组70m，Ⅲ油组40.6m，其中Ⅰ油组砂层主要分布在其底部，Ⅱ油组和Ⅲ油组分布在顶部。

Ⅲ油组以三角洲前缘亚相沉积为主，砂体较发育，渗透性砂体厚度最大达36.8m，一般在8~28m，砂体厚度由东北向西南为减薄趋势，岩性主要为红色、灰色、红灰间互的泥岩夹砂岩及少量含膏泥岩、粉砂岩，局部地区存在暗色泥岩发育段，4m电阻率曲线呈块状高值夹谷状低值，其值为2~24Ω·m。自然伽马曲线呈不规则锯齿状夹指状低值，其值为58~180API。

Ⅱ油组以三角洲前缘亚相沉积为主，砂体最为发育，渗透性砂体厚度最大达48.2m，一般在20~40m，分布较广，砂体厚度由东北向西南减薄，是区内重要的含油层段，岩性为灰-深灰色泥岩夹砂岩、含膏泥岩、白云岩，局部见灰黑色玄武岩(如范家台地区)，上部以红灰间互为主，油层主要发育于中上部，4m电阻率曲线上部呈波状，其值为6.0~23Ω·m；下部基值抬高，呈不规则齿状，自然伽马曲线上部起伏较大，为块状高低值间互，其值为54~180API，下部为较紧密的梳状，其值为58~180API。

Ⅰ油组以三角洲前缘亚相沉积为主，砂体较发育，渗透性砂体厚度最大达29.2m，一般在8~24m，砂岩主要集中在凹陷中北部，延伸较近，砂体厚度由东北向西南逐渐尖灭，岩性以红色泥岩、砂岩及含膏泥岩为主，夹泥膏岩，局部地区底部为红灰间互，油层主要发育于中下部，顶部发育凹陷内可追踪对比的大膏层，4m电阻率曲线呈不规则的齿状，其值为7.2~18Ω·m，自然伽马曲线呈起伏幅度大的、较紧密梳状及砂岩引起的指状低值，其值为36~180API。

（三）荆沙组储集条件

1. 储层特征

1）岩石学特征

根据薄片资料分析，荆沙组砂岩为长石质岩屑杂砂岩，其碎屑组成以石英、长石为主，平均含量分别为55.7%、21.6%；岩屑以变质岩为主，为16.85%，其次为火山岩岩屑，为3.4%，沉积岩屑最少，为1.6%。胶结物含量较高，为14.0%~16.7%，平均值为21.9%，胶结物成分以灰质为主，为17.2%，其次为云质，占2.3%，还有少量的膏质，占1.0%。

砂岩中碎屑分选性好-中等，颗粒磨圆度主要为次棱-圆状、次棱状，少量为次圆-次棱，胶结类型以孔隙式为主，具有较低的结构成熟度。

2）物性特征

据粒度及物性资料统计，荆沙组砂岩粒度中值一般为0.04~0.17mm，平均为0.113mm，据岩心资料分析，粒级一般为粗-细粉砂岩，分选中等，胶结物致密，胶结类型一般为孔隙型，岩心实测孔隙度为9.3%~25.7%，平均为10.8%，渗透率为$6.4\times10^{-3}\sim41.87\times10^{-3}\mu m^2$，为低孔低渗型储层。根据已有资料，荆沙组砂岩物性分布分区明显，并受埋深及物源的影响。在近物源、埋深浅的沲市、万城、花园、沙市一带物性较好，在埋深较大或远离物源的李埠、范家台等地区物性较差(表 2-1-13)。

表 2-1-13　江陵凹陷荆沙组砂岩厚度及孔隙度统计表

地区	井名	砂岩		渗透性砂岩		
		厚度/m	占比/%	厚度/m	单层厚度/m	孔隙度/%
万城	万 2 井	53.4	15	52.4	0.6~3.6	13.3~20.1
花园	陵 5 井	20.7	4	16.6	1.4~4.6	11.1~25.7
李埠	李 2 井	99.8	8	12.8	1.0~4.2	9.4~17.8
沙市	沙 26 井	29.6	5.6	22.4	1~3.4	11.0~20.0
沲市	路 8 井	254.8	17	145.4	0.8~6.4	9.4~13.3
范家台	范 2 井	34.4	5	28.8	0.6~3	9.3~15.6

3）储层评价

通过江陵凹陷单井的试油资料，结合测井资料，初步开展了荆沙组的储层评价工作。江陵凹陷荆沙组共有 13 口井开展了试油工作(表 2-1-14)。通过对各个试油层位的测井响应特征图版交会，开展油层的识别和储层的评价工作(图 2-1-25)。

表 2-1-14　江陵凹陷荆沙组测试试油情况表

井名	井段/m			测井参数			录井油气显示	试油		时间	备注
	顶深	底深	厚度	深侧向/(Ω·m)	声波/(μs/m)	密度/(g/cm^3)		日产油/t	日产水/m^3		
沙 26 井	1165.4	1167.0	1.6	5.0	310.0	2.30	油斑	2.1		2000 年 12 月	
	1184.2	1186.2	2.0	6.0	280.0	2.33	油斑				
	1214.4	1216.0	1.6	3.0	290.0	2.30	油斑				
陵 33 井	1257.0	1259.0	2.0	2.5	310.0	2.24	油迹	油花	5.4	1988 年 7 月	
	1250.0	1251.4	1.4	6.0	280.0	2.33	油斑	2.7		1988 年 8 月	
金 1 井	1465.0	1466.0	1.0	老测井系列			油斑	见油花	1.24	1969 年 12 月	1449.6 ~ 1453.0m 后经数次酸压，最高日产油 2.13t，日产水 2.5m^3
	1476.2	1476.6	0.4				油斑				
	1477.6	1478.2	0.6				油斑				
	1479.8	1481.6	1.8				油斑				
	1449.6	1453.0	3.4				油斑	0.62	1.51	1970 年 12 月	
路 7 井	2162.0	2163.0	1.0	12.0	220.0	—	油浸	0.07	4.27	1972 年 7 月	
	2164.2	2165.2	1.0	9.0	220.0	—	油浸				
	2172.2	2174.0	1.8	10.0	225.0	—	油浸				
宝 1 井	389.4	391.6	2.2	老测井系列			—		0.319	1971 年 3 月	
	237.2	239.5	2.3				—		0.439		

续表

井名	井段/m			测井参数			录井油气显示	试油		时间	备注
	顶深	底深	厚度	深侧向/(Ω·m)	声波/(μs/m)	密度/(g/cm^3)		日产油/t	日产水/m^3		
沙3井	1402.0	1404.0	2.0	老测井系列			饱含油		1	1967年6月	1971年又进行反复试油，均见少量油流
	1404.0	1405.4	1.4				—	0.31	0.09	1970年12月	
	1885.0	1887.6	2.6				—				
	1887.8	1889.0	1.2				—				
沙301井	1270.8	1274.6	3.8	5.0	265.0	2.33	油迹		4.69	2001年2月	
	1303.6	1305.4	1.8	3.0	270.0	2.33	—				
陵52井	1854.8	1858.0	3.2	25.0	210.0	—	油浸		1.83	1972年4月	后压裂无液
								0.06		1974年11月	
鄂深5井	2978.5	2980.5	2.0	20.0	235.0	2.50	—		12.87	1999年7月	测试
	2843.0	2852.0	9.0	4.0	215.0	2.36	含气		24.32	2000年12月	
鄂深4井	2244.4	2247.0	2.6	13.0	225.0	—	含油	0.66		1998年8月	测试
鄂深14井	2537.5	2543.0	5.5	45.0	210.0	2.52	油斑	1.49		2003年8月	测试
SK8-1井	2469.6	2496.6	27.0	40.0	220.0	—	油斑	0.32		2002年6月	测试
虎4井	2482.6	2484.8	2.2	170.0	210.0	2.43	油斑	3.2		2009年7月	先测试获16.52m^3/d，后酸化压裂
	2557.2	2559.4	2.2	100.0	220.0	2.44	油斑	0.7			压裂后为干层

在图版的制作中，由于试油点少、合试层多、试油工艺差别大、埋深差别大、测井系列老且有些井没有横向、低孔低渗储层等原因，导致图版效果不理想。但总体而言，埋深对于物性影响比较大，埋深超过2500m的砂岩已经成为低孔低渗类型储层。对于荆沙组低孔低渗类储层，认为录井有油气显示的纯砂岩，测井 DEN$<$2.50g/cm^3，AC$>$210μs/m，均有可能突破工业油流。

综上所述，荆沙组砂岩储层一般具有矿物成分成熟度低、胶结物含量相对较高、储层物性中等等特征。其有利区主要分布于近物源、储层厚度大、物性相对较好的凹陷西部，其次为储层厚度较大、物性中等的凹陷中、东部地区。

2. *储层展布*

荆沙组沉积时期，由于喜山运动造成西部抬升，物源由新沟嘴组时期的北部单向物源转向西部物源，总体形成三角洲-浅湖相沉积，在西南物源入口处，渗透性砂岩可达100~150m，砂岩的厚度明显受到荆沙期同沉积断裂(如万城断层、李埠断层、陵北断层、弥陀寺断层、资北断层)的控制，下降盘荆沙组渗透性砂岩明显增厚。单层厚度大于4m

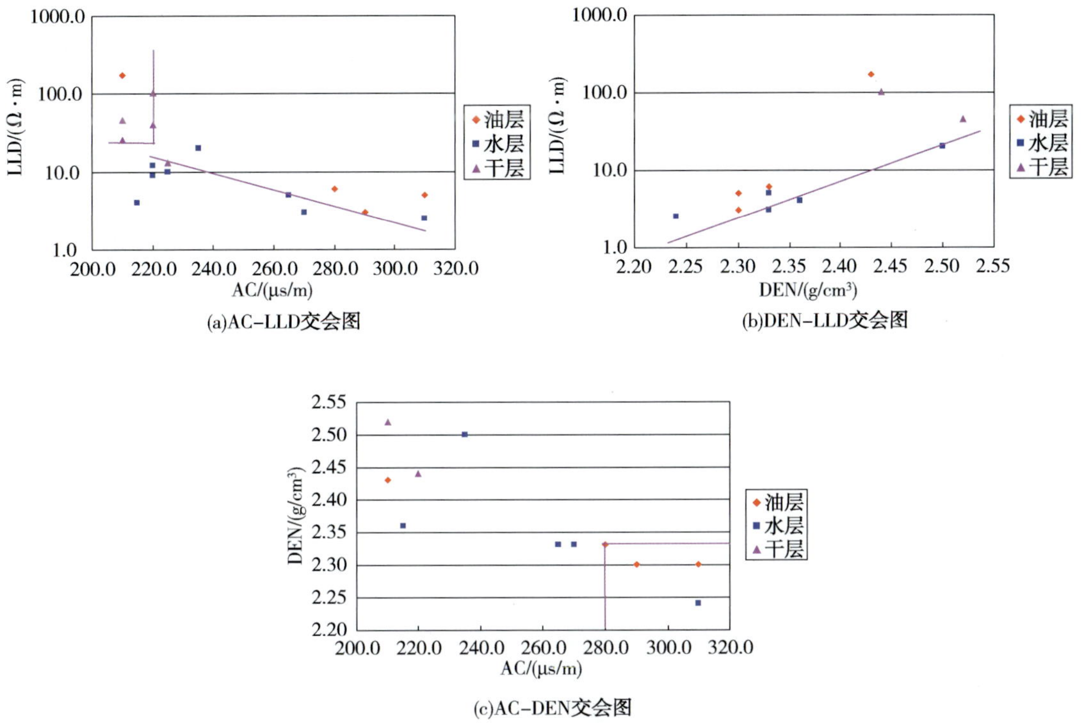

图 2-1-25 江陵凹陷荆沙组试油层测井交会图版

的砂层主要发育于陵西地区，中东部地区渗透性砂岩发育程度明显较西部地区差，厚度一般为 20~30m，单层厚度小于 2m，中厚砂层出现频率明显较西部低。

荆沙组沉积时期也是火山频繁活动的时期，根据钻井资料统计，荆沙组时期火成岩累计厚度在 250~300m，单层厚度最大在 30m 以上，荆沙组是火成岩纵向分布最多的层位。火成岩主要分布于凹陷的东北部的裁缝店和范家台一带，此外，在涴市地区也有零星分布。

纵向上荆沙组以紫红色泥岩夹灰白色薄砂岩及和火山岩互层为主，荆沙组砂岩在纵向上主要发育在中上部，且横向连通性变化较大。比如，沙市地区荆沙组砂岩不发育，且以薄层居多，单层厚度一般小于 2m，连通性相对较差，岩性尖灭快；而涴市地区的砂岩相对发育，砂层单层也比较厚，最大达到 6m，连通性更好。

（四）火山岩储集条件

根据目前的认识，火山岩储集性分布具有非均质性，使火山岩储层预测十分困难，加之不同学者对火山岩储集分类方案不同等因素，导致对火山岩储集相带的划分方案不统一。江陵凹陷火山岩采集样品和分析数据很少，仅能用现有的资料，初步定性地对火山岩储集性进行分析和探讨。江陵凹陷主要发育层火山，火山活动具有多期性，喷溢流方式具有多样性。不同时期以溢流相为主或以爆发相为主，仅能根据已钻和测试资料，按照火山机构相对位置对火山岩储集性进行研究。火山机构位置分为近火山口带、过渡带、远火山口带。

1. 近火山口带

江陵凹陷近火山口带主要发育层火山，爆发相和溢流相交替出现，早期以爆发或喷发为主，中-晚期以溢流相为主，有时以溢流相为主，多数早期爆发相特征明显，火山爆发相形成于火山作用的不同阶段，但在早期及喷发高潮时最发育。该区带岩性表现为，有的以火山碎屑为主、有的为火山碎屑物质从空中坠落堆积、有的为由炙热的火山碎屑流堆积、有的为火山撕裂屑溅落的熔结角砾岩或集块岩，爆发物质有的来自本身，有的可能是深部物质，火山活动所携带的大量块状物质主要堆积在火山口附近，形成火山碎屑锥。受火山强烈爆发作用，火山口附近形成复杂的裂缝系统，岩性组成复杂，形成各种各样的晶间缝、自碎流纹结构缝等，以及大量的气孔发育，加之缝隙与气孔的有效沟通，形成较好的储集空间，因此，火山口附近带是油气勘探的有利地带。目前，已在江陵凹陷的纪山寺地区、八岭山-花园地区、仙女庙地区发现火山爆发相带，岩性主要为火山岩集块岩(图 2-1-26)、火山岩角砾岩(图 2-1-27)、火山口附近碎屑流(图 2-1-28)、隐流隐爆相隐伏火山通道相(图 2-1-29)等。

图 2-1-26　火山岩集块岩
(纪山寺，Eq_4)

图 2-1-27　火山岩角砾岩
(八岭山-花园，Ej)

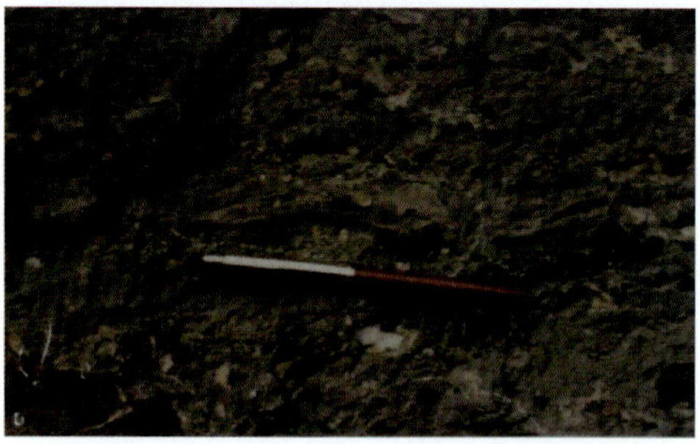

图 2-1-28　火山口附近碎屑流
(仙女庙，Eq_4)

图 2-1-29　隐流隐爆相隐伏火山通道相
(仙女庙，Eq_4)

2. 过渡带

过渡带以溢流相为主，从火山口喷溢而出，常形成面状泛流的岩被，也有的是呈线状流动的岩流。有的在熔岩流的顶、底面或前缘形成气孔状熔岩，或形成角砾状熔岩等岩类。有的火山口是以熔浆喷发为主，形成盾状火山岩体，有的熔岩与其他沉积岩伴生形成喷发-沉积的层状岩体。该带岩体储集空间主要为气孔、节理缝、浓缩缝、构造缝。目前，江陵凹陷溢流相岩性以玄武岩、安山质玄武岩和安山岩为主，厚层至块状，呈岩流、岩被、块状熔岩产出，熔岩在流动-凝结过程中自碎作用明显。已经采用多种方法，包括实钻井资料分析、野外露头观察、岩心特征分析、薄片分析、实验测试以及应用测井技术分析江陵凹陷火山岩储集性能。

通过对实钻井资料分析发现，已经钻遇多口井在火山地层中出现溢流或井涌现象(如金8井、金4井、金6井、江深4井等)，部分井已经见到油气显示(如江深4井、范3井等，图2-1-30~图2-1-33)，初步判断以裂缝-孔隙类型为主，其次为孔隙型。

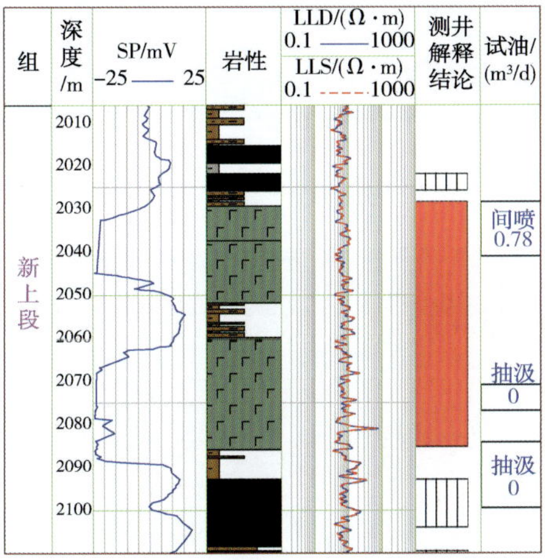

图2-1-30 江深4井火山岩地层间喷柱状图(金家场，Ex上)

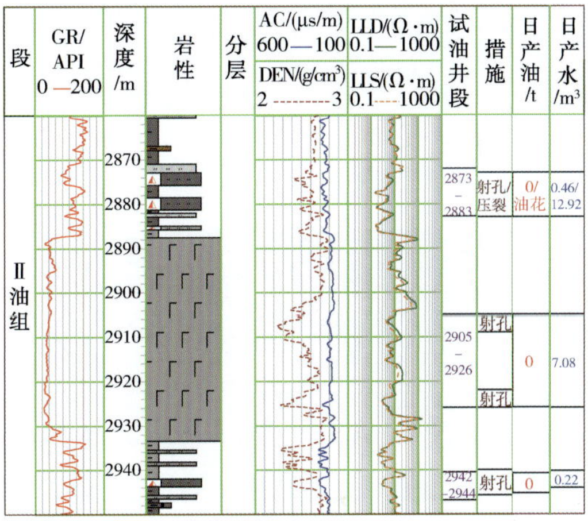

图2-1-31 金8井火山岩地层溢流柱状图(金家场，Ex下)

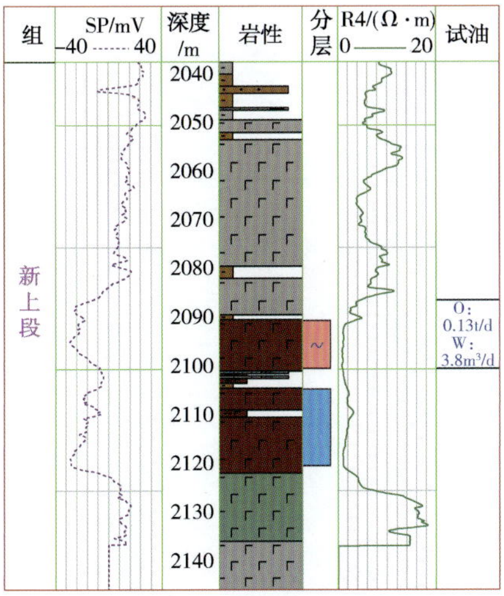

图2-1-32 金4井火山岩地层井涌柱状图(金家场，Ex上)

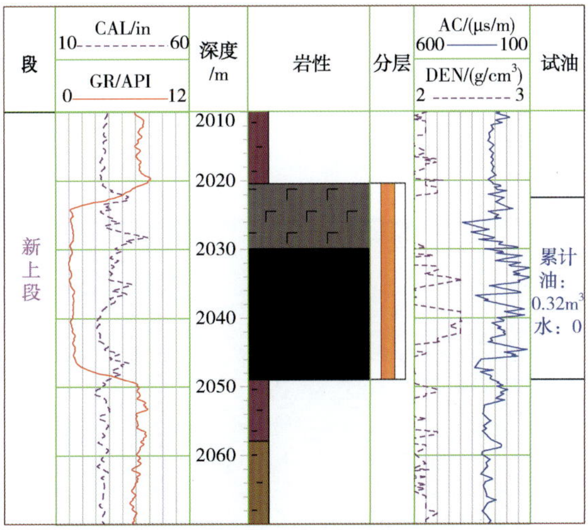

图2-1-33 金6井火山岩地层溢流柱状图(金家场，Ex上)

通过野外露头观察，火山溢流相储集体以气孔为主，其次为构造裂缝、风化裂缝（图2-1-34～图2-1-37）。

通过火山岩的薄片分析，储集空间主要发育6种类型，即气孔型、粒内溶孔型、晶间溶孔型、裂缝或微裂缝型、浓缩缝型以及节理型（图2-2-38～图2-2-45）。

图2-1-34　火山口溢流相
（仙女庙，Eq_4）

图2-1-35　玄武岩气孔和构造缝
（仙女庙，Eq_4）

图2-1-36　火山岩体构造缝
（八岭山，Eq_4）

图2-1-37　玄武岩球状风化裂缝
（仙女庙，Eq_4）

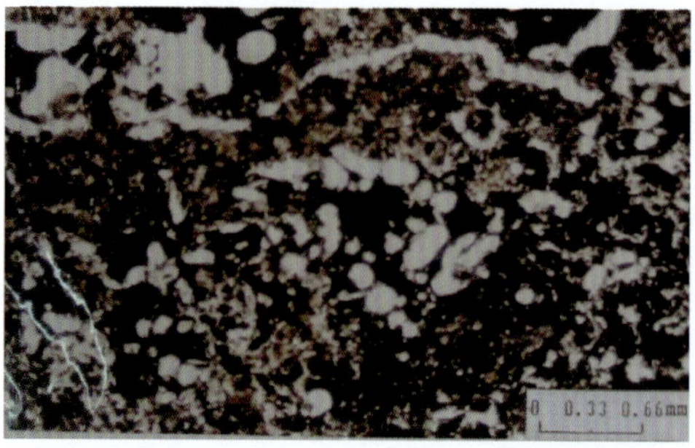

图2-1-38　金4井玄武岩气孔定向排列及拉长结构（金家场，$Ex^{上}$）

图2-1-39　金6井玄武岩中长石粒内溶孔（金家场，Ej）

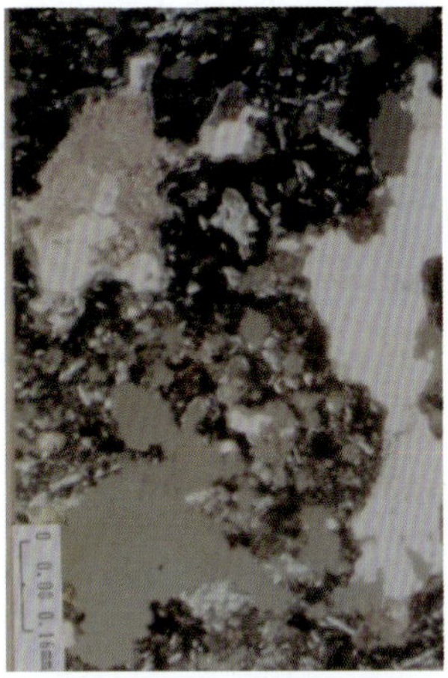

图 2-1-40 金 4 井岩流自碎玄武岩中晶间溶孔(金家场，Ex上)

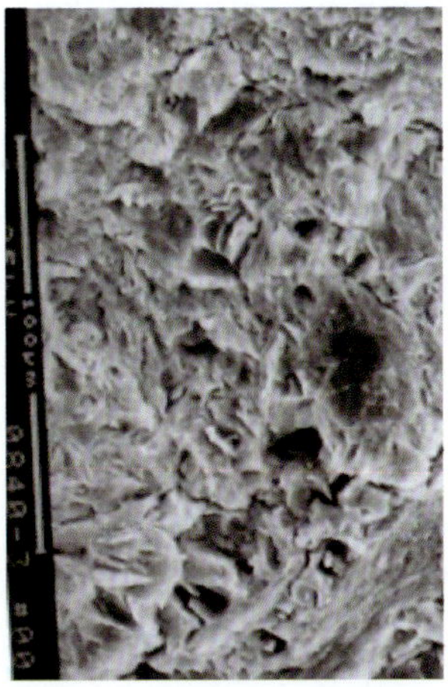

图 2-1-41 金 6 井玄武岩微裂缝发育层段(金家场，Ex上)

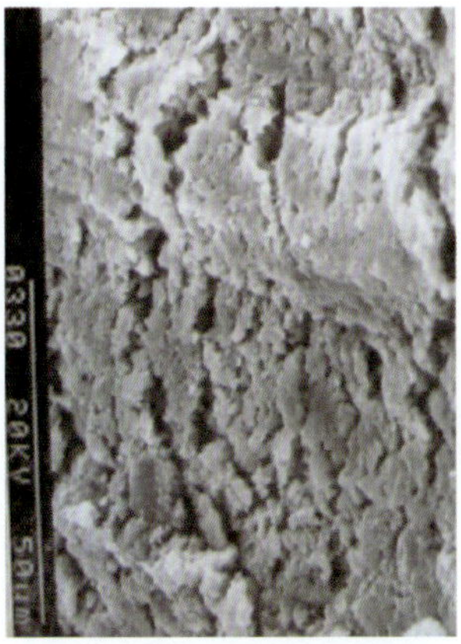

图 2-1-42 金 4 井玄武岩浓缩缝发育层段(金家场，Ex上)

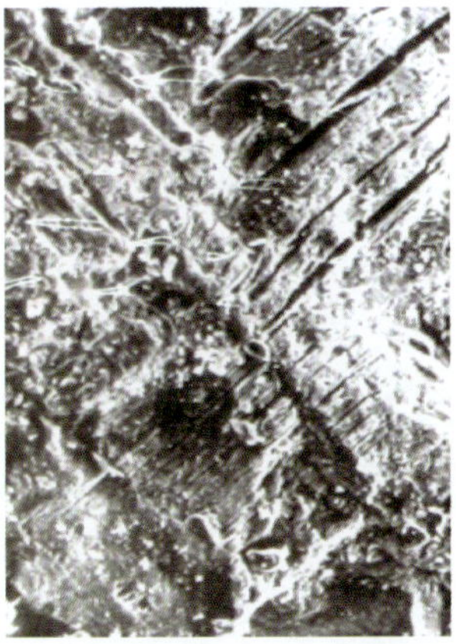

图 2-1-43 范 1 井玄武岩节理缝发育层段(范家台，Ej)

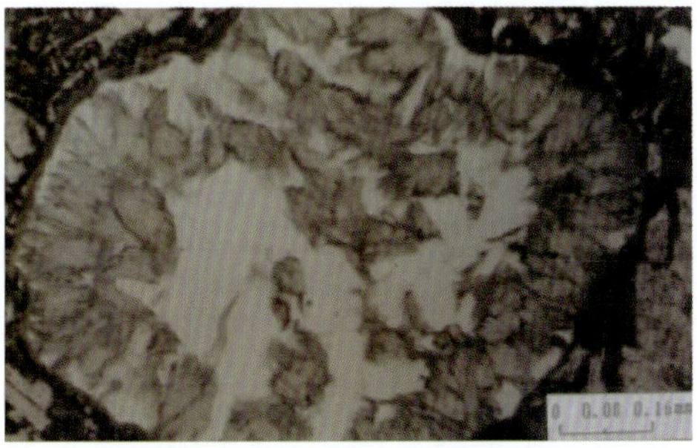

图 2-1-44 金 6 井玄武岩中杏仁溶孔(金家场，Ex上)

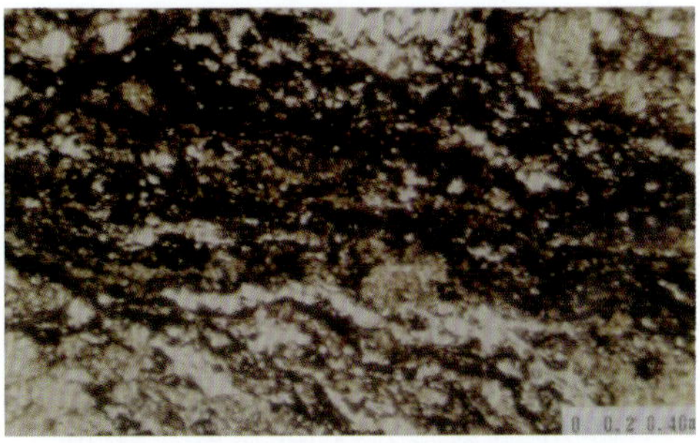

图 2-1-45 金 6 井岩流自碎流纹质玄武岩中的流纹构造(金家场，Ex上)

根据实验分析方法测定孔隙结构(表2-1-15)，金4井平均孔喉半径为0.629μm、结构优度为0.306，进汞曲度为21.2，退汞效率为22.53%、特征结构系数为0.023，反映细孔吼低渗透特征；相对分选系数为3.366、均值为1.1、歪度为6.9等测值特征，反映孔隙分布不均匀，具有中低孔隙特征。结合电子探针对孔隙充填矿物及图像进行分析，充填物为绿泥石、绢云母、方解石等矿物充填。气孔率为2.6%~20.2%，杏仁率为6%~19.7%，总和在8.6%~39.9%，说明仍有相当一部分气孔未被杏仁体充填(图2-1-46~图2-1-47，表2-1-16)。

表2-1-15 火山岩储层孔隙结构特征数据表

井名	井段/m	岩性	储层类型	孔隙体积	孔隙直径/μm	平均孔喉半径/μm	相对分选系数	均值	歪度	结构优度	进汞曲度	退汞效率/%	特征结构系数
金4井	2096~2104	凝灰岩	孔隙型	2322	30	0.629	3.366	1.1	6.9	0.306	21.2	22.53	0.023

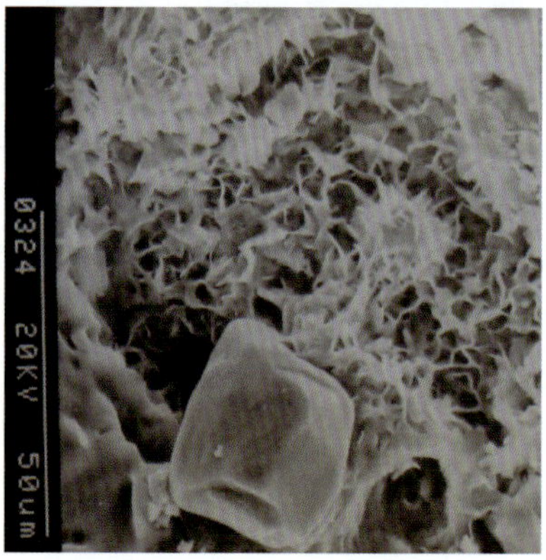

图2-1-46 金4井玄武岩孔洞中充填绿泥石(金家场，Ex上)

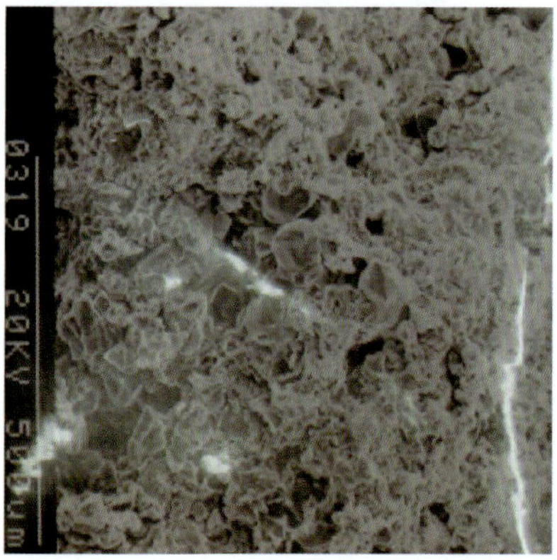

图2-1-47 金4井玄武岩孔洞中充填方解石等矿物(金家场，Ex上)

表2-1-16 火山岩相的气孔发育程度(测试方法)

岩相类型	采样部位	气孔率/%	杏仁率/%	总和/%	测试方法
岩流自碎凝灰岩	金4井2096~2104	2.6~5.6	6~11.7	8.6~17.3	图像分析
	金4井2096~2104	5.5~20.2	6.7~19.7	12.2~39.9	薄片观察

应用测井技术对金4井和金6井进行电测分析(表2-1-17)，孔隙度位于18%~22.6%(金4井)，有裂缝发育的地区达19.9%~25%(金6井)，具有较好的储集空间。

范1井的火山岩井段取心物性分析(图2-1-48)，孔隙度为3.7%~15.7%，平均孔隙度为9.02%，渗透率大部分小于$1\times10^{-3}\mu m^2$，极少量的裂缝，属于中低孔特低渗储层。

表 2-1-17 金家场地区测井数据分析

井名	井段/m	层位	岩性	声波时差/(μs/m)	电测解释	孔隙度/%	渗透率/$10^{-3}\mu m^2$
江深4井	2028.5~2036	$Ex^{上}$	裂缝含油玄武岩		油层		
	2036~2041						
	2060~2080		玄武岩		水层		
金4井	2086.6~2089	$Ex^{上}$	玄武岩	275	干层	18	3.7~8.4
	2090.2~2100		油迹玄武岩	300	有水同层	22.6	
	2104.2~2120		玄武岩	280	水层	19.9	
金6井	2020.4~2049	$Ex^{上}$	玄武岩	380~185	裂缝	0~25	
	2449~2462	$Ex^{下}$	玄武岩	280	产层	19.9	

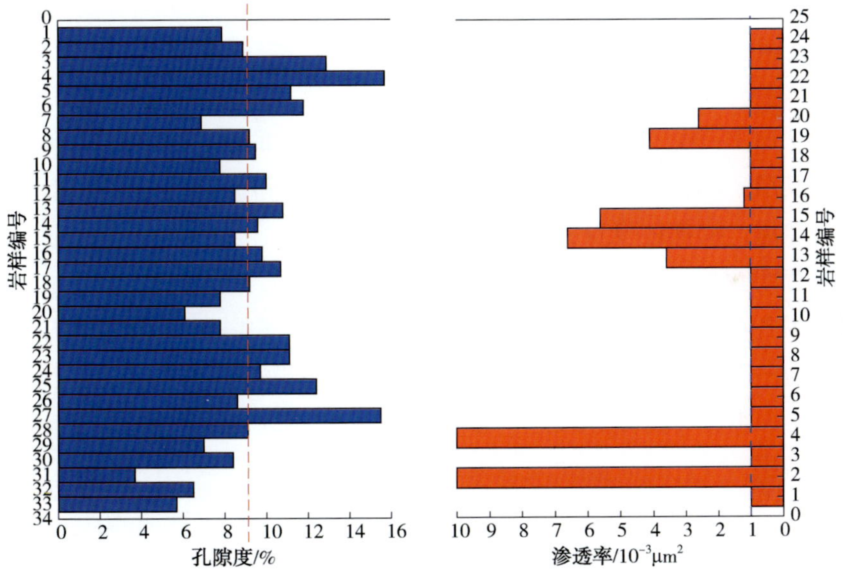

图 2-1-48 范1井火山岩井段取心物性分析图

根据目前钻探情况，范3井区火山岩巨厚，累计厚度达333m，单层最大厚度达153.2m，试油见到少量油流，部分厚层火山岩解释为水层，金8井、金4井、金6井组钻遇火山岩地层均出现溢流现象，说明火山岩具有较好的储集性。

各个参数均表明，过渡带区火山岩储集类型具有多样性、复杂性，由于该区带分布面积大、地层厚等特点，局部火山层位具有较好的储层物性，该领域具有较大的勘探潜力。

3. 远火山口带

远火山口带主要指火山沉积岩相，形成于火山作用的不同阶段，以火山灰、火山尘以及火山的角砾等经过一定距离的搬运而至正常沉积物中，多形成于火山作用的远端。

该区带的储集空间以构造缝、层理缝、风化缝为主(图 2-1-49、图 2-1-50)，其次为火山重力流形成的熔岩质角砾堆集体形成的自碎构造缝及垮塌形成的微裂缝。

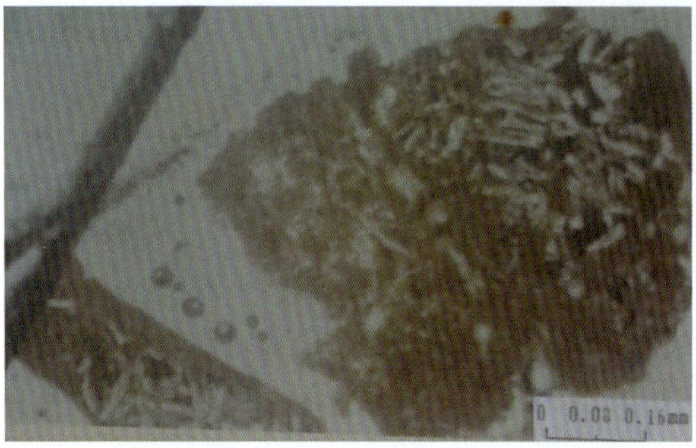

图 2-1-49 港 3 井具层理构造的玄武凝灰质粉砂岩(沙市，Eq_3)

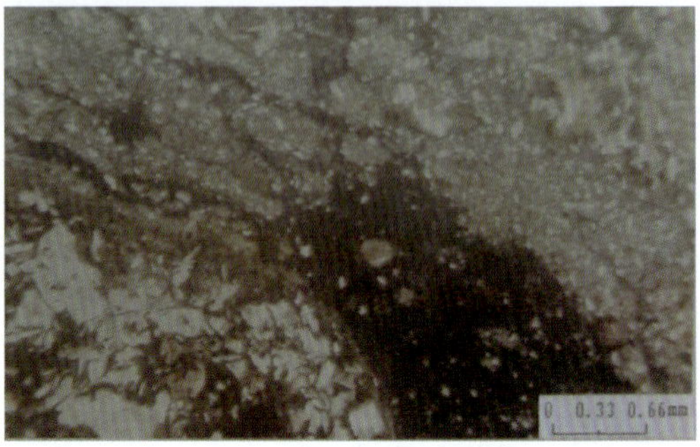

图 2-1-50 浩 33 井古风化壳型玄武凝灰质泥岩(浩口，Eq_4)

三、储盖组合特征

江陵凹陷从白垩-第三系为淡水-半咸水-咸水环境下的湖相沉积，井剖面岩性组合主要为砂、泥岩互层，局部的盐岩层及薄层泥膏岩夹砂岩和泥岩。其中，膏盐类和泥岩为区内两类主要盖层，局部还发育玄武岩盖层。

纵向上发育四套盖层，自下而上为 Es^{下}、Ex^{上}+大膏层、Ej 中上部、Eq 中上部，这四套盖层分布范围各不相同。

Es^{下} 盖层为一套封闭的干旱盐湖沉积，均以膏盐为主。膏盐层厚度较大，一般为 800~1200m，平面上分布稳定，最厚为沙市及其周缘地区，这套地层可作为白垩系次生油气藏的区域盖层。

Ex^{上}+大膏层主要为半干旱盐湖沉积，岩性以棕红、紫红色泥岩为主，夹含膏泥岩和少量薄层粉砂岩，其厚度为 300~350m，其底部大膏层为一套区域上沉积相对稳定的泥膏岩，是区域性新沟嘴组上下地层对比标志层，一般厚度为 8~16m。此套盖层主要分布于江陵凹陷的荆州背斜带的花园-复兴场-沙市范家台及其以南的地区，它可作为主要勘探目的层新下段的良好盖层。

Ej 中上部主要为滨浅湖亚相沉积，岩性以棕红、紫红色泥岩为主。Eq 中上部主要为浅湖亚相沉积，岩性以灰色和深灰色泥岩为主夹油页岩，另外在荆州背斜带及其以东的地区还分布大量的火山岩。受断裂活动的影响，地层厚度变化大，厚度为 400~1200m。它主要分布于万城断层以东的地区，可作为荆沙组和新上段次生油气藏的主要盖层。

局部性盖层有新沟嘴组下段的泥隔层，厚 20~40m，以泥岩为主，在研究区内分布稳定。同时，下段的烃源岩层本身也形成良好盖层。

以新沟嘴组下段泥岩为源岩、白垩系砂岩为储层和沙市组膏盐为盖层、新沟嘴组下段砂岩为储层和中上段含膏泥岩为主要盖层、荆沙组下段砂岩和荆沙组上段泥岩及潜江组泥岩为主夹油页岩、局部火成岩，构成了盆内主要的储盖组合。新沟嘴组的源岩主要分布在梅槐桥和资福寺生油洼陷，具有较大的资源潜力；沙市组膏盐、新沟嘴组上段泥岩和下段上部的膏岩层、荆沙组上段泥岩及潜江组泥岩是良好的盖层，构成了区内一套烃源(新下段)和四套储层(白垩系、新下段、荆沙组、火山岩)重要的储盖组合(表 2-1-18)。

表 2-1-18 江陵凹陷生、储、盖组合特征表

<table>
<tr><th colspan="3">层位</th><th>厚度/m</th><th>岩性</th><th>组合</th></tr>
<tr><td colspan="3">潜江组</td><td>650~2220</td><td>深灰色泥岩夹黑褐色油页岩、灰色粉砂岩及玄武岩</td><td>区域盖层</td></tr>
<tr><td colspan="2" rowspan="2">荆沙组</td><td>上段</td><td>300~500</td><td>灰色灰质粉细砂岩、棕色灰质粉细砂岩、棕色泥岩夹多层玄武岩</td><td>区域盖层
储集层</td></tr>
<tr><td>下段</td><td>300~800</td><td>灰色细砂岩、灰白色粉砂岩、棕色泥岩、深灰色玄武岩、棕色泥岩夹多层玄武岩</td><td>盖层
储集层</td></tr>
<tr><td rowspan="6">新沟嘴组</td><td colspan="2">上段</td><td>200~600</td><td>红色泥岩、砂质泥岩</td><td rowspan="2">区域盖层</td></tr>
<tr><td rowspan="5">下段</td><td>大膏层</td><td>5~20</td><td>灰色泥膏岩、白色石膏</td></tr>
<tr><td>Ⅰ油组</td><td>50~150</td><td>砂岩、泥岩</td><td>生油层</td></tr>
<tr><td>Ⅱ油组</td><td>100~250</td><td>灰色泥岩、泥灰岩及砂岩</td><td>储集层</td></tr>
<tr><td>泥隔层</td><td>20~40</td><td>灰色泥岩夹含膏泥岩</td><td rowspan="2">盖层
生油层
储集层</td></tr>
<tr><td>Ⅲ油组</td><td>80~150</td><td>红灰间互泥岩夹砂岩</td></tr>
<tr><td colspan="3">沙市组</td><td>300~1600</td><td>大套白色膏盐与棕紫色灰色泥岩互层</td><td>区域盖层</td></tr>
<tr><td rowspan="3">白垩系</td><td rowspan="2">渔洋组</td><td>渔一段</td><td>0~270</td><td>暗紫色泥岩夹棕红色砂岩互层</td><td>盖层
储集层</td></tr>
<tr><td>渔二段</td><td>300~500</td><td>棕红色砂岩夹暗紫色泥岩</td><td>盖层
储集层</td></tr>
<tr><td colspan="2">红花套组</td><td>300~1000</td><td>巨厚的棕红色砂岩、砾岩夹薄层泥岩</td><td>储集层</td></tr>
</table>

第二节 成藏主控因素

一、油藏解剖

(一) 油藏类型

根据圈闭成因和形态特征，油气藏可划分为构造油气藏、复合油气藏和岩性油气藏三种主要类型。构造油气藏又细分为背斜、断层和构造裂缝等油气藏，背斜油气藏又细分为挤压背斜、基地隆升背斜、底辟拱升背斜等油气藏。复合油气藏又细分为构造-岩

性、地层-岩性等油气藏。岩性油气藏又细分为岩性上倾尖灭和砂岩透镜体油气藏。目前江陵凹陷最主要的油藏类型为构造油气藏，包括底辟拱升背斜、断鼻、断块油气藏；构造-岩性油气藏；岩性上倾尖灭油气藏。

（1）底辟拱升背斜油气藏：圈闭的成因是地下塑性物质活动的结果。拗陷内堆积的巨厚盐岩、石膏和泥岩等可塑性地层，在上覆不均衡重力负荷或侧向水平应力的作用下，塑性层蠕动，使上覆地层变形形成底辟拱升背斜圈闭，如沙市油田、八岭山油田。

（2）断鼻构造油气藏：区域单斜构造背景上，常发育鼻状构造，如果在鼻状构造的上倾方向被断层所封闭，其中又聚集了油气，即为由鼻状构造和断层配合形成断鼻构造油藏。如沙市油田沙 27 断鼻，万城油田的万 5 断鼻和荆西油田的陵 76 断鼻油藏等。

（3）断块油气藏：由两条以上断层相交，将储集层包围在其中，即储集层的两面或两面以上为断层所封闭，如有油气聚集，即形成此种类型的油气藏。如谢凤桥油田复Ⅰ断断块，花园油田陵 16 井区，采穴油田的鄂深 11 井区，荆西油田的虎 3、虎 4 井区等。

（4）构造-岩性油气藏：主要是受构造和岩性双重因素控制的油藏。在储层上倾或下倾方向被断层切割形成封堵，另一侧储层尖灭，油气在此聚集成藏。如沙 24 井区和陵 93 井区等。

（5）岩性上倾尖灭油气藏：由于储集层沿上倾方向尖灭或渗透性变差而形成油气藏，如万 20 井。

根据生油层与储集层的地层新老关系，将油气藏划分为自生自储油气藏(Ex^{下})、古生新储式油气藏(Ex^{上}、Ej)和新生古储式油气藏(K)。

（二）典型油藏解剖

江陵凹陷已发现 8 个油田，即花园、八岭山、荆西、沙市、谢凤桥、万城、采穴和南岗油田，共计 21 个油藏(表 2-2-1)，共发现构造油藏 14 个，总面积为 31.8km^2，断鼻、断块最多，岩性次之。

表 2-2-1　江陵凹陷油藏数据表

油田名称	井区	层位	含油面积/km^2	有效厚度/m	有效孔隙度/%	含油饱和度/%	埋深	油藏类型
花园	陵 16	Ex^{下} Ⅰ	0.75	13.0	21.0	65.0	中浅层	断块
	李 3	Ex^{下} Ⅰ	0.50	3.4	12.0	60.0	中浅层	断块
	合计		1.25					
沙市	沙 27	Ex^{下} Ⅰ	0.48	15.2	17.5	75.0	中浅层	断鼻
	沙 24	Ex^{下} Ⅰ	1.40	3.9	13.0	65.0	中浅层	岩性
	沙 26	Ex^{下} Ⅰ	4.20	4.6	15.0	65.0	中浅层	岩性-构造
	沙 304	Ex^{上}	0.20	4.8	20.0	70.0	中浅层	岩性-构造
		Ex^{下} Ⅰ	0.30	6.4	17.0	65.0	中浅层	断块
	合计		6.58					

续表

油田名称	井区	层位	含油面积/km^2	有效厚度/m	有效孔隙度/%	含油饱和度/%	埋深	油藏类型
八岭山	陵 72	$Ex^{上}$	0.50	2.0	12.0	65.0	中浅层	断鼻
		$Ex^{下}$ Ⅰ	0.90	7.6	15.0	65.0	中浅层	断块
		$Ex^{下}$ Ⅱ	0.20	6.8	13.0	65.0	中浅层	断鼻
	合计		1.60					
荆西	陵 76	$Ex^{下}$ Ⅰ	1.04	8.5	15.8	70.0	中浅层	断鼻
		$Ex^{下}$ Ⅱ	0.45	7.6	15.6	70.0	中浅层	构造-岩性
	陵 78	$Ex^{上}$	1.10	3.8	12.0	65.0	中浅层	断鼻
		$Ex^{下}$ Ⅰ	1.10	1.6	11.0	65.0	中浅层	断鼻
	陵 93	$Ex^{下}$ Ⅱ	3.93	2.2	11.8	73.5	中深层	断块
	虎 3	$Ex^{下}$ Ⅱ	3.34	12.0	11.0	60.0	深层	断块
	虎 4	$Ej^{下}$	7.13	10.0	10.0	60.0	深层	断块
	合计		18.09					
万城	万 5	$Ex^{上}$	0.20	2.5	11.0	70.0	中浅层	断鼻
		$Ex^{下}$ Ⅰ	0.40	6.4	11.0	70.0	中浅层	断鼻
	万 12	$Ex^{下}$ Ⅱ	2.72	7.6	10.0	65.0	中深层	构造-岩性
	合计		3.32					
南岗	鄂深 9	$Ex^{下}$ Ⅱ	2.40	14.9	8.7	57.0	中深层	断鼻
谢凤桥	鄂深 4	$Ex^{下}$ Ⅱ	0.64	6.5	动态法		中深层	断鼻
	鄂深 10	K_2y_1	1.64	18.6	9.5	61.0	中深层	断块
		K_2y_2	2.34	11.5	8.5	55.0	中深层	断块
	鄂深 8	K	2.32	13.1	9.4	53.0	中深层	断块
	SK8-16	K_2h	2.31	34.2	14.5	60.0	深层	断背斜
	万 20	K_2h	1.92	6.8	12.5	65.0	中深层	岩性
	合计		11.17					
采穴	鄂深 11	$K_2{y_2}^2$	0.66	13.9	11.2	51.5	中浅层	断块
		$K_2{y_2}^3$	0.81	19.3	10.9	59.7	中浅层	断块
		$K_2{y_2}^{1-1}$	1.52	8.9	8.8	53.4	中浅层	断块
		$K_2{y_2}^{1-2}$	1.43	10.8	9.8	54.3	中浅层	断块
	合计		4.42					

1. 虎 4 井区油藏解剖

虎 4 井区原油密度为 0.8132g/cm^3，属中深层、轻质常规油藏。含油层位为 $Ej^{下}$ 段。预测石油地质储量为 260.98×10^4t。

1）构造特征

虎 4 井区位于涴市断裂带李家台构造中部，为一近北西向展布的受盐隆和断层共同控

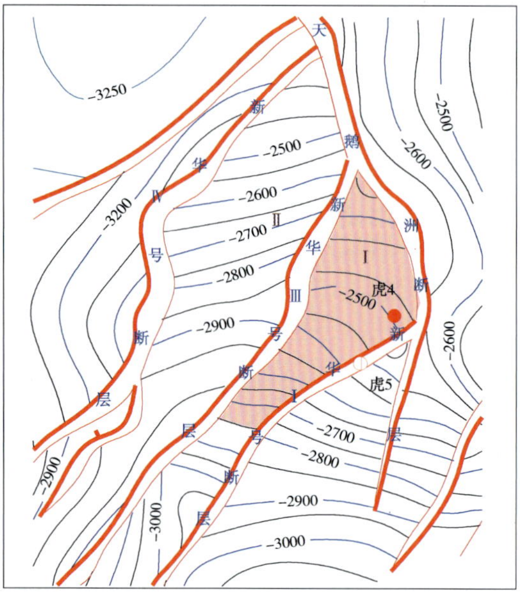

图 2-2-1 新华断块群 Ej 油层顶含油面积图

制的鼻状构造，被北东向展布的弥陀寺、水月、义和等大断裂及一系列北东向小断层共同作用分割出一系列小的断鼻、断块形圈闭，虎 4 井区位于李家台构造新华Ⅰ断块，该构造为由新华Ⅰ号、Ⅲ号与天鹅洲断层共同控制的向北北东抬升的断块状构造。新华断块 T_7''圈闭面积 2.75km^2，幅度 640m，高点埋深-2460m(图 2-2-1)。

2）含油层位，单井产量

虎 4 井区含油层系为荆沙组下段，测试后获日产 16.52m^3 的工业油流。对 2556.4～2559.4m 井段 2.2m/1 层油层进行常规试油，初期抽汲产油量在 2.6～2.8m^3/d 左右。后讨论进行酸化改造，定为产油 3.7m^3/d。

3）油藏特征

虎 4 井区油藏受构造因素控制，西南方向随构造变低，由油层过渡到水层(图 2-2-2)。

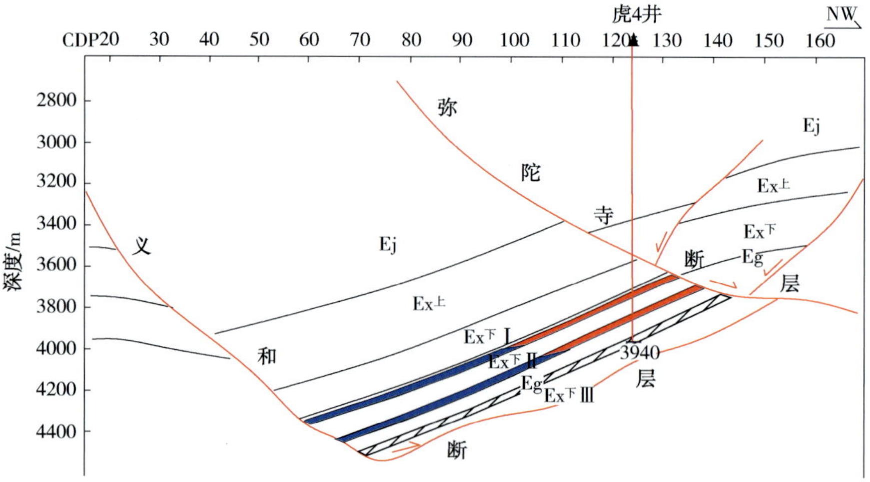

图 2-2-2 虎 4 井油藏剖面

4）储集微相特征，砂体类型、油层厚度、物性特征、油藏特征

本区 Ej 沉积时期为滨浅湖亚相沉积亚相，西南物源，具有一定的储集条件，虎 4 井在 Ej 钻遇渗透性砂岩 10.2m/4 层，预计该区 Ej 渗透性砂岩 5～10m，砂岩相对发育，砂层单层也比较厚，最大达到 6m，连通性更好。据路 8 井薄片资料分析，荆沙组砂岩为长石质岩屑杂砂岩，其碎屑组成以石英、长石为主，平均含量分别为 55.7%、21.6%，岩屑以变质岩为主，为 16.85%，其次为火山岩岩屑，为 3.4%，沉积岩屑最少，为 1.6%。胶

结物含量较高，为 14.0%~16.7%，平均为 21.9%，胶结物成分以灰质为主，为 17.2%，其次为云质，占 2.3%，还有少量的膏质，占 1.0%。

5）成藏条件评价

由于荆沙组本身并不具备生油能力，只能接受来自下部新下段的烃源，本区紧邻江陵凹陷最好的生烃洼陷——梅槐桥洼陷和虎渡河洼陷，且其底部的新下段地层自身就有较好的生烃能力，因此本区荆沙组具备良好的他源油层烃源条件。

6）成藏机理与控制因素

优质的新下段烃源岩是油气成藏的基础。由于自身并不具备生油能力，因此必须具有提供给荆沙组储层成藏的烃源岩。本区新下段具备较好的烃源条件，是荆沙组他源油藏成藏的基础。

发育的断裂疏导体系是油气成藏的前提。仅仅具备烃源条件远远不够，还必须有将油气运移到荆沙组储层中的疏导体系。本区荆沙组油藏中，油气通过断裂疏导体系，从新下段一直运移到荆沙组储集层内进行成藏。无论作为何种方式，断层都起到至关重要的作用。本区发育大量的荆沙期断层，断裂均沟通了新下段与荆沙组，为荆沙组油气成藏提供了重要的疏导体系。

圈源配套是成藏关键。本区荆沙组与新沟嘴组一样具有较好的成油配套史，圈闭的形成及定型期主要在荆沙-潜江期，早于 $Ex^{下}$ 的烃源岩的生排期。

具备较好的储层是控制油气聚集的重要因素。荆沙组必须具备较好的储层条件，才能接收新下段的油气。本区位于荆沙组西南物源的入口处，因此具备相当的荆沙储层，为油气聚集提供了有利场所。

2. 陵 76 井区油藏解剖

陵 76 井区为一密度低、黏度低、含硫低、凝固点高、浅层、中丰度、中产能小型油藏。含油层位为新沟嘴组下段Ⅰ、Ⅱ油组。探明原油地质储量 184×10^4t（表 2-2-2），储量丰度为 108×10^4t/km^2（图 2-2-3）。

表 2-2-2 荆西油田陵 76 块探明地质储量数据表

层位	含油面积/km^2	有效厚度/m	孔隙度/%	含油饱和度/%	原油体积系数	地面原油密度/(g/cm^3)	原始气油比/(m^3/m^3)	原油地质储量/10^4t	溶解气地质储量/10^8m^3
$Ex^{下}$Ⅰ、Ⅱ	1.49	14.40	15.7	70.0	1.08	0.844	18.100	184.00	0.33

1）构造特征

陵 76 井区位于江陵凹陷复兴场-弥市三维内，该圈闭位于复兴场构造的东南翼，构造形态总体为一个北北西向鼻状构造隆起。主要由三部分组成：轴部是由荆江断层和复兴场逆断层所夹持的“梁子”，为一由南向北逐渐抬升的鼻状构造，有一小幅度的背斜褶皱，与北端的高点之间形成一个明显的鞍部；两翼无褶皱构造，以向轴部抬升的高陡断

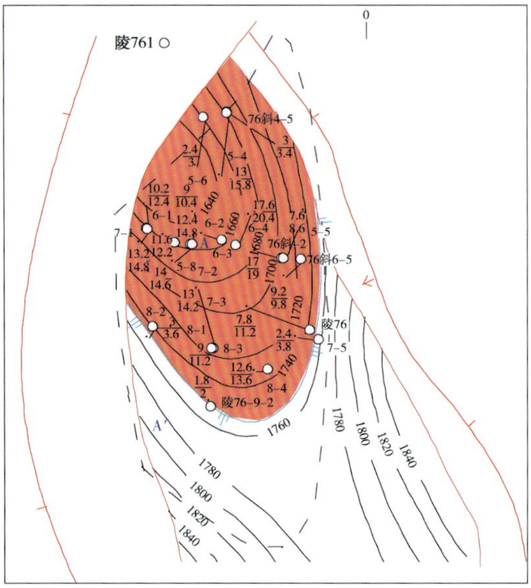

图 2-2-3 荆西油田陵 76 井区 $\mathrm{Ex}^{下}$含油面积图

块和断鼻构造为主。不同规模、方向、期次的断层将复兴场构造切割成多块。构造在发育过程中受到基底隆升和盐源岩拱升的共同影响，造成南、北两端地质结构具有一定的相似性：荆江断层和复兴场逆断层相向而掉呈北北东向向前延伸，断层之间的地层向中心逐渐抬升。所不同的是北部的新垸断鼻受新垸断层的控制，在纵向上以构成地堑、地垒式复合叠加样式出现，不同规模、方向、期次的断层将复兴场构造切割成各断块和断鼻。在主体构造部位发育了新垸断鼻、新垸西断鼻。新垸反向断鼻由新垸断层和复兴场断层切割复兴场背斜而成，呈南北走向，圈闭面积 4.5km^2，闭合幅度 250m，高点埋深 1650m。

2）含油面积、充满程度

利用 $\mathrm{Ex}^{下}$段顶面构造图作为含油面积底图，西、北面受断层控制，其他方向随构造变低，由油层过渡到水层，油水边界在 1718m。

陵 76 井区含油面积 1.7km^2，充满程度为 36%。

3）含油层位、油气富集层段、单井产量

陵 76 井区含油层系为新沟嘴组下段Ⅰ、Ⅱ、Ⅲ油组两套含油层组。垂向上以Ⅰ油组油气最为富集，其次为Ⅱ油组。陵 76 井试油产量为 20t/d，单井产量较高，投产后，稳产时间长。

4）油藏特征

陵 76 井区油藏受构造因素控制，西、北面受断层控制，其他方向随构造变低，由油层过渡到水层(图 2-2-4)。

新沟嘴组下段Ⅰ、Ⅱ油组油藏为构造油藏，油层埋藏浅，油层顶界深度 1650m，油层底界深度 1718m，油层中深为 1684m，有效厚度 14.4m，单层厚度 2~4.8m。油层主要分布在新下段油组Ⅰ下部和Ⅱ油组上部，构造高部位油气富集，低部位见水层，横向对比储层连通性较好，驱动类型为弹性水驱。

原油地面密度为 0.844g/cm^3，原油地面黏度为 9.97mPa·s，凝固点为 32℃，原油含硫量为 0.24%。

5）储集微相特征，砂体类型、油层厚度、物性特征

沉积微相以三角洲平原亚相的分流河道微相和分流河道间微相，三角洲前缘亚相的水下分流河道微相、水下分流河道间微相为主。该区新沟嘴组下段砂体展布特征总体表现为砂体主要受北东部物源控制，砂岩厚度由北东向西南减薄。

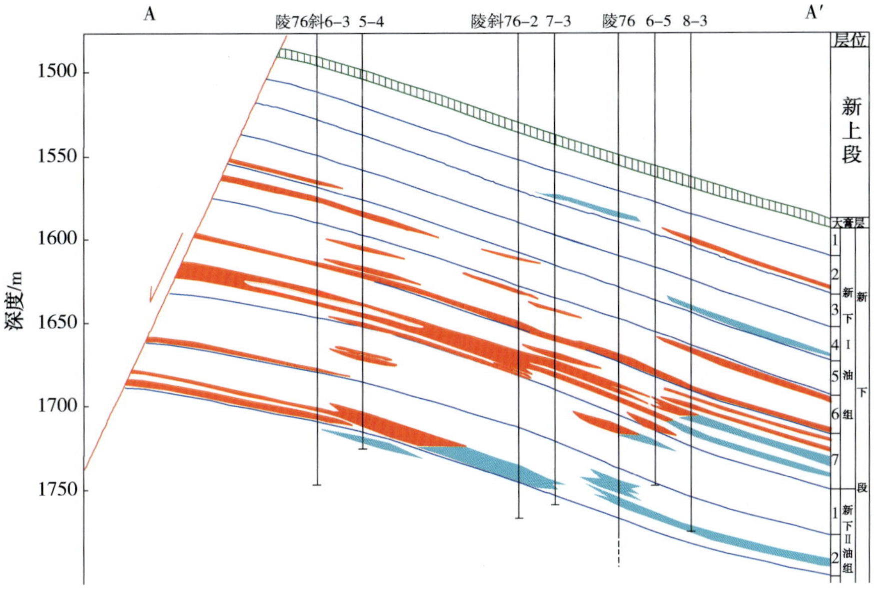

图 2-2-4　陵 76 块油藏剖面示意图

陵 76 井区渗透性砂岩比较发育，Ⅰ油组单井钻遇油层厚度为 4.4m/1 层；Ⅱ油组单井钻遇油层厚度为 12m/4 层，单层油层厚度为 2.2~4.8m，根据测井资料分析为三角洲前缘水下分流河道砂体：自然伽马曲线底突变、顶渐变，整体呈箱状形，正粒序。储层为砂岩孔隙型储集类型，砂体岩性以长石砂岩为主，其矿物含量：石英 62.5%、长石 29.5%、油层胶结物总含量 10%，胶结物以铁方解石和铁白云石为主，为孔隙式胶结。粒度中值为 0.1mm，分选性好。平均孔隙度为 15%。

6）地层温度、压力特点、物性与产量、储量的关系

据陵 76 井测试，地层压力为 17.87MPa，压力系数经江斯顿测试，在 10MPa 下，日产油 20t。物性越好，产量越高。

7）成藏条件评价

陵 76 井区紧邻虎渡河生油向斜，西侧紧邻梅槐桥生油洼陷，油源成藏基础好；荆沙期受盐隆和断裂的共同作用形成的鼻状构造是油气运移的有利指向区和聚集区，是油气成藏最优越的地区。成藏条件优越。

8）成藏机理与控制因素

陵 76 井区位于三角洲前缘相带内，砂岩发育，储层物性好；邻近油源区；背斜主体呈北西向展布，主要是荆沙组沉积时期受盐隆和断裂的共同控制作用形成，圈闭发育；该长期继承性的背斜带是油气运移的有利指向区和聚集区。

陵 76 井区新下段为三角洲前缘水下分流河道、河口坝沉积区，砂岩发育，横向连通性和物性相对较好，油层平均孔隙度为 15%，是油气相对富集高产的主要原因。

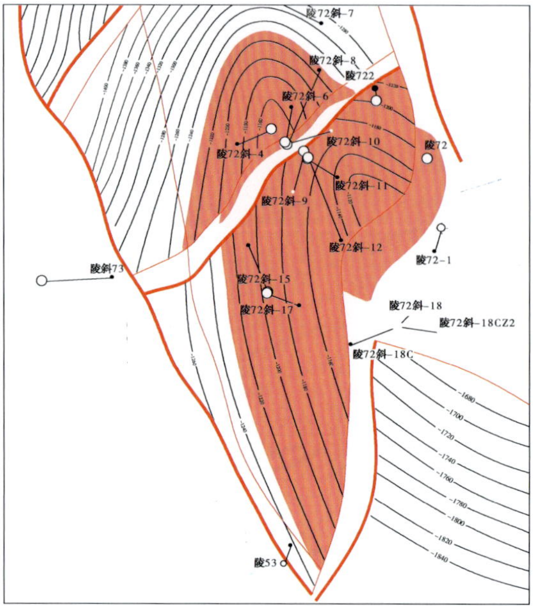

图 2-2-5　陵 72 块 $Ex^{下}$ 含油面积图

3. 陵 72 井区油藏解剖

陵 72 井区为小型、中丰度、中产、中浅层、低孔低渗、常规轻质油油藏。含油层位为新沟嘴组上段及下段Ⅰ、Ⅱ油组。探明石油地质储量为 152.43×10^4t，储量丰度为 48×10^4t/km^2(图 2-2-5)。

1）构造特征

陵 72 井区是由八岭山西断层和罗台断层共同控制的构造圈闭。其东侧为罗台断层，西侧为八岭山西断层，中部为跑马泉断层。八岭山西断层是在荆沙组末期形成的一条逆断层，对八岭山背斜的形成起控制作用，断层呈南北向展布，断面向东倾；罗台断层走向为南北向，断面向东倾，该断层在荆沙组末期形成；跑马泉断层走向为北东向，断面向南东倾，把八岭山背斜分割为两个断块，该断层在荆沙组末期形成。

陵 72 井区为八岭山西断层与罗台断层互相夹持的断块，中间被一条小断层分割成两个断鼻构造油藏——陵 72 斜-3 断块和陵 72 斜-9 断块。陵 72 斜-3 断块高点埋深 1080m，闭合幅度 120m，圈闭面积 0.42km^2；陵 72 斜-9 断块高点埋深 1020m，闭合幅度 140m，圈闭面积 0.85km^2。

2）含油面积、充满程度

陵 72 井区 $Ex^{下}$Ⅰ以-1230m 构造线作为油水边界；北西、南东方向断层封堵，圈定含油面积 0.83km^2。

$Ex^{下}$Ⅱ北部以-1255m 构造线作为油水边界；南东方向断层封堵，圈定含油面积 0.11km^2。南部以北西、南东方向断层封堵，西南、东北方向为岩性边界，其中东北方向取油井陵 72 斜-10 与干井陵 722 井距之半、西南方向取油井陵 72 斜-12 与干井陵 72 斜-17 井距之半作为边界。圈定含油面积 0.34km^2。

3）含油层位、油气富集层段、单井产量

陵 72 井区含油层系为新沟嘴组下段Ⅰ、Ⅱ油组两套含油层组。垂向上以Ⅰ油组油气最为富集，其次为Ⅱ油组。八岭山油田陵 72 井区共有 11 口井进行了试油、试采，初期平均日产油 10.5t，其中陵 72 斜-6 井日产油量最高，为 14.8t，陵 722 井日产油量最低，为 3.5t。根据本区试油、试采资料，单井产能标定为 10.5t/d。

4）油藏特征

八岭山油田主要为断层遮挡型油藏，陵 72 井区新下Ⅰ、Ⅱ油组油藏分布于被北东向的正断层分割的小断背斜圈闭中，中间又被一小型正断层分割成两个断块，油藏主要受构造控制，为构造油藏。个别储层受砂体的展布及储层物性条件控制，横向上变化较大，依靠断层和岩性共同封堵形成构造-岩性油藏。

陵 72 井区新下Ⅰ、Ⅱ油组储层发育，不同层位储层厚度变化较大，油层单层厚度一般为 2~15m。新下Ⅰ油组中下部发育多套油层，且大多连片分布，油藏平面上高部位受断层遮挡形成油气聚集，低部位钻遇水层。新下Ⅱ油组主要在其上部发育两套油层，且变化较大，在构造的中心部位即断背斜中部油层较厚，往两翼油层减薄、物性变差，渐变为干层。

陵 72 井区新下Ⅰ油组储层分布较稳定，横向对比连通性好，构造高部位油气富集，低部位见水，属构造油藏；新下Ⅱ油组储层变化大，油层分布大多受砂体的展布及储层物性条件控制，个别砂层低部位钻遇水层，以构造-岩性油藏为主。两者的驱动类型为弹性水压驱动。

新下Ⅰ油组油藏埋深为 1096~1246m，油藏中部深度为 1170m，属中深层油藏，单井含油井段最长为 28.6m，单层有效厚度为 0.7~9.1m，多层含油，油层主要集中于Ⅰ油组中下部。新下Ⅱ油组油藏埋深为 1196~1280m，油藏中部深度为 1238m，属中深层油藏，单井含油井段最长为 26.6m，单层有效厚度为 0.7~13.4m，多层含油，油层主要集中于Ⅱ油组上部(图 2-2-6)。

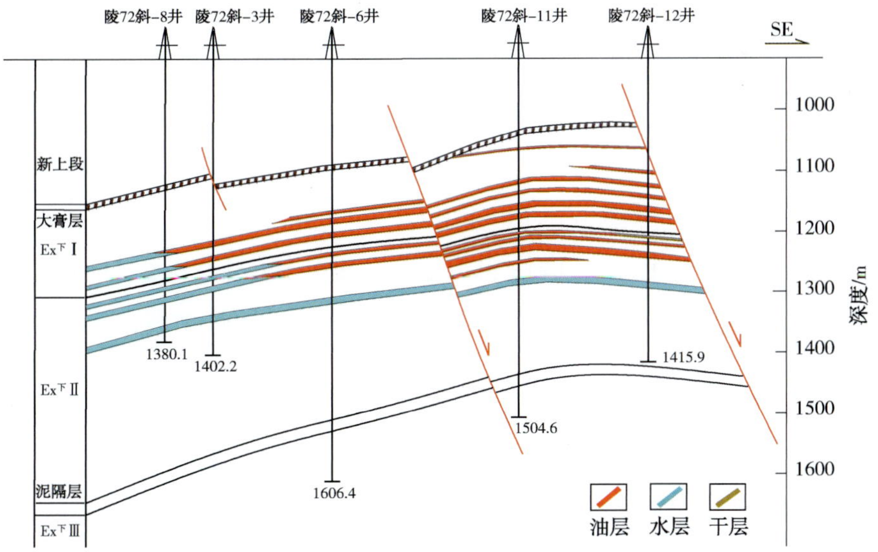

图 2-2-6　八岭山油田陵 72 井区油藏剖面示意图

综合陵 72 井区 8 口试油井的原油分析，该区新下段地面原油密度分布在 0.830~0.845g/cm^3、平均为 0.836g/cm^3，地面原油黏度分布在 6.96~11.61mPa·s、平均为 8.6mPa·s，平均含硫 0.15%，平均含水率为 0.7%，凝固点在 29℃左右，初馏点在 105℃左右，该区地面原油具有低密度、中黏度，低含硫，高凝固点的特征。

据陵72井区的高压物性分析资料，地层原油密度为0.797g/cm^3，地层原油黏度为3.7mPa·s，原油体积系数为1.083，气油比为26m^3/m^3，属轻质油。

陵72井区的水分析结果表明，该区地层水矿化度较高，总矿化度约为155338.9mg/L，氯离子含量93942.5mg/L，水型为$CaCl_2$型。

5）储集微相特征，砂体类型、油层厚度、物性特征

陵72井区为三角洲前缘沉积体系，沉积微相有水下分流河道、河道侧缘、河口坝、前缘席状砂。由于水体的频繁进退和横向迁移，储层分布局部变化较大，但总的来讲，水下分流河道和河口坝中心部位储层厚，往两侧储层减薄。

Ex^{下}Ⅰ(陵72斜-3井区)：油层厚度为11.8m，Ex^{下}Ⅰ(陵72斜-9井区)：油层厚度为17.9m，Ex^{下}Ⅱ(陵72斜-6井区)油层厚度为5.1m，Ex^{下}Ⅱ(陵72井区)油层厚度为14.6m。

根据物性分析资料统计，储层平均孔隙度约为12.0%，渗透率为25.36×10^{-3}μm^2，储层物性特征表现为低孔、低渗特征。

6）地层温度、压力特点、物性与产量、储量的关系

根据陵72井区的高压物性分析资料，本区新沟嘴组下段原始地层压力为11.1MPa，饱和压力为4.3MPa，油层中部垂深1249m，压力系数为1.03MPa/100m，地层温度为64.6℃，地温梯度3.31℃/100m。属正常温度、正常压力系统。

该区单井日产油量为1~15t，主要表现为砂岩边部的两口老井陵72井和陵722井产量较低(1t左右，但两口井生产时间长，已累计采油1.15×10^{4}t)，砂岩中部的井投产后生产效果都较好。其中2010年新投产的7口井中有6口井日产油量均超过12t、1口井日产油5t，且产油量稳定。

7）成藏条件评价

本区在Eq、Ej、Ex^上、Ex^{下}均见到了油气显示，油层主要分布在Ex^上、Ex^{下}Ⅰ、Ex^{下}Ⅱ。发现的油藏主要为构造油藏，在Ex^上、Ex^{下}Ⅰ也发育局部的岩性油藏；该区油藏主要发育在构造带的高部位。八岭山构造是荆州背斜带的一个被断层复杂化的断块构造群，是梅槐桥洼陷最有利的油气运移区，只要构造落实，在圈闭的高部位就能够发现油藏，成藏条件优越。

8）成藏机理与控制因素

本区断裂复杂，且受到荆河镇时期弱挤压的影响，部分断层出现反转现象，使得油气显示纵向层位上广泛分布。油气来源于梅槐桥洼陷新下段Ⅱ油组，侧向通过砂体运移，垂向有断层运移。随着运移的距离越来越远，油气运移层位越来越高，油气在新下段Ⅲ油组中成藏，油气向背斜带运移的时候，层位越抬越高，因此在Ex^{下}Ⅰ充满程度相对较高，Ex^{下}Ⅱ充满程度相对较低；高垒块上油藏充满程度相对较高，低块上油藏充满程度相对较低，油藏呈现“毛刷”式成藏模式，油藏紧贴断层。陵72井区新下段为三角洲前缘水

下分流河道、河口坝沉积区，砂岩发育，横向连通性和物性相对较好，油层平均孔隙度为 12%，是油气相对富集高产的主要原因。

4. 沙 24 井区油藏解剖

沙 24 井区属中孔、低渗、中质、中层，特低丰度，中产能超小型构造-岩性油藏，原油地质储量 36×10^4t(图 2-2-7)。含油层系为新沟嘴组下段Ⅰ油组(表 2-2-3)。

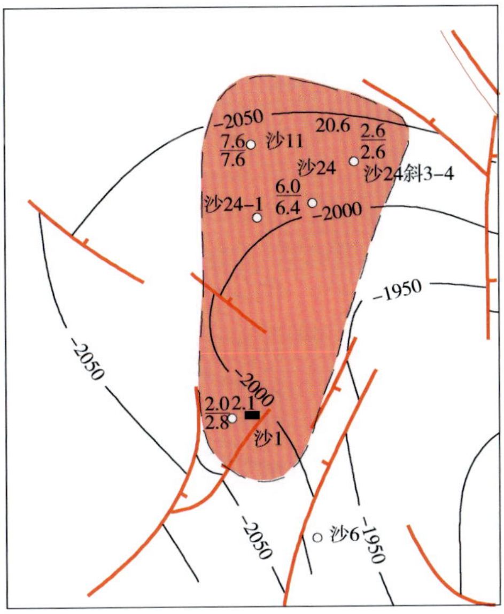

图 2-2-7 沙 24 井区 Ex下Ⅰ油组含油面积图

1）构造特征

沙市油田位于荆州背斜带的东南段，由下第三系沙市组盐岩底辟上拱形成的披覆背斜，在区域性的北东、北西向应力场作用及后期盐的隆张作用下，形成北东、北西向及放射状的断层将构造切割破碎，形成多个四级圈闭，主要形成于荆沙组沉积期。沙 24 井区为岩性圈闭。

表 2-2-3 沙市油田沙 24 井区探明地质储量数据表

层位	含油面积/km^2	有效厚度/m	孔隙度/%	含油饱和度/%	原油体积系数	地面原油密度/(g/cm^3)	溶解气油比/(m^3/t)	原油地质储量/10^4t	溶解气地质储量/10^8m^3
Ex下Ⅰ	1.40	3.90	13.0	65.0	1.08	0.846	6.400	36.00	0.02

2）含油面积、充满程度

利用 Ex下Ⅰ油组顶面构造图作为含油面积底图，根据埠河断背斜研究成果可知，Ex下Ⅰ油组形成的为岩性油藏，油层只有油干变化。没有油水界面。确定含油面积时，含油边界，则根据油层厚度平面外推 300m 作为储量计算线，按照上述原则，沙 24 井区圈定含油面积为 1.4km^2，充满程度为 10%。

3）含油层位、油气富集层段、单井产量

沙 24 井区含油层位为新沟嘴组下段Ⅰ油组。沙 24 井试油产量为 20.6t/d，单井产量较高，最低为 2.1t/d，沙 24 区块试采平均日产油为 6.7t。井深以 2090m 计算，千米井深日产油 3.2t。

4）油藏特征

沙 24 井区油藏为构造-岩性油藏。油藏埋深浅-中，油层顶界深度 1674.8m，油层底界深度 2088m。根据目前的勘探程度，新沟嘴组下段Ⅰ油组砂层形成的岩性油藏在构造 2100 等深线内，只有油干层，未见水层(图 2-2-8)。

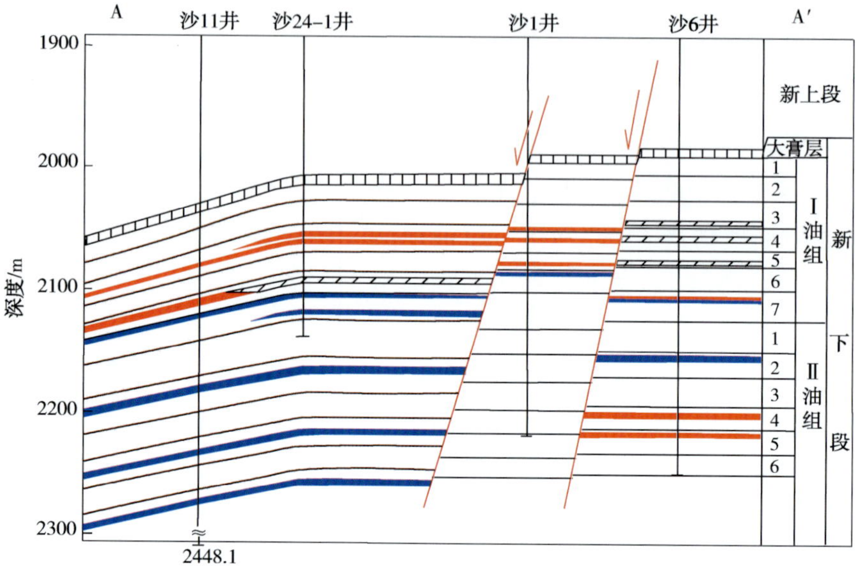

图 2-2-8 沙 24 块油藏剖面示意图

原油性质较好，为“三低一高”：地面原油密度低，为 0.798g/cm^3；原油黏度低，为 8.2mPa·s；含硫量低，为 0.19%；凝固点高，为 29℃。地层水型为 $CaCl_2$。

5）储集微相特征，砂体类型、油层厚度、物性特征

本区新沟嘴组下段沉积时期，主要发育三角洲沉积体系，即北东方向的后港三角洲体系，主要沉积微相有三角洲前缘亚相的水下分流河道微相、水下分流河道间微相、河口砂坝微相、远砂坝和席状砂微相。沙 24 井区以水下分流河道微相为主。岩石成分以长石砂岩为主，其矿物含量：石英为 46.1%~47.6%，大多数油层胶结物总含量较低，一般为 7%~12.7%，胶结物成分以碳酸岩为主，其次为硬石膏和泥质。以孔隙式胶结为主，其次为孔隙-接触式胶结。胶结物成分中，白云石占胶结物总量的 20.7%~60.9%，平均值为 36.9%。粒度中值最大为 0.111mm，一般为 0.066~0.0971mm，反映油层为粗粉砂岩或粉细砂岩，颗粒分选好，分选系数为 1.61~1.97。油层平均孔隙度为 14%，平均渗透率为 12.9×10^{-3}μm^2，为中孔低渗储层。

油层孔隙类型以次生粒间溶孔为主，占总孔隙的 74.2%，次为原生粒间孔、晶间孔、长石内溶孔。油层平均孔径 21.0~33.0μm，为中孔；喉道直径 2.3~5.5μm，为中喉，喉道均值 1.8~2.9μm，喉道分选中等；孔喉连通性较差，流体在孔隙喉道中较难流动，为中孔-中喉，孔隙结构中等-较差。储层为砂岩孔隙型储集类型。

沙 24 井区渗透性砂岩比较发育，根据自然伽马测井资料分析为三角洲前缘河口坝砂体。

6）压力特点

沙 24 井测试资料显示，地层压力为 22.3MPa，饱和压力为 2.29MPa，地饱压差大，压力系数为 1.064，属正常压力系统。

7）成藏条件评价

沙 24 井区位于资福寺有利生油向斜北部，为油气运移的指向区，本区也有一定的烃源岩，具有充足的油源条件。Ex^{下}渗透性砂岩厚度达 60～80m，Ex^{上}也具有一定的储集条件，砂岩孔隙度为 12%～16%、渗透率为 10×10^{-3}～$100\times10^{-3}\mu m^2$，说明该圈闭具有较好的储集条件。该区 Ex^{上}地层以泥岩为主，Ex^{下}顶部发育稳定的大膏层，可作为良好的区域盖层，具有较好的保存条件。圈闭的落实程度较可靠，圈闭的形成期与油气运移期有良好的时空配置关系。综合分析结果表明沙 24 块具有较好的配套条件，成藏条件优越。

8）成藏机理与控制因素

沙 24 井区为三角洲前缘相带、油源好，储层发育，构造背景好，具有形成构造-岩性圈闭的条件，是形成油气成藏的主要地区。

沙 24 井区新下段为三角洲前缘水下分流河道沉积区，砂岩发育，油层平均孔隙度为 14%，平均渗透率为 $12.9\times10^{-3}\mu m^2$，是油气相对富集高产的主要原因。

5. 万 12 井区油藏解剖

万 12 块属特小型、低丰度、中深层、中孔低渗、轻质油常规油藏。原油地质储量 80.64×10^4t(表 2-2-4)。含油层系为新沟嘴组下段Ⅱ油组。

表 2-2-4　万城油田万 12 井区储量数据表

层位	含油面积/km²	有效厚度/m	孔隙度/%	含油饱和度/%	原油密度/(g/cm³)	体积系数	气油比/(m³/m³)	地质储量		
								原油地质储量/10^4t	原油地质储量/10^4m^3	溶解气地质储量/10^8m^3
Ex^{下}Ⅱ	2.72	7.6	10	65	0.8	1.333	70	80.64	100.8	0.71

1）构造特征

万 12 井区位于江陵凹陷万城南三维区内，整个工区三维地震资料品质在万城断层下降盘梅槐桥向斜部分相对较好，地震反射波组特征清晰，为Ⅰ类资料区。经过层位标定，波组追踪对比，结合钻井资料编制了 Ex^{下}Ⅱ油组顶面构造图(图 2-2-9)。从目前资料来看，万 12 井区为岩性-构造复合圈闭，复合圈闭面积为 2.82km²，高点埋深-3740m。从 Ex^{下}Ⅱ油组顶面构造图可见，构造被北东向王家渡正断层切割，形成断鼻状构造，地层向东南方向倾斜，地层倾角 10°左右。

2）含油面积、充满程度

Ex^{下}Ⅱ计算单元采用 Ex^{下}Ⅱ油组油层底面构造图圈定含油面积。

万 12 断鼻含油范围内钻井 4 口，3 口井试获工业油流，含油范围外钻井 4 口。西北以断层为界；东南为油水边界，油水边界以万 13X 油底水顶之半作为油水边界，万 13X 井油底垂深为 3964m，水顶垂深为 3975m，其油水界面为 3970m，在新下段Ⅱ油组的油层

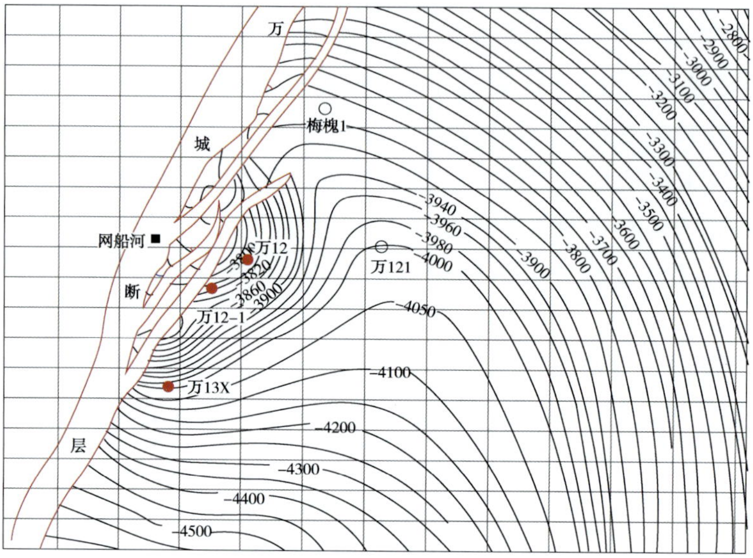

图 2-2-9 王家渡北断鼻 Ex^{下}Ⅱ油组油层顶构造图

顶面构造图上以-3960m 等高线作为油水边界线，圈定含油面积 2.72km^2，充满程度 100%。

3）含油层位、油气富集层段、单井产量

万 12 井区含油层系为新沟嘴组下段Ⅱ油层组。

万 12 井区潜 Ex^{下}Ⅱ油组有 2 口井的试采资料。

（1）试油试采产量：统计万 12 井压裂日产油 10m^3、万 12-1 井试采初期可达到 7.5m^3/d，平均日产油 8.8m^3。

（2）采油强度法：据万 12 井和万 12-1 井 Ex^{下}Ⅱ油组共射开油层厚度 13.0m，稳定日产油 12m^3，采油强度 0.9t/(d·m)。万 12 井区平均单井有效厚度 9.0m，折算平均单井日产油能力为 8.1m^3。

综合上述两种方法，考虑到平面上岩性、物性的变化以及自然产能下降等因素，新钻油井单井稳定产量标定为 5.5t/d。

4）油藏特征

万 12 井区油藏受构造岩性因素控制，西北以断层为界；东南为油水边界，油水边界以万 13X 油底水顶之半作为油水边界(图 2-2-10)。

万 12 井区含油层位为 Ex^{下}Ⅱ油组，油层埋深 3740～3940m，平均埋深 3840m，属深层。油藏类型为构造油藏，油层连通性较好，驱动类型为弹性驱动。

Ex^{下}Ⅱ油组地面原油密度为 0.808g/cm^3，地面原油黏度为 2.8mPa·s，凝固点 23℃，含硫 0.45%。

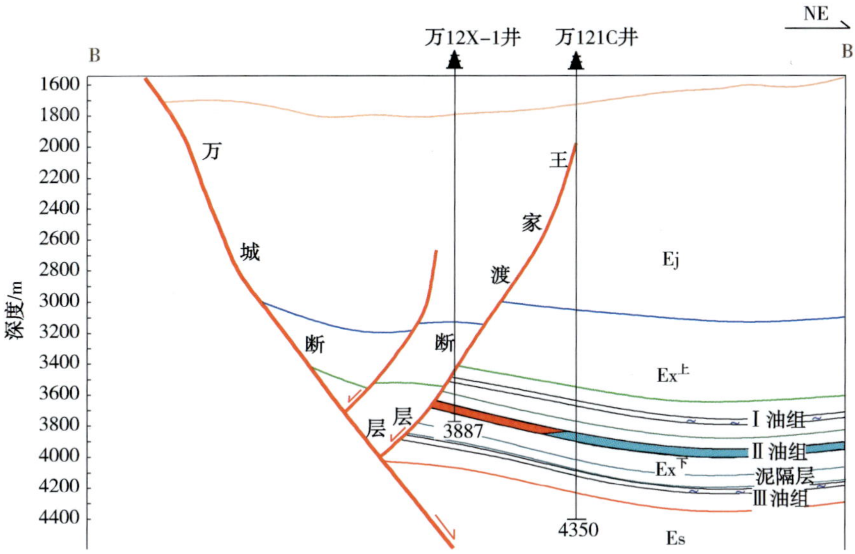

图 2-2-10 万 12 块油藏剖面示意图

5）储集微相特征、砂体类型、油层厚度、物性特征

受北部马山物源的影响，万城断裂带新沟嘴组下段为三角洲-湖相沉积，砂岩厚度具有由北向南减薄的趋势，万城断层是长期活动的、控制沉积的断层，万城断裂坡折带古地貌影响和控制着新下段砂体的发育和分布，新下段沉积时期沿万城断层发育扇群。

万 12 井区在万城断层（同沉积断层）下降盘前缘，发育多套低位域砂体。新下段沉积时期，该区为三角洲前缘亚相-浅湖相沉积，新下段渗透性砂岩厚度为 10～20m，其中 Ex下Ⅱ油组渗透性砂岩最厚，为 5～10m，砂岩以万 12 井为中心向南、北逐渐减薄至尖灭，具有一定的储集条件。

该区储集层岩性主要为粉砂岩，矿物成分以石英、长石为主，石英含量为 62.5%，长石含量为 29%，岩屑含量为 8%，分选好；黏土矿物主要为绿泥石、伊利石；胶结物以铁方解石、硬石膏、方解石为主，胶结类型为压嵌-孔隙型。储集类型为孔隙型，平均有效孔隙度为 10.4%，空气渗透率为 $8\times10^{-3}\mu m^2$。储层综合评价为中孔、低渗储层。

6）地层温度、压力特点、物性与产量的关系

万 12 井测压资料表明，地层压力为 25MPa，压力系数为 0.878，压力系数偏低；原始地层压力 33.19MPa，地层原油饱和压力为 11.90MPa，地层温度 103℃/2848.6m，地温梯度 3.6℃/100m。2006 年 12 月对万 12 井 2 层含油层进行试油测试，获 10.0m^3/d 工业油流。

万 12 井于 2006 年 12 月投产，初期放喷，日产油 10m^3。油井基本依靠弹性能量开采，因此试采期间产量递减较快。

7）成藏条件评价

该区位于梅槐桥生油洼陷供油区，本区具有较好的生油能力，具有充足的油源条

件。圈闭为万城断层下降盘的坡折带沉积，砂岩、渗透性砂岩发育，孔隙度、渗透率较好，储集条件良好。新沟嘴组上段沉积稳定，泥岩发育，可以充当良好的盖层，具有较好的保存条件，圈闭的形成期与油气运移期具有良好的时空配置关系，能够形成构造油藏。

8）成藏机理与控制因素

新沟嘴组下段Ⅱ油组砂岩呈两个条带插入本区。一个呈北东向在万城断层下降盘由北东向经过王家渡断鼻向西南延伸；另一个呈北西向在梅槐桥向斜的东北斜坡上，王家渡断鼻位于有利区。

万12井区近油源、万城断层为新沟嘴组下段沉积时期的同沉积断裂，控制了下降盘新沟嘴组下段的沉积，在其前缘发育坡折带模式的砂岩扇体沿万城断层呈裙摆状或朵状分布，储集条件好，渗透砂岩厚度为30~80m，平均孔隙度为12%，推测新沟嘴组下段在油气运移期潜江组沉积时期至荆河镇沉积时期物性要好于现今，能够为油气运移和聚集提供良好的通道和空间。

新沟嘴组上段沉积时期，沉积了大套泥岩和泥膏岩，而且沉积稳定，可作为区域盖层，有利于油气的保存。

以新沟嘴组下段Ⅱ油组和泥隔层暗色泥岩为主力烃源岩作为油源，新沟嘴组下段Ⅱ油组、Ⅰ油组砂岩作为储层，以大膏层为直接盖层，组成完整的自生自储式生储盖组合，有利于油气成藏。

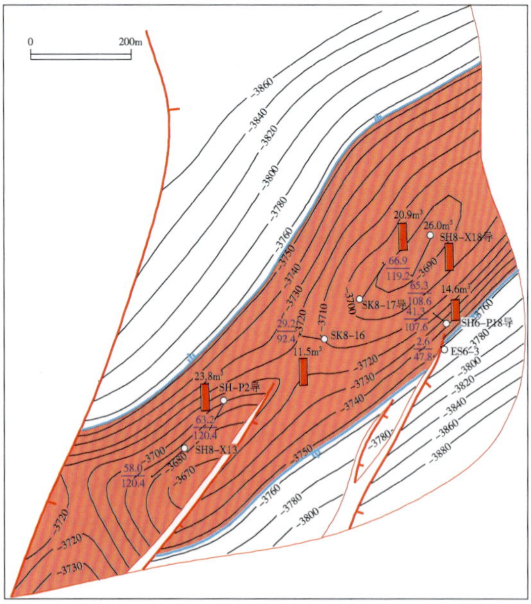

图2-2-11 谢凤桥油田复Ⅰ断块
SK8-16井区白垩系红花套组含油面积图

6. SK8-16井区油藏解剖

SK8-16井区属小型、中丰度、低产、深层、低孔低渗、常规轻质油油藏，原油地质储量为468.18×10^4t（图2-2-11、表2-2-5）。含油层位为白垩系红花套组。

1）构造特征

复Ⅰ断块位于万城断层的上升盘，为三维地震覆盖区，地震测线密度为15m×30m，资料品质为Ⅱ类。复Ⅰ断背斜SK8-16井区，构造呈条带状北东-南西向展布，在东北部和西南部有两个构造高点，西南高点埋深-3670m，东北高点埋深-3680m，地层倾角较缓，仅9°。该构造在白垩系、沙市组、新沟嘴组地层中都有发育。在K_2h油层顶面构造图上以-3880m作为圈闭等高线，闭合幅度210m，圈闭面积4.7km^2。

表 2-2-5 SK8-16 井区探明地质储量数据表

层位	含油面积/km^2	有效厚度/m	有效孔隙度/%	含油饱和度/%	体积系数	气油比/(m^3/m^3)	原油密度/(g/cm^3)	地质储量		
								原油地质储量/10^4m^3	原油地质储量/10^4t	溶解气地质储量/10^8m^3
K_2h	2.31	34.2	14.5	60.0	1.195	27	0.814	575.16	468.18	1.55

2）含油面积、充满程度

目前 SK8-16 井区已钻井 7 口，含油面积内钻井 6 口，已投入试油试采的 5 口井均获得工业油流，根据钻井、试油、测井解释等资料综合圈定含油面积。

SK8-16 井区属于构造油藏，东北、西南以断层为界，西北、东南为油水边界；SK8-16、SK8-17、SH-P2 井均钻遇油水同层，SK8-16、SK8-17 井油底为-3754m，SH-P2 油底为-3758m，油水界面取值为-3755m，在红花套组油层顶面构造图上以-3755m 构造等高线作为油水界面，圈定含油面积为 2.31km^2。充满程度为 49%。

3）含油层位、单井产量

SK8-16 井区含油层位为白垩系红花套组。射开总厚度 5m，日产油 11.5m^3，采油强度为 2.3m^3/(d·m)，按动用平均单井有效厚度 10m 测算，折算单井日产油能力为 23m^3(18.4t)。

4）油藏特征

谢凤桥油田复Ⅰ块 SK8-16 井区白垩系红花套组为断块圈闭，东、西南被断层所夹持，构造走向为北东-南西向，具有断背斜的特征，储层分布范围广而稳定，油层分布亦稳定，连通性好，属底水油藏(表 2-2-6、图 2-2-12)。

表 2-2-6 SK8-16 井区红花套组油藏参数表

油气藏类型	驱动类型	高点埋藏深度/m	含油气高度/m	油藏中部深度/m	原始地层压力/MPa	压力系数/(MPa/100m)	饱和压力/MPa	地饱压差/MPa	地层温度/℃	地温梯度/(℃/100m)
底水油藏	弹性水压驱动	3670	85	3710	37.5	1.00	10.45	27.05	128	3.450

油藏埋深 3660~3750m，油藏中部埋深为 3700m。以厚层砂岩为主，夹薄层泥岩，泥岩厚度一般小于 1m，为典型的砂包泥剖面。底水油藏能量充足，属于水压驱动类型。

原油性质：地面原油密度 0.814g/cm^3，地面原油黏度 4.5mPa·s。含硫量 0.06%。含蜡量 26.75%，含胶量 3.01%，含盐量 88mg/L，凝固点 28℃，初馏点 109℃。据 SK8-16 井高压物性分析资料显示，地层原油密度 0.713g/cm^3，地层原油黏度 1.1mPa·s，原油体积系数 1.195，气油比 33m^3/t(27m^3/m^3)，属轻质油。

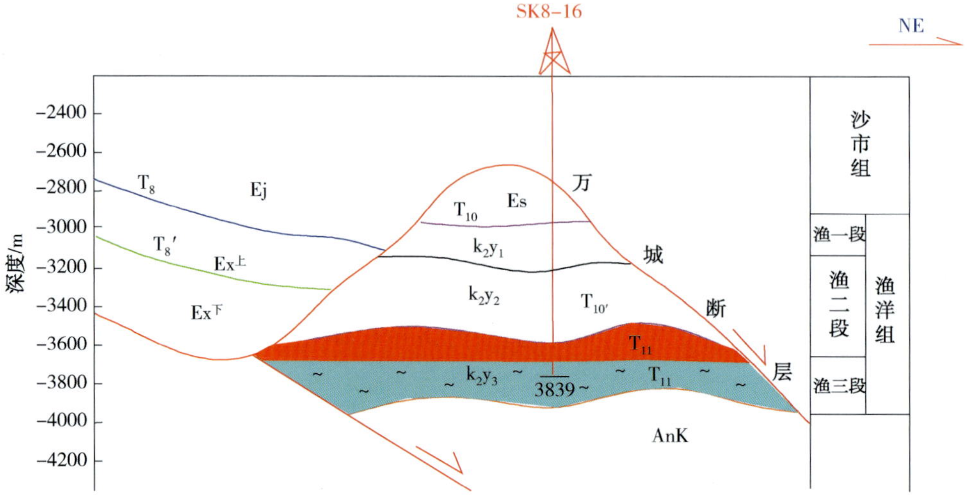

图 2-2-12　谢凤桥油田 SK8-16 井油藏剖面示意图

地层水总矿化度为 22.4×10^4mg/L，氯离子含量高，为 13.6×10^4mg/L，水型为 $CaCl_2$。

5）储集微相特征，砂体类型、油层厚度、物性特征

白垩系是多物源沉积体系，在本区红花套组以冲积扇沉积体系为主，渔二段和渔一段以河流相沉积体系为主。本区储层以冲积扇扇中的辫状沟槽沉积微相及辫状河河道和心滩沉积微相为主。

谢凤桥油田复Ⅰ块白垩系红花套组储层十分发育，砂岩厚度大于 250m。

6）地层温度、压力特点、单井产量

本区红花套组原始地层压力 37.5MPa，饱和压力 10.45MPa，油层中部垂深 3750m，压力系数为 1.00MPa/100m，地层温度 128℃，地温梯度 3.45℃/100m。属正常温度、正常压力系统。

SK8-16 井区常规试油，直井初期日产油 9.3t，水平井初期日产油 22.8t，投产后直井稳定日产油 8t，水平井平均日产油稳定在 15t 左右。

7）成藏条件评价

谢凤桥油田复Ⅰ块 SK8-16 井区属于新生古储式成藏油藏。万城断裂带前白垩系一般称潜山带，受万城断层控制，梅槐桥洼陷新沟嘴组下段-沙市组上段烃源岩是江陵凹陷下第三系的生烃中心，可为万城潜山带提供良好的烃源物质条件。万城潜山带依靠万城断层与下降盘梅槐桥洼陷下第三系沙市组上段、新沟嘴组生储层相接触，油气沿着砂层向高部位运移，而白垩系渔洋组储层十分发育，储层厚度达 400m，遇到万城上升盘具有良好的圈闭和储层条件下便形成了新生古储式油藏。

8）成藏机理与控制因素

紧邻的万城断裂具有较好的烃源及输导条件，具有继承性的早于油气排烃期的背斜，

整体为断块的良好构造条件，储层相对发育，而且圈闭后期没有构造运动破坏。因此该区块具有较好的成藏条件。

SK8-16 井区新生古储式油藏主要控制因素：一是新生古储式油藏形成于万城大断层的上升盘，万城断层是油气运移的主要通道；二是上升盘发育良好的储层，白垩系红花套组储层为巨厚储层；三是在断层的上升盘白垩系具有良好的圈闭条件。

谢凤桥油田复Ⅰ块 SK8-16 井区由于白垩系砂岩巨厚，砂岩厚度大于 250m，且连片分布，而油藏高度最高仅 90m，砂岩厚度远大于油层厚度，因而形成底水油藏，底水油藏的分布严格受构造高低控制。

7. 万 20 块油藏解剖

万 20 块属特小型、特低丰度、低产、中深层、低孔、低渗的常规稀油油藏，原油地质储量 74.12×10^4t（表 2-2-7、图 2-2-13）。含油层位为白垩系红花套组。

表 2-2-7 谢凤桥油田万 20 井区石油控制地质储量数据表

区块	层位	含油面积/km^2	有效厚度/m	有效孔隙度/%	含油饱和度/%	体积系数	气油比/(m^3/m^3)	原油密度/(g/cm^3)	原油地质储量/10^4m^3	原油地质储量/10^4t	溶解气/10^8m^3	采收率/% 原油	采收率/% 溶解气	原油技术可采储量/10^4m^3	原油技术可采储量/10^4t	溶解气技术可采储量/10^8m^3
复Ⅱ	K_2h	1.92	6.8	12.5	65.0	1.195	27	0.8346	88.77	74.12	0.24	20	20	17.75	14.82	0.05

1）构造特征

复Ⅱ区块位于万城断层上升盘，为三维地震覆盖区，地震测线密度为 15m×30m，资料品质为Ⅱ类。复Ⅱ块万 20 井区属岩性圈闭，综合分析振幅能量、相对波阻抗、速度反演、波阻抗等反演结果，认为复Ⅱ块红花套组岩性-构造圈闭存在。根据万 20 井钻探情况，认为波阻抗反演是最能反映储层展布特征的，因此，以波阻抗界面圈定圈闭的高部位界面。在红花套组顶面构造图上，复Ⅱ岩性-构造圈闭高点埋深-2880m，圈闭低部位以-3110m 为界，东西两侧分别以断层为界线，识别的圈闭面积 2.7km^2，圈闭为较可靠圈闭。

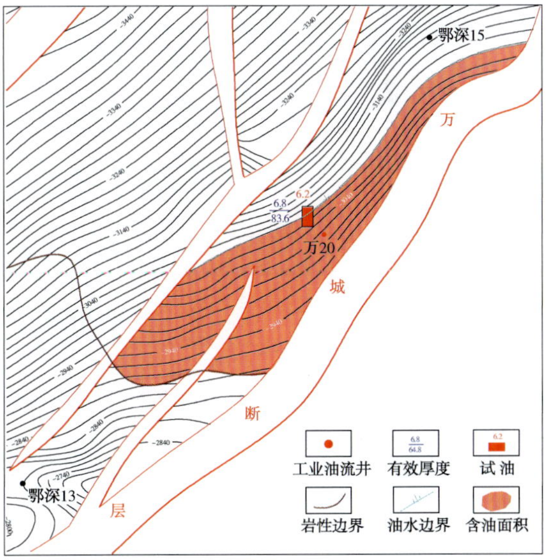

图 2-2-13 谢凤桥油田复Ⅱ块万 20 井区红花套组含油面积图

2）含油面积

万 20 井区为岩性-构造油藏，含油面积内完钻井 1 口，含油面积外控制井 2 口，采用红花套组油层顶面构造图圈定含油面积。北东、南西方向为断层遮挡，取断层线控制含油边界；南边为岩性边界，由北向南岩性从渗透性细砂岩渐变为致密砂砾岩，岩性边界取储层预测的渗透性砂岩边界；西北方向构造低部位的鄂深15井红花套组钻遇水层，因此，以万20井油底和鄂深15井水顶之半确定油水界面，油水界面深度为-3080.5m，校正到红花套组油层顶面构造图上，以构造等值线-3080m作为油水边界线。圈定含油面积1.92km²。

3）含油层位、单井产量

万20井区含油层位为白垩系红花套组。射开总厚度7.4m，试油单井日产3.0m³。万20井区油藏中部埋深2980m，常规试油日产油3.7m³，酸化后投产日产油6.2m³。

4）油藏特征

万20井区构造高部位鄂深13井红花套组钻遇地层全为致密砾岩；构造中部万20井则为渗透性砂岩与砾岩混层，钻遇油层9.2m、含油水层3.0m，分布于红花套组中上部，钻遇水层71.6m，分布于红花套组中下部；构造低部位鄂深15井则为厚层渗透性砂岩夹少量致密砂砾岩，钻遇水层165.8m；东、西两侧为断层。因此，油藏主要受岩性、构造和断层控制。

万20井区白垩系红花套组油藏类型为岩性-构造油藏。油藏埋深2880~3080m，油藏中部埋深为2980m。油藏表现为南部高部位为油层，北部低部位为水层，边水藏能量充足，属于弹性水压驱动类型(图2-2-14)。

原油性质：地面原油密度0.8346g/cm³，地面原油黏度8.2557mPa·s。

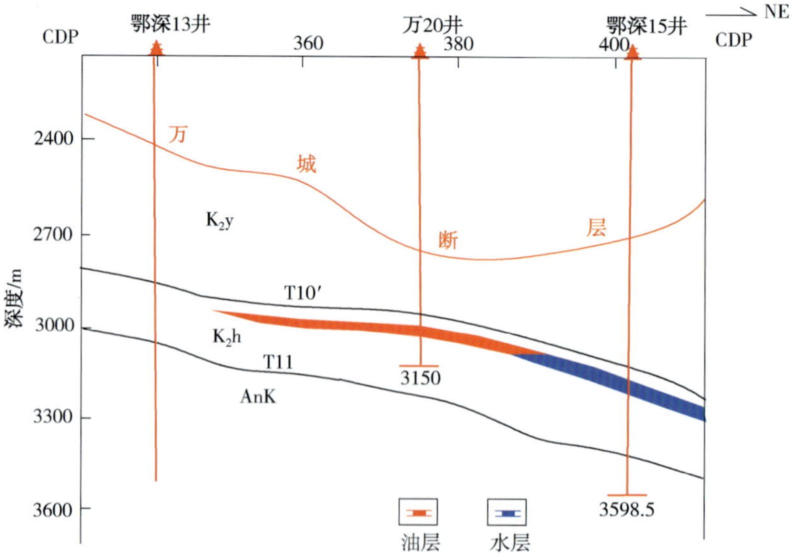

图2-2-14 万20井油藏剖面示意图

5）储集微相特征，砂体类型、油层厚度、物性特征

在红花套组沉积时期，南部有一物源以冲积扇的沉积模式进入盆地。因此在鄂深13

井区其红花套组地层全为致密砾岩，在万20井区则为渗透性砂岩与致密砾岩混层，在鄂深15井区则出现大量的渗透性砂岩夹少量致密砂砾岩，在复Ⅰ断块则几乎全为渗透性细砂岩。在复Ⅱ块万20井区，以冲积扇扇根和扇中为主要沉积微相，其储层以冲积扇扇中的辫状沟槽沉积微相及辫状河河道和心滩沉积微相为主。

复Ⅱ块万20井区红花套组岩性由南部的鄂深13井较粗的砂砾岩，向北逐渐相变为万20井区的细砂岩和砂砾岩混层，再相变为鄂深15井区的上部均为细砂岩、下部为砂砾岩混层，再相变为北部复Ⅰ断块SK8-16井区的细砂岩，整体反映出由粗逐渐变细的岩相变化过程(图2-2-15)。

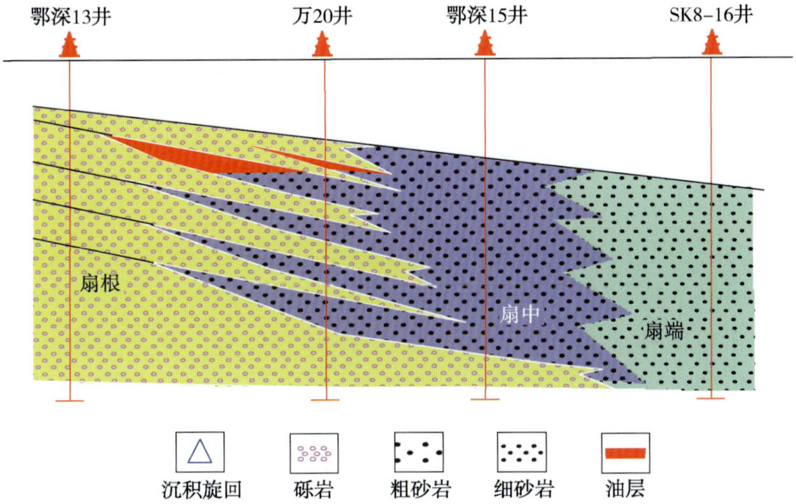

图2-2-15 鄂深13井—万20井—鄂深15井—SK8-16井岩相岩性变化图

谢风桥油田万20井区白垩系红花套组储层较发育，渗透性砂岩厚度在100m左右。

6）地层温度、压力特点

根据谢凤桥油田SK8-16井区红花套组测试资料，红花套组压力系数为1.00MPa/100m，地温梯度2.9℃/100m。万20井区红花套组油层中部垂深2980m，原始地层压力为29.8MPa，地层温度102℃，属正常温度、正常压力系统。

7）成藏条件评价

谢凤桥油田复Ⅱ块万20井区属于新生古储式油藏。受万城断层控制，梅槐桥洼陷新沟嘴组下段烃源岩是江陵凹陷的生烃中心，可为万城潜山带提供良好的烃源物质条件。梅槐桥新下段烃源岩生成的油气通过新下段砂体和万城断层的输导作用进入上升盘白垩系中成藏，在北部的谢凤桥油田的复Ⅰ断块和采穴断块的白垩系红花套组和渔洋组油藏就是这种典型的新生古储油藏。

8）成藏机理与控制因素

万20井区红花套组岩性由北向南SK8-16井—鄂深15井—万20井—鄂深13井岩性依次为细砂岩、砂砾岩混层、砂砾岩，万20井由砂砾岩混层向砾岩岩相变化，形成在构造背景下的上倾尖灭的岩性油藏。

复Ⅱ块万20井区油源同样为梅槐桥洼陷，其可能的途径有两种：①由万20北部如复Ⅰ断块上接收到梅槐桥洼陷的油气后，由其溢出点溢出，由于红花套组构造向南抬升，因此到复Ⅱ岩性-构造圈闭红花套组成藏；②梅槐桥洼陷南部的生烃洼陷通过万城断层直接与复Ⅱ岩性-构造圈闭红花套组对接，将油气运移到圈闭中成藏。

（三）油藏分布特征

从以上分析可以看出，油气的分布并不是单一因素控制下的结果，沉积相带的展布、构造的演化、有利的生储盖组合及良好的输导体系和成藏圈闭都是影响油气分布的重要因素。根据成藏地质条件分析，江陵凹陷构造作用对油气分布的影响相对较大。一方面，构造演化的旋回性控制沉积演化及沉积相展布，形成良好的生储盖组合。另一方面，由于断层发育，既为油气运移提供了良好的运移通道，又为油气成藏提供了良好的遮挡条件，形成了许多复杂断块油藏。

油气分布主要围绕生烃向斜，具有以下特点：①平面上，油气主要分布于万城断裂构造带、荆州背斜构造带、涴市构造断裂带和梅槐桥向斜带周缘，油藏较为分散，含油区块很少连片。每一个独立含油断块的油藏面积均较小。油气主要沿万城断层上下盘、荆州背斜构造带和梅槐桥向斜带周缘分布。油藏类型较多，发育断鼻油藏、断块油藏、岩性油藏等，以断鼻油藏含油最为丰富。油气西多南少，其中万城断裂构造带上升盘以白垩系油藏为主，涴市构造断裂带以荆沙组和新沟嘴组下段的油藏为主，荆州背斜构造带和梅槐桥向斜带周缘以新沟嘴组油藏为主。②纵向上，油气分布具有多层位含油，油层分散，油水关系复杂的特点，且不同层系油气的聚集程度和丰度不同，油藏规模大小不一。

总之，油藏规模以小型油气藏为主，中等-低丰度储量，含油高度一般为100~300m，充满程度30%~100%，构造油藏是江陵凹陷油藏的主要类型，其中断鼻油藏充满程度最高。油气藏具有多样性特点，既具有新沟嘴组原生油气藏，又存在白垩系和荆沙组次生油气藏，还有非常规的火山岩油气藏(金家场构造江深4井和范家台范3井)。

二、运聚条件及油气成藏期次

（一）油气运聚条件

输导体系是油气从生烃区输送至聚集地的载体，它是由多种油气输导体组成的复杂的立体油气运输的网络系统，这种油气输导网络系统是油气运移的关键。

江陵凹陷油气输导层包括北部物源砂体和西部物源砂体，特别是北部物源中发育的三角洲砂体与烃源岩平面上互为消长，垂向上相互交叉叠置，成为油气侧向往北运移最有效的输导层。由于经历了晚白垩世、荆沙-潜四下沉积期强烈拉张断陷，凹陷内断层十分发育，断裂活动伴生的裂缝系统又进一步加强了断层的输导能力，这些断层不仅可成为中部成藏动力系统内油气运移的层间纵向输导面和同层侧向阶梯式输导面，还可成为中部、下部两个成藏动力系统间油气运移的侧向通道和桥梁。此外，发育在各个不同时期的不整合面也可成为油气运移的重要输导面，特别是万城断裂带上的 T_{11} 不整合面有可能成为“新生古储”油藏的重要运移通道。

1. 砂体输导体系

砂体既可以作为油气的储集空间，又可以作为油气的运移通道，是最基本的输导体系。江陵凹陷新沟嘴组下段北部物源体系中的三角洲体系砂体均呈朵状伸入成熟深湖-半深湖相烃源岩区，与烃源岩呈指状式接触，构成油气向北侧荆州背斜带运移的输导体系基础(图 2-2-16)。

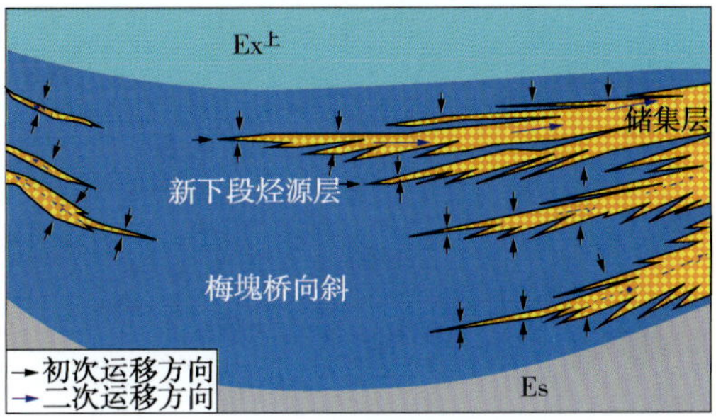

图 2-2-16　砂体侧向输导模式

2. 断层输导体系

断层作为油气运移通道，其时效性决定了断层通道作用的复杂性。断层的发育既为油气的垂向运移提供了通道(图 2-2-17)，又为侧向运移提供了桥梁(图 2-2-18)。江陵凹陷发育控凹边界断裂、内部次级断裂和后期逆断层等三类断层。二级断层具有长期活动的特征，三级断层主要为北东向正断层，晚期北西向逆断层偶见于荆州背斜带局部地区。三级断层主要形成于荆沙组沉积期至潜江组沉积时期，与凹陷油气大规模运聚成藏期相匹配。

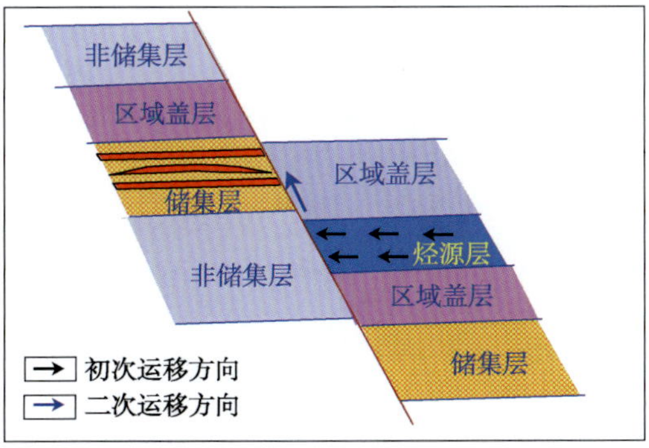

图 2-2-17　断层垂向输导模式图

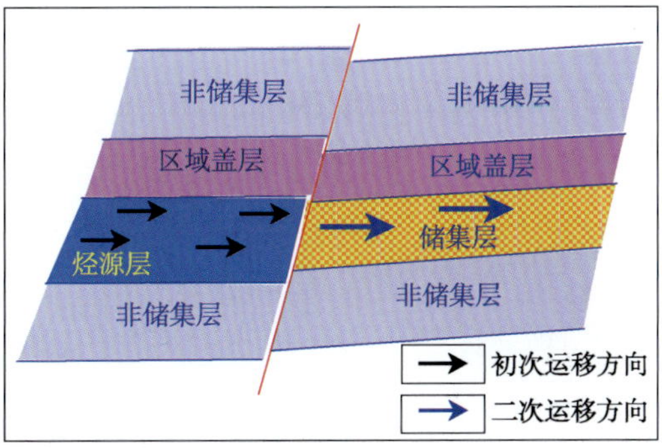

图 2-2-18　断层穿层侧向输导模式图

断层是江陵凹陷重要的油气输导因素，在平面上分布不均匀，不同地区所起输导作用不同。万城断层主要起系统间的穿层侧向输导作用(图 2-2-18)，如谢凤桥油田鄂深8—鄂深 10 井区白垩系油藏。万城断裂带以东断层主要在系统内起垂向或侧向输导作用：荆州背斜带南斜坡以侧向阶梯式输导为主(图 2-2-19)，如荆西油田；到荆州背斜带高部位则以侧向阶梯式螺旋式输导为主(图 2-2-20)，如沙市油田和八岭山油田；沲市断裂带、公安单斜带则以垂向输导为主(图 2-2-17)，如虎 4 井区的荆沙组油藏。

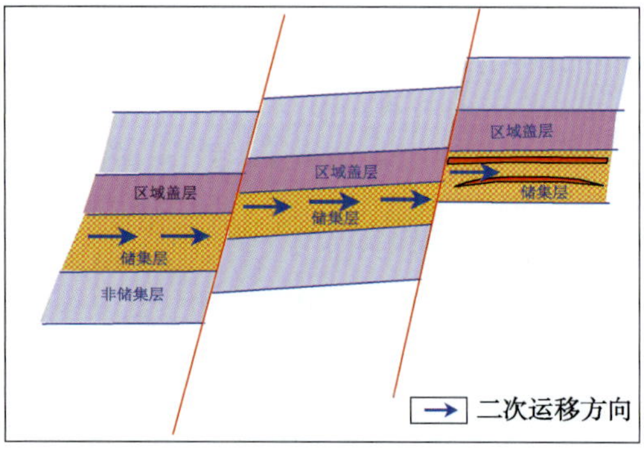

图 2-2-19　断层侧向阶梯式输导模式图

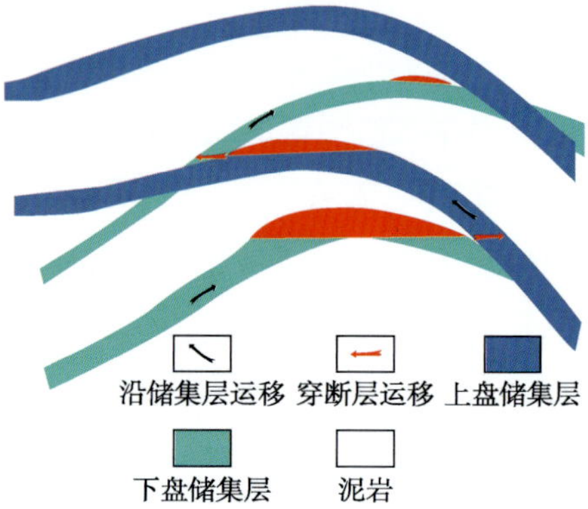

图 2-2-20　断层侧向阶梯式螺旋式模式图

3. 复合输导体系

江陵凹陷油气运聚主要是通过由砂体和断层组合形成的复合输导体系，影响其输导性能的主要因素为砂体和断层的展布及空间组合形式。由于断层主要发育于荆州背斜带、万城断裂带和沲市断裂带，这种砂体断层复合输导体系又可细分为两类：一类是断层垂向运移-砂体侧向运移输导体系(图 2-2-21)，另一类是砂体侧向运移-穿断层侧向运移输导体系(图 2-2-22)。江陵凹陷不同区带断层的发育规模、特征各有差异，加之断层与砂体及构造背景的配置关系不同，导致不同地区的砂体断层复合输导体系的特征和功能存在较大差异。

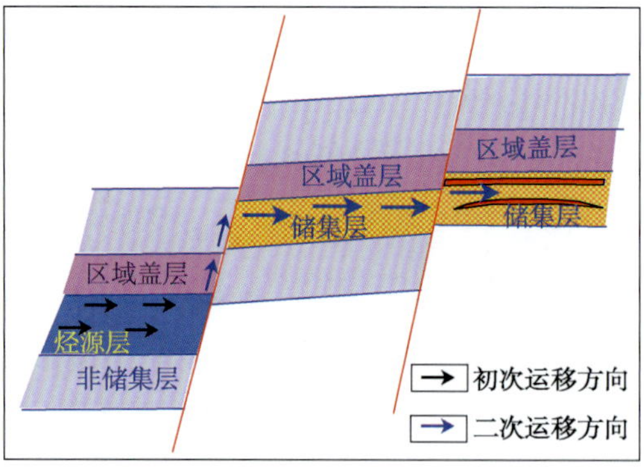

图 2-2-21　断层垂向运移-砂体侧向运移输导体系

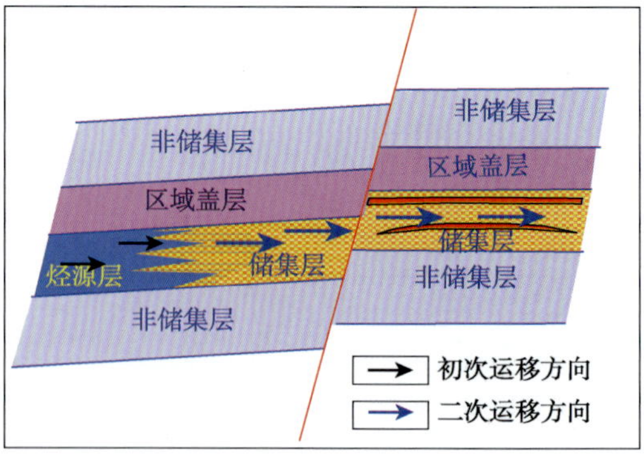

图 2-2-22　砂体侧向运移-穿断层侧向运移输导体系

1) 断层垂向运移-砂体侧向运移输导体系

该类复合输导体系主要分布在江陵凹陷南部新下段储层不发育的地区。沲市断裂带东西两侧为李埠、弥陀寺两条三级断裂，走向北北东，被北东向次级断裂切割成多个断块、断鼻构造。新沟嘴组沉积期间，涴市断裂带呈南高北低的低突起分隔同期的梅槐桥洼陷和资福寺洼陷，但突起鞍部上砂岩储层不甚发育；进入荆沙组沉积期，西部三角洲砂体往东呈朵状展开，大路口-涴市地区的入口处厚度可达402m，单层厚度一般为3~6m，砂岩储层较为发育。油气先从成熟烃源岩初次运移后至断层输导体系后发生垂向运移，遇浅层砂体侧向运移后聚集原生成藏，如弥陀寺附近虎4井钻遇的荆沙组油藏(图2-2-23)。

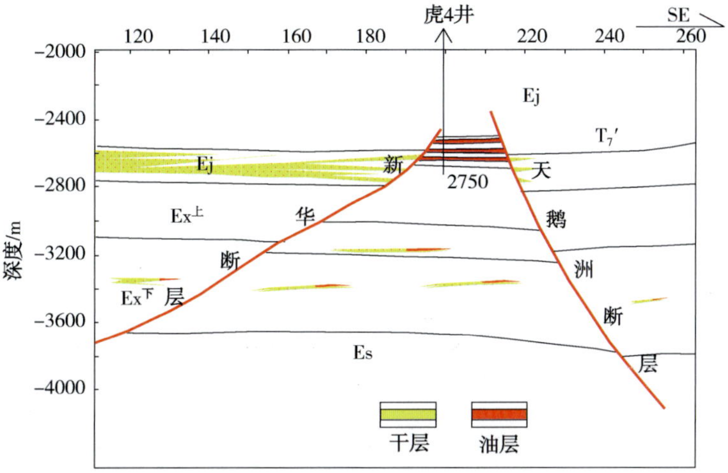

图2-2-23　虎4井油藏剖面图

2）砂体侧向运移-穿断层侧向运移输导体系

该类复合输导体系在江陵凹陷中部普遍存在，断层均起到一种穿层侧向运移的作用，在荆州背斜带南斜坡表现为一种砂体断层复合阶梯式侧向输导，到背斜高部位表现为一种穿断层侧向-沿砂体上倾方向侧向-再穿断层侧向等复合螺旋式垂向输导，到万城断裂带则表现为一种跨系统的穿断层侧向运移-砂体侧向运移复合输导。

荆州背斜带轴部发育一组近北东走向横切背斜构造的正断层，断距为30~200m；北部三角洲砂体向西南延伸至凹陷中心新沟嘴组成熟烃源岩，与烃源岩直接互层。油气先从成熟烃源岩初次运移至砂体输导层，然后侧向运移到荆州背斜带高部位成藏，如花园油田新沟嘴组油藏(图2-2-24)；随着后期构造改造，原生油气藏中的油气沿断层和砂体复合通道发生螺旋式运移(图2-2-20)，在浅层形成次生油藏，如沙市油田荆沙组油藏(图2-2-25)。

万城断裂带整体构造面貌为马鞍状，走向近北北东向，被北东向断层切割成多个鼻状构造。在万城上升盘钻探的鄂深10井发现了白垩系油藏，经油源对比研究表明，万城断层上升盘白垩系油气来自梅槐桥向斜，从结构上分析认为梅槐桥向斜新下段的成熟-高成熟原油经砂体侧向运移或直接初次运移到断层面，穿过万城断层运移到上升盘对接的白垩系砂体，再经砂体侧向运移到构造高部位聚集成藏(图2-2-26)。

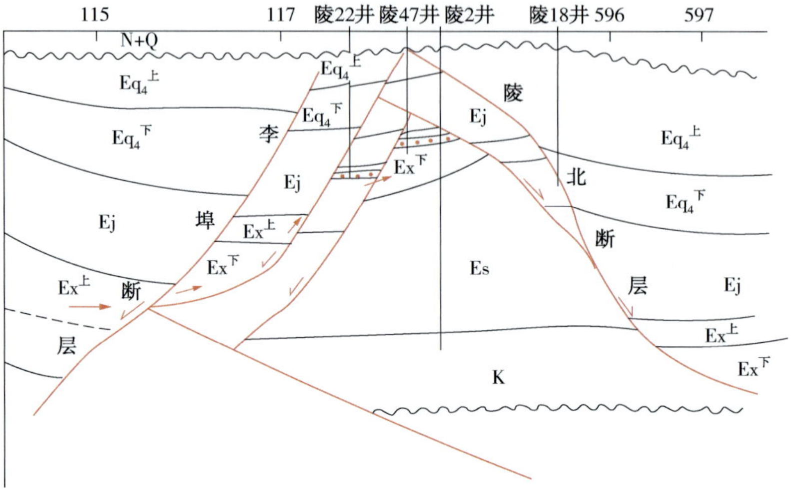

图 2-2-24　花园油田油藏剖面图

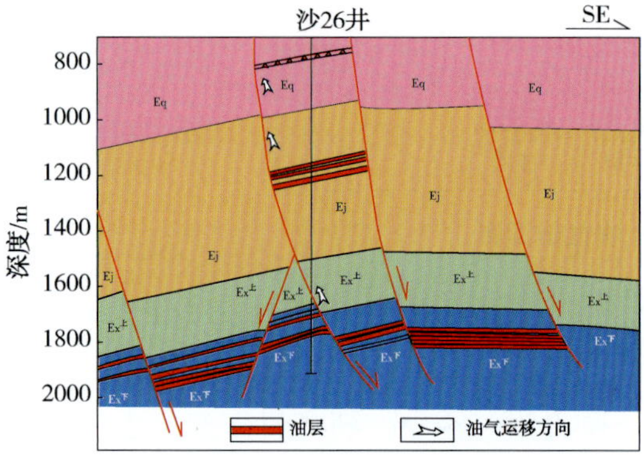

图 2-2-25　沙市油田油藏剖面图

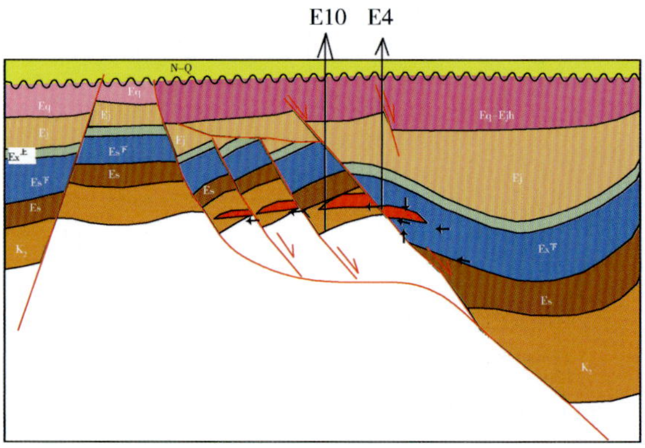

图 2-2-26　谢凤桥油田油藏剖面图

4. 不整合面输导体系

江陵凹陷大型区域不整合面主要包括 T_{11}、T_{10}、T_7'和 T_1，在平面上主要分布于凹陷的西南缘，与凹陷中部的梅槐桥、资福寺等生烃中心距离较远，对横向油气聚集影响不大；在纵向分布上，上述区域性大型不整合面大部分与主力烃源层新沟嘴组下段也相距甚远，但不排除在万城断裂带上新下段与 T_{11} 不整合界面通过万城断层面侧向对接，油气穿断层后顺不整合面侧向运移至前白垩系古潜山中成藏。

除了上述多类输导体系，江陵凹陷南部公安单斜带可能还存在一种火成岩垂向输导体系，早于油气大量生、排烃期形成的垂向连通性较好的火成岩体直插源岩层，向上可沟通新上段、荆沙组砂岩储集体或火山岩储集体，对晚期大量油气运移可起到垂向输导作用。

综上所述，江陵凹陷油气输导体系的基本要素是砂体和断层，其可能潜在要素包括

T_{11}不整合面和火成岩体，以砂体与断层匹配形成上述三类复合输导体系为主。砂体单因素输导体系发育于凹陷内部及其周缘断层不发育的地区，主要包括荆州背斜带南斜坡和梅槐桥向斜西侧滚动背斜带，油气沿砂体侧向运移形成砂岩上倾尖灭岩性油气藏；断层单因素输导体系主要由内部三级断层构成，主要分布在涴市断裂带地区，油气沿断层垂向运移在浅层形成断块油气藏；砂体断层复合输导体系主要发育于凹陷正向构造带的荆州背斜带和万城断裂带，受断层性质、断面产状、形成时期，以及与砂体和鼻状构造的匹配关系影响(图 2-2-27)。总之，油气输导体系从根本上决定了油气藏类型和分布规律。

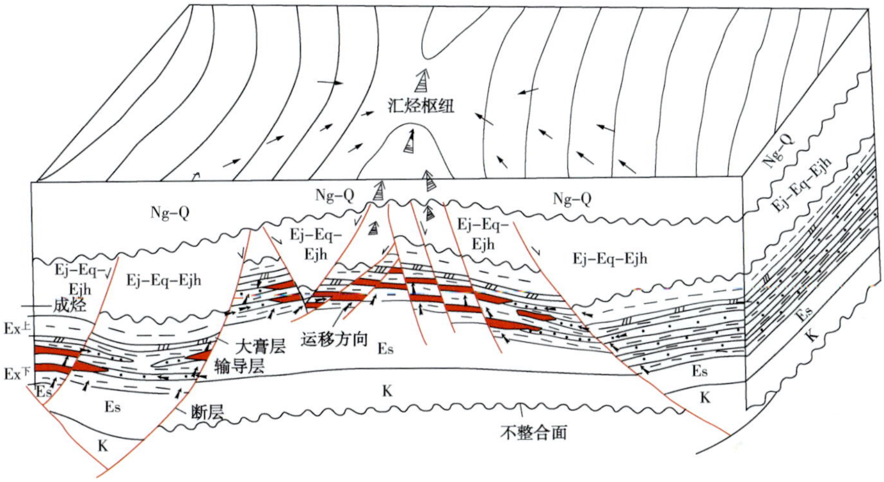

图 2-2-27　江陵凹陷油气输导网络系统示意图

（二）油气成藏期次

流体包裹体的均一温度广泛应用于油气充注期次和油气成藏时间的研究。前人研究表明，油气包裹体与其同期共生的盐水包裹体相比，二者的均一温度往往存在明显差异，其差值通常在 20℃左右，甚至可达 40℃。在确定成藏年代时，一般运用共生盐水包裹体的均一温度。同时，流体包裹体均一温度的期次并不等于油气成藏的期次，均一温度的高低并不完全与成藏时间的早晚完全对应。对连续埋藏型储层而言，低的均一温度反映包裹体形成时间早，而高的均一温度反映包裹体形成时间晚；但对于非连续埋藏型储层而言，后期抬升期形成的包裹体相比抬升前的包裹体具有较低的均一温度。

因此，一般利用流体包裹体均一温度结合精细地层埋藏史和热史恢复来共同确定油气充注的期次和时间。

1. 埋藏史分析

埋藏史分析是盆地分析中的基础工作，它是各成岩动力学和成藏动力学分析的桥梁，地层古地温模拟、古压力系统恢复、油气运移研究和烃源岩有机质热演化史的建立等都以埋藏史研究为基础。

1）主力烃源岩埋藏史

通过江陵凹陷主力烃源岩热埋藏史模式图可以看出：新沟嘴组下段主力烃源岩的成熟度 R_o 在荆沙组沉积早期（48Ma）达到 0.5%，进入生烃门限；在荆沙期末（45Ma）达到 0.8%，开始进入主生油期；R_o 到潜江晚期（34Ma）达到 1.0%，开始进入高熟油期；至荆河镇组沉积晚期（30Ma），其埋藏深度达最大值，经历的温度在 160~180℃，R_o 也超过 1.3%。之后由于古近纪末的喜山运动，地层抬升遭到部分剥蚀，进入新近纪和第四纪则接受了 500~600m 的拗陷沉积，新的沉积没有造成烃源岩成熟度的增加。

根据盆地模拟研究，新沟嘴组下段主力烃源岩在荆沙组沉积早期开始生油，到潜江组沉积末期（32Ma）进入生油高峰，到广华寺组沉积期（26Ma）生油量明显下降，因此，江陵凹陷主力烃源岩大量生烃时期是荆沙组沉积时期至荆河镇组沉积末期，其中潜江中晚期-荆河镇组沉积期是主要生烃时期。

江陵凹陷主力烃源岩从荆沙组沉积时期开始排烃，广华寺组沉积末期排烃结束，排烃时期较长，主要排烃时期为潜江组沉积中晚期-广华寺组沉积末期，其中荆河镇组沉积时期是最主要的排烃期。

2）构造埋藏史

正确恢复目的层的埋藏史，是推测其古地温史的前提。从万城断裂带、荆州背斜带晚白垩以来的埋藏史图（图 2-2-28、图 2-2-29）可以看出，它们与主力烃源岩埋藏史不同的是，至少存在两期明显的抬升剥蚀：一是荆沙组中下段沉积期间的抬升剥蚀（T_7'），以万城断裂上升盘为主体的剥蚀明显高于荆州背斜带；二是古近纪末期全凹陷的抬升剥蚀，全区整体抬升，剥蚀范围广、时间长、影响深远。另外，在沙市组的早期，万城断裂南部的上升盘也存在明显的抬升剥蚀。

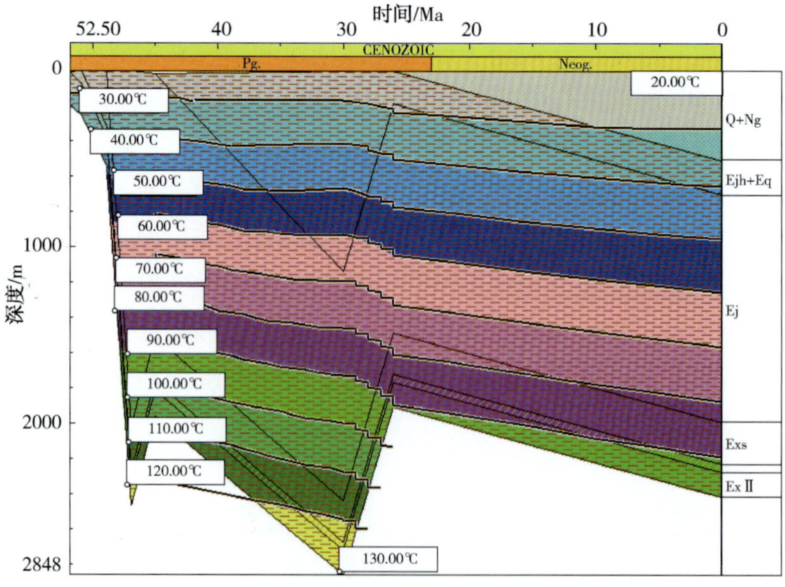

图 2-2-28　江陵凹陷万城断裂带万 11C 井埋藏史图

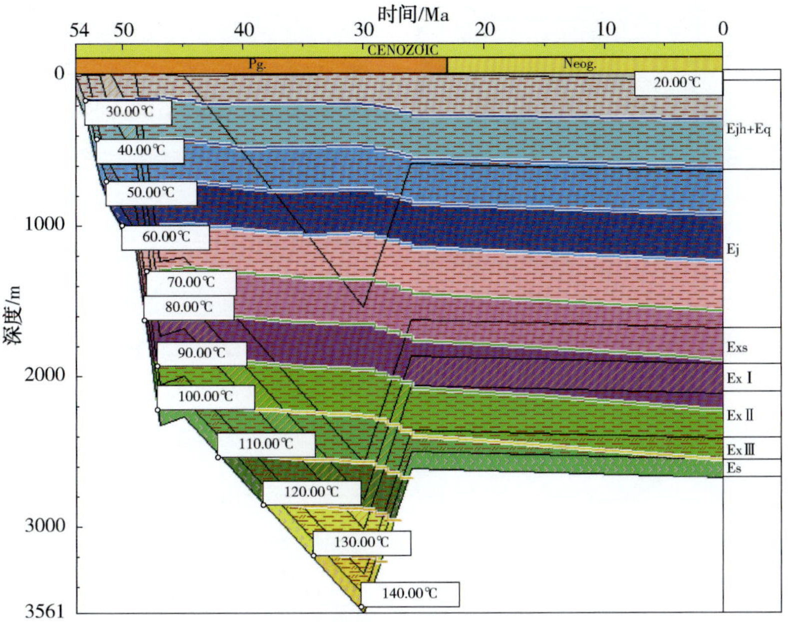

图 2-2-29 江陵凹陷荆州背斜带陵 86 井埋藏史图

2. 流体包裹体分析

储层中的含烃流体包裹体是储层成岩过程被自生矿物晶格所捕获而形成的油气水包裹体。包裹体中的流体保存了矿物生长时地质环境的各种物理化学信息(包括温度、压力、酸碱度、盐度、成分等),它们记录了油气水充注储层时的组成、性质以及物理化学条件。由于储层中流体包裹体形成后一般没有与体系外物质发生交换,油气包裹体中的油气与油气成藏时的油气组成和物理化学性质不同,所以这些特征是油气藏形成演化历史的直接标志。

在采集的 25 个样品中共发现 243 个流体包体,其中烃类有机包体 46 个,占总包体的 18.9%,反映储层或烃源岩烃类有机包体捕获概率较低,表明油气运移总体不是十分活跃。

江陵凹陷古近系荆沙组、新沟嘴组和白垩系红花套组等砂岩储层中有机包裹体的镜下观察结果显示:有机包裹体主要为液烃、气液烃和气烃包裹体,主要生长在石英的再缝合裂缝中;大小为 3~8μm;液相有机包裹体荧光颜色以蓝白色为主(图 2-2-30),也见棕黄色(图 2-2-31)。由于包裹体的成因是多种多样的,要想获得可靠的均一温度数据,必须对包裹体的各个方面进行深入细致的分析,从中选出与成藏作用有关的包裹体进行测温。

从荆沙组、新沟嘴组Ⅰ、Ⅱ油组和白垩系红花套组砂岩样品中测定的包裹体均一温度分布特征(图 2-2-32、表 2-2-8)可以看出,江陵凹陷发生过三期油气充注,三期包裹体的均一温度范围分别为 70~95℃、100~125℃和 130~145℃。其中,第 1 期包裹体形成的温度较低且含量较少,对应着发棕黄色荧光的成熟度低的有机包裹体;第 2、3 期包裹体的数量占绝对优势,有机包裹体荧光颜色呈蓝白色,成熟度较高。这说明第 2、3 期包裹体的形成时间为江陵凹陷油气的主要充注期。

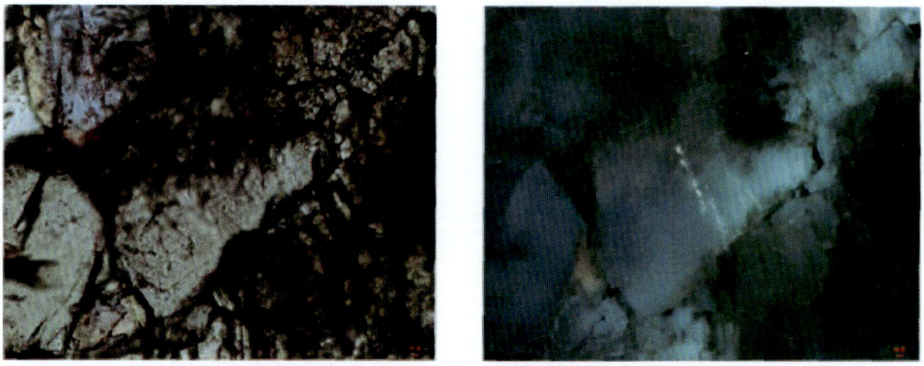

图 2-2-30　鄂深 6 井(Ex Ⅱ，3510m)穿石英裂纹见蓝白色荧光油包裹体图(×20)

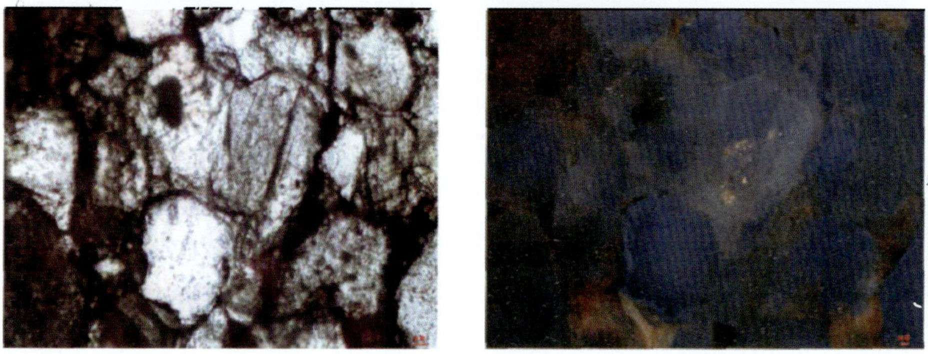

图 2-2-31　SH8-X16 井(K_2h，3767m)穿石英裂纹见棕黄色荧光油包裹体图(×20)

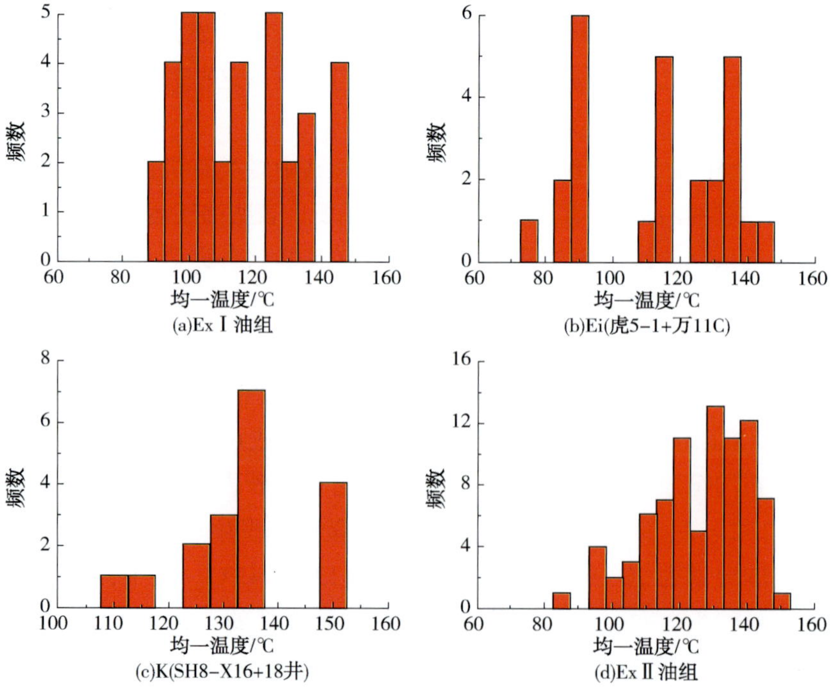

图 2-2-32　江陵凹陷多层段储层流体包裹体均一温度直方图

表 2-2-8 江陵凹陷各层段储层包裹体测温数据表

序号	样号	层位	产状	均一温度均值/℃			构造位置
				T_{H1}	T_{H2}	T_{H3}	
1	万 11C 井，1428m	Ej	穿石英裂纹	95	114	135	万城断裂带
2	SH8-X16 井，3767m	K_2h	穿石英裂纹			132	
3	鄂深 6 井，3510m	ExⅡ油组	穿石英裂纹	94	116	130	梅槐桥向斜带
4	梅槐 1 井，3822m	ExⅡ油组	穿石英裂纹			137	
5	鄂深 25 井，4156m	ExⅡ油组	穿石英裂纹		127		
6	陵 33 井，1279m	ExⅡ油组	穿石英裂纹		110	140	荆州背斜带
7	沙 26-6 井，1691.5m	ExⅠ油组	穿石英裂纹		108	140	
8	范 2 井，2420m	ExⅠ油组	穿石英裂纹	100	125		
9	陵 86 井，2185m	ExⅡ油组	穿石英裂纹	95	126		
10	赤 8 井，2421m	ExⅡ油组	穿石英裂纹		110	130	公安单斜带
11	虎 5 井-1，2468m	Ej	穿石英裂纹	91	111		涴市断裂带
12	虎 5 井-2，3578m	ExⅡ油组	穿石英裂纹		120	138	
13	路 11 井，2172m	ExⅡ油组	穿石英裂纹		113	142	江口向斜带

将本次所测 13 口井的与有机包裹体共生的同期盐水包裹体的均一温度投影到单井埋藏史图上可以确定各单井的油气充注期次和时期。结果显示，江陵凹陷三期油气充注时间分别对应荆沙组沉积时期(45~48Ma)、潜江组-荆河镇组沉积期(30~45Ma)和荆河镇组沉积末期(26~30Ma)，其中后两期是最主要的运聚时期。万城断裂构造带油气充注集中在后两期，如万 11c 井荆沙组 1422m 处包裹体充注时期是 32Ma，SK8-X16 井红花套组 3767m 处包裹体充注时期是 27Ma。荆州背斜带油气充注也集中在后两期，如范 2 井新下段Ⅱ油组 2420m 处包裹体充注时期是 41Ma、28Ma。梅槐桥向斜带油气充注可见到三期包体，如鄂深 6 井新下段Ⅱ油组 3510m 处充注时期是 47Ma、27Ma，鄂深 25 井新下段Ⅱ油组 4156m 处充注时期是 39Ma。涴市断裂带和公安单斜带的油气充注时期也主要集中在后两期，这里不再赘述。

除了上述各井的均一温度能成功投影，陵 33 井和沙 26-6 井所测的与有机包裹体共生的同期盐水包裹体的均一温度投不上单井埋藏史图，这两口单井均在荆州背斜带上，分析其失利原因可能是现今依据钻井资料所作的埋藏史图未能真实反映成藏期间盐底辟背景下的构造演化过程，当时捕获包体成藏期间的埋深可能远大于现今埋藏史图上相应埋深。

3. 油气成藏期次

油气成藏的两个作用过程，即油气生成、运移、聚集过程与圈闭形成过程及其在时间上的匹配是油气成藏的关键。同时，构造运动控制着油气生成与运聚时期，控制着圈闭的形成，控制着油气藏的形成过程，构造变形期往往是油气藏形成的重要时期。

根据新沟嘴组下段烃源岩的主生油期模拟、断裂活动和圈闭形成分析，将江陵凹陷油气成藏划分为以下三个成藏期。

第一个成藏期为荆沙组沉积时期。油气自荆沙组沉积早期开始生油并开始有效排烃，开启了油气成藏过程。这一时期油气生成、排出的数量较小，油气主要向邻近烃源的同沉积岩性圈闭中运移成藏，成藏规模小。有利成藏区域是荆州背斜构造带南斜坡的三角洲砂体和南部洼陷带靠近控洼断层的低位扇砂体。

第二个成藏期为潜江组-荆河镇组沉积时期。这一时期是主要的生、排烃时期，烃源岩供烃能力强。圈闭主要为荆沙组沉积时期形成与断层活动相关的构造圈闭，与盐源层塑性流动有关的盐构造。这是一个重要的成藏期，有利成藏区域为荆州背斜构造带、万城断裂构造带。

第三个成藏期为荆河镇组沉积末期。喜山运动Ⅲ幕使江陵凹陷整体抬升、变形、遭受剥蚀，最终形成现今构造格局，盆地内部原有的压力平衡遭到了破坏，油气大量自烃源岩中排出，加上早期原生油藏遭到改造或破坏，油气再次发生大规模运移。大量构造圈闭形成并最终定型，油气藏大规模形成并最终定型，该时期是最重要的油气成藏期。

三、成藏主控因素

烃源岩、储层、盖层及输导层等成藏要素的空间配置与圈闭形成作用、油气生成作用和运聚作用在时间上的匹配控制着油气藏的形成。通过以上对江陵凹陷构造演化、生烃中心展布、油气生成、断裂活动及典型油藏特征等方面的研究，认为江陵凹陷的油气成藏主要受烃源、物源以及油源断层的控制。

（一）烃源控制油气成藏范围

充足的油气源是油气成藏的物质基础。梅槐桥向斜带和资福寺向斜带作为江陵凹陷继承性的负向构造单元，长期下降接受沉积，为该地区有利的生烃中心。在新沟嘴组下段沉积时期，梅槐桥向斜带和资福寺向斜带为半深湖亚相沉积，烃源岩十分发育，地层厚 500~800m，围绕梅槐桥和资福寺两个沉降中心沿北、南、东三个方向减薄，面积约为 5760km^2，纵向上主要分布在新沟嘴组下段Ⅱ油组，厚度为 100~120m；Ⅲ油组次之，厚度为 40~60m；Ⅰ油组不发育，在一定时期大量生烃、排烃和聚烃，现今处于成熟-高成熟演化阶段，是江陵凹陷主力烃源岩。

目前江陵凹陷所发现的油田或工业油流点纵向上富集层位主要是新下段、新上段、白垩系和荆沙组等邻近层段(图 2-2-33)，平面上均位于梅槐桥和资福寺两个主力生烃洼陷有效烃源岩分布区的周缘正向二级构造带上(图 2-2-34)。如荆州背斜带、万城断裂带，这些正向构造带均位于主力烃源岩的范围和周缘不超过 5km 的范围内，油气富集层位分别是新下段和白垩系，说明江陵凹陷的烃源控制了油气成藏范围。

江陵凹陷烃源控制油气成藏范围主要表现在两个方面：一方面，中部成藏动力系统古近纪以来没有超压流体释放过程，油气是在浮力作用下从烃源区向凸起有序充注（图 2-2-35～图 2-2-36），而限制了油气沿断层发生大规模垂向运移，纵向上主要集中在新沟嘴组下段自源成藏；另一方面，荆沙组沉积末期已经基本成形的万城断裂带、荆州背斜带在横向上阻挡了主力生、排烃期的油气向西、北的大规模侧向运移，南部砂体储层总体不发育且阻挡了油气向南侧向运移，油气横向上主要集中在生烃灶周缘的万城断裂上下盘、荆州背斜带内有序聚集近源成藏。

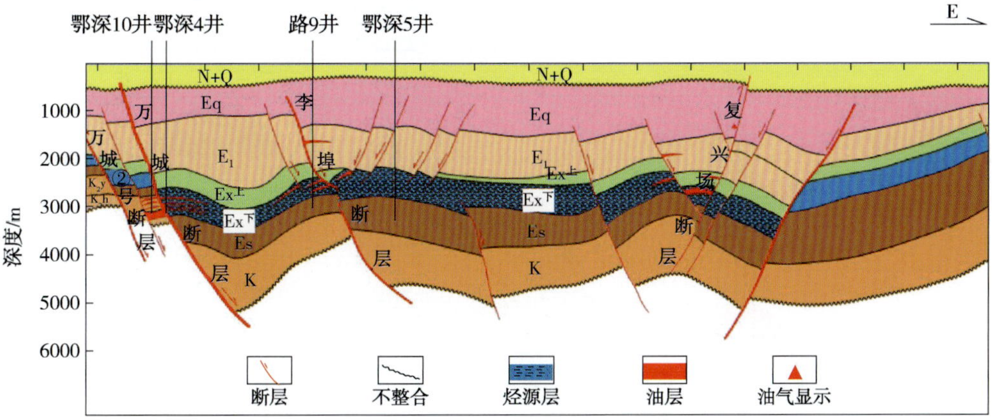

图 2-2-33　江陵凹陷有效烃源岩纵向分布与油气藏关系图

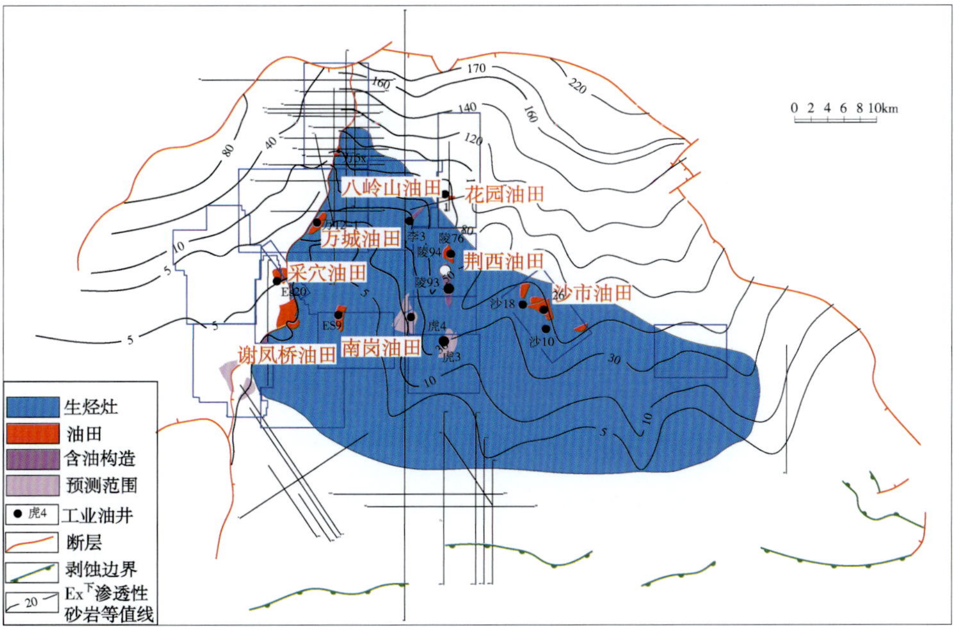

图 2-2-34　江陵凹陷有效烃源岩平面分布与油气藏关系图

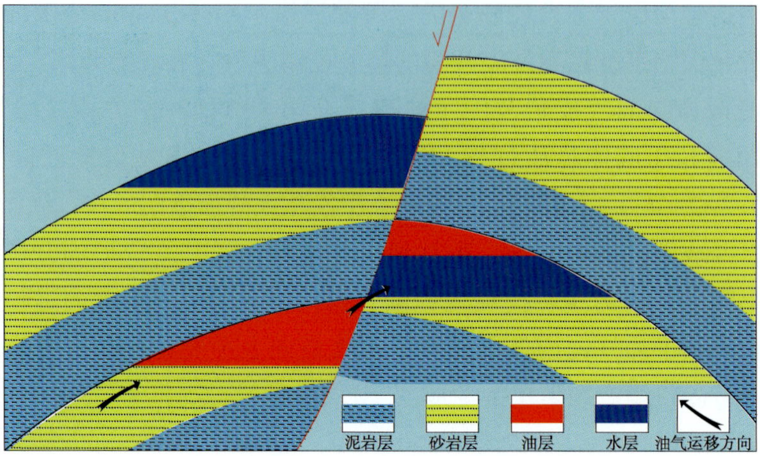

图 2-2-35　油气垂向有序聚集成藏模式图

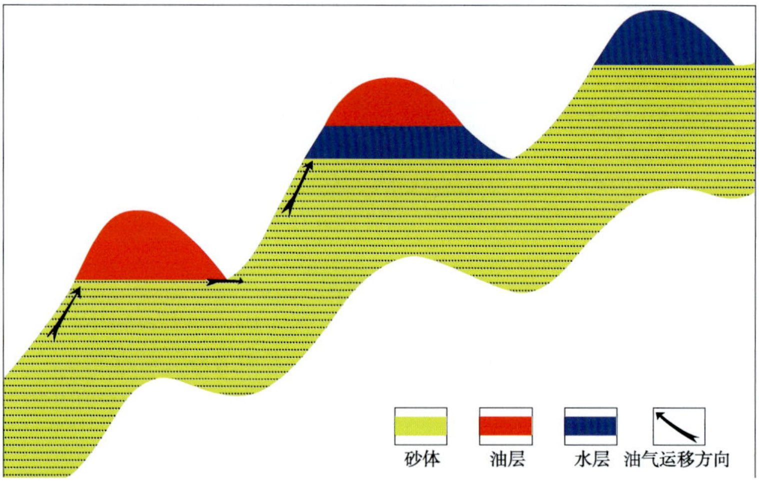

图 2-2-36　油气侧向有序聚集成藏模式图

（二）物源控制油气富集带

晚白垩世时期，从江陵凹陷西北、北、北东边缘向东南发育一套冲积扇沉积组合，扇根在北侧主控凹断层附近及路 1 井～公 2 井连线西南一侧地区，扇中地区包括万城断裂带、荆州背斜带、涴市断裂带大部、清水口向斜带等，扇端主要分布于资福寺向斜带及其东南缘一带。物源控制的砂体在现今几个正向构造单元上都很发育，尤其是长期继承性活动的万城断层在侧向上使下降盘的主力烃源岩和上升盘白垩系有利储集体对接，油气可穿断层侧向运移到白垩系砂体中富集成藏。

新沟嘴组沉积时期，江陵凹陷西北、北、北东边缘以河流和三角洲平原沉积组合为主，从荆州背斜带的北翼到南翼以三角洲前缘沉积组合为主，西北边缘的河流-三角洲体系总体向南东方向推进到万城断裂陡坡边缘，湖盆的中心位于梅槐桥洼陷和资福寺洼陷的中西部。物源控制的砂岩主要分布于北部，由两个次级朵状体构成：一个沿江 3 井—江深9井一带，大致呈南北方向展布；另一个沿港2井—范64井，呈北西-南东方向展布。特别是荆州背斜带上的三角洲前缘砂体与前三角洲的生油岩侧向犬牙交错，纵向叠置，有良好的生、储配置关系，油气可沿砂体向北侧向运移富集成藏。

荆沙组沉积时期，凹陷的物源方向发生变化，主要为西南部和北部，西部地区为三角洲平原和前缘相带，整个东侧大部为滨浅湖相带。西南部物源控制的砂体主要分布在中西部，从大路口附近进入凹陷东部分成两个朵状体：一个沿江深6井—金8井向东延伸到资福寺地区，另一个沿路9井—陵56井向北与北部物源相通。渗透性砂体主要集中分布于万城断裂带、涴市断裂带，其次是公安单斜带，上述三带在缺乏新沟嘴组较好储层的情况下，若有断层的沟通，新下段油气可通过断层运移至荆沙组聚集成藏。

综上所述，物源控制了生烃中心周缘两个最有利构造带的砂体展布，即物源主控万城断裂带白垩系(图2-2-37)和荆州背斜带新下段的砂体展布(图2-2-38)。换句话说，晚白垩世物源控制万城断裂带的新生中储式油气富集带；新沟嘴组沉积时期物源控制荆州背斜带的自生自储式油气富集带。

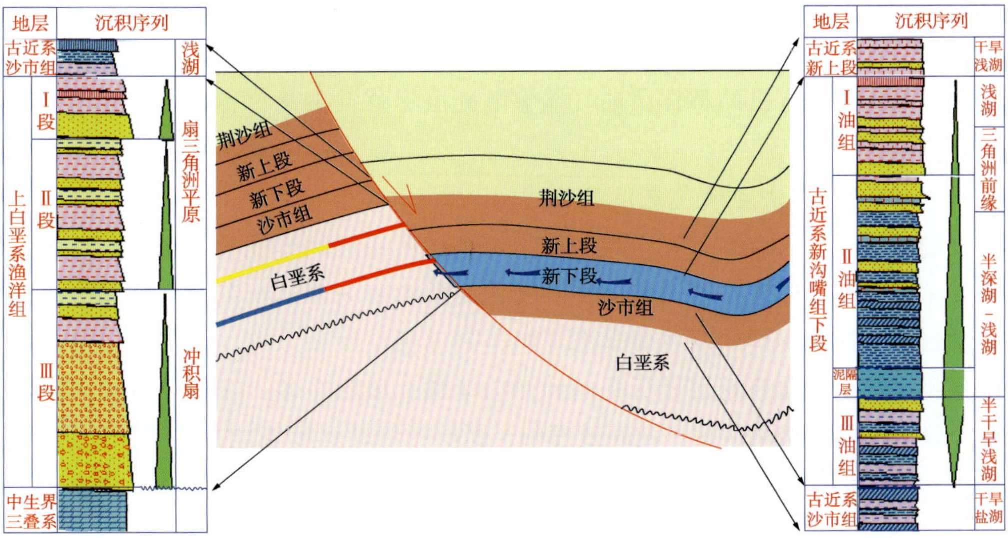

图2-2-37 江陵凹陷白垩系物源与油气富集带关系图

(三) 油源断层控制油气充注层位

所谓油源断层就是直接沟通油气输导层和储集体的断层，具有多期或长时期活动的特点，是联系生油区和油、气聚集区的重要桥梁。在上白垩统、新沟嘴组上段、荆沙组等层位发现的油层，经过对比分析，证实油源来自新沟嘴组下段烃源岩，说明生烃洼陷及其周缘一定规模的断层控制了油气的立体成藏。

江陵凹陷油源断层的活动控制了油气充注层位，主要体现在断层活动强度和断层发育背景不同上，使得纵向上白垩系、新沟嘴组上段、荆沙组等多层系含油。如万城、陵北、李埠、弥陀寺、复兴场、资北等断裂均为油气运移作出了贡献，使得储油圈闭与油

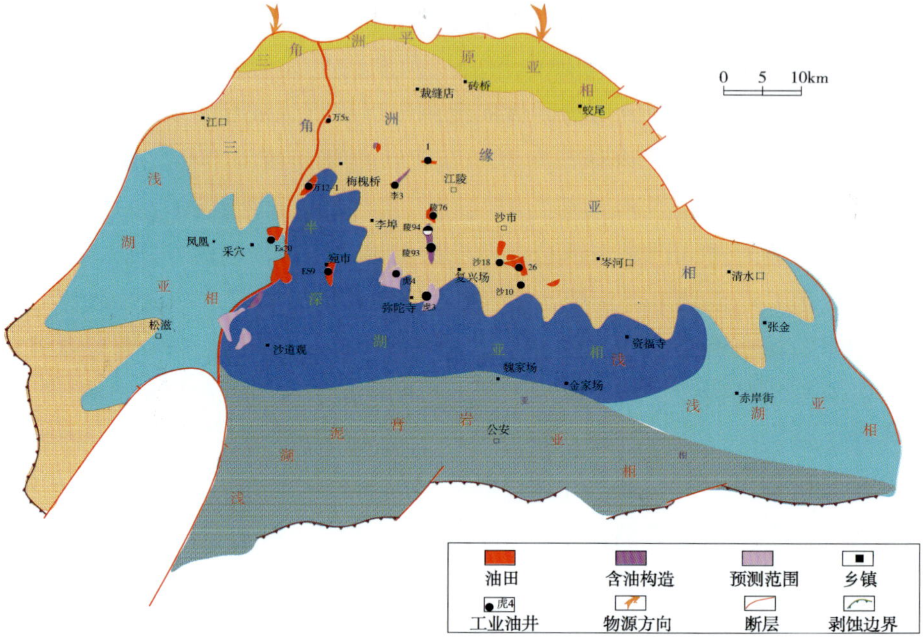

图 2-2-38 江陵凹陷新沟嘴组下段物源与油气富集带关系图

源区得以联系为一个有机的整体，油气能够顺断层运移并聚集，相应地形成了受断裂构造控制的油气藏。

1. 断层活动强度决定油气充注层位

在江陵凹陷由新沟嘴组下段主力烃源岩为基础所构成的生储盖组合中，主要发育白垩系、新下段、荆沙组等三套储集层，圈闭形成期主要为荆沙组沉积晚期和潜江组沉积早期，油气的生油期及排油期主要是潜江组至荆河镇组沉积末期，此期构造运动相对活跃，油气可通过系列油源断层进行垂向和侧向运移，最后在各二级构造带的高点或侧缘有封堵条件的圈闭内聚集成藏。此间过程中，断层的活动强度不同造成了断距大小不等，以致断面弥散因子以及断层两盘岩性对置关系不同，上述原因直接导致了油源断层在侧向、垂向上沟通的油气充注层位不同。

油气运移聚集期，断距的大小决定了油气从烃源层运移聚集的层位。理论上其断阶状断层累计断距大小等效于与单条断层断距大小。对于不同形成期和不同层位的油气成藏要求断距大小也不同，一般此断距应相当于目的层段到烃源层的厚度，烃源层和储集目的层对接，油气才能穿过断层面直接发生侧向运移（表 2-2-9）。

万城断层长期继承性活动，最大断距在 1500m 以上，使得上升盘的白垩系与下降盘新沟嘴组下段侧向对接，新沟嘴组下段的油源可穿过断层侧向运移至白垩系有利储集层中，形成“新生中储”型油气藏。李埠、弥陀寺、资北断层主要在荆沙组沉积时期活动，断层规模、断距均不如万城断层，故这些三级油源断层主要沟通主力烃源岩及其上覆储集体，在新沟嘴组上段和荆沙组的砂岩或火成岩储集体中聚集成藏。

表 2-2-9 江陵凹陷断距大小对各层段油气藏的控制统计表

层位	潜江组	荆沙组	新上段	沙市组	白垩系
地层厚度/m	500~1500	700~1200	200~300	300~1000	1000~2500
要求的断距/m		1000~1600	300~500	500~1000	1500~2000
油气藏实例		范 3 井	沙 304 井 陵 722 井	鄂深 10-1 井	万 11 井 鄂深 10 井
断层实例		资北断层和范家台构造次级断层	沙市次级断层；八岭山次级断层	万城断层	万城断层

2. 断层发育背景决定油气充注层位

江陵凹陷油源断层发育的构造沉积背景主要有三种情况：一是长期继承性发育的万城断裂带；二是新下段砂岩储集体非常发育的荆州背斜带；三是新下段砂岩储集体不甚发育的南部涴市断裂带及公安单斜带。

万城断裂是连接中部、下部成藏动力系统的大断层，造成白垩系物性、连通性很好的砂体直接侧接新下段烃源岩，烃储排替压差大，油气优先充注到白垩系中(图 2-2-13)。荆州背斜带的油源断层仅在中部成藏动力系统内沟通源储两层，造成多层系含油，且新下段油气最为富集(图 2-2-39)，其以上层系也是油气晚期沿着盐底辟、构造反转作用伴生的断层次生成藏，能富集成藏的层系也局限在新上段、荆沙组下部，油气就是运移到上部成藏动力系统也多呈油气显示。南部砂岩储集体不太发育地区的油源断层仅在中部成藏动力系统内向上沟通离烃源最近的储集体，如新上段和荆沙组的火成岩储集体及砂岩储集体。

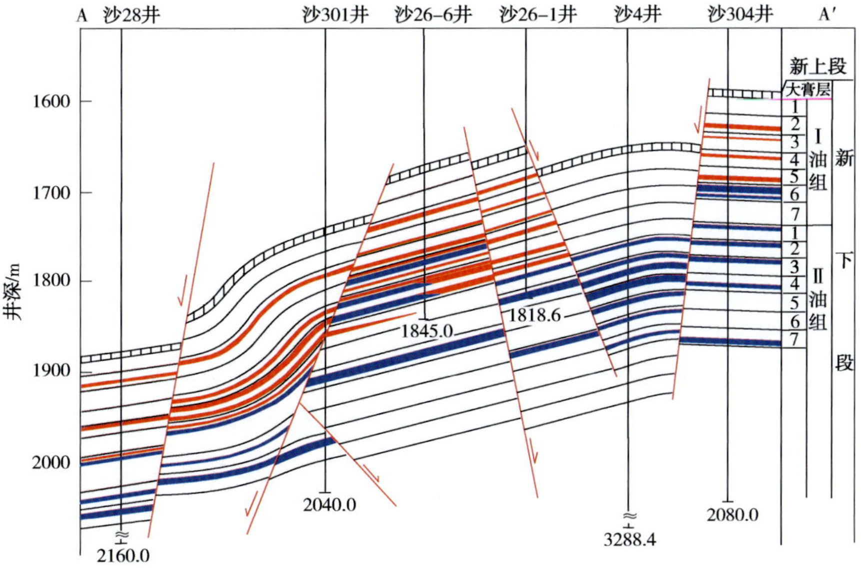

图 2-2-39 沙市油田沙 26 井—沙 304 井区油藏剖面示意图

当然，油气成藏是一个复杂的过程，不可能只受单一因素的控制，尤其是该地区具有复杂的地质条件和背景，油气成藏主要受两种或三种因素的共同影响。如荆州背斜带原生油气藏具有近生烃中心、有较好储层的特点，主要受烃源、物源的控制，但其后期次生油气藏则主要受断层及盐构造活动的控制；万城断裂带则主要受物源和油源断层的控制；涴市断裂带和公安单斜带主要受烃源和油源断层的控制；资福寺向斜及梅槐桥向斜则主要受控于物源条件。

第三节　成藏模式与油气富集规律

一、油气成藏模式

油气聚集成藏应包括构造、沉积、油气聚集不同阶段的模式。成藏模式是概括油气从烃源层运移到圈闭聚集成藏过程的地质模型。大多数前人根据生储配置把江陵凹陷的成藏模式总结为自生自储、新生古储、古生新储等三种油气成藏模式。其实从严格意义上来说，新生古储中的“新、古”应指新生代和古生代，结合实际改为新生中储、自生自储比较合适。

本书根据江陵凹陷构造格架和演化背景，油气运移输导网络特征及油气聚集成藏方式，从成藏机理和成藏主控因素出发将江陵凹陷油气成藏模式归纳为垂向成藏、侧向成藏、次生成藏和他源成藏等四种。不同的成藏模式可形成不同的油气藏类型，为指导今后在不同的构造区带寻找相应的油气类型提供了一定的依据。

（一）次生成藏模式

次生成藏模式指油气初次运移到与烃源岩同层段的砂体输导层，较长距离侧向二次运移后在合适圈闭原生成藏，受后期构造运动影响，原生油藏遭到调整改造或破坏，油气沿新生或再活动的断层及砂体上倾方向螺旋式垂向三次运移进入新的地层次生成藏或逸散（图 2-3-1）。油气二次运移的动力来自浮力和水动力的合力，通道主要为骨架砂体，主要沿储层的上倾方向侧向运移，并先进入距生油中心较近的储层，局部可以沿断层向上方同层运移。这类模式的油藏具有如下特点：①油藏主要分布于生烃灶北缘，油气初次排替进砂层，供烃条件优越；②新沟嘴组下段储层属三角洲前缘亚相沉积，储集体的物性较好、规模较大；③油气运移早期主要是砂层侧向输导原生成藏，晚期主要是断层及上倾砂体螺旋垂向输导次生成藏，成藏条件是在闭合构造范围内；④含油层系多、充满程度低；⑤油藏类型主要为构造油藏；⑥油气主要分布在新下段的原生油藏中，次生的新上段、荆沙组油藏不成规模，可能跟后期油源供给不足、不畅以及断层封闭性良好有关。

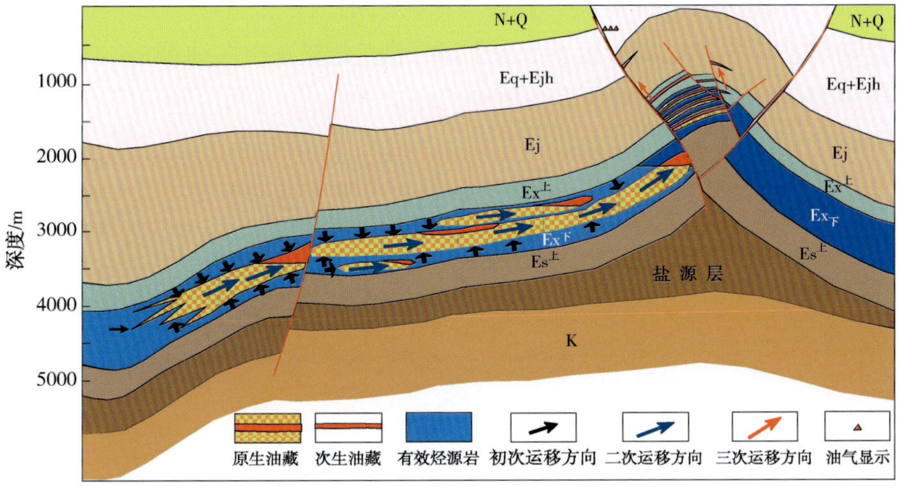

图 2-3-1 江陵凹陷次生成藏模式图

荆州背斜带新上段及荆沙组油藏属于次生油藏，其新下段油藏属于早期原生油藏，即资福寺洼陷新下段烃源岩生成油气初次排替到同层指状交错的三角洲前缘砂体，侧向运移至沙市背斜带新下段圈闭中原生成藏，受后期盐底辟、反转构造影响，新下段早先聚集的油气顺断层及上倾砂体联合螺旋式垂向运移到新上段、荆沙组中的闭合构造内次生成藏，但究其富集程度而言，还是以新下段残余油藏为主。

次生成藏模式主要分布在荆州背斜带上。该带南部紧邻资福寺、梅槐桥向斜带的主要烃源区，因而有很好的油源条件。该带是马山、后港两大沉积体系的三角洲前缘沉积区，以河口坝、水下分流河道等微相为主，砂体发育，有很好的储集条件。新下段大膏层、新上段泥岩发育，形成极好的区域性封盖层。荆州背斜构造带于荆沙组沉积时期初具雏形，与油气主要生成、运聚时期相匹配，是油气运移的主要指向区，也是长期指向区。主要成藏区内北东向断层发育，北东向断层与源层呈指状交叉的砂体，构成了良好的侧向油气输导系统。该背斜带到荆河镇组沉积末期才最终定型，为新下段原生油藏的次生成藏提供了可能。目前在江陵凹陷所发现的油气田(藏)以该背斜带居多，且以新下段原生油藏为主，如八岭山油田、花园油田、荆西油田和沙市油田。

(二) 侧向成藏模式

侧向成藏模式指主要烃源区内、烃源层内的一种自源式近源成藏模式，油气初次运移到与烃源岩同层段的砂体输导层，短距离侧向二次运移后在生烃中心附近圈闭原生成藏(图 2-3-2)。油气的运移动力主要来自烃源岩生、排烃产生的超压，运移通道主要为泥岩孔隙(薄层)，运移距离很短，初次运移方向主要为垂向，并首先进入与烃源岩指状交错砂体中，再短距二次运移后就近成藏。这类成藏模式的油藏具有如下特征：①油藏主要分布在生烃中心西部和北部，油气初次排替进砂层，供烃条件极好；②新沟嘴组下段储层在北侧属三角洲前缘亚相沉积，其西侧为坡折带扇体沉积，总体物性较好，规模较小，烃源层中储层发育是控制该类模式成藏的关键因素；③油气运移以砂体侧向输导为主；④含油层系单一、充满程度高；⑤油藏类型主要为岩性油藏或构造-岩性复合油藏；⑥油气主要分布在新下段的原生油藏中。

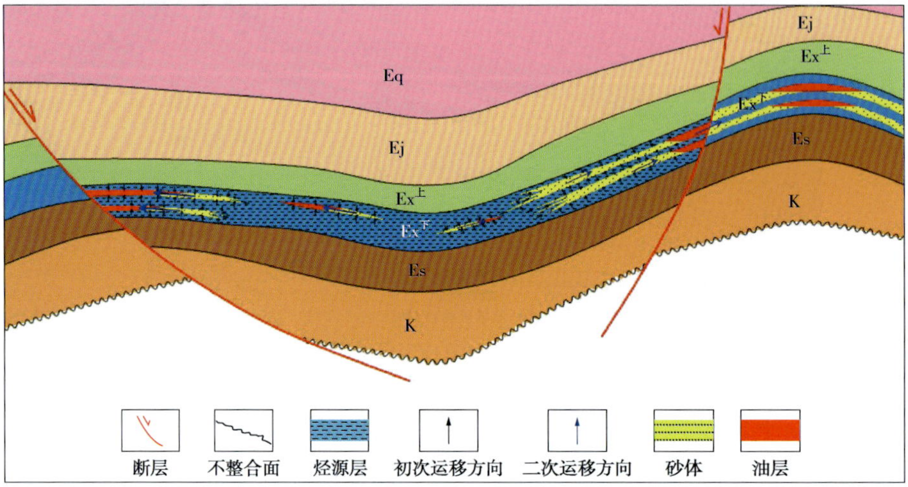

图 2-3-2　江陵凹陷侧向成藏模式图

梅槐桥向斜带上万城南三维区内万 12 块油藏就为侧向成藏模式(图 2-3-3)，即梅槐桥向斜新沟嘴组下段烃源生成油气排替到互层砂体中成藏。万 12 区位于梅槐桥生油洼陷供油区，具有充足的油源条件；万城下降盘呈朵状展布的Ⅱ油组坡折带砂体作为主力储层，孔隙度、渗透率较好，储集条件良好；以新下段大膏层为直接盖层，区域封闭条件良好；构造-岩性复合式圈闭的形成期与油气运移期具有良好的时空配置关系，由此形成了构造-岩性油藏。该油藏充满程度为 100%，主要含油层位是新下段Ⅱ油组。

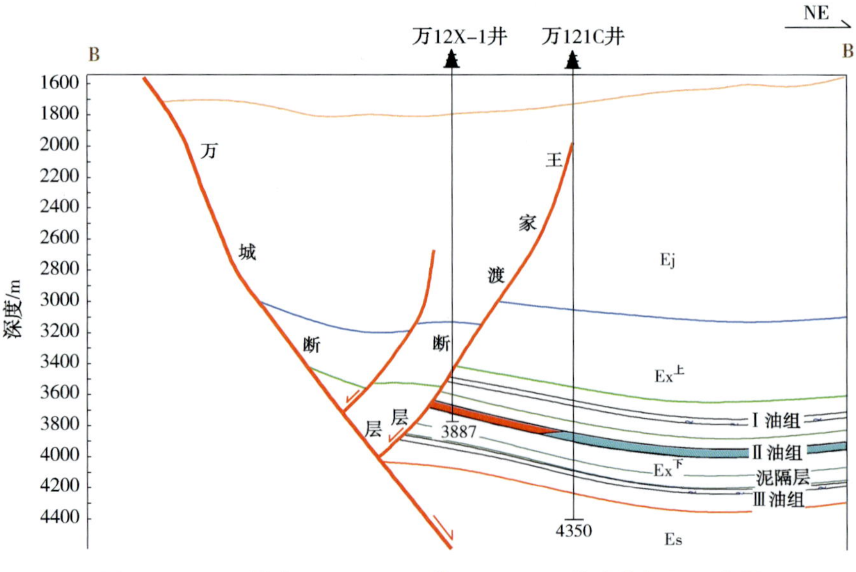

图 2-3-3　万城油田万 12X-1 井～万 121C 井油藏剖面示意图

侧向成藏模式主要分布在凹陷生烃中心附近且新沟嘴组下段砂体较发育的地区，如荆州背斜带南斜坡和梅槐桥、资福寺生烃洼陷紧邻万城、资北断层下降盘的滚动背斜地区。上述地区油源充足，新上段大膏层区域垂向封闭条件好，圈闭形成期早于油气主要生成、运聚时期，油气富集成藏规模关键在于储层、圈闭的发育程度。万城、资北断层在新沟嘴组下段沉积时期的同生正断活动控制了下降盘沉积，在其前缘发育坡折带模式的砂岩扇体沿同生断层呈裙摆状或朵状分布，形成一系列岩性圈闭；荆州背斜带南斜坡位于新下段沉积时期的三角洲前缘相和半深湖或浅湖亚相的过渡带，砂泥齿状交错分布，岩性圈闭发育；上述圈闭为烃源中心生成油气近源侧向成藏提供了有利场所。目前，在万城下降盘已发现了万城油田和谢凤桥油田。

侧向成藏模式与次生成藏模式具有相似的成藏条件与成藏过程，但也有一些差别。其一，前者为近源成藏，油气不需太远的运移；后者油气经历了较长距离运移。其二，圈闭类型不一样，前者以同沉积圈闭为主，后者以盐构造圈闭为主。其三，油气富集层位有差异，前者以沙市组上段、新沟嘴组下段Ⅲ油组为主，后者以新沟嘴组下段Ⅰ、Ⅱ油组为主。其四，前者为原生成藏，后者受到次生成藏调整改造。

（三）垂向成藏模式

垂向成藏模式指源岩生成油气直接初次排替到油源断层(图2-3-4)或垂向连通的火成岩输导体(图2-3-5)，并沿其向上垂向运移进入新地层中的有效圈闭中成藏。该类成因油藏的运移动力主要来自烃源岩初次排烃积聚的超压，运移关键通道为断层或垂向连通的火成岩输导体，运移距离稍长，并最先进入离烃源层最近的储集体中聚集成藏。这类模式的油藏具有如下特征：①油藏主要分布在生烃中心南部，油气初次排替到断层面，供烃条件一般；②南部储集体主要包括新上段、荆沙组的火成岩、砂岩储集体，新下段砂岩储集体不太发育是该模式成藏的必要条件；③油气运移主要靠断层或火成岩输导体垂向输导，且油源断裂或直插源岩层的火成岩输导体是否发育是该类模式成藏的关键；④含油层系单一、充满程度低；⑤油藏类型主要为构造油藏；⑥油气主要分布在新下段以上层系中。

江陵凹陷涴市断裂带新华北断块虎4井荆沙组油藏就为垂向成藏模式，即梅槐桥向斜新沟嘴组下段烃源生成油气通过新华断层运移至上升盘北断块荆沙组砂体中成藏。虎4井区位于涴市断裂带李家台构造中部，荆沙组自身不具备生烃能力，但紧邻梅槐桥向斜带，新下段具备较好的烃源条件，是荆沙组垂向成藏的基础；新华Ⅰ号、Ⅲ号断层组成了良好的沟通新下段烃源层与荆沙组储层的断裂输导系统；涴市断裂带荆沙组圈闭的形成及定型期为荆沙-潜江期，早于新下段烃源岩的生排烃期，具有较好的成油配套史；该区位于荆沙组西南物源的入口处，因此具备相当的荆沙储层，为油气聚集提供了有利场所。

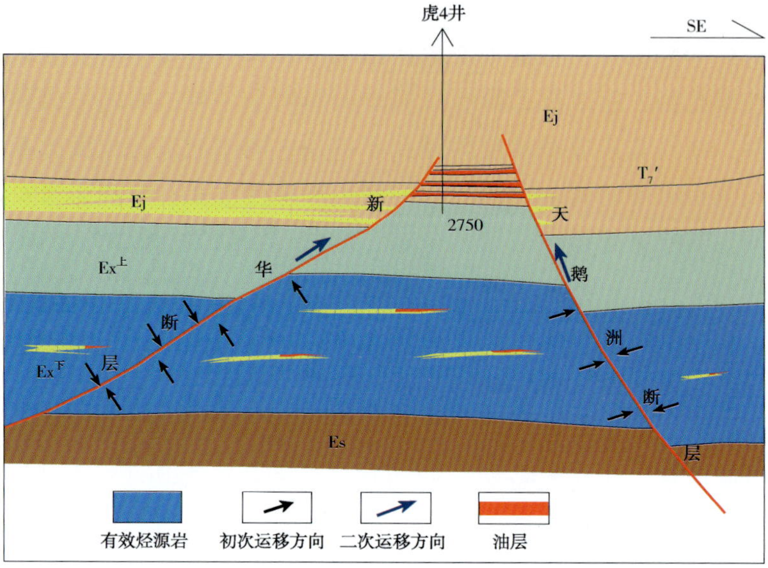

图 2-3-4　江陵凹陷断层垂向成藏模式图

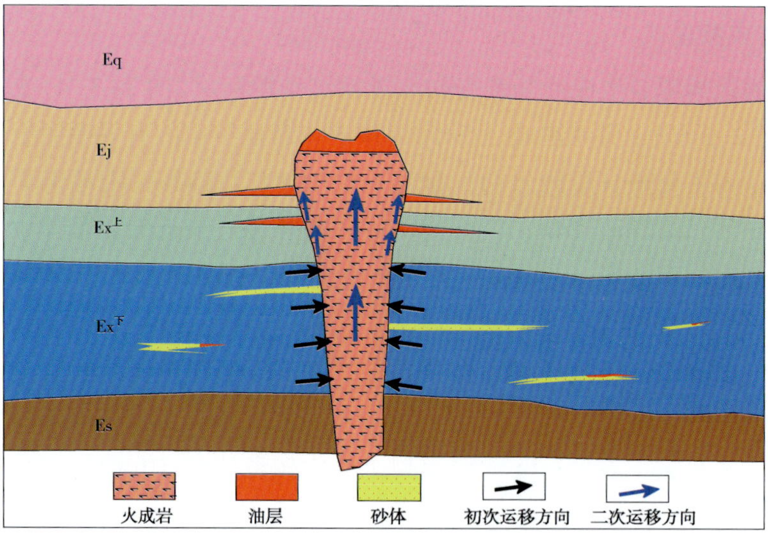

图 2-3-5　江陵凹陷火成岩垂向成藏模式图

垂向成藏模式主要分布在江陵凹陷南部新沟嘴组下段储集砂体不发育的地区，油气初次排替到油源断层或具有较好垂向连通性的火成岩输导体，就会顺其向上运移到新上段或荆沙组储集体当中，由于断层与烃源岩垂向面状接触，与砂体侧向层状接触相比，这种垂向运移的油气总量不会太大。油源断层沿梅槐桥、资福寺生烃洼陷南侧广泛分布；火成岩输导体可能局限在凹陷东南火成岩发育地区，供烃洼陷局限在资福寺洼陷。储集体可为砂体，如涴市断裂带李家台地区；也可为火成岩，如公安单斜带的金家场地区（图 2-3-6）。

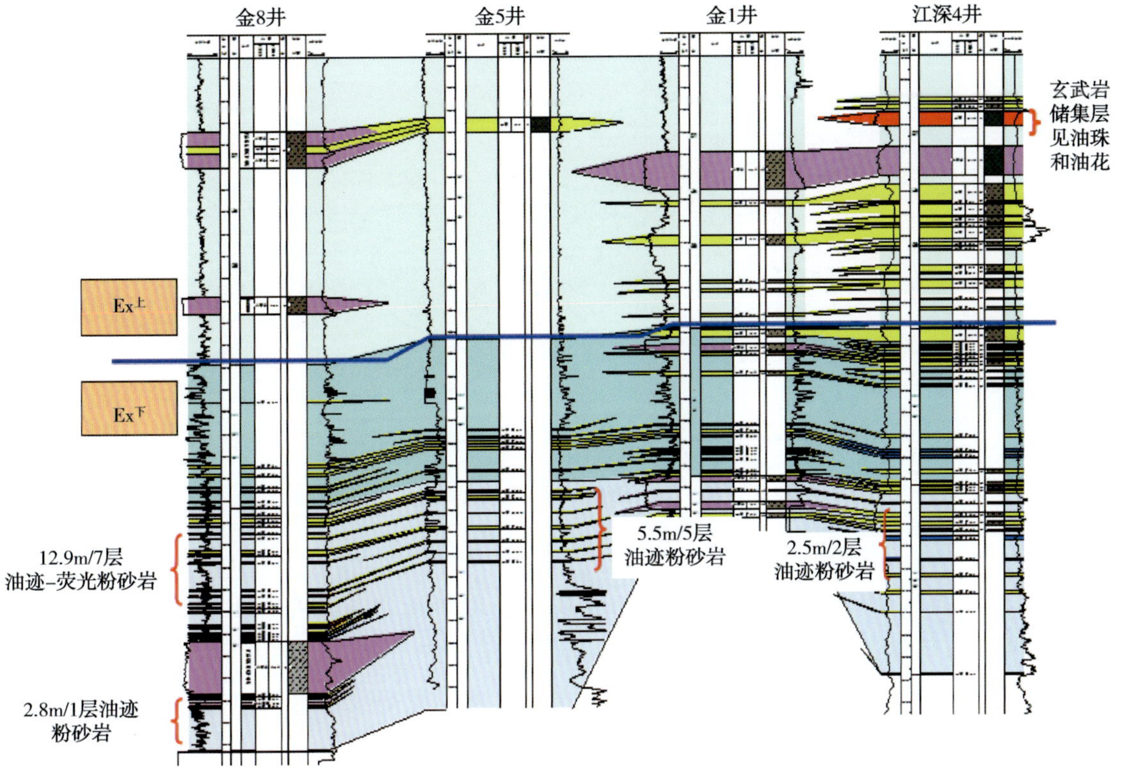

图 2-3-6　江陵凹陷金家场地区新沟嘴组储层对比图

（四）他源成藏模式

他源成藏模式指烃源层和储集层不为同一层系，油气经断层和不整合面跨系（带）运移成藏。江陵凹陷的他源成藏主要指古近系新沟嘴组下段烃源岩生成的油气穿断层运移到白垩系或古潜山中成藏（图 2-3-7）。油气二次运移的动力来自浮力和水动力的合力，通道主要为垂向断层面+侧向骨架砂体，油气首先穿过断层面进入侧向对接的骨架砂体，再沿砂体上倾方向侧向运移，进入就近构造圈闭成藏。这类成藏模式的油藏具有如下特征：①位于继承性古隆起上，紧邻生烃中心，供烃条件充足；②白垩纪砂体储层很发育，如万城断隆带中南部砂层厚 30～250m，储集条件极好；③油气运移靠穿断层输导和砂体侧向输导；④油源断层是成藏关键，其长期继承性活动才能造成自源超压系统与他源常压系统侧向对接；⑤圈闭多为断块、断鼻构造；⑥油藏规模中等、含油层系单一、沿断层附近呈条带状分布，含油性横向变化大，产量高。

万城断裂带上谢凤桥油田 SK8-16 井区油藏就为他源成藏模式，即梅槐桥向斜新沟嘴组下段烃源生成油气穿断层排替到上白垩统红花套组砂体中成藏。SK8-16 井区东侧紧邻梅槐桥生油洼陷供油区，油源充足；红花套组冲积扇砂体作为主力储层，砂岩厚度大于 250m，孔隙度、渗透率较好，储集条件良好；以新上段大膏层为直接盖层，区域封闭条

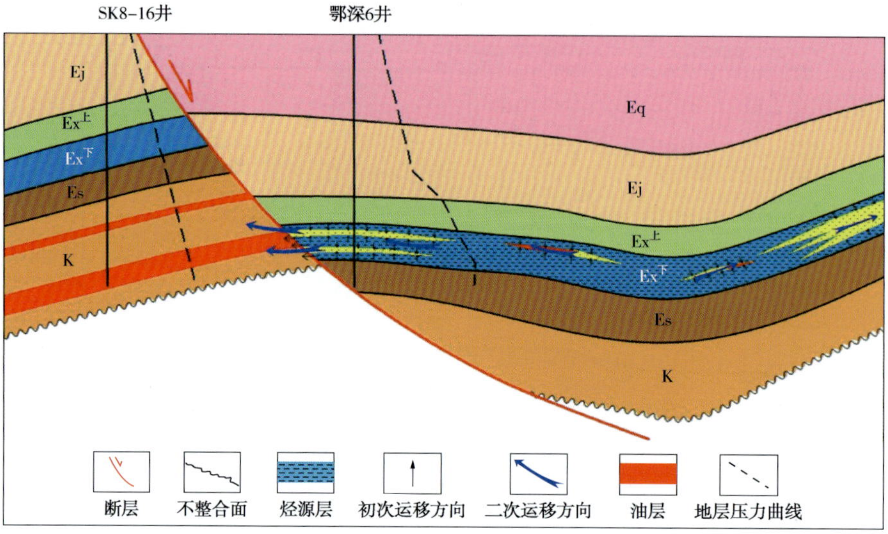

图 2-3-7　江陵凹陷他源成藏模式图

件良好；万城断层作为油源断层直接使新沟嘴组下段烃源岩与红花套组储集层侧向接触，油气穿断层面运移到上升盘再沿砂层向高部位运移；位于上升盘的断背斜圈闭早于生排烃期成形，捕获油气他源成藏。该油藏连片分布，而油藏高度最高仅 90m，砂岩厚度远大于油层厚度，因而形成底水油藏，其分布严格受构造高低控制。

他源成藏模式主要分布在万城断隆带上。万城断隆构造带是由于万城断裂的强烈活动，在断裂上升盘形成的断隆构造带。该带构造圈闭发育，主要包括断鼻、断块、断背斜类构造圈闭，主要形成于荆沙组-潜四段沉积时期，早于油气主要生成运聚时期(潜江组-荆河镇组沉积时期)，是油气运移的主要指向区。万城断隆带白垩系储层特别发育，西南为其主要物源方向，储集条件极好。沙市组泥岩、新沟嘴组下段的大膏层、新上段的厚层泥岩构成了区域性盖层。万城断隆带其东紧邻江陵凹陷主力烃源区——梅槐桥次洼，烃源条件十分优越。万城断裂强烈活动造成其下降盘的主要烃源层新沟嘴组下段与上升盘的主要储层白垩系通过断裂对接，形成油气直接沟通与输入。总之，万城断隆带成藏条件十分优越，以新生中储的他源式成藏方式为主。目前在万城断隆带已发现了采穴、谢凤桥油田。

他源成藏模式与其他三类成藏模式不同：前者为跨成藏动力系统成藏，中部成藏动力系统生成油气跨系统运移到下部成藏动力系统成藏；后者均为中部成藏动力系统内部成藏。

二、油气富集规律

综合江陵凹陷的油气输导条件、成藏期次、成藏主控因素及成藏模式多方面分析，认为江陵凹陷油气富集规律主要有以下四条。

（一）新下段和白垩系为油气主要富集层位

江陵凹陷油气富集层位主要集中在新下段烃源岩层系和与之横向邻接的白垩系，前者广泛分布于北部，后者局部分布在西部(表2-3-1)。

表2-3-1 江陵凹陷钻井油气富集层位统计表

井况	层位				
	潜江组	荆沙组	新沟嘴组上段	新沟嘴组下段	白垩系
油气显示井	43	25	19	72	19
油气层井	16	10	7	43	3
试油井	11	7	5	41	2
低产油流井	9	6	3	14	
工业油流井		1	3	23	5

新沟嘴组上、下段和荆沙组属于中部成藏动力系统，油气成藏均属于系统内部过程，新下段烃源层自身砂岩储集体就很发育，油气富集层位主要集中在新下段。

由于中部系统没有大规模超压流体释放过程，油气不可能沿断层做大规模垂向运移，在强烈盐底辟作用下，要靠砂体侧向、穿断层侧向、再砂体侧向往复实现螺旋式垂向输导。新上段及荆沙组的油气规模也较小或根本不成规模，潜江组属于上部成藏动力系统，油气规模较小。万城断裂带白垩系有利相带上的储层直接与新下段烃源层相接，油气在中部自源超压排烃作用下很容易穿断层进入他源常压系统聚集成藏(图2-3-8)。

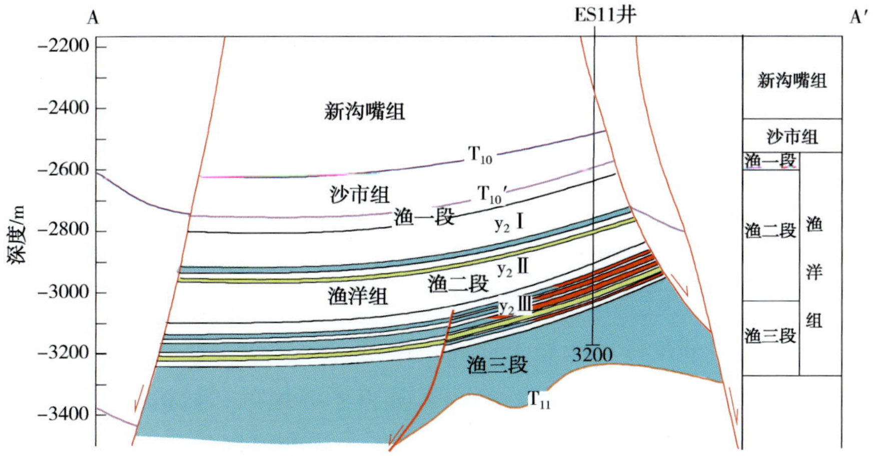

图2-3-8 采穴油田油藏剖面图

南部因为新下段的储层不发育，油气主要靠油源断层或火成岩垂向输导体往新上段及荆沙组砂岩或火成岩储集体中聚集，由于垂向输导与油源仅为面式接触，将会很大程度上影响油气富集程度。

（二）万城断裂带和荆州背斜带为油气主要富集区带

从目前已探明石油地质储量平面分布来看，江陵凹陷油气主要分布于有利生油向斜周缘的正向构造带的古隆起上，如荆州背斜带、万城断裂构造带。江陵凹陷的主要生油区在梅槐桥洼陷和资福寺洼陷，其中梅槐桥、虎渡河和资福寺3个洼陷生油量占江陵凹陷总生油量的66.2%，排油量占76.7%，远远超出其他几个生油洼陷。新沟嘴组下段油气侧向运移距离最远可达15km。油气总是从过剩压力大的地区向过剩压力小的地区运移，因此继承性的古隆起、古斜坡自然是油气运移指向区。若以梅槐桥、虎渡河和资福寺生油次洼中心为起算点，荆州背斜带、万城断裂构造带、公安单斜带的油气藏及油气显示均在运移范围内，特别是荆州背斜带可沿十分发育的新下段储集体侧向和次生成藏，万城断裂带可穿断层到白垩系砂岩储集体垂向成藏，而公安单斜带因储层不甚发育造成油气向其运移困难，已探明的10个油藏的分布特点也证实了这一点。

油气在平面上主要富集在荆州背斜带和万城断裂带是因为三个成藏主控因素对其大都有利。荆州背斜带紧邻南部生烃洼陷带，是油气运移的长期指向区，烃源对其成藏有利；其新下段处在三角洲前缘亚相上，砂层、烃源层指状交错，物源对其成藏有利；油源断层对成藏输导有利，但造成多层系含油使单层充满度降低。万城断裂带也是紧邻东侧生烃洼陷带，烃源对其成藏有利；其白垩系储层是冲积扇砂体，物源对其有利；更重要的是跨系统的油源断层直接连接他源常压系统和自源超压系统，使油气侧向穿层输导无障碍。梅槐桥、资福寺向斜带油气富集程度不如前述两带，主要受控于烃源层储集体发育程度。南部单斜带油气富集程度不如前述几带，主要受控于储层不太发育。北部向斜带及单斜带油气不富集主要因为荆州背斜带截留了南来油气和荆沙-潜江期北部强烈的火山活动。

（三）四种成因圈闭有序组合和叠置构成主要油气勘探领域

江陵凹陷局部构造发育，同沉积构造、反转构造、盐构造和火山构造等四种构造的有序分布与叠置，形成以构造圈闭（或具有构造背景）为主导的多种油藏类型，构成五个勘探领域。

同沉积构造主要分布在万城断层、资北断层等同生大断裂附近；反转构造主要分布在凹陷的北部，如万城断层北部以及八岭山、复兴场等地区；盐构造在荆州背斜带、梅槐桥向斜带和涴市断裂带等次级构造单元上都可见，其中以荆州背斜带盐构造最为发育；火山刺穿构造主要发育在深断裂附近，如八岭山东断层的南段和纪山寺断层的西北段，另外在江陵凹陷南部金家场地区的一些三维地震剖面上也可见到火山锥构造及伴生的披覆构造。

荆州背斜带上的八岭山、复兴场以及沙市地区各自发育的局部构造类型及叠置关系有所差异，在八岭山地区主要是由反转构造、盐构造以及火山岩构造三者叠加，复兴场地区主要是反转构造与盐构造的叠加，而沙市地区主要发育盐构造。万城断裂带北段主要是反转构造与火山岩构造的叠加，中段是盐构造与同生构造的叠加，南段则主要发育弱反转构造。上述不同地区不同局部构造叠加所伴生的断鼻、断背斜、地垒、逆牵引背斜构造就是油气富集的主要场所。

江陵凹陷晚白垩世以来的多期构造活动形成了类型众多的复杂构造圈闭，类型主要有断块(图 2-3-9)、断鼻(图 2-3-10)、断背斜等。

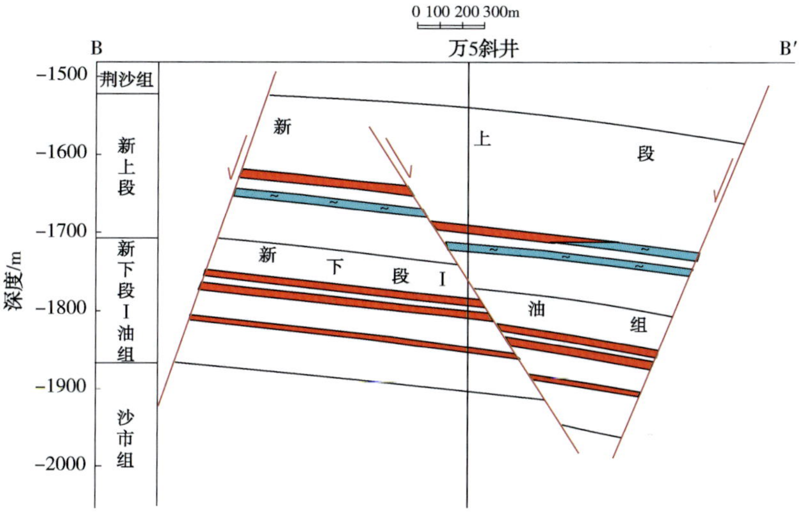

图 2-3-9　万 5 斜井油藏剖面图

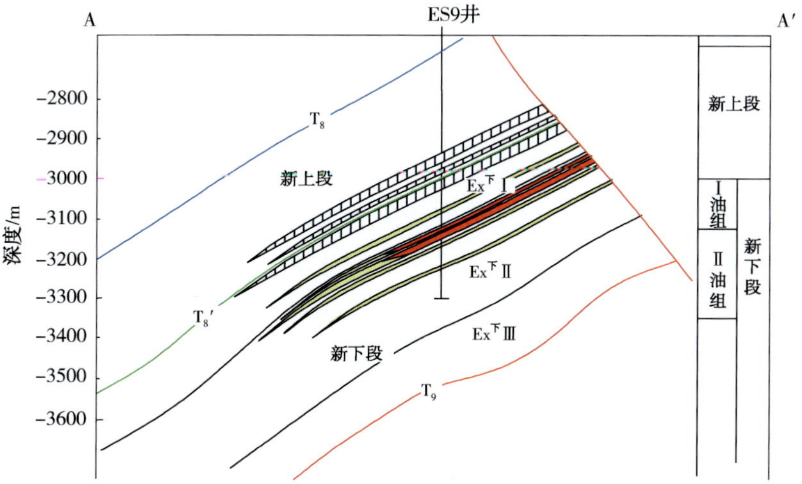

图 2-3-10　南岗油田油藏剖面图

从圈闭形态来看，断鼻和断背斜更有利于油气的聚集，目前已探明的 14 个构造油藏中，断鼻占 7 个，断块占 6 个，断背斜占 1 个，说明在江陵凹陷断鼻和断块型圈闭比断背斜型圈闭有利于油气成藏，同时这两类圈闭的储量丰度明显高于其他类型。

断鼻圈闭类型少量为正向断鼻型，主要为反向断鼻型。反向断鼻主要分布在荆州背斜带沙市、复兴场、八岭山构造的侧缘以及万城断裂带谢凤桥、南岗地区(图 2-3-10)。正向断鼻油气藏分布在三级圈闭的侧翼部位，也常与小断层相伴生。如荆江断鼻，封堵断层呈北东向，断距较小，断层封堵性较差，多在目的层以上的地层中见油气显示；主要分布在新沟嘴组上段和Ⅰ油组的上部。断块油气藏即倾斜储集体的上倾方向为2条交叉的断层所包围，在构造图上表现为较平直的构造等值线与交叉断层相交，如万城油田万5斜井(图 2-3-9)，花园油田陵 16 井，采穴油田的鄂深 11 井，荆西油田的虎 3、虎 4 井等。断背斜型油气藏在谢凤桥油田 SK8-16 井区可见。江陵凹陷还发育岩性或构造-岩性油气藏，圈闭一般具有构造背景，这类油藏在地层上倾方向主要受断层遮挡，在侧向上，由岩性尖灭或物性变差而形成遮挡，油藏规模一般较小。如沙 26 井和陵 93 井等。另外，在江陵凹陷南部不排除存在火成岩构造圈闭和油藏。总之，各类油藏分布于白垩系、新下段、新上段、荆沙组和火成岩储集体中，构成了五个勘探领域。

(四) 生烃洼陷南部形成多点、多领域含油局面

江陵凹陷生烃洼陷南部新下段烃源岩层系中砂岩储集体不太发育，导致侧向输导不畅，可能形成多点、多领域含油的局面。目前南部已在金家场地区金 4、金 6 和江深 4 等 3 口井的火成岩储集体中见到油气显示或油层，特别是江深 4 井在新上段 2028. 4~2041. 0m 井段玄武岩储层解释油层 12. 6m/1 层，试油获得日产 2. 3t 的工业油流，首次突破了江陵凹陷火山岩油藏的出油关；另外李家台地区虎 4 井在荆沙组已获得油气突破(图 2-2-23)，对荆沙组 2482. 6~2484. 8m 测试后获日产 16. 52m^3 的工业油流。这一切均预示着南部广阔的油气勘探前景。

江陵凹陷南部发育两类储集体：一是新沟嘴组及荆沙组的砂岩储集体，其中新下段及新上段可能主要在局部地区较发育，而荆沙组砂层分布较连续，整体连通性也要强于前两者，可能是南部最有利的砂岩储集体；二是新下段、新上段、荆沙组和潜江组中零散分布的火成岩储集体，其中新上段及荆沙组火成岩储集物性更优；上述多套储集层系会促成南部多领域含油。前已述及，江陵凹陷南部主要靠垂向输导体沟通油源岩和上部储集层垂向成藏，由储集体和油源断层匹配组合而成的构造或火成岩圈闭分散性较强，造成南部油气多点成藏。

第三章

油藏勘探技术及实践

根据近年的勘探及研究成果并根据各二级构造带的构造、储层、烃源条件等综合评价认为近期江陵凹陷主要增储领域为以梅槐桥-虎渡河-资福寺、江口等生烃洼陷为中心形成的六个主要勘探领域：①荆州背斜带；②万城断裂构造带；③涴市断裂构造带；④公安单斜带；⑤梅槐桥向斜带；⑥资福寺向斜带。下面将详细对各区带的勘探潜力和重点目标进行评价。

第一节　有利区带评价

一、荆州背斜带

荆州背斜带位于江陵凹陷中北部，是一呈北西向展布的背斜带，其东为清水口向斜带，南与梅槐桥向斜带、涴市断裂带和资福寺向斜带接壤，勘探面积约 600km^2。自 1958 年开始进行勘探以来，该区先后完成了重力、磁、电、地震、化探、大地电磁测深及 ME 油气预测等大量地球物理及地球化学勘探工作。该区三维地震共有 6 块，满覆盖面积达 361.39km^2，东部覆盖面积相对少，西部几乎实现满覆盖；另有大量 20 世纪的二维测线通过本区，基本实现全覆盖。本区内有各类探井约 150 口，探井密度为 0.25 口/km^2，整个荆州背斜带在江陵凹陷的二级构造带中属于勘探程度相对较高的地区之一。目前该区发现八岭山、花园、荆西、沙市等四个油田，共探明石油地质储量 584.27×10^{4}t，发现的探明储量仅次于万城断裂带，剩余资源量还比较多，仍具有较大的勘探潜力。

（一）构造及圈闭特征

荆州背斜带为一近北西向展布的二级构造单元，北西向长度达 60km，北东向宽度为 5~15km，新下段埋深普遍小于 2500m。荆州背斜带形成机制较为复杂，总体归结为受到荆沙期盐隆、断裂和火成岩及早第三纪末期的弱挤压等共同作用形成。从目前的构造特征看，由北西向展布的陵北、李埠、弥陀寺、资北、资南等大断层将荆州背斜带切割成北西向和近东西向展布的六个次一级构造，分别为八岭山、花园、荆西、沙市、范家台、赤岸街等构造。

荆州背斜带的六个次一级构造单元的形成不尽相同，但是从构造的形态看，与北东向荆沙期断裂均有关系。每一个三级构造均被多条北西向的断层切割成大量的断块、断鼻、断背斜类型的构造。另外，荆沙期盐隆也是造成荆州背斜带的主要原因。由于江陵凹陷沙市组沉积了上千米的膏盐岩，新下段沉积时期受到北部单向物源的影响，沉积形成了“半盆砂半盆泥”，即北部以砂岩沉积为主，南部以泥岩沉积为主，荆州背斜带刚好处于砂泥交界处。随着荆沙期盐岩的差异压实造成盐岩的塑性流动，形成大量的盐岩构造。荆州背斜带北部的八岭山、花园、荆西和沙市构造就是典型的盐构造，这些构造在地震剖面的上沙市组可以看见典型的盐岩上拱特征。同时在早第三纪晚期，江陵凹陷受到一期弱挤压，主要对荆州背斜带和万城断裂带的构造进行了一定的改造。在荆州背斜带北部八岭山东、八岭山西、荆江断层、复兴场断层、沿江均为北西向逆断层，表明了荆州背斜带受到晚期弱挤压运动的影响进一步得到改造。另外，江陵凹陷的火成岩大面积分布，也一定程度影响了荆州背斜带的形成。目前八岭山、花园潜江组火成岩十分发育，在荆西荆沙组也有火成岩，在沙市地区沙市组见到厚层的火成岩，尤其在范家台和赤岸街地区新沟嘴组见到大量的厚层火成岩，因此可见火成岩的发育对荆州背斜带的形成起到一定的作用。

目前区内主要发育两组断裂：一组是北西向或者近东西向的荆沙期–潜江组早期的断裂；另一组以北西向早第三纪末期的逆断层，仅零星的分布在八岭山、荆西和沙市地区。新沟嘴组沉积时期，处于拗陷沉积阶段，断裂并不发育。在荆州背斜带有控制作用的断层仅有天鹅洲、资北、资北Ⅰ号、资南断层等。

目前荆州背斜带由于勘探程度相对较高，发现的剩余圈闭 15 个，面积 13.1km^2（表 3–1–1），储备圈闭面积相对不大，但资源量还剩余较多，表明还有一系列的隐蔽圈闭有待发现。在荆西西部通过二维测线，已经发现一个构造圈闭群；在沙市油田周缘，由于二维测网较稀疏，构造圈闭特征不明显，但根据目前荆州背斜带断裂的发育程度，通过三维地震资料的部署，应该可以找到系列的构造圈闭。此外，通过精细的沉积微相和砂体展布规律研究，结合储层预测研究，还应该可以找到多个岩性圈闭。

表 3–1–1 荆州背斜带剩余圈闭统计表

编号	位置	圈闭名称	层位		面积/km^2	幅度/m	高点埋深/m	高点位置	可靠程度
			地震	地质					
1	范家台	范洲Ⅰ号断鼻	T_8'	Ex^{上}底	1.4	50	2890	220/125	可靠
2	范家台	范洲Ⅱ号断块	T_8'	Ex^{上}底	0.7	50	2800	202/129	可靠
3	范家台	花园断块	T_8'	Ex^{上}底	0.5	100	2300	160/181	较可靠
4	范家台	张家台东	T_8'	Ex^{上}底	1.5	110	2370	156/197	较可靠
5	荆西	荆江断块	T_8'	Ex^{上}底	2.1	150	1750	74/277	较可靠
6	荆西	新垸南断块	T_8'	Ex^{上}底	0.2	100	2250	52/228	不可靠
7	荆西	天鹅洲断鼻	T_8'	Ex^{上}底	0.5	150	2550	78/197	较可靠
8	荆西	新垸西断鼻	T_8'	Ex^{上}底	0.3	150	1500	130/209	不可靠
9	沙市	新洲断块	T_8'	Ex^{上}底	0.7	160	1920	144/143	较可靠
10	沙市	江新洲断块	T_8'	Ex^{上}底	1.2	260	1920	148/128	较可靠
11	沙市	新洲东断块	T_8'	Ex^{上}底	0.3	80	1660	140/159	较可靠
12	沙市	萧家洲断块	T_8'	Ex^{上}底	0.3	100	1960	156/194	较可靠
13	八岭山	宏家台断块	T_8'	Ex^{上}底	1.3	400	2100	416/1088	可靠
14	八岭山	陈家台断块	T_8'	Ex^{上}底	1	340	2160	424/1063	较可靠
15	八岭山	花园南断块	T_8'	Ex^{上}底	1.1	520	1340	432/1228	较可靠
合计					13.1				

（二）沉积相及储层特征

新沟嘴组下段沉积时期，受到北部单向物源体系的充填影响，荆州背斜带以三角洲前缘沉积相为主。目前钻井资料表明，在荆州背斜带八岭山地区、花园地区、荆西地区、沙市地区三角洲前缘河道砂体发育，同时也见河口坝、席状砂和远砂坝等三角洲前缘的沉积微相砂体。

Ⅲ油组沉积时期，沉积环境逐步由沙市组的干旱–半干旱物源匮乏环境转为湿润物源充沛的沉积环境，因此砂体主要发育在顶部。顶部的砂体由河口坝、席状砂和少量的水下分流河道砂体组成。泥隔层沉积时期，为典型的湖侵时期，除北部物源入口外，全凹陷均沉积一套暗色、红色泥岩夹薄层的砂岩沉积，分析为滨浅湖沉积特征，整体砂岩不发育。Ⅱ油组沉积时期，各个油组中地层沉积厚度最大、砂体最为发育、暗色泥岩最为发育的时期。暗色泥岩主要发育在中下部，砂体发育在上部。砂岩以典型水下分流河道、河口坝为主，砂岩厚度在5~10m，见席状砂、远砂坝等沉积。Ⅰ油组沉积时期，砂体总体较为发育，同样受到沉积环境变化的影响，砂岩在底部发育，顶部相对不发育。下部砂体以水下分流河道砂岩为主，上部砂体以河口坝、席状砂、远砂坝等为主，也反映了湖侵及物源变小的特征。

荆州背斜带新下段砂岩与地层厚度比在30%~40%，反映了砂体总体比较发育，砂岩厚度在60~120m，渗透性砂岩厚度在40~90m。整体而言，新下段Ⅱ油组砂体厚度最大，其次为Ⅰ油组，再次为Ⅲ油组。整个荆州背斜带新下段由于处于三角洲前缘，且埋深在900~2000m，因此其物性较好。通过油层物性统计，油层以水下分流河道、河口坝为主要沉积微相，孔隙度以15%~20%的中孔中渗类型储层为主（表3–1–2），物性的好坏与沉积相和砂岩埋深相关性好。

表3–1–2 荆州背斜带含油区块物性统计表

含油区块	油层平均埋深/m	孔隙度/%	储层评价	沉积微相
陵72	1000~1300	15~20	中孔中渗	水下分流河道
陵16	900~1200	21	中孔中渗	水下分流河道
李3	1800	12	低孔低渗	河口坝
陵76	1550~1800	16	中孔中渗	水下分流河道
陵78	1700~1900	11~12	低孔低渗	水下分流河道、河口坝
沙24	1950~2050	13	低孔低渗	河口坝、远砂坝
沙26	1600~1900	15	中孔中渗	水下分流河道、河口坝
沙304	1600~1700	17~20	中孔中渗	水下分流河道
沙27	1900~2000	17.5	中孔中渗	水下分流河道

（三）烃源条件

受到沉积相带的控制，荆州背斜带自生烃源条件相对较差。实际钻井资料表明，暗色泥岩厚度在10~50m，各种烃源资料评价为差-中等级别，说明了该区具有一定的生油能力，但不是很好。油源对比表明，在沙市、荆西油田的原油呈现出混源的特点（图3-1-1），有来源于自生的烃源岩所生成的油气，但大多数来源于主力的虎渡河-资福寺和梅槐桥生烃向斜，也说明了该区具有一定的生烃能力，但成藏的油气大部分仍来源于主力的生烃向斜带。荆州背斜带的形态和沉积充填特征也决定了在各个二级构造带上自生的烃源能力绝不相同。北部的八岭山和花园地区，由于邻近物源入口，烃源能力当然较差；南部的荆西、沙市、范家台和赤岸街相对远离物源入口邻近生烃洼陷，其生烃能力也相对较好，实际钻井资料也表明，南部的二级构造带暗色泥岩厚度略大于北部，烃源指标略好于北部。

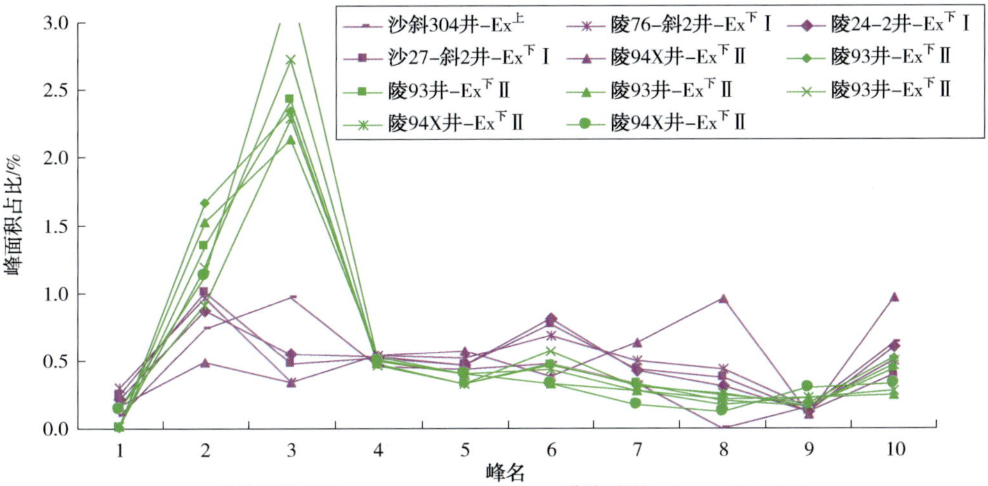

1—重排甾烷/甾烷；2—αααR-C_{27}/C_{29}；3—藿烷/甾烷；4—ααα$C_{29}S/S+R$；
5—$C_{29}\beta\beta/(\alpha\alpha+\beta\beta)$；6—$C_{24}*/C_{26}$；7—$Ts/(Ts+Tm)$；8—$C_{29}Ts/H$；
9—$C_{30}M/H$；10—$Ga/C_{30}H$

图3-1-1　荆州背斜带油源对比图

虽然荆州背斜带的自生烃源能力不够好，但是该区紧邻主力的生烃向斜带，为本区的成藏提供了丰富的物质条件。八岭山、花园、荆西等地区邻近梅槐桥生烃向斜，沙市、范家台、赤岸街等地区则紧邻虎渡河-资福寺生烃向斜。在荆沙期由于盐隆和断裂就已经隆起的荆州背斜带是生烃向斜带油气运移的有利指向区，油气勘探实践也证明了梅槐桥和虎渡河-资福寺洼陷向荆州背斜带运移了大量的油气。

（四）油气成藏组合及模式

本区油源为主力生烃向斜和自生新下段的烃源岩；储层主要为新下段的砂岩储层；盖层主要是新上段数百米的红色泥岩和大膏及新下段内部的泥岩；这样形成新沟嘴组的自生自储的油气藏。

荆州背斜带成藏层位以新下段Ⅰ油组为主，其中有部分含油构造还有新上段的底部和新下段Ⅱ油组的顶部砂岩含油，反映出油气通过生烃洼陷排出后沿着砂岩做横向疏导，沿着断层做垂向疏导，油气顺着构造脊部运移，这样成藏层位越来越高。从目前发现的油藏看，荆州背斜带油藏以断鼻类型的构造油藏为主，也有比较典型的沙24井区岩性油藏存在，油藏类型比较丰富。

（五）勘探潜力分析

综上所述，荆州背斜带具有良好的成藏条件，具体表现在：

（1）具备良好的烃源条件。荆州背斜带紧邻江陵凹陷两大生烃向斜带——梅槐桥生烃向斜带和虎渡河-资福寺生烃向斜带，且自身本来具备一定的烃源条件，因此具有巨大的油气成藏的物质基础。

（2）新下段砂岩发育，储集性能好。新下段沉积时期，本区处于三角洲前缘，发育水下分流河道、河口坝、席状砂、远砂坝等砂岩发育，且埋深浅，储集性能好。

（3）荆州背斜带是荆沙期盐隆及断层共同形成的背斜带，是油气长期运移的指向区。其形成于荆沙期，而油气排烃期在潜江组-荆河镇组时期，因此荆州背斜带是油气长期运移的指向区。

（4）荆州背斜带是一个被断层复杂化的断块构造群，构造圈闭极其发育。目前其主要发育北西向和北东向两组断裂，断层极其发育，导致发育大量的断鼻、断块类型的构造圈闭，因此其圈闭条件好。

荆州背斜带具有以上优越的成藏条件，因此目前寻找到大量高产的探明储量区，分析认为其还具有巨大的勘探潜力。2010年初，在探明储量极高的八岭山构造陵72井区上部署的滚动扩边井陵72-11井仍获得78.2m/22层的油层，为老区新增储量约100×10^4t，这也表明了荆州背斜带巨大的勘探潜力。针对目前荆州背斜带的勘探情况，研究认为其主要勘探潜力体现在以下几个方面。

（1）构造油藏还具有相当大的勘探潜力。

目前荆州背斜带构造圈闭储备圈闭还比较多，剩余圈闭资源量较多。荆州背斜带构造运动复杂造成断层众多，断裂系统复杂，断层类型多样，同时受到火成岩和盐岩的影响，地震资料品质相对较差，因此圈闭的落实相对困难，但是依据正确的构造解释模式，开展精细的地震资料解释，仍有希望获得突破。陵72-11井的钻探，正是在对构造进行精细解释的基础上，钻探到构造高点，获得巨厚油层，才形成了储量新的增长点。同时在荆州背斜带上六个次级构造带上，范家台和赤岸街仍旧没有取得突破，其原因就是构造的落实难度大，虽然有钻井但均未钻探到构造高部位上，致使钻井落空。因此加强构造的精细解释，在确保落实构造圈闭的前提下，开展探井的部署，仍能实现荆州背斜带构造圈闭的突破。

（2）岩性油藏勘探潜力巨大。

目前荆州背斜带以构造圈闭勘探为主，并未开展岩性油藏的勘探，但通过分析，岩性油藏的勘探也存在较大的勘探潜力。从已知油藏的解剖发现，大量的油藏存在岩性的成分。例如沙 24 井区油藏就存在大量的席状砂岩性油藏，砂体在平面上彼此不连通。又如陵 91 井区，其上部厚河道砂体为水层，下部滩坝类型的砂岩却充有油气，岩性成分明显。该区岩性油藏的砂体有 3 种类型：①滩坝砂体，在湖侵体系域下，砂体出现向湖的退积作用，在该区由三角洲前缘变为滨浅湖的沉积，形成滩坝砂体的沉积；②席状砂，在同沉积断层的上升盘，由于古地貌为水下古隆起，形成席状砂或者滩坝砂体；③河口坝，在河道入口的最前缘，由于湖浪的改造作用，形成的河口坝体。因此在精细沉积微相的基础上，开展砂体的展布特征研究，结合储层预测工作，岩性油藏勘探的潜力还是巨大的。

（3）未部署三维区仍旧有勘探潜力。

目前荆州背斜带大部分被三维地震覆盖，但是在东部只有沙市三维和范家台三维。前已叙述，资福寺洼陷是具有相当的烃源能力的，因此在荆州背斜带东部未部署三维区仍具有一定的勘探潜力。在部署三维地震后，开展精细构造解释，进行勘探部署研究，可望实现突破。

二、万城断裂构造带

万城断裂构造带位于江陵凹陷的西部，东部以万城断裂为界与梅槐桥向斜相接，西邻江口向斜，北到凹陷边界，南到纸厂河断层，是江陵凹陷的二级构造带之一。万城断裂带南部在研究工区内，针对白垩系的主要钻井有鄂深 8、鄂深 10、鄂深 11、鄂深 12、鄂深 13、鄂深 14、鄂深 15、鄂深 16、鄂深 19、鄂深 20、鄂深 21、鄂深 23 等，万城断裂带北部针对白垩系的探井有万 1、万 2、万 3、万 9、万 10X、万 10C、万 11X、万 11C、万 18 等井。2000 年在谢凤桥构造鄂深 8 井于白垩系渔洋组，取得重大油气突破，初期放喷 $50m^3/d$，日稳产原油 32.4t，随后采穴断块的鄂深 11 井在白垩系渔洋组中获得高产油流，显示白垩系渔洋组良好的勘探潜力，2008 年谢凤桥构造复Ⅰ断块 SK8-16 井在白垩系红花套组获最高日产油 $15.62m^3$，之后南部复Ⅱ块岩性圈闭万 20 井在白垩系红花套组获得工业油流，展示了万城断裂带红花套组的勘探潜力。北部虽然未获得工业油流井，但是万 10X、万 11X 等井均有良好的油气显示，展现了良好的勘探前景。

（一）构造及圈闭特征

1. 结构特征

万城断层是一条走向为北北东向的正断层，倾向为南东东，延伸长度大于 46km，最大落差大于 2000m。断层下降盘是江陵凹陷最好的生油洼陷——梅槐桥洼陷，万城断层前沿地层明显加厚，具有典型的同生断层的特点。该断层对江陵凹陷内二级构造带的划分具有明显的控制作用。万城断裂带主体构造为万城断背斜，是一个北北西向继承性古隆起。万城断层纵穿南北，荆沙期形成的众多中、小断层呈北东向展布，长短不一、规模不等、近于平行的断层呈北东向展布，多与万城断层相接触，在平面上构成复杂的“入”字形，将断背斜构造切割成多个断块、断鼻构造。

2. 构造演化

万城断裂带前白垩系基底总体上表现为一个北北东向残存的复向斜带，基岩自上而下推测为侏罗系-三叠系、志留系、奥陶系-寒武系(地震剖面上只能看到三套波组)，由于断层作用、构造活动，潜山带的核部为泥盆系-中三叠统的碳酸盐岩地层，两翼依次为志留系页岩、砂岩，奥陶系-寒武系碳酸盐岩构成。各层系地层在潜山带核部地层分布范围小，向两侧翼部低部位地层逐渐变老，分布范围逐步增大，受后期北东向断层的改造，其潜山带被切割成多节，并有向北倾伏的趋势。白垩纪中晚期燕山运动Ⅲ幕区域构造运动发生负反转由挤压转换为扩张，表现为强烈的断块运动，上白垩统渔洋组以河流冲积相和湖泊相碎屑岩充填式沉积为主，万城断裂带上沉积厚度1000~1500m。沙市组与白垩系为局部不整合，钻井揭示缺失Es^{下}，主体部位Ex^{上}仅有100~200m，地震资料显示：在Es沉积期万城断层继续活动，上、下盘地层厚度差异较大。新沟嘴组沉积期万城断层继续活动，上下盘地层厚度差异明显，到Ej沉积早期上升盘继续隆起，Ej^{下}-Ex^{下}Ⅱ油组全部被剥蚀(剥蚀厚度大于600m)。潜江组-荆河镇组沉积期仍继续活动，上升盘进一步隆升翘起，荆河镇组在万城断层上升盘未接受沉积。上第三纪沉积期，有一次弱挤压构造运动，主要作用于万城断裂的北段，形成了较明显的反转构造，构造带轴部遭受部分剥蚀。万城断层长期活动性、复杂性造成上、下盘不同的地段与不同时代地层相接触，展示出复杂的地质结构特征。

3. 圈闭特征

万城断裂带是由万城断层控制的断裂构造带，为一北窄南宽呈扫帚状的隆起带，从南到北走向由近南北转为北北东向，构造轴部的万城断层将该带切割成东西两部分。万城断层上升盘白垩系构造形态是一个近南北向的继承性古隆起，万城断层贯穿南北，一系列北东向、北北东向的郭家台断层、刘家台断层、金家潭断层、凤凰断层、复兴场断层、采穴断层、花园断层、大路口断层等断层与万城断层伴生断裂呈羽状斜交，将构造带切割成多个断块、断鼻构造，发育北西走向的冯口-凤凰构造群、北东走向的冯家冲-郭家台构造群和金家潭构造以及新华-采穴构造群、复Ⅰ断块、大路口构造群等构造。

(二) 烃源条件

万城断裂带紧邻江陵凹陷最好的生烃洼陷——梅槐桥洼陷，具备有良好的烃源条件。除已证实的梅槐桥洼陷新下段烃源岩为工区提供烃源之外，前白垩系海相烃源也有为工区提供烃源的可能性。

1. 梅槐桥洼陷新下段烃源条件

梅槐桥洼陷是受万城断层控制的洼陷，在洼陷中心新下段沉积厚度超过700m，暗色泥岩厚度可达250m，烃源岩的累计厚度100~150m；有机质丰度中等，最大有机碳含量为1.51%，一般在0.61%~0.95%；母质类型以Ⅱ型干酪根为主；有机质演化程度处于成熟期的中-高演化阶段，R_o值一般分布在0.81%~1.35%；单位生烃强度50×10^4~

60×10^4t，是整个江陵凹陷最好的生油洼陷。目前在万城断裂带发现的油藏油气均来自梅槐桥洼陷烃源。

2. 海相烃源条件

万城断裂带南部的鄂深 19 井在二叠、三叠系见大量气显示，北部的万 1 井在三叠系也见到气测异常，分析认为是海相烃源提供。同时在沔阳、通海口等地区白垩系油藏中，部分前人认为是海相烃源提供。卢明国等人认为江汉盆地烃源岩主要发育在下志留统、二叠系及上三叠–下侏罗统。但是由于钻探海相地层井少，对于海相烃源岩条件认识还有待于钻井证实。

（三）沉积相及储层条件

白垩系为亚热带干旱气候沉积环境，受到构造和近物源供给充足的影响，在本区以冲积扇–河流相沉积了上千米的地层厚度。万城断裂带白垩系仅存在上统红花套组和渔洋组，渔洋组可划分为渔一段、渔二段。

渔一段：地层厚度 25~268m，厚度差异大，是在辫状河沉积体系下的砂泥岩交互剖面。上部河漫滩砂岩厚度在 0~10m，砂岩连续厚度一般小于 5m，以粉砂岩为主，孔隙度小于 10%，渗透率小于 $1\times10^{-3}\mu m^2$，属于低孔低渗类储层；底部河道砂岩厚度大多在 10~80m，以细砂岩和粉砂岩为主，物性相对好。万 10X 井渔一段底部细砂岩取心物性孔隙度最大为 28.0%，最小为 10.6%，平均值为 19.1%($N=157$)；水平渗透率最大为 $3109\times10^{-3}\mu m^2$，最小为 $9.95\times10^{-3}\mu m^2$，平均渗透率为 $199.14\times10^{-3}\mu m^2$($N=157$)，评价为中孔低渗类型储层。

渔二段：地层厚度 120~300m，与渔一段沉积环境类似。渔二段又可近一步划分为三个次级正旋回，砂体主要发育在正旋回底部。砂岩总厚度在 20~70m，砂岩有超过 20m 连续厚度，以粉砂岩为主，孔隙度小于 10%，渗透率小于 $1\times10^{-3}\mu m^2$，属于低孔低渗类储层，但北部仍不乏有中孔中渗类型的粉砂岩储层(如万 11X 井)。

红花套组：从实际钻井资料看，北部万 10X 井钻遇红花套组地层厚度为 982m，且未钻穿，南部钻穿红花套组地层厚度在 300~500m。本层段以砂岩和砾岩为主，两者厚度几乎为地层总厚度。地层厚度南薄北厚，但是岩性表现为南粗北细，南部鄂深 13 井、鄂深 15 井为砾岩、砂砾岩、中砂岩，中部鄂深 21 井、鄂深 23 井顶部为细砂岩，底部为含砾细砂岩，北部的万 18、万 10C 等井则为分选极好的细砂岩。本套地层的沉积环境是大型冲积扇–河流相沉积。白垩系红花套组沉积时期，南北均有物源，南边为近物源相对小物源，北部为远物源相对大物源，因此形成目前地层特征。根据目前的钻探情况，整体物性北部好于南部，纵向上上部好于下部，分选好的细砂岩物性好于分选差的砂砾岩。北部钻探的万 18 井细砂岩岩心取样物性孔隙度最大值为 25.2%，最小值为 20.6%，平均值为 22.9%($N=10$)；水平渗透率最大值为 $1974\times10^{-3}\mu m^2$，最小值为 $173\times10^{-3}\mu m^2$，平均值为 $858.8\times10^{-3}\mu m^2$($N=10$)，评价为中孔高渗。中部钻探的 SK8–16 井岩心取样岩石物性数据，孔隙度最大值为 18.3%，最小值为 10.4%，平均值为 16.1%($N=59$)；水平渗透率最大值为 91. 3×10^{-3} μm^2，最小值为 0. 106×10^{-3} μm^2，平均值为 21. 7×10^{-3} μm^2（$N=59$），评价为中孔低渗类型储层（图 3-1-2）。

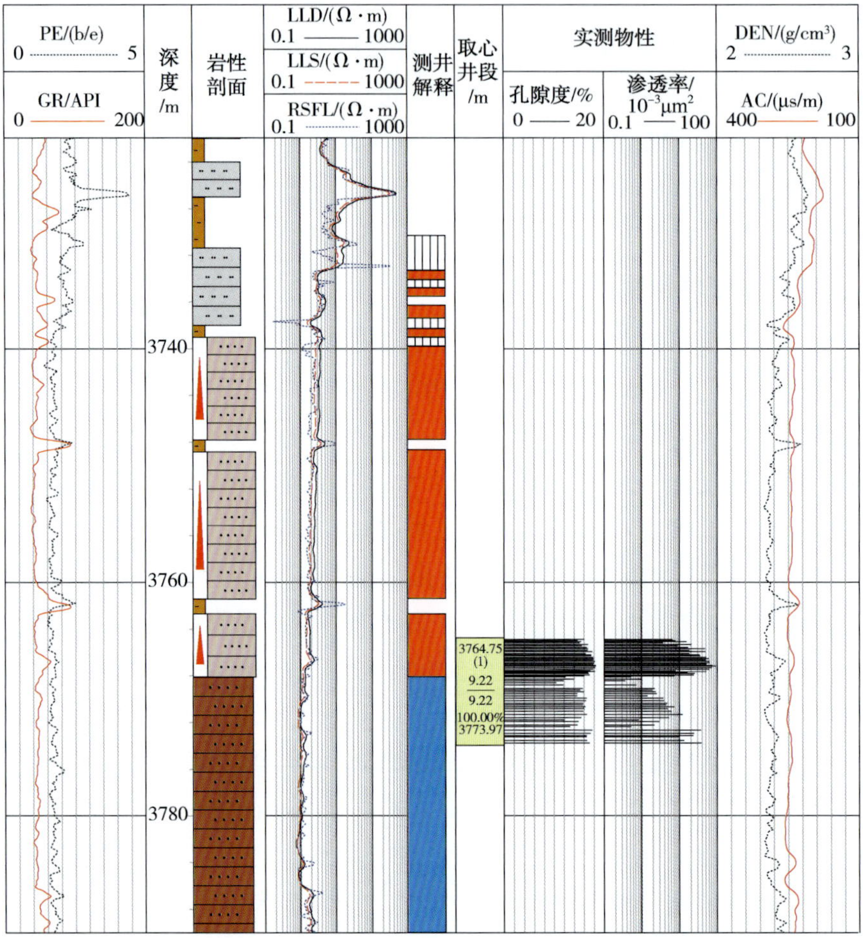

图 3-1-2 SK8-16 井白垩系红花套组四性关系图

总之，白垩系砂体发育，纵向上主要分布在各段的底部。平面上渗透性砂岩物性北部好于南部，北部总体属于中孔中渗类型，南部属于低孔低渗类型。

从已钻井地层和野外露头地层结合地震剖面，推测万城断裂带前白垩系古潜山地层发育从奥陶到三叠地层，紧邻万城断层的南部是志留系碎屑岩地层和三叠系碳酸盐岩，北部则为三叠系碳酸盐岩地层。目前在万城断裂带有 5 口井钻探到前白垩系地层，根据钻遇地层的不同，其储层差异明显（表 3-1-3）。这些井中储层最好的是最南部的鄂深 19 井，在二叠和三叠系碳酸盐岩储层试油中出大量的水，测井解释 8. 3m/3 层裂缝含气层，试气产水 33. 44m^3/d、17. 36m^3/d，充分反映了古潜山具有储集性能。北部的万 1 井和万 11X 井三叠系见到气测异常，测井解释出现大量的缝洞层，万 1 井还在钻探中两次出现放空的情况，也反映了古潜山碳酸盐岩的储层发育，但是所钻遇的志留系、泥盆系的碎屑岩都为致密层，储层相对较差。从目前钻井钻探情况看，古潜山储层具有以下特征：碳酸盐岩储集性能要好于碎屑岩储层；碳酸盐岩顶部风化壳或者断层附近岩溶发育，溶蚀孔洞储集性好；碳酸盐岩内幕的溶蚀孔洞和裂缝发育，能形成内幕的储层。表明海相地层也具有一定的储集条件。

表 3-1-3 万城断裂带钻遇古潜山钻井储层统计表

井名	层位	井段/m	岩性	测井解释	备注
万 1 井	T	2742～3500	上部以灰岩为主，下部以白云岩为主	71m/6 层缝洞层	见 4m/3 层油气显示；灰岩中两次放空分别为 0.4m 和 1.15m
万 11X 井	T	3060～3120	灰色灰岩	10m/2 层缝洞层	
鄂深 15 井	S	3405～3598.5	棕色、绿色泥岩夹灰色、棕色粉砂岩	多层致密层	
鄂深 13 井	D	3030～3654	厚层灰色中砂岩与棕色泥岩不等厚互层	16m/2 层致密层	
鄂深 19 井	T	3169.5～3366	灰色灰岩	3m/1 层一类；8m/2 层二类；88.6m/5 层三类裂缝层	见 94.8m/5 层油气显示；3171～3176m、3177～3179m 射孔水 459.16m^3/d；3261～3272m 射孔水 372m^3/d；3367～3372.6m 射孔水 35.76m^3/d
	P	3366～3557	灰色、深灰色白云岩		
	D	3557～3604	黑色砂砾岩	14.7m/4 层致密层	
	S	3604～3630.8	绿色细砂岩、中砂岩夹绿色泥岩		

（四）油气成藏组合及模式

万城断层下降盘地层生成的油气可通过断层运移到上升盘的白垩系储层中，从而可形成新生古储式的油气藏。

万城断裂带有四套储盖组合模式，其中三套已经证实，另外一套还有待证实。

（1）沙市组泥膏岩+渔一段储层储盖，区内白垩系上覆沙市组为一套红灰间互的泥岩、泥膏岩为主区域盖层。沙市组之下的渔一段为辫状河道沉积储层，形成新盖古储的储盖组合，该组合在采穴断鼻已经成藏。

（2）渔二段泥膏岩+渔二段储层，渔二段顶部辫状河平原沉积的泥膏岩在区内分布广、稳定，可以成为区带盖层，渔二段内部的辫状河道储层形成储盖组合，该组合在复Ⅰ断块已经成藏。

（3）红花套组顶部泥岩+红花套组储层，红花套组顶部发育一套分布广而稳定泥岩作为盖层，红花套组底部大砂层为储层形成储盖组合，该组合已在复Ⅰ断块成藏。

（4）古潜山内幕盖层+古潜山储层，白垩系下伏地层二叠、三叠系发育碳酸岩裂缝储层，与其内部的致密层形成储盖组合，该组合为一套可能存在的储盖组合，在今后的勘探过程中有待证实。

（五）勘探潜力分析

通过万城断裂带的断面图发现万城断层断面的白垩系与新下段地层几乎都有对接，因此油气可以沿着这个万城断层断面运移，但是根据其断面的形态不同，油气将沿着优势通道大量运移。通过对万城断裂带断面等值线图进行分析，划分了油气有利聚集带和较有利聚集带。在有利聚集带发现有复Ⅰ断块油藏和北部良好油气显示的万10井区，在较有利聚集带发现采穴油藏和南部鄂深13井低产油流区。下步的勘探应当继续沿着有利聚集带和较有利聚集带继续展开目标优选。同时北部和复Ⅰ断块在荆沙组见到良好的油气显示，并且SK8-16井在荆沙组测井解释油层1.6m/1层，SK8-17井测井解释油层4.6m/1层；该区潜山具有下第三系新沟嘴组和可能的海相烃源条件，具有一定的成藏可能，建议对荆沙组和古潜山进行立体油气勘探。

目前万城断裂带剩余白垩系较有利圈闭30个，面积54.2km^2，圈闭资源量4205×10^4t（表3-1-4）。

表3-1-4　万城断裂带剩余圈闭资源量统计表

编号	圈闭名称	层位		面积/km^2	幅度/m	埋深/m	高点位置	可靠程度	预计油层厚度/m	单储系数	充满程度/%	圈闭资源量/10^4t
		地震	地质									
1	凤凰Ⅱ号断块	T_{10}'	K_2h顶	4.0	320	2680	601/483	较可靠	15	10	50	300
2	凤凰断鼻	T_{11}	K底	3.5	220	3140	591/405	较可靠	30	5	50	262.5
3	冯口北断块	T_{10}'	K_2h顶	0.9	260	2420	736/230	较可靠	15	10	50	67.5
4	采穴Ⅱ号断块	T_{10}'	K_2h顶	1.3	160	3140	711/1015	较可靠	15	10	50	97.5
5	凤凰南Ⅰ号断块	T_{11}	K底	1.7	340	3740	571/355	较可靠	30	5	50	127.5
6	凤凰南Ⅲ号断块	T_{10}'	K_2h顶	0.7	100	3420	561/465	较可靠	20	10	50	70
7	凤凰南Ⅳ号断块	T_{10}'	K_2h顶	2.2	400	2840	361/445	较可靠	20	10	50	220
8	凤凰南Ⅴ号断块	T_{10}'	K_2h顶	1.1	240	3040	416/545	较可靠	20	10	50	110
9	凤凰南Ⅵ号断鼻	T_{10}'	K_2h顶	0.7	80	3320	436/625	较可靠	20	10	50	70
10		T_{11}	K底	0.6	60	3460	431/645	较可靠	30	5	50	45
11	凤凰南Ⅶ号断块	T_{10}'	K_2h顶	0.9	260	3100	466/670	较可靠	20	10	50	90
12	花园断块	T_{10}'	K_2h顶	1.7	300	3100	386/745	较可靠	15	10	50	127.5
13		T_{11}	K底	3.3	320	3500	411/795	较可靠	30	5	50	247.5
14	大路口北断块	T_{10}'	K_2h顶	1.3	300	2740	315/680	较可靠	15	10	50	97.5
15		T_{11}	K底	0.9	220	3060	311/707	较可靠	30	5	50	67.5
16	大路口Ⅰ号断块	T_{11}	K底	1.7	240	2860	211/615	较可靠	30	5	50	127.5
17	大路口Ⅱ号断鼻	T_{11}	K底	1.3	80	3020	301/665	较可靠	30	5	50	97.5
18	冯家冲断块	T_{10}'	K_2h顶	3.4	150	1900	164/217	较可靠	15	10	50	255
19	樊家湾断块	T_{10}'	K_2h顶	1.8	175	1975	359/301	较可靠	15	10	50	135
20	高桥断块	T_{11}	K底	1.6	250	2675	343/309	较可靠	30	5	50	120

续表

编号	圈闭名称	层位		面积/km^2	幅度/m	埋深/m	高点位置	可靠程度	预计油层厚度/m	单储系数	充满程度/%	圈闭资源量/10^4t
		地震	地质									
21	杨岭坡断块	T_{10}'	K_2h 顶	0.7	100	1750	132/289	较可靠	15	10	50	52.5
22	郭家台断块	T_{11}	K 底	8	252	2675	343/309	较可靠	30	5	50	600
23	周家嘴断块	T_{10}'	K_2h 顶	3	350	1600	184/305	较可靠	15	10	50	225
24	高桥北断块	T_{11}	K 底	0.9	100	3100	623/277	较可靠	30	5	50	67.5
25	金家潭北断块	T_{10}'	K_2h 顶	0.4	75	2375		较可靠	15	10	50	30
26	金家潭南断块	T_{10}'	K_2h 顶	0.8	125	2475		较可靠	15	10	50	60
27	王家渡西断块	T_{10}'	K_2h 顶	0.8	50	2200		较可靠	15	10	50	60
28	关桥断块	T_{10}	Es 底	1.2	100	2500	118/48	较可靠	15	10	50	90
29	陶家铺断鼻	T_{10}	Es 底	2.0	100	4600	122.5/349	较可靠	15	10	50	150
30	陶家铺西断块	T_{10}	Es 底	1.8	100	3200	121.8/349	较可靠	15	10	50	135
合计				54.2								4205

根据圈闭的落实程度和成藏条件从以上圈闭中优选 2 个区块，提出井位 2 口。

1. 复Ⅱ岩性圈闭群

西南缘白垩系红花套组沉积时期以大型冲积扇沉积为主，在南部沉积致密砂砾岩，向北部逐渐相变为渗透性砂岩。南部鄂深 13 井红花套组钻遇致密砾岩 283m，北部鄂深 15 井红花套组钻遇致密砾岩 60m，渗透性中细砂岩水层 170m，高部位鄂深 13 井较低部位鄂深 15 井高 370m。中部的万 20 井钻遇油层 9.2m，同层 2.8m，水层 63.2m，已经证实复Ⅱ构造-岩性圈闭的存在；基于同一思路，认为复Ⅱ-2 号、复Ⅱ-3 号岩性圈闭也是存在的。

万 20 井的钻探获得 9.2m 油层，证实了梅槐桥洼陷的油气已经运移到万城断层上升盘的复Ⅱ构造-岩性圈闭中。复Ⅱ-2 号、复Ⅱ-3 号构造-岩性圈闭紧邻复Ⅱ构造-岩性圈闭，中间断层的断距较小，油气可以进入复Ⅱ-2 号、复Ⅱ-3 号构造-岩性圈闭中成藏，同时两个圈闭具有其他类似的成藏条件。因此，复Ⅱ-2 号、复Ⅱ-3 号构造-岩性圈闭具备一定的成藏。

从波阻抗、相对波阻抗、振幅能量、速度等属性反演认为复Ⅱ-2 号、复Ⅱ-3 号构造-岩性圈闭存在。以万 20 井油层底界为岩性圈闭的底界面，顶界以几种属性预测边界为岩性圈闭顶界面，复Ⅱ-2 号构造-岩性圈闭面积 0.3km^2，幅度 220m，高点埋深为 2800m，为较可靠圈闭；复Ⅱ-3 号构造-岩性圈闭面积 0.8km^2，幅度 160m，高点埋深为 3040m，为较可靠圈闭。设计万 21 井、万 22 井，主探复Ⅱ-2 号、复Ⅱ-3 号构造-岩性圈闭的含油气性及储层展布情况。万 21 井设计井深 3150m，万 22 井设计井深 3300m，完钻层位红花套组。如钻探成功，可新增储量 130×10^4t。

2. 万城北段圈闭

2004年钻探万11X井，地质录井在荆沙组发现油迹粉砂岩5.2m/2层，荧光粉砂岩5.0m/2层；新沟嘴组上段发现油迹粉砂岩1.8m/2层；白垩系发现油迹粉砂岩21.3m/9层，荧光粉砂岩2.4m/1层，对白垩系2046.51~2051.66m井段取心，取出油砂3.52m。测井解释均为水层，钻杆测试日产水57.7m^3。万10C井在白垩系发现荧光2.6m/1层，测井解释为水层。万10X井在白垩系发现油迹68.8m/4层，荧光2.8m/1层，测井解释为含油水层29.2m/2层，水层26.4m/1层。为了追踪万10X井在白垩系68.8m/4层油迹显示，又进行新一轮的构造精细解释和储层预测，预计可发现新的圈闭，初步部署探井1口。若钻探成功，对于万城断裂带北部勘探具有极为重要的意义。

三、涴市断裂构造带

涴市断裂构造带地理位置为松滋市涴市境内，构造位置为江陵凹陷中部介于梅槐桥洼陷与弥陀寺洼陷之间的中央凸起带，2009年在涴市断裂带部署的虎4井在荆沙组钻遇油层，取得重大油气突破，测试获得16.52m^3/d的工业油流，显示出荆沙组良好的勘探潜力。

（一）构造及圈闭特征

1. 结构特征

涴市断裂构造带位于江陵凹陷中部介于梅槐桥洼陷与弥陀寺洼陷之间的中央凸起带，总体表现为被北东、北西向两组断裂切割的北东向展布的断背斜，构造总体为中间洼两边隆的构造格局。涴市断裂带的构造主体为向北西向延伸的李家台长轴状背斜和南岗构造。受多期断裂作用，该区构造被切割成许多大小不等的断块或断鼻构造。

李家台构造主要受沙市组盐系地层隆升的影响较大，为一较为平缓的背斜带，具备南缓北陡的特征。该背斜带与复兴场背斜带一样呈北西向延伸，向南东延伸入虎渡河向斜。主控断层多为北东向，主要有三条典型的大断层，由西往东依次分别为弥陀寺断层、义和断层、水月断层。该构造带与复兴场构造形成一个完整的背斜构造。

南岗构造整体为类花状构造，其核部被一系列北东或北东东向张性或张扭性断层切割成断块和断鼻构造。在沙市组沉积时期为梅槐桥洼陷与弥陀寺洼陷的中央凸起带，在新沟嘴组和荆沙组沉积期随沉积中心向北东迁移和南部的抬升，南岗构造整体沉降，在潜江组和荆河镇组沉积期在北东东向断裂的拉扭作用下抬升，并伴有盐岩流动，在早第三纪末期定型。

2. 构造演化

南岗构造的形成是盆地构造演化过程中综合因素造成的。在新沟嘴组沉积晚期到荆沙组沉积期沙市组盐岩流动提高了构造的幅度，在潜江组沉积期李埠断层和南岗断层在北东东应力的作用下形成的拉张走滑作用使南岗构造局部抬升。

李家台构造的形成主要受控于两种因素：盐隆与断层的共同控制作用，属于盐隆背景下被各级断层复杂化的断背斜构造。该区的构造演化主要受大断裂及荆沙组时期沙市组盐岩在层间形成局部盐隆活动的共同影响。

3. 圈闭特征

李家台构造为荆沙期形成的盐隆构造，受沙市组盐系地层隆升的影响较大，为一较为平缓的背斜带，具备南缓北陡的特征。该构造被大断层分割成一系列断鼻、断块型圈闭。

南岗构造主要形成于荆沙期，总体为北东东向延伸的背斜构造，在李埠断层和南岗断层及其伴生断层的切割下在背斜构造的核部形成地堑，向北抬升并延伸至李家台构造。在南岗构造上，断裂系统受区域构造应力改变的作用和盐岩流动的影响被复杂化。为李埠断层、南岗Ⅰ~Ⅲ断层所切割，形成一系列小的断鼻、断块型圈闭。

（二）沉积相及储层特征

该区新沟嘴组下段为三角洲前缘水下分流河道和河口坝、分流间湾、边缘砂、干旱盐湖含膏泥质沉积和浅湖-半深湖泥质沉积等。砂体展布与沉积相带有着直接的关系，河道发育地区砂体厚，河道间发育地区砂体薄，在河道前缘由于河口坝的发育往往形成透镜体状砂岩，本区河道总体上呈北东南西向，砂体也具有同样的分布特征。该构造的东翼为三角洲前缘砂体发育带，以薄层状的河口坝和中厚层状的水下分流河道充填为主，该带处于砂岩尖灭带，砂体的形态呈朵状延伸，向南迅速减薄，在虎渡河、鄂深5井一带尖灭，其中不同的微相储层厚度、展布特征、储层物性差别较大，孔隙度一般为11%~25%，渗透率一般为$10\times10^{-3}\sim360\times10^{-3}\mu m^2$，其分布范围小，砂体呈透镜状，砂体连通性较差，其单砂层最大厚度为5m，最小厚度为0.8m，一般厚度为2~4m，纵向上Ⅱ油组砂岩厚度最大，Ⅰ油组次之，Ⅲ油组最小，储层属中孔中渗-中孔低渗类型。

该区荆沙组下段处于三角洲前缘相带，由于本区靠近西南物源，渗透性砂岩发育，同时砂岩也受到李埠断层和南岗断层的控制，断层的下降盘具有明显增厚的趋势，该区砂岩较发育，渗透性砂岩厚度为30~50m，单层厚度在物源入口处一般为2~4m，向东南部逐渐变薄。

该区储层物性较好，路7井在荆沙组未钻穿的情况下解释渗透性砂岩25.6m/14层，路8井岩心分析孔隙度一般在3.3%~13.8%，平均为10%，渗透率一般在$1\times10^{-3}\sim100\times10^{-3}\mu m^2$，平均为$10\times10^{-3}\mu m^2$，为低孔低渗储层，东部鄂深5井荆沙组在井段2850.5~2855m测试产水达40.47m^3/d，路16井荆沙组测井解释砂岩135.2m/58层；水层72.2m/25层；干层63.0m/33层，该区储层发育。

（三）烃源条件

荆沙组为一套红色的砂泥岩互层，本身并不具备生油条件，只能依靠外来的油源，本区紧邻江陵凹陷最好的生烃洼陷——梅槐桥洼陷和虎渡河洼陷，且其底部的新下段地层自身就有较好的生烃能力，因此本区荆沙组具备良好的他源油层烃源条件。

本区路7井在荆沙组井段2147.9~2159.4m见3.9m/4层的微含油、19.9m/13层油斑显示，路8井在荆沙组井段2066~2325.5m见0.5m/2层的微含油、4.0m/4层油斑、2.0m/4层油迹显示，其中路7井试油累计产油1.86t、水23.61m^3，虎3井在新沟嘴组、虎4井在荆沙组均获工业油流，具备有良好的烃源条件。

（四）油气成藏组合及模式

本区在新上段、荆沙组、潜江组见到的大量来自新下段的油气显示，表明江陵凹陷特有的构造运动控制、改造、调整了江陵凹陷油气的成藏与分布，构造运动作用在江陵凹陷更为突出和明显。因此本区可形成两套生储盖组合。一套是以新下段自生自储为主要特征的原生油气藏；另一套是以新下段为烃源岩，通过断裂沟通后油气进入荆沙组储层的他源油气藏。

（五）勘探潜力分析

西南部新沟嘴组储层条件相对较差，但荆沙组储层条件相对较好，同时又处于生油向斜带，在断裂发育带荆沙组具有较好的勘探潜力。工区内陵79井在荆沙组钻遇1层/m荧光显示，弥1井在荆沙组钻遇5.5层/m油斑显示，以及虎3井在新沟嘴组下段获得工业油流和虎4井在荆沙组中途测试获得高产工业油流已经佐证了荆沙组含油的特征。

总之涴市断裂带是荆沙组勘探的有利地区，表现在：①两面邻洼，且自身新下段具有良好的生油能力，油源条件好；②荆沙期断裂发育，有利于他源油藏的形成；③西南部为荆沙组物源入口，砂岩发育，储集条件好；④盐隆造成的负花式构造，圈闭发育。

通过对本区三块三维及多条二维测线进行连片解释，目前新沟嘴组和荆沙组较有利圈闭13个，面积31.2km^2，圈闭资源量675.1×10^4t(表3-1-5)。

表3-1-5　涴市断裂带剩余圈闭资源量统计表

编号	圈闭名称	层位		面积/km^2	幅度/m	埋深/m	高点位置	可靠程度	预计油层厚度/m	单储系数	充满程度/%	圈闭资源量/10^4t
		地震	地质									
1	李埠Ⅰ号断块	T_7''	Ej油层顶	3.5	50	3650	661/1745	较可靠	10	3.7	50	64.75
2		T_8'	$Ex^下$顶	4.0	150	4150	602/355	较可靠	12	4	50	96.00
3	李埠Ⅱ号断块	T_7''	Ej油层顶	3.3	50	3200	611/1845	较可靠	10	3.7	50	61.05
4		T_8'	$Ex^下$顶	3.5	50	3700	603/JX-6	较可靠	12	4	50	84.00
5	李埠Ⅲ号断块	T_8'	$Ex^下$顶	0.7	50	3600	605/JX-6	较可靠	12	4	50	16.80
6	新华北Ⅲ号断块	T_8'	$Ex^下$顶	0.6	80	3200	279/253	较可靠	12	4	50	14.40
7	新华北Ⅱ号断块	T_7''	Ej油层顶	3.9	520	2420	561/1955	较可靠	10	3.7	50	72.15
8		T_8'	$Ex^下$顶	0.8	40	3740	604.5/211	较可靠	12	4	50	19.20

续表

编号	圈闭名称	层位		面积/km^2	幅度/m	埋深/m	高点位置	可靠程度	预计油层厚度/m	单储系数	充满程度/%	圈闭资源量/10^4t
		地震	地质									
9	南岗Ⅲ号断块	T_7''	Ej 油层顶	1.7	160	2760	461/1647	较可靠	10	3.7	50	31.45
10	南岗Ⅲ号断鼻	T_8'	$Ex^{下}$ 顶	0.6	40	3400	460/1675	较可靠	12	4	50	14.40
11	南岗Ⅳ号断鼻	T_7''	Ej 油层顶	1	100	2840	441/1648	较可靠	10	3.7	50	18.50
12	南岗Ⅴ号断块	T_8'	$Ex^{下}$ 顶	1.3	280	3220	281/1415	较可靠	12	4	50	31.20
13	胡家场断背斜	T_8'	$Ex^{下}$ 顶	6.3	100	1000	111/34	较可靠	12	4	50	151.20
合计				31.2								675.10

本着圈闭的落实程度和成藏条件的优劣以及能否进行立体勘探，优选出李埠Ⅱ号断块进行井位的部署虎7井。圈闭在新下段和荆沙组是继承性圈闭，符合荆沙组和新下段立体勘探的思路，圈闭位于有利油气运移区，具有较好的成藏条件。该圈闭位于南岗构造中部，被李埠Ⅰ号断层切割的断鼻，断点清晰，断层可靠。地震 T_7''（虎4井荆沙组油层顶）反射层圈闭面积 3.3km^2，圈闭幅度 50m，高点埋深 3200m，地震 T_8'反射层圈闭面积 3.5km^2，圈闭幅度 50m，高点埋深 3700m，设计井深 3900m，主探李埠Ⅱ号断块荆沙组和新沟嘴组含油气性情况，评价滗市断裂构造带荆沙组的成藏条件和勘探潜力。预计油层 10~12m，预测圈闭资源量 145×10^4t。

四、公安单斜带

公安单斜带位于江陵凹陷南缘，为早期的先存断裂带，紧邻虎渡河洼陷、资福寺洼陷，是油气运移的有利指向区，早期断裂活动频繁，火山活动频繁，圈闭类型具有多样性。

（一）构造及圈闭特征

公安单斜带由于北部紧邻资福寺向斜，受南部华容隆起的影响，在长期继承性的作用下，形成了由北向南抬升的宽缓斜坡。该构造背景发育了近东西向的公安大断裂，并随着大断裂的作用产生了众多北东、北西小断层，这些断层以北掉正断层为主。斜坡由北向南逐渐抬升，并与少量的南掉正断层组合，发育了一系列构造圈闭。如金家场断背斜、魏家台南断鼻、郝穴断块、熊家河断块、白马寺断鼻、赤岸街断块群等 23 个圈闭。

（二）构造演化

该区在白垩纪-新沟嘴组上段沉积期为一古斜坡，只有公安断层开始有微弱活动，即在新沟嘴组上段沉积期具有雏形；荆沙组沉积期，断层强烈活动，构造隆起活动加速，断层下降盘地层明显加厚，是圈闭的主要形成期，荆沙中期地层抬升，隆升的不均衡性，致使斜坡上不同地段遭受不同程度的剥蚀、造成不同地段与不同时代的地层接触；潜江组沉积期公安断层继续活动，下降盘加厚明显并派生众多的小断层。荆河镇组沉积期断层活动减弱，至荆河镇组沉积期末，区域构造回返，整体抬升，普遍剥蚀，圈闭逐渐趋于定型，圈闭的发育在早第三纪末期结束。

（三）沉积相及储集特征

该区带储集层主要为砂岩储集层和火山岩储集层，储集层位主要位于晚白垩系、新沟嘴和荆沙组。

1. *砂岩储层*

白垩系沉积期，以辫状河沉积相为主，根据安地1井钻遇白垩系测录井资料、地震资料解释，结合前人研究成果推测，白垩系砂岩厚度为100~500m，具有较好的储集条件。

新沟嘴组渗透性砂岩单层厚度较小(表3-1-6)，最有代表性发育阶段为Ⅱ油组沉积时期，以滩坝相沉积为主，钻井金1井、金6井及金8井证实，单层最大厚度为4.8m，主要集中在1~2m(图3-1-3)，储集层较差，仅具有一定储集条件。

表3-1-6 江陵凹陷 $Ex^{下}$ Ⅱ油组渗透性砂层层数统计表

地区	代表井	层数		
		<2m	2~4m	≥4m
陵南	路3井	2	0	0
	金6井	10	1	0
	赤3井	0	3	0

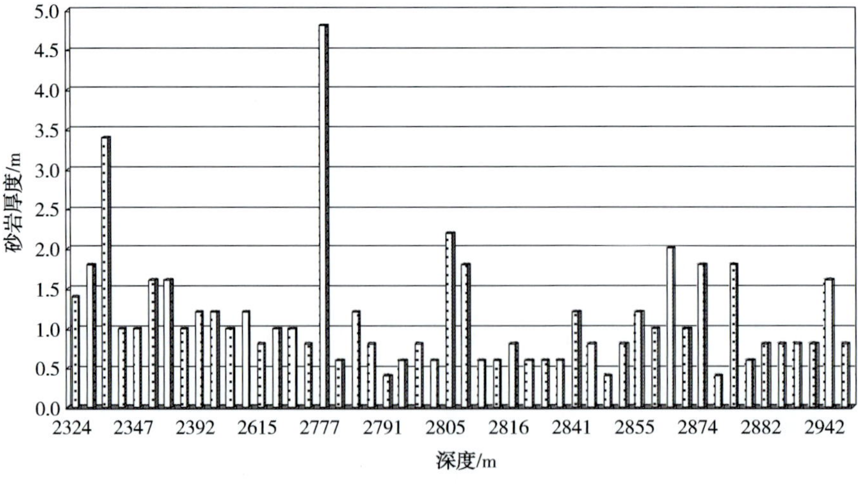

图3-1-3 公安单斜带新下段Ⅱ油组砂岩厚度频率分布图(金1井、金6井、金8井)

荆沙组沉积期，主要受到西部物源的影响，该区带处于三角洲前缘亚相-前三角洲亚相过渡相带区，发育滩坝相或河道相。通过金1井钻井资料分析，单层砂体厚度位于

1.8~5m，平均3.23m(图3-1-4)，该时期砂体相对发育，但受气候因素影响，石膏胶结作用强，储集物性相对较差，仅具有一定的储集物性。

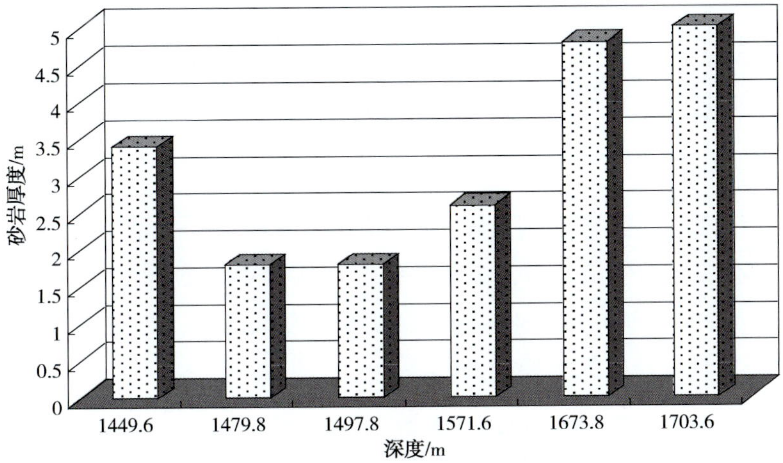

图3-1-4　公安单斜带荆沙组砂岩厚度频率分布图(金1井)

潜江组沉积期为继续断陷阶段，此时由于基底缓慢抬升，湖盆水域逐渐收缩，坳陷明显萎缩。潜江组以中砂岩和粉砂岩为主，物源来自西部。渗透性砂岩厚度一般为100m，占地层厚度的47.21%，最大单层厚度为16m。纵向上，该区砂岩主要发育在潜三-潜四段。为冲积平原亚相-浅湖亚相沉积。物性较好，孔隙度最小值为5.33%、最大值为17.6%，渗透率最大值为59.7×$10^{-3}\mu m^2$，最小值为17.5×$10^{-3}\mu m^2$(表3-1-7)。

表3-1-7　江陵凹陷南部潜江组储层物性表

地区	层位	孔隙度/%			渗透率/$10^{-3}\mu m^2$			资料来源
		平均值	最大值	最小值	平均值	最大值	最小值	
南部	Eq_4	11.5	17.6	5.33	47.3	59.7	17.5	江深2井

2. 玄武岩储层

本区玄武岩分布较普遍，纵向上主要发育在沙市组、新沟嘴组下段、新沟嘴组上段，代表及井段火山岩单层厚度分别为5.0m(江深2井)、46.0m(金8井)、120.0m(江深4井)。平面上主要发育在金家场地区、熊家河地区、沙岗地区和赤岸街地区。玄武岩储层主要有孔隙型储集层，孔隙-裂隙型储集层，裂隙型储集层。通过金8井、金4井、金6井、江深2井、江深4井薄片、扫描电镜、测井、录井、实验等数据研究其储集类型和微观孔隙结构。玄武岩储集孔隙空间主要有原生气孔及次生气孔、裂隙，其次为原生粒间孔、晶间孔、收缩孔等。孔隙结构差，以粗孔隙-细喉道型为主。孔径最大值为50μm、最小值为17μm、平均值为30μm，喉道半径最大值为1.235μm、最小值为0.629μm、平均值为0.944μm(表3-1-8)。

表 3-1-8　玄武岩取心井物性及孔隙结构数据表

井名	井段/m	储层类型	样品数/块	孔隙度/%	渗透率/$10^{-3}\mu m^2$	孔隙直径/μm	孔喉半径/μm	孔隙体积/μL	分选系数	迂曲度/%	退汞效率/%
金 4 井	2095.6~2103.6（$Ex^{上}$）	孔隙型	5	19.1	2.486	30（平均）	0.63（最小）	2322	3.36	21.2	22.5

（四）烃源岩条件

该区主要位于江陵凹陷虎渡河洼陷和资福寺洼陷南缘，是油气运移的指向区之一。该区带局部也具有较好的生烃能力，金 6 井钻井证实暗色泥岩厚度为 265m，有机碳指标为 0.6%，氯仿沥青“A”为 0.1103%，饱和烃+芳烃为 52.1%，与虎 2 井井区生烃能力相当(表 3-1-9)，也具有较好的生烃能力。

表 3-1-9　虎 2 井与金 6 井新下段生烃能力指标数据对照表

井名	层位	烃源岩厚度/m	有机碳/%	氯仿沥青“A”/%	饱和烃+芳烃/%
金 6 井	$Ex^{下}$	265	0.6	0.1103	52.1
虎 2 井	$Ex^{下}$	242	0.41~0.88	0.012~0.122	21.5~55.7

（五）油气成藏组合及模式

根据目前研究，该区带火山岩十分发育，砂岩次之，因此应以火山岩油气藏勘探为主，其次为岩性勘探。

本区火山岩油藏为他源油藏，油源来自本区和资福寺洼陷新下段生油层，从现今构造解释，地层对比等地质要素配置关系看，金家场构造具有较好的油气聚集背景。目前部分圈闭已获低产油流和工业油流，控制油气富集的主要因素是储层发育程度。金家场地区火山岩极其发育，从金 8 井、金 6 井、金 4 井溢流情况看，火山岩储集层具有非均质性，但局部仍具有较好的储集物性，江深 4 井小规模的压裂就获得工业油流，日产油 2.3m^3，并且还未发现火山口区域，火山岩分布范围广，地层发育厚，储集物性较好，火山岩油气藏具有很大的勘探潜力。

（六）勘探潜力

目前钻探证实，多套砂岩储集层见到油气显示，局部成藏。火山岩地层见到油水显示以及溢流现象，具有较好的储集性。因此通过分析该区带成藏主控因素及油气的富集规律，认为该区带具有较大的潜力。

通过该区带的构造解释，可发现其断裂十分发育，火山活动频繁，圈闭类型多样，单斜带从西到东(如路 3 井、金 8 井、赤 3 井、赤 2 井)在不同层位见到不同级别的油气显示，说明凹陷油源已经向洼陷周缘大量运移，尤其金家场地区火山岩地层油气已经成藏。因此针对该区带主要勘探圈闭类型有两种：一是以火山岩为储集层的圈闭类型，火山岩主要分布在单斜带东段，初步统计面积达 500km^2，单层厚度为 2~46m，目前仅对金家场地区 40km^2 火山岩地层进行研究，仍有广大的研究空间；二是以砂岩为储集层的构造圈闭或岩性-构造圈闭类型，主要分布在单斜带西部段，针对勘探层位为晚白垩系、新下段、荆沙组，东段也存在此圈闭类型，但探井的数目比较少，成藏认识还不够，具有较大勘探潜力空间。

公安单斜带共发现各类构造圈闭 23 个，总的圈闭面积为 99.7km^2，圈闭资源量 400×10^{4}t，其中：可靠圈闭 5 个，圈闭面积为 22.9km^2；较可靠圈闭 11 个，圈闭面积为 40.6km^2；可疑圈闭 7 个，圈闭面积为 36.2km^2。其中金家场断背斜位于公安单斜带的中段，紧邻虎渡河-资福寺向斜的南缘。具有东北翼缓、西北翼陡的特征，构造轴向呈北西向。其上发育有构造 6 个圈闭，T_8'圈闭面积为 19.1km^2。在可靠圈闭中金家场 1 号断块 T_8'圈闭面积 4.2km^2，圈闭幅度 400m，圈闭高点-2200m，高点位置 629/333，典型剖面 629 测线；金家场 2 号断块 T_8'圈闭面积 2.5km^2，圈闭幅度 200m，圈闭高点-2300m，高点位置 630/332，典型剖面 630 测线；金家场 3 号断块 T_8'圈闭面积 7.8km^2，圈闭幅度 550m，圈闭高点-2250m，高点位置 628/335，典型剖面 628 测线。较可靠圈闭中金家场 4 号断块，T_8'圈闭面积 9.9km^2，圈闭幅度 900m，圈闭高点-2550m，高点位置 628/335，典型剖面 628 测线；金家场 5 号断鼻 T_8'圈闭面积 1.2km^2，圈闭幅度 50m，圈闭高点-2400m，高点位置 631/331，典型剖面 631 测线；金家场 6 号断块 T_8'圈闭面积 2.2km^2，圈闭幅度 550m，圈闭高点-2900m，高点位置 626.5/334.5，典型剖面 626.5 测线。因此，该构造部位在公安单斜带具有最好的勘探前景。

五、梅槐桥向斜带

梅槐桥向斜带位于江陵凹陷中部，是受万城断层控制的向斜带。其东与万城断裂带相接，其西为荆州背斜带和涴市断裂带，南北分别为江陵凹陷的边界纸厂河和纪山寺断层，勘探面积约 290km^2。该区南北均被三维地震覆盖，只有中部 62km^2 由于地面是长江地面，条件差，没有进行三维地震的施工。目前区内有各类探井 15 口，探井密度 0.052 口/km^2，由于构造圈闭不发育以及勘探层位埋深大，位于洼陷中心，因此勘探程度相对低。

目前该区在北部发现万城油田，南部发现谢凤桥油田、南岗油田，另外发现鄂深 16 井和鄂深 7 井含油构造，共探明石油地质储量 251.32×10^{4}t，具有一定的勘探潜力。

（一）构造及圈闭特征

梅槐桥向斜带是由万城断层控制形成的断陷型的向斜带，总体呈北北东向展布，白垩系底最深达 10000m，是江陵凹陷中规模最大的一个负向构造，长约 50km，宽 4~10km，面积约 290km^2。从新下段顶面构造图上可看出，梅槐桥向斜带存在两个次一级的向斜构造中心，中北部次一级的向斜构造呈北北东向，深度大，随万城断裂带向北逐渐抬起；南部的次一级的向斜近北东向，规模相对较小。它们均受控于万城断裂带的北段和南段，两段断裂间转换带形成一个沉降相对较小的鞍部。这两个次一级的向斜构造具有同沉积性，主要活动期的差异导致了沉降中心的迁移。在白垩、沙市组沉积期以南部为沉降中心；而新沟嘴组、荆沙组沉积期的沉积中心向北部迁移。在白垩系和沙市组及荆沙组沉积时期，万城断层强烈控制向斜带的沉积，在断层前缘形成楔状的沉积特征，反映断层前缘沉积厚度最大，为典型的断陷型沉积；在新沟嘴组沉积时期，万城断层仍然控制了沉积，但向斜带内最厚的地方在中心，为典型的断拗型沉积。目前已经证实梅槐桥向斜带新下段是江陵凹陷最好的生油向斜。

向斜带内断裂不发育，仅有为数不多的断层，其中万城断层为最大的断层，也是控制向斜形成的断层。圈闭主要发育在两个区域：一个区域位于梅槐桥向斜带西缘万城断层附近，以构造圈闭、岩性圈闭为主；另一个区域位于梅槐桥向斜带东缘涴市断裂带-荆州背斜带西缘附近，以构造圈闭为主。共发现落实各类圈闭 16 个，总面积 42.2km^2（表 3-1-10），剩余圈闭 6 个，面积 6.4km^2，剩余圈闭较少。发现的圈闭中岩性圈闭 2 个，占总圈闭面积的 23.6%。目前向斜带三维地震资料较好，再次发现构造圈闭的可能性不大，因此下步应该以岩性圈闭的识别为主。

表 3-1-10 梅槐桥向斜圈闭要素统计表

编号	圈闭名称	层位		面积/km^2	幅度/m	高点埋深/m	高点位置	落实程度	备注
		地震	地质						
1	八宝Ⅰ号断块	T_8'	$Ex^{上}$底	5.3	1360	1220	115/620	较可靠	已钻
2	八宝Ⅱ号断块	T_8'	$Ex^{上}$底	1.4	180	2140	151/700	较可靠	未钻
3	八宝Ⅲ号断块	T_8'	$Ex^{上}$底	2.9	440	1860	136/645	较可靠	已钻
4	八宝Ⅳ号断块	T_8'	$Ex^{上}$底	0.4	120	1880	111/640	较可靠	未钻
5	丁家湖西Ⅰ号断鼻	T_8'	$Ex^{上}$底	0.5	60	2880	356/795	较可靠	已钻
6	丁家湖西Ⅱ号断鼻	T_8'	$Ex^{上}$底	0.2	40	2980	400/850	较可靠	已钻
7	谢凤桥断鼻	T_8'	$Ex^{上}$底	5.0	560	3100	461/1075	可靠	已钻
8	南岗Ⅰ号断鼻	T_8'	$Ex^{上}$底	9.7	620	2940	461/1475	可靠	已钻
9	晒花台断鼻	T_8'	$Ex^{上}$底	0.3	150	1750	303/337	可靠	已钻
10	晒花台南断块	T_8'	$Ex^{上}$底	0.3	125	1875	279/345	较可靠	未钻
11	高桥断块	T_8'	$Ex^{上}$底	1.7	225	1550	439/337	较可靠	未钻
12	高桥北断块	T_8'	$Ex^{上}$底	1.4	300	1350	220/310	较可靠	未钻
13	高家嘴断块	T_8'	$Ex^{上}$底	1.2	300	1500	240/401	较可靠	未钻
14	高家嘴北断块	T_8'	$Ex^{上}$底	1.9	250	1550	220/385	较可靠	已钻
15	梅槐桥岩性圈闭	T_8'	$Ex^{下}$	4.0	400	3360	218/608	较可靠	已钻
16	网船河构造-岩性圈闭	T_8'	$Ex^{下}$	6.0	500	3760	152/554	较可靠	已钻
合计				42.2					

（二）沉积相及储层特征

新沟嘴组下段沉积时期，受到北部单向物源体系的充填影响，向斜带北部以三角洲前缘-滨浅湖沉积相为主，在洼陷中心及南部以半深湖-深湖相沉积为主，在万城断层前缘还发育有坡折带的湖底扇沉积。

在北部由于是马山物源和后港物源的交汇处，新下段砂体十分发育，以三角洲前缘水下分流河道和河口坝砂体为主。北部万 5 井钻探的砂岩厚度为 5～10m，孔隙度为 13%～15%，砂岩总厚度大，储集条件比较好。

在洼陷中心及南部，砂岩不发育，以滨浅湖的滩坝砂体为主。如南岗地区，钻遇的砂岩厚度大部分小于 2m，孔隙度均小于 7%，渗透率极差，大部分小于 $1\times10^{-3}\mu m^2$，砂岩总厚度小。根据相带的展布特征和北部物源的充填方式，在南岗以北到向斜带北部斜坡带以南，砂岩应该比南岗地区发育。荆州背斜带八岭山构造和荆西构造的实际钻井资料表明，其水下分流河道砂岩相当发育，因此向向斜带斜坡延伸。在斜坡带的北部钻探的陵 86 井和陵 10 井等井钻遇多套砂岩，且大部分为水下分流河道砂岩，因此梅槐桥向斜带北部斜坡带至少应发育大量的河口坝、席状砂、滩坝砂和少量的水下分流河道砂。

在万城断层上升盘马上方向的物源通过断层的调谐带或者古地貌的沟谷带，在万城断层下降盘形成断裂控制的湖底扇坡折砂体。北部的万 12 井区已经证实在新下段Ⅱ油组 4 砂组是坡折带砂体。4 砂组以万 12 井为中心向南、北减薄至尖灭，到梅槐 1C 井变为干层，反映了本套砂组来源于万城断层上升盘的坡折砂体（图 3-1-5）。另外实钻资料也表明在谢凤桥、丁家湖等万城断层前缘地区发现有坡折砂体。这些坡折砂体表现为在断层前缘的入口处最厚，以其为中心向各个方向减薄，中心厚度可达 10m 以上，但是由于湖底扇埋深大，物性相对较差。

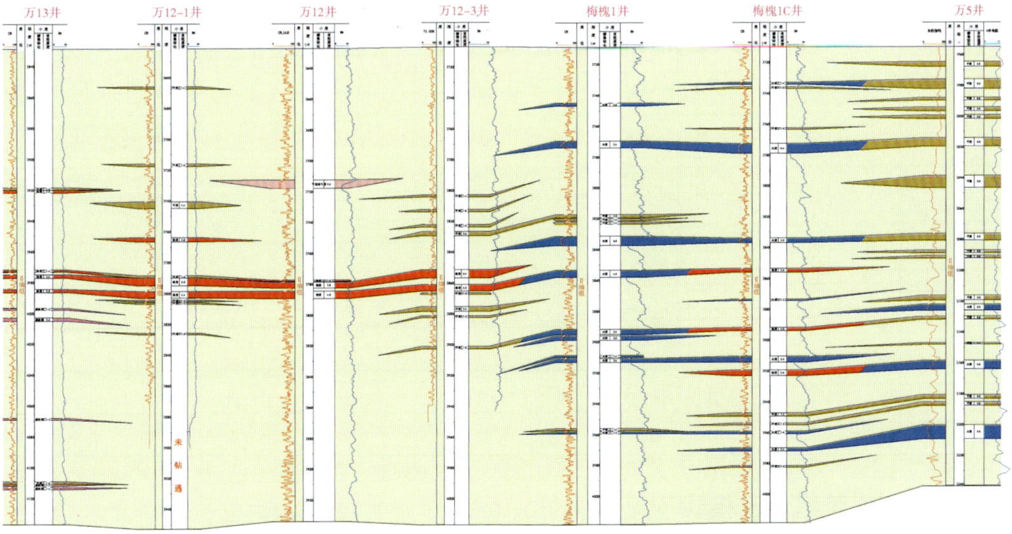

图 3-1-5　万 12 井区新下段Ⅱ油组砂岩对比图

综上所述，虽然该构造带为向斜带，但是仍有各种类型的砂体进入研究区中，为该区油气成藏带提供了储集体。新下段砂岩在本区总体展布特征为北好南差，西好东差，三角洲前缘水下分流河道、河口坝、席状砂、滨浅湖滩坝砂、坡折带湖底扇等多种砂体类型并存。

（三）烃源条件

梅槐桥向斜是受万城断层控制的洼陷，在洼陷中心新下段沉积厚度超过700m，暗色泥岩厚度可达250m，烃源岩的累计厚度100~200m；有机质丰度中等，最大有机碳含量为1.51%，一般在0.61%~0.95%；母质类型以Ⅱ型干酪根为主；有机质演化程度处于成熟期的中-高演化阶段，R_o 值一般分布在0.81%~1.35%；单位生烃强度 $50\times10^4\sim60\times10^4$t，是整个江陵凹陷最好的生油洼陷。目前在万城断裂带及荆州背斜带西部发现的油藏油气均来自梅槐桥洼陷烃源。

近年钻探的鄂深25井和万13井位于梅槐桥向斜南北两生烃中心，对新下段进行连续取样测其实验室地球化学指标，表明新下段Ⅱ油组中下部是梅槐桥洼陷新下段的主力生油层段。按照陆相烃源岩评价标准，万13井新下段Ⅱ油组有机碳含量、氯仿沥青“A”和烃含量均为中等，鄂深25井新下段Ⅱ油组有机碳含量、氯仿沥青“A”和烃含量则达到了好-最好的标准，反映了梅槐桥洼陷南部的生油条件要好于北部。万13井和鄂深25井 R_o 值相当，其值一般分布在1.29%~1.39%，有机质演化程度处于成熟期的高演化阶段（表3-1-11）。

因此梅槐桥向斜带的烃源岩为梅槐桥周缘提供了丰富的物质条件，梅槐桥向斜带最好的成藏条件就是烃源条件的优越。

表3-1-11　万13井、鄂深25井 $Ex^{下}$ Ⅱ实验室地化数据表

井名	层位	井段/m	有机碳/%	氯仿沥青“A”/%	烃含量/10^{-6}	R_o/%
万13井	$Ex^{下}$ Ⅱ	3900~3904	1.17	0.056	365	1.29
		3961~3963	0.74	0.047	310	1.31
		4001~4004	0.81	0.07	489	—
		4053~4058	0.73	0.067	446	1.39
		4125~4130	1.29	0.113	753	1.39
		平均值	0.95	0.07	472	1.34
鄂深25井	$Ex^{下}$ Ⅱ	4162.34	1.25	0.52	4123	1.34
		4163.64	0.95	0.41	3199	1.34
		4170.84	1.11	0.53	4224	1.34
		平均值	1.1	0.48	3848	1.34

（四）油气成藏组合及模式

该区新下段为主力生油层，储层有各种不同类型的砂体，盖层主要是新上段数百米

的红色泥岩和大膏及新下段内部的泥岩，这样形成新沟嘴组的自生自储的油气藏。另外在谢凤桥断鼻上，发现有荆沙组的油藏，表明了新下段烃源岩生成的油气还顺着万城断层垂向运移到荆沙组砂岩中成藏，形成古生新储的油气藏。这类油藏主要发育在邻区的涴市断裂带中，因此这种油气成藏的模式不作重点论述。

从梅槐桥向斜带发现油气藏类型看，以构造类型的断鼻油藏为主，万 12 井区发现有构造-岩性类型的油藏，梅槐 1 井探索的也是岩性油藏，谢凤桥断鼻上亦有岩性成分的油藏存在。鉴于该区为向斜带，构造圈闭较少，因此下步应该积极寻找岩性圈闭进行勘探。

（五）勘探潜力分析

综上所述，梅槐桥向斜带具有良好的成藏条件，具体表现在：

（1）具备良好的烃源条件。梅槐桥向斜是江陵凹陷烃源条件最好的生烃区域之一，因此油源条件好。

（2）发育有多成因的砂体储层。梅槐桥向斜带内发育有三角洲前缘水下分流河道、河口坝、席状砂、滨浅湖滩坝砂、坡折带湖底扇等多种成因砂体。

（3）构造和岩性圈闭共存。梅槐桥向斜带南部的谢凤桥断鼻、南岗断鼻等构造圈闭，是典型的洼中隆，成藏条件好，目前都已经探明。北部的万 5、万 12 等圈闭都是紧邻万城断层的断鼻，也已经成藏，目前还剩余部分的构造圈闭。同时万 13 井为典型的岩性圈闭，谢凤桥断鼻部分砂体也是岩性油藏，因此岩性圈闭还应该是广泛存在于该区的。目前岩性圈闭主要有两种类型：①万城断层下降盘的坡折带砂体形成的岩性圈闭；②北部砂岩进入洼陷带中形成的滩坝岩性圈闭。第一种岩性圈闭已经被证实；第二种岩性圈闭正在开展工作，从沉积理论上看是存在的。

（4）良好的成藏条件，只要具备储层和圈闭，必然成藏，无效圈闭少。梅槐桥向斜带的良好的烃源能力，应该能够坚定“下洼”勘探的信心，因此应该在识别圈闭的前提下，向深洼带开展勘探。

目前虽然梅槐桥向斜带寻找到一定的探明储量，但对比其成藏条件，还应该有一定的勘探潜力。目前剩余圈闭较少，下步应该积极开展圈闭的识别工作，特别是岩性圈闭的识别工作。针对目前梅槐桥向斜带的勘探情况，研究认为其主要勘探潜力体现在以下几个方面。

（1）构造油藏还具有一定的勘探潜力。

目前虽然构造圈闭剩余量少，但中部还缺少李埠南三维的覆盖，因此在全区进行三维覆盖后，可能还会寻找到一定的构造圈闭。特别是目前在复兴场三维的西部依靠二维已经识别出大量的构造圈闭，因此在向斜带的西部可能还有构造圈闭发育。一旦发现构造圈闭，其成藏条件明显要好于八岭山背斜带西侧的八岭山和荆西，因为油气是沿着梅槐桥向斜向东北运移的，必然先充满西侧的构造。所以通过部署李埠南三维，可能会发现一批构造油藏。

（2）万城断层下降盘坡折带砂体的岩性油藏潜力较大。

万城断层是江陵凹陷新下段时期控沉积较为明显的断层，其下降盘存在坡折砂体应该较发育。万12井区、谢凤桥断鼻上的众多钻井已经证实了来源于万城断层上升盘的坡折带砂体，因此紧紧围绕万城断层下降盘坡折砂体，寻找裙边状的岩性圈闭，有望实现万城断层下降盘的含油连片，但是目前由于中部缺乏地震资料，难以实现万城断层下降盘的三维地震资料连片，开展储层预测识别岩性圈闭存在难度，所以建议及早部署李埠南三维，以开展下降盘的坡折砂体岩性油藏勘探。

（3）北部斜坡带滩坝砂体岩性油藏勘探潜力巨大。

根据新下段沉积时期的沉积充填特征，在北部的斜坡带应该是三角洲前缘-前三角洲-浅湖-半深湖过渡的地方，随着砂体向洼陷带的延伸，应该可以形成大量的滩坝砂体，砂地比小于20%，是岩性油藏的有利勘探区。目前已经开展这一部分的工作，并且在陵10井周缘寻找到了一系列的异常，有待继续落实。由于其处于有利的成藏位置，只要能够落实这些岩性圈闭体，就必然成藏。

六、资福寺向斜带

资福寺向斜带位于江陵凹陷南缘，为早期的洼陷，具有较好的生油条件，其中资北断裂带是油气运移的有利指向区，早期断裂活动较弱，中期强烈活动，圈闭类型以岩性或岩性-构造圈闭为主。

（一）构造及圈闭特征

1. 结构特征

资福寺向斜带位于江陵凹陷东南部，东部以范家台构造带为界，与清水口洼陷相接，西邻虎渡河洼陷，北为荆州背斜带，南为公安单斜带，北部发育资北断层，是一条走向为北东东向的正断层，倾向为北-南向，延伸长度大于20km，最大落差大于1200m；南部发育资南断层，是一条走向为北东向的正断层，倾向为南-北向，延伸长度大于20. 5km，最大落差大于400m，两条大断裂具有控洼特点，洼陷最深达大于5000m。资福寺洼陷是江陵凹陷第二大富烃洼陷，南部为公安单斜带勘探范畴，北部资北断层下降盘地层明显加厚，具有典型同沉积特点。

2. 构造演化

资福寺向斜带以前白垩系基底，基岩自上而下为侏罗系-三叠系、志留系、奥陶系-寒武系等。白垩世中晚期燕山运动Ⅲ幕区域构造运动发生负反转由挤压转换为扩张，受东西向张力作用，表现为强烈的断块运动，但火山活动不强烈，与下伏地层呈现不整合接触，与上覆地层呈现整合接触，地势整体趋近平缓，洼陷断陷附近具有控沉积现象。喜山运动早幕，发育四个阶段：在沙市组沉积阶段，受力方向发生偏转，以南北向张力作用为主，但构造活动逐渐减弱，以拗陷为主，洼陷南缘开始抬升，局部火山岩活动开始加强，资北断层继续下沉，由于沙市组下段发育巨厚层盐岩沉积，发生塑性流动，部分地区与下伏地层表现为整一关系，与上覆地层呈整合接触关系，凹陷构造格局逐渐形成；在新沟嘴组沉积阶段，受南北向张力作用加强，断裂活动加强，以断陷为主，凹陷南缘火山活动频繁，并最为强烈，古地貌继续抬升，资北断层强烈断陷，并控制新下段沉积充填，洼陷的构造格局初步形成，与下伏和上覆地层呈整合接触关系。在荆沙组沉积阶段，受力方向主要为西北-南东向，强烈断陷，洼陷南缘火山活动减弱，北部大量的火山喷发，区域整体抬升，洼陷荆沙组内部遭受剥蚀，为角度不整合接触，该沉积时期与下伏和上覆地层呈整合接触关系。在潜江组沉积阶段，洼陷整体下沉，以断拗为主，资南和资北断层活动减弱或终结，南缘火山活动不强烈，北缘火山活动逐渐减弱，与下伏地层呈整合接触关系、与上覆地层呈角度不整合关系。在喜山运动中幕，在荆河镇组沉积阶段，江陵凹陷整体抬升，全工区遭受强烈剥蚀，荆河镇组地层几乎全被剥蚀，残留地层极少，残留部分地层与下伏地层呈角度不整合或整一关系，工区趋近平缓，与上覆地层呈整一关系。在喜山运动晚幕，在广华寺-平原组沉积阶段，受到东西向弱挤压作用逐渐增强，张性作用减弱，局部形成逆断层，但整体地势趋近平缓，与下伏地层呈角度不整合接触关系。

3. 圈闭特征

资福寺向斜带主要勘探领域为资北断层附近，其次为凹陷中部及南缘斜坡带，圈闭类型以岩性圈闭和岩性-构造圈闭为主。断层附近岩性圈闭分布特征呈东西向裙摆状分布；岩性-构造圈闭主要呈东西向断块状分布。凹陷中心以岩性圈闭为主，表现为透镜型、滑块型、浊积扇型、上倾尖灭型，形成低渗透或特低渗透圈闭类型。

（二）沉积相及储集特征

该区带储集层主要为砂岩储集层，储集层位主要位于沙市组上段、新沟嘴组，由于该区带钻井极少，或没有钻探所研究的层位，因此，以地震反射特征及推测数据为主。

沙市组上段沉积时期以浅湖相为主，阶段性表现为三角洲相，主要分布在江陵凹陷的东南缘，钻井证实，沙 15 井单层最大厚度/累计厚度为 6m/30m，范 1 井单层最大厚度/累计厚度为 4m/35m，预计该区带沙市组砂体的分布厚度在 10~20m。

新沟嘴组沉积时期以三角洲相沉积为主，物源来自后港，该时期砂体十分发育，钻井资料(表 3-1-12)证实，单层最大厚度达 9.6m，最大累计厚度为 92.2m/56 层，并且资北断层具有控沉积作用，预计该区带砂体累计厚度达 50~70m，单层砂体厚度 4~6m，具有较好的储集条件。

表 3-1-12 资北断层周缘钻井砂岩数据统计表

地区	井名	层位	单层最大厚度/m	累计厚度/(m/层数)
沙市	沙 15 井	新下段	9.6	75.6/33
	沙 22 井		4.8	54/17
	沙 27 井		6.8	86/70
范家台	范 1 井		6.4	52.2/21
	范 2 井		6.2	92.2/56
赤岸街	赤 8 井		3.8	53.2/32
	赤 3 井		8.6	24.2/8

(三)烃源岩条件

资福寺洼陷是江陵凹陷第二大富烃洼陷，具有较好的生烃能力，其周缘是较好油气运移的指向区。钻井资料证实，虎 2 井新下段生油指标(表 3-1-13、表 3-1-14)：暗色泥岩厚度为 242m，有机碳指标为 0.13%~2.23%，氯仿沥青“A”为 0.0022%~0.1223%，饱和烃为 66.9%~77.04%，芳烃为 6.31%~8.84%，具有较好的生烃能力。目前已经在北缘发现沙市油田，范家台地区范 3 井油气藏，赤岸街地区的赤 8 井、赤 2 井、赤 3 井见到良好的油气显示，说明资北断裂带是较好的油气指向区。

表 3-1-13 资福寺-虎渡河洼陷生物标记化合物分析表

井名	深度/m	样品	ααα-C_{20}R 甾烷			C_{29} 甾烷		T_m/T_s	伽马蜡烷/αβC_{30}藿烷
			C_{27}/%	C_{28}/%	C_{29}/%	20S/(20S+20R)	ββ/(αα+ββ)		
虎 2 井	3280	岩石	0.36	0.28	0.36	0.46	0.40	0.88	0.30
	3385	岩石	0.65	0.16	0.19	0.25	0.28	2.88	0.67
	3808	岩石	0.32	0.28	0.40	0.45	0.37	1.16	0.34
	3429	油						0.74	

表 3-1-14 资福寺-虎渡河洼陷有机地化指标分析表

井名	井段/m	层位	岩性	有机碳/%	氯仿沥青“A”/%	饱和烃/%	芳烃/%	非烃/%	沥青质/%	总烃/10^{-6}	镜质组反射率 R_o/%	备注
虎 2 井	3274.18~3283.87	Ⅱ油组	泥岩	0.46	0.0029							岩心
	3274.18~3283.87	Ⅱ油组	泥岩	0.29	0.0088							岩心
	3274.18~3283.87	Ⅱ油组	泥岩	0.36	0.0043							岩心
	3283.87~3293.48	Ⅱ油组	泥岩	0.65	0.0028						1.1	岩心
	3283.87~3293.48	Ⅱ油组	泥岩	0.13	0.0022							岩心
	3283.87~3293.48	Ⅱ油组	泥岩	0.53	0.0033							岩心

续表

井名	井段/m	层位	岩性	有机碳/%	氯仿沥青"A"/%	饱和烃/%	芳烃/%	非烃/%	沥青质/%	总烃/10^{-6}	镜质组反射率R_o/%	备注
虎2井	3293.48~3302.98	Ⅱ油组	泥岩	0.42	0.0033						1.09	岩心
	3302.98~3312.59	Ⅱ油组	泥岩	0.5	0.0022							岩心
	3302.98~3312.59	Ⅱ油组	泥岩	0.51	0.0076						1.08	岩心
	3302.98~3312.59	Ⅱ油组	泥岩	0.5	0.003							岩心
	3302.98~3312.59	Ⅱ油组	泥岩	0.27	0.0031							岩心
	3325~3309	Ⅱ油组	泥岩	0.49								岩心
	3329~3335	Ⅱ油组	泥岩	0.43								岩心
	3346~3351	Ⅱ油组	泥岩	0.46								岩心
	3360~3367	Ⅱ油组	泥岩	0.71								岩屑
	3385.34~3394.81	Ⅱ油组	泥岩	0.65	0.016						1.11	岩心
	3385.34~3394.81	Ⅱ油组	泥岩	0.18	0.0045						1.15	岩心
	3385.34~3394.81	Ⅱ油组	泥岩	1.2	0.0285						1.15	岩心
	3385.34~3394.81	Ⅱ油组	泥岩	0.49	0.0152						1.14	岩心
	3385.34~3394.81	Ⅱ油组	泥岩	0.76	0.0078						1.13	岩心
	3385.34~3394.81	Ⅱ油组	泥岩	2.23	0.0516							岩心
	3400~3403	Ⅱ油组	泥岩	0.57	0.0628	66.9	6.31	10.06	7.8	459.77		岩屑
	3527~3528	Ⅱ油组	泥岩	0.83								岩屑
	3542~3545	Ⅱ油组	泥岩	0.88	0.1223	77.04	6.44	10.92	6.85	1021.22		岩屑
	3547~3555	Ⅱ油组	泥岩	0.72	0.0844	70.99	8.84	14.95	7.62	674.16		岩屑
	3604~3609	泥隔层		1.02								岩屑
	3775~3780	沙市组	泥岩	0.5	0.033							岩屑
	3800~3802	沙市组	泥岩	0.61	0.0325						1.28	岩屑
	3808~3810	沙市组	泥岩	0.82	0.042						1.26	岩屑

（四）油气成藏组合及模式

目前，资福寺洼陷主要勘探区域位于资北断裂带附近，仅有金3井钻探荆沙组地层，无井钻探新沟嘴组和沙市组，对该区带的成藏模式进行探讨。

研究区目的层位新下段，成藏类型主要为自生自储型。结合邻区沙市油田成藏模式分析认为，发育断鼻型油气藏、断块型油气藏、岩性油气藏，综合分析该区带地震相特征认为，资福寺洼陷油气成藏特点是以岩性-构造型油气藏、断块型油气藏为主，其次为上倾尖灭型油气藏（图3-1-6）。

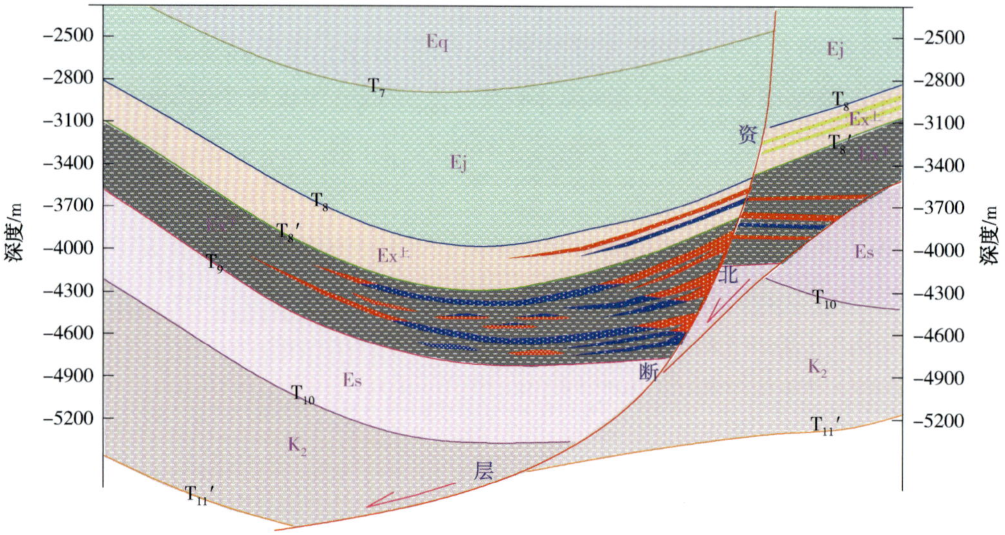

图 3-1-6　资福寺洼陷油气成藏模式图

（五）勘探潜力

资福寺洼陷分布面积达 230km²，埋深最深在 5000m 以上，资北断裂带新下段砂体分布厚度预测在 50~70m，圈闭类型以岩性-构造圈闭、断块圈闭为主，其次为上倾尖灭型岩性圈闭、透镜型圈闭，由于工区范围内无一口探井，分布面积广，区带具有较大的勘探潜力。

目前资北断裂带解释圈闭 1 个，面积 9. 1m²（表 3-1-15），圈闭资源量 1850×10⁴t。

表 3-1-15　资北断裂带 T_8'圈闭要素统计表

二级构造带	三级构造带	圈闭名称	层位		面积/km²	幅度/m	高点位置	落实程度
			地震	地质				
资福寺洼陷	资北断裂带	资福寺岩性圈闭	T_8'	Ex上底	9. 1	300	629	较可靠

第二节　主要勘探成果

2008 年 1 月—2010 年 12 月进行三维地震资料连片处理，3 块合计 964. 95km²，每年度开展 1 块三维地震资料连片处理；共钻井 13 口，获得工业油流井 5 口，少量油流井 1 口，探井成功率 46. 2%；三年共新增探明储量 644. 43×10⁴t，控制储量 74. 12×10⁴t（303. 7×10⁴t 已经升级），预测储量 770. 64×10⁴t，新增三级储量 1489. 19×10⁴t，取得了良好的勘探效果（表 3-2-1）。

表 3-2-1 2018—2010 年勘探工作量及储量完成情况统计表

年份	三维地震资料连片处理		钻井/口				储量/10^4t		
	名称	面积/km^2	钻井	工业油流井	低产油流井	正钻井	探明	控制	预测
2008	西南缘六连片	427	6	3			83.82	303.7	350.51
2009	李家台三连片	184.35	2	1	1		468.18		420.13
2010	万城三连片	353.6	5	1		2	92.43	74.12	
合计		964.95	13	5	1	2	644.43	377.82	770.64

获得工业油流的井有万 13、SK8-16、虎 3、虎 4、万 20 等 5 口井，层系上包括白垩系、新下段和荆沙组，总体归结为“两个突破一个进展”——在白垩系和荆沙组实现重大突破，在新沟嘴组取得重大进展。以下重点分析各口成功井所取得的效果及勘探启示。

一、万城断裂带白垩系重大突破

（一）SK8-16 井钻探启示

SK8-16 井是部署在江陵凹陷复Ⅰ断块的一口开发加深井，本井在下第三系荆沙组、新沟嘴组、沙市组、白垩系渔洋组、红花套组见灰褐色油斑粉砂岩 31.0m/4 层，褐灰色油迹粉砂岩 13.6m/6 层，灰色荧光粉砂岩 89.9m/27 层。测井解释油层 39.8m/9 层，差油层 4.8m/2 层，油水同层 4.2m/1 层，干层 81.4m/26 层（其中干层含油 10.6m/4 层），裂缝（含油）0.8m/1 层，裂缝 5.0m/1 层。

2008 年 8 月 22 日，本井对红花套组 3748.7～3761.4m 井段 5m/1 层油层进行常规射孔试油，抽深 2500m，43 次，最高日产油 15.62m^3，无水，定产为 11.50m^3/d。2008 年提交石油控制地质储量 303.70×10^4t（373.56×10^4m^3），石油技术可采储量 60.74×10^4t（74.71×10^4m^3）。2009 年 12 月 10 日，通过油藏评价井的钻探，储量申报区块为谢凤桥油田复Ⅰ块 SK8-16 井区红花套组油藏，含油层位为白垩系红花套组，储量类别为未开发探明储量。共申报新增含油面积 0.47km^2，计算含油面积 2.31km^2（图 3-2-1），石油探明地质储量 468.18×10^4t（575.16×10^4m^3），石油技术可采储量 93.64×10^4t（115.03×10^4m^3）。谢凤桥油田复Ⅰ断块 SK8-16 井区由于白垩系红花套组砂岩巨厚，砂岩厚度大于 120m，且连片分布，而油藏高度最高仅 85m，砂岩厚度远大于油层厚度，因而形成底水油藏，底水油藏的分布严格受构造高低控制。

梅槐桥洼陷新沟嘴组下段烃源岩是江陵凹陷下第三系的生烃中心，可为万城断裂带白垩系及潜山带提供良好的烃源物质条件。本井钻探的成功，是在对万城断裂带白垩系成藏条件及油气输导体系加强研究的基础上，首次在发现白垩系红花套组这个新的含油层系获得工业油流突破。万城断裂带白垩系及潜山带依靠万城断层与下降盘梅槐桥洼陷下第三系沙市组上段、新沟嘴组生储层对接，油气沿着砂层疏导向高部位运移，且复Ⅰ断块白垩系红花套组储层相当发育，厚度达到400m，在遇到万城断层上升盘具有良好的圈闭条件下便形成了新生古储式油藏(图3-2-2)。

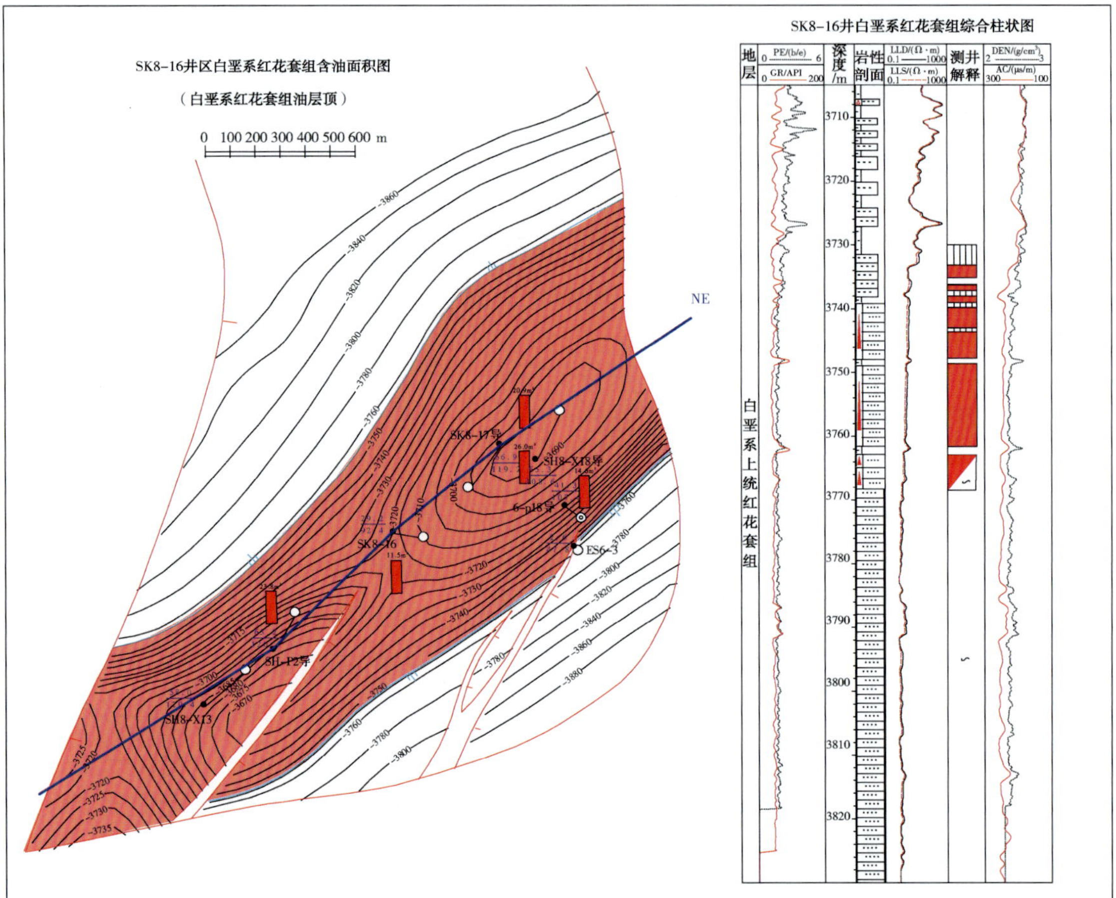

SK8-16井区红花套组探明储量数据图

含油面积/km²	有效厚度/m	有效孔隙度/%	含油饱和度/%	体积系数	气油比/(m³/m³)	原油密度/(g/cm³)	地质储量		采收率/%	技术可采储量	
							原油/10⁴m³	原油/10⁴t		原油/10⁴m³	原油/10⁴t
2.31	34.2	14.5	60	1.195	27	0.814	575.16	468.18	20.00	115.03	93.64

SK8-16井区南西-北东向油藏剖面示意图

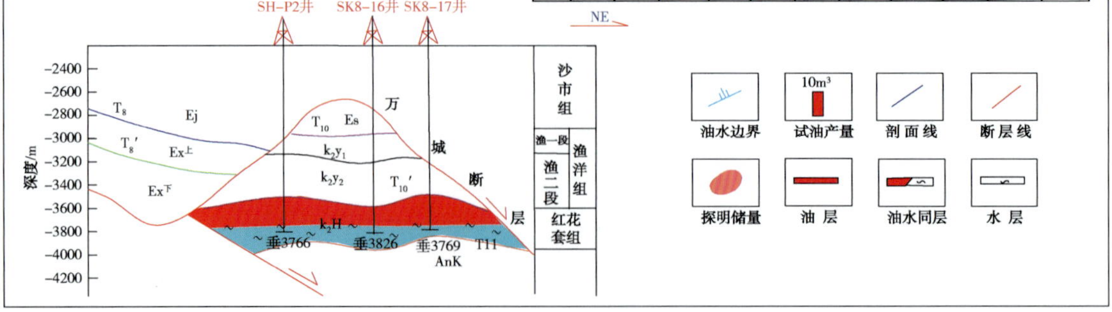

图3-2-1 复Ⅰ断块SK8-16井区红花套组储量综合图

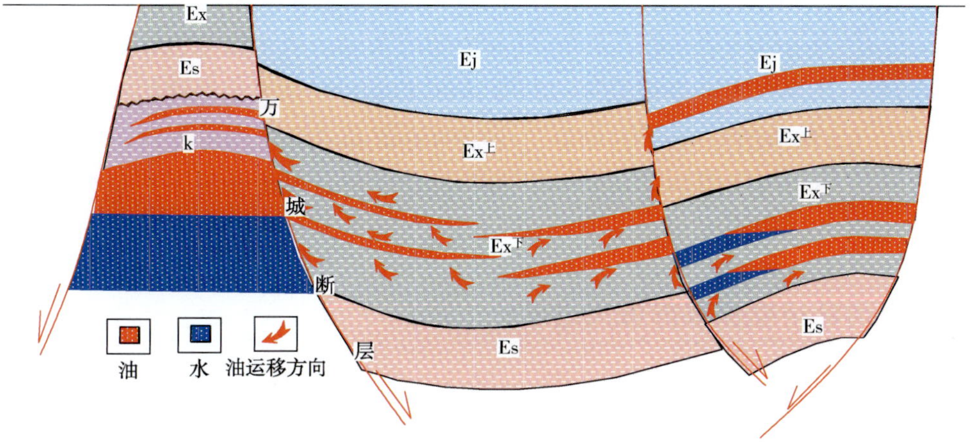

图 3-2-2　谢凤桥油田复Ⅰ块白垩系成藏模式图

（二）万 20 井钻探启示

万 20 井是部署在江陵凹陷万城断裂构造带的一口预探井。万 20 井录井在白垩系红花套组见油斑显示 4.08m/4 层，油迹显示 2.11m/1 层，荧光显示 1m/1 层。在井深 3013.11～3021.18m 取心一次，进尺 8.07m，心长 6.55m，收获率 81.16%，取出油斑级以上砂岩油砂 4.08m。测井解释油层 9.2m/5 层，油水同层 2.8m/1 层，其余均为水层和干层。

2010 年 5 月 2 日射开 3010.2～3020.0m 井段 7.4m/3 层油层后，常规抽汲日产油 $3.7m^3$，无水。酸化后下泵求产 Φ38mm 泵至 2795.03m，日产油 $6.2m^3$、日产水 $2.7m^3$，含水率 34.2%，试油期间累计产油 $60.68m^3$、产水 $124.43m^3$。试油证实为油层，与测井结果相符合。泵抽出水怀疑酸化后沟通下面水层，有待进一步认证。

以万 20 井油底和鄂深 15 井水顶之半确定油水界面，油水界面深度为-3080.5m，校正到红花套组油层顶面构造图上，以构造等值线-3080m 作为油水边界线，圈定含油面积 $1.92km^2$。申报区块为谢凤桥油田复Ⅱ块万 20 井区，含油层位为白垩系红花套组，储量类别为控制储量。申报新增控制含油面积 $1.92km^2$，计算含油面积 $1.92km^2$，石油控制地质储量 $74.12\times10^4t(88.77\times10^4m^3)$，石油技术可采储量 $11.12\times10^4t(13.32\times10^4m^3)$。

复Ⅱ断块万 20 井区油源同样为梅槐桥洼陷，其成藏有两种可能：①由万 20 北部如复Ⅰ断块上接收到梅槐桥洼陷的油气后，由其溢出点溢出，由于红花套组构造向南抬升，因此到复Ⅱ岩性-构造圈闭红花套组成藏；②梅槐桥洼陷南部的生烃洼陷通过万城断层直接与复Ⅱ岩性-构造圈闭红花套组对接，将油气运移到圈闭中成藏，形成以红花套组砾岩为侧向遮挡条件的油气成藏模式。

万 20 井的钻探，实现白垩系红花套组的再次突破。万城断裂带紧邻江陵凹陷生烃能力最为优越的梅槐桥洼陷，具有良好的油源物质基础，且白垩系具有良好的储集条件，因此继 SK8-16 井获得勘探突破后，万 20 井的成功再次验证了万城断裂带巨大的勘探潜力。而思路的转变与思维的创新，是万 20 井成功的关键。基于精细沉积相及砂分散体系等的地质研究，使得在砂岩异常发育的白垩系红花套组中寻找岩性圈闭成为可能。扎实的基础研究，思路的转变，思维的创新，小心的论证和求证是高勘探程度下油气勘探再次突破的关键。下步继续围绕万城断裂带不同领域在创新思维前提下开展勘探，必将取得更大的突破。

二、新沟嘴组勘探取得重大进展

（一）虎 3 井钻探启示

虎 3 井位于江陵凹陷虎渡河向斜带上，是李家台构造群义和东断鼻上的一口预探井。虎 3 井录井在新下段见油迹显示 2.5m/2 层，荧光显示 5m/2 层。测井解释油层 10.6m/4 层，油水同层 2.0m/1 层，其余均为水层和干层。

虎 3 井 $Ex^{下}$ Ⅱ油组 3444～3450.8m 井段 6.8m/1 层油层压裂试油，获 5.22m^3/d 工业油流，虎 3 井钻探的成功，打开了李家台地区油气勘探局面，展示了江陵凹陷李家台-李埠地区的良好勘探前景。李家台地区新增含油面积 4.64km^2，油层有效厚度 8.0m，孔隙度 11%，含油饱和度 60%，体积系数 1.333，原油密度 0.802g/cm^3（图 3-2-3），新增预测石油地质储量 350.52×10^4t。

虎 3 井的钻探证实了北西向的砂体西南已经延伸到虎渡河洼陷，大大延伸了勘探面积，使得勘探逐步由背斜带向斜坡带再向洼陷带转移。由于洼陷带的烃源条件好，目前也证实了存在砂岩类型的储层，因此只需在圈闭落实的基础上开展勘探，即会有新的发现。李家台地区由于受到荆沙期盐隆作用和断裂作用的影响，发育系列断鼻、断块等构造圈闭，因此需加强复杂断块的识别与评价。

（二）万 13 井钻探启示

万 13 井是位于江陵凹陷梅槐桥向斜带上的一口预探井。本井在新下段 3776～4194m 井段录井发现 2.3m/1 层褐灰色油斑细砂岩；3.28m/2 层褐灰色油迹细砂岩；22.59m/19 层灰色荧光砂岩。全井在新下段测井解释油层 6.8m/4 层，差油层 12.6m/6 层，其余为干层。

2007 年 11 月，对 $Ex^{下}$ Ⅱ油组 3971.6～3977m 井段 1 层 3.6m 油层试油，经压裂后日产油 5.6t。万 13 井属于万城万 12 块构造圈闭外，2008 年万 12 块构造-岩性圈闭申报原油地质储量 83.82×10^4t（104.78×10^4m^3），技术可采储量 15.09×10^4t（18.86×10^4m^3），含油层位为 $Ex^{下}$ Ⅱ油组，储量申报类型为新增石油探明未开发储量，探明未开发含油面积 2.72km^2（图 3-2-4）。

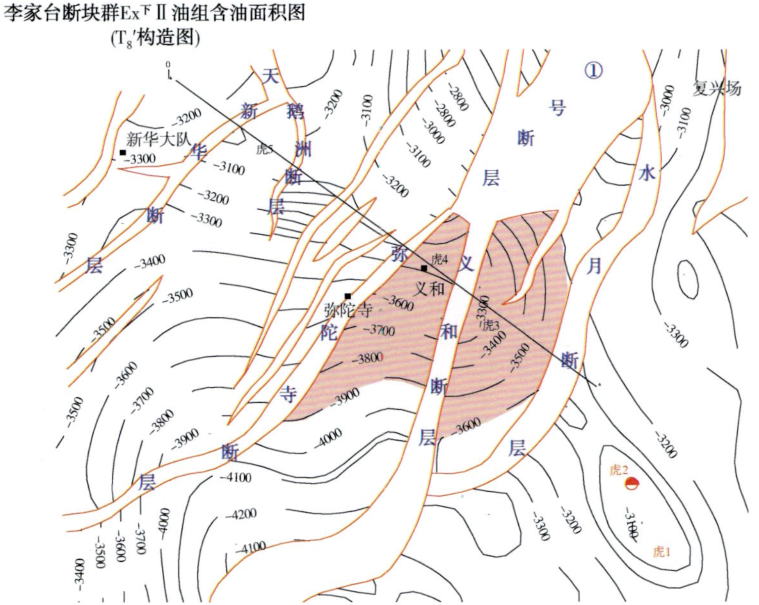

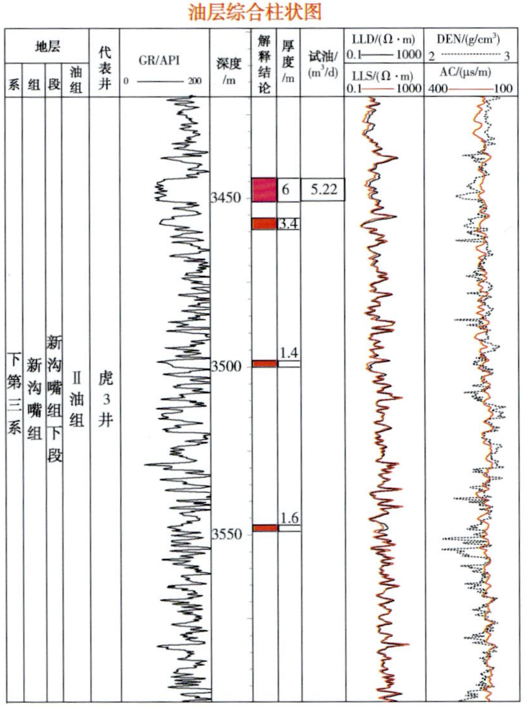

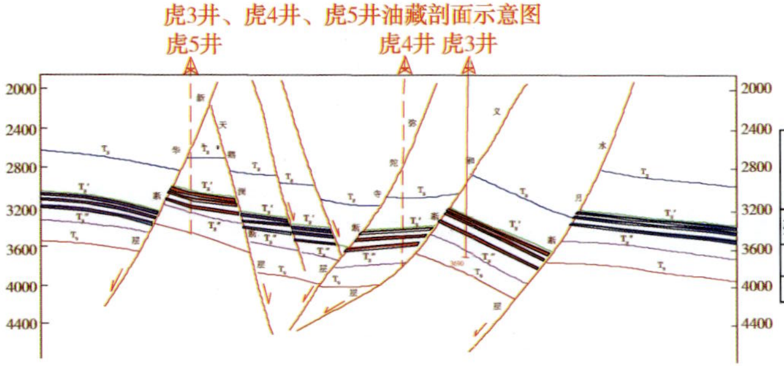

区块	层位	含油面积/km²	有效厚度/m	孔隙度/%	含油饱和度/%	体积系数	原油密度/(g/cm³)	地质储量		采收率/%	技术可采储量	
								原油/10⁴t	原油/10⁴m³		原油/10⁴t	原油/10⁴m³
弥陀寺断块	$Ex^{下}$Ⅱ	4.34	12	11	60	1.333	0.802	206.80	257.86	15	31.02	38.68
新华断块		2.2	10	11	60	1.333	0.802	87.36	108.93	15	13.10	16.34
合计		6.54						294.16	366.79		44.12	55.02

图3-2-3 江陵凹陷李家台断块群预测储量综合图

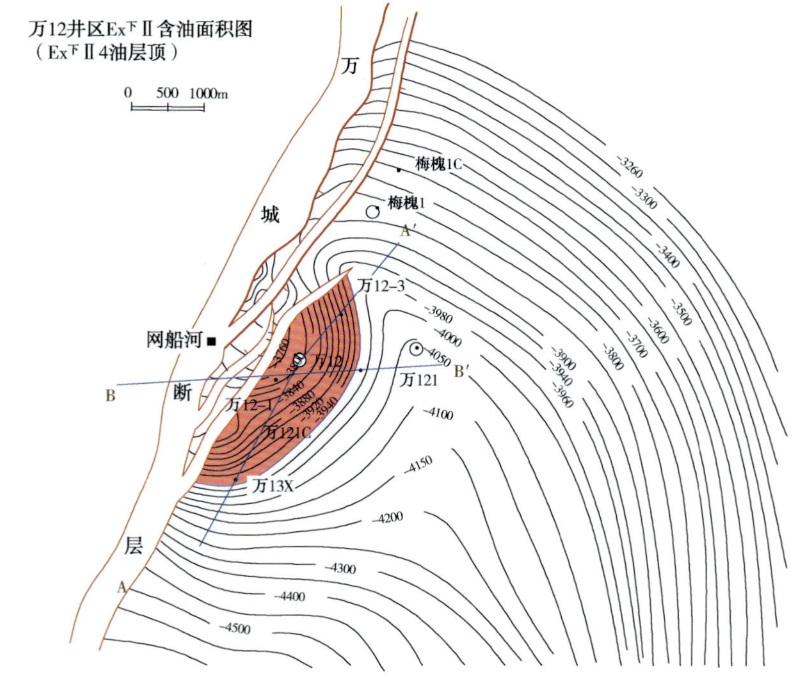

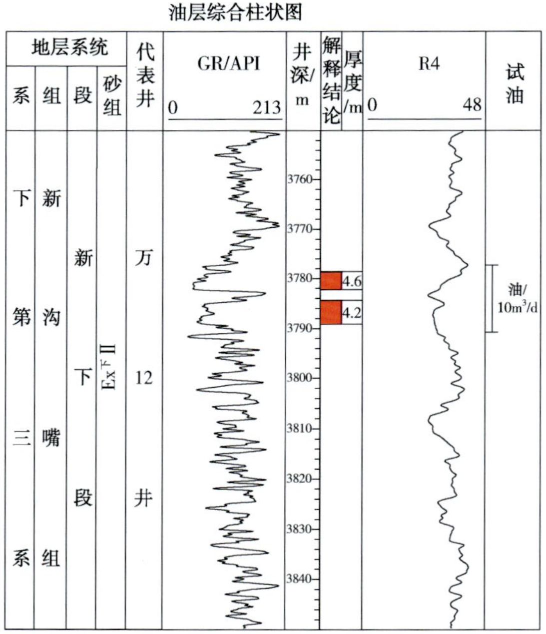

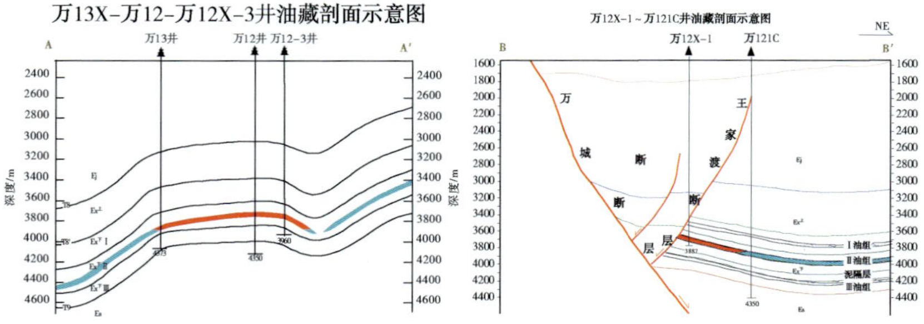

万城油田万12块储量数据表

区块	层位	计算单元	储量状态	含油面积 计算/km^2	含油面积 净增/km^2	有效厚度/m	有效孔隙度/%	含油饱和度/%	体积系数	气油比/(m^3/m^3)	原油或凝析油密度/(g/cm^3)	地质储量 原油 10^4m^3	地质储量 原油 10^4t	地质储量 溶解气 10^8m^3	采收率 原油/%	采收率 溶解气/%	技术可采储量 原油 10^4m^3	技术可采储量 原油 10^4t	技术可采储量 溶解气 10^8m^3
万12	$Ex^{下}$Ⅱ	万12	探明	2.72	2.72	7.9	10	65	1.333	70	0.800	104.78	83.82	0.73	18	18	18.86	15.09	0.13

图3-2-4　万城油田万12块储量综合图

万城断层是新沟嘴组沉积时期的同沉积断裂，来自西北部的马山和西南方向的物源可以在其下降盘形成坡折带砂体，在万城断裂前缘呈裙摆状或朵状分布，形成一系列岩性圈闭。基于这种认识部署的万13井在万12井区构造圈闭外实现了工业油流的突破，表明万城断裂下降盘坡折带砂岩岩性油藏是存在的。新下段Ⅱ油组4砂组对比结果表明该砂组以万12井为中心向南、北减薄至尖灭，证实了本砂组是来源于万城断层上升盘的坡折带砂岩，其入口处万12井最厚，符合坡折带湖底扇的砂岩沉积规律。因此万城断层下降盘是寻找岩性油藏的有利地区，沿着万城断层下降盘寻找类似于万13井的坡折带砂体岩性油藏是下步隐蔽性油藏的主要勘探领域。

（三）八岭山陵72块滚动勘探启示

八岭山构造位于荆州背斜带西北段，具有优越的成藏条件，主要体现在：①良好的储集条件；②紧邻油源区，在油气运移的优势通道上，是油气长期运移的指向区；③位于荆州背斜带的西北部，构造极其发育；④寻找到的储量与其优越的成油气条件不匹配，潜力巨大。一直以来地震资料受到上部火成岩屏蔽，目的层波组特征不清，并且三维资料在相位、频率、振幅上差异较大，波组特征对比困难。针对这一现状，开展地震资料连片处理与解释攻关，进一步落实了圈闭构造。通过部署滚动探井进行勘探，在新沟嘴组获得油层最厚达78.2m，新增探明储量92.4×10^4t。陵72块滚动扩边成功表明老区复杂断裂带地质条件复杂，勘探难度大。开展地震老资料重新连片处理，精细地震资料解释，落实构造，应用配套勘探技术是有利复杂构造带精细勘探取得成效的重要保证。

三、荆沙组突破工业油流关

虎4井位于江陵凹陷资福寺向斜带的一口预探井。在钻探过程中，荆沙组井段2491~2497m，钻时从17min/m降到7min/m，槽面见油气显示。全烃从0.11%上升至2.97%，C_1从0上升至0.46%，C_2从0上升至0.15%，C_3从0上升至0.11%，C_4从0上升至0.04%，iC_4从0上升至0.04%，nC_4从0上升至0.08%，且槽面见到油花，全井在荆沙组岩屑录井共发现7.5m/5层油迹砂岩油气显示。全井共测井解释油层11m/4层。对2482.6~2484.8m测试后获日产16.52m^3的工业油流。由于荆沙组油层情况较好，因此提前完钻。

对荆沙组2556.4~2559.4m井段2.2m/1层油层进行常规试油，抽汲无液，先后进行压裂和酸化改造进行抽汲，每天可产少量油流。通过对比本井段与测试井段2482.6~2484.8m，分析认为该层有一定污染。从2009年6月18日以来，对2482.4~2484.6m井段2.2m/1层油层（中途测试获得16.52m^3/d）进行常规射孔试油，初期抽汲产油量在2.6~2.8m^3/d。后讨论进行酸化改造，到7月16日—7月20日，抽深2000m/24次：产油3.3~3.8m^3/d、水0，定产为油3.7m^3/d。

鉴于荆沙组良好的油气显示情况和试油情况，2009 年提交荆沙组新增预测储量 260.98×10^4t。荆沙组共提交三个圈闭的含油面积是 7.13km^2，有效孔隙度取 10%，含油饱和度取 60%，依据虎 4 井原油物性，其原油密度为 0.8132g/cm^3，体积系数取 1.333，最终计算石油地质储量为 260.98×10^4t。这是江陵凹陷首次在荆沙组提交储量。

虎 4 井荆沙组获得高产工业油流，是继复Ⅰ断块白垩系红花套组获得突破后江陵凹陷又一重大的他源油藏的发现，为江陵凹陷开辟了新的勘探层系，在李埠断裂带形成新沟嘴组和荆沙组立体勘探的格局，形成梅槐桥洼陷周缘立体勘探的局面。荆沙组成藏模式是新下段原油通过断裂运移到荆沙组成藏，有两个至关重要的因素控制了荆沙组的成藏，即断层和荆沙组储层。本区虽然有较多荆沙期断层，但并非所有的断层都是油气运移的通道。如何判定哪些断层是油气运移的通道，油气是如何沿着断裂运移成藏的，都是下步对深入研究荆沙组成藏必须重点开展的课题。另外，由于荆沙组特殊的沉积特点，其砂岩单层厚度比较薄，膏质含量比较大，物性普遍较差，即使找到油层，其物性也制约了产量，须进行大规模的工艺改造才能突破工业油流关。因此，在沉积微相的精细刻画下，寻找有利的沉积相带下的储层发育带，是荆沙组勘探的基础。对比虎 4 井油层特征，其储层是否要通过裂缝改造才有效或者说裂缝到底在储层中承担了多大的权重，也是下步储层研究的重点。

第四章

厚层底水油藏开发技术及实践

第一节　开发特征

一、开发现状

截至2023年12月，复Ⅰ断块红花套组全区油井总井数27口，开井21口，核实日产油86.5t，综合含水率37.14%。注水井总井数6口(转注井4口)，开井5口，日注水127.4m^3，月注采比0.64，累计注采比0.41，累计亏空46.64×10^4m^3。采出程度10.38%，采油速度0.92%。

二、产能分析

(一) 单井产能

1. 北部条带

北部条带以SH10开头的生产井7口，水井2口。水平井初期平均日产能力11.4t，斜井初期平均日产能力11.2t。水平井和斜井初期产能均较高并接近，表明该块边底水能量较充足，产油能力较高(表4-1-1)。

表4-1-1　北部条带生产井初期产量统计

井名	初日产/t(前6个月)	初期含水率/%(前6个月)	目前含水率/%
SH10-P11井	9.55	30.68	85
SH10-P16井	13.2	14.28	54
SH10-P17井	16.4	17.8	60.5
SH10-P21井	8.13	20.78	2.9
SH10-P23井	9.77	4.3	28.5
SH10-X13井	10.3	12.7	34.8
SH10-X15井	12.08	2.95	18.5
平均值	11.35	14.78	40.6

2. 西南块

西南块生产井5口，水井2口。水平井初期平均日产能力9.0t，斜井初期平均日产能力3.1t。初期产量较高的井为SH-P2，16.0t/d；其他两口水平井日产5t左右，差异较大。目前平均含水率51.84%，含水率较低的井为SH-P2和SH8-X13(表4-1-2)。

表 4-1-2　西南块生产井初期产量统计

井名	初日产/t(前6个月)	初期含水率/%(前6个月)	目前含水率/%
SH6-P9井(关井)	5.6	27.3	98.1
SH9-P15井	5.31	12.5	57.4
SH9-X13井	2.51	12.35	94.1
SH-P2井	16.0	4.92	5.6
SH8-X13井	3.68	74.28	4
平均值	6.62	26.27	51.84

3. 东块

东块(SK8X-16井以东)生产井8口，无注水井；水平井初期平均日产能力11t，斜井初期平均日产能力8t。水平井和斜井初期产能均较高，表明该块产油能力也较好。初期产量较高的井有SH8-P25、SH8-X18、SK8-17，日产均大于10t。目前平均含水率62.34%，其中含水率较低的井有SK8-17、SH8-P25、SH8-X18(表4-1-3)。

表 4-1-3　东块生产井初期产量统计

井名	初日产/t(前6个月)	初期含水率/%(前6个月)	目前含水率/%
SH8-P19井	5.97	7.58	50
SH8-P25井	15.7	6.43	21.4
SH8-X18井	11.85	24.5	47.7
SH8-X20井	8.14	9.15	100
SH9-X17井	6.48	80	88.8
SH9-X19井	9.34	6.98	100
SK8-17井	11.47	6.68	5.7
SK8X-16井	4.13	18.4	85.1
平均值	9.14	19.97	62.34

4. 南部条带

南部条带生产井5口，水井2口。水平井初期平均日产能力5.1t，斜井初期平均日产能力5t。水平井和斜井初期产能均较低，表明该块产油能力不足。其中目前含水率较低的井：SH6-X17(表4-1-4)。

表 4-1-4　南部条带生产井初期产量统计

井名	初日产/t(前6个月)	初期含水率/%(前6个月)	目前含水率/%
SH6-P18井	5.83	24.35	86.7
SH6-P20井	4.38	10.65	51.3
SH6-X13井	2.66	78.4	100
SH6-X16井(关井)	4.45	19.92	100
SH6-X17井	7.58	2.75	8.2
平均值	4.98	27.21	69.24

初期产液量与物性具有正相关性(图 4-1-1)，声波时差达到 240μs/m 以上的油井，日产油量可达 10t 以上，常规斜井产能与储层物性有较好的线性关系，储层物性好，初期产能高。物性差的区域通过钻探水平井能有效改善开发效果，提高产能。

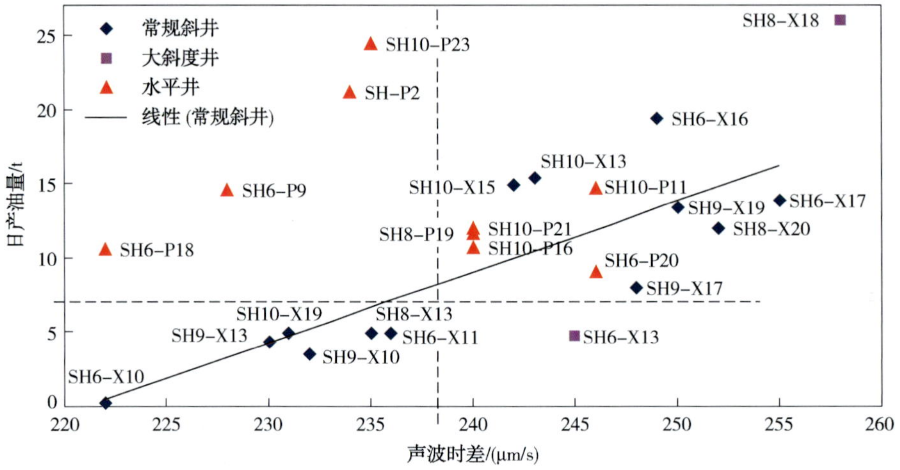

图 4-1-1 红花套组单井初期产能与储层物性关系图

(二) 产量递减规律

1. 北部条带

北部条带包含 2 口斜井 SH10-X13 和 SH10-X15。5 口水平井 SH10-P11、SH10-P16、SH10-P17、SH10-P21、SH10-P23。两口水井 SH11-X13 和 SH10-X19。

1) 斜井月产油递减规律分析

该区域 2 口斜井(SH10-X13，SH10-X15)月产油量如图 4-1-2 所示。投产井初期主要依靠天然能量开采，采取增产措施：酸化投产、注水。月产呈现两种递减特征：调和递减、双曲线递减。递减率分别为 10.3%、2.4%、6.9%(表 4-1-5)，后期递减得到缓解，产量回升。

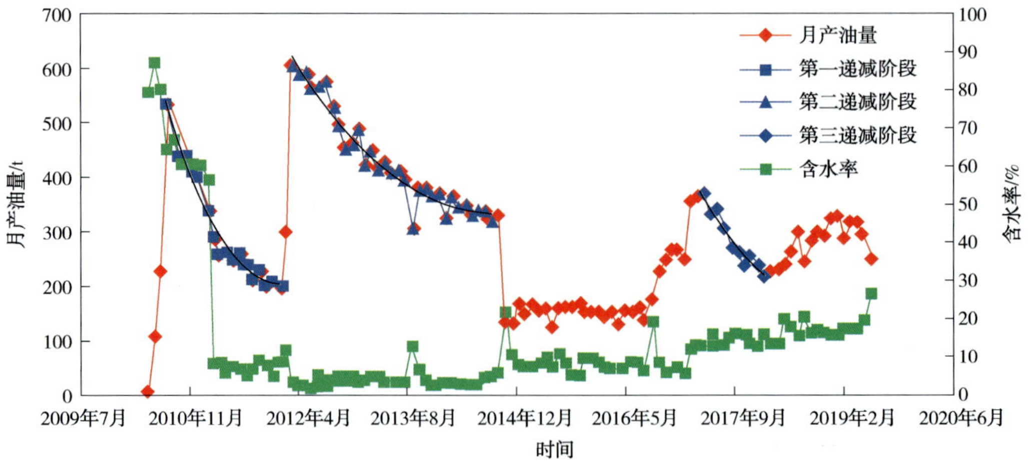

图 4-1-2 斜井月产油递减图

表 4-1-5　Ⅰ区斜井递减类型

递减特征	第一递减阶段	第二递减阶段	第三递减阶段
n	1	0.42	0.86
q_0	529.17	587.17	364.11
d_i	0.103	0.024	0.069
r^2	0.9797	0.947	0.9648

2）水平井月产油递减规律分析

该区域 5 口水平井（SH10-P11、SH10-P16、SH10-P17、SH10-P21、SH10-P23），月产油呈现调和递减后进入稳产阶段，采取增产措施：酸化投产、注水。目前产量维持平稳阶段主要受 SH10-X19 注水影响，平均值 929.48t。目前斜井和水平井产量都处在回升、稳产阶段，表明区块受效关系得到改善（图 4-1-3、表 4-1-6）。

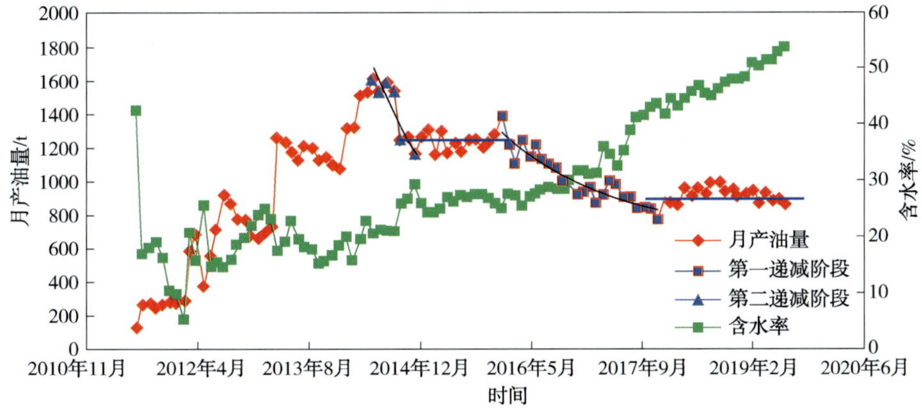

图 4-1-3　水平井月产油递减图

表 4-1-6　Ⅰ区水平井递减类型

递减特征	第一递减阶段	第二递减阶段
n	1	1
q_0	1594.19	1273.20
d_i	0.098	0.024
r^2	0.9404	0.9356

2. 西南块

西南块包含 4 口斜井：SH6-X11、SH8-X13、SH9-X10、SH9-X13；3 口水平井：SH6-P9、SH9-P15、SH-P2；2 口水井：SH6-X11、SH9-X10。

1）斜井月产油递减规律分析

该块 4 口斜井[SH6-X11（2011 年 11 月转注）、SH8-X13、SH9-X10（2018 年 8 月转注）、SH9-X13]月产油量如图 4-1-4 所示，采取增产措施：酸化投产、转注、2012 年 1

月 SH8-X13 井打塞补孔酸化。月产呈现指数递减，递减率为 1%（表 4-1-7），目前斜井产量仍处于递减状态。

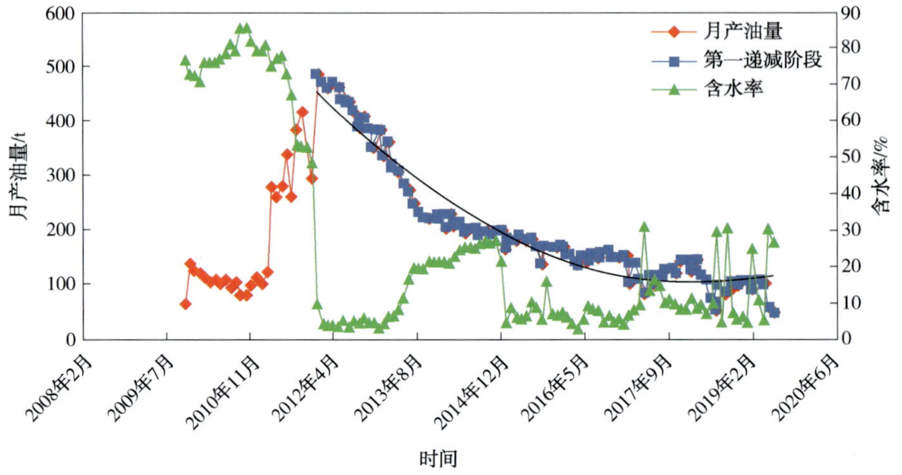

图 4-1-4　西南块斜井月产油递减图

表 4-1-7　Ⅱ区斜井递减类型

递减特征	第一递减阶段	递减特征	第一递减阶段
n	0	d_i	0.01
q_0	404.83	r^2	0.9454

2）西南块水平井月产油递减规律分析

该块 3 口水平井（SH6-P9、SH9-P15、SH-P2）月产油量如图 4-1-5 所示。采取增产措施：酸化投产、SH-P2 井 2019 年 1 月补孔合采。产量 2009 年 5 月开始第一递减阶段，SH-P2 井 2009 年 3 月投产、2010 年 7 月酸化，产量回升明显，然后进入第二递减阶段；SH6-P9 井 2012 年 5 月投产，产量回升明显，进入第三递减阶段；2017 年 6 月 SH9-P15

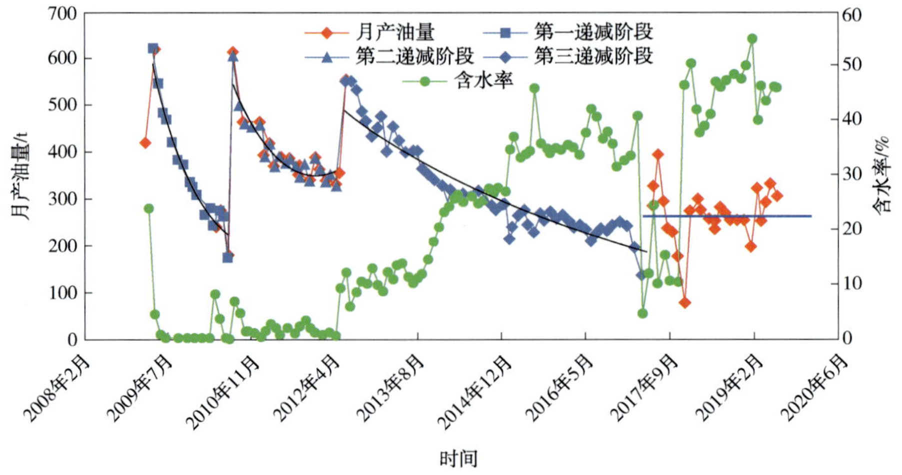

图 4-1-5　西南块水平井月产油递减图

井投产，产量回升明显。前期指数递减，递减率 6.7%；中间调和递减，递减率 2.57%；第三阶段双曲线递减，递减率 1.8%(表 4-1-8)。产量递减率逐步减小。该片区 2011 年 11 月开始注水，目前水平井产量处于回升稳产状态，平均月产油 267.0t。

表 4-1-8 Ⅱ区水平井递减类型

递减特征	第一递减阶段	第二递减阶段	第三递减阶段
n	0	1	0.67
q_0	563.80	494.83	473.50
d_i	0.067	0.0257	0.018
r^2	0.966	0.899	0.9415

3. 东块

东块包含 5 口斜井：SH8-X18、SH8-X20、SH9-X17、SH9-X19、SK8X-16；3 口水平井：SH8-P19、SH8-P25、SK8-17。

1）斜井月产油递减规律分析

该块 5 口斜井(SH8-X18、SH8-X20、SH9-X17、SH9-X19、SK8X-16)月产油量如图 4-1-6 所示。采取增产措施：酸化投产、SH8-X18 井 2014 年 1 月补孔合采。产油量呈现三次递减特征，同为直线递减，第三递减阶段的递减率为 0.92%，递减减缓(表 4-1-9)。目前斜井产量处于递减状态。该片区没有注水井，后期主要补孔合采等措施。

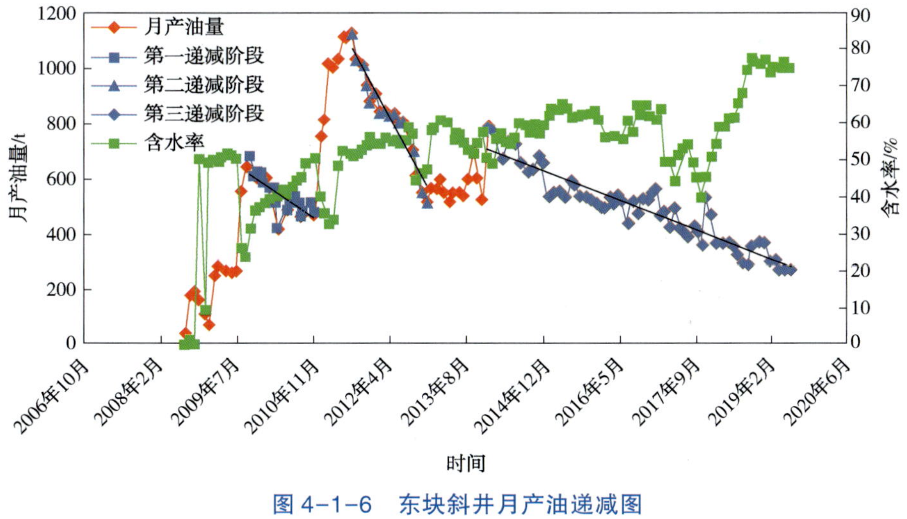

图 4-1-6 东块斜井月产油递减图

表 4-1-9 东块斜井递减类型

递减特征	第一递减阶段	第二递减阶段	第三递减阶段
n	-1	-1	-1
q_0	612.38	1074.37	707.17
d_i	0.01	0.0293	0.0092
r^2	0.83	0.9622	0.9433

2）东块水平井月产油递减规律分析

该块3口水平井(SH8-P19、SH8-P25、SK8-17)月产油量如图4-1-7所示。投产初期主要依靠天然能量开采，采取增产措施：酸化投产、打新井、SK8-17井2010年1月补孔合采。递减分四阶段，主要表现为调和递减和直线递减(表4-1-10)；目前水平井月产量递减之后处在回升稳产状态，平均值692.48t，单井平均月产236.57t。水平井注采对应关系好于斜井。

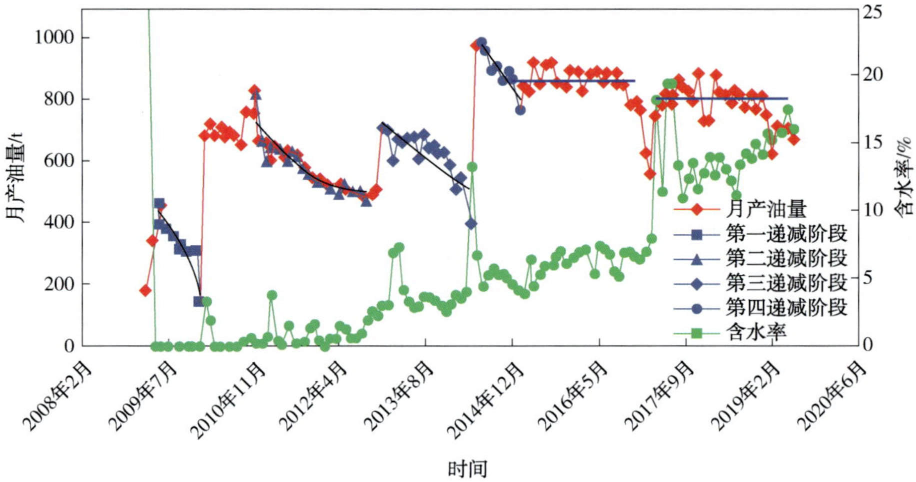

图4-1-7 东块水平井月产油递减图

表4-1-10 东块水平井递减类型

递减特征	第一递减阶段	第二递减阶段	第三递减阶段	第四递减阶段
n	1	1	-1	-1
q_0	431.33	697.13	718.39	983.33
d_i	0.066	0.021	0.0168	0.026
r^2	0.9655	0.9396	0.8148	0.9173

4. 南部条带

南部条带包含4口斜井：SH6-X10、SH6-X13、SH6-X16、SH6-X17；2口水平井：SH6-P18、SH6-P20。2口水井：SH6-10、SH6-X15。

1）斜井月产油递减规律分析

该区域4口斜井[SH6-X10(2010年4月转注、2015年4月停注)、SH6-X13、SH6-X16、SH6-X17]月产油量如图4-1-8所示，采取增产措施：酸化投产。初期呈调和递减，递减率为7.6%；中期受SH6-X10井、SH6-X15井注水影响，产量维持稳定，2016年2月受SH6-X15井注水影响降低，进入第二次递减阶段，符合直线递减，递减率3.6%(表4-1-11)。之后产量回升维持在较稳定状态，平均月产油84.4t。

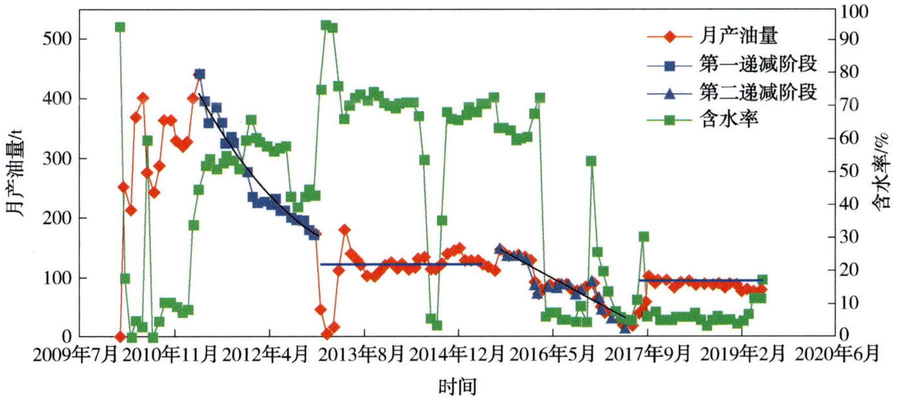

图 4-1-8　南部条带斜井月产油递减图

表 4-1-11　南部条带斜井递减类型

递减特征	第一递减阶段	第二递减阶段
n	1	−1
q_0	440. 69	143. 78
d_i	0. 076	0. 036
r^2	0. 9779	0. 9312

2）南部条带水平井月产油递减规律分析

该区域两口水平井(SH6-P18、SH6-P20)月产油量如图 4-1-9 所示。采取增产措施：酸化投产、打新井、SH6-P18 井和 SH6-P20 井 2010 年 6 月补孔合采。月产油量第一递减阶段呈现双曲线递减，递减率为 4. 7%；第二阶段呈现调和递减，递减率为 10. 6%；第三阶段呈现调和递减，递减率为 7. 3%(表 4-1-12)。受注水井 SH6-X15 影响，递减减缓。该片区 2010 年 4 月开始注水，目前月产油量维持在稳定状态，平均月产油 122. 97t。斜井、水平井注采关系比较稳定。

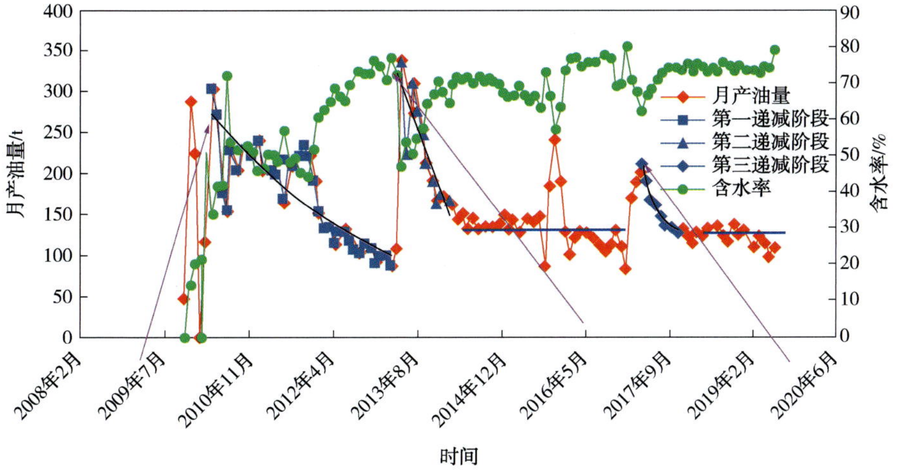

图 4-1-9　南部条带水平井月产油递减图

表 4-1-12　南部条带水平井递减类型

递减特征	第一递减阶段	第二递减阶段	第三递减阶段
n	0.68	1	1
q_0	302.98	321.16	197.19
d_i	0.047	0.106	0.073
r^2	0.8775	0.9164	0.9419

小结：

(1) 区块采取的主要增产措施：钻新井、酸化投产、老井补孔合采、注水(转注)。

(2) 随着开采时间的延长，产量均有不同程度的下降，当前水平井比常规斜井递减慢。

(3) 水平井受效影响好于斜井。

三、含水上升规律分析

根据研究区 29 口油井含水率变化情况，将其含水状况分为四类(表 4-1-13)：

表 4-1-13　红花套油层见水特征分类

见水特征	井名	井数/口
低含水(f_w<20%)	SH6-X11 井、SH-P2 井、SH8-P25 井、SK8-17 井、SH6-X17 井、SH10-P21 井、SH10-X15 井	7
逐步上升至中含水(20%<f_w<60%)	SH9-P15 井、SH8-P19 井、SH8-X18 井、SH6-P20 井、SH10-P16 井、SH10-P17 井、SH10-P23 井、SH10-X13 井	8
逐步上升至高含水(60%<f_w<90%)	SH6-P9 井、SH9-X13 井、SH8-X20 井、SH9-X19 井、SK8X-16 井、SH6-P18 井、SH6-X16 井、SH10-P11 井	8
开井高含水	SH8-X13 井、SH9-X10 井、SH9-X17 井、SH6-X10 井、SH6-X13 井、SH10-X19 井	6

1. 投产后含水一直比较低

低含水井特征(表 4-1-14)：生产期间含水比较低的井有 7 口，其中常规斜井 3 口(2 口斜井补孔后低含水)，水平井 4 口。除 SH6-X17 井外，绝大部分井离底水相对较远，水平井、常规斜井离底水 15m 以上；SH6-X17 井距底水 4.4m，但生产层段下部与底水之间有一明显隔层，一方面有效避免了酸窜，另一方面对底水上升也起到了一定的阻挡作用。

表 4-1-14　低含水单井情况统计表

井名	射孔时间	射孔层段/m	与底水距离/m	射孔层以下隔层数	初日产油/t	初含水率/%	当前日产油/t	当前含水率/%
SH6-X11 井	2011 年 4 月 6 日	3724.0~3736.0	21.9	1	4.25	1.17		
SH-P2 井	2009 年 3 月 12 日	4047.24~4175.86	46.6	推测 1	16.00	4.92	3.9	5.60
	2019 年 1 月 31 日	3914~4034 4047.24~4175.86						

续表

井名	射孔时间	射孔层段/m	与底水距离/m	射孔层以下隔层数	初日产油/t	初含水率/%	当前日产油/t	当前含水率/%
SH8-P25 井	2014 年 6 月 1 日	3986.0~4090.0 4120.0~4200.0	14.43		15.70	6.43	12.1	21.40
SK8-17 井	2009 年 3 月 18 日	4037~4157	17	推测 1	11.47	6.68	9.67	5.70
	2010 年 1 月 13 日	补孔：3925~4025						
SH6-X17 井	2010 年 5 月 16 日	3739~3756	4.4	1	7.58	2.75	2.60	8.20
SH10-P21 井	2011 年 6 月 12 日	3818.0~3890.0	35.5		8.13	20.78	2.27	2.90
SH10-X15 井	2012 年 2 月 20 日	3716~3728	36.5		12.08	2.95	4.83	18.50

2. 含水随开采时间的延长逐渐上升至中含水

逐步上升至中含水井特征(表 4-1-15)：生产期间含水比较低的井有 2 口，水平井 6 口。开井初期 8 口井含水率属于低含水，直至中含水。绝大部分井离底水相对较远，生产层段下部与底水之间没有隔层。

表 4-1-15 逐步上升至中含水单井情况统计表

井名	射孔时间	射孔层段/m	与底水距离/m	射孔层以下隔层数	初日产油/t	初含水率/%	当前日产油/t	当前含水率/%
SH9-P15 井	2017 年 6 月 6 日	4059.1~4191.1			5.31	12.50	6.3	57.40
	2018 年 1 月 1 日	3995.0~4059.1 补孔合采原井段						
SH8-P19 井	2012 年 11 月 23 日	3860~3917	36		5.97	7.58	0.43	50.00
SH8-X18 井	2009 年 8 月 11 日	4075~4153	3.6	推测 1	11.85	24.50	5.8	47.70
	2014 年 1 月 9 日	4020.0~4038 4044.0~4058						
SH6-P20 井	2013 年 4 月 29 日	3898.8~3959.2	12		4.38	10.65	1.83	51.30
	2017 年 1 月 20 日	3832.0~3868.0						
SH10-P16 井	2013 年 2 月 17 日	3870~3925 3950~4130	26.6		13.20	14.28	6.1	54.00
SH10-P17 井	2014 年 1 月 16 日	4022~4112 4122~4215	28		16.40	17.80	12.73	60.50
SH10-P23 井	2012 年 6 月 15 日	3875~3940	19.8		9.77	4.30	6.77	28.50
SH10-X13 井	2010 年 7 月 25 日	3810~3832	15.2	0	10.30	12.70	3.43	34.80

3. 含水随开采时间的延长逐渐上升至高含水

逐步上升至高含水井特征(表 4-1-16)：生产期间含水比较低的井有 5 口，水平井 3 口。SH6-P9、SH10-P11 井开井中含水(射孔层以下无隔层)；SH8-X20、SH9-X19、SK8X-16、SH6-X16 井属于酸窜井(4 口)，SH6-P18 井初期属于低含水，直至高含水(射孔层以下有隔层，且离底水较远，表明这些井可能受外来注水的影响)。

表 4-1-16　逐步上升至高含水单井含水情况统计表

井名	射孔时间	射孔层段/m	与底水距离/m	射孔层以下隔层数	初日产油/t	初含水率/%	当前日产油/t	当前含水率/%
SH6-P9 井	2012 年 5 月 27 日	4230~4302	12.5		5.60	27.30		98.10
	2017 年 5 月 31 日	4048.4~4055.2 4065.4~4068.2						
SH9-X13 井	2011 年 6 月 24 日	3708.6~3737.0	31	1	2.51	12.35	0.033	94.10
SH8-X20 井	2011 年 1 月 1 日	3751.0~3759.0	3.5	1	8.14	9.15	0	100.00
	2013 年 8 月 21 日	3724.0~3742.0	20	2				
	2015 年 12 月 8 日	3724.0~3742.0						
SH9-X19 井	2011 年 2 月 14 日	3747~3759	16.6	1	9.34	6.98	0	100.00
	2016 年 11 月 10 日	3735.0~3741.0						
SK8X-16 井	2008 年 9 月 6 日	3749~3754	12.3	1	4.13	18.40	1.8	85.10
	2017 年 11 月 23 日	3733~3739						
SH6-P18 井	2009 年 10 月 27 日	3948.69~4124.53	10	推测 2	5.83	24.35	1.80	86.70
	2010 年 6 月 22 日	3898.0~3940.2	17.5					
SH6-X16 井	2010 年 3 月 6 日	3759~3766	2.8	1	4.45	19.92		100.00
SH10-P11 井	2012 年 2 月 3 日	3985~4015 4025~4086	15		9.55	30.68	0.7	85.00

4. 开井高含水

开井高含水井特征（表 4-1-17）：初期投产含水较高的井有 6 口，分别是 SH8-X13 井（含水率 74.28%）、SH6-X10 井（含水率 94.50%）、SH10-X19 井（含水率 84.60%）、SH9-X10（含水率 86.50%）、SH6-X13（78.40%）（2013 年 3 月挤堵，补孔含水率升至 92.9%）和 SH9-X17（80.00%）。SH8-X13 井、SH9-X10 井、SH9-X17 井、SH6-X13 井、SH10-X19 井属于酸窜井（5 口），其中 SH6-X10 井因距离底水近（不到 10m）；SH6-X13 井早期生产的井段距离底水不到 10m，桥塞封层后补孔油层上段，固井质量不合格导致管外窜，造成含水过高；SH9-X17 也是固井质量不合格导致管外窜，含水率一直保持在 80%左右。

表 4-1-17　开井高含水单井含水情况统计表

井名	射孔时间	射孔层段/m	与底水距离/m	射孔层以下隔层数	初日产油/t	初含水率/%	当前日产油/t	当前含水率/%
SH8-X13 井	2009 年 11 月 2 日	3804~3819	6	0	3.68	74.28	1.6	4.00
	2012 年 1 月 7 日	3759~3767	49					
SH9-X10 井	2011 年 3 月 4 日	3757.0~3762.0	10	0	1.68	86.50		
	2011 年 8 月 29 日	3723.0~3741.0	34					
SH9-X17 井	2011 年 5 月 6 日	3746.8~3750.6	5		6.48	80.00	1.5	88.80

续表

井名	射孔时间	射孔层段/m	与底水距离/m	射孔层以下隔层数	初日产油/t	初含水率/%	当前日产油/t	当前含水率/%
SH6-X10 井	2010 年 2 月 20 日	3750~3760	3.1	1	0.10	94.50		
SH6-X13 井	2011 年 3 月 17 日	3971.0~3996.0	7.4		2.66	78.40		100.00
	2013 年 3 月 23 日	3761~3773	52					
SH10-X19 井	2010 年 6 月 12 日	3776~3787	10.6	0	2.63	84.6		

小结：

(1) 29 口油井，15 口处于中低含水，主要原因在于油井离底水较远(大于 10m)或生产层段下部与底水之间有一明显隔层，起到了一定的阻挡作用；高含水的井 14 口，其中酸窜导致高含水井 9 口，其他 5 口井高含水主要原因为距离底水近(不到 10m)。

(2) 目前认为酸窜 9 口井：SH8-X13、SH9-X10、SH6-X16、SH6-X13、SH9-X17、SH9-X19、SK8X-16、SH8-X20、SH10-X19，制约了油井产能，导致储量损失。

四、能量状况评价

(一) 水体描述

松滋油田复 I 断块红花套组属于厚层底水油藏，油层分布于-3712m 以上的构造高部位，水层分布于油层下部及构造低部位。油层含油面积 1.93km^2，油层平均厚度 36.2m，孔隙度取 14.5%，含油饱和度取 60%，原油体积为 6.04×10^{6}m^3；水体平均厚度为 120m，水体面积取到北部分隔断层为 3.75km^2，体积为 65.3×10^{6}m^3，水、油体积比为 10.8，为弹性水压驱动油藏。

(二) 动液面分析

根据该块生产井的动液面统计情况，发现动液面随开采时间的延长呈现逐渐下降的趋势。开采 5 年，生产 3 年以上的井，平均动液面降为 1900~2700m，生产 1~2 年的井动液面下降也较快，动液面也都在 2000m 以下，反映底水作用不明显、天然能量不充足的特点。

(三) 地层压力分析

统计红花套组油藏压力测试资料，利用这些测压数据来反映地层能量的变化(图 4-1-10)。

测试资料表明油井 SK8X-16 在 2008 年的测试地层压力为 37.5MPa，但 2019 年 3 月测试的地层压力已降到 19.17MPa，油藏地层压力保持程度 51.49%，地层能量下降快。

(四) 区域能力差异

油藏整体天然能量不足，区域能量状况有差异。

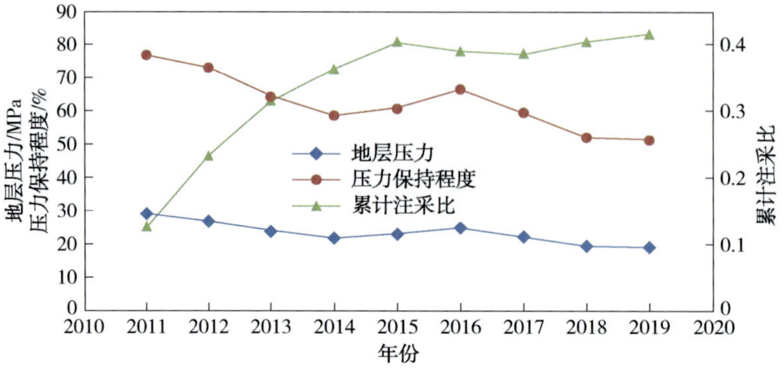

图 4-1-10　复Ⅰ断块红花套组地层压力变化图

1. 纵向差异

3 号层油井射孔层段距底水近，供液能力相对较充足，液量稳定。3 号层射开井(SH8-P25、SH8-X18、SH8-X13)产液递减趋势小(图 4-1-11)，1 号、2 号层位射开井(SH6-X17、SH6-P20、SH9-X19)产液递减趋势明显，表明 3 号层受天然能量补给好于 1 号、2 号层。

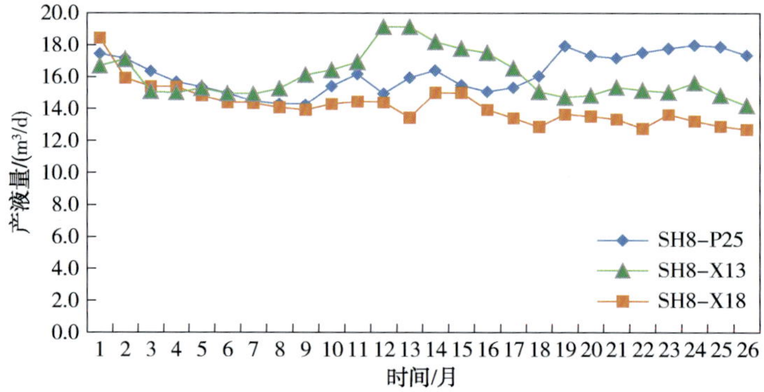

图 4-1-11　3 号层单采油井的液量递减情况

2. 平面差异

北部条带半开启式区域边底水能量相对较充足，液量递减较缓慢(月递减 1.9%)(图 4-1-12)；西南部封闭断块，无边水供给，液量递减较快(3.8%)(图 4-1-13)。

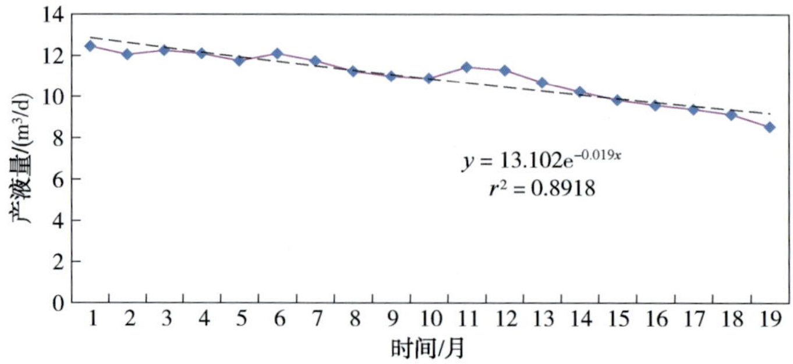

图 4-1-12　北部油井液量归一化曲线

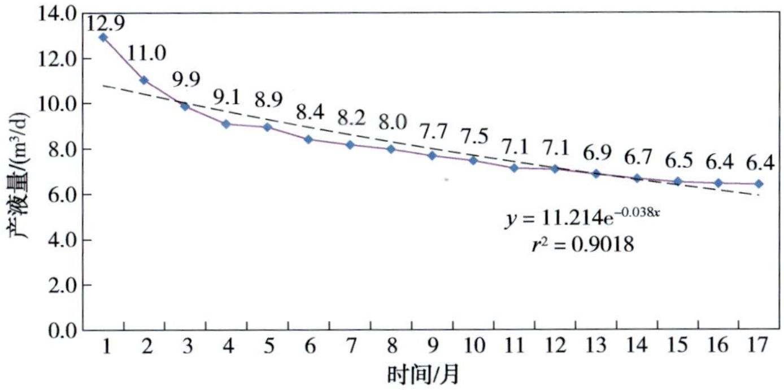

图 4-1-13 西南部油井液量归一化曲线

五、注水效果分析

目前，红花套油藏有 6 口注水井：SH6-X10(2010 年 2 月投产、2010 年 4 月转注)，SH10-X19(2011 年 2 月投产、2011 年 2 月转注)、SH6-X11(2011 年 4 月投产、2011 年 11 月转注)、SH9-X10(2011 年 3 月投产、2018 年 8 月转注)、SH6-X15(2012 年 1 月新井投注)、SH11-X13(2012 年 7 月新井投注)。从各井组的油水动态曲线反映看，SH10-X19 井、SH6-X15 井见到注水效果，其余井注水效果不明显。

井组 1：水井 SH6-X10，油井：SH9-X10、SH6-X13、SH9-X13。井组生产层位见表 4-1-18、表 4-1-19。三口油井未见到明显注水效果。SH6-X10 井于 2010 年 4 月注水，日注 $30m^3$，2015 年 4 月停注；截至 2015 年 3 月，月注采比 0.93，累计注水 $36069m^3$，井组油井累计产油 19606t，累计注采比 1.83；SH9-X10 井 2011 年 9 月射孔酸化投产，SH6-X10 井注水对 SH9-X10 井效果不明显，原因可能是断层封堵。

表 4-1-18 SH6-X10 注水层位

井名	射孔时间	射孔层段/m	射孔对应砂层号(厚度)
SH6-X10 井	2010 年 2 月 20 日(2010 年 4 月转注)	3750.0~3760.0	Sand1(10m)
	2011 年 11 月	3750.0~3760.0 3764.0~3782.0	Sand1(10m)+Sand2(18m)

表 4-1-19 SH6-X10 井组油井生产层位

井名	射孔时间	射孔层段/m	射孔对应砂层号(厚度)	与底水距离/m	射孔层以下隔层数
SH6-X13 井	2011 年 3 月 17 日	3971.0~3996.0	Sand1(19.98m)	7.4	
	2013 年 3 月 23 日	3761~3773	Sand0(12m)	52	
SH9-X10 井	2011 年 3 月 4 日	3757.0~3762.0	Sand3(5m)	10	0
	2011 年 8 月 29 日	3723.0~3741.0	Sand2(18m)	34	
SH9-X13 井	2011 年 6 月 24 日	3708.6~3737.0	Sand1(18.4m)+Sand2(10m)	31	1

井组2：水井SH11-X13，油井：SH10-X13、SH10-X15。井组生产层位见表4-1-20、表4-1-21。两口油井未见到明显注水效果。SH11-X13井于2012年7月注水，日注30m³，2013年8月停注待措施，2014年7月恢复注水；截至2019年6月，月注采比3.6，累计注水52126m³，井组油井累计产液34968t，累计注采比1.83；SH10-X13井于2010年7月酸化投产，SH11-X13井于2012年7月新井投注，注水效果不明显。

表4-1-20 SH11-X13注水层位

井名	射孔时间	射孔层段/m	射孔对应砂层号(厚度)
SH11-X13井	2012年8月1日	3802.0~3808.0	Sand1(6m)

表4-1-21 SH11-X13井组油井生产层位

井名	射孔时间	射孔层段/m	射孔对应砂层号(厚度)	与底水距离/m	射孔层以下隔层数
SH10-X13井	2010年7月25日	3810~3832	Sand1(17.82m)+Sand2(4.18m)	15.2	0
SH10-X15井	2012年2月20日	3716~3728	Sand1(12m)	36.5	

井组3：水井SH6-X11，油井：SH8-X13、SH-P2、SH6-P9、SH9-P15。井组生产层位见表4-1-22、表4-1-23。四口油井未见明显注水效果。SH6-X11井于2011年11月注水，日注19m³，截至2019年6月，月注采比1.26，累计注水35706m³，井组油井累计产液51806t，累计注采比0.69；SH8-X13井在2012年1月打塞射孔3759~3767m，SH6-X11井于2011年11月转注，SH8-X13井在2012年4月未见到明显注水效果。

表4-1-22 SH6-X11注水层位

井名	射孔时间	射孔层段/m	射孔对应砂层号(厚度)
SH6-X11井	2011年4月6日(2011年11月转注)	3724.0~3736.0	Sand2(12m)
	2013年11月2日	3714.0~3721.0 3724.0~3736.0	Sand1(7m)+Sand2(12m)

表4-1-23 SH6-X11井组油井生产层位

井名	射孔时间	射孔层段/m	射孔对应砂层号(厚度)	与底水距离/m	射孔层以下隔层数
SH6-P9井	2012年5月27日	4230~4302	Sand1(72m)	12.5	
	2017年5月31日	4048.4~4055.2 4065.4~4068.2	Sand0(6.8m)+Sand1(2.8m)		
SH8-X13井	2009年11月2日	3804~3819	Sand3(15m)	6	0
	2012年1月7日	3759~3767	Sand1(8m)	49	
SH9-P15井	2017年6月6日	4059.1~4191.1	Sand2(132m)		
	2018年1月1日	补孔3995.0~4059.1 合采原井段	Sand2(64m)		

续表

井名	射孔时间	射孔层段/m	射孔对应砂层号(厚度)	与底水距离/m	射孔层以下隔层数
SH-P2 井	2009 年 3 月 12 日	4047.24~4175.86	Sand2(128.62m)	46.6	推测 1
	2019 年 1 月 31 日	3914~4034 4047.24~4175.86	Sand2(120m)		

井组 4：水井 SH6-X15，油井：SH8-X20、SH8-P19、SH6-X17、SH6-P18、SH6-P20。井组生产层位见表 4-1-24、表 4-1-25。见效井：SH6-X17、SH6-P18。SH6-X15 井于 2012 年 1 月注水，日注 $30m^3$，截至 2019 年 6 月，月注采比 1.3，累计注水 $80190m^3$，井组油井累计产液 88528t，累计注采比 0.91；SH8-X20 井于 2010 年 5 月新井酸化投产，SH6-X15 井于 2012 年 1 月新井试注，SH8-X20 井产液、产油稳定，稳产时间近一年，注水见效。

表 4-1-24　SH6-X15 注水层位

井号	射孔时间	射孔层段/m	射孔对应砂层号(厚度)
SH6-X15 井	2011 年 12 月 10 日	3788.0~3798.0	Sand2(10m)
	2017 年 12 月 28 日	3766.0~3776.0	Sand1(10m)

表 4-1-25　SH6-X15 井组油井生产层位

井名	射孔时间	射孔层段/m	射孔对应砂层号(厚度)	与底水距离/m	射孔层以下隔层数
SH6-P18 井	2009 年 10 月 27 日	3948.69~4124.53	Sand2(175.84m)	10	推测 2
	2010 年 6 月 22 日	补孔 3898.0~3940.2 合采原井段	Sand2(42.2m)	17.5	
SH6-P20 井	2013 年 4 月 29 日	3898.8~3959.2	Sand2(61.2m)	12	
	2017 年 1 月 20 日	填砂补孔 3832.0~3868.0	Sand1(32m)		
SH6-X17 井	2010 年 5 月 16 日	3739~3756	Sand1(12.9m)+Sand2(4.1m)	4.4	1
SH8-P19 井	2012 年 11 月 23 日	3860~3917	Sand1(57m)	36	
SH8-X20 井	2011 年 1 月 1 日	3751.0~3759.0	Sand2(8m)	3.5	1
	2013 年 8 月 21 日	补孔 3724.0~3742.0 合采	Sand1(15.89m)+Sand2(2.11m)	20	2
	2015 年 12 月 8 日	打塞单采 3724.0~3742.0	Sand1(15.89m)+Sand2(2.11m)		

井组 5：水井 SH10-X19，油井：SH10-P21、SH10-P23、SH10-P17。井组生产层位见表 4-1-26、表 4-1-27。见效井：SH10-P21、SH10-P23、SH10-P17。SH10-X19 井于 2011 年 2 月注水，日注 $40m^3$，截至 2019 年 6 月，月注采比 2.7，累计注水 $116061m^3$，井组油井累计产液 42886t，累计注采比 2.7；SH10-P21 井于 2011 年 5 月 31 日酸化投产，投产后动液面稳定，产液、产油比较稳定，递减较慢，表明注水补充了地层能量，注水见效。

表 4-1-26　SH10-X19 注水层位

井号	射孔时间	射孔层段/m	射孔对应砂层号(厚度)
SH10-X19 井	2010 年 6 月 12 日(2011 年 2 月转注)	3776～3787	Sand1(7. 19m)+Sand2(3. 81m)

表 4-1-27　SH10-X19 井组油井生产层位

井名	射孔时间	射孔层段/m	射孔对应砂层号(厚度)	与底水距离/m	射孔层以下隔层数
SH10-P17 井	2014 年 1 月 16 日	4022～4112 4122～4215	Sand2(90m，93m)	28	0
SH10-P21 井	2011 年 6 月 12 日	3818. 0～3890. 0	Sand1(72m)	35. 5	0
SH10-P23 井	2012 年 6 月 15 日	3875～3940	Sand2(65m)	19. 8	0

井组 6：水井 SH9-X10，油井：SH9-X13、SH10-X15。

SH9-X10 井于 2018 年 8 月转注，日注 14. 3m^3，截至 2019 年 6 月注水 6349m^3；由于注水时间短，注水量少，SH9-X13 井、SH10-X15 井未见到明显注水效果。

六、工艺措施效果分析

红花套油井直接酸化投产 21 口井，后期酸化改造 6 口井。对比 6 口井酸化前后产量效果看出，SH6-X16 井酸窜堵水无效、SH6-P18 井重复酸化无效，其余 4 口井[SK8X-16、SK8-17、SH-P2(图 4-1-14)、SH8-X13]，均取得较好增产效果，平均单井日增油 6. 2t，比酸化前产量提高 1～3 倍(表 4-1-28)。表明酸化是改造红花套储层，解除近井地带污染，改善出油状况的一种有效措施。

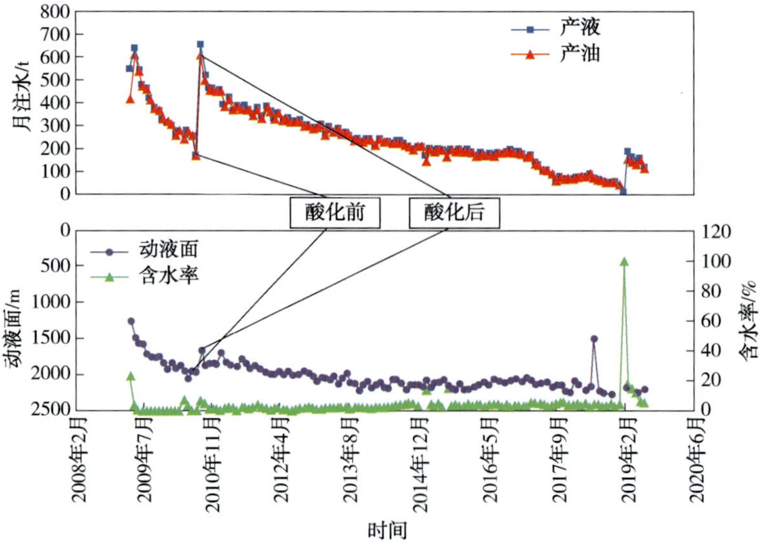

图 4-1-14　SH-P2 井酸化前后产量对比图

表 4-1-28 红花套组油藏单井酸化前后生产状况对比表

井名	酸化前生产状况				酸化后生产状况				日增油量/t
	日产液/t	日产油/t	含水率/%	动液面/m	日产液/t	日产油/t	含水率/%	动液面/m	
SH8-X13 井	3.9	1.2	69		18.9	4.9	74.1	1370	3.7
SK8-17 井	11.4	11.4	0	2287	17.6	17.6	0	1940	6.2
SK8X-16 井	4.9	4.9	0	2434	15.9	8.9	43.9	623	4
SH-P2 井	8.8	8.8	0	2043	21.2	19.7	6.9	1854	10.9
SH6-P18 井	2.1	2.1	0	2802	17	2.3	86.5	1600	酸窜无效
SH6-X16 井	31	7	77.4	1023	32	0	100	681	

七、层系适应性评价

（一）储量控制程度

井网控制程度为 73.7%，水驱储量控制程度为 66.51%（表 4-1-29），水驱储量动用程度为 61.18%。

表 4-1-29 复Ⅰ断块红花套组储量控制程度统计表

区块	含油面积/km^2	地质储量/10^4t	控制储量/10^4t	储量控制程度/%	水驱控制量/10^4t	水驱储量控制程度/%
复Ⅰ断块红花套组	1.93	369.73	272.49	73.7	245.91	66.51

（二）油层动用程度研究

目前红花套一套层系开发，根据复Ⅰ断块红花套组油藏的钻遇和射孔厚度情况，统计了油层的纵向动用状况。截至 2022 年 12 月井网控制下，Sand1 动用程度为 36.01%；Sand2 动用程度为 58.94%；Sand3 动用程度为 67.04%（表 4-1-30～表 4-1-32）。砂体纵向油层动用程度差异较大，Sand1 动用程度仅为 36.01%，表明 Sand1 在纵向上超过一半的油层没有被动用。

表 4-1-30 2022 年 Sand1 油层动用程度统计

层系	井名	生产井段/m	油层段/m	钻遇油层厚度/m	射开油层厚度/m	动用程度/%	未动用厚度/m
Sand1	SH10-P23 井	3875.00～3940.00	3804.51～3861.67	133.38	43.85	32.88	89.53
			3866.17～3918.85				
			4068.16～4091.70				
	SH10-P17 井	4022.00～4112.00	3804.41～3948.51	204.72	25.62	12.51	179.10
		4122.00～4215.00	4189.38～4250				
	SH9-X19 井	3747.00～3759.00	3730.13～3743.66	13.53	6.00	44.35	7.53
		3735.00～3741.00					

续表

<table>
<tr><th>层系</th><th>井名</th><th>生产井段/m</th><th>油层段/m</th><th>钻遇油层厚度/m</th><th>射开油层厚度/m</th><th>动用程度/%</th><th>未动用厚度/m</th></tr>
<tr><td rowspan="29">Sand1</td><td rowspan="2">SK8-17 井</td><td>4037.00～4157.00</td><td>3815.92～3908.41</td><td rowspan="2">145.70</td><td rowspan="2">10.21</td><td rowspan="2">7.01</td><td rowspan="2">135.49</td></tr>
<tr><td>3925.00～4025.00</td><td>4146.79～4200.00</td></tr>
<tr><td rowspan="2">SH8-X20 井</td><td>3751.00～3759.00</td><td rowspan="2">3724.46～3740.3</td><td rowspan="2">15.84</td><td rowspan="2">15.84</td><td rowspan="2">100.00</td><td rowspan="2">0.00</td></tr>
<tr><td>3724.00～3742.00</td></tr>
<tr><td>SH8-P19 井</td><td>3860.00～3917.00</td><td>3841.65～3898.04</td><td>56.39</td><td>38.04</td><td>67.46</td><td>18.35</td></tr>
<tr><td rowspan="2">SH6-P18 井</td><td>3948.69～4124.53</td><td>3850.69～3906.28</td><td rowspan="2">118.89</td><td rowspan="2">71.58</td><td rowspan="2">60.21</td><td rowspan="2">47.31</td></tr>
<tr><td>3898.00～3940.20</td><td>3995.7～4059.00</td></tr>
<tr><td rowspan="2">SH6-P20 井</td><td>3898.80～3959.20</td><td>3829.79～3874.77</td><td rowspan="2">94.19</td><td rowspan="2">36.00</td><td rowspan="2">38.22</td><td rowspan="2">58.19</td></tr>
<tr><td>3832.00～3868.00</td><td>3925.82～3975.03</td></tr>
<tr><td>SH6-X17 井</td><td>3739.00～3756.00</td><td>3736.45～3750.31</td><td>13.86</td><td>11.31</td><td>81.60</td><td>2.55</td></tr>
<tr><td rowspan="2">SH10-P16 井</td><td rowspan="2">3950.00～4130.00</td><td>3843.57～3982.57</td><td rowspan="2">170.32</td><td rowspan="2">36.87</td><td rowspan="2">21.65</td><td rowspan="2">133.45</td></tr>
<tr><td>4125.70～4157.02</td></tr>
<tr><td rowspan="2">SK8X-16 井</td><td>3749.00～3754.00</td><td rowspan="2">3732.96～3748.48</td><td rowspan="2">15.52</td><td rowspan="2">6.00</td><td rowspan="2">38.66</td><td rowspan="2">9.52</td></tr>
<tr><td>3733.00～3739.00</td></tr>
<tr><td>SH6-X16 井</td><td>3759.00～3766.00</td><td>3755.32～3769.4</td><td>14.08</td><td>7.00</td><td>49.72</td><td>7.08</td></tr>
<tr><td>SH9-X13 井</td><td>3708.60～3737.00</td><td>3709.96～3727.93</td><td>17.97</td><td>17.97</td><td>100.00</td><td>0.00</td></tr>
<tr><td>SH10-X15 井</td><td>3716.00～3728.00</td><td>3715.99～3734.81</td><td>18.82</td><td>12.00</td><td>63.76</td><td>6.82</td></tr>
<tr><td>SH10-X13 井</td><td>3810.00～3832.00</td><td>3805.3～3827.12</td><td>21.82</td><td>17.12</td><td>78.46</td><td>4.70</td></tr>
<tr><td rowspan="2">SH10-P11 井</td><td>3985.00～4015.00</td><td rowspan="2">3942.69～4162.93</td><td rowspan="2">220.24</td><td rowspan="2">133.31</td><td rowspan="2">60.53</td><td rowspan="2">86.93</td></tr>
<tr><td>4025.00～4086.00</td></tr>
<tr><td rowspan="3">SH6-P9C 井</td><td>4230.00～4302.00</td><td rowspan="3">4051.36～4151.02</td><td rowspan="3">99.66</td><td rowspan="3">6.44</td><td rowspan="3">6.46</td><td rowspan="3">93.22</td></tr>
<tr><td>4048.40～4055.20</td></tr>
<tr><td>4065.40～4068.20</td></tr>
<tr><td rowspan="2">SH8-X13 井</td><td>3804.00～3819.00</td><td rowspan="2">3746.81～3769.06</td><td rowspan="2">22.25</td><td rowspan="2">8.00</td><td rowspan="2">35.96</td><td rowspan="2">14.25</td></tr>
<tr><td>3759.00～3767.00</td></tr>
<tr><td colspan="4">合计</td><td>1397.18</td><td>503.16</td><td>36.01
（平均）</td><td>894.02</td></tr>
</table>

表 4-1-31 2022 年 Sand2 油层动用程度统计

<table>
<tr><th>层系</th><th>井名</th><th>生产井段/m</th><th>油层段/m</th><th>钻遇油层厚度/m</th><th>射开油层厚度/m</th><th>动用程度/%</th><th>未动用厚度/m</th></tr>
<tr><td rowspan="5">Sand2</td><td rowspan="2">SH10-P23 井</td><td rowspan="2">3875.00～3940.00</td><td>3861.67～3866.18</td><td rowspan="2">153.82</td><td rowspan="2">21.15</td><td rowspan="2">13.75</td><td rowspan="2">132.67</td></tr>
<tr><td>3918.85～4068.16</td></tr>
<tr><td>SH10-P21 井</td><td>3818.00～3890.00</td><td>3881.67～3887.74</td><td>6.07</td><td>6.07</td><td>100.00</td><td>0.00</td></tr>
<tr><td rowspan="2">SH10-P17 井</td><td>4022.00～4112.00</td><td rowspan="2">3948.51～4189.38</td><td rowspan="2">240.87</td><td rowspan="2">157.38</td><td rowspan="2">65.34</td><td rowspan="2">83.49</td></tr>
<tr><td>4122.00～4215.00</td></tr>
</table>

续表

层系	井名	生产井段/m	油层段/m	钻遇油层厚度/m	射开油层厚度/m	动用程度/%	未动用厚度/m
Sand2	SH9-X19 井	3747.00~3759.00	3743.66~3775.64	31.98	12.00	37.52	19.98
		3735.00~3741.00					
	SK8-17 井	4037.00~4157.00	3908.41~4146.79	238.38	209.79	88.01	28.59
		3925.00~4025.00					
	SH8-X20 井	3751.00~3759.00	3740.3~3769.69	29.39	9.70	33.00	19.69
		3724.00~3742.00					
	SH9-X17 井	3746.80~3750.60	3744.31~3752.56	8.25	3.80	46.06	4.45
	SH8-P19 井	3860.00~3917.00	3898.04~4026.04	128.00	18.96	14.81	109.04
	SH6-P18 井	3948.69~4124.53	3906.28~3995.7	89.42	80.93	90.51	8.49
		3898.00~3940.20					
	SH6-P20 井	3898.80~3959.20	3874.77~3925.82	51.05	27.02	52.93	24.03
		3832.00~3868.00					
	SH6-X17 井	3739.00~3756.00	3750.31~3779.83	29.52	5.69	19.28	23.83
	SH10-P16 井	3950.00~4130.00	3982.57~4125.7	143.13	143.13	100.00	0.00
	SK8X-16 井	3749.00~3754.00	3748.48~3784.16	35.68	5.00	14.01	30.68
		3733.00~3739.00					
	SH9-X13 井	3708.60~3737.00	3727.93~3743.77	15.84	9.07	57.26	6.77
	SH10-X13 井	3810.00~3832.00	3827.12~3862.85	35.73	4.88	13.66	30.85
	SH-P2 井	4047.24~4175.86	3866.31~4111.87	245.56	184.63	75.19	60.93
		3914.00~4034.00					
	SH6-P9C 井	4230.00~4302.00	4151.02~4282.13	131.11	52.13	39.76	78.98
		4048.40~4055.20					
		4065.40~4068.20					
合计				1613.8	950.79	58.94（平均）	662.47

表 4-1-32　2022 年 Sand3 油层动用程度统计

层系	井名	生产井段/m	油层段/m	钻遇油层厚度/m	射开油层厚度/m	动用程度/%	未动用厚度/m
Sand3	SH8-P25 井	3986.00~4090.00	3956.23~4047.2	90.97	61.20	67.27	29.77
		4120.00~4200.00					
	SH8-X18 井	4075.00~4153.00	4012.13~4173	160.87	110.00	68.38	50.87
		4020.00~4038.00					
		4044.00~4058.00					
	SH9-X10 井	3757.00~3762.00	3755.25~3780.33	25.08	5.00	19.94	20.08
		3723.00~3741.00					

续表

层系	井名	生产井段/m	油层段/m	钻遇油层厚度/m	射开油层厚度/m	动用程度/%	未动用厚度/m
Sand3	SH8-X13 井	3804.00~3819.00	3804.18~3833.96	29.78	14.82	49.76	14.96
		3759.00~3767.00					
	SH6-P9C 井	4230.00~4302.00	4282.13~4394.00	111.87	72.00	64.36	39.87
		4048.40~4055.20					
		4065.40~4068.20					
	SH9-P15 井	4059.10~4191.10	3969.08~4101.11	132.03	106.11	80.37	25.92
		3995.00~4059.10					
合计				550.60	369.13	67.04（平均）	181.47

八、开发效果综合评价

（一）见效状况

目前红花套组油藏注水井 6 口，见效油井 5 口（单向受效），占 17.24%，多数井处于未见效或只采不注的状态，占 82.76%；井网密度为 16 口/km^2。整体表现：注水井偏少，注采对应率低，需完善井网（表 4-1-33、表 4-1-34）。

表 4-1-33 井组见效统计表

水井	邻近油井	见效油井
SH10-X19 井	SH10-P21 井、SH10-P23 井、SH10-P17 井	SH10-P21 井、SH10-P23 井、SH10-P17 井
SH11-X13 井	SH10-X13 井、SH10-X15 井	
SH6-X11 井	SH8-X13 井、SH-P2 井、SH6-P9C 井、SH9-P15 井	
SH9-X10 井	SH9-X13 井、SH10-X15 井	
SH6-X15 井	SH8-X20 井、SH8-P19 井、SH6-X17 井、SH6-P18 井、SH6-P20 井	SH6-X17 井、SH6-P18 井
SH6-X10 井	SH9-X10 井、SH9-X13 井、SH6-X13 井	

表 4-1-34 见效率统计表

见效类型	井数/口	比例/%	见效类型	井数/口	比例/%
单向	5	17.24	未见效井	11	37.93
双向	0	0.00	只采不注井	13	44.83
三向	0	0.00			

（二）注采不完善

区块油水井比例小（25：6），6 个注水井组中，SH10-X19 井组注水效果较好，累计注采比达 2.7，其他井组注采比偏低，注水效果也不理想。目前开井 21 口，其中不充足油井 9 口，主要分布在物性较差的西南角和较封闭的东南角。

（三）能量保持程度较差

累计注采比 0.41，累计亏空 46.64×10^{4}m^3，地层压力保持程度不理想，仅 51.49%；

酸窜井(9 口)偏多，制约了油井产能，导致储量损失。

（四）纵向动用程度差

截至 2022 年 12 月，砂体纵向油层动用程度差异较大，Sand2 动用程度为 58.94%，Sand3 动用程度为 67.04%，而 Sand1 动用程度仅为 36.01%，表明 Sand1 在纵向上超过一半的油层没有被动用。

注水开发效果综合评价能反映油田注水水驱效果和注采井网完善程度。结合对红花套组地层开发指标的分析进行评价，根据中华人民共和国石油天然气行业标准，低渗砂岩油藏开发水平分类指标如表 4-1-35 所示，按照行业标准来分析油藏的水驱开发效果。

表 4-1-35 油藏开发效果评价行业标准

分类指标	标准		
	第一类	第二类	第三类
水驱储量控制程度/%	≥85	85~70	<70
水驱储量动用程度/%	≥75	75~60	<60
压力保持水平(与饱和压力比值)	≥85%	油层不脱气	油层脱气
剩余可采储量采油速度/%	≥5	5~4	<4
综合递减率/%	≤5	5~7	≥7
水驱状况	第一类	第二类	第三类

水驱状况评价标准：

综合含水和采出程度关系曲线与水驱特征曲线发展趋势进行分类：

第一类：油藏应在已经达到开发方案设计的综合含水率和采出程度曲线以上运行，朝提高采收率的方向发展。

第二类：油藏的实际开发曲线接近开发方案设计的综合含水率和采出程度曲线。

第三类：油藏未达到开发方案设计的采收率，朝降低采收率方向变化。

按照行业标准，结合当前水驱控制程度、储量动用程度、能量保持水平(表 4-1-36)，评价区域整体开发效果为介于第二~三类。

表 4-1-36 油藏开发效果评价表

序号	项目		结果	类别
1	水驱储量控制程度/%		66.51	第三类
2	水驱储量动用程度/%		61.18	第二类
3	能量保持水平/%		51.49	第二类
4	剩余可采储量采油速度/%	采出程度<50%前	7.21	第一类
		采出程度≥50%后		
5	年产油量综合递减率/%	采出程度<50%前	3.87	第一类
		采出程度≥50%后		
6	水驱状况			第二类~第三类

第二节 剩余油分布规律

一、地质建模

根据复Ⅰ断块红花套组地层的特点，在数值模拟中，采用了角点网格系统。网格步长是影响数模质量的重要因素，在划分网格时采取的基本原则是横向上两井之间至少有3个网格。在平面上，x方向布85个网格，网格步长为20m，y方向布89个网格，网格步长为20m，平面上总网格数为85×89=7565个。为了确切反映垂向上的非均质性，充分暴露层间矛盾，真实地反映不渗透或低渗透夹层在油藏开发中的作用，根据地层沉积旋回及夹层的分布特点，在纵向上将该油组划分为100层，模型维数：85×89×100=756500。该油藏实际层位与模拟层位对应情况见表4-2-1，所建立的油藏精细地质模型见图4-2-1。

表4-2-1 复Ⅰ断块红花套组地层与模拟层编号对照表

层位	砂体	模拟层位
红花套组	Sand1	1~30
	GC1	31
	Sand2	32~75
	GC2	76
	Sand3	77~100

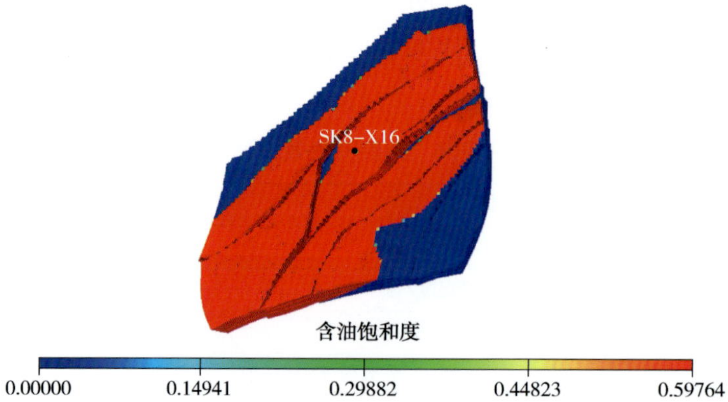

图4-2-1 红花套组油层含油饱和度图

储量是历史拟合的基础，为了模拟拟合的正确性、油田开发预测的准确性，在开展历史拟合之前，先进行储量拟合与地质模型的校正。基于三维地质建模结果，结合该区的地质概况，对部分储量参数做了适当的调整，如有效厚度、饱和度等，结合复Ⅰ断块红花套组地层实际情况对边水能量做了拟合调整。地质区块储量以及各小层储量的拟合结果见表4-2-2，区块的拟合程度达到99%，各层的最大误差为0.6%，达到了储量拟合误差控制在5%以内的要求；数值模拟模型的正确性主要依靠地层有效厚度、油田开发动态资料结合校正。

表4-2-2　红花套组地质储量拟合表

纵向层位(K)	地质建模储量/10^4t	数值模拟储量/10^4t
1~30	110.67	110.97
31	0	0
32~75	172.98	173.37
76	0	0
77~100	86.08	86.38
合计	369.73	370.72

二、数值模拟

复Ⅰ断块红花套组地层数值模拟历史拟合采用定液量控制，对区块中所有井的生产动态进行了历史拟合。采用定液量生产(图4-2-2、图4-2-3)，拟合区块和单井含水率。全区27口油井，单井拟合较好的井23口，拟合一般的井4口，拟合精度达85.2%，其中部分井具体情况见图4-2-4~图4-2-9。

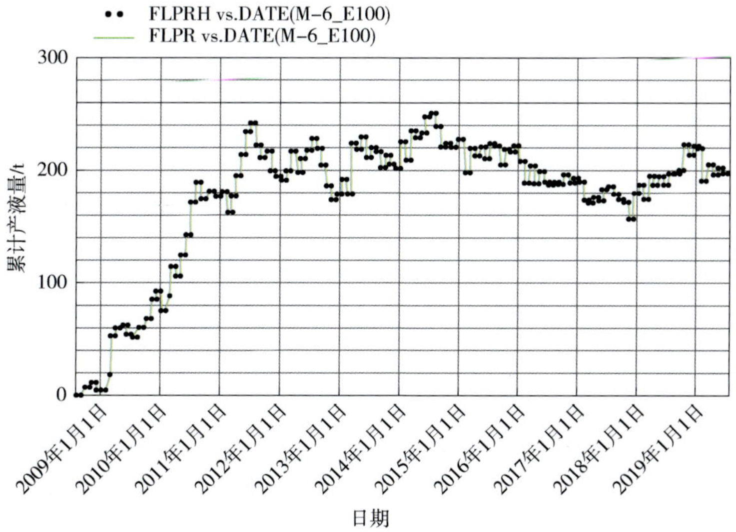

图4-2-2　复Ⅰ断块红花套组累计产液量拟合

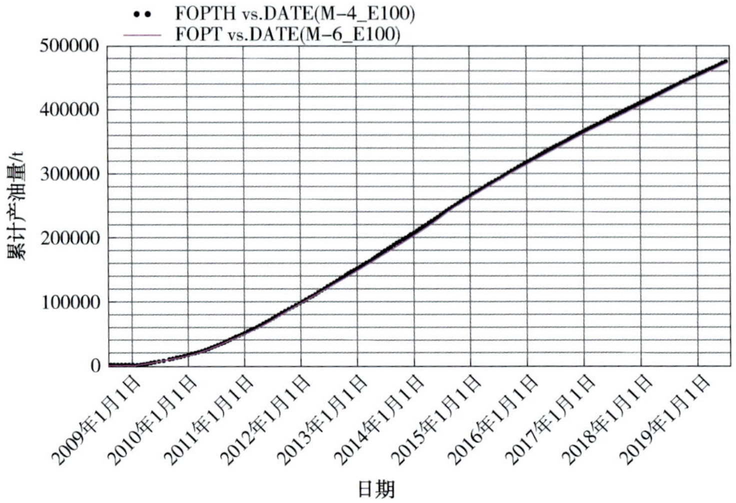

图 4-2-3　复Ⅰ断块红花套组累计产油量拟合

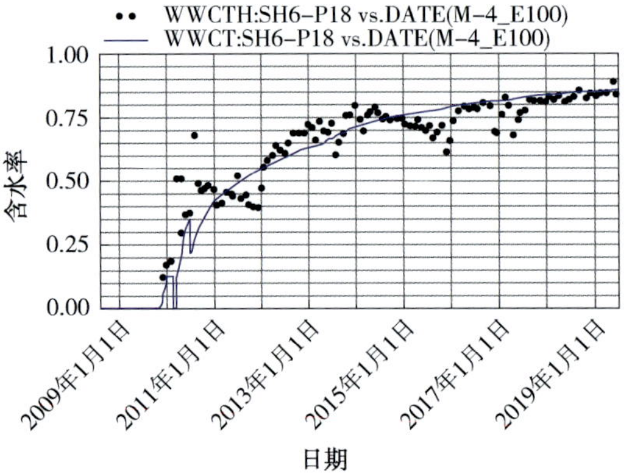

图 4-2-4　SH6-P18 井含水率拟合

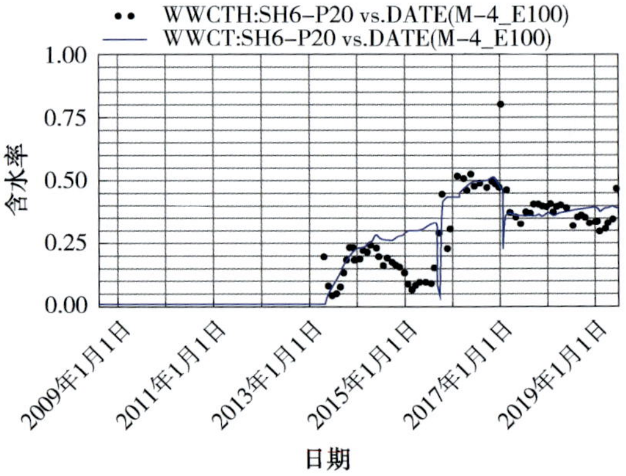

图 4-2-5　SH6-P20 井含水率拟合

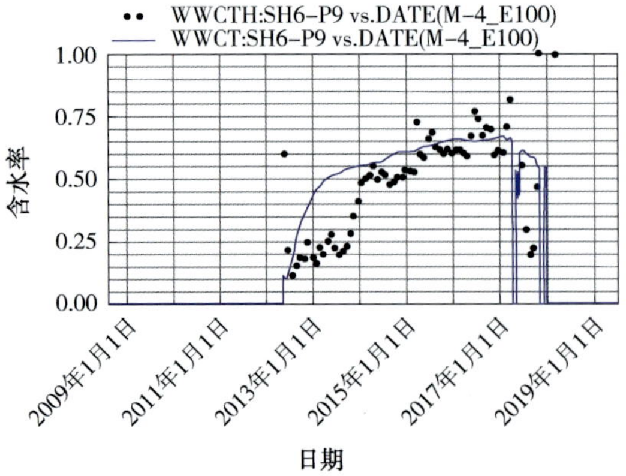

图 4-2-6　SH6-P9 井含水率拟合

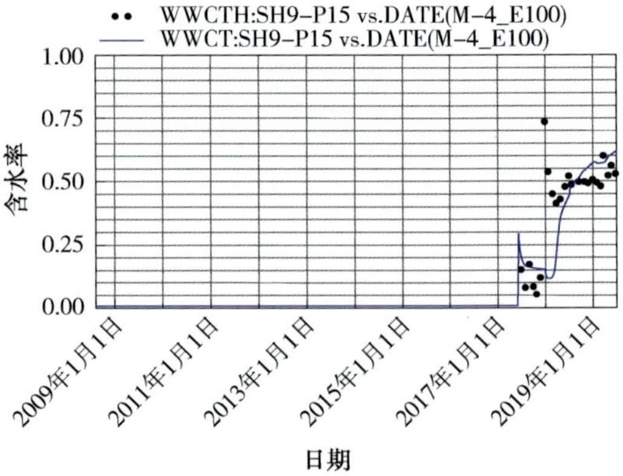

图 4-2-7　SH9-P15 井含水率拟合

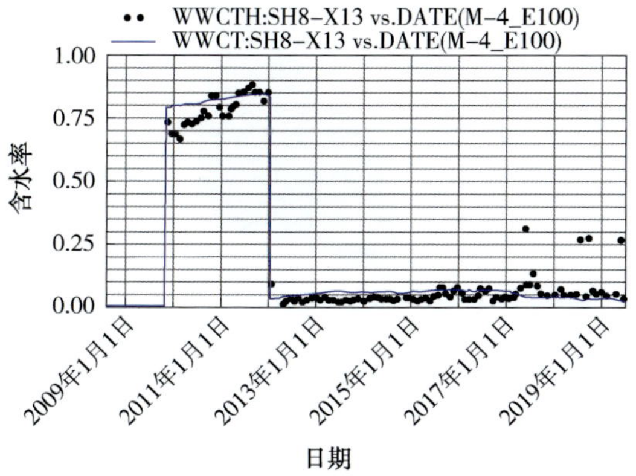

图 4-2-8 SH8-X13 井含水率拟合

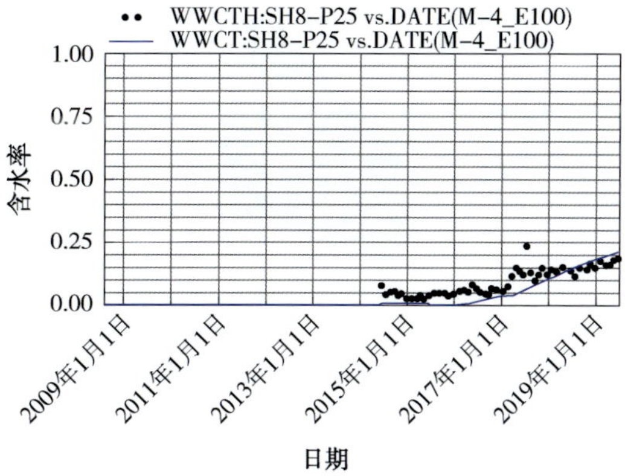

图 4-2-9 SH8-P25 井含水率拟合

三、平面剩余油分布规律

通过数值模拟得到的模拟各小层的剩余油分布图(图 4-2-10~图 4-2-12)和储量丰度图(图 4-2-13~图 4-2-15)，目前剩余油主要集中在西南、东南部附近和井网控制不完善区域：

(1) 部分井网不完善(砂体边部)，Sand3 南部；无油井控制区形成的剩余油，如 Sand1 层西南部(图 4-2-10、图 4-2-13)。

(2) 有注水井，但油水井间未形成良好的注采对应关系形成剩余油，Sand2 东南部(图 4-2-11、图 4-2-14)。

(3) 水驱油重新聚集形成的剩余油，如 Sand2 层 SK8X-16 井附近。

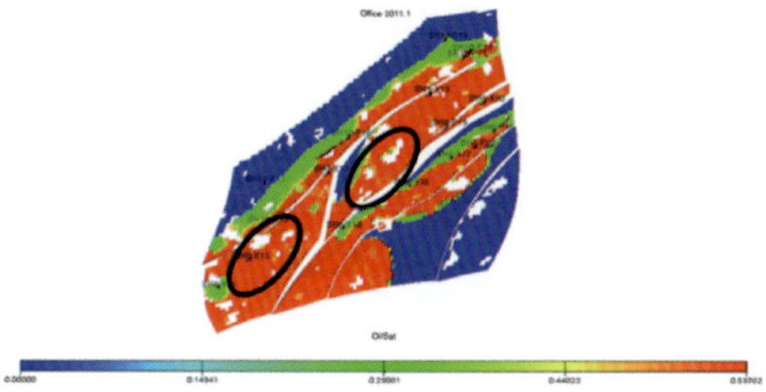
图 4-2-10 Sand1(23)小层含油饱和度分布图

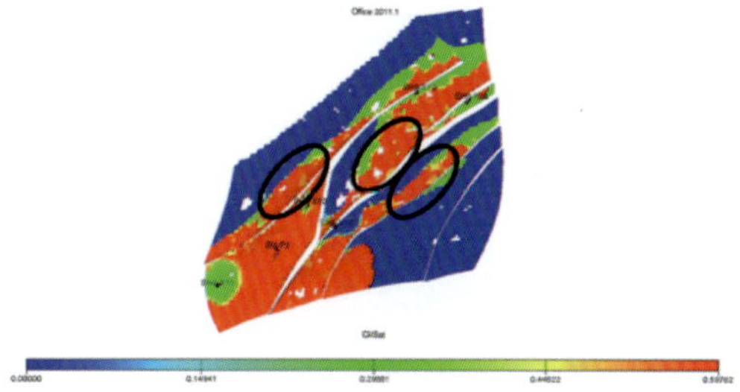
图 4-2-11 Sand2(46)小层含油饱和度分布图

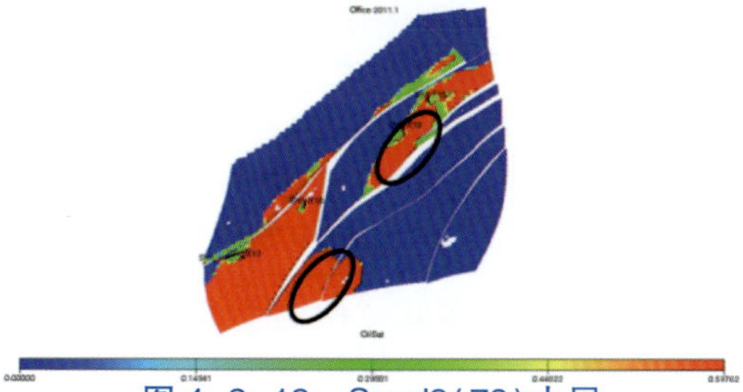
图 4-2-12 Sand3(78)小层含油饱和度分布图

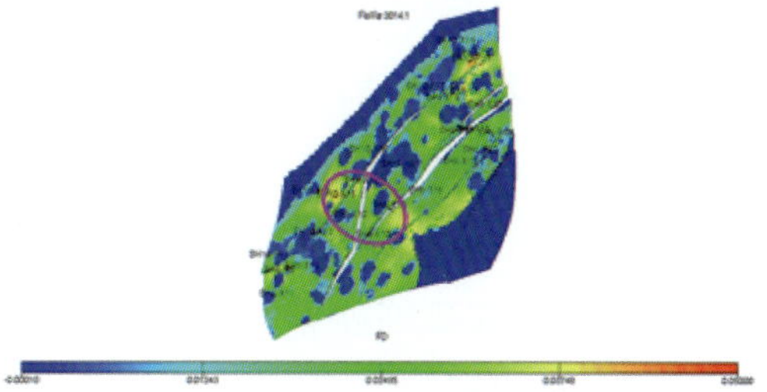
图 4-2-13 Sand1 层储量丰度分布图

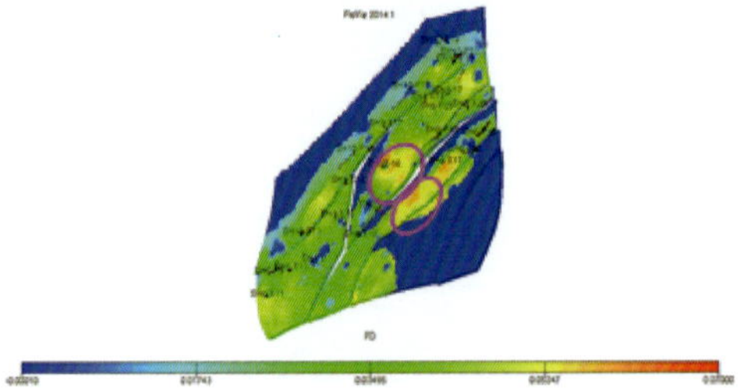

图 4-2-14　Sand2 层储量丰度分布图

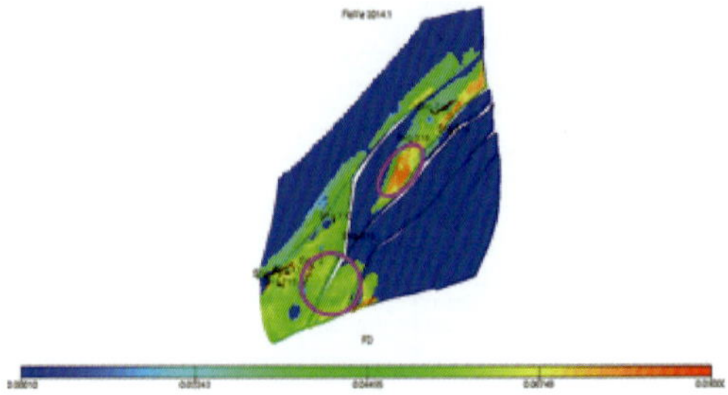

图 4-2-15　Sand3 层储量丰度分布图

四、层内、层间剩余油分布规律

根据数值模拟计算的各小层剩余油分布情况(表 4-2-3)，主要表现出以下特征：

(1) 按标定可采储量计算，剩余可采储量最高的是 Sand2 层，达 24.79×10^4t。

(2) 垂向三层，Sand1 和 Sand2 采出程度较接近。

表 4-2-3　纵向上各小层剩余油统计表

层位	数模小层	地质储量/10^4t	采出程度/%	标定值下剩余可采储量/10^4t
Sand1	1~30	110.97	11.98	15.55
Sand2	32~75	173.37	11.70	24.79
Sand3	77~100	86.38	5.95	17.31
合计		370.72	10.51	332.01

第三节　储层渗流特征

一、岩石物理参数

(一) 粒度特征

粒度概率曲线表明，以跳跃总体为主(超过 90%)，曲线斜率超过 70°，悬浮总体含量<10%，缺乏滚动总体(图 4-3-1)。*C-M* 图样品点集中分布，反映分选好(图 4-3-2)。

(二) 储集空间结构特征

毛管压力曲线(图 4-3-3)分析表明，不同岩性的孔喉特征具有较大差别，以细砂岩为最好，排驱压力低，平均 0.46MPa，进汞迂曲度平均 2.04，平均孔喉半径 0.51μm；砾状细砂岩、含泥砾细砂岩的孔喉参数明显变差，孔、渗也随之降低，由有效储层变为非有效储层(表 4-3-1)。

根据铸体薄片图像(图 4-3-3)和扫描电镜(图 4-3-4)分析，红花套组储层孔隙类型以粒间溶孔为主，少量剩余粒间孔和微孔（表4-3-2）；平均孔隙半径16.98μm，平均孔喉比为1.04，平均配位数为0.96；喉道宽度最大值平均为15.17μm，喉道宽度最小值平均为4.38μm，喉道平均宽度为7.72μm，属微细-细喉储层。

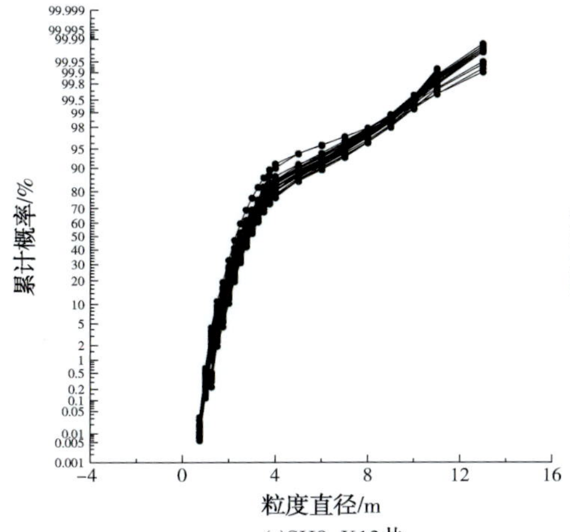

(a)SH8-X13井 (b)SK8-X16井

图4-3-1 红花套组粒度概率曲线

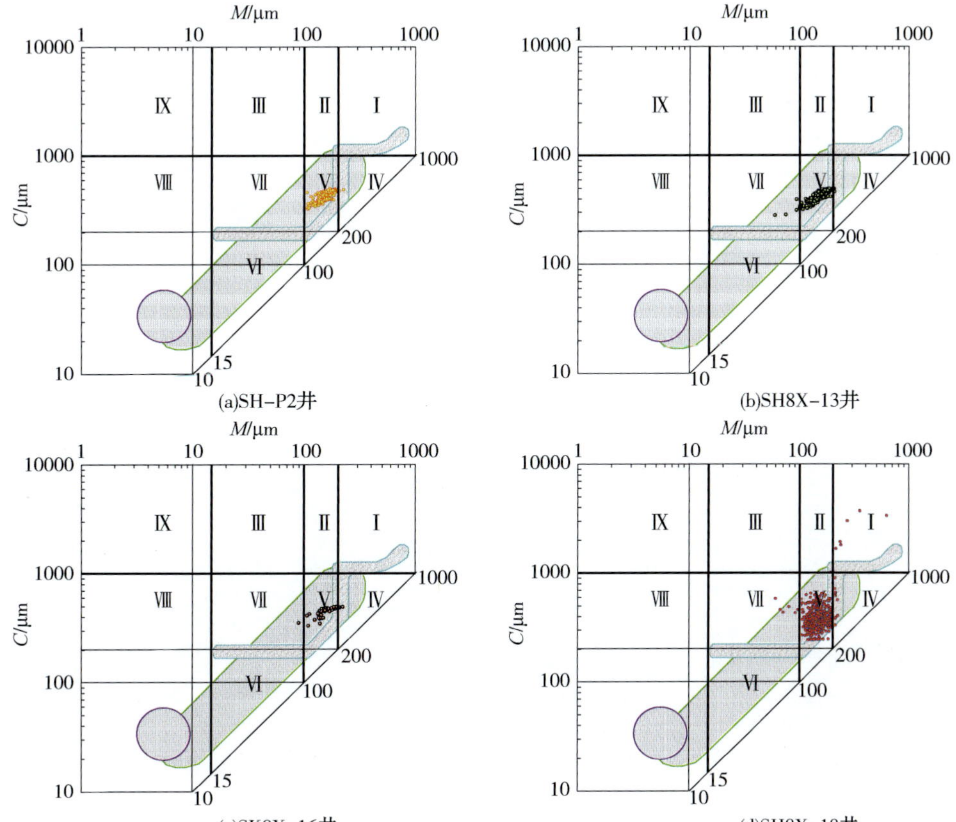

(a)SH-P2井 (b)SH8X-13井

(c)SK8X-16井 (d)SH8X-18井

图4-3-2 红花套组 C-M 图

表 4-3-1 SH-P2 井毛管压力特征参数

样品号	岩性	孔隙度/%	渗透率/$10^{-3}\mu m^2$	排驱压力/MPa	最大孔喉半径/μm	中值压力/MPa	平均孔喉半径/μm	进汞饱和度/%	退汞饱和度/%
140	油斑细砂岩	16	15.7	0.1103	6.7987	1.4213	1.0207	92.9	25.9
79	油迹砾状细砂岩	8.6	0.651	0.625	1.2039	2.6669	0.2401	88.9	60.5
84	油迹含泥砾细砂岩	6.1	0.146	1.3873	0.5406	4.1867	0.0839	65.7	42.4

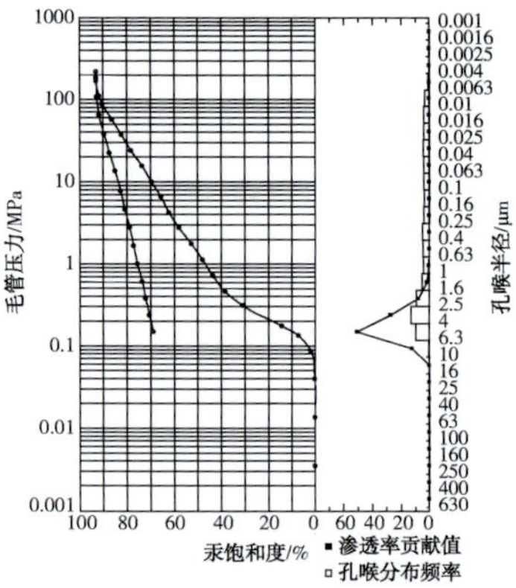

$140^{\#}$油斑细砂岩毛管压力曲线

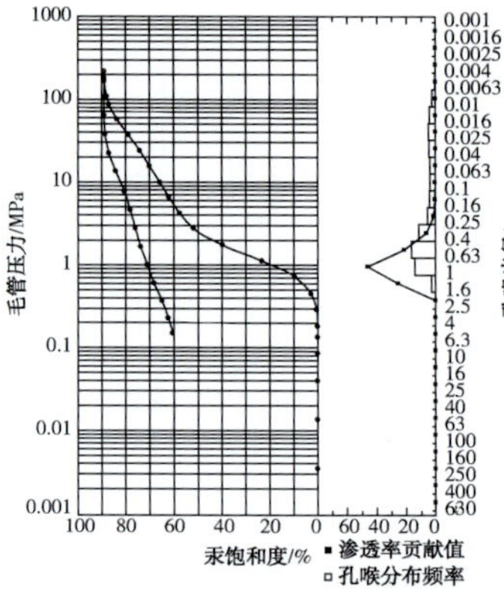

$79^{\#}$油迹砾状细砂岩毛管压力曲线

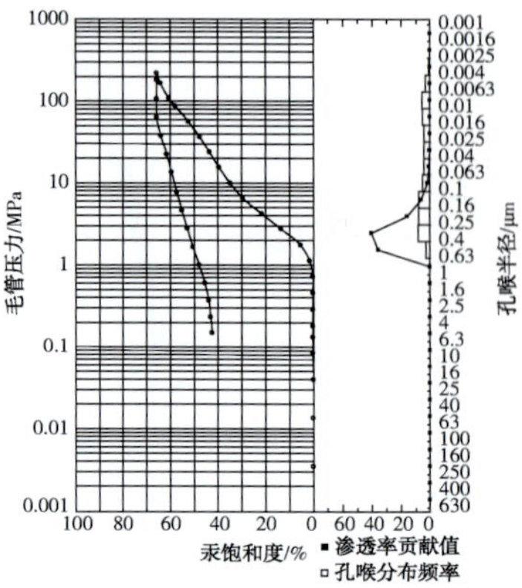

$84^{\#}$油迹含泥砾细砂岩毛管压力曲线

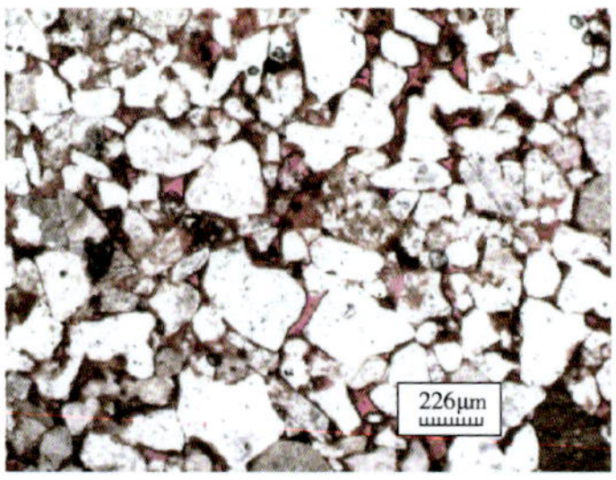

铸体薄片

(a)$140^{\#}$

铸体薄片

(b)$79^{\#}$

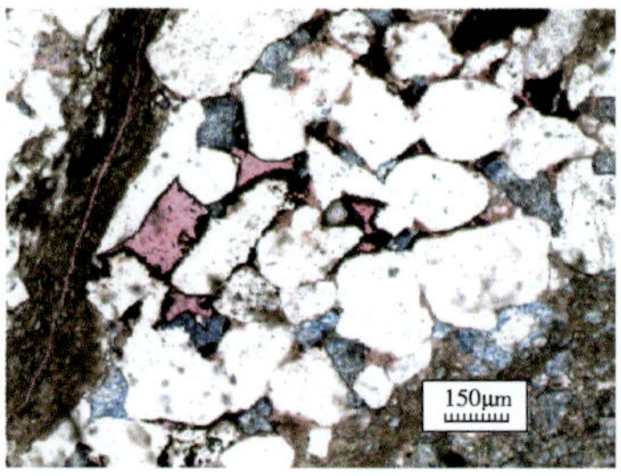

铸体薄片

(c)$84^{\#}$

图 4-3-3 不同岩性代表性岩心的毛管压力曲线及薄片特征图

(a)SH-P2井，3780.9m，细砂岩，粒间溶孔较发育

(b)SH-P2井，3780.9m，长石粒内溶孔

图 4-3-4 红花套组孔隙类型电镜照片

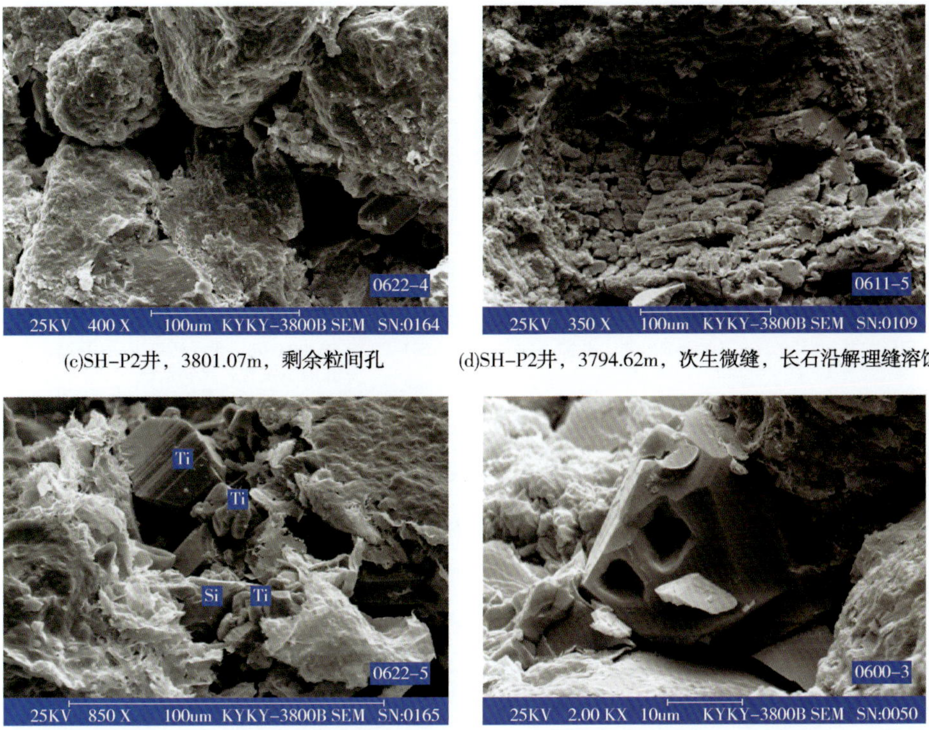

(c)SH-P2井，3801.07m，剩余粒间孔

(d)SH-P2井，3794.62m，次生微缝，长石沿解理缝溶蚀

(e)SH-P2井，3801.07m，剩余粒间孔

(f)SH-P2井，3784.6m，石英溶解

图 4-3-4 红花套组孔隙类型电镜照片(续)

表 4-3-2 红花套组储层储集空间数据表

井名	样品数/块	剩余粒间孔/%	微孔/%	长石溶孔/%	岩屑溶孔/%	粒间溶孔/%	晶间孔/%	铸模孔/%
SK8-16 井	15	0.27	0.44	0.00	0.00	4.53		
	相对比例/%	5.10	8.40	0.00	0.00	86.50		
SH-P2 井	44	0.41	0.55	0.03	0.01	1.21		
	相对比例/%	18.6	24.9	1.4	0.5	54.8		

受较强的成岩作用影响，自生矿物、石英次生加大填充粒间孔隙，使物性变差；同时，长石的溶解作用，形成次生孔隙、微缝、粒内溶蚀孔等，使储层物性得到改善(图 4-3-5)。

(三) 岩石润湿性

根据该块 SK8X-16 井、SH-P2 井、SH8-X18 井的润湿性资料，可以得出该块储层润湿类型为弱亲水-亲水型(表 4-3-3)。

(a)SH-P2井，3809.21m，含砾细砂岩，孔隙不发育

(b)SH-P2井，3790.02m，含云质细砂质中砂岩，孔隙不发育，见构造缝

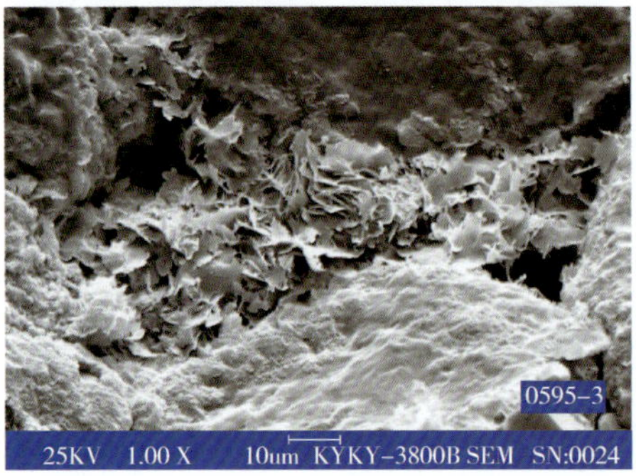

(c)SH-P2井，3780.2m，片状伊利石充填粒间孔隙

(d)SH-P2井，3777.92m，石英次生加大充填粒间孔隙

(e)SH-P2井，3786.29m，菱铁矿充填孔隙

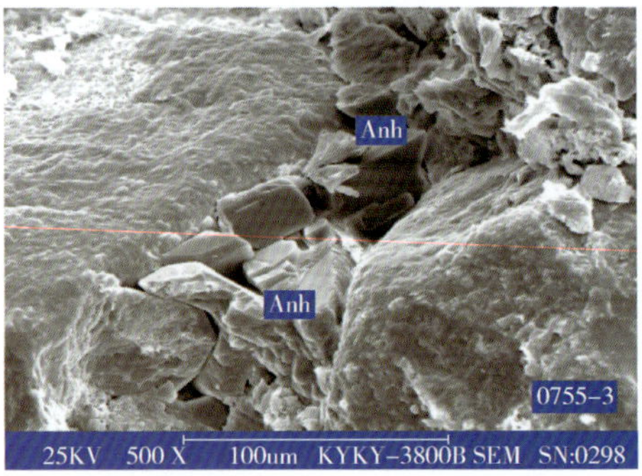

(f)SH8-X18井，3825.61m，硬石膏充填孔隙

图 4-3-5 红花套组成岩作用电镜照片

表 4-3-3 复Ⅰ断块红花套组油藏岩石润湿性数据表

井名	样品号	层位	深度/m	吸水/%	吸油/%	润湿类别	岩性描述
SK8X-16井	2	K_2h	3764.9	35.90	0.00	亲水	灰褐色油斑含砾细砂岩
	6	K_2h	3765.32	29.22	0.00	弱亲水	灰褐色油斑细砂岩
	10	K_2h	3765.8	32.95	3.77	弱亲水	灰褐色油斑细砂岩
	14	K_2h	3766.29	26.92	1.46	弱亲水	灰褐色油斑细砂岩
	18	K_2h	3766.77	36.36	2.65	亲水	灰褐色油斑细砂岩

续表

井名	样品号	层位	深度/m	吸水/%	吸油/%	润湿类别	岩性描述
SK8X-16井	23	K_2h	3767.31	37.50	3.77	亲水	灰褐色油斑细砂岩
	28	K_2h	3767.83	25.00	0.88	弱亲水	灰褐色油斑细砂岩
	38	K_2h	3769.25	42.40	4.35	亲水	棕色细砂岩
	47	K_2h	3770.85	45.00	0.00	亲水	棕色细砂岩
	55	K_2h	3772.7	38.00	0.00	亲水	棕色细砂岩
SH-P2井	2	K_2h	3777.22	34.00	0.00	亲水	灰褐色油斑细砂岩
	50	K_2h	3784.02	36.00	0.00	亲水	灰色油迹砾状细砂岩
	59	K_2h	3785.2	40.00	5.00	亲水	灰色油迹砾状细砂岩
	66	K_2h	3786.85	40.00	3.00	亲水	灰色油迹砾状细砂岩
	91	K_2h	3793.03	39.00	1.00	亲水	灰褐色油斑含砾细砂岩
	96	K_2h	3794.11	33.00	1.00	亲水	灰褐色油斑含砾细砂岩
	111	K_2h	3796.48	33.00	1.00	亲水	灰褐色油斑细砂岩
	128	K_2h	3799.53	31.00	1.00	弱亲水	灰褐色油斑细砂岩
	140	K_2h	3801.43	30.00	0.00	弱亲水	灰褐色油斑细砂岩
	164	K_2h	3803.38	36.00	4.00	亲水	灰褐色油斑含砾细砂岩
	203	K_2h	3808.48	33.00	0.00	亲水	灰褐色油迹含砾细砂岩
SH8-X18井	16	K_2y	3740.67	44.00	0.00	亲水	棕色含砾粉砂岩
	45	K_2h	3745.93	42.00	0.00	亲水	浅灰色含砾细砂岩
	87	K_2h	3753.49	25.00	0.00	弱亲水	灰褐色油斑细砂岩
	113	K_2h	3758.91	24.00	0.00	弱亲水	灰褐色油斑细砂岩
	128	K_2h	3765.46	23.00	0.00	弱亲水	褐色油斑细砂岩
	138	K_2h	3767.66	22.00	2.00	弱亲水	褐色油斑细砂岩
	157	K_2h	3771.09	18.00	4.00	弱亲水	褐色油斑细砂岩
	181	K_2h	3775.45	23.00	4.00	弱亲水	褐色油斑细砂岩
	194	K_2h	3777.53	25.00	2.00	弱亲水	褐色油斑细砂岩
	222	K_2h	3782.4	25.00	6.00	弱亲水	褐色油斑细砂岩
	253	K_2h	3788.76	27.00	4.00	弱亲水	灰褐色油斑含砾细砂岩
	267	K_2h	3794	22.00	4.00	弱亲水	灰褐色油斑细砂岩
	282	K_2h	3798.37	24.00	3.00	弱亲水	灰褐色油斑含砾细砂岩
	301	K_2h	3803.25	25.00	4.00	弱亲水	褐色油斑细砂岩
	318	K_2h	3806.1	23.00	4.00	弱亲水	褐色油斑细砂岩
	348	K_2h	3811.02	23.00	5.00	弱亲水	褐色油斑细砂岩
	379	K_2h	3818.15	22.00	2.00	弱亲水	褐色油斑含砾细砂岩
	395	K_2h	3821.2	23.00	4.00	弱亲水	褐色油斑含砾细砂岩
	426	K_2h	3826.7	25.00	3.00	弱亲水	灰褐色油斑含砾细砂岩
	448	K_2h	3830.21	18.00	3.00	弱亲水	灰褐色油迹含砾细砂岩

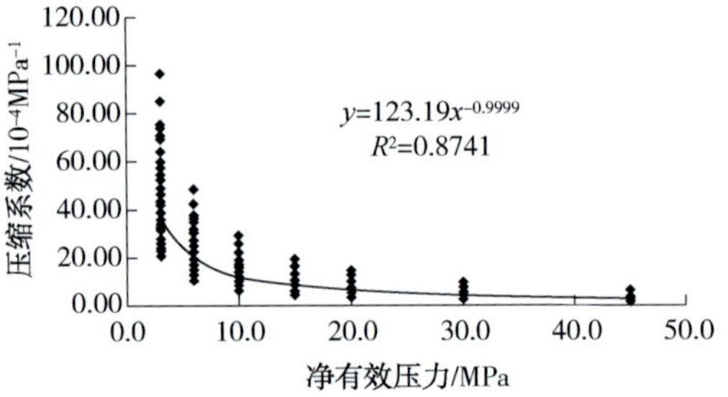

图 4-3-6 松滋油田红花套砂岩孔隙体积压缩系数与净有效压力关系图

(四) 岩石压缩性

根据该块 SK8X-16 井、SH-P2 井、SH8-X18 井、SH8-X13 井的岩石孔隙体积压缩系数检测数据，回归出该块总的岩石孔隙压缩系数与净有效压力关系式(图 4-3-6)：

$$y=123.19x^{-0.9999} \tag{4-1}$$

式中，x 为净有效压力，MPa；y 为岩石孔隙体积压缩系数，$10^{-4}MPa^{-1}$。

根据回归公式计算该块岩石孔隙体积压缩系数为 $3.286\times10^{-4}MPa^{-1}$。

(五) 岩石敏感性分析

1. 速敏

根据该块 SK8X-16 井、SH-P2 井、SH8-X18 井速敏资料，储层为无速敏、弱速敏、中等偏弱速敏(图 4-3-7～图 4-3-9)。

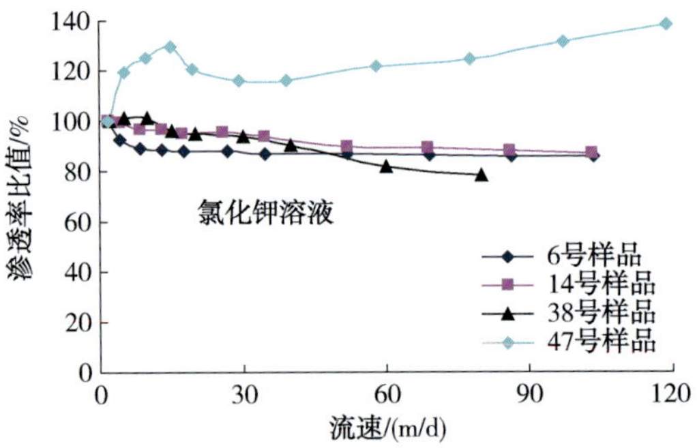

图 4-3-7 SK8X-16 井水流速敏感性实验曲线

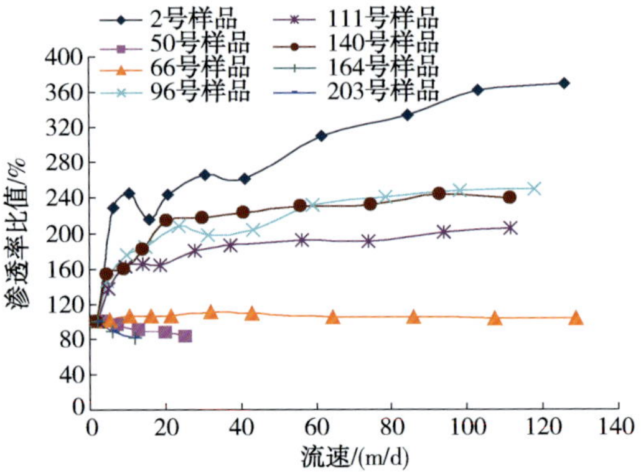

图 4-3-8 SH-P2 井水流速敏感性实验曲线

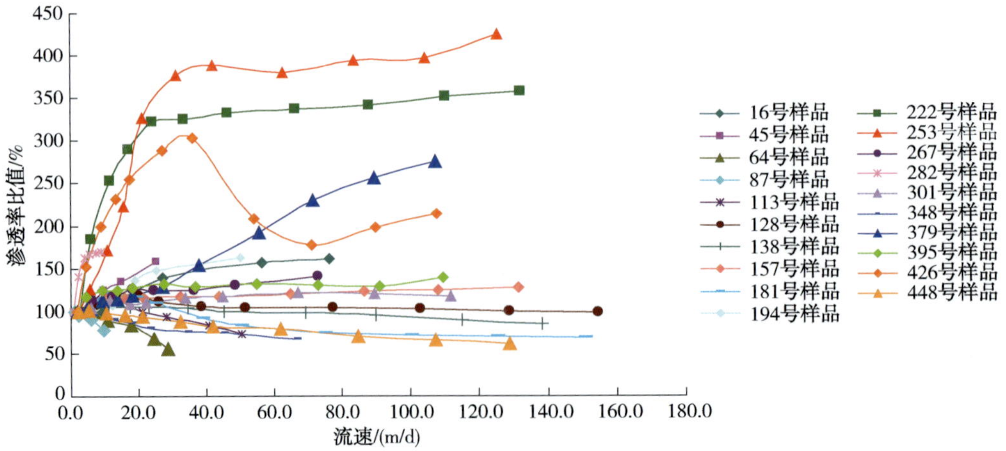

图 4-3-9 SH8-X18 井水流速敏感性实验曲线

2. 水敏

根据该块 SK8X-16 井、SH-P2 井、SH8-X18 井水敏资料，储层为中等偏弱-强水敏（表 4-3-4、图 4-3-10~图 4-3-12）。

表 4-3-4　不同样品水敏级别分类表

井名	样品总数	弱水敏样品数	中等偏弱水敏样品数	强水敏样品数	中等偏强水敏样品数
SK8X-16 井	4	0	1	1	2
SH-P2 井	8	1	6	0	1
SH8-X18 井	21	1	4	5	11
合计	33	2	11	6	14

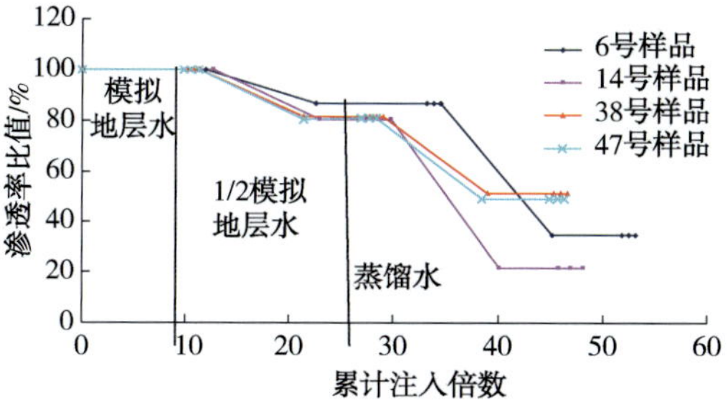

图 4-3-10　SK8X-16 井水敏感性实验曲线

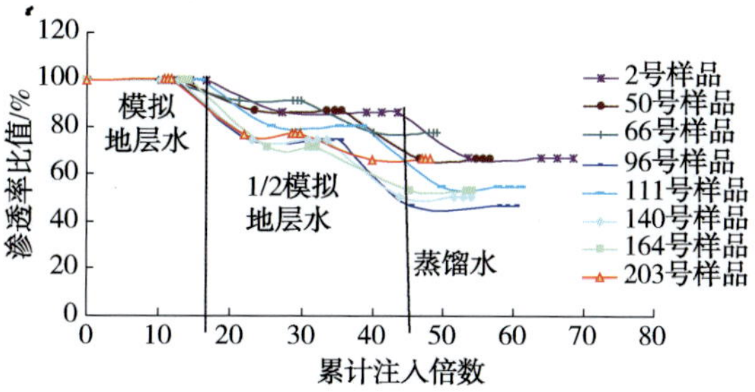

图 4-3-11　SH-P2 井水敏感性实验曲线

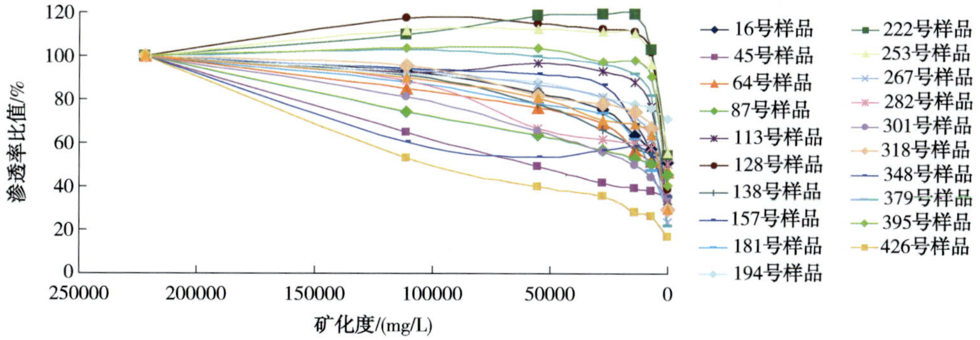

图 4-3-12　SH8-X18 井水敏感性实验曲线

3. 盐敏

根据该块 SH-P2 井盐敏资料，储层盐敏临界矿化度范围：13861.5～221784.0mg/L（表 4-3-5、图 4-3-13）。

表 4-3-5　SH-P2 井不同样品盐敏矿化度级别分类表

井名	临界矿化度/(mg/L)			
	221784.0	13861.5	110892.0	55446.0
SH-P2 井	4	1	1	2

4. 碱敏

根据该块SK8X-16井、SH-P2井、SH8-X18井碱敏资料，储层为无碱敏、弱碱敏、中等偏弱碱敏(图4-3-14~图4-3-16)。

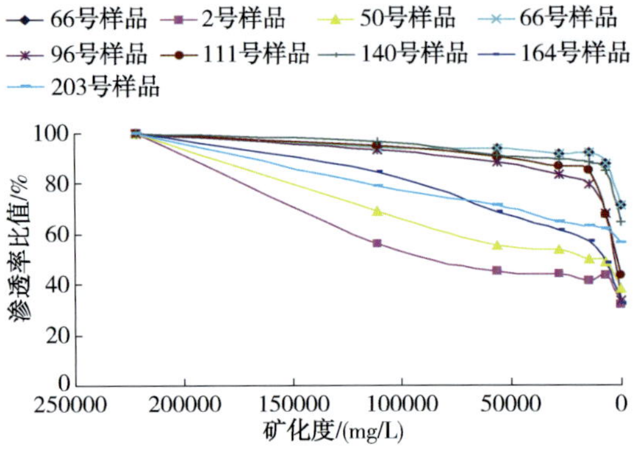

图4-3-13 SH-P2井盐敏性实验曲线

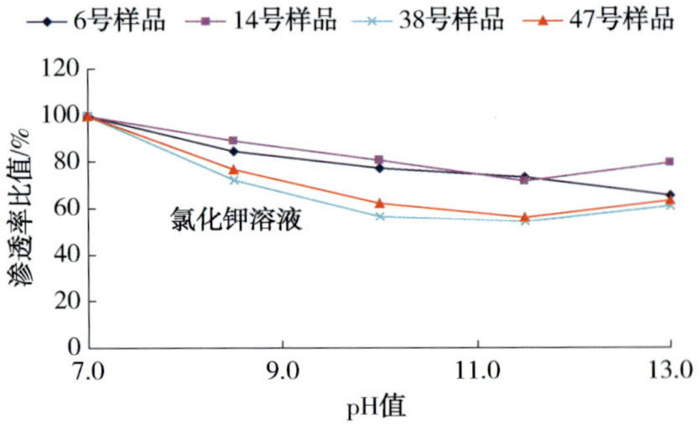

图4-3-14 SK8X-16井碱敏感性实验曲线

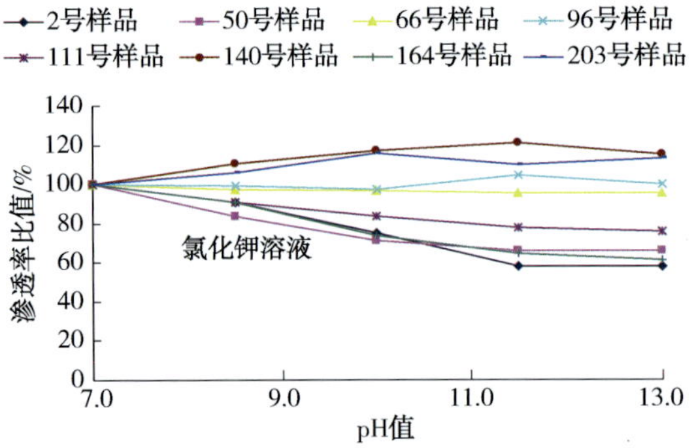

图4-3-15 SH-P2井碱敏感性实验曲线

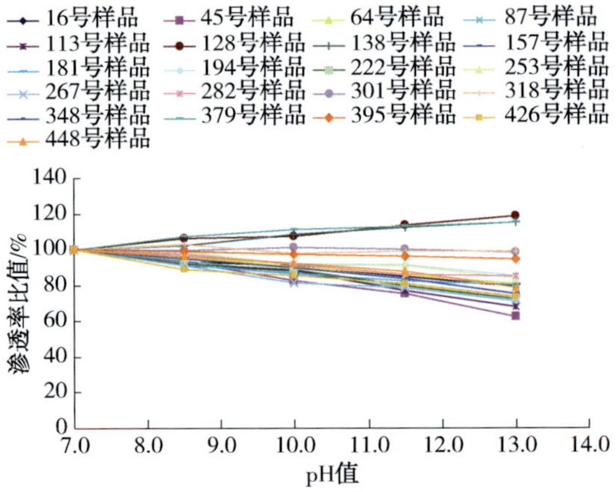

图4-3-16 SH8-X18井碱敏感性实验曲线

5. 酸敏

根据该块SK8X-16井、SH-P2井、SH8-X18井酸敏资料，94%的样品呈无酸敏、弱酸敏，6%的样品呈中等酸敏(图4-3-17~图4-3-20、表4-3-6)。

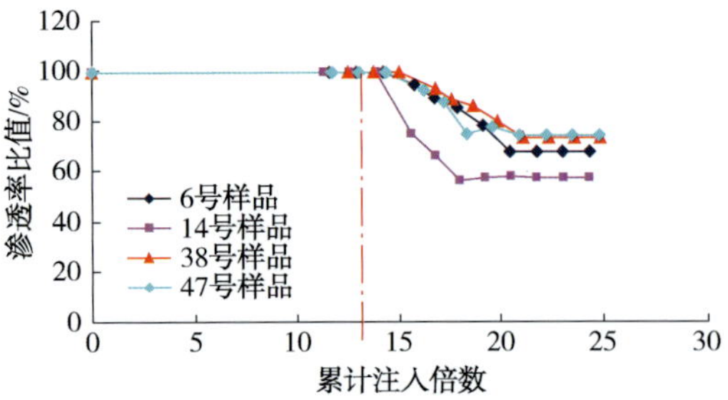

图4-3-17 SK8X-16井酸敏感性实验曲线

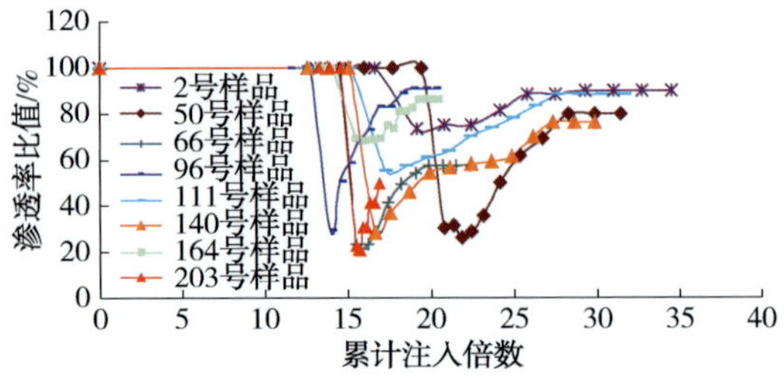

图4-3-18 SH-P2井酸敏感性实验曲线

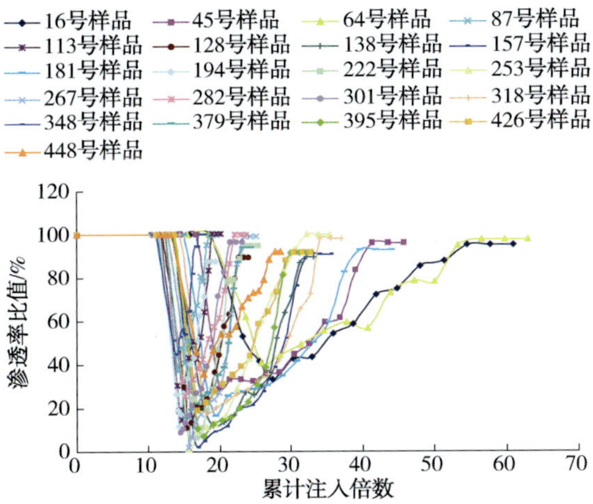

图 4-3-19 SH8-X18 井土酸敏感性实验曲线

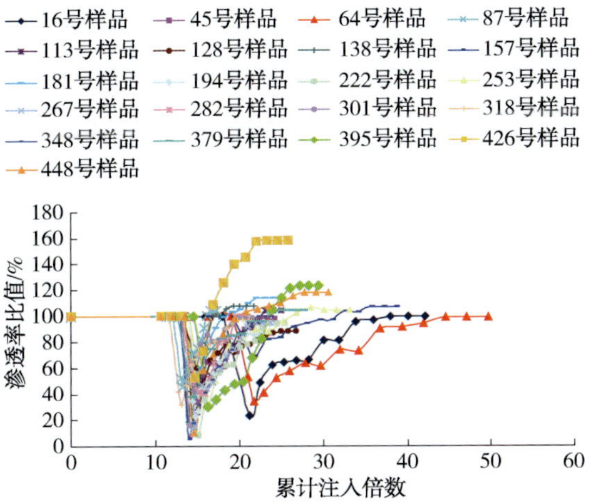

图 4-3-20 SH8-X18 井盐酸敏感性实验曲线

表 4-3-6 不同样品酸敏级别分类表

井名	样品总数	无酸敏样品数	弱酸敏样品数	中等酸敏样品数	强酸敏样品数
SK8X-16 井	4	0	2	2	0
SH-P2 井	8	0	7	1	0
SH8-X18 井土酸敏	21	12	9	0	0
SH8-X18 井盐酸敏	21	18	3	0	0
合计	54	30	21	3	0

6. 压敏

根据该块 SK8X-16 井、SH-P2 井、SH8-X18 井压敏资料，储层压敏实验(图 4-3-21~图 4-3-26)表明，空气渗透率随上覆压力变化有以下特点：

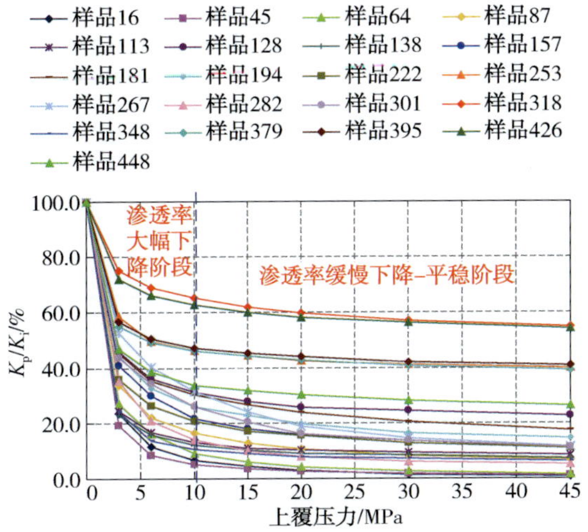

图 4-3-21 SH8-X18 井渗透率随上覆压力增加变化曲线

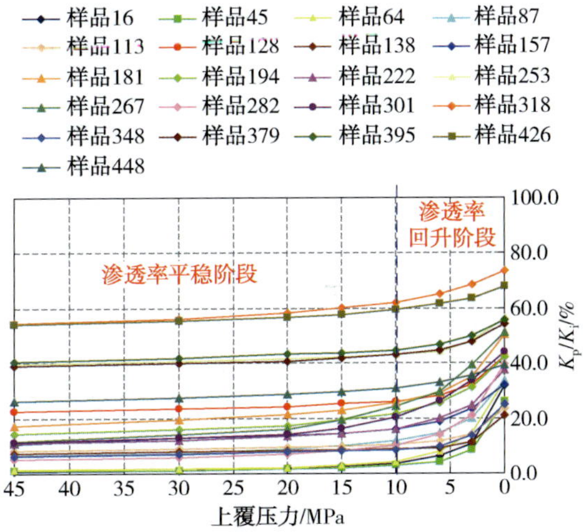

图 4-3-22 SH8-X18 井渗透率随上覆压力减小变化曲线

（1）压力在0~10MPa，空气渗透率随上覆压力的增大迅速下降，当压力达到10MPa时，渗透率只有初始渗透率的9.05%~67.36%，并且渗透率相对高的样品下降幅度越小，渗透率相对低的样品下降幅度越大。

（2）压力在10~45MPa，随压力的增大，渗透率缓慢下降并趋于稳定，最终渗透率只有初始渗透率的1.94%~61.84%，总体表现出强的压敏效应。

（3）空气渗透率随上覆压力减小，渗透率有所恢复，当上覆压力减小到0~10MPa范围时，渗透率明显上升，最终也只有初始渗透率的20.12%~81.26%，压敏效应对地层渗透率的损害是不可逆的。

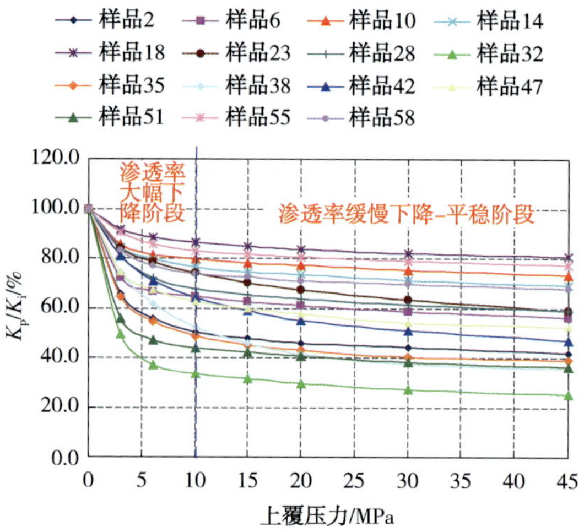

图4-3-23　SK8X-16井渗透率随上覆压力增加变化曲线

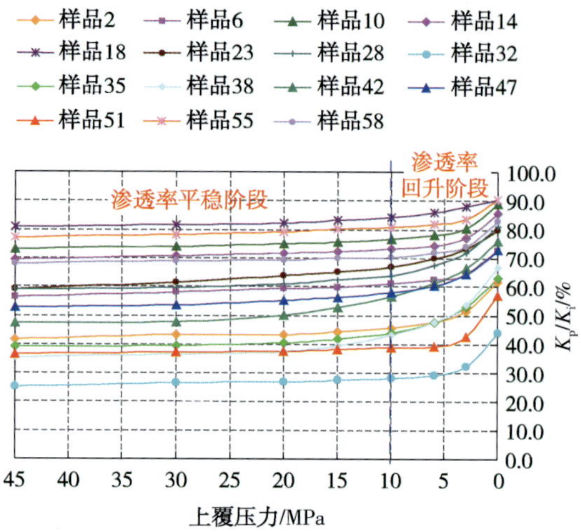

图4-3-24　SK8X-16井渗透率随上覆压力减小变化曲线

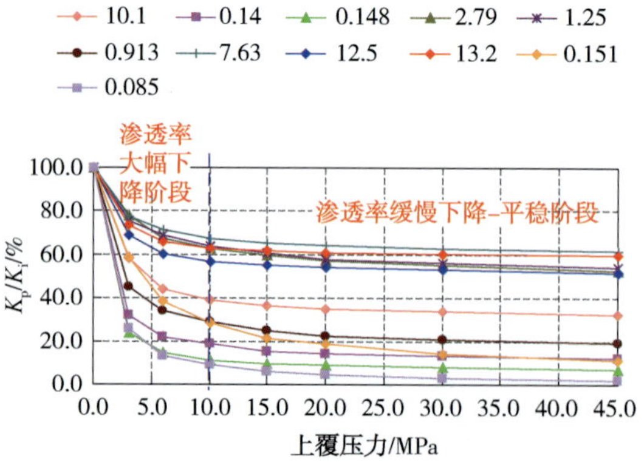

图4-3-25　SH-P2井渗透率随上覆压力增加变化曲线

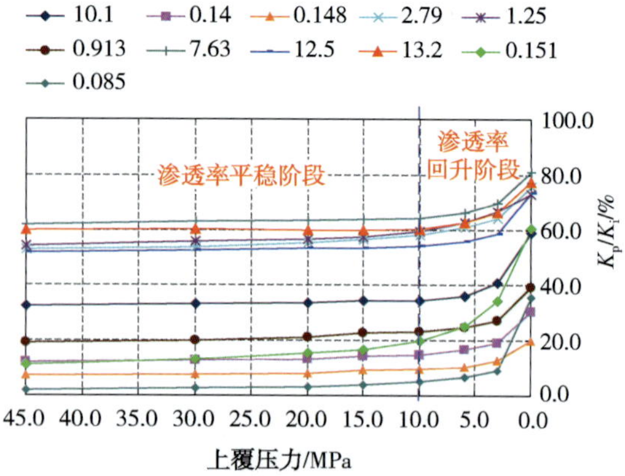

图4-3-26　SH-P2井渗透率随上覆压力减小变化曲线

二、流体特征参数

（一）地层水性质分析

通过该块 SK8X-16 井、SH8-X18 井、SH8-X13 井的地层水分析化验资料，该块地层水总矿化度为 224200~228700mg/L，水型为 $CaCl_2$型（表 4-3-7）。

表 4-3-7　复 I 断块红花套组地层水性质统计表

井名	层位	井段/m	pH 值	化学性质/(mg/L)							总矿化度/(10^4mg/L)	水型
				阳离子			阴离子					
				Na^++K^+	Ca^{2+}	Mg^{2+}	Cl^-	SO_4^{2-}	HCO_3^-	OH^-		
SK8X-16 井	K_2h	3749~3754	5	76719	9923	587	136200	263	52	0	22. 42	$CaCl_2$
SH8-X18 井	K_2h	4075. 0~4153. 0	6	79426	8633	485	137600	266	115	0	22. 69	$CaCl_2$
SH8-X13 井	K_2h	3804~3819	6	76432	11829	577	139111	233	80	0	22. 87	$CaCl_2$

复 I 断块红花套组地层水密度为 1. 0364g/cm^3，黏度为 0. 34mPa · s，地层水压缩系数为 5. 87×10^{-4}MPa^{-1}，总矿化度为 22. 6×10^4mg/L（表 4-3-8），反映地层水具有低黏度高矿化度的特点。

表 4-3-8　复 I 断块红花套组地层水基本参数表

参数	地层水密度/(g/cm^3)	黏度/(mPa · s)	压缩系数/10^{-4}MPa^{-1}	总矿化度/(10^4mg/L)	水型
数值	1. 0364	0. 34	5. 87	22. 6	$CaCl_2$

（二）地面原油性质分析

根据复 I 断块红花套组 6 口井原油性质分析数据，该块原油性质较好，地面原油密度 0. 813g/cm^3，黏度 4. 9mPa · s，凝固点为 25~34℃，含硫 0. 03%~0. 1%（表 4-3-9）。

表 4-3-9　复 I 断块红花套组原油性质分析表

井号	层位	井段/m	密度/(g/cm^3)	黏度(50℃)/(mPs · s)	凝固点/℃	含硫/%	含水/%	含盐/(mg/L)	初馏点/℃	馏分/%	
										200℃	300℃
SH-P2 井	K_2h	4047. 24~4175. 86	0. 8161	4. 57	25	0. 05	3. 6	1841	105	15. 9	40
SH6-P18 井	K_2h	3948. 69~4124. 53	0. 8283	6. 51	34	0. 05	14. 6	4609	184	3. 5	30. 8
SH8-X13 井	K_2h	3804~3819	0. 8235	6. 7	30	0. 03	1. 0	4530	120	15	37. 5
SH8-X18 井	K_2h	4075. 0~4153. 0	0. 8147	3. 55	25	0. 1	2. 2	86853	87	21. 8	44. 3
SK8X-16 井	K_2h	3749. 0~3754. 0	0. 8231	4. 88	27	0. 03	0. 0	380	115	11. 9	40. 6
SK8-17 井	K_2h	4037. 0~4157. 0	0. 8132	3. 68	26	0. 05	1. 5	1958	88	17	39. 4

（三）地层原油性质分析

根据复 I 断块红花套组 SK8X-16 井、SH6-X17 井原油高压物性资料，地层原油密度范围为 0. 71~0. 72g/cm^3，地层原油黏度范围为 1. 003~1. 09mPa · s，饱和压力范围为

10.45~11.09MPa(表4-3-10)，反映地层原油具有低黏度、低饱和压力的特点。

表4-3-10 复Ⅰ断块红花套组原油高压物性参数表

井名	测试日期	井段	体积系数	气油比/(m^3/m^3)	气体平均溶解系数	收缩率/%	地层原油密度/(g/cm^3)	地层原油黏度/(mPa·s)	脱气原油黏度/(mPa·s)	饱和压力/MPa	压缩系数/$10^{-4}MPa^{-1}$	脱气原油密度/(g/cm^3)
SK8X-16井	2008/9/2	3764.75~3773.97	1.2	32.588	2.54	16.33	0.71	1.09	4.5	10.45	11.32	0.813
SH6-X17井	2010/5/12	3739~3756	1.2	47.24	4.26	16.76	0.72	1.003	1.23	11.09	13.27	0.81

三、渗流物理参数

(一) 单相渗流特征分析

根据红花套组岩心单相油渗流实验结果，绘制红花套组SK8X-16、SH-P2井岩心单相油渗流曲线(图4-3-27、图4-3-28)。从图中可以看出，原油在低渗透多孔介质中渗流时，存在启动压力梯度，流速的切线在横坐标上的交点即为启动压力梯度。

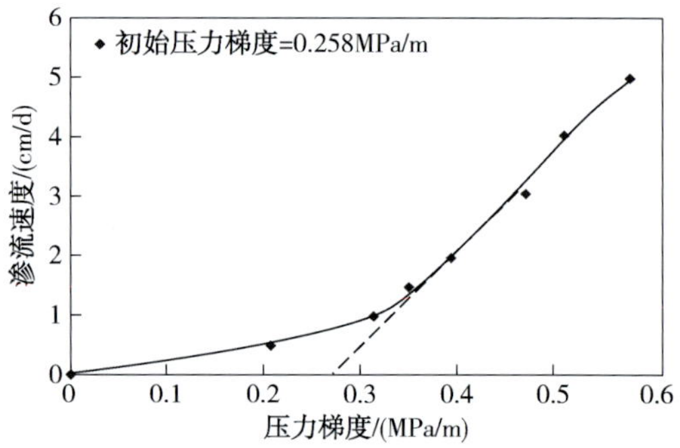

图4-3-27 红花套组SK8X-16井岩心渗流速度与压力梯度关系曲线($K=70.3\times10^{-3}\mu m^2$)

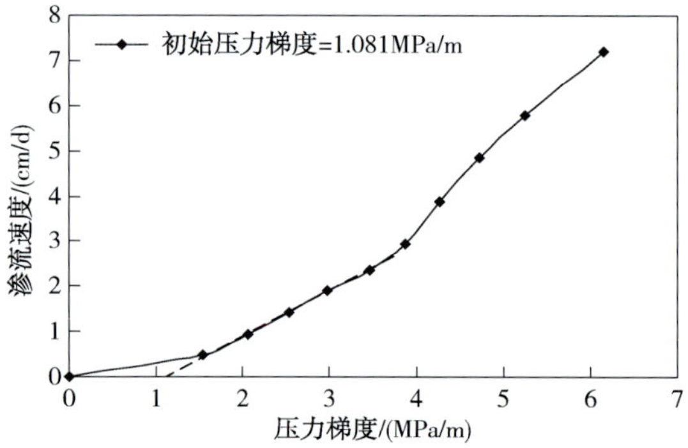

图4-3-28 红花套组SH-P2井岩心渗流速度与压力梯度关系曲线($k=6.68\times10^{-3}\mu m^2$)

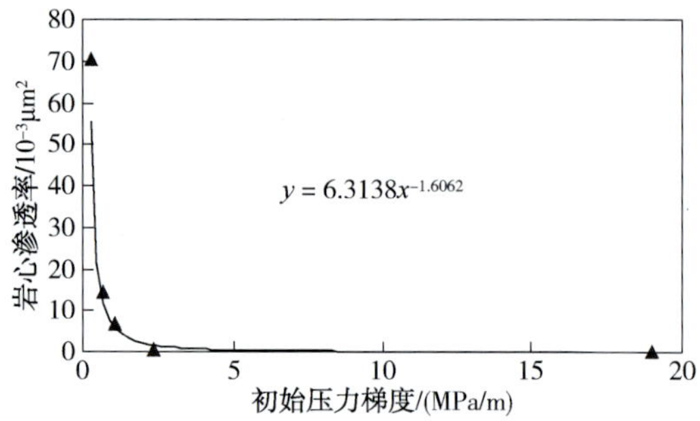

图4-3-29 红花套岩心渗透率与初始压力梯度关系曲线

根据红花套岩心渗透率与初始压力梯度关系曲线(图4-3-29)，原油在低渗透多孔介质中渗流时，岩心渗透率与初始压力梯度存在幂函数关系，随着渗透率的降低，初始压力梯度急剧增大。

(二) 油水两相渗流特征分析

复Ⅰ断块红花套组共有3口井(SK8X-16、SH8-X18、SH-P2)47块岩样进行了油水相对渗透率实验，分别绘制了 SK8X-16 井、SH8-X18 井、SH-P2 井油水相对渗透率曲线(图 4-3-30～图 4-3-33)，然后进行归一化处理得到 SK8X-16 井、SH8-X18 井、SH-P2 井平均相对渗透率曲线(图 4-3-34～图 4-3-36)。根据该块油水两相渗透率曲线特征分析，其储层两相渗流特征具有以下特点：束缚水饱和度范围为 0.3012～0.3385，残余油饱和度范围为 0.3264～0.3495，残余油条件下水相相对渗透率范围为 0.148～0.205，共渗点含水饱和度范围为 0.565～0.589，驱油效率范围为 0.48～0.52(表 4-3-11)。

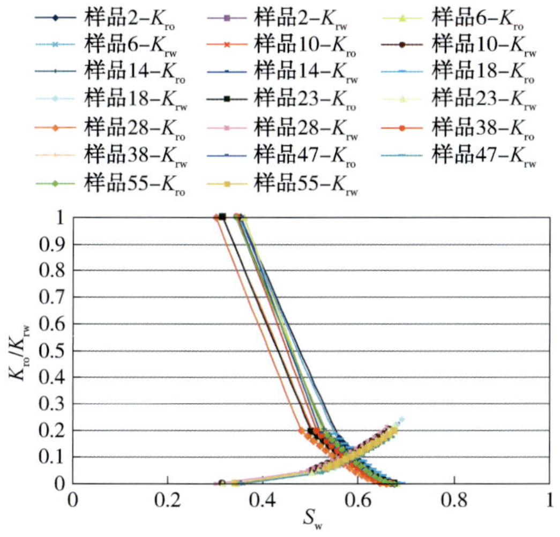

图 4-3-30 SK8X-16 井(10 块样品)相渗曲线

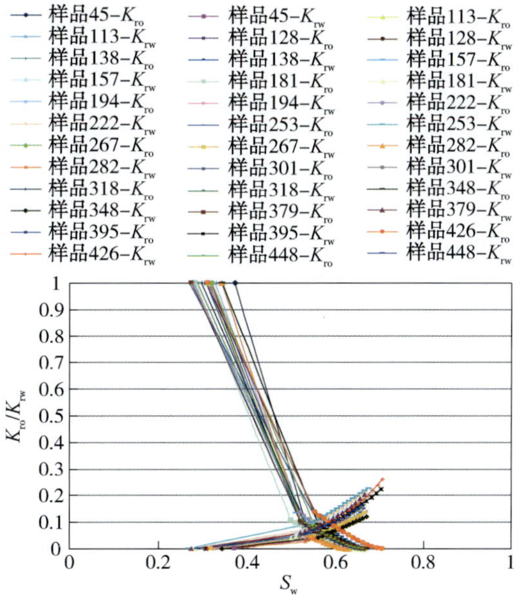

图 4-3-31 SH8-X18 井(21 块样品)相渗曲线

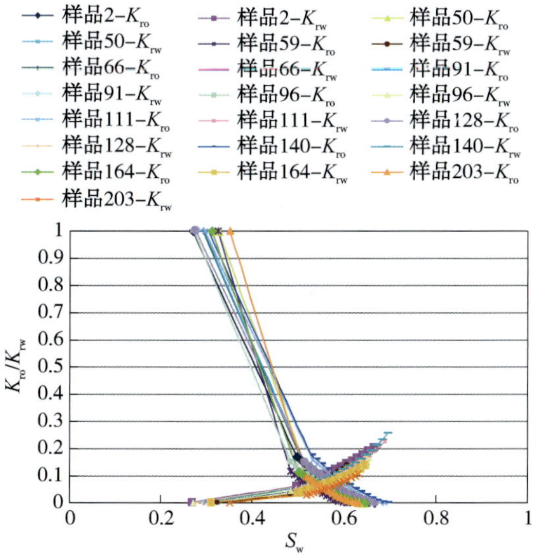

图 4-3-32 SH-P2 井(11 块水平样品)相渗曲线

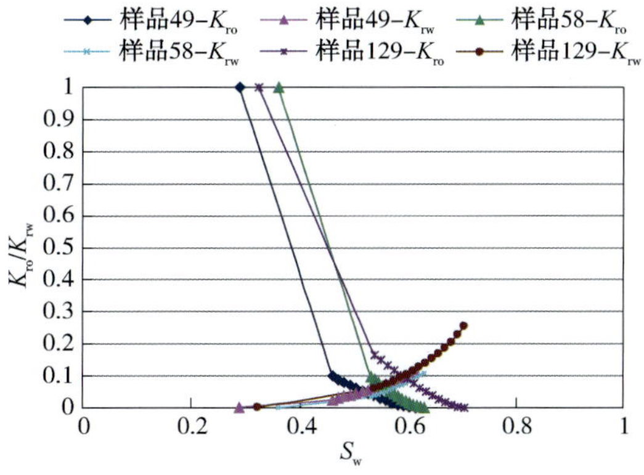

图 4-3-33 SH-P2 井(3 块垂直样品)相渗曲线

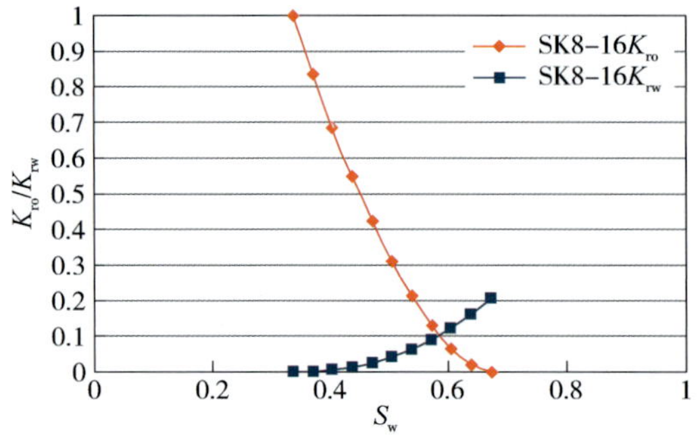

图 4-3-34 SK8X-16 井平均相渗曲线

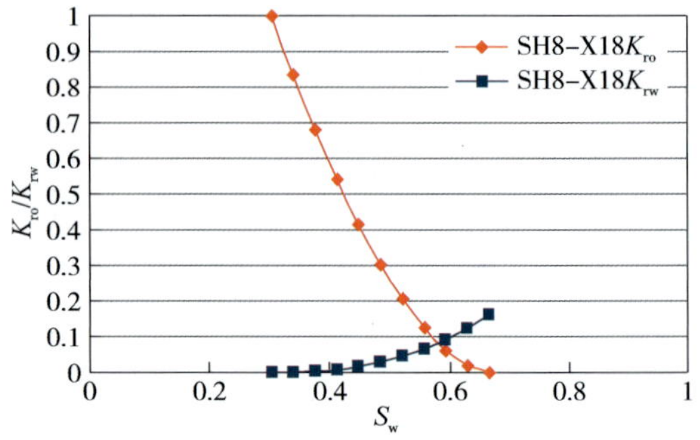

图 4-3-35 SH8-X18 井平均相渗曲线

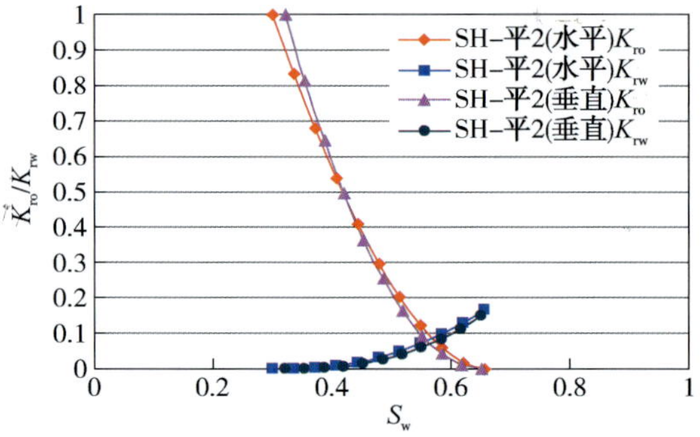

图 4-3-36 SH-P2 井平均相渗曲线

表 4-3-11 复Ⅰ断块红花套组油水两相渗流特征参数统计表

参数	SK8X-16 井	SH8-X18 井	SH-P2 井(水平)	SH-P2 井(垂直)
束缚水饱和度	0.3385	0.3051	0.3012	0.3216
残余油饱和度	0.3264	0.3336	0.3439	0.3495
残余油条件下水相相对渗透率	0.205	0.163	0.168	0.148
共渗点含水饱和度	0.589	0.583	0.565	0.571
驱油效率	0.51	0.52	0.51	0.48

根据 SK8X-16 井、SH8-X18 井相对渗透率资料，绘制出 SK8X-16 井、SH8-X18 井无因次采油(采液)指数随含水率变化曲线(图 4-3-37、图 4-3-38)，该块无因次采油(采液)指数变化曲线符合低渗稀油油藏特点：

(1) 低含水期(f_w<25%)，无因次采液指数 J_{LD}、无因次采油指数 J_{OD}下降很快，仅为初期的 0.3~0.5 倍左右。

(2) 在中含水期(f_w=25%~80%)，无因次采油指数 J_{OD}下降幅度减缓，无因次采液指数 J_{LD}基本稳定。

(3) 到了高含水期(f_w>80%)，无因次采油指数 J_{OD}继续下降，无因次采液指数 J_{LD}有所回升，但到高含水 95%时，也仅为初期 0.4~0.7 倍左右。

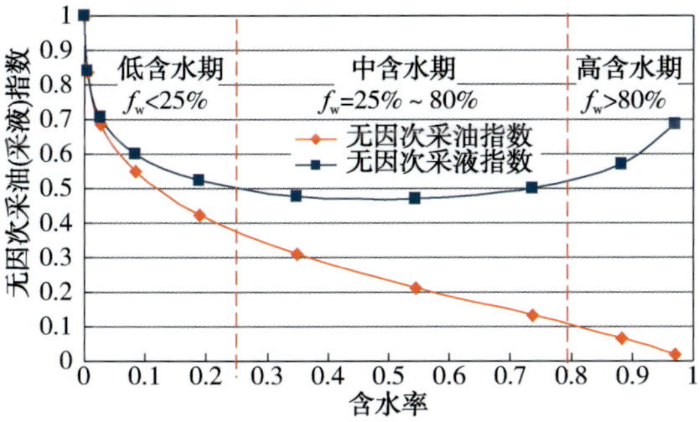

图 4-3-37 SK8X-16 井无因次采油(采液)指数曲线

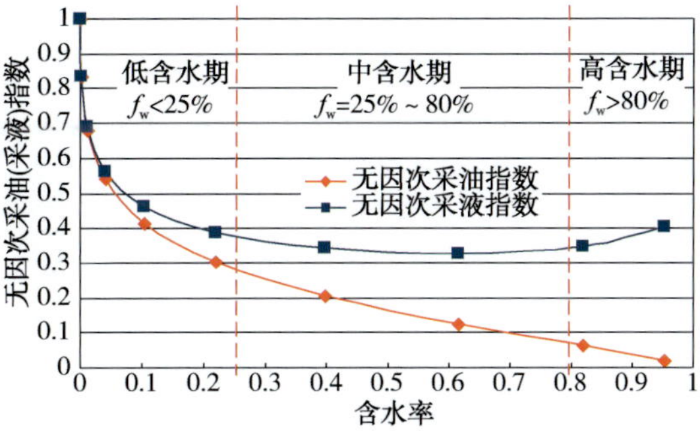

图 4-3-38 SH8-X18 井无因次采油(采液)指数曲线

第四节 精细开发对策

一、精细开发技术政策研究

(一) 开发层系

本区红花套组为厚层砂层，泥岩不发育，厚度最大为 2.0m，解释 14 层夹层，平均厚度为 0.9m。泥岩分布不稳定，仅个别层可以达到一个井距，缺乏划分开发层系的地质条件，因此设计了一套开发层系(图 4-4-1)。

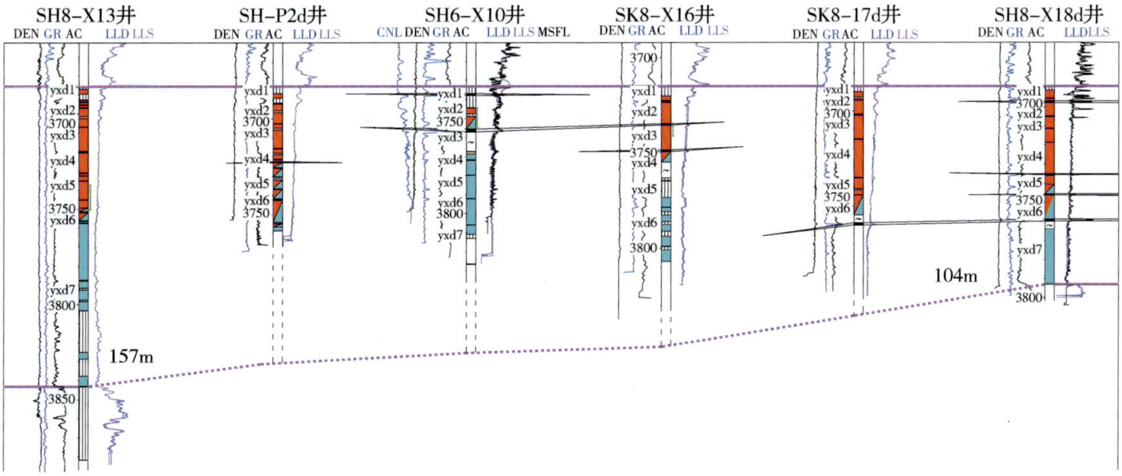

图 4-4-1 夹层分布纵剖面示意图(近东西向剖面)

复Ⅰ断块红花套组为厚层底水油藏，临界产量是底水油藏研究的最重要问题之一，所谓临界产量就是油井生产时的最大的无水日产油量。底水油藏临界产量与射孔程度存在一定的关系，临界产量先随射孔程度的增加而增加，达到某一极大值后，就随着射孔程度的增加而减小。

根据油层射孔程度与临界产量关系公式：

$$q_{cr}=\frac{8.64\times10^{-4}2\pi K\Delta\gamma}{\mu_o B_o}\left[r_e-\sqrt{r_e^2-r_e h(1-x)}\right]^2\left[\frac{h(1-x)}{\sqrt{r_e^2+h^2(1-x^2)}}+\frac{h\left(\frac{1}{r_w}-\frac{1}{r_e}\right)x}{\ln\left(\frac{r_e}{r_w}\right)}\right] \tag{4-2}$$

式中，q_{cr}为临界产量，t/d；K为油层渗透率，$10^{-3}\mu m^2$；μ_o为地层油黏度，mPa·s；B_o为原油体积系数；r_e为油井泄油半径，m；r_w为井筒半径，m；h为油层厚度，m；x为射孔程度。

计算得出本区最大的临界产量为137t/d，对应射孔程度为0.33，也说明本区底水作用不明显(图4-4-2)。而本区试采井产量均低于30t/d，射孔程度只要低于78%，就可以有效控制底水锥进。

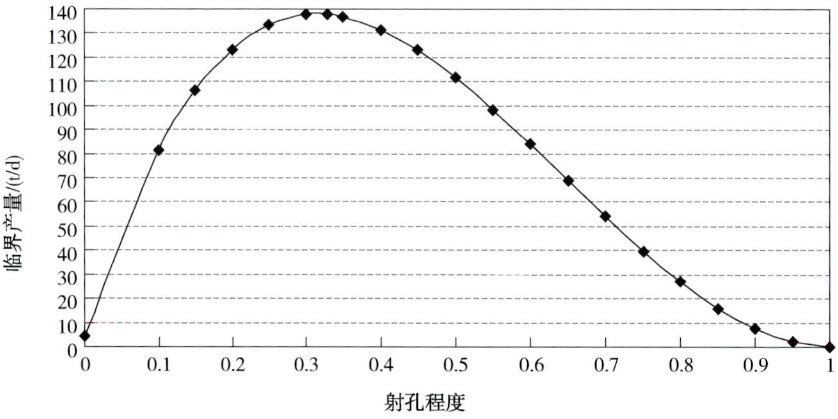

图4-4-2　临界产量与射孔程度关系曲线

本区虽然采用一套层系开发，但结合国内几个边底水油藏的射孔程度以及本区生产井油层实际钻遇情况(表4-4-1、表4-4-2)，不建议全井射开投产，而是采取射孔程度低于80%。

表4-4-1　国内几个边底水油藏的射孔程度统计表

油藏名称	大港羊二庄油藏	大港港东一区六断块	东部石油公司涠11-4油田	长庆元成油田	长庆华49区	塔里木桑塔里木油田
单井平均油层厚度/m	12.7	16.8	30.5	10.12	7.6	12.1
射孔程度	约1/3	约1/3	1/4~2/3	1/4~2/5	1/4~2/5	1/4~7/9
剩余厚度/m	6~9	>5	10	6~7.6		>3.5

表 4-4-2 复Ⅰ断块红花套组生产井实际射孔程度统计表

井名	井别	生产井段/m	油层有效厚度/m	射孔程度/%
SK8X-16 井	斜井	3749～3754	29.8	17.2
SH8-X13 井	斜井	3804～3819(⊥3736～3750)	61.8	24.3
SH6-X10 井	斜井	3750～3760	8.4	—
SH6-X16 井	斜井	3759～3766(⊥3743.5～3749.7)	11.9	58.8

（二）开发方式

1. 天然能量开发可行性评价

首先，根据弹性采收率公式计算松滋油田复Ⅰ断块弹性采收率为 2.56%。

$$\eta=\frac{C_t(P_i-P_b)}{1+C_o(P_i-P_b)} \tag{4-3}$$

式中，η 为弹性采收率，%；P_i为原始地层压力，MPa；P_b为饱和压力，MPa；C_t为总压缩系数，MPa^{-1}；C_o为地层原油的压缩系数，MPa^{-1}。

其次，根据溶解气驱油田采收率经验公式：

$$R=0.2126\times\left[\frac{\varphi(1-S_{wi})}{B_{ob}}\right]^{0.1611}\times\left(\frac{K}{\mu_{ob}}\right)^{0.0979}\times(S_{wi})^{0.3722}\times\left(\frac{P_b}{P_a}\right)^{0.1741} \tag{4-4}$$

式中，R 为溶解气驱采收率，%；S_{wi}为束缚水饱和度，%；φ 为孔隙度，%；B_{ob}为饱和压力下原油体积系数；μ_{ob}为饱和压力下地层原油黏度，mPa·s；P_b为饱和压力，MPa；K 为渗透率，μm^2；P_a为油藏废弃压力，MPa。

计算得出复Ⅰ断块红花套组溶解气驱采收率为 8.57%。由此求得弹性驱与溶解气驱的采收率，即一次采收率为 11.13%，采收率较低，造成高油价下资源的严重浪费，为进一步提高采收率，应立足于注水补充能量开发。

2. 储层敏感性

根据该块储层敏感性资料，储层属于中等偏弱-中等偏强水敏，无速敏、弱速敏-中等偏弱速敏，注水开发需要严格要求注入水的水质。

3. 本区已试注，试注效果有待观察。

因此，复Ⅰ断块红花套组应立足于注水开发。

（三）井型、井网与井距

1. 直井、水平井适应性分析

油层碾平厚度平均为 38.3m，构造高部位厚度为 50～100m，构造低部位厚度为 10m 以上，考虑不同厚度部位采用不同井型。

本次产能建设方案二和方案三井型以直井为主，储层边部变薄的区域选择水平井和分支水平井，发挥水平井扩大泄油面积的优势。

2. 井网优选

本区被多条北东走向断层分割为多个窄条带状小断块，含油面积内的每条断层最大断距为35~80m，认为断层对油水的渗流具有封隔作用，每个断块含油面积小，难以形成规则井网，因此本次产能方案采用不规则井网形式。

3. 技术极限井距确定

根据低渗透油藏极限供油半径公式：

$$r_{极限}=3.226(P_e-P_w)\left(\frac{K}{\mu}\right)^{0.5992} \tag{4-5}$$

式中，$r_{极限}$为极限控制半径，m；P_e为供给边界压力，MPa；P_w为井底流压，MPa；K为有效渗透率，$10^{-3}\mu m^2$；μ为地层原油黏度，mPa·s。

计算得出复Ⅰ断块红花套组极限泄油半径平均为111m，技术极限井距平均为222m（表4-4-3、图4-4-3）。

表4-4-3　复Ⅰ断块红花套组技术极限井距参数表

层号	有效渗透率/$10^{-3}\mu m^2$	极限泄油半径/m	技术极限井距/m
K_2h	2.3	111	222

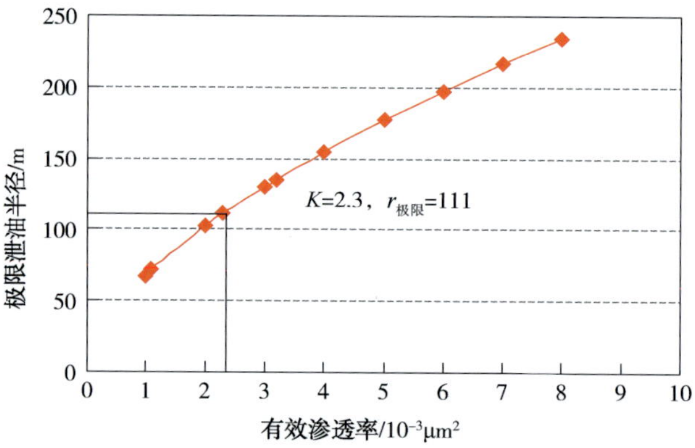

图4-4-3　复Ⅰ断块红花套组不同渗透率极限泄油半径曲线

（四）注水时机及压力保持水平优化

根据该块压力敏感性资料，以水平井SH-P2为例，从SH-P2井渗透率随上覆压力变化曲线(图4-4-4、图4-4-5)可以看出，低渗透油层渗透率随着压力下降而降低，并且该过程是不可逆的，因此，红花套组需要同步注水，以保持较高的地层压力，减少压力降低对储层造成的损害。

（五）单井产能、日注能力确定

1. 直井日油能力确定

根据SK8X-16井的试采及测压资料，计算该块采油指数为0.89t/(d·MPa)(表4-4-4)。

由于 SK8X-16 井钻遇油层有效厚度为 29m，实际射开厚度只有 5m，对应单层厚度 13m，考虑到油层中存在夹层，且又为低渗储层，所以认为实际生产过程中发挥作用的油层有效厚度为 13m，计算该块米采油指数为 0.0564t/(d·MPa·m)。

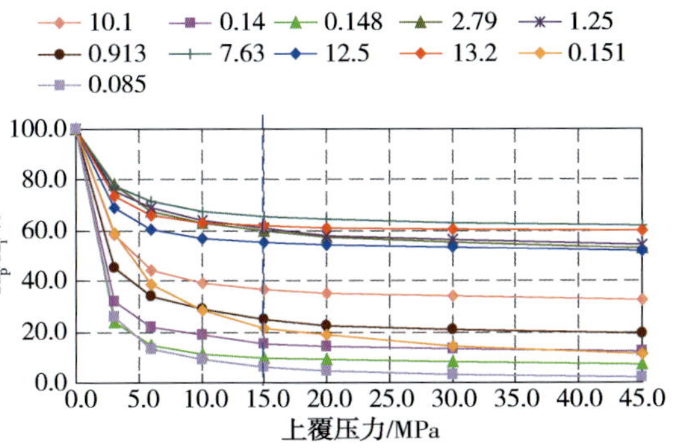

图 4-4-4　SH-P2 井渗透率随上覆压力增加变化曲线

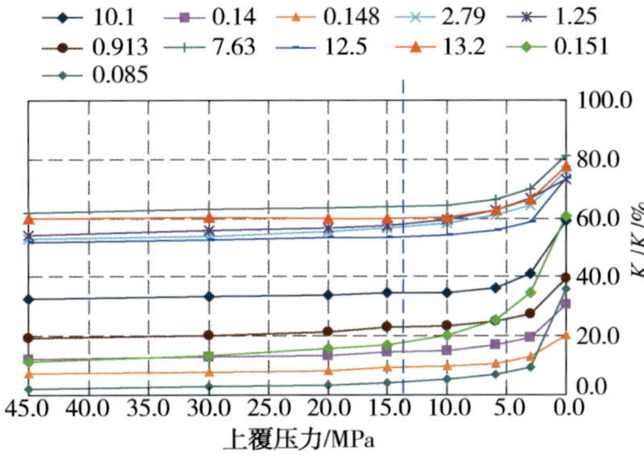

图 4-4-5　SH-P2 井渗透率随上覆压力减小变化曲线

表 4-4-4　复Ⅰ断块红花套组采油指数计算表

井名	日期	井段/m	层位	地层压力/MPa	流压/MPa	生产压差/MPa	日产油/t	采油指数/[t/(d·MPa)]
SK8X-16 井	2009 年 9 月 3—8 日	3749~3754	K_2h	36.02	23.68	12.34	11.00	0.89

选用米采油指数 0.0564t/(d·MPa·m)，有效厚度取 17m，目前工艺条件下的下泵深度为 2600m，沉没度为 400m，合理地层压力为 33.7MPa，计算目前工艺条件下能达到的最大生产压差为 21.95MPa(表 4-4-5)。

利用合理生产压差计算公式：

$$\Delta P=\frac{360\pi d^2 Sn(1-f_w)\eta\rho_{油}}{J_o} \tag{4-6}$$

式中，ΔP 为合理生产压差，MPa；d 为泵径，m；S 为冲程，m；n 为冲次，次/分；$\rho_{油}$ 为原油地面密度，t/m^3；η 为泵效；f_w 为含水率；J_o 为采油指数，t/(MPa·d)。

计算得出该块合理生产压差为 10.5MPa。

因此，根据该块米采油指数 0.0564t/(d·MPa·m)，油层厚度取 17m，最大生产压差 21.95MPa，合理生产压差 10.5MPa，计算该块单井最大日产油量为 21.04t，单井合理日产油量为 10t(表 4-4-5)。结合该块常规斜井实际生产情况，平均初期产能 9.2t/d，目前(2010 年 5 月)平均产能 7.1t/d，最终确定本区新井单井产能为 8t/d。

表 4-4-5　复Ⅰ断块红花套组单井产能计算结果

层系	油藏中深/m	泵深/m	沉没度/m	厚度/m	地层压力/MPa	最小井底流压/MPa	最大生产压差/MPa	合理生产压差/MPa	米采油指数/[t/(d·MPa·m)]	单井最大日产油量/t	单井合理日产油量/t
K_2h	3660	2600	400	17	33.7	11.8	21.95	10.5	0.0564	21.04	10

2. 水平井日油能力确定

根据水平井采油指数与直井采油指数的比值计算公式：

$$\frac{J_h}{J_v}=\frac{\ln\left(\dfrac{r_{ev}}{r_w}\right)}{\ln\left(\dfrac{r_{eh}}{r_{we}}\right)} \tag{4-7}$$

水平井折算井筒半径公式：

$$r_{we}=\frac{r_{eh}(L/2)}{a[1+\sqrt{1-(L/2a)^2}](h/2r_w)^{\beta^2 h/L}} \tag{4-8}$$

泄油椭圆主轴的一半计算公式：

$$a=0.5L[0.5+\sqrt{0.25+(2r_e/h)^4}]^{0.5} \tag{4-9}$$

式中，r_{ev}为直井泄油半径，m；r_w为直井井筒半径，m；r_{eh}为水平井泄油半径，m；r_{we}为水平井折算井筒半径，m；L为水平井段长度，m；a为泄油椭圆主轴的一半，m；β为系数，即水平渗透率与垂向渗透率之比。

通过公式计算，得出水平井日产油能力是直井的1.78倍。结合本区已投产水平井稳产时产能是周围直井产能1.8倍左右，本块水平井在保持合理的地层压力时的稳定产能确定为15t/d。

3. 分支水平井日油能力

根据分支水平井产能计算公式：

$$Q=\frac{20\pi k_h h\Delta P}{\mu_0\left[\ln\dfrac{4r_e}{L_{main}}+\dfrac{h\beta}{L_{main}}\ln\dfrac{h\beta/\sin(\pi a/h)}{2\pi r_b}+\dfrac{\beta h}{L_{main}+nL_b}\ln\dfrac{h}{2\pi r_w}\right]} \tag{4-10}$$

式中，r_e为分支水平井供给半径，cm；r_w为分支水平井井筒半径，cm；n为分支个数，m；L_b为分支长度，m；L_{main}为主支长度，m；a为分支水平井垂向位置，m；h为油层高度，m。

计算得出分支水平井日产油能力是23t。

4. 单井日注能力确定

1）比吸水指数确定

根据比吸水指数公式：

$$I_w=\frac{K_{rw}B_o\mu_o J_o}{K_{ro}B_w\mu_w\rho_o} \tag{4-11}$$

式中，I_w为比吸水指数，$m^3/(d\cdot MPa\cdot m)$；J_o为比采油指数，$t/(d\cdot MPa\cdot m)$；K_{ro}为油相相对渗透率；K_{rw}为水相相对渗透率；μ_o为原油地下黏度，mPa·s；μ_w为地层水黏度，mPa·s。

计算得出该块比吸水指数为 0.0622m³/(d·MPa·m)。

2）单井日配注水量确定

根据实际资料统计，该块破裂压力梯度取 0.023MPa/m，按照油藏中深 3660m 计算井底破裂压力为 84.18MPa，对应井口破裂压力为 48.3MPa。因此，注水油压应小于井口破裂压力，取 35MPa，静水柱压力为 35.9MPa，合理地层压力为 33.7MPa，启动压力为 22.6MPa，计算注水压差为 18.3MPa，吸水厚度取 38.3m，比吸水指数为 0.0622m³/(d·MPa·m)，计算单井最大吸水能力为 44m³/d(表 4-4-6)，能满足注水需要。根据合理注采比 1.0，确定单井日配注水量为 28~30m³。

表 4-4-6 红花套组常规斜井初期产能情况表

注水油压/MPa	35	注水压差/MPa	18.3
静水柱压力/MPa	35.9	吸水厚度/m	38.3
合理地层压力/MPa	33.7	比吸水指数/[m³/(d·MPa·m)]	0.0622
启动压力/MPa	22.6	单井最大吸水能力/(m³/d)	44

二、精细开发方案部署及指标预测

(一) 方案一：直井

方案一部署新井全部为直井，部署总井数 24 口(油井 16 口、水井 8 口)，钻新井 14 口(油井 10 口、水井 4 口)，利用老油井 6 口(直井 2 口、水平井 4 口)，老井转注井 4 口。单井控制地质储量 14.25×10^4t/口，前三年平均年产能 4.68×10^4t，采油速度 1.37%(表 4-4-7、图 4-4-6)。

表 4-4-7 方案一工作量和开发指标情况表

动用储量/10^4t	总井数/口	生产井/口					注水井/口					单井控制储量/(10^4t/口)	前三年平均	
		利用老油井		新钻井		小计	利用老油井		新钻井		小计		年产能/10^4t	采油速度/%
		直井	水平井	直井	水平井		直井	水平井	直井	水平井				
342	24	2	4	10	0	16	4	0	4	0	8	14.25	4.68	1.37

(二) 方案二：直井和水平井(含分支水平井)

方案二部署新井为直井和水平井(包括分支水平井)，部署总井数 23 口(油井 15 口、水井 8 口)，钻新井 13 口(油井 9 口、水井 4 口)，其中新钻 9 口油井中包括直井 3 口、常规水平井 4 口、分支水平井 2 口，新钻 4 口水井均为直井。利用老油井 6 口(直井 2 口、水平井 4 口)，老井转注井 4 口。单井控制地质储量 14.87×10^4t/口，前三年平均年产能 6.18×10^4t，采油速度 1.81%(表 4-4-8、图 4-4-7)。

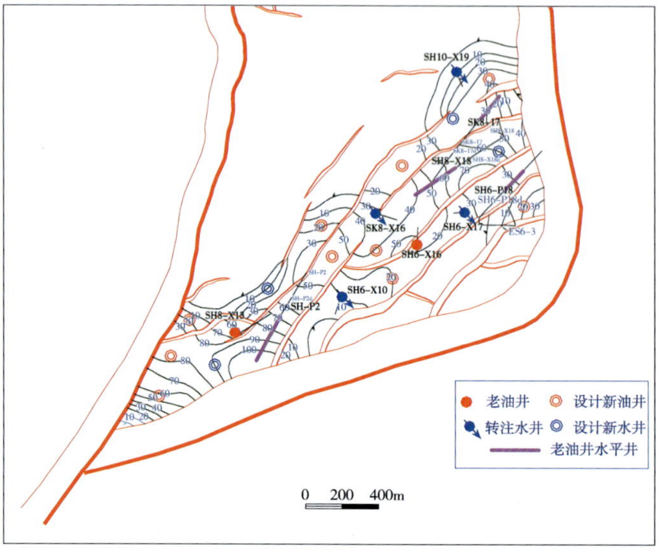

图 4-4-6 方案一井网部署图

表 4-4-8 方案二指标汇总表

<table>
<tr><th rowspan="3">层位</th><th rowspan="3">动用储量/10^4t</th><th rowspan="3">总井数/口</th><th colspan="6">生产井/口</th><th colspan="5">注水井/口</th><th rowspan="3">单井控制储量/(10^4t/口)</th><th colspan="2">前三年平均</th></tr>
<tr><th colspan="2">利用老油井</th><th colspan="3">新钻井</th><th rowspan="2">小计</th><th colspan="2">利用老油井</th><th colspan="2">新钻井</th><th rowspan="2">小计</th><th rowspan="2">年产能/10^4t</th><th rowspan="2">采油速度/%</th></tr>
<tr><th>直井</th><th>水平井</th><th>直井</th><th>常规水平井</th><th>分支水平井</th><th>直井</th><th>水平井</th><th>直井</th><th>水平井</th></tr>
<tr><td>红花套组</td><td>342</td><td>23</td><td>2</td><td>4</td><td>3</td><td>4</td><td>2</td><td>15</td><td>4</td><td>0</td><td>4</td><td>0</td><td>8</td><td>14.87</td><td>6.18</td><td>1.81</td></tr>
</table>

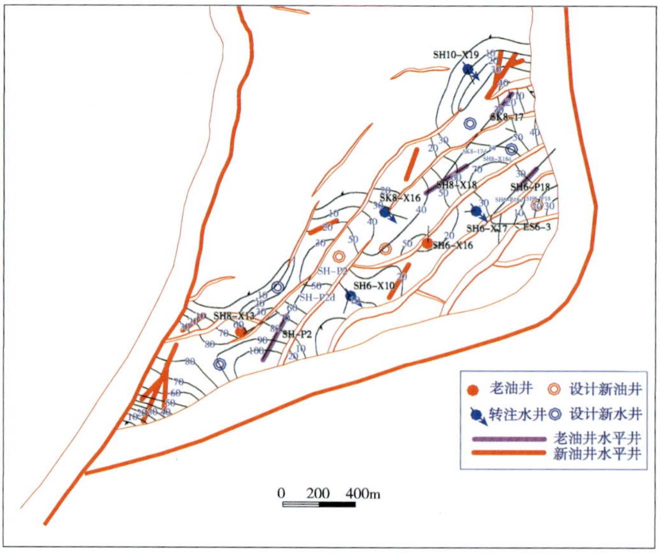

图 4-4-7 方案二井网部署图

（三）方案三：直井和水平井

方案三部署新井为直井和水平井，部署总井数 24 口(油井 16 口、水井 8 口)，新钻井 14 口(油井 10 口、水井 4 口)，其中新钻 10 口油井中包括直井 6 口、水平井 4 口，新钻 4 口水井均为直井。利用老油井 6 口(直井 2 口、水平井 4 口)，老井转注井 4 口。单井控制地质储量 14.25×10^4t/口，前三年平均年产能 5.52×10^4t，采油速度 1.61%(表 4-4-9、图 4-4-8)。

表 4-4-9　方案三指标汇总表

层位	动用储量/10^4t	总井数/口	生产井/口					注水井/口					单井控制储量/(10^4t/口)	前三年平均	
			利用老油井		新钻井		小计	利用老油井		新钻井		小计		年产能/10^4t	采油速度/%
			直井	水平井	直井	水平井		直井	水平井	直井	水平井				
红花套组	342	24	2	4	6	4	16	4	0	4	0	8	14.25	5.52	1.61

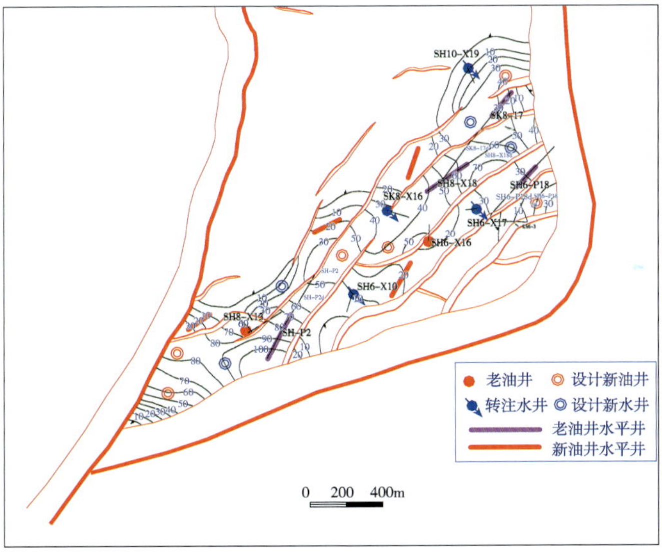

图 4-4-8　方案三井网部署图

（四）十五年开发指标及采收率预测

根据三套方案 15 年开发指标预测，方案一前三年平均年产油 4.68×10^4t，15 年末采出程度为 12.42%，含水率为 56.2%，方案二前三年平均年产油 6.18×10^4t，15 年末采出程度为 16.13%，含水率为 53.8%，方案三前三年平均年产油 5.52×10^4t，15 年末采出程度为 14.59%，含水率为 52.6%(表 4-4-10～表 4-4-12)。

对比三套方案 15 年开发指标，推荐采出程度最高，含水上升相对较慢的方案二。

根据红花套组复Ⅰ断块 SK8X-16 井、SH8-X18 井、SH-P2 井相对渗透率资料，得到该块含水与采出程度关系曲线(图 4-4-9～图 4-4-12)，当极限含水率为 95%时，波及系数取 0.6，采收率范围为 25.1%～28.1%，平均值为 26.6%。

表 4-4-10　15 年指标汇总表(方案一)

生产时间/年	油井数/口	水井数/口	直井				水平井				全区										
			井数/口	单井日产油量/t	年产油量/10^4t	累计产油量/10^4t	井数/口	单井日产油量/t	年产油量/10^4t	累计产油量/10^4t	单井日产油量/t	单井日产液量/t	单井日注水量/m^3	年产油量/10^4t	年产液量/10^4t	年注水量/10^4m^3	累计产油量/10^4t	累计产液量/10^4t	采油速度/%	采出程度/%	含水率/%
1	16	8	12	8.8	3.17	3.2	4	16.4	1.97	1.97	10.7	11.5	30	5.14	5.51	7.13	5.14	5.51	1.50	1.50	6.8
2	16	8	12	8.0	2.88	6.05	4	14.9	1.79	3.76	9.7	11.1	34	4.67	5.32	8.27	9.81	10.83	1.37	2.87	12.3
3	16	8	12	7.2	2.60	8.64	4	13.7	1.64	5.40	8.8	10.8	33	4.24	5.20	7.90	14.04	16.03	1.24	4.11	18.5
4	16	8	12	6.5	2.33	10.97	4	11.8	1.42	6.81	7.8	10.2	26	3.75	4.89	6.32	17.79	20.92	1.10	5.20	23.4
5	16	8	12	5.9	2.14	13.11	4	10.8	1.29	8.11	7.2	9.9	28	3.44	4.76	6.70	21.22	25.68	1.00	6.21	27.9
6	16	8	12	5.5	1.98	15.09	4	9.9	1.19	9.30	6.6	9.8	26	3.17	4.70	6.32	24.40	30.38	0.93	7.13	32.5
7	16	8	12	4.9	1.78	16.87	4	8.6	1.04	10.34	5.9	9.3	24	2.82	4.45	5.65	27.21	34.83	0.82	7.96	36.7
8	16	8	12	4.6	1.66	18.53	4	7.7	0.93	11.26	5.4	9.0	24	2.59	4.34	5.67	29.80	39.17	0.76	8.71	40.4
9	16	8	12	4.3	1.55	20.09	4	7.2	0.86	12.13	5.0	8.9	24	2.42	4.29	5.69	32.21	43.46	0.71	9.42	43.6
10	16	8	12	4.1	1.46	21.55	4	6.5	0.78	12.91	4.7	8.7	22	2.24	4.19	5.40	34.45	47.65	0.65	10.07	46.6
11	16	8	12	3.5	1.27	22.81	4	6.1	0.73	13.63	4.2	8.2	22	2.00	3.93	5.35	36.45	51.57	0.58	10.66	49.2
12	16	8	12	3.1	1.10	23.92	4	5.5	0.66	14.29	3.7	7.5	19	1.76	3.62	4.45	38.21	55.19	0.52	11.17	51.3
13	16	8	12	2.8	1.00	24.92	4	5.2	0.62	14.92	3.4	7.2	17	1.63	3.47	4.15	39.84	58.66	0.48	11.65	53.2
14	16	8	12	2.6	0.95	25.87	4	4.6	0.55	15.46	3.1	6.9	16	1.50	3.32	3.82	41.33	61.98	0.44	12.09	54.9
15	16	8	12	2.0	0.70	26.57	4	3.5	0.42	15.89	2.4	5.4	12	1.13	2.58	2.80	42.46	64.56	0.33	12.42	56.2

表 4-4-11 15 年指标汇总表（方案二）

生产时间/年	油井数/口	水井数/口	直井				水平井				分支水平井				全区											
			井数/口	单井日产油量/t	年产油量/10^4t	累计产油量/10^4t	井数/口	单井日产油量/t	年产油量/10^4t	累计产油量/10^4t	井数/口	单井日产油量/t	年产油量/10^4t	累计产油量/10^4t	单井日产油量/t	单井日产液量/t	单井日注水量/m^3	年产油量/10^4t	年产液量/10^4t	年注水量/10^4m^3	累计产油量/10^4t	累计产液量/10^4t	采油速度/%	采出程度/%	含水率/%
1	15	8	5	8.8	1.32	1.32	8	16.4	3.94	3.94	2	25.0	1.50	1.50	15.0	15.9	39	6.76	7.14	9.28	6.76	7.14	1.98	1.98	5.4
2	15	8	5	8.0	1.20	2.52	8	14.9	3.58	7.51	2	22.7	1.36	2.86	13.6	15.3	45	6.14	6.88	10.75	12.90	14.03	1.80	3.77	10.8
3	15	8	5	7.3	1.10	3.62	8	13.7	3.28	10.79	2	20.8	1.25	4.11	12.5	15.0	43	5.63	6.75	10.33	18.53	20.77	1.65	5.42	16.5
4	15	8	5	6.5	0.97	4.59	8	11.8	2.83	13.63	2	18.0	1.08	5.19	10.8	14.0	34	4.88	6.28	8.14	23.41	27.05	1.43	6.84	22.3
5	15	8	5	5.9	0.89	5.48	8	10.8	2.59	16.22	2	15.6	0.94	6.13	9.8	13.5	36	4.42	6.09	8.57	27.83	33.14	1.29	8.14	27.4
6	15	8	5	5.5	0.83	6.31	8	9.9	2.39	18.60	2	14.3	0.86	6.99	9.0	13.3	34	4.07	6.00	8.07	31.90	39.14	1.19	9.33	32.2
7	15	8	5	4.9	0.74	7.05	8	8.6	2.07	20.67	2	14.0	0.84	7.83	8.1	12.8	31	3.66	5.75	7.32	35.55	44.89	1.07	10.40	36.5
8	15	8	5	4.6	0.69	7.74	8	8.0	1.92	22.59	2	11.4	0.68	8.52	7.3	12.2	30	3.30	5.48	7.17	38.85	50.37	0.96	11.36	39.8
9	15	8	5	4.3	0.65	8.39	8	7.2	1.73	24.32	2	10.6	0.64	9.15	6.7	11.7	29	3.01	5.27	7.02	41.86	55.64	0.88	12.24	42.9
10	15	8	5	4.1	0.61	9.00	8	6.7	1.61	25.93	2	9.9	0.59	9.74	6.3	11.5	28	2.81	5.19	6.71	44.67	60.83	0.82	13.06	45.8
11	15	8	5	3.5	0.53	9.52	8	5.9	1.41	27.34	2	8.9	0.54	10.28	5.5	10.5	27	2.47	4.75	6.50	47.14	65.58	0.72	13.78	48.0
12	15	8	5	3.3	0.50	10.02	8	5.5	1.32	28.66	2	8.4	0.50	10.78	5.2	10.3	24	2.32	4.61	5.70	49.46	70.19	0.68	14.46	49.7
13	15	8	5	3.0	0.45	10.47	8	5.2	1.25	29.90	2	7.9	0.47	11.26	4.8	9.9	22	2.17	4.46	5.37	51.63	74.65	0.64	15.10	51.2
14	15	8	5	2.9	0.43	10.90	8	4.6	1.09	31.00	2	6.9	0.42	11.67	4.3	9.1	20	1.94	4.10	4.76	53.57	78.74	0.57	15.66	52.7
15	15	8	5	2.5	0.38	11.28	8	3.6	0.87	31.87	2	5.6	0.33	12.01	3.5	7.6	16	1.58	3.43	3.75	55.16	82.17	0.46	16.13	53.8

表 4-4-12 15 年指标汇总表(方案三)

生产时间/年	油井数/口	水井数/口	直井				水平井				全区										
			井数/口	单井日产油量/t	年产油量/10^4t	累计产油量/10^4t	井数/口	单井日产油量/t	年产油量/10^4t	累计产油量/10^4t	单井日产油量/t	单井日产液量/t	单井日注水量/m^3	年产油量/10^4t	年产液量/10^4t	年注水量/10^4m^3	累计产油量/10^4t	累计产液量/10^4t	采油速度/%	采出程度/%	含水率/%
1	16	8	8	8.8	2.11	2.1	8	16.4	3.94	3.94	12.6	13.3	35	6.05	6.37	8.29	6.05	6.37	1.77	1.77	5.1
2	16	8	8	8.0	1.92	4.03	8	14.9	3.58	7.51	11.5	12.3	39	5.50	5.89	9.32	11.55	12.27	1.61	3.38	6.7
3	16	8	8	7.2	1.73	5.76	8	13.7	3.28	10.79	10.4	11.7	37	5.01	5.64	8.79	16.56	17.90	1.47	4.84	11.1
4	16	8	8	6.5	1.55	7.32	8	11.8	2.83	13.63	9.1	10.8	29	4.38	5.19	6.89	20.94	23.10	1.28	6.12	15.6
5	16	8	8	5.9	1.43	8.74	8	10.8	2.59	16.22	8.4	10.5	30	4.02	5.04	7.27	24.96	28.14	1.17	7.30	20.3
6	16	8	8	5.5	1.32	10.06	8	9.9	2.39	18.60	7.7	10.3	28	3.71	4.95	6.83	28.66	33.09	1.08	8.38	25.2
7	16	8	8	4.9	1.19	11.25	8	8.6	2.07	20.67	6.8	9.6	25	3.26	4.62	6.03	31.92	37.71	0.95	9.33	29.5
8	16	8	8	4.6	1.11	12.36	8	8.0	1.92	22.59	6.3	9.5	25	3.03	4.55	6.09	34.95	42.25	0.88	10.22	33.4
9	16	8	8	4.3	1.04	13.39	8	7.2	1.73	24.32	5.8	9.1	25	2.76	4.39	5.97	37.71	46.64	0.81	11.03	37.1
10	16	8	8	4.1	0.97	14.36	8	6.7	1.61	25.93	5.4	9.1	24	2.59	4.34	5.73	40.30	50.98	0.76	11.78	40.5
11	16	8	8	3.5	0.84	15.21	8	5.9	1.41	27.34	4.7	8.3	23	2.25	3.98	5.54	42.55	54.96	0.66	12.44	43.4
12	16	8	8	3.3	0.80	16.01	8	5.5	1.32	28.66	4.4	8.2	21	2.12	3.94	4.93	44.66	58.90	0.62	13.06	46.2
13	16	8	8	3.0	0.72	16.73	8	5.2	1.25	29.90	4.1	8.0	19	1.97	3.85	4.68	46.63	62.75	0.58	13.64	48.8
14	16	8	8	2.9	0.69	17.41	8	4.6	1.09	31.00	3.7	7.5	18	1.78	3.62	4.24	48.41	66.37	0.52	14.16	50.9
15	16	8	8	2.5	0.60	18.01	8	3.6	0.87	31.87	3.1	6.5	14	1.47	3.11	3.42	49.89	69.48	0.43	14.59	52.6

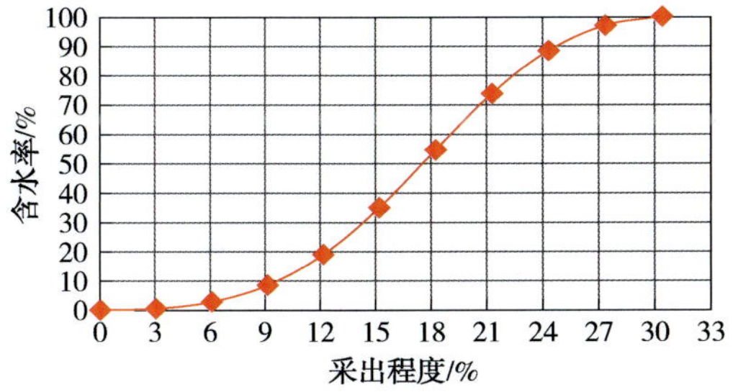

图 4-4-9　SK8X-16 井
含水率与采出程度曲线

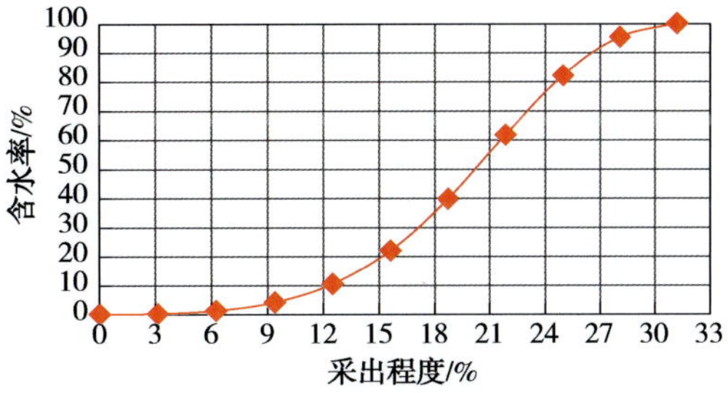

图 4-4-10　SH8-X18 井
含水率与采出程度曲线

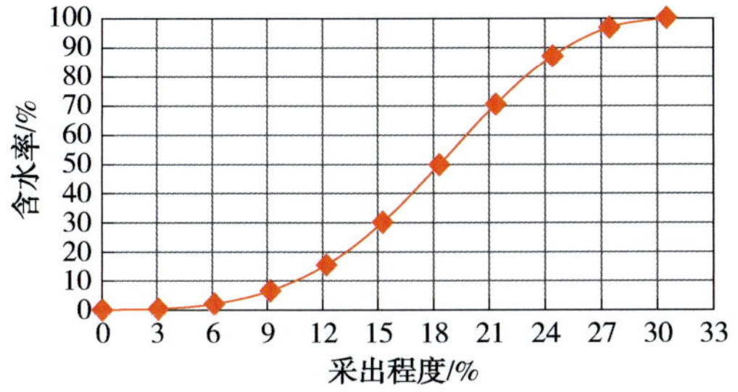

图 4-4-11　SH-P2 井(水平样品)
含水率与采出程度曲线

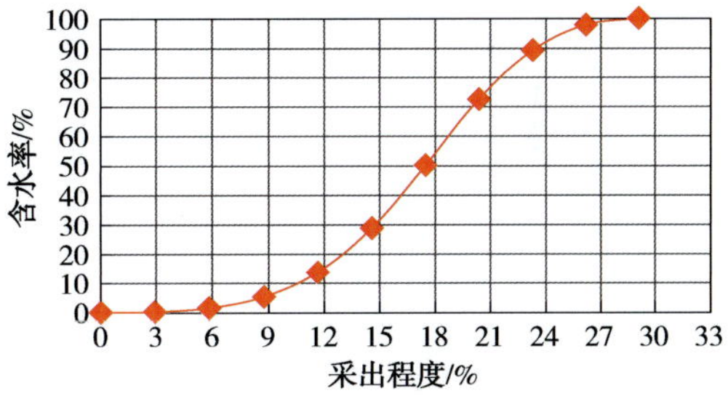

图 4-4-12　SH-P2 井(垂直样品)
含水率与采出程度曲线

第五章

低渗透油藏开发技术及实践

新沟嘴组下段油藏开发特征以荆西油田为代表，陵 76 井区位于荆西油田新垸构造高部位，受新垸断层控制，油藏类型复杂，新下$_{6、7}^{1}$小层和新下$_{3、4、5}^{2}$小层为构造油藏，新下$_{2}^{1}$小层和新下$_{1}^{2}$ 小层为复合油藏，其他小层均为岩性油藏。

第一节　开发特征

一、开发现状

（一）陵 76 井区

陵 76 井区于 20 世纪 90 年代投入开发，至目前已开发 25 年，截至 2023 年 12 月，陵 76 井区油井开井数 9 口，日产油 7.5t，综合含水率 78.37%，地质储量采油速度 0.26%，地质储量采出程度 29.08%，属于高采出程度开发单元(表 5-1-1)。

表 5-1-1　2023 年 12 月陵 76 井区开发现状表

油井总数/口	油井开井/口	日产液量/t	日产油量/t	综合含水率/%	单井日产液能力/t	单井日产油能力/t	累计产油量/10^4t	累计产水量/10^4m^3	自然递减率/%	综合递减率/%
13	9	34.7	7.5	78.37	3.9	0.8	29.42	77.83	18.3	12.36
水井总数/口	水井开井/口	日注水量/m^3	单井日注水量/m^3	累计注水量/10^4m^3	月注采比	累计注采比	采出程度/%		采油速度/%	
							地质储量	可采储量	地质储量	可采储量
6	5	60.8	12.2	140.93	1.72	1.28	29.08	93.71	0.26	0.83

（二）陵 72 井区

陵 72 井区于 1995 年发现，2010 年正式投入开发，同步注水开发。经历了快速上产、短期稳产、逐步递减和精细注水+措施保障稳产上产阶段。2023 年 12 月有油井 21 口，开井 21 口，井口日产液 138.5t，井口日产油 68.9t，综合含水率 50.2%。水井 6 口，开井 4 口，日注水 88m^3，累计产油 31.35×10^4t，地质储量采出程度 19.63%，累计注水 35.34×10^4m^3，累计注采比 0.58。

二、产能分析

（一）陵 76 井区

陵 76 井区投产的 21 口井，投产初期有 14 口以自然能量生产，7 口经过压裂改造。初期产量在 5t/d 以上的井有 13 口，其中 10t/d 以上 7 口，15t/d 以上 3 口(表 5-1-2)。经过压裂酸化改造的井，生产状态也得到有效提高。

表 5-1-2　陵 76 井区历年投产新井初期生产情况统计表

井名	投产日期	初期产量/(t/d)	备注
陵 76 井	1995 年 11 月 30 日	12.13	自然能量
陵 76 斜-2 井	1996 年 4 月 21 日	18.9	自然能量
陵 76 斜 5-4 井	1996 年 6 月 20 日	19.29	自然能量
陵 76 斜 5-5 井	1996 年 4 月 1 日	1.32	压裂
陵 76 斜 6-3 井	1996 年 7 月 1 日	14.71	自然能量
陵 76 斜 6-5 井	1996 年 9 月 9 日	10.2	自然能量
陵 76 斜 7-3 井	1996 年 4 月 13 日	6.9	压裂
陵 76 斜 8-3 井	1996 年 4 月 18 日	16.06	压裂
陵 76 斜 8-4 井	1997 年 1 月 25 日	2.57	压裂
陵 76 斜 6-4 井	1997 年 3 月 22 日	8.23	压裂
陵 76 斜 6-2 井	1998 年 5 月 29 日	5.53	自然能量
陵 76 斜 7-2 井	1998 年 5 月 18 日	11.47	自然能量
陵 76 斜 5-6 井	1999 年 2 月 26 日	6.06	自然能量
陵 76 斜 5-8 井	1999 年 1 月 27 日	7.32	压裂
陵 76 斜 6-1 井	2000 年 3 月 18 日	9.87	自然能量
陵 76 斜 7-1 井	2000 年 3 月 18 日	3.52	自然能量
陵 76 斜-4-2 井	2014 年 3 月 29 日	1.13	自然能量
陵 76 斜-4-3 井	2014 年 3 月 29 日	3.4	自然能量
陵 76 斜 4-1 井	2014 年 6 月 7 日	4.83	自然能量
陵 76 斜-6C 井	2017 年 6 月 18 日	0.03	自然能量
陵 76-7-1CZ 井	2020 年 8 月 8 日	0.77	压裂

（二）陵 72 井区

产建初期，投入试采的 14 口井以自然投产为主，平均单井日产油能力 9.6t，产能较高（表 5-1-3）。从表中可以看出，平面和纵向上产量及能量状况存在一定差异，表现为平面上南部平均单井产能最高，能量状况较好。纵向上新下$^{2}_{2(2)}$小层产能最高，平均单井产日油能力达到 12.6t，能量状况最好；其次是新下$^{1}_{7(2)}$小层，边水能量充足，平均单井日产油能力达到 11.2t。

表 5-1-3　八岭山油田投产初期生产情况统计表

序号	井名	生产层位	投产初期		投产 3 个月		备注
			日产油/t	动液面/m	日产油/t	动液面/m	
1	陵 72 斜-6 井	新下$^{1}_{7(1)}$	12.4	616	12.1	779	压裂投产
2	陵 72 斜-4 井	新下$^{1}_{7(1)}$	3.8	702	3.6	1176	

续表

序号	井名	生产层位	投产初期		投产3个月		备注
			日产油/t	动液面/m	日产油/t	动液面/m	
3	陵72斜-13井	新下$^{1}_{6(1)}$	4.9	861	1.6	1218	
4	陵72斜-14井	新下$^{1}_{3}$	6.1	1189	2.6	1256	
5	陵72斜-10井	新下$^{2}_{2(2)}$	13.2	635	12.6	608	压裂投产
北部小计			8.08	801	6.5	1007	
6	陵72斜-15井	新下$^{1}_{7(2)}$	14.3	208	11.2	665	
7	陵72斜-17井	新下$^{1}_{7(2)}$	12.3	337	14.5	772	
8	陵72斜-40井	新下$^{1}_{7(2)}$	11	535	7.9	1024	
9	陵72斜-19井	新下$^{2}_{1(3)}$	5.2	1201	2.6	1246	
10	陵72斜-12井	新下$^{2}_{2(2)}$	11.5	548	13.4	707	
11	陵72斜-91井	新下$^{2}_{2(2)}$	12.1	611	10.3	700	
12	陵72斜-22井	新下$^{2}_{3(2)}$	9.2	988	11.2	937	酸化投产
南部小计			10.8	633	10.2	864	
13	陵72斜-11井	新下$^{2}_{2(2)}$	12.5	203	14.2	879	
14	陵72斜-9井	新下$^{2}_{1(2)}$	5.8	1167	6	1188	
中部小计			9.15	685	10.1	1034	
平均			9.6	700	8.8	940	

对井区15口井投产初期试采情况与储层物性相关性统计(图5-1-1、图5-1-2)，采油强度与声波呈正相关关系，声波大于240μm/s采油强度基本在1.0t/m以上。采油强度与密度相关性较差，密度小于2.35g/cm^{3}采油强度能达到1.0t/m。

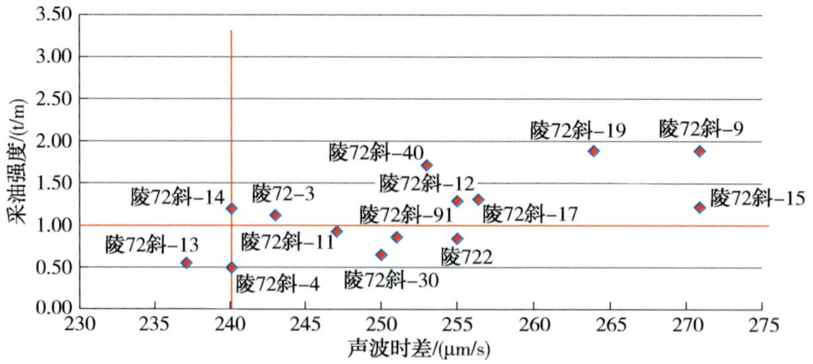

图5-1-1 采油强度与声波关系图

统计井区同井同层不同改造措施后的生产情况(表5-1-4)，储层经措施改造后均能不同程度提高油井产能，压裂效果明显要好于酸化。如陵72斜-10井，2010年4月11日自然投产新下$^{2}_{2(2)}$层，8.8m/1层，初期日产油3.9t，含水率2.0%；次月酸化，见到增产

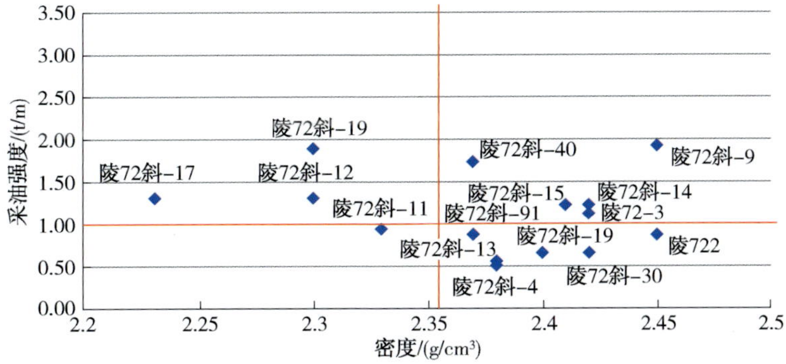

图 5-1-2 采油强度与密度关系图

效果，日产油由措施前 1.6t 提高至 3.3t。该井生产层物性虽然较差，但厚度大，邻井多取得较高产能，于是同月又实施压裂措施，日产油由 3.3t 提升至 13.5t，增产效果显著。

表 5-1-4 井区同井同层储层改造效果对比表

序号	井名	措施内容	厚度/层数	措施前				措施后				日增油/t
				日产液/t	日产油/t	含水率/%	动液面/m	日产液/t	日产油/t	含水率/%	动液面/m	
1	陵 72 斜-14 井	酸化	5.0m/1 层	1.6	1.6	0	1260	4.1	4	1.6	1065	2.4
		补孔压裂	7.6m/2 层	1.3	1.3	0	1238	13.2	8.5	32.4	877	7.2
2	陵 72 斜-19 井	酸化	7.8m/1 层	1	0.9	9.2	1248	2.4	2.4	0	1111	1.5
		压裂		1.3	0.7	48.9	1200	6.3	5.7	9	876	5
3	陵 72 斜-4 井	酸化	7.6m/1 层	3.8	3.8	0	1152	4.8	4.7	2	1158	0.9
		压裂		2.4	2.4	0	1211	8.1	7.7	6	786	5.3
4	陵 72 斜-10 井	酸化	8.8m/1 层	1.2	1.6	2	1240	3.3	3.3	0	1163	1.7
		压裂		3.3	3.3	0	1163	14.2	13.5	5	620	10.2

统计开发初期纵向上各小层新井投产情况(图 5-1-3)，主力层新下$^{2}_{2(2)}$厚度最大(平均 8.8m)，平均单井初期产能最高，达到 12.8t/d，新下$^{1}_{7(2)}$层物性最好(平均声波 248μs/m)，单井采油强度最高，达到 1.8t/m。

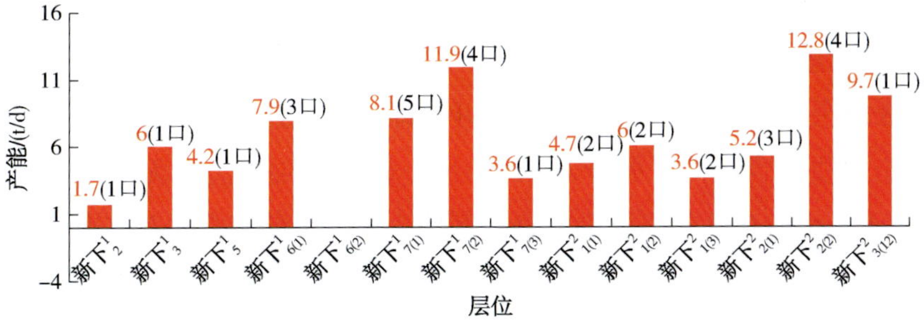

图 5-1-3 井区各小层新投井平均产能柱状图

通过对井区单层生产井生产情况统计(表5-1-5)，单井单层生产年限普遍较长，除去新下$^{2}_{2(2)}$层部分井受边水推进水淹上返单采期较短外，其他井基本在6年以上，其中10年左右的井有6口，占全区总井数的30.0%。单层累产高，平均单井单层累产油1.33×10^{4}t，其中Ⅰ油组平均1.49×10^{4}t，Ⅱ油组平均1.19×10^{4}t。从平面分布看，由于年限不同、生产层不同，出力状况不同，但差异性不大。构造低部位(边部)井受储层物性(北部较差)、边水推进影响，普遍累产偏低，如陵72斜-91、陵72斜-30等井。

表5-1-5 八岭山油田单采层累产油情况统计表

井名	层位	生产月数	累产油/t	累产水/m^3	备注
陵72-3井	新下$^{1}_{6(1)}$	129	15331	2302	2016年7月补孔合采
陵72斜-6井	新下$^{1}_{7(1)}$	72	14312	6936	水淹上返
陵72斜-13井	新下$^{1}_{6(1)}$	93	8534	1422	2018年5月转注
陵72斜-15井	新下$^{1}_{7(2)}$	135	21642	37416	
陵72斜-17井	新下$^{1}_{7(2)}$	126	18860	31966	
陵72斜-40井	新下$^{1}_{7(2)}$	108	10654	19262	水淹转注
Ⅰ油组平均			14889	16551	
陵72斜-9井	新下$^{2}_{1(2)}$	114	21941	2062	2019年5月补孔合采
陵72斜-10井	新下$^{2}_{2(2)}$	119	16640	7706	2020年3月打塞上返
陵72斜-11井	新下$^{2}_{2(2)}$	138	23987	19539	
陵72斜-12井	新下$^{2}_{2(2)}$	49	6136	17752	水淹上返
陵72斜-91井	新下$^{2}_{2(2)}$	35	3144	6027	水淹上返
陵72斜-30井	新下$^{2}_{1(1)}$	70	5547	55	
陵72斜-19井	新下$^{2}_{1(3)}$	91	6030	1988	2018年6月打塞上返
Ⅱ油组平均			11918	7819	
平均			13289	11879	

三、含水上升规律分析

(一) 陵76井区

陵76井区投产的21口油井中有7口井开抽即见水，其中只有1口油井(陵76斜4-5井)试油报告有水质化验资料，水型为$CaCl_2$型，属于地层水。有无水采油期油井18口，无水采油期大于1年的6口井都位于构造的腰部，处于高部位点状注水与边部注水的双向水驱范围内，累计无水采油期采油量43237t，占井区总产油量的4.17%。无水采油期最长的是陵76斜-2井，无水采油期达到60个月，累计采油量21573t。

近年来通过精细注采调整，井区开发效果变好，从陵76井区综合含水率与采出程度

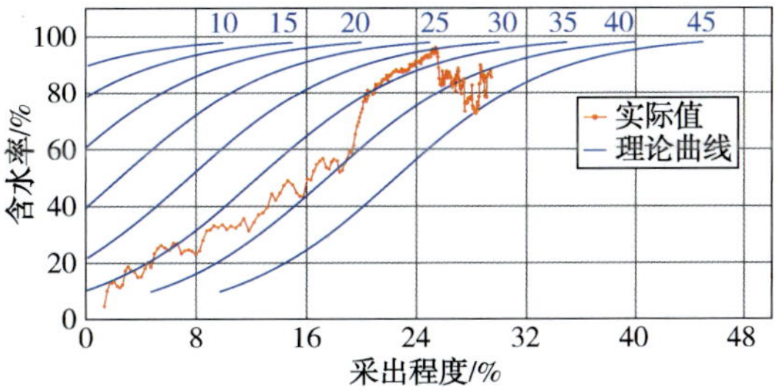

图 5-1-4 陵 76 井区综合含水率与采出程度关系曲线

关系曲线可以看出，综合含水率向 100%靠近(图 5-1-4)。

（二）陵 72 井区

井区投产的 19 口采油井中(表 5-1-6)，有 2 口井(陵 72 斜-25 和陵 72 斜-40)开抽后短期内见水，其中陵 72 斜-40 井位于构造低部位，生产 7 天后见水，分析认为是边水推进所致。陵 72 斜-25 井位于构造腰部，投产初期低液低产，酸化后初期含水率 28.0%，后一直稳在 65.0%左右，氯离子 96779mg/L，分析认为是由于连续两次酸化，腐蚀管外水泥环，导致与下伏油水同层管外水泥环窜。

具有无水采油期的油井有 17 口，平均无水采油期 26.9 个月。无水采油期大于 2 年的 8 口井多位于构造中高部位，或断层所夹持、边水不活跃的区域。累计无水采油期采油量 83671t，占井区总产油量的 31.4%。

表 5-1-6 八岭山油田单井无水采油期采油情况统计表

序号	井号	投产日期	见水日期	无水采油期	累计采油量/t	备注
1	陵 722	1996 年 9 月 11 日	1998 年 12 月	27 个月	1374	
2	陵 72-3	2005 年 10 月 25 日	2012 年 2 月	76 个月	13242	
3	陵 72 斜-4	2010 年 5 月 6 日	2013 年 8 月	39 个月	7389	
4	陵 72 斜-6	2010 年 4 月 26 日	2012 年 2 月	22 个月	8335	
5	陵 72 斜-9	2009 年 11 月 9 日	2015 年 3 月	64 个月	15494	
6	陵 72 斜-10	2010 年 4 月 11 日	2010 年 9 月	4 个月	1416	离边水近，压裂投产
7	陵 72 斜-11	2010 年 2 月 3 日	2012 年 7 月	29 个月	11161	
8	陵 72 斜-12	2010 年 2 月 5 日	2010 年 9 月	7 个月	2763	自然投产，裂缝突进
9	陵 72 斜-13	2010 年 8 月 4 日	2013 年 1 月	29 个月	4454	
10	陵 72 斜-14	2010 年 11 月 5 日	2012 年 2 月	14 个月	1232	
11	陵 72 斜-25	2013 年 1 月 9 日	2013 年 1 月	16 天	0	酸化投产，酸窜
12	陵 72 斜-28	2013 年 11 月 26 日	2018 年 3 月	51 个月	3710	
13	陵 72 斜-91	2010 年 7 月 20 日	2010 年 9 月	2 个月	748	离边水近，自然投产
14	陵 72 斜-15	2010 年 5 月 16 日	2010 年 1 月	5 个月	1829	离边水近，自然投产
15	陵 72 斜-17	2010 年 5 月 23 日	2010 年 9 月	4 个月	1808	
16	陵 72 斜-19	2010 年 11 月 5 日	2011 年 1 月	11 个月	918	
17	陵 72 斜-22	2011 年 4 月 21 日	2011 年 11 月	6 个月	2332	离边水近，酸化投产
18	陵 72 斜-30	2015 年 1 月 2 日	2020 年 9 月	68 个月	5386	
19	陵 72 斜-40	2010 年 10 月 14 日	2010 年 1 月	7 天	80	构造低部位，靠边水
合计					83671	

统计井区不同区域油井含水率上升状况，分区含水率上升规律存在明显差异性。南部区域边水能量相对充足区域，如新下$^{1}_{7(2)}$砂体南部陵72斜-15、陵72斜-17、陵72斜-40等井、新下$^{2}_{2(2)}$砂体南部陵72斜-91、陵72斜-12、陵72斜-22等井，平均单井液量高，且保持稳定，低含水率期短，见水快，含水率上升快，油井产量递减快。

边水能量弱或没有边水能量补给区域，如新下$^{1}_{6(1)}$砂体西北部断层所夹持的区域陵72斜-13、陵72斜-4井，以及东北部靠近砂岩石岩性尖灭区的陵72斜-28、陵72斜-30等井，平均单井液量相对较低，且呈指数递减，低含水率期较长，含水率相对南部上升缓慢。

四、能量状况评价

（一）陵76井区

由于最近几年区块水驱优势通道形成，造成区块无效水循环，注水状况较差，导致地层能量下降，从能量保持及利用状况调查表（表5-1-7）可看出，目前地层压降已达到10.95MPa，压力水平仅为原始地层压力水平的61.3%。平均泵挂深度为1503m，沉没度仅为207m，能量不充足。由于地层能量下降，油井产液能力普遍下降，从而导致了产油量下降。

表5-1-7 陵76井区能量保持及利用状况调查表

能量保持状况									能量利用状况			
原始			注采比		目前				抽油机井（2022年12月）			
地层压力/MPa	饱和压力/MPa	压力系数	年	累计	地层压力/MPa	压力占原始压力比例/%	压力系数/（MPa/100m）	地层总压降/MPa	油层中深/m	泵挂深度/m	平均动液面/m	沉没度/m
17.87	5.06	1.072	1.34	1.28	10.95	61.3	0.317	-6.92	1652	1503	1296	207

（二）陵72井区

1. 压力资料分析

井区开发初期对2口建产井进行地层压力测试（表5-1-8）：陵722井于1996年9月测试，测试层位新下$^{1}_{7}$，测得深度1227.4m处的地层压力为11.1MPa，地层压力系数0.9MPa/100m，为常压系统，测试结果反映了井区的原始地层压力。

表5-1-8 陵72井区高压物性资料统计表

项目	井名	
	陵722井	陵72斜-3井
取样日期	1996年9月12日	2005年10月23日
生产层位	新下$^{1}_{7}$	新下$^{1}_{6}$
生产井段/m	1249~1253.4	1302.8~1309.8
取样深度/m	1227.4	800

续表

项　　目	井名	
	陵 722 井	陵 72 斜-3 井
取样深度压力/MPa	11.1	6.2
地层温度/℃	64.4	50
饱和压力/MPa	4.3	4.4
压力系数/(MPa/100m)	0.9	0.775
地温梯度/(℃/100m)	3.6	3.75

陵 72 斜-3 井于 2005 年 10 月测试，测试层位新下$^1_6$，测得深度 800m 处的地层压力为 6.2MPa，地层压力系数仅为 0.775MPa/100m，分析认为该值偏低，不能代表新下$^1_6$的原始地层压力。

为此，若将陵 72 斜-3 井测得的地层压力作为依靠天然能量生产一段时间后的压力下降值，计算陵 72 斜-3 井 2009 年 9 月弹性产量比为 7.11，每采出 1%的地质储量地层压力下降值为 1.31MPa（表 5-1-9），按照天然能量分级标准（表 5-1-10），属天然能量不充足油藏。

表 5-1-9　陵 72 斜-3 井天然能量综合评价表

井名	测试时间	弹性产量比	每采出 1%地质储量压降值/MPa	综合评价
陵 72 斜-3 井	2005 年 10 月 23 日	7.11	1.31	天然能量不充足

表 5-1-10　天然能量分级标准表

油藏天然能量		弹性产量比	每采 1%地质储量压力下降值/MPa
标准	充足	>30	<0.2
	较充足	<8～30	0.2～<0.8
	不充足	<2.5～8	0.8～<2
	微弱	≤2.5	≥2

但结合陵 72 斜-3 井实际生产情况，该井生产 5 年情况保持稳定，日产油量一直稳定在 6t 左右，反映有一定的天然能量，与上述结果不符。综合以上分析认为陵 72 斜-3 井此次测压结果不可用。

2010 年滚动开发后，又相继测压 14 井次，多为结合检泵进行测压，因停井时间短，压力值偏低，不能真实反映当年地层压力保持状况。有两口井停井时间在 2 个月以上，其测试的压力值具有代表意义，其中 2020 年陵 72 斜-40 井停井 188 天，测试压力值为 8.55MPa，地层压力保持水平为 77.02%，按能量保持水平指标评价标准，评价为Ⅱ类，结合累计亏空逐年加大的趋势（图 5-1-5），以及近期补孔措施井表现为能量不足产量递减快的生产现状（图 5-1-6），井区地层

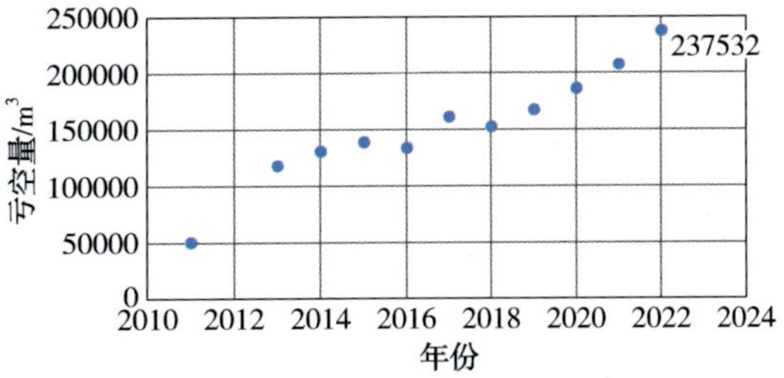

图 5-1-5　陵 72 井区累计亏空曲线

能量明显不足。

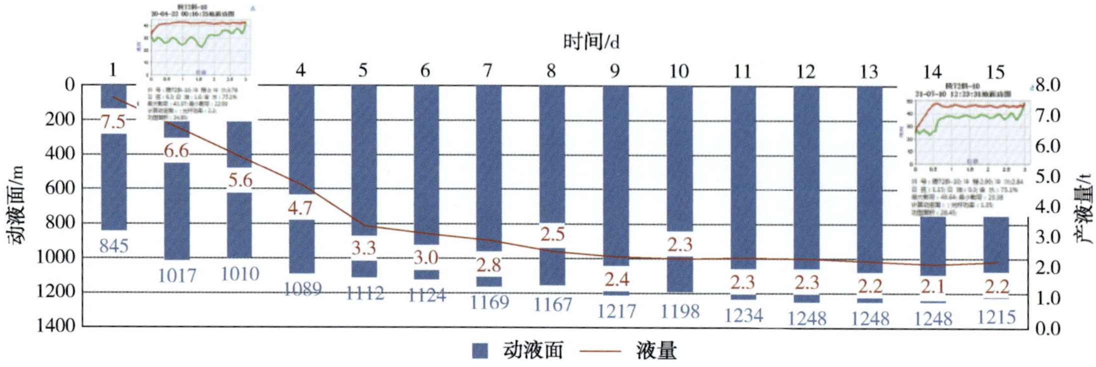

图 5-1-6 陵 72 斜-10 井采取补孔措施后液量与动液面关系曲线

2. 动液面资料分析

对陵 72 井区新下Ⅰ油组、Ⅱ油组 12 口油井的动液面变化情况进行统计，从陵 72 井区新下Ⅰ油组、Ⅱ油组动液面变化趋势分析，主要表现出以下特点：

（1）新下$^{1}_{7(2)}$、新下$^{2}_{2(2)}$两个砂体的动液面较高（700m 左右），边水相对活跃。

（2）靠近边部的油井液面基本保持稳定，位于中部的油井动液面下降快，需及早注水对其补充能量。

五、注水效果分析

（一）陵 76 井区

注水初期（1997 年 1 月至 1999 年 3 月），井区采取边缘注水方式，处于一线注水受效的 8 口油井在两年内先后见效，而内部油井见效不明显。

1999 年 4 月，转注陵 76 斜 6-3 井组实施高部位点状注水，并陆续投转注部分井，完善注采井网，在注水 2 个月以后，陵 76 斜 6-3 井组一线对应油井相继见到注水效果，但油井见效后含水率上升较快，产量递减快。

经过研究发现，陵 76 井区油井在注水初期和中后期，见效特征不同。

边缘注水：注水初期（1997 年 1 月至 1999 年 3 月）井区采取边缘注水方式，共投转注水井 4 口。处于注水受效一线的 8 口油井在两年内先后见效。见效初期油井产液量上升产油量上升，含水基本保持定，动液面部分井回升部分井保持稳定。而内部油井始终未见效，产量快速递减，年产量递减率一般在 30%左右（表 5-1-11）。

点状注水：注水中后期（1999 年 4 月起），转注陵 76 斜 6-3 井实施高部位点状注水，在注水 2 个月后，陵 76 斜 6-3 井一线对应油井相继见到注水效果（表 5-1-12），但油井见效后含水率上升较快，产量递减快，且油井含水率达到一定值后，油井动态表现为含水率上升、液量下降、液面下降。针对这种情况陆续投转注陵 76 斜 7-1、陵 76 斜 8-3、陵 76 斜 8-4 等井，完善注采井网，但井区含水上升与能量不足矛盾仍然突出。

表 5-1-11 注水初期边缘注水油井见效情况统计表

井名	见效前				见效后				见效时间
	日产液/t	日产油/t	含水率/%	动液面/m	日产液/t	日产油/t	含水率/%	动液面/m	
陵 76 斜-2 井	7.2	7.2	0	1625	13.9	12.5	10.1	1689	1997 年 8 月
陵 76 斜 5-4 井	10	10.0	0	1594	19.8	19.8	0.0	1267	1997 年 3 月
陵 76 斜 6-4 井	14.4	14.4	0	1286	17.9	17.5	2.2	1228	1998 年 6 月
陵 76 斜 6-5 井	8.4	4.6	7.8	1665	12.0	8.4	30.0	1700	1997 年 7 月
陵 76 斜 7-2 井	11.9	11.9	0	1549	13.0	13	0.0	1417	1999 年 3 月
陵 76 斜 7-3 井	4.3	4.0	7.8	1659	7.2	6.3	12.1	1659	1999 年 8 月
陵 76 斜 8-3 井	6.9	6.6	4.3	1615	7.6	7.6	0.0	1405	1997 年 9 月
陵 76 斜 8-4 井	14.4	2.4	83.1	1645	16.6	2.8	83.1	1634	1998 年 12 月
合计/平均	77.5	61.1	21.2		108	87.9	18.6		

表 5-1-12 注水中后期点状注水油井见效情况统计表

井名	见效前				见效后				见效时间
	日产液/t	日产油/t	含水率/%	动液面/m	日产液/t	日产油/t	含水率/%	动液面/m	
陵 76 斜-2 井	10.1	10.1	0	1396	15.4	15.4	0.0	1596	1999 年 8 月
陵 76 井	7.4	7.1	4	1639	12.2	11.2	8.1	1581	1999 年 8 月
陵 76 斜 6-2 井	8.4	7.6	9.5	1615	15.1	12.8	15.2	1496	1998 年 6 月
陵 76 斜 6-4 井	15.6	15.2	2.6	1309	19.0	18.4	3.4	1420	1999 年 7 月
陵 76 斜 7-3 井	4.1	3.8	7.3	1659	7.2	6.3	12.5	1659	1999 年 6 月
陵 76 斜 5-8 井	5.3	5.3	0	1643	6.7	6.3	3.0	1643	1999 年 10 月

（二）陵 72 井区

井区 2010 年投入滚动开发，同年注水开发，陆续投转注水井 9 口，以边缘、边外注水方式为主，均为单向注水。整体注水以见效为主，8 个井组中见效井组 6 个，占比 75%。不同注采井距其见效特征不一样：

注采井距 180~220m：较为合理，有 3 个井组（陵 72 斜-13、陵 72 斜-8 和陵 72 斜-14），见效特征表现为油井明显降水增油，或液量递减减缓。如陵 72 斜-13 井组，水井于 2018 年 5 月转注，对应油井陵 72 斜-4 在注水 6 个月后（当时累计注采比 0.12）开始见效，液量上升、含水率下降、油量上升，由转注前的 2.7t 上升至 5.9t，水驱效果明显（图 5-1-7），有效期 22 个月，累增油 1447t。在油井见效一年后含水上升速度加快，水井实施脉冲注水或停注，但水驱效果未得到有效改善。由此认为单向注水见效后期调控难度大，多向注水有需求。

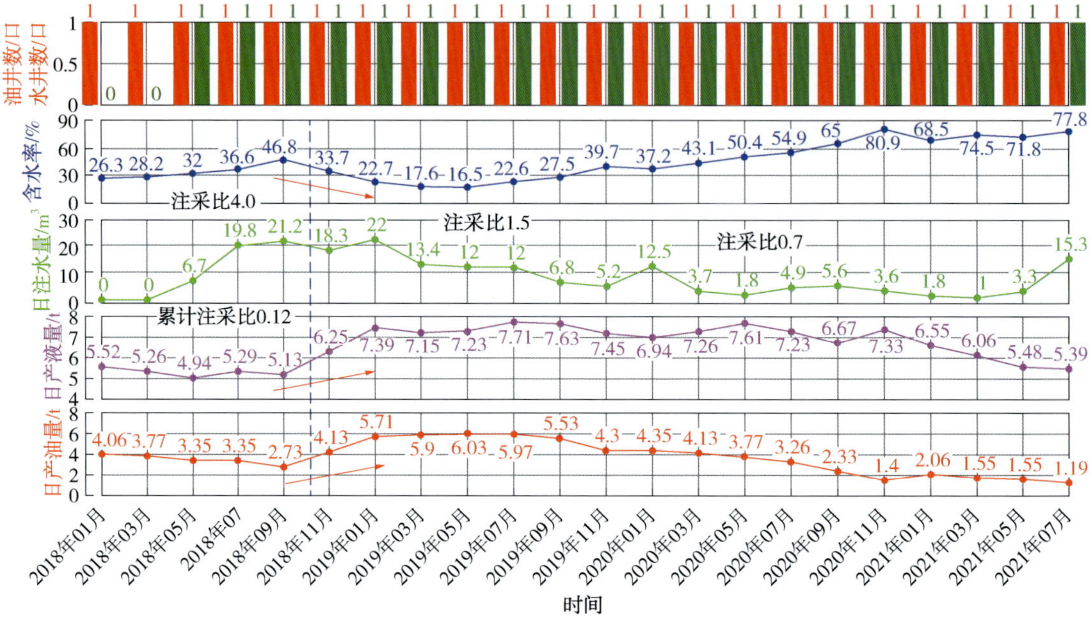

图 5-1-7 陵 72 斜-13 井组月度注采曲线

注采井距小于 150m 井组：有 1 个井组，陵 72 斜-24 井组 2017 年 9 月补孔新下$^{1}_{7(3)}$、新下$^{2}_{1(1)}$分注，其中新下$^{1}_{7(3)}$、新下$^{2}_{1(1)}$层对应油井陵 72 斜-9 井，注采井距仅 120m，其见效特征表现为注水敏感性强，油井短期内含水率迅速上升，停注后，含水率明显下降(图 5-1-8)。

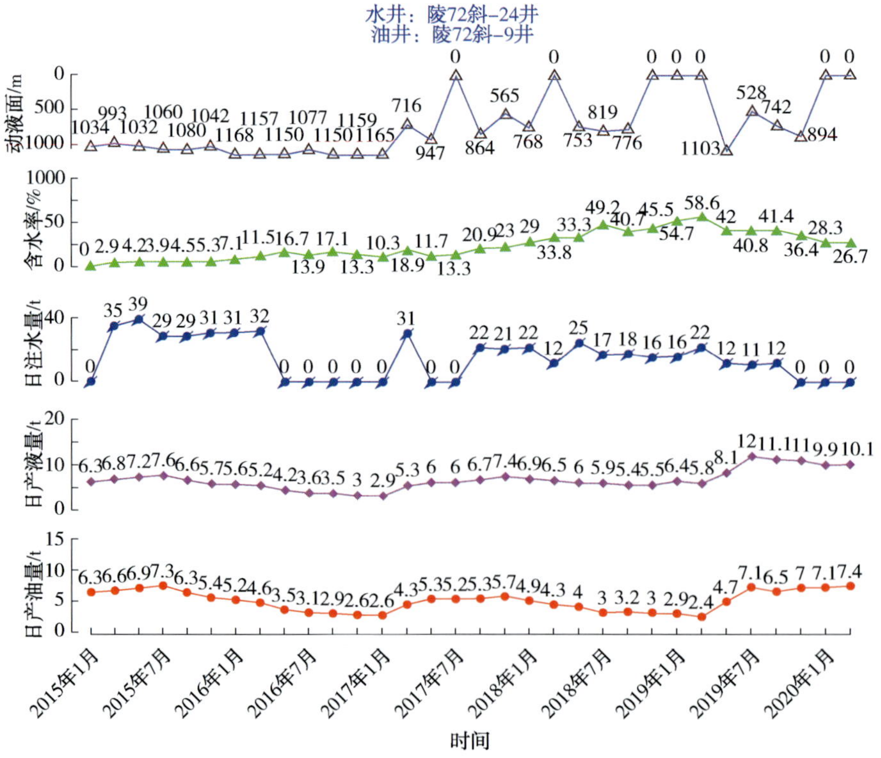

图 5-1-8 陵 72 斜-24 井组月度注采曲线

注采井距大于220m：有2个井组(陵72井组和陵72-16CZ井组)，其见效特征表现为油井见效不明显，从长期趋势看液量递减减缓。如陵72井组，于2010年5月转注，井组累计采油3.8×10^4t，采水2.2×10^4m^3，注水5.3×10^4m^3，累计注采比0.87。油井未见明显降水增油水驱效果(图5-1-9)，但从长期生产趋势看，两口油井液量递减速度较无注水对应的油井是明显减缓的，平均月递减指数为0.06(图5-1-10)，无注水对应井液量平均月递减指数为2.7(图5-1-11)。

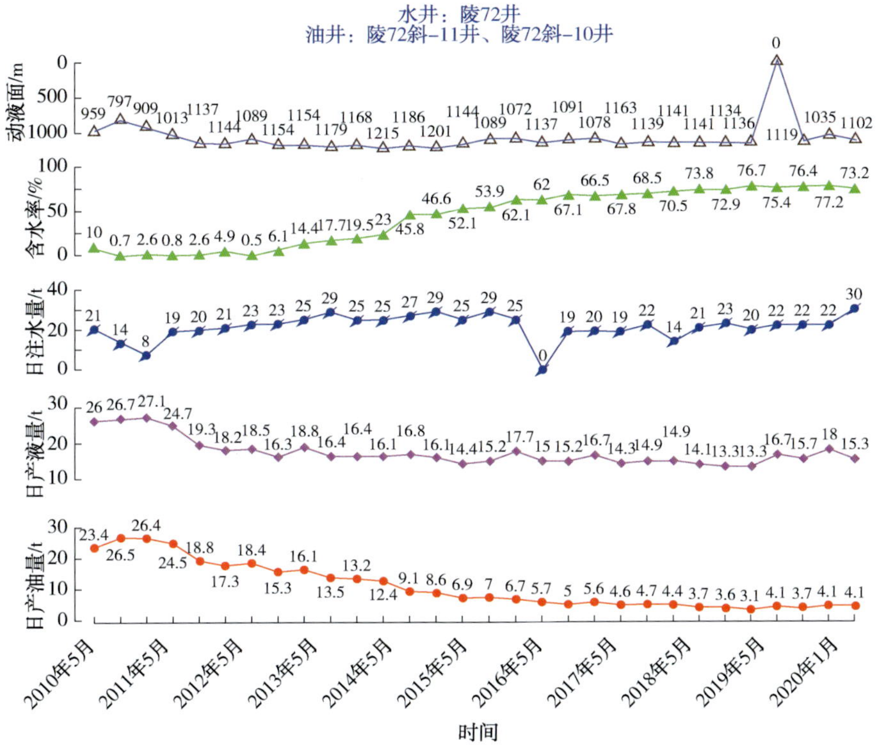

图5-1-9　陵72井组月度注采曲线

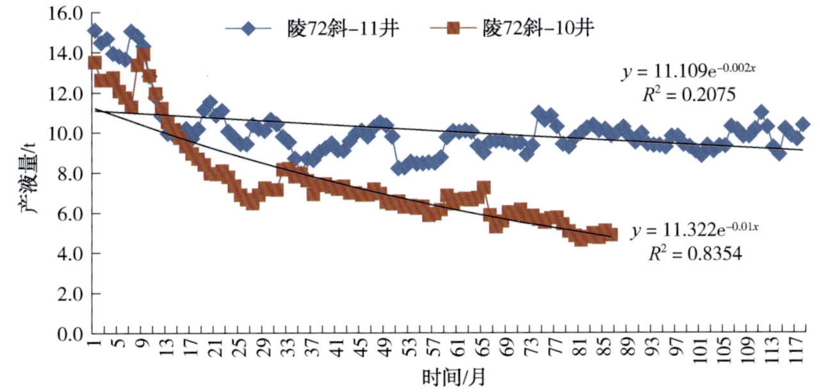

图5-1-10　陵72井组油井月度产液曲线

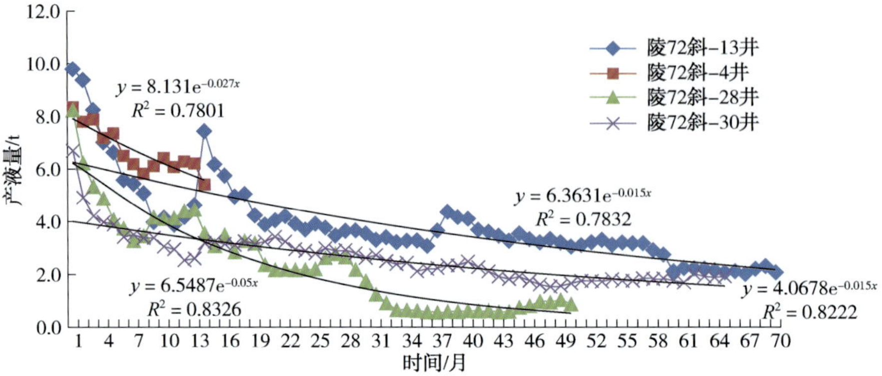

图 5-1-11 注水不对应油井月度产液曲线

六、工艺措施效果分析

陵 76 井区属低孔低渗储层，投入生产的油水井大多采取了压裂改造储层的措施。井区 21 口井共压裂 13 口井 18 井次(4 口井重复压裂)，共压裂 64 层。压裂解释结果中，无解释成果的 14 层，砂埋无法解释的 7 层，主压开 20 层，次压开 7 层，未压开 16 层。从井区压裂数据统计(表 5-1-13)可看出，油井压裂后均有增油效果，平均有效期为 29.2 个月，采取措施后累计增油 30323t。从压裂效果看，初期压裂效果要好于后期，主要是生产初期能量较充足，注采较完善，后期由于注采矛盾突出，水淹严重，剩余油分布零散，重复压裂效果变差。

陵 76 井区酸化措施的增油效果明显差于压裂措施，油井酸化效果不理想。统计 10 井次酸化措施(表 5-1-14)，增油量达到 100t 的只有 5 井次，有 3 井次无增油量。另外，5 口酸化井有 4 口井在酸化前均采取过压裂措施。只有陵 76 斜 6-5 井和陵 76 斜 4-1 井是未采取压裂措施而直接酸化，效果好于其他井。

表 5-1-13 陵 76 井区油井压裂效果统计表

井名	采取措施日期	措施对比(前/后)				有效期/月	累计增油/t	日增油/t
		日产液/t	日产油/t	含水率/%	动液面/m			
陵 76 井	1997 年 9 月 5 日	1.9	1.7	10.5	1662	42	3756	2.9
		7.3	5.1	30.1	1597			
	2001 年 10 月 12 日	8.5	5.6	34.1	1674	1	15	0.5
		15.9	4	74.8	1673			
	2008 年 1 月 26 日	2.5	0.1	96	1671	1	36	1.2
		18.6	1.4	92.5	1583			
陵 76 斜-2 井	1997 年 8 月 13 日	4.1	4.1	0	1704	52	6924	4.2
		13.9	12.5	10.1	1134			

续表

井名	采取措施日期	措施对比(前/后)				有效期/月	累计增油/t	日增油/t
		日产液/t	日产油/t	含水率/%	动液面/m			
陵76斜5-6井	2000年6月22日	3	2.9	3.3	1713	23	2431	3.5
		6.7	6.7	0	1659			
陵76斜5-8井	2000年2月2日	8.5	5.2	11.3	1643	16	926	1.97
		10.9	9.6	39.3	1693			
陵76斜6-4井	1997年4月29日	8.2	8.2	0	0	44	9918	7.47
		15.6	15.6	0	0			
	2002年8月7日	15.3	3.7	76.1	1511	0	0	0
		23.6	3.8	84	1311			
陵76斜7-3井	1996年5月2日	9.4	9.4	0	1578	0	0	0
		7.7	7.7	0	1584			
	1998年1月9日	4.5	4.5	0	1683	42	1819	1.44
		5.1	5.1	0	1729			
陵76斜8-4井	1997年2月15日	5.3	5.3	0	1493	0	0	0
		3.8	3.8	0	1633			
	1998年2月9日	1.4	0.5	64.3	1725	24	1800	8.4
		17.5	8.9	49.1	1499			
陵76斜8-3井	1999年5月3日	4.3	3.2	25.6	1612	4	215	5.2
		16.3	8.4	48.5	1402			
陵76斜6-1井	2019年2月24日	16.5	0.5	97	1550	12	1425	8
		8.5	8	5.9	下封			
陵76斜-4-2井	2015年9月10日	0	0	0	0	31	1058	1.8
		2.3	1.8	21.5	1774			

表5-1-14 陵76井区油井酸化效果统计表

井名	措施日期	措施层位	措施对比(前/后)				累计增油/t	日增油量/t
			日产液量/t	日产油量/t	含水率/%	动液面/m		
陵76斜7-3井	1996年10月24日	新下$_{6(7)}^{1}$	4.8	4.8	0	1677	0	0
			5	4.8	4	1690		
	2004年10月24日	新下$_{6(7)}^{1}$	8.6	0.3	96.3	1557	162	0.2
			16.2	1	94	1616		
	2006年8月4日	新下$_{6(7)}^{1}$	10.2	0.6	94.1	1701	0	0
			10.83	0.67	93.95	1640		
陵76斜5-6井	2004年6月5日	新下$_{6(7)}^{1}$ 新下$_{1(6)}^{2}$	13.1	0.5	96.2	1236	112	0.3
			15.1	1.4	90.8	1415		

续表

井名	措施日期	措施层位	措施对比(前/后)				累计增油/t	日增油量/t
			日产液量/t	日产油量/t	含水率/%	动液面/m		
陵76	2004年4月3日	新下$_{6(7)}^{1}$	16.3	1	93.9	1528	199	0.5
			13.9	1.7	87.8	1651		
陵76斜6-5井	2004年3月11日	新下$_{6(7)}^{1}$	16.1	1.8	88.8	1396	378	0.9
			19.5	3	84.6	1433		
	2009年4月19日	新下$_{6(7)}^{1}$	9.4	1	89.4	1612	45	0.5
			11.9	1.5	87.4	1487		
陵76斜5-5井	1996年8月5日	新下$_{3(5)}^{1}$	1.2	0.9	25	1625	15	0.5
			1.9	1.5	21	1651		
陵76斜-6C井	2017年6月17日	新下$_{6}^{1}$	0.6	0.5	18.6	1112	0	
	2019年8月7日		0.8	0.7	18	1156		
			1.3	0.8	38	1308		
陵76斜5-8井	2019年4月7日	新下$_{6}^{1}$	9.2	0.7	92.7	1578	58	
			6.4	0.7	89	1577		
陵76斜4-1井	2016年8月7日	新下$_{7}^{1}$	2.3	1.3	44	1455	4443	
			6.1	4.1	32	1176		
陵76斜-4-2井	2018年4月13日	新下$_{2}^{2}$	1.8	1.8	2	1603		
陵76斜-4-3井	2017年3月7日	新下$_{1}^{2}$	1.8	0.6	67.3	1639		
			3	0.5	84.3	1637		

七、层系适应性评价

统计油井生产有效厚度203.3m/42层，注水见效的有164.4m/21层，水驱储量控制程度达80.9%。陵76井区目前投入注水开发的有5口注水井。从油水井注采对应关系表（表5-1-15）来看，目前生产井有效厚度203.3m，层数42层，其中水驱厚度164.4m，层数21层，分别占生产有效厚度和层数的80.9%和50.0%；有采无注厚度为38.9m，层数21层，即50.0%的井层处于有采无注状态。由此看出陵76井区层系适应性较好。

表5-1-15 油水井注采对应关系表

油井情况		井层数/层	井层占比/%	厚度/m	厚度占比/%
注采对应的油井	单向对应	18	42.9	153.0	75.3
	双向对应	3	7.1	11.4	5.6
	合计	21	50.0	164.4	80.9
无对应水井		21	50.0	38.9	19.1

注：共有油井15口，层数42层，有效厚度203.3m。

八、开发效果综合评价

（一）水驱特征曲线

从陵 76 井区甲型水驱特征曲线看出水驱拟合直线段上翘(图 5-1-12)，注水开发趋势变差。

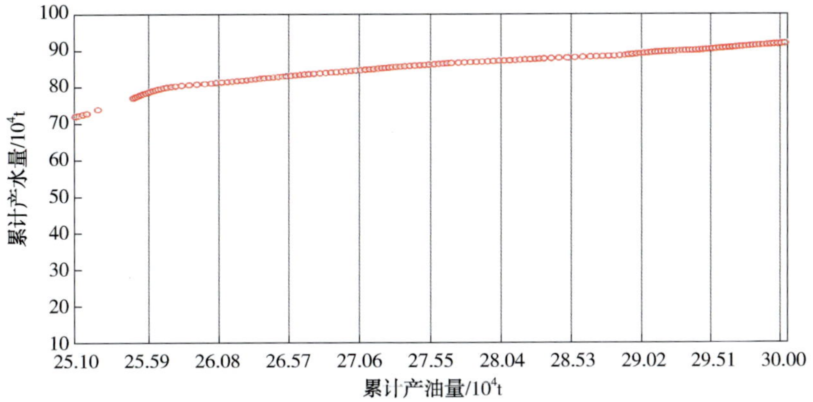

图 5-1-12 陵 76 井区甲型水驱特征曲线

（二）注入水利用状况

存水率是反映注水效率的指标，从区块存水率变化曲线(图 5-1-13)可看出，2011 年后井区存水率逐年下降，由 0.52%下降为目前的 0.45%，表明注入水波及体积减小，开发效果变差。导致存水率下降的原因：陵 76 井区水驱效果差，注入水被采出，存在无效水循环现象，未能补充油井地层能量。

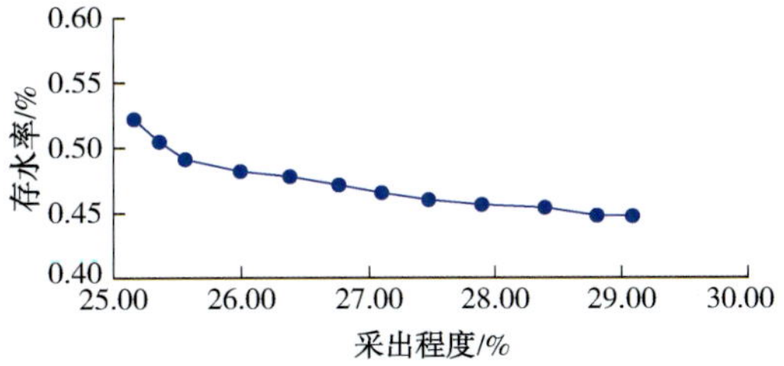

图 5-1-13 陵 76 井区存水率变化曲线

通过以上开发效果评价分析，对陵 76 井区作了开发效果评价表(表 5-1-16)，从表中可看出，井区注水开发后，自然递减率仍达 18.3%，表明老井增产效果较差。

表 5-1-16 陵 76 井区注水开发效果综合评价表

标定采收率/%	水驱控制程度/%	水驱动用程度/%	能量保持水平	能量利用程度	剩余可采储量采油速度/%	自然递减率/%	综合递减率/%	综合含水率/%
31.03	84.3	41.4	61.3	二类	11.61	18.3	12.36	78.37

根据水驱油藏开发效果标准，注水砂岩油藏在可采储量采出率<50%时，剩余可采储量采油速度>5%，则注水开效果属于一类；剩余可采储量采油速度在 4%~5%属于二类；剩余可采储量采油速度<4%属于三类。

从剩余可采储量采油速度来综合评价陵76井区目前注水开发效果属于一类，说明陵76井区注水开发效果较好，目前已处于高含水率阶段，如果要进一步提高采收率，就要探索新的提高采收率技术。

第二节 剩余油分布规律

一、储量复算

（一）陵76井区

1995年12月，经全国矿产储量委员会审查批准陵76井区含油面积1.7km^2，原油地质储量184×10^{4}t，标定采收率16.0%，可采储量29.4×10^{4}t。2005年12月对陵76井区原油储量重新标定（表5-2-1），动用含油面积1.04km^2，石油地质储量103.79×10^{4}t，截至2023年12月，标定采收率31.03%，可采石油地质储量32.2×10^{4}t。

表5-2-1 陵76井区储量数据表

层位	含油面积/km^2	有效厚度/m	有效孔隙度/%	含油饱和度/%	原油密度/(g/cm^3)	体积系数	单储系数/[10^{4}t/(km^2·m)]	溶解气地质储量/10^{4}m^3	地质储量/10^{4}t
Ex^{下}Ⅰ	1.04	8.5	16	70	0.840	1.091	8.62	0.14	75.28
Ex^{下}Ⅱ	0.42	7.6	16	70	0.833	1.091	8.55	0.05	28.51
合计	1.46	11.8	—	—	—	—	—	0.19	103.79

陵76井区经过19年的注水开发，目前进入高含水中后期，剩余油分布较复杂，认识剩余油分布规律是改善井区水驱开发效果的关键。

剩余油的形成与分布是受多种因素控制的，如沉积微相、微观特征、微型构造、储层非均质性、流体性质等，同时还受井网条件等开发因素的影响，因此研究剩余油分布方法有多种，如室内物理模拟、油藏静态资料分析、油藏动态分析、油藏数值模拟技术、含油薄片技术、示踪剂监测技术、CT扫描技术、荧光分析技术以及储层流动单元法等。根据陵76井区实际资料情况，本次在深化地质研究的基础上综合运用油藏动态分析方法、测井方法、动静态综合分析方法和油藏数值模拟技术，开展剩余油分布规律研究。

陵76井区剩余油分布规律研究思路是，在油藏综合地质研究和油藏工程研究的基础上，充分利用油藏注水开发过程中的生产数据和测试资料，用动态分析方法、测井方法、钻井方法和油藏数值模拟方法，研究剩余油分布规律，为井区综合调整挖潜改善水驱开发效果提供科学依据。

（二）陵 72 井区

八岭山油田 1997 年申报石油地质储量 66×10^4t，含油面积 1.2km^2。2005 年部署并实施了李埠(含八岭山油田)三维地震勘探，并重新进行了地震解释，构造上有一定的新认识。综合新的构造特征、油水分布等因素，对其储量进行了复算(表 5-2-2)。

表 5-2-2 2005 年八岭山油田地质储量计算表

层位	含油面积/km^2	有效厚度/m	孔隙度/%	含油饱和度/%	原油密度/(g/cm^3)	体积系数	单储系数/[10^4t/(km^2·m)]	地质储量/10^4t
Ex^{上}	0.5	2	12	65	0.836	1.094	6	6
Ex^{下} Ⅰ	0.9	7.6	15	65	0.836	1.094	7.5	51
Ex^{下} Ⅱ	0.2	6.8	13	65	0.841	1.094	6.5	9
合计	1.6	16.4						66

由于当时只有陵 722 井钻遇新下^1 油组，所以取了陵 722 井有效厚度作为新下^1 储量计算的平均厚度。2009 年对该区进行细分小层研究，将该区新下^1 油组细分为 7 个小层。陵 722 井在新下^1 钻遇油层两层：新下$^1_2$ 层，3m/1 层；新下$^1_7$ 层，4.6m/1 层。投产层位新下$^1_7$ 层。依次计算 2005 年已上报新下$^1_7$ 地质储量 31×10^4t。

2009 年通过地震资料的精细构造解释，沉积微相描述、细分小层等研究，对陵 72 井区有了更进一步的认识。截至 2009 年 12 月，陵 72 井区已有 6 口井在新下 Ⅰ 油组钻遇油层，且试油试采后获得工业油流，储层较为落实。而新井在兼探新下 Ⅱ 油组时，在新下$^2_1$、新下$^2_{4+5}$均钻遇较厚油层，储层在逐渐落实中。

1. 储量参数

1）储量计算单元及其储量类别

根据构造特征、油水分布等因素，垂向上以小层为计算单元，平面上以井区为储量计算单元，将陵 72 井区划分为 5 个计算单元，分别是新下$^1_2$、新下$^1_{4+5}$、新下$^1_{6+7}$、新下$^2_1$、新下$^2_{4+5}$。

2）含油面积

根据陵 72 井区构造及储层分布特征及完钻井情况，圈定陵 72 井区各层含油面积，原则如下：

（1）受断层控制的以断层为界。

（2）鼻状构造部分以油水井之半为界，钻遇油水同层的以油水同层所在构造高度为油水边界，未钻井的以临层的油水界面在该层的投影为界。

（3）钻遇干层的以油干之半为尖灭线，钻遇偏干油层的以偏干油层所在构造高度为尖灭线，圈定含油面积。按照上述原则，陵 72 井区 3 个断块新下 Ⅰ 、Ⅱ 含油面积圈定如表 5-2-3 所示。

表 5-2-3　各小层含油面积数据表

层位	断块 1	断块 2	断块 3
新下$_2^1$	0.00	0.39	0.63
新下$_{4(5)}^1$	0.16	0.35	0.64
新下$_{6(7)}^1$	0.17	0.37	0.63
新下$_1^2$	0.10	0.44	0.49
新下$_{4(5)}^2$	0.12	0.33	0.29

3）有效厚度

采用面积加权计算各小层的有效厚度(表 5-2-4)。

表 5-2-4　各小层有效厚度数据表

层位	断块 1	断块 2	断块 3
新下$_2^1$		3.4	2.0
新下$_{4(5)}^1$	2	9.6	6.0
新下$_{6(7)}^1$	10	8.0	8.0
新下$_1^2$	1.8	5.0	5.0
新下$_{4(5)}^2$	1.6	10.5	10.5

4）单储系数及采收率

借用 2005 年申报探明储量所用数据：新下Ⅰ油组单储系数 7.5 $\times 10^4$t/(km^2 · m)，新下Ⅱ油组单储系数 6.5 $\times 10^4$t/(km^2 · m)，采收率均为 20%。

2. 储量计算及评价

1）地质储量

按申报探明储量所用数据，计算出陵 72 井区新下Ⅰ、Ⅱ油组地质储量为 222.7$\times 10^4$t，可采储量为 44.5$\times 10^4$t，减去已上报的地质储量 66$\times 10^4$t，陵 72 井区新下Ⅰ、Ⅱ油组新增地质储量 156.7$\times 10^4$t，新增可采储量 31.3$\times 10^4$t(表 5-2-5)。

表 5-2-5　陵 72 井区储量计算表

层位	含油面积/km^2			厚度/m			地质储量/10^4t		
	断块 1	断块 2	断块 3	断块 1	断块 2	断块 3	断块 1	断块 2	断块 3
新下$_2^1$		0.393	0.631		3.4	2.0	0.00	10.01	9.47
新下$_{4+5}^1$	0.161	0.347	0.637	2.0	9.6	6.0	2.42	24.97	28.66
新下$_{6+7}^1$	0.167	0.370	0.634	10.0	8.0	8.0	12.53	22.17	38.02
新下$_1^2$	0.104	0.440	0.485	1.8	5.0	5.0	1.22	14.31	15.78
新下$_{4+5}^2$	0.116	0.330	0.285	1.6	10.5	10.5	1.20	22.50	19.48
合计	0.201	0.580	0.662				17.37	93.97	111.4

2）储量评价

陵72井区通过地震资料的精细构造解释、沉积微相描述、细分小层等研究，结合测井、岩心、试油试采分析，其储层特征、油藏类型以及流体性质已较为确定，新下Ⅰ、Ⅱ油组储量计算参数取值较合理，计算结果较为可靠。

3. 储量综合评价

陵72井区油层中深1215m，根据井区内6口井试油结果，日产油平均为8.7t，则千米井深日产油7.2t；含油面积1.44km^2，动用石油地质储量222.7×10^{4}t(标定采收率20%，可采储量44.5×10^{4}t)，储量丰度为154.65×10^{4}t/km^2；储量综合评价为浅层、中产、中丰度、超小型油藏(表5-2-6)。

表5-2-6　陵72井区新下Ⅰ、Ⅱ油组储量综合评价表

井区	层位	含油面积/km^2	地质储量/10^{4}t	储量丰度/(10^{4}t/km^2)	油层中部深度/m	千米井深日产量/t
陵72井区	新下Ⅰ+Ⅱ	1.44	222.7	154.65	1215	7.2
评价				中	浅	中

二、油藏工程分析

（一）动态分析

1. 产量劈分法

1）分产原则

(1) 以2022年12月底单井累计产油量、产水量和注水量为基数。

(2) 油井按产液剖面结果分产，如果没有产液剖面，则按流动系数进行劈分。

(3) 注水井以吸水剖面和分层测试资料劈分注水量，如无吸水剖面和分层测试资料，则以砂厚分水。

2）分产结论

采出油水量及注入量劈分到油砂体结果(表5-2-7)如下：

(1) 有4个砂体采出程度高于井区标定采出程度：新下$^1_{7(4)}$、新下$^1_{7(5)}$、新下$^2_{2(4)}$和新下$^2_{3(1)}$。

(2) 地质储量大于5.0×10^{4}t、剩余可采储量大于等于1.0×10^{4}t的有4个：新下$^1_{6(1)}$、新下$^1_{6(4)}$、新下$^1_{7(3)}$和新下$^2_{1(2)}$；

(3) 地质储量在(3~5)×10^{4}t、剩余可采储量大于等于1.0×10^{4}t的有5个：新下$^1_{5(2)}$、新下$^1_{6(2)}$、新下$^1_{7(1)}$、新下$^1_{7(2)}$和新下$^2_{3(3)}$。

剩余可采储量较大的油砂体也是下一步挖潜的主要对象。

表 5-2-7 采出油水量及注入量劈分到油砂体结果表

油砂体号	合计		注水量/m^3	含油面积/km^2	地质储量/10^4t	剩余可采储量/10^4t	采出程度/%
	产油量/t	产水量/m^3					
新下$^{1}_{3}$	345	4587	0	0.06	0.816	0.22	4.23
新下$^{1}_{4(1)}$	184	0	28382	0.09	1.22	0.36	1.51
新下$^{1}_{4(2)}$	1667	8064	92377	0.139	1.37	0.26	12.17
新下$^{1}_{5(1)}$	42	577	0	0.2	1.7	0.52	0.25
新下$^{1}_{5(2)}$	1687	6931	27752	0.38	3.88	1.04	4.35
新下$^{1}_{6(1)}$	9968	29371	77624	0.54	6.43	1.00	15.50
新下$^{1}_{6(2)}$	67	0	41194	0.38	3.88	1.20	0.17
新下$^{1}_{6(4)}$	55157	204269	362736	0.69	23.46	1.76	23.51
新下$^{1}_{7(1)}$	1075	10804	79422	0.42	4.93	1.42	2.18
新下$^{1}_{7(2)}$	215	988	29910	0.39	4.97	1.52	0.43
新下$^{1}_{7(3)}$	6172	14474	37612	0.33	5.61	1.12	11.00
新下$^{1}_{7(4)}$	128438	375807	411467	0.59	26.6	-4.59	48.28
新下$^{1}_{7(5)}$	25423	36137	28343	0.43	6.58	-0.50	38.64
新下$^{2}_{1(1)}$	5414	8977	182205	0.14	2.38	0.20	22.75
新下$^{2}_{1(2)}$	17366	29108	49739	0.37	11.32	1.78	15.34
新下$^{2}_{1(3)}$	1305	2132	0	0.05	0.43	0.00	30.34
新下$^{2}_{2(1)}$	1499	1718	16491	0.17	1.3	0.25	11.53
新下$^{2}_{2(2)}$	120	195	0	0.1	0.68	0.20	1.76
新下$^{2}_{2(3)}$	6515	7838	0	0.17	3.32	0.38	19.62
新下$^{2}_{2(4)}$	10087	11601	0	0.13	2.1	-0.36	48.03
新下$^{2}_{3(1)}$	11800	16861	21721	0.14	2.98	-0.26	39.60
新下$^{2}_{3(2)}$	434	142	0	0.08	0.95	0.25	4.56
新下$^{2}_{3(3)}$	2804	2533	0	0.1	4.25	1.04	6.60
新下$^{2}_{3(4)}$	917	1089	0	0.11	2.24	0.60	4.09
新下$^{2}_{5(2)}$	1097	496	0	0.09	1.15	0.25	9.54
新下$^{2}_{5(4)}$	186	221	0	0.07	0.36	0.09	5.17
新下$^{2}_{6(1)}$	286	340	0	0.1	0.85	0.24	3.37
新下$^{2}_{6(2)}$	368	437	0	0.1	0.85	0.23	4.33

2. 监测资料分析法

1）产液剖面

陵 76 井区共有 6 口井 9 井次监测资料。陵 76 井区主力生产油层为下新$^{1}_{6+7}$和新下$^{2}_{1}$，从产液剖面和吸水剖面来看，存在层间差异，新下$^{1}_{7}$和新下$^{2}_{1}$出力较好，但含水高，新下$^{1}_{6}$则出力差，新下$^{1}_{5}$层基本未出力。出力差的层为下步剩余油挖潜的对象。

统计4口井补孔前后生产数据，补孔新下$_7^1$时增油效果明显，而补孔新下$_{5(3)}^1$、新下$_{6(4)}^1$后增油效果不明显，基本不出力(表5-2-8)。

表5-2-8 油井补孔效果对比表

井名	采取措施前层位	采取措施层位	采取措施日期	采取措施后层位	措施对比(前/后)			
					日产液/t	日产油/t	含水率/%	动液面/m
陵76斜-2井	新下$_7^1$	新下$_{5+6}^1$	1997年1月17日	新下$_{5+6+7}^1$	6.0	6.0		1493
					6.5	6.5		1610
陵76斜6-1井	新下$_{1+2+3}^2$	新下$_7^1$	2001年5月4日	新下$_7^1$	11.4	7.2	36.8	1665
				新下$_{1+2+3}^2$	22.6	20.8	8.0	800
陵76斜6-3井	新下$_7^1$ 新下$_{2+3}^2$	新下$_{4+5+6}^1$	1997年9月3日	新下$_{4+5+6+7}^1$	14.6	8.8	39.7	1631
				新下$_{2+3}^2$	16.1	8.9	44.7	1495
陵76斜6-5井	新下$_7^1$	新下$_6^1$	1996年10月27日	新下$_{6+7}^1$	10.6	7.9	25.5	1602
					12.7	9.5	25.2	1705

2）吸水剖面

陵76井区共有10口井19井次吸水剖面测试资料。吸水剖面资料表明，注水井层间吸水存在较大差异，其中新下$_{5+6}^1$吸水相对较差，新下$_7^1$和新下$_1^2$吸水相对较好，与油井产液剖面测试结果相吻合。

两个剖面资料反映陵76井区油、水井均存在层间出力差异。出力差的层如新下$_{3+5+6}^1$是下步挖潜的方向。

3. 压裂资料分析法

陵76井区21口生产井中，有11口井采取过压裂措施，其中有5口井为重复压裂。从压裂结果来看，共压裂11口井18井次60个小层，其中无解释成果的14层，砂埋无解释的7层，主压开16层，次压开7层，未压开16层。主压开层占总压裂层数的26.7%，未压开层占总压裂层数的26.7%。压开层基本上为物性较好油层，物性差的层则未压开，在生产过程中表现为出力差，不出液或低液低产。未压开层主要为新下$_{5(3)}^1$和新下$_{6(4)}^1$层，为下步挖潜的重要对象。

4. 找堵水成果分析法

陵76井区曾实施找堵水措施5口井9井次(表5-2-9)。从找堵水成果可以看出，油井层间出力差异大，部分层不出力，部分层高水淹。不出力层主要集中在新下$_{5+6}^1$和新下$_{1+3}^2$上，新下$_7^1$层则基本上高水淹。不出力层为下步挖潜目的层。

如陵76斜7-2井，于1998年5月20日投产，层位新下$_{6+7}^1$和新下$_1^2$。累计产油18586t，累计产水77691m^3。该井先后实施3次堵水措施：①2002年8月30日单采新下$_6^1$时高含水；②2010年5月25日单采新下$_1^2$时不出液；③2011年5月26日依据硼中子寿命测井资料(表5-2-10)，卡采新下$_7^1$、新下$_1^2$层高含水。三次堵水措施结果说明新下$_6^1$高水淹，新下$_7^1$四个生产小层层间差异大但因夹层太薄无法分采，新下$_1^2$则不出力，故新下$_1^2$层是下步挖潜的对象。

表 5-2-9　陵 76 井区找堵水成果统计表

序名	井号	日期	措施内容	结论	挖潜对策
1	陵 76 井	2007 年 7 月 8 日	单采新下$_6^1$	高含水(95%)	已转注水井
2	陵 76 斜 6-2 井	2002 年 12 月 7 日	单采新下$_7^1$	高含水(93%)	挖潜新下$_{1+3}^2$
		2007 年 7 月 1 日	打塞，单采新下$_7^1$	高含水	
		2010 年 6 月 2 日	智能找堵水	无可用结果	
3	陵 76 斜 6-4 井	2002 年 5 月 31 日	采新下$_{5+6}^1$	不出	挖潜新下$_{5+6}^1$
4	陵 76 斜 7-2 井	2002 年 8 月 30 日	单采新下$_6^1$	高含水	挖潜新下$_1^2$
		2010 年 5 月 25 日	单采新下$_1^2$	不出	
		2011 年 5 月 26 日	采新下$_7^1$ 和新下$_1^2$	高含水	
5	陵 76 斜-2 井	2011 年 9 月 24 日	采新下$_{5+6}^1$	低液，不含水	挖潜新下$_{5+6}^1$

表 5-2-10　陵 76 斜 7-2 硼中子寿命测井成果表

层位	井段/m	砂层厚度/m	有效厚度/m	完井含油饱和度/%	硼中子含油饱和度/%	结论	备注
新下$_6^1$	1646. 2～1648. 2	4. 8	4. 2	67. 9	35. 9	中水淹	
	1648. 2～1649. 0			5. 1	3. 8	干层	
	1649. 0～1651. 0			72. 7	25. 4	高水淹	
新下$_{7(3)}^1$	1665. 0～1667. 4	2. 4	2. 4	43. 1	48. 1	低水淹层	
新下$_{7(4)}^1$	1668. 2～1670. 4	5. 8	5. 8	72. 9	26. 4	高水淹	出水点
	1670. 4～1674. 0			53. 3	47. 2	低水淹	
新下$_{7(5)}^1$	1674. 2～1675. 4	0. 8	0. 8	54. 4	42. 5	油层	
	1676. 2～1677. 0	0. 8	0. 8	44. 8	48. 2		
新下$_{1(2)}^2$	1696～1698. 2	2. 2	2. 2	41	34. 2	中水淹层	

（二）生产测井分析方法研究剩余油

针对陵 76 井区油井生产层位多但出力不是很清楚的情况，采取 PNN 测井方法测试剩余油。2011 年测井 1 口：陵 76 斜-2 井，依据测井结果实施找堵水措施，摸清了层间出力状况(表 5-2-11)。

陵 76 斜-2 井 1996 年 4 月 21 日投产新下$_7^1$层，日产油 22t；1997 年 1 月 17 日补孔新下$_{5+6}^1$合采，无增油效果；1997 年 8 月 13 日全井段压裂，新下$_5^1$未压开，新下$_{6+7}^1$砂埋。该井累计产油 40867t，累计产水 44826m^3。2011 年 9 月 20 日依据 PNN 测试结果，智能分采新下$_{5+6}^1$和新下$_7^1$层，测井前合采，日产液 20t，日产油 3. 2t，含水率 84%。测井后，单采新下$_{5+6}^1$时不含水，日产油 4t，一周后日产油下降到 1. 8t，主要是能量不足；而单采新下$_7^1$时日产液 23t，含水率 99. 8%。本次找堵水确定了下步挖潜的目的层为新下$_{5+6}^1$层。

表 5-2-11　陵 76 斜-2 PNN 测井成果表

测量井段		1580.00~1700.00m			测井日期		2011 年 9 月 20 日	
技术说明：建议封堵 12 号高水淹层								
层号	深度/m	厚度/m	俘获截面/c. u.	孔隙度/%	完井含油饱和度/%	剩余油饱和度/%	PNN 解释结论	备注
1	1581.2~1581.8	0.6	27.6	5.0	18.0	0.0	干层	
2	1586.6~1587.2	0.6	25.6	3.0	0.0	0.0	干层	
3	1608.0~1609.0	1.0	21.8	5.0	7.0	0.0	干层	
4	1623.0~1624.6	1.6	18.4	23.0	66.0	36.6	中水淹层	
5	1626.2~1627.2	1.0	24.7	7.0	7.0	0.0	干层	
6	1627.2~1629.2	20	14.9	14.0	54.0	13.1	干层	含油
7	1638.6~1640.4	1.8	24.7	7.0	20.0	0.0	干层	
8	1642.0~1644.2	22	21.7	13.0	54.0	20.6	高水淹层	
9	1644.8~1646.0	1.2	19.6	11.0	56.0	9.2	千层	含油
10	1660.6~1661.8	1.2	21.9	10.5	60.0	2.2	干层	
11	1661.8~1665.2	3.4	18.8	15.0	60.0	34.5	中水淹层	
12	1679.6~1680.2	0.6	23.8	10.0	50.0	20.4	高水淹层	
13	1681.0~1686.4	5.4	21.9	17.0	59.0	25.8	高水淹层	
14	1686.4~1687.6	1.2	18.1	17.0	59.0	37.3	中水淹居	
15	1687.6~1689.8	2.2	20.7	17.0	59.0	21.9	高水淹层	
16	1691.4~1692.2	0.8	29.7	23.0	67.0	21.1	高水淹层	
17	1693.0~1695.0	2.0	26.6	8.0	11.0	0.0	干层	

注：1c. u. = 0.001cm^{-1}。

（三）钻井方法研究剩余油

根据井区油水井测井曲线等静态资料，落实构造和储层，结合周围油水井动态反应，分析出剩余油分布区域。提出侧钻井 1 口：陵 76-5-6CZ 井。

根据陵 76 斜 4-5、陵 76 斜 5-4、陵 76 斜 5-6 等井动态资料分析认为，在陵 76 斜 5-6 井东北部的新下$^{1}_{5+6+7}$新下$^{2}_{1+2}$层有剩余油分布，但陵 76 斜 5-6 井侧钻后测井解释成果为新下$^{1}_{5+6+7}$新下$^{2}_{1}$均水淹，只有新下$^{2}_{2}$测井解释钻遇 2.4m 油层，开抽后低液全水。测井图版（图 5-2-1）显示该层投在油区范围内，分析认为该层出少量水与酸化时老乡干扰施工导致排酸不及时有关系，建议该层采取压裂增产措施。

通过该井的钻探取得以下认识：

（1）构造基本落实。

（2）储层往构造高部位变薄变差。

（3）井区的剩余油分布比较复杂。

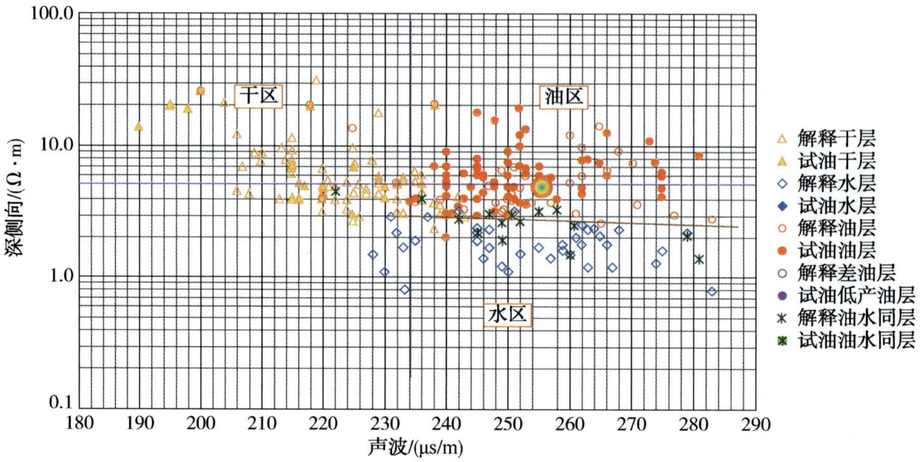

图 5-2-1　陵 76-5-6CZ 井在测井解释图版中的位置图

三、数值模拟

（一）陵 76 井区

本次主要是利用自行编制的剩余油计算一体化软件系统（SORKF）和 CMG 数值模拟软件，进行剩余油定量描述。

1. SORKF 软件系统定量分析剩余油分布

SORKF 软件系统主要是利用油井的测井资料及矿场生产测试资料，运用油藏工程理论拟合油井的相渗曲线、水驱特征曲线，计算油砂体各采油井点出口端含油饱和度、水驱地质储量；同时结合储层沉积微相分布规律、水线推进规律绘制了主力油砂体新下$^{1}_{6(4)}$、新下$^{1}_{7(4)}$和新下$^{2}_{1(3)}$的平面剩余油分布图（图 5-2-2～图 5-2-4）。

同时，以油砂体为单元统计了陵 76 井区剩余可采储量（表 5-2-12）。

表 5-2-12　陵 76 井区剩余可采储量统计表

序号	油组	油砂体数	地质储量/10^4t	累计采油量/10^4t	剩余可采储量/10^4t
1	新下$^{1}_{2}$	1	0.47	0	0.15
2	新下$^{1}_{3}$	1	0.82	0.03	0.22
3	新下$^{1}_{4}$	2	2.59	0.18	0.62
4	新下$^{1}_{5}$	4	5.58	0.17	1.56
5	新下$^{1}_{6}$	6	33.77	6.52	3.96
6	新下$^{1}_{7}$	8	48.69	16.13	-1.02
7	新下$^{2}_{1}$	6	14.13	2.41	1.97
8	新下$^{2}_{2}$	6	7.40	1.82	0.48
9	新下$^{2}_{3}$	4	10.42	1.59	1.64

续表

序号	油组	油砂体数	地质储量/10^4t	累计采油量/10^4t	剩余可采储量/10^4t
10	新下$^2_5$	3	1.51	0.13	0.34
11	新下$^2_6$	1	1.70	0.06	0.47
合计		42	127.08	29.04	10.39

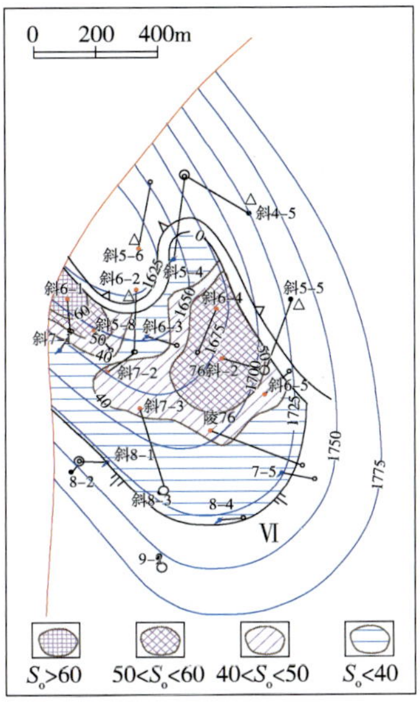

图 5-2-2 新下$^1_{6(4)}$ 砂体剩余油分布图

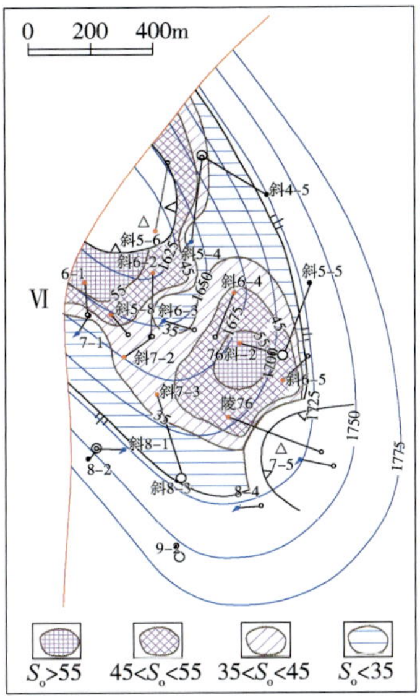

图 5-2-3 新下$^1_{7(4)}$ 砂体剩余油分布图

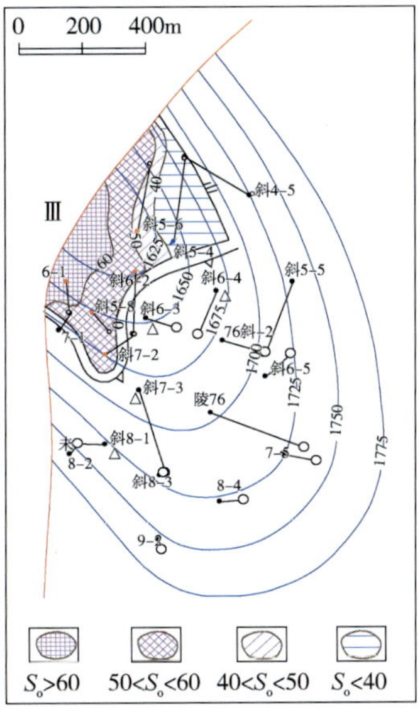

图 5-2-4 新下$^2_{1(3)}$ 砂体剩余油分布图

通过剩余油研究表明，目前陵 76 井区已开发油砂体剩余可采储量为 10.39×10^4t，纵向上剩余油主要集中在新下$^1_6$层，有 3.96×10^4t，占陵 76 井区剩余可采储量的 38.1%，是主要潜力层；新下$^1_5$、新下$^2_1$和新下$^2_3$剩余可采储量均在 1.5×10^4t 以上，是次潜力层。由此可见层间剩余油主要分布在主力油砂体。

2. CMG 软件系统定量分析剩余油分布

根据陵 76 井区油藏特点及油田的实际，选用加拿大 CMG 数值模型软件集团的组分模拟器 GEM，对陵 76 井区分布面积大、油层厚度大的两个主力层新下$^1_6$、新下$^1_7$进行模拟。根据地质研究中提供的地质模型参数，将工区纵向上作为二个模拟层，平面上采用均匀网格，网格数目为 1300(26×25×2)。平面网格剖分图如图 5-2-5 所示。

相对渗透率曲线的选择采用与井区的平均空气渗透率、平均孔隙度值及井区的最终采收率基本接近的样品的曲线。本模型采用陵 76 井区油水相对渗透率综合曲线。

组分模拟器 GEM 所需的 PVT 参数场，采用相态模拟分析软件 Winprop 对陵 76 井区原油高压 PVT 实验数据进行拟合计算，在室内 PVT 实验数据的基础上，进行了 PVT 数据的拟合、优化组分模型中状态方程参数，改善对陵 76 井区原油性质预测精度。

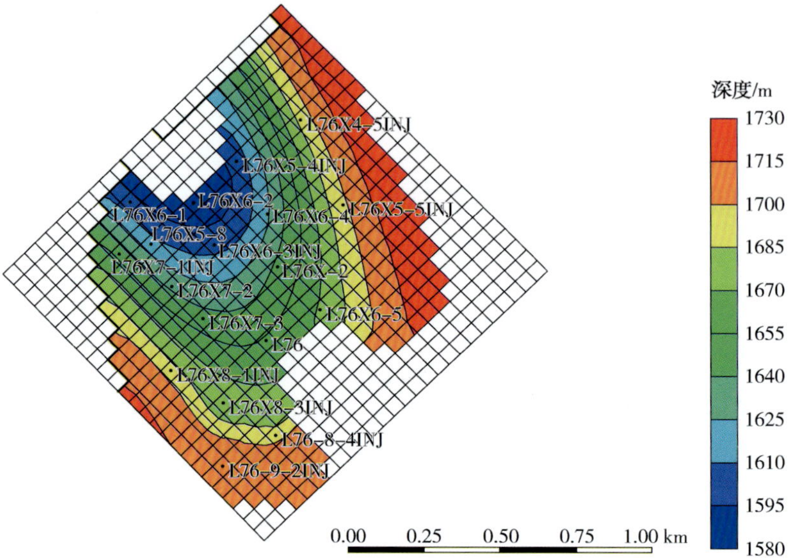

图 5-2-5 陵 76 井区网格剖分图

通过初始化拟合得到合理的油水边界位置、孔隙度、有效厚度等油藏参数。新下$_6^1$、新下$_7^1$小层拟合储量为 62.66×10^{4}m^3，相对误差为 0.3%，达到拟合精度要求。

1）井区含水率拟合

含水率主要受相对渗透率曲线、局部渗透率及层间连通性的影响。在拟合井区含水率时主要调整相对渗透率曲线及局部渗透率。井区含水率拟合结果见图 5-2-6。

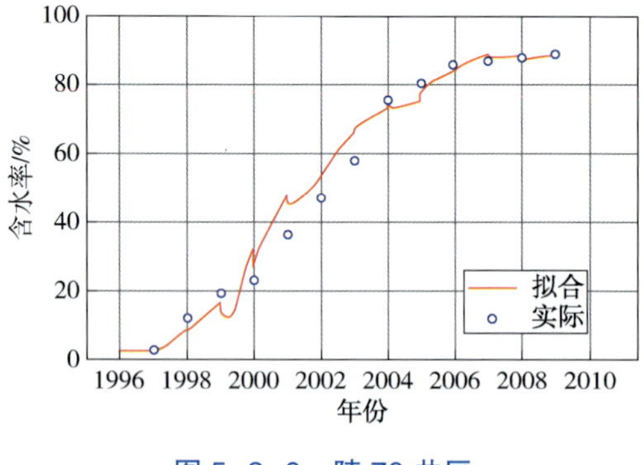

图 5-2-6 陵 76 井区含水率拟合曲线

2）单井含水率拟合

截至 2008 年 12 月 31 日，全井区开发井共 24 口，其中采油井(包括曾经采油的注水井)14 口，有 11 口采油井单井历史拟合效果满意，单井历史拟合成功率为 78%，高于常规油藏数值模拟单井历史拟合成功率 75% 的要求；全部 10 口注水井(包括转注的采油井)，注水井单井历史拟合效果满意，单井历史拟合成功率为 100%。陵 76 井区重点井的含水率拟合曲线如图 5-2-7 所示，从图中可以看出历史拟合效果较好，达到拟合精度，满足方案设计要求。

（二）陵 72 井区

在小层精细对比的基础上，以产液剖面、吸水剖面等动态监测资料为主(表 5-2-13)，以 KH 值为辅，对油水井产量进行合理化劈分；结合井组生产动态分析，开展小层平面流线半定量描述，了解井区剩余油分布状况。

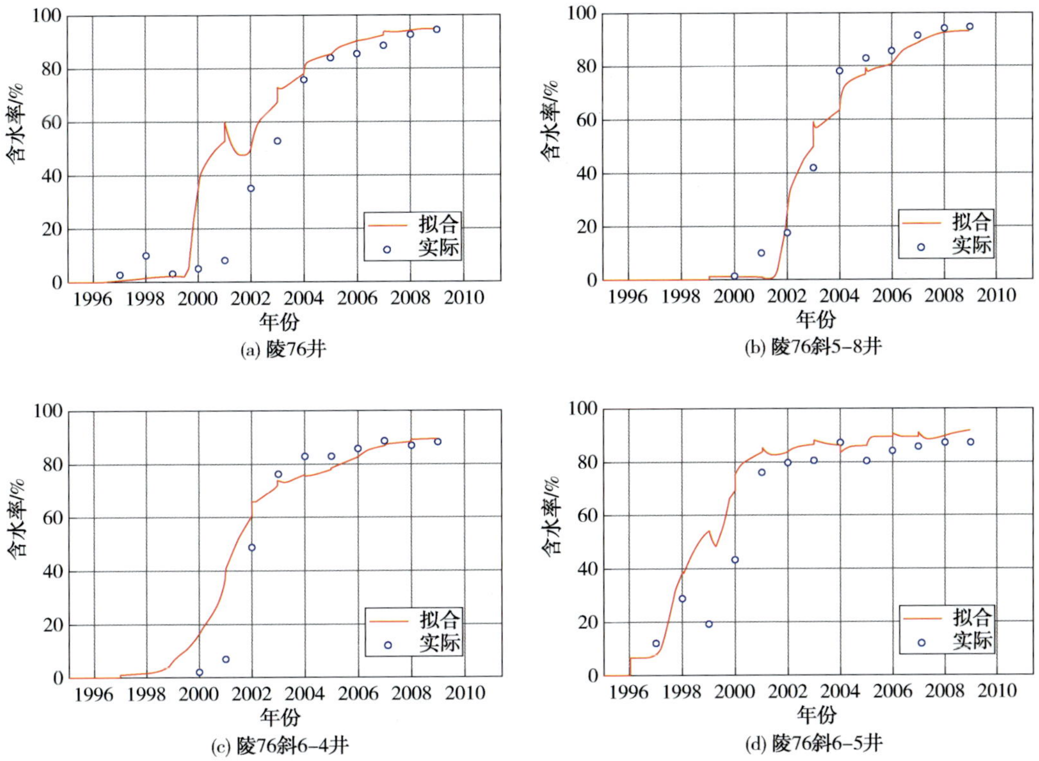

图 5-2-7 陵 76 井区重点井的含水率拟合曲线

表 5-2-13 陵 72 井区两个剖面解释成果表

单位:%

井名	测试时间	相对产液量或吸水量/%											
		新上段	新下$^1_{2(2)}$	新下$^1_{5(1)}$	新下$^1_{6(1)}$	新下$^1_{7(1)}$	新下$^1_{7(2)}$	新下$^1_{7(3)}$	新下$^2_{1(1)}$	新下$^2_{1(2)}$	新下$^2_{1(3)}$	新下$^2_{2(1)}$	新下$^2_{2(2)}$
陵 72 斜-4 井	2017 年 2 月 6 日				70.9	29.1							
陵 72-3 井	2020 年 7 月 13 日			0.0	100.0								
陵 72 斜-23 井	2012 年 5 月 30 日				49.7	50.3							
	2014 年 8 月 29 日				46.8	53.3							
	2015 年 10 月 28 日				70.6	29.4							
陵 72	2018 年 8 月 26 日										0.0	54.3	45.7
	2020 年 5 月 24 日										19.8	38.1	42.2
	2022 年 10 月 31 日										32.2	67.8	
陵 72 斜-24 井	2013 年 5 月 10 日									8.8	24.2		67.0
	2017 年 12 月 8 日							52.0	34.2	13.9			
	2020 年 5 月 24 日							0.0	37.4	0.0	62.6		
陵 72 斜-14 井	2021 年 6 月 22 日		16.7		61.5								
陵 72 斜-13 井	2021 年 5 月 27 日	9.5			55.0	35.5							
陵 72 斜-6 井	2022 年 3 月 12 日	0.0			61.0	39.0		0.0					
	2023 年 9 月 2 日	16.6			40.2	21.6		0.0	21.5				
陵 72-16CZ 井	2022 年 6 月 22 日						33.9	66.1					
陵 72 斜-28 井	2023 年 9 月 2 日			34.5	9.8	0.0			17.7	0.0			

整体采出程度仅 13.10%，剩余可采储量 13.10×10^4t，纵向上主要集中在新下$^1_{2(2)}$、新下$^1_{5(1)}$、新下$^1_{6(1)}$、新下$^1_{7(1)}$、新下$^1_{7(3)}$、新下$^2_{1(1)}$等 6 个主力砂体上。各砂体采出程度差异较大，采出程度>25%的主要集中在新下$^1_{7(2)}$、新下$^2_{1(2)}$、新下$^2_{2(2)}$等 3 个砂体，采出程度<10%的主力砂体有 3 个：新下$^1_{2(2)}$、新下$^1_{5(1)}$和新下$^1_{7(3)}$(表 5-2-14)。

表 5-2-14　陵 72 井区主力小层出力状况表

序号	砂体名称	钻遇井数/口	含油面积/km^2	油砂体储量/10^4t	累计产油量/10^4t	累计注水量/10^4t	剩余可采储量/10^4t	采出程度/%
1	新下$^1_{2(1)}$	2	0.03	0.56			0.15	0
2	新下$^1_{2(2)}$	11	0.73	7.24	0.57	0.08	1.39	7.9
3	新下$^1_3$	2	0.06	1.99	0.42	0.04	0.12	21.1
4	新下$^1_{5(1)}$	12	0.4	9	0.11		2.33	1.2
5	新下$^1_{5(2)}$	1	0.02	0.43	0.07		0.05	16.3
6	新下$^1_{6(1)}$	17	0.52	28	4.86	5.33	2.74	17.4
7	新下$^1_{6(2)}$	4	0.14	4.18	0.04		1.09	1.0
8	新下$^1_{7(1)}$	13	0.49	24	4.11	9.13	2.40	17.1
9	新下$^1_{7(2)}$	7	0.23	12.66	5.45	4.47	-2.01	43.0
10	新下$^1_{7(3)}$	8	0.29	8.83	0.43	0.36	1.97	4.9
11	新下$^2_{1(1)}$	13	0.35	15.5	1.58		2.63	10.2
12	新下$^2_{1(2)}$	8	0.3	6.36	2.78	0.88	-1.05	43.7
13	新下$^2_{1(3)}$	8	0.19	5.68	1.08	2.48	0.46	19
14	新下$^2_{2(1)}$	9	0.23	8.5	1.22	0.65	1.09	14.4
15	新下$^2_{2(2)}$	7	0.22	19.7	6.08	7.00	-0.73	30.9
16	新下$^2_{3(1)}$	1	0.03	0.8	0.11		0.11	13.8
17	新下$^2_{3(2)}$	4	0.13	3.13	0.46		0.39	14.7
合计/平均				156.56	29.37	30.42	13.13	13.10

受油藏采出程度较低控制，整体上各砂体剩余油富集，根据分砂体采出程度可将主力砂体分为剩余油富集、剩余油相对富集和剩余油相对零散 3 类(表 5-2-15)。

表 5-2-15　陵 72 井区剩余油类型特征表

砂体分类	砂体号	剩余油特点
剩余油富集(采出程度<10%)	新下$^1_{6(2)}$、新下$^1_{7(3)}$、新下$^1_{2(2)}$、新下$^1_{5(1)}$	基本未动用，大面积连片富集
剩余油相对富集(10%<采出程度<30%)	新下$^1_{6(1)}$、新下$^1_{7(1)}$、新下$^2_{1(1)}$、新下$^2_{1(3)}$、新下$^2_{2(1)}$	动用程度低，低部位水淹严重，中高部位剩余油富集
剩余油相对零散(采出程度>30%)	新下$^1_{7(2)}$、新下$^2_{1(2)}$、新下$^2_{2(2)}$	动用程度高，开发时间较差，剩余油相对零散

四、平面剩余油分布规律

(一) 陵 76 井区

通过定性和定量剩余油分布规律研究，从平面上看陵 76 井区主力油砂体新下$_{6+7}^{1}$小层剩余油主要分布在以下几个部位(图 5-2-8、图 5-2-9)：

(1) 断层、岩性尖灭附近区剩余油相对富集。

在断层、岩性尖灭区附近，注入水和边水难以波及，即使能够波及，驱油效率也很低，因此这些区域含水率较低，含油饱和度较高，剩余油相对富集。

(2) 非主流区及注水井二线位置剩余油相对富集。

注采井网的非主流区或注水井的二线部位，剩余油饱和度相对较高。如陵 76 井区新下$_{7(4)}^{1}$主力油砂体上陵 76 斜-2 井，尽管处于构造的较低部位，但对于注水井陵 76 斜 5-5 井、陵 76 斜 6-3 井来说，本井均处于非主流线位置，因此该井周围成为剩余油相对富集区。

(3) 注采井网不完善或储量动用较差部位剩余油相对富集。

注采井网不完善区由于缺少注水井点，一般油层水淹程度较低。如陵 76 井区的新下$_{6(3)}^{1}$砂体西南区由于岩性尖灭，且无水井注水，油井陵 76 斜 6-1、陵 76 斜 6-2、陵 76 斜 5-8 等井井间为剩余油相对富集区。

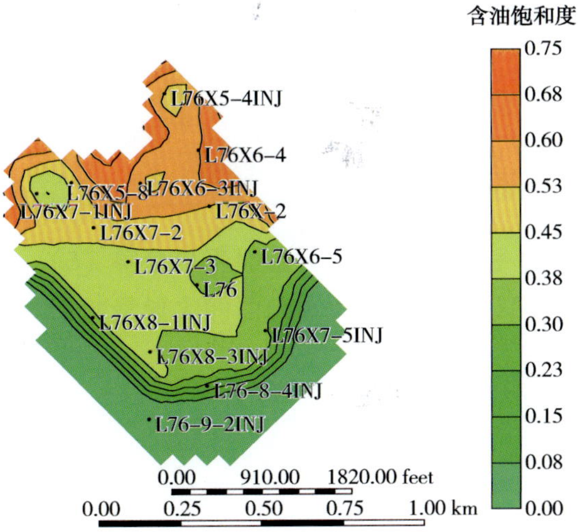

图 5-2-8 陵 76 主力油砂体
(新下$_{6}^{1}$) 剩余油分布图

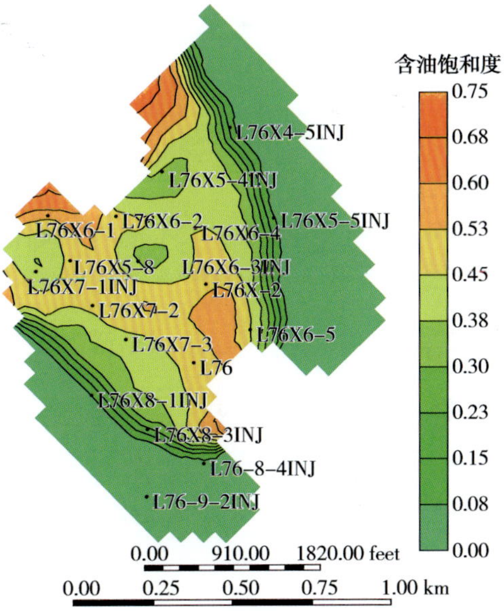

图 5-2-9 陵 76 主力油砂体
(新下$_{7}^{1}$) 剩余油分布图

(二) 陵 72 井区

结合油藏工程分析与数值模拟结果，平面上，剩余油分布主要受构造形态及开发方式影响，井区自开发以来，一直以边水驱和边缘注水为主，导致构造腰、高部位边水能量难以波及，剩余油大面积分布在构造高部位及未射孔区域(图 5-2-10~图 5-2-13)。

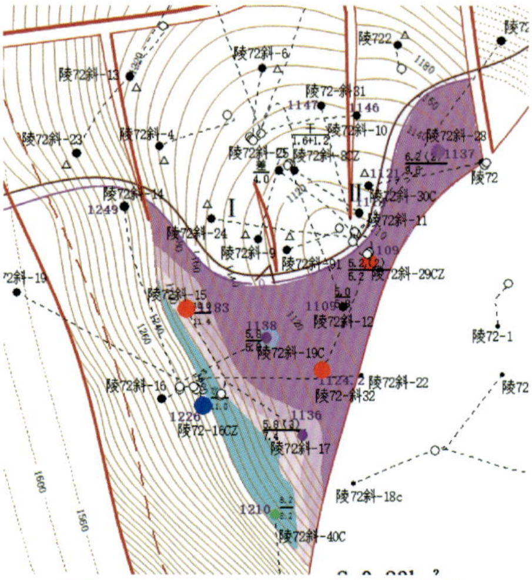

图 5-2-10　新下$^{1}_{7(2)}$小层剩余油
平面分布(油藏工程)

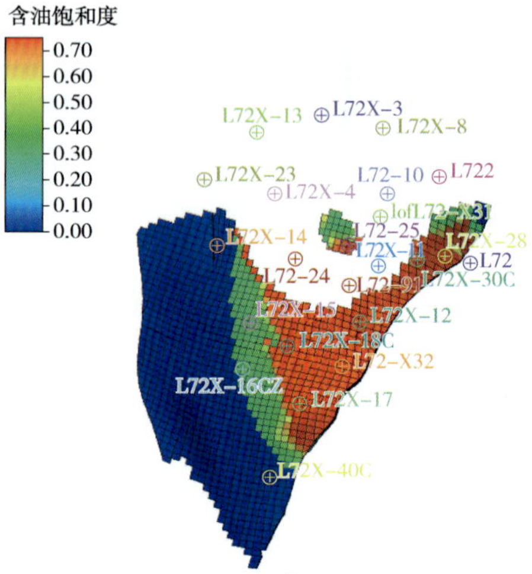

图 5-2-11　新下$^{1}_{7(2)}$小层剩余油
平面分布(数值模拟)

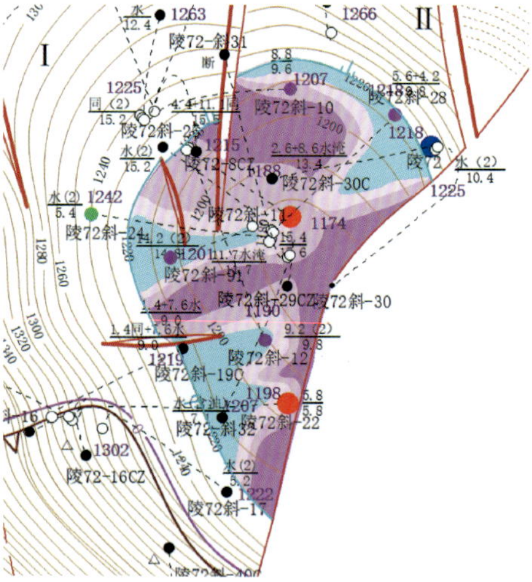

图 5-2-12　新下$^{2}_{2(2)}$小层剩余油
平面分布(油藏工程)

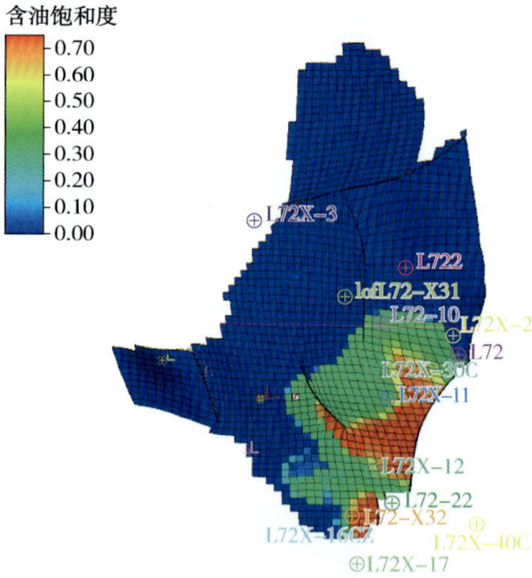

图 5-2-13　新下$^{2}_{2(2)}$小层剩余油
平面分布(数值模拟)

五、层内、层间剩余油分布规律

(一) 陵 76 井区

由于陵 76 井区层间、层内非均质严重，造成油井纵向上出力不均，通过统计主力油砂体地质储量和剩余可采储量(表 5-2-16)，陵 76 井区地质储量采出程度为 29.08%，可采储量采出程度为93.71%，且各砂体采出程度差异大。据统计，砂体采出程度大于30%的有5个，位于20%~30%的有2个，位于10%~20%的6个，小于10%的15个。剩余油主要分布在新下$_5^1$、新下$_3^2$等非主力层，以及少部分分布在新下$_6^1$、新下$_7^1$层位，采出程度低的砂体有进一步挖潜的潜力。

表 5-2-16 陵 76 井区各砂体剩余储量统计表

砂体号	厚度/m	含油面积/km^2	地质储量/10^{4}t	剩余可采储量/10^{4}t	采出程度/%
新下$_3^1$	1.6	0.06	0.816	0.22	4.23
新下$_{4(1)}^1$	1.6	0.09	1.220	0.36	1.51
新下$_{4(2)}^1$	4.6	0.139	1.37	0.26	12.17
新下$_{5(1)}^1$	1	0.2	1.70	0.52	0.25
新下$_{5(2)}^1$	1.2	0.38	3.88	1.04	4.35
新下$_{6(1)}^1$	1.4	0.54	6.43	1	15.50
新下$_{6(2)}^1$	1.2	0.38	3.88	1.2	0.17
新下$_{6(4)}^1$	4	0.69	23.46	1.76	23.51
新下$_{7(1)}^1$	2	0.42	4.93	1.42	2.18
新下$_{7(2)}^1$	1.5	0.39	4.97	1.52	0.43
新下$_{7(3)}^1$	2	0.33	5.61	1.12	11.00
新下$_{7(4)}^1$	5.3	0.59	26.6	-4.59	48.28
新下$_{7(5)}^1$	1.8	0.43	6.58	-0.5	38.64
新下$_{1(1)}^2$	2	0.14	2.38	0.2	22.75
新下$_{1(2)}^2$	3.6	0.37	11.32	1.78	15.34
新下$_{1(3)}^2$	1	0.05	0.43	0	30.34
新下$_{2(1)}^2$	0.9	0.17	1.30	0.25	11.53
新下$_{2(2)}^2$	0.8	0.1	0.68	0.2	1.76
新下$_{2(3)}^2$	2.3	0.17	3.32	0.38	19.62
新下$_{2(4)}^2$	1.9	0.13	2.10	-0.36	48.03
新下$_{3(1)}^2$	2.5	0.14	2.98	-0.26	39.60
新下$_{3(2)}^2$	1.4	0.08	0.95	0.25	4.56
新下$_{3(3)}^2$	5	0.1	4.25	1.04	6.60
新下$_{3(4)}^2$	2.4	0.11	2.24	0.6	4.09
新下$_{5(2)}^2$	1.5	0.09	1.15	0.25	9.54
新下$_{5(4)}^2$	0.6	0.07	0.36	0.09	5.17
新下$_{6(1)}^2$	1	0.1	0.85	0.24	3.37
新下$_{6(2)}^2$	1	0.1	0.85	0.23	4.33

（二）陵 72 井区

纵向上，主要受砂体动用程度、采出程度影响，新下$^{2}_{1(1)}$砂体采出程度低，剩余油饱和度较高，达到 67%；新下$^{1}_{7(1)}$和新下$^{2}_{2(2)}$两个砂体水淹程度较高，剩余油饱和度分别只有 59%和 48%(图 5-2-14)。

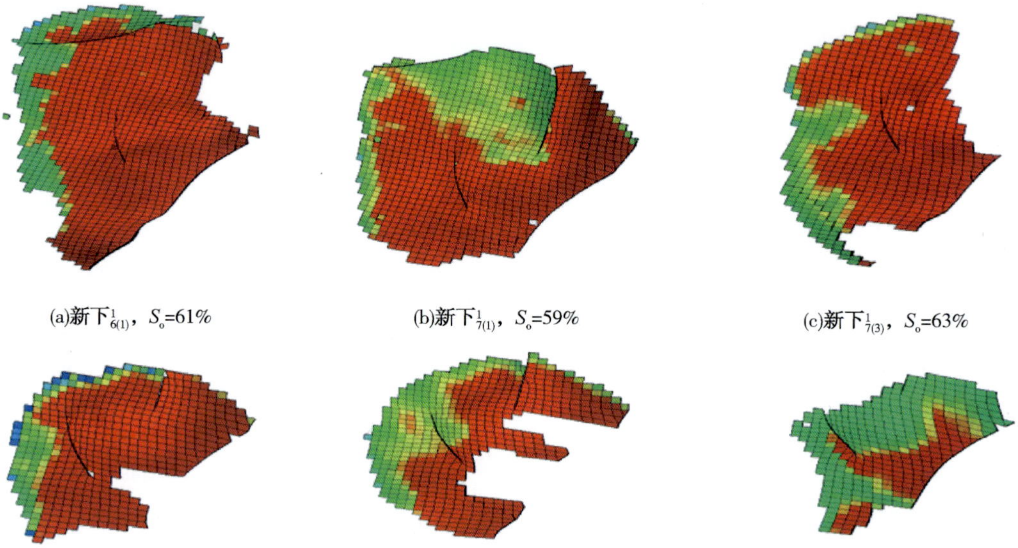

(a)新下$^{1}_{6(1)}$，S_o=61%　(b)新下$^{1}_{7(1)}$，S_o=59%　(c)新下$^{1}_{7(3)}$，S_o=63%

(d)新下$^{2}_{1(1)}$，S_o=67%　(e)新下$^{2}_{1(3)}$，S_o=52%　(f)新下$^{2}_{2(2)}$，S_o=48%

图 5-2-14　各小层剩余油分布图

第三节　储层渗流特征

一、岩石物理参数

（一）陵 76 井区

1. 储层微观孔隙结构特征

陵 76 井区新沟嘴组下段砂岩平均孔径为 0.037mm，喉道平均长度为 0.048mm，平均宽度为 12.699μm。压汞分析最大孔喉半径 7.034μm，平均孔喉半径 2.617μm，中值压力为 0.16~12.427MPa、平均为 0.867MPa，平均排驱压力为 0.867MPa。孔隙类型有粒间溶孔(81 %)、原生粒间孔(11 %)、粒内溶孔和铸模孔等，属中孔中粗喉型。

2. 储层物性参数

根据该区陵 76 斜-2 井油层物性分析结果，平均孔隙度为 16%，平均渗透率为 39×

$10^{-3}\mu m^2$，属低孔、低渗储层。

3. 储层非均质性

储层非均质性评价分类采用渗透率突进系数(α_k)和渗透率变异系数(V_k)两项主要参数指标。渗透率变异系数 V_k 是指砂体内渗透率样品标准偏差与其平均值的比值，它反映样品偏离整体平均值的程度。渗透率突进系数 α_k 是指砂体内渗透率样品最大值与其平均值的比值。渗透率级差 N_k 是指砂体内渗透率样品最大值与最小值的比值。

研究表明渗透率变异系数、突进系数、级差可以很好地反映非均质程度。一般来讲，渗透率变异系数 $V_k>0$，V_k 值越小，表明均质性越强。突进系数 $\alpha_k>1$，α_k 值越小，说明垂向上渗透率变化越小，注入剂厚度波及系数越大，驱油效果越好；反之 α_k 值越大，说明渗透率在垂向上变化越大，注入剂易由高渗透带突进，注入剂波及系数越小，水驱效果越差。渗透率级差 N_k 反映渗透率变化的幅度，$N_k>1$，其数值越大，非均质越强，数值越接近 1，储层越均质。

通常按 α_k 和 V_k 的大小将储层的非均质性分为均质($V_k\leqslant0.4$、$\alpha_k\leqslant1.5$)、中等非均质($0.4<V_k\leqslant1.0$、$1.5<\alpha_k\leqslant2.5$)以及严重非均质($V_k>1.0$、$\alpha_k>2.5$)。在分类时需同时满足上述两项指标，否则降一类。

指标参数计算公式如下：

渗透率突进系数(α_k)= 最大渗透率(K_{max})/平均渗透率(K)；

渗透率变异系数(V_k)= 渗透率标准偏差(σ)/平均渗透率(K)；

渗透率级差(N_k)= 最大渗透率(K_{max})/最小渗透率(K_{min})。

1）平面非均质性

平面非均质性是指一个储层砂岩体的几何形状、连续性以及砂体内孔隙度、渗透率的平面变化所导致的不均一性。

由于陵 76 井区含油层位多而薄，油砂体较多，因此只对地质储量、分布面积较大的主力油砂体(新下$^1_{6(4)}$、新下$^1_{7(1)}$)进行平面非均质性研究。从统计结果(表 5-3-1)可以看出，该区主力油砂体油层平面非均质性为严重非均质。

表 5-3-1 陵 76 井区平面非均质性统计表

油砂体号	变异系数(V_k)	突进系数(α_k)	级差(N_k)	渗透率变化范围/$10^{-3}\mu m^2$	非均质类型
新下$^1_{6(4)}$	1.134	4.081	14.461	4.533~65.550	严重非均质
新下$^1_{7(1)}$	0.974	3.493	13.663	4.533~61.933	严重非均质

2）层间非均质性

根据渗透率计算突进系数及变异系数，评价层间非均质性。陵 76 井区在统计的 21 口井中：均质性的井 3 口，占 14.3%；中等非均质性的井 9 口，占 42.9%；严重非均质性的井 9 口，占 42.9%(表 5-3-2)。说明陵 76 井区储层层间渗透率差异大，层间存在干扰，属中等–严重非均质。

3）层内非均质性

根据陵76斜-2取心井岩心渗透率资料计算两个主力油砂体新下$^{1}_{6(4)}$、新下$^{1}_{7(1)}$的非均质性参数，结果见表5-3-3，说明层内非均质性状况比较严重。

表5-3-2 陵76井区层间非均质性统计表

井名	变异系数(V_k)	突进系数(α_k)	级差(N_k)	渗透率变化范围/$10^{-3}\mu m^2$	非均质性类型
陵76井	0.561	1.976	8.475	0.913~7.734	中等非均质
陵76斜-2井	0.462	1.396	4.967	0.913~4.533	中等非均质
陵76斜4-5井	0.443	1.365	2.911	2.657~7.734	中等非均质
陵76斜5-4井	0.724	2.134	4.967	4.533~22.516	中等非均质
陵76斜5-5井	0	1	1	4.533~4.533	均质
陵76斜5-6井	0.891	3.233	8.475	7.734~65.550	严重非均质
陵76斜6-1井	0.72	2.092	24.673	1 557~38 418	中等非均质
陵76斜6-2井	1.082	4.122	14.461	4.533~65.550	严重非均质
陵76斜6-3井	0.509	1.669	4.967	4.533~22.516	中等非均质
陵76斜6-4井	0.496	2 039	2.911	4.533~13.196	中等非均质
陵76斜6-5井	0.3	1.45	1.706	22.516~38.418	均质
陵76斜7-1井	0	1	1	7.734~7.734	均质
陵76斜7-2井	1.156	3 737	24.673	2.657~65.550	严重非均质
陵76斜7-3井	0.472	1.569	8.475	2.657~22.516	中等非均质
陵76斜7-5井	0.661	2.012	14.461	1.557~22.516	中等非均质
陵76斜8-1井	0.956	2.501	14.461	4.533~65.550	严重非均质
陵76-8-2井	1.212	2.833	24.673	13.196~325.602	严重非均质
陵76斜8-3井	1.565	4.97	24.673	7.734~190.831	严重非均质
陵76-8-4井	1.021	2.451	24.673	0.913~22.516	严重非均质
陵76-9-2井	1.008	2.46	24.673	0.913~22.516	严重非均质

表5-3-3 陵76斜-2井层内非均质性统计表

油砂体号	深度范围/m	变异系数(V_k)	突进系数(α_k)	级差(M_k)	渗透率变化范围/$10^{-3}\mu m^2$	非均质类型
新下$^{1}_{6(4)}$	1662.8~1664.0	0.412	1.568	4.27	11~38	中等非均质
新下$^{1}_{7(1)}$	1681.6~1688.6	0.666	2.878	62.105	1.9~118	严重非均值

总之，陵76井区平面上两个主力油砂体新下$^{1}_{6(4)}$、新下$^{1}_{7(1)}$严重非均质，层内新下$^{1}_{7(1)}$为严重非均质，层间42.9%的井为严重非均质。因此陵76井区在开发中后期平面上存在剩余油富集区，纵向上存在富集层段。

4. 储层敏感性

陵76井区黏土矿物含量以伊利石为主，绿泥石、伊/蒙混层矿物次之，伊/蒙混层矿物绝对含量 0.57%，相对含量 17.8%(表 5-3-4)。

表 5-3-4　黏土矿物组成统计表

井区	层位	样品块数	黏土总量/%	伊利石/%	绿泥石/%	伊/蒙混层/%	伊/蒙混层比/%
陵 76	新下[1]	16	3.2	43.2	39	17.8	10～15

据陵 76 斜-2 井敏感性试验分析结果，陵 76 井区储层具有弱速敏、中水敏、弱盐敏、中-弱酸敏的特性。

(二) 陵 72 井区

1. 储层物性特征

根据陵 72 井区 3 口井 66 块岩心样品的物性分析资料统计(表 5-3-5)，储层孔隙度分布在 5.5%～16.5%，由孔隙度频率与累计频率分布曲线(图 5-3-1)可见，储层最大频率的孔隙度介于 14%～16%，累计频率为 50%时，对应的平均孔隙度约为 12.0%；渗透率分布在 0.06～178×$10^{-3}\mu m^2$ 之间，由渗透率频率分布图(图 5-3-2)可见，储层渗透率<5×$10^{-3}\mu m^2$ 的频率为 39.13%，5×$10^{-3}\mu m^2$≤渗透率<50×$10^{-3}\mu m^2$ 的频率为 41.3%；储层物性特征表现为低孔、低渗特征。

表 5-3-5　八岭山油田陵 72 井区储层物性分析统计表

井区	取心井数/口	岩样/块	孔隙度/%			渗透度/$10^{-3}\mu m^2$		
			最小值	最大值	平均值	最小值	最大值	平均值
陵 72	3	66	5.5	16.5	12.0	1.0	178	25.4

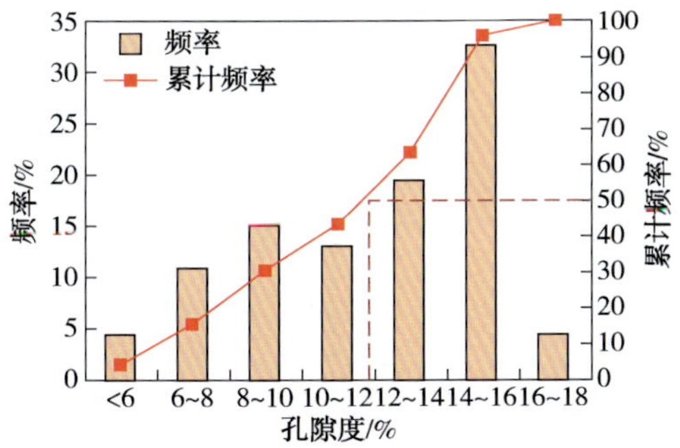

图 5-3-1　陵 72 井区孔隙度频率与累计频率分布图

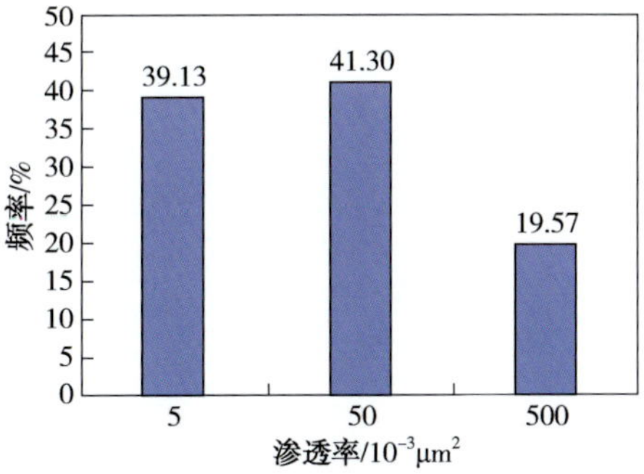

图 5-3-2　陵 72 井区渗透率频率分布图

2. 储层孔隙结构特征

通过对陵 72 井区 3 口取心井新下Ⅰ油组取心段扫描电镜和铸体薄片资料的分析，储层类型为孔隙型，储集空间类型以粒间次生孔隙为主，其次为长石粒内溶孔，孔隙分布不均，局部孔隙连通性好，岩石面孔率约为 15%。

根据本区岩心铸体薄片和压汞资料分析，该区储层排驱压力为 0.29MPa，中值压力为0.85MPa，最大孔喉半径为4.34μm，平均孔喉半径为1.26μm，中值孔喉半径为1.72μm，属细喉型储层(表5-3-6)。

表5-3-6 陵72井区孔隙结构统计表

井名	样品数	排驱压力/MPa	中值压力/MPa	最大孔喉半径/μm	平均孔喉半径/μm	中值孔喉半径/μm
陵72井	2	0.50	1.19	1.47	0.52	0.63
陵722井	2	0.14	0.34	5.81	1.64	2.26
陵72斜-15井	12	0.23	1.03	5.73	1.61	2.26
平均		0.29	0.85	4.34	1.26	1.72

本区岩心毛管压力曲线形态特征和孔隙结构参数特征表明，储层孔隙结构较好，孔喉半径分布较集中，最大进汞饱和度>95%，毛管压力曲线形态为Ⅰ类和Ⅱ类特征(图5-3-3)。

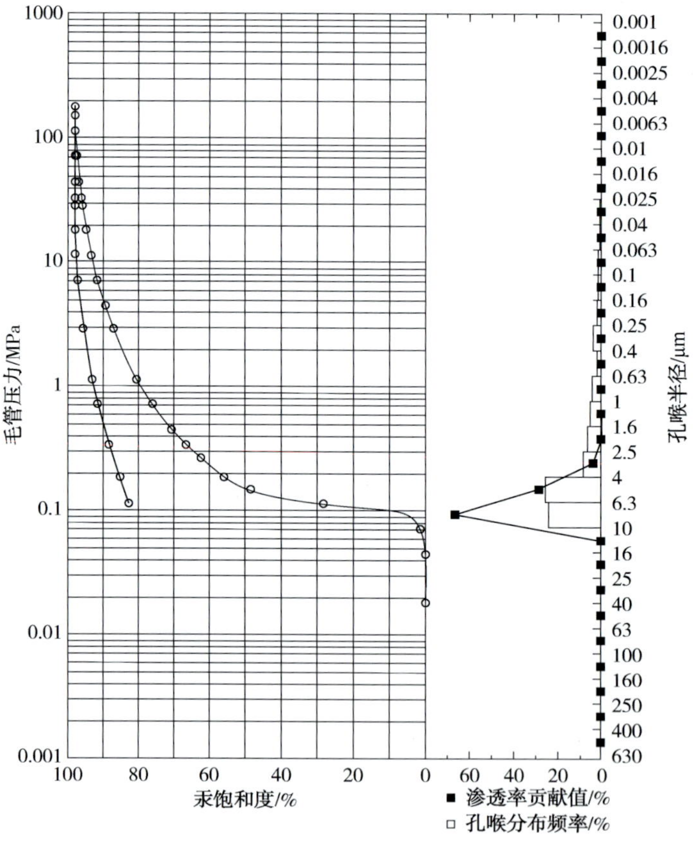

图5-3-3 陵72井区新沟嘴组下段典型毛管压力曲线图

3. 储层敏感性

通过对陵72井区2口井敏感性分析化验资料统计分析，该井区整体表现为无速敏、弱水敏、弱盐敏(临界矿化度为32120.28mg/L)、无酸敏-中等偏弱酸敏、无碱敏。

表 5-3-7 陵 72 井区敏感性评价

井名	试验项目	试验岩心块数	平均渗透率损害率/%	临界矿化度/(mg/L)	敏感性评价
陵 722 井	速敏	2	12.5	1.5	弱
	水敏	1	46		中等偏弱
		1	25		弱
	盐敏	2	10	28327.87	弱
	酸敏	2	0		无
陵 72 斜-15 井	速敏	10	0		无
		1	6.61	17.14	弱
	水敏	5	-31.73		无
		4	10.49		弱
		3	36.69		中等偏弱
	盐敏	4	-62		无
		5	23	32120.28	弱
		3	52.54	128481.1	中等偏强
	酸敏	10	-36.63		无
		2	8.61		中等偏弱
	碱敏	9	-42.74		无
		3	15.53	11	弱

二、流体特征参数

(一) 陵 76 井区

1. 原油性质

陵 76 井区原油性质较好，具有“三低一高”特点：地面原油密度低，为 0.844g/cm^3；地面原油黏度低，为 9.97mPa·s；含硫低，为 0.24%；凝固点高，为 32℃。地层原油密度为 0.785g/cm^3，地层原油黏度为 3.2mPa·s，原油体积系数为 1.091，原油压缩系数为 9.8×10^{-4}/MPa，原始气油比为 18.1m^3/t。天然气主要是石油溶解气，相对密度为 0.77，成分以甲烷为主，含量为 50.56%。

2. 地层水性质

陵 76 井区地层水总矿化度 193536mg/L，Cl^- 含量 118757mg/L，水型为 $CaCl_2$ 型。

3. 油藏温度与压力系统

陵 76 井区属于低饱和油藏，地层压力 17.87MPa，饱和压力 5.06MPa，地饱压差大，压力系数为 1.072，属正常压力系统，但开采后地层能量下降快，边水不活跃，为弹性弱水压驱动油藏。地层温度 71.1℃，地温梯度 3.01℃/100m。

（二）陵72井区

1. 原油性质

陵72井区地面原油具低密度、中黏度、低含硫、高凝固点的特征。综合区内5口试油井的原油分析，该区地面原油密度0.8362g/cm^3，地面原油黏度8.6mPa·s，含硫0.15%，凝固点29.0℃。地层原油密度0.797g/cm^3，地层原油黏度3.7mPa·s，原油体积系数1.094，原油压缩系数10.3×10^{-4}/MPa，收缩率8.6%，原始气油比24.0m^3/t，溶解系数4.674m^3/(m^3·MPa)。原油中溶解气重烃含量较高，为50.21%，甲烷含量为42.75%，氮气含量为6.62%，二氧化碳含量为0.43%。

2. 地层水性质

陵72井地层水分析结果表明，陵72井区地层水矿化度较高，总矿化度为155338.9mg/L，Cl^-含量为93942.5mg/L，水型为$CaCl_2$型。

3. 油藏温度与压力系统

根据陵72井区的高压物性分析资料，本区新沟嘴组下段原始地层压力11.1MPa，饱和压力4.3MPa，压力系数1.03，属正常压力系统。地层温度64.6℃，地温梯度3.59℃/100m。

三、渗流物理参数

（一）陵76井区

根据实验室测得的相对渗透率曲线分析，各样品油水相对渗透率曲线交点处含水饱和度平均为56%，束缚水饱和度为32%，残余油饱和度为36%，双相流饱和度只有32%，最终驱油效率为50%。

（二）陵72井区

1. 润湿性

根据陵722井新下Ⅰ油组2块样品润湿性测定结果分析，该区油层的自吸水量占孔隙体积的13.63%，自吸油量占孔隙体积的2.38%，为亲水油层（表5-3-8）。

表5-3-8 陵72井区润湿性试验结果表

井名	岩心号	井深/m	孔隙度/%	渗透率/$10^{-3}\mu m^2$	孔隙体积/cm^3	吸水试验		吸油试验		润湿性
						吸水量/cm^3	占孔隙体积比例/%	吸油量/cm^3	占孔隙体积比例/%	
陵722井	1	1150.89	11.86	4.8	2.46	0.2	8.13	0.05	2.03	弱亲水
	2	1150.99	11.85	3.5	1.83	0.35	19.12	0.05	2.73	亲水

2. 油水相对渗透率

通过对该区油水相对渗透率试验结果分析，经数学处理，绘制油水相对渗透率和饱和度的关系曲线。曲线显示，陵72井区油水相对渗透率交叉点的含水饱和度为56.52%，油水两相流动范围为0.2683~0.6420，通过相对渗透率曲线计算出无水期驱油效率为26.19%，最终驱油效率为51.07%。

第四节 精细开发对策

一、精细开发技术政策研究

（一）陵76井区

从油藏特征与剩余油分布规律研究结果来看，陵76井区属于高矿化度、低渗透油藏，储层非均质性比较严重，从水驱开发效果来看，目前产量递减快，综合含水率高，采出程度较低，依靠常规水驱提高采收率的难度大，因此借鉴国内外其他油田的成功经验，开展了提高采收率技术研究，研究方向主要是化学驱与气驱等常见的方法。木项目主要从以下几个方面进行研究：表面活性剂驱油体系、氮气驱、可动凝胶调驱技术体系或组合驱等方法提高井区原油采收率。

1. 表面活性剂驱油体系

化学驱方法是三次采油提高采收率的主要方法之一，可采用聚合物驱、碱水驱、表面活性剂驱以及复合驱(二元复合、三元复合)等方法。其中，表面活性剂是提高采收率幅度较大、适用面较广、具有发展潜力的一种化学驱油剂。

国内研究表明，油田开展化学驱，井距基本控制在100~250m。通过经验总结与数值模拟，推算出井距与化学驱提高采收率值关系，如表5-4-1所示。陵76井区目前注水井与采油井井距在170~250m，满足开展化学驱的条件。

表5-4-1 化学驱中不同井距对应提高采收率值

井距/m	100	150	180	210	250
提高采收率值/%	19.7	18.2	15.1	14.1	12

表面活性剂驱主要通过降低油水界面张力、乳化原油、聚并油滴形成油带、改变岩石表面的润湿性、改变原油的流变性等机理来提高原油采收率。驱油用表面活性剂主要有阴离子表面活性剂、非离子表面活性剂和两性表面活性剂，在高矿化度条件下，单独使用阴离子或者非离子表面活性剂都无法满足矿场驱油要求。比较好的解决方法是将非

离子和阴离子表面活性剂复配，这也是目前油田最普遍的使用方法。例如，阴离子表面活性剂驱油体系的主要成分为石油磺酸盐，而石油磺酸盐不耐二价金属离子，但通过与烷基聚氧乙基硫酸盐复配或者与羧甲基型非离子-阴离子两性表面活性剂复配，则可以显著提高混合体系的抗盐性。对于前者，抗钙能力尤其显著；对于后者，不加低分子量的醇就可以获得超低表面张力，且特别适合高含盐度的地层。不过这种驱油体系在地层中会发生类似“色谱分离”的现象，从而无法实现最优设计。为避免发生“色谱分离”，最好的方法是将非离子基团和阴离子基团同时设计在一个表面活性剂分子结构中，进而得到优势互补、性能优良的非离子-阴离子复合表面活性剂。

陵76井区地层水矿化度高，二价金属离子含量高，储层渗透率较低。陵76井区水成分数据见表5-4-2。

表5-4-2　陵76井区水成分数据表(2008年3月)

水样	分析内容								
	pH值	$Na^{+}+K^{+}$/(mg/L)	Ca^{2+}/(mg/L)	Mg^{2+}/(mg/L)	Cl^{-}/(mg/L)	SO_4^{2-}/(mg/L)	CO_3^{2-}/(mg/L)	HCO_3^{-}/(mg/L)	总矿化度/(mg/L)
陵76注入水	7.073	33087.61	3882.29	603.86	58898.01	787.42	0	255.7	97515.40
陵76三相出口水	6.439	43708.31	5077.49	845.40	78009.46	978.31	0	144.21	128763.19

现有的资料及试验研究表明，要保证驱替液在驱替过程中保持良好的驱替性能，适合作化学驱的表面活性剂必须满足下列基本要求：

(1) 使驱替液与原油的界面张力达到超低($<10^{-3}$mN/m数量级)，不仅瞬时界面张力在到10^{-3}mN/m数量级以下，而且平衡界面张力(稳定2h)也要达到超低。

(2) 化学驱中表面活性剂的总浓度一般小于0.6%，且具有良好的抗稀释性，在低浓度时仍具有良好的界面活性。

(3) 化学驱中表面活性剂类型尽可能单一，保证在整个驱替过程中不发生严重的色谱分离现象。

(4) 能与碱、聚合物有良好的配伍性，避免出现相分离、沉淀等现象。

(5) 化学驱中表面活性剂在岩石上的滞留吸附损失量应小于10mg/g岩心。

(6) 表面活性剂具有一定的抗盐性和抗二价金属离子(如Ca^{2+}、Mg^{2+})的能力，不易出现沉淀。

(7) 表面活性剂的生产工艺可靠，产品质量稳定，价格低廉，来源充足。

(8) 要求合成的表面活性剂生物降解性好，无污染，在常温下溶解性好，配制方便。

1) 表面活性剂性能评价

目前各油田常用的驱油用表面活性剂类型，主要是阴离子表面活性剂、非离子表面活性剂和两性表面活性剂。其中，阴离子表面活性剂与两性表面活性剂可以单独使用，非离子表面活性剂常与阴离子表面活性剂复配使用。本次评价实验所使用的表面活性剂见表 5-4-3。

表 5-4-3　本次评价实验用表面活性剂

表面活性剂类型	样品名称
非离子型	JFC
阴离子型	NES-1、NES-2、NES-3、LHD-1、WS-7140、T20、T60、T80、T85、8-4-8、11-1-12
两性离子型	SH-1、SH-2、SH-8、SH-9、SH-10、SH-11

（1）表面活性剂与注入水的配伍性实验。

在常温下，用陵 76 井区注入水配制不同浓度的各种表面活性剂溶液，观察其溶解现象。结果见表 5-4-4。

表 5-4-4　表面活性剂溶解实验

表面活性剂	浓度/%			表面活性剂	浓度/%		
	0.1	0.5	1.0		0.1	0.5	1.0
JFC	澄清	混浊	混浊	SH-9	较澄清	较混浊	较混浊
NES-1	澄清	澄清	较澄清	SH-10	较澄清	较澄清	较混浊
NES-2	不完全溶解	不完全溶解	不完全溶解	SH-11	较澄清	较混浊	较混浊
NES-3	澄清	较澄清	较澄清	T20	澄清	澄清	较澄清
LHD-1	澄清	较澄清	较澄清	T60	混浊	混浊	混浊
WS-7140	澄清	澄清	较澄清	T80	澄清	澄清	澄清
SH-1	较澄清	较混浊	较混浊	T85	混浊	混浊	混浊
SH-2	较澄清	较混浊	较混浊	8-4-8	澄清	较澄清	较澄清
SH-8	较澄清	较混浊	较混浊	11-1-12	澄清	较澄清	较澄清

从实验结果来看，除 NES-2 外，其余表面活性剂与陵 76 井区注入水配伍性较好。

（2）表面活性剂的原油乳化实验。

表面活性剂体系对原油具有较强的乳化能力，在水油两相流动剪切的条件下，能迅速将岩石表面的原油分散、剥离，形成水包油（O/W）型乳状液，从而改善油水两相的流度比，提高波及系数。同时，由于表面活性剂在油滴表面吸附而使油滴带有电荷，油滴不易重新黏回到地层表面，从而被后续驱替相夹带着流向采油井。

因此，在配伍性实验的基础上还需要进行原油乳化实验，实验设计主要从能否使原油乳化、乳状液颗粒大小、乳状液的稳定性及破乳性、洗油性等几个方面进行。实验用水为陵 76 注入水，实验用油为陵 76 井区原油，油水比为 1∶1，实验温度为 50℃。实验结果见表 5-4-5。

表 5-4-5 不同表面活性剂浓度的原油乳化作用相态

表面活性剂	浓度/%	相态		
		乳化状态	乳状液流动性	乳状液洗油效果
NES-1	0.2	水相较混浊，两相	较差	油沾壁
	0.3	水相混浊，两相	较好	分层少许油沾壁
NES-3	0.2	水相混浊，两相	较好	分层少许油沾壁
	0.3	水相混浊，三相	较好	分层少许油沾壁
LHD-1	0.2	水相较混浊，两相	较差	油沾壁
	0.3	水相混浊，两相	较好	分层少许油沾壁
WS-7140	0.2	水相较混浊，两相	较差	油沾壁
	0.3	水相混浊，两相	较好	分层少许油沾壁
T-20	0.2	水相较混浊，两相	较好	油不沾壁
	0.3	水相较混浊，两相	较好	油不沾壁
SH-1	0.2	水相较混浊，两相	较差	油沾壁
	0.3	水相混浊，两相	较好	分层少许油沾壁
SH-2	0.2	水相较混浊，两相	较差	油沾壁
	0.3	水相混浊，两相	较好	分层少许油沾壁
SH-8	0.2	水相较混浊，两相	较差	油沾壁
	0.3	水相混浊，两相	较好	分层少许油沾壁
SH-9	0.2	水相较混浊，两相	较差	油沾壁
	0.3	水相混浊，两相	较好	分层少许油沾壁
SH-10	0.2	水相较混浊，两相	较差	少许油沾壁
	0.3	水相混浊，两相	较好	油不沾壁
SH-11	0.2	水相较混浊，两相	较差	油沾壁
	0.3	水相混浊，两相	较好	分层少许油沾壁

① 不同表面活性剂浓度的原油乳化作用相态。

从表 5-4-5 可看出，11 种表面活性剂的水溶液与原油乳化相态行为大致相同，浓度为 0.3%的 NES-3 表现最佳，可以形成均匀的三相，乳状液的流动性较好，可以认为黏度较小。基本上没有油沾壁，即洗油效果好。

② 不同配制用水的原油乳化作用相态。

从表 5-4-6 可看出，各种表面活性剂在不同的产出水和清水比例下与原油乳化的相态行为基本一致，随着混合水中产出水比例的提高，乳化能力逐渐下降。当产出水含量达到 80%~100%时，各种表面活性剂仍能形成乳状液。说明上述几种表面活性剂均能适用于陵 76 地层条件。

表 5-4-6 不同配制用水的原油乳化作用相态

表面活性剂（浓度）	产出水/清水含量	相态		表面活性剂（浓度）	产出水/清水含量	相态	
		乳化能力	乳状液洗油效果			乳化能力	乳状液洗油效果
NES-1（0.3%）	20%	好	油不沾壁	SH-2（0.3%）	20%	好	油不沾壁
	40%	好	油不沾壁		40%	较好	油不沾壁
	60%	较好	油不沾壁		60%	较好	油不沾壁
	80%	较好	油不沾壁		80%	较差	油沾壁
	100%	差	油沾壁		100%	较差	油沾壁
NES-3（0.3%）	20%	好	油不沾壁	SH-8（0.3%）	20%	好	油不沾壁
	40%	好	油不沾壁		40%	较好	油不沾壁
	60%	较好	油不沾壁		60%	较好	油不沾壁
	80%	较好	油不沾壁		80%	较差	油沾壁
	100%	较好	油不沾壁		100%	较差	油沾壁
LHD-1（0.3%）	20%	好	油不沾壁	SH-9（0.3%）	20%	好	油不沾壁
	40%	好	油不沾壁		40%	较好	油不沾壁
	60%	较好	油不沾壁		60%	较好	油不沾壁
	80%	较好	油不沾壁		80%	较差	油沾壁
	100%	较差	油沾壁		100%	较差	油沾壁
WS-7140（0.3%）	20%	好	油不沾壁	SH-10（0.3%）	20%	好	油不沾壁
	40%	好	油不沾壁		40%	较好	油不沾壁
	60%	较好	油不沾壁		60%	较好	油不沾壁
	80%	较好	油不沾壁		80%	较好	少许油沾壁
	100%	较差	油沾壁		100%	较好	少许油沾壁
SH-1（0.3%）	20%	好	油不沾壁	SH-11（0.3%）	20%	好	油不沾壁
	40%	较好	油不沾壁		40%	较好	油不沾壁
	60%	较好	油不沾壁		60%	较好	油不沾壁
	80%	较差	油沾壁		80%	较差	油沾壁
	100%	较差	油沾壁		100%	较差	油沾壁

（3）表面活性剂油水界面张力测试。

在决定石油采收率的众多因素中，驱油剂的波及效率和洗油效率是最重要的。提高洗油效率一般通过增加毛细管准数实现，降低油水界面张力则是增加毛细管准数的主要途径。毛细管准数与界面张力的关系见下式：

$$N_c = \nu\mu_w/\sigma_{wo} \tag{5-1}$$

式中，N_c 为毛细管准数；ν 为驱替速度，m/s；μ_w 为驱替液黏度，mPa·s；σ_{wo} 为油和驱替液间的界面张力，mN/m。

N_c 越大，残余油饱和度越小，驱油效率越高。增加 μ_w 和 ν，降低 σ_{wo} 可提高 N_c。其

中降低界面张力 σ_{wo} 是表面活性剂驱的基本依据。在注水开发后期，N_c 一般在 10^{-7} ~ 10^{-6}，N_c 增加将显著提高原油采收率，理想状态下 N_c 增至 10^{-2} 时，原油采收率可达 100 %。通过降低油水界面张力，可使 N_c 有 2~3 个数量级的变化。油水界面张力通常为 20~30mN/m，理想的表面活性剂可使界面张力降至 10^{-4} ~ 10^{-3} mN/m，从而大大降低或消除地层的毛细管作用，减少剥离原油所需的粘附力，提高洗油效率。所以，表面活性剂的油水界面张力测试是一项必不可少的工作。

室内采用美国 TEMCO 510 旋转滴界面张力仪，测定随时间变化的原油-水间的动态界面张力，每个试样的测定时间为 1h，以达到其平衡界面张力。

由于地层水中总矿化度过高，并且水中含有大量二价金属阳离子。过高的二价金属阳离子含量会引起溶液中阴离子表面活性剂大量的沉淀损失，更为严重的是，陵 76 井区目前的产出水中，二价金属阳离子的总含量接近 6000mg/L。因此必须对阴离子表面活性剂进行复配，以此减少阴离子表面活性剂的损失。

研究显示，将阴离子表面活性剂与非离子表面活性剂复配后，混合体系抗 Ca^{2+} 的能力会大大增强，即使混合溶液中非离子表面活性剂的含量很少，它的作用也十分明显，并且这种抗 Ca^{2+} 的能力会随着混合表面活性剂溶液中非离子表面活性剂含量的增加而增加。这是因为阴离子表面活性剂与非离子表面活性剂在溶液中能够形成混合胶束，胶束能够阻止阴离子表面活性剂与 Ca^{2+} 形成沉淀。在混合胶束中，非离子表面活性剂分子排布在阴离子表面活性剂分子之间，使原来的阴离子表面活性剂的电荷之间电性斥力减弱，而且在两种表面活性剂分子碳链间的疏水作用下容易形成胶束。随着非离子表面活性剂含量的增加，混合表面活性剂的临界胶束浓度减小，溶液中游离的阴离子表面活性剂也会减少，因而与 Ca^{2+} 生成的沉淀减少，甚至当非离子表面活性剂含量增大时不再产生沉淀。

将阴离子与非离子表面活性剂进行交叉复配，与单剂分别测定油-水界面张力，结果如表 5-4-7 所示。从图 5-4-1 可以看出，复配后油-水界面张力可以较长时间保持稳定。

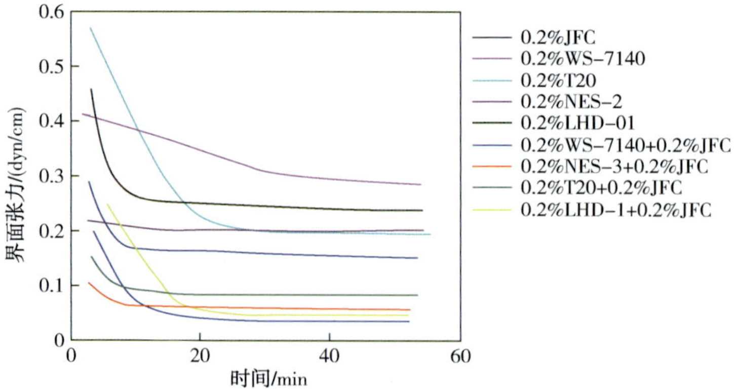

图 5-4-1 复配体系油水界面张力稳定性实验结果（1dyn=10^{-5}N）

表 5-4-7　不同浓度复配表面活性剂的油-水界面张力

药剂浓度	界面张力/(dynes/cm)	药剂浓度	界面张力/(dynes/cm)
空白(注入水)	3.2880	0.2%(T20)+0.2%(JFC)	0.0811
0.2%(11-1-12)+0.2%(JFC)	0.1207	0.2%(WS-7140)+0.2%(JFC)	0.0538
0.2%(8-4-8)+0.2%(JFC)	0.1047	0.2%(LHD-1)+0.2%(JFC)	0.0565
0.2%(NES-1)+0.2%(JFC)	0.1030	0.3%(T20)+0.2%(JFC)	0.0835
0.2%(NES-3)+0.2%(JFC)	0.0690	0.3%(WS-7140)+0.2%(JFC)	0.0435
0.1%(NES-1)+0.1%(JFC)	0.6092	0.3%(LHD-1)+0.2%(JFC)	0.0505
0.1%(NES-3)+0.1%(JFC)	0.0805	0.3%(NES-3)+0.2%(JFC)	0.0235
0.10%(SH-1)	0.0128	0.10%(SH-9)	0.0152
0.20%(SH-1)	0.0103	0.20%(SH-9)	0.0041
0.30%(SH-1)	0.0085	0.30%(SH-9)	0.00315
0.10%(SH-2)	0.0467	0.10%(SH-10)	0.00747
0.20%(SH-2)	0.0121	0.20%(SH-10)	0.00084
0.30%(SH-2)	0.00518	0.30%(SH-10)	0.00073
0.10%(SH-8)	0.0101	0.10%(SH-11)	0.0157
0.20%(SH-8)	0.0081	0.20%(SH-11)	0.0131
0.30%(SH-8)	0.0063	0.30%(SH-11)	0.01085

注：1dynes=10^{-5}N。

从实验结果看来，复配后混合表面活性剂将油-水界面张力大幅降低，这说明将阴离子表面活性剂与非离子表面活性剂进行复配使用，对陵 76 井区的高矿化度注入水是有效的。从中选出界面张力较低的单剂与复配剂，进行后续实验。

（4）表面活性剂在砂体上的吸附量测试。

表面活性剂在砂岩表面的吸附造成活性剂的吸附损失。吸附分为静态和动态两种，正常情况下静态吸附量大于动态吸附量。一般驱油剂要求吸附量小于 10mg/g 砂。

吸附量的测试基于对表面活性剂浓度的测试，然后按下式进行计算：

$$A=(C_0-C_1)\cdot\beta \tag{5-2}$$

式中，A 为表面活性剂吸附量，mg/g；C_0 为表面活性剂初始浓度，mg/L；C_1 为表面活性剂平衡浓度，mg/L；β 为液固比。

根据不同表面活性剂类型，其浓度测试方法也不同，本书所用复配表面活性剂为阴离子型与非离子型复配而成，在此，采用直接两相滴定法测定其中阴离子表面活性剂浓度。根据吸附理论，复配表面活性剂吸附量低于单剂吸附量，如果单剂的吸附量符合要求，复合驱油体系的吸附量也就符合要求。

分别测试了陵 76-2 井的油砂及净砂对表面活性剂的静吸附量，取陵 76-2 断块地层油砂，经粉碎后筛取粒径小于 0.42mm 的颗粒，用适当的水淘洗后风干，得到的地层砂为油砂。将油砂用体积比为 1∶1 的苯乙醇混合溶剂抽提后于 105℃下干燥，得到净砂。

液固比为 10∶1，温度 70℃，油砂吸附平衡时间为 48h，净砂吸附平衡时间 24h，上层清液离心分离后测表面活性剂浓度。结果见表 5-4-8。

表 5-4-8 表面活性剂在油砂和净砂上的静吸附量

名称	浓度	油砂静吸附量/(mg/g砂)	净砂静吸附量/(mg/g砂)
NES-3+JFC	0.3%+0.2%	3.410	5.001
LHD+JFC	0.3%+0.2%	2.540	3.252
WS-7140+JFC	0.3%+0.2%	3.220	5.149
SH-1	0.3%	4.009	5.505
SH-2	0.3%	4.561	5.810
SH-8	0.3%	3.844	5.113
SH-9	0.3%	4.134	5.735
SH-10	0.3%	3.253	4.337
SH-11	0.3%	3.651	4.683

从表 5-4-8 中可以看出，表面活性剂在油砂上的吸附量比在净砂上的吸附量小。产生这一结果的原因：一方面，未经抽提清洗的油砂表面已经吸附(或粘附)了一些有机质和极性组分，甚至包括原油中某些已存在的表面活性组分，这些物质优先占据了固体表面的一些活性吸附点，从而减少了活性剂在其表面的吸附；另一方面，吸附了表面活性剂的油质可能以乳化和增溶的方式进入液相，增加液相中表面活性剂的浓度，从而在整体上降低活性剂在固体表面的吸附量。净砂吸附后的清液呈无色，而油砂吸附后的清液呈淡黄色就印证了这一点。

取陵 76 斜-2 井岩样，用注入水驱替至系统压力稳定，注入 0.3PV 驱替液，然后转水驱，检测出口驱替液中表面活性剂含量，当含量为 0 时结束实验，实验温度为地层温度 71℃。岩样参数和实验结果见表 5-4-9。

表 5-4-9 表面活性剂的动态吸附量

岩样编号	孔隙度/%	空气渗透率/$10^{-3}\mu m^2$	水测渗透率/$10^{-3}\mu m^2$	注入速度/(cm^3/min)	表面活性剂	动态吸附量/(mg/g)
陵 76-1-2	15.001	14.735	8.048	0.5	0.3%NES-3+0.2%JFC	0.020
陵 76-1-3	13.283	5.225	2.612	0.5	0.3%LHD+0.2%JFC	0.018
陵 76-1-4	13.606	4.156	2.229	0.5	0.3%WS-7140+0.2%JFC	0.017
陵 76-1-0	14.700	10.310	5.026	0.5	0.3%SH-1	0.030
陵 76-1-6	16.311	3.842	1.881	0.5	0.3%SH-2	0.034
陵 76-1-1	15.949	6.587	3.924	0.5	0.3%SH-8	0.027
陵 76-1-9	16.695	5.686	2.897	0.5	0.3%SH-9	0.021
陵 76-1-12	15.189	5.035	2.661	0.5	0.3%SH-10	0.027
陵 76-1-8	15.562	7.042	4.013	0.5	0.3%SH-11	0.033

从表 5-4-8 和表 5-4-9 结果可以看出，进行评价的表面活性剂吸附量测试合格。其中发现，表面活性剂的动态吸附量远远小于其静态吸附量，这是由于：一方面，流体的冲刷作用使部分被吸附的表面活性剂由地层砂表面脱附；另一方面，在驱替过程中有些岩心孔道难以进入，发生吸附的固体比表面积比静态吸附情况下小。

（5）静态驱排油实验。

将陵 76 斜-2 井地层砂抽提洗油后，在 105℃下烘干 4 h，取 20 g 砂装入刻度试管，滴入 3 g 模拟油，使油饱和。取浓度为 0. 3%(室温)的表面活性剂溶液 20mL，慢慢沿壁流入刻度试管，在地层温度下放置，观察记录不同时间驱排出的油量，本方法是评价药剂静态洗油能力的半定量实验方法(表 5-4-10)，实验结果表明，进行评价的表面活性剂驱排油能力达到了 0. 35~0. 5mL，均能满足驱油实验要求。

表 5-4-10　静态驱排油量试验结果　　单位：mL

驱排时间		30min	120min	1440min
表面活性剂	0. 3%NES-3+0. 2%JFC	0. 10	0. 20	0. 50
	0. 3%LHD+0. 2%JFC	0. 05	0. 10	0. 40
	0. 3%WS-7140+0. 2%JFC	0. 10	0. 20	0. 50
	0. 3%SH-1	0. 05	0. 15	0. 35
	0. 3%SH-2	0. 05	0. 15	0. 35
	0. 3%SH-8	0. 05	0. 20	0. 45
	0. 3%SH-9	0. 05	0. 15	0. 35
	0. 3%SH-10	0. 05	0. 15	0. 40
	0. 3%SH-11	0. 05	0. 15	0. 35

2）表面活性剂驱油实验

在表面活性剂驱油实验中，界面张力的降低是主要的，它是决定残余油能否启动的关键因素之一，因此所选择的表面活性剂注入浓度应当是对应于油水界面张力较低值时的浓度。考虑到表面活性剂在岩心上的吸附损耗，选择 0. 3%~0. 5%作为表面活性剂的注入浓度进行室内岩心驱油模拟实验。

室内岩心驱油实验参照中华人民共和国石油天然气行业标准 SY/T 6424—2014《复合驱油体系性能测试方法》。实验方法如下：取陵 76-2 井岩样，抽空饱和地层水，测定孔隙体积和水相渗透率；用陵 76 井区脱水原油配制实验用模拟油，模拟油黏度为地层原油黏度 3. 2mPa·s；在油层温度(71℃)下，岩心饱和油，使原油饱和度尽量接近储层原始饱和度，并放置 24 h，使其充分老化。取饱和油的岩心进行注水驱油，至采出液含水率达 98%，结束水驱实验，计算水驱采收率；水驱结束后，转注驱油剂 0. 3PV，再继续水驱至采出液不出油为止，记录压力变化情况和采出油量，计算最终采收率，结果见表 5-4-11。以注入体积为横坐标、驱油效率为纵坐标作图，可以得到表面活性剂驱提高采收率的数值，结果如图 5-4-2 ~ 图 5-4-5 所示。

表 5-4-11　水驱实验模型参数及实验数据

岩样号	孔隙度/%	空气渗透率/ $10^{-3}\mu m^2$	驱油剂	水驱采收率/%	注入速度/ (cm^3/min)	最终采收率/%	采收率提高/%
陵 76-1-7	15.130	13.730	0.3%SH-10	41.56	0.5	46.25	4.69
陵 76-1-10	16.695	35.911	0.3%LHD-1+0.2%JFC	39.67	0.5	42.39	2.72
陵 76-1-5	14.161	15.163	0.3%WS-7140+0.2%JFC	34.78	0.5	38.11	3.33
陵 76-1-11	16.357	29.023	0.3%SH-1	32.68	0.5	34.08	1.40

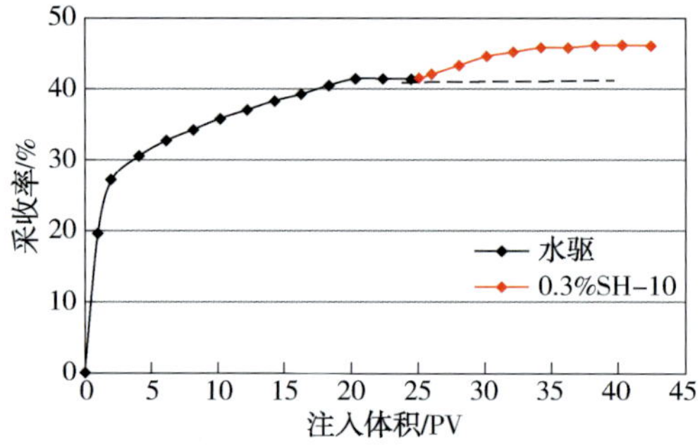

图 5-4-2　表面活性剂(0.3%SH-10)驱与水驱采收率对比示意图

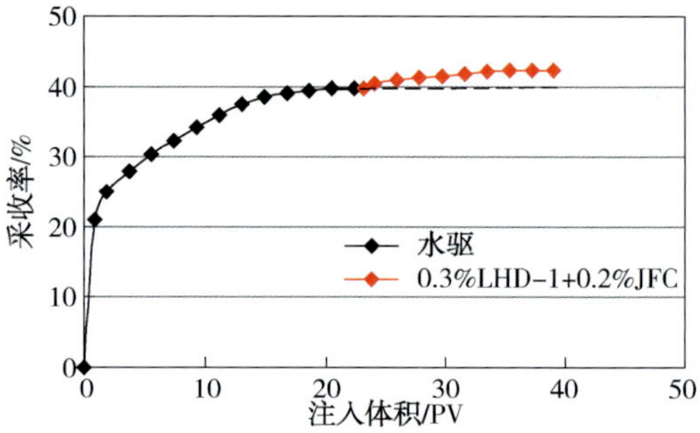

图 5-4-3　表面活性剂(0.3%LHD-1+0.2%JFC)驱与水驱采收率对比示意图

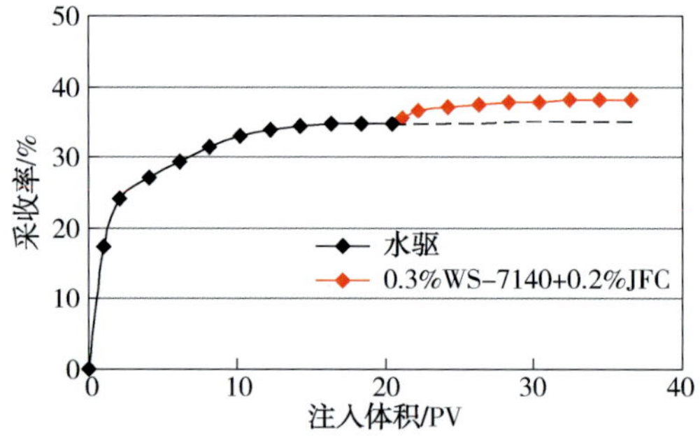

图 5-4-4　表面活性剂(0.3%WS-7140+0.2%JFC)驱与水驱采收率对比示意图

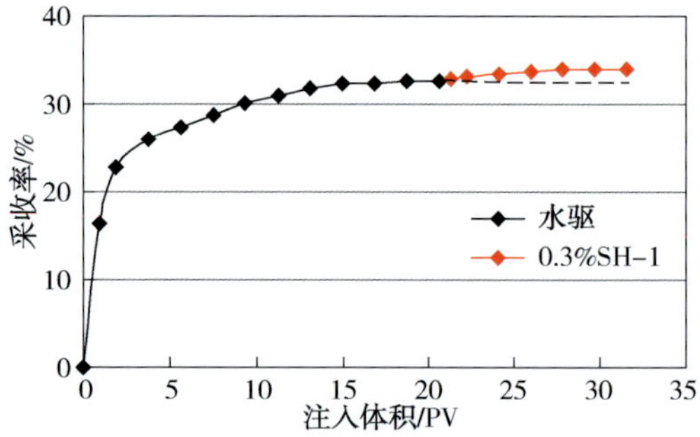

图 5-4-5　表面活性剂(0.3%SH-1)驱与水驱采收率对比示意图

将提高原油采收率效果与油水界面张力值对比来看，除表面活性剂 SH-10 外，SH-1 的界面张力值是较小的，达到了 10^{-3}数量级，其余两种表面活性剂的界面张力值只达到 10^{-2}数量级，但是 SH-1 的增油效果却是三者中最差的。说明驱油效率不仅与油水界面张力值有关，与表面活性剂的类型也有一定关系。

室内驱油结果表明，4 种表面活性剂提高采收率的幅度在 1.40%~4.69%。SH-10 的驱油效果最好，在水驱含水达到 98%以后，仍可以提高采收率 4.69%，可以作为驱油剂在陵 76 井区应用。

由于陵76井区非均质性比较严重，因此配合调驱等手段扩大波及范围，能更有效地利用表面活性剂的洗油效果，提高井区整体采收率。

2. 氮气提高采收率技术研究

陵76油田地层水矿化度高，渗透率低，开展化学驱有一定的难度，而开展气驱可以有效避免此类问题。注气提高采收率主要有注二氧化碳、注天然气、注氮气、注烟道气等，从目前国内外研究的结果来看，水驱后二氧化碳水交替驱比较适合油较稠的油田；而烃类气和氮气水交替驱比较适合油较轻的油田。由于江汉油田不存在天然二氧化碳气源，天然气售价不断上涨，氮气由于气源充足且价廉，不伤害地层、不结垢、不腐蚀管线、后处理简单，大大降低了注气提高采收率技术的经济风险，因此决定开展注氮气以提高陵76原油采收率技术研究。

1）注氮气提高采收率机理

按氮气驱替机理分，注氮提高采收率可分为氮气混相驱和氮气非混相驱两种类型。氮气混相驱是多次接触混相过程，其主要机理：在高压下通过蒸发作用从原油中提取轻烃和中间烃，达到与原油混相，混相后界面张力降为零。氮气与原油的最低混相压力（MMP）很高，所以氮气混相驱一般只适用于深层油藏压力高的油藏，另外要求原油中轻烃含量高。考虑到陵76油田原始地层压力仅为17.87MPa，无法开展氮气混相驱，只能开展氮气非混相驱。

氮气非混相驱包括单纯注氮气非混相驱、水气交替注氮非混相驱等多种形式。氮气非混相驱机理主要体现在以下几方面：

（1）氮气压缩系数大，注入氮气可有效补充地层能量和保持油藏压力，且由于氮气有良好的膨胀性，使其具有良好的驱替、气举和助排等作用；氮气能进入水难以进入的低渗透层段和小孔道，水驱后留在油层中的不可动残余油随氮气进入而被替换出小孔道，使残余油饱和度变小。

（2）氮气对原油有限量的蒸发和抽提作用。注入氮气与油藏原油接触过程中导致组分质量交换，原油中的中间烃产生蒸发、氮气产生抽提作用，气相不断被富化，注入气体更易产生近混相作用，提高驱油效率。

（3）氮气部分溶解于原油，有一定的使原油膨胀作用和降低原油黏度作用。氮气溶解使原油体积膨胀，膨胀油将水挤出孔隙空间，使排驱的油相相对渗透率高于吸吮时的水相相对渗透率，发生相对渗透率转换，形成有利的油流动环境；形成游离气饱和度导致水相相对渗透率以及油井含水率下降。

（4）注入氮气后，氮气在开采压力下降过程中产生溶解气驱作用。

（5）气水交替方式注氮把水驱和气驱的优点有效结合在一起，不仅可以改善由气水黏度差异造成的黏性指进，使驱替前沿相对均匀，而且由于渗吸作用，对低渗透层剩余油的驱替更有利。水相主要驱扫油层中下部，注入的气相由于重力分异作用向上超覆，主要驱扫油层上部，气液交替驱扫不同含油孔道，有效提高驱油效率。

2）影响水气交替注入效果的因素

研究表明，在诸多影响因素中，储层条件是岩心水气交替注入效果的关键因素；同时，措施条件如完井工艺、水气比、水气交替周期、注采速度以及井网井距等也直接影响水气交替注入的开采效果。

（1）地质因素。

① 沉积类型对水气交替注入的影响。

在亲水的油层中进行水气交替非混相驱：当油层的渗透率呈反韵律分布时，其采收率小于均质层采收率，累计注入氮气和采出油量之比较高；当油层的渗透率呈正韵律分布时，其采收率大于均质层采收率，累计注入氮气和采出油量之比则较低。所以水气交替注入更适合于正韵律的油层；但研究发现对于复合韵律的油层来说，通过调整加大水气比，也能够达到提高采收率的效果。

图 5-4-6、图 5-4-7 为陵 76 斜-2 井新下$^1_{6(6)}$、新下$^1_{7(6)}$油砂体的渗透率分布情况，结合测井资料可以看出，新下$^1_{6(6)}$油砂体渗透率变化不大，新下$^1_{7(6)}$油砂体自上而下渗透率逐渐增大，均适合水气交替注入。

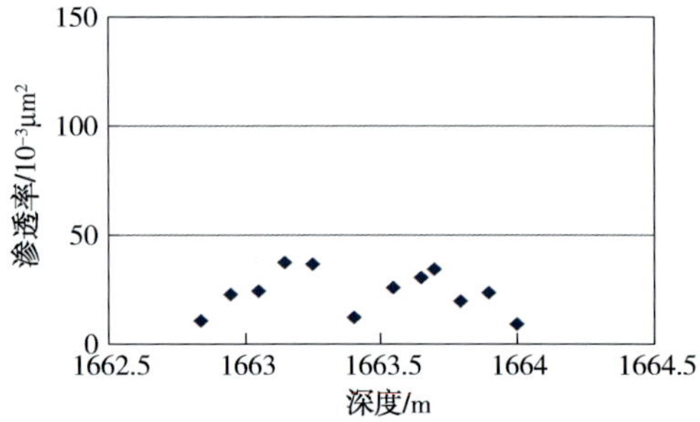

图 5-4-6 陵 76 斜-2 新下$^1_{6(6)}$油砂体渗透率分布

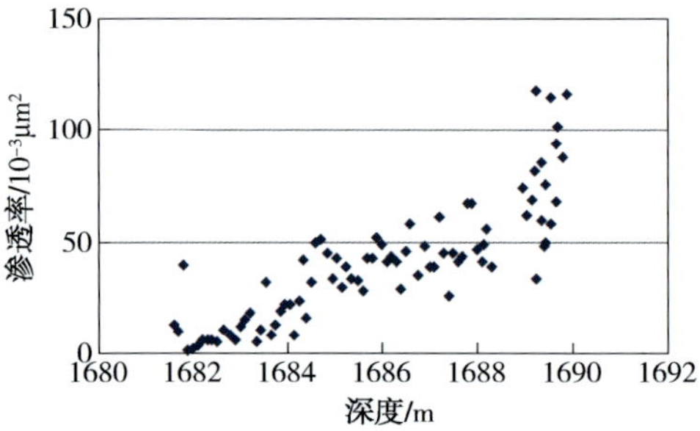

图 5-4-7 陵 76 斜-2 新下$^1_{7(6)}$油砂体渗透率分布

② 油层非均质性对水气交替注入的影响。

对于均质的油层来说，由于水驱采收率本身就很高，因此水驱后转水气交替注入效果就很不明显；而对于非均质性严重的正韵律油藏来说，其水淹厚度小，顶部剩余油较多，水驱后转水气交替注入，降低了水油流度比，扩大了波及范围，并在重力的作用下，上浮至油层顶部，驱替出其中的剩余油。但是如果渗透率级差过高，在气窜的影响下，采收率的提高程度也较小。

③ 油层倾角对水气交替注入的影响。

文献和室内实验表明，受重力影响，油层的倾角越大(注气井位于油层高部位，生产井位于低部位)，正韵律油层水气交替注入的效果越好。而如果由低部位向高部位注气，气驱方向与气体的浮力方向一致，将加剧气窜，导致开发效果差。

（2）完井方式。

对于给定的油层，采用适当的完井方式，即只射开生产井油层的底部，迫使气体留在油层顶部，利用重力作用，人为地制造捕集气体的条件，可以有效提高驱油效果。利用这种方法，可以使原本不适合水气交替注入的油层获得较好的采收率。一般来说，射开的厚度越小，采收率越高，但这会与油井的生产能力产生矛盾，必须在两者之间寻求平衡。

（3）水气比与注入周期。

研究表明，缩短水气交替注入周期，有利于加大气水两相的分散程度，提高采收率，但如果气水交替过于频繁，气水段塞偏小，则气泡之间易出现非连续相，水珠之间也易出现非连续相，从而导致气锁和水锁的发生。因此，选择注入周期要充分考虑地层条件，如渗透率、注水压力等因素。

水气交替微观驱油机理表明，气水界面提供了油流的连接通道，而且气水界面夹带油相流动，这种流动只有在气水交替通过孔道时才能发挥作用，因此需要保持适当的水气比。水气比较小时，气体的波及厚度大，因而驱替采收率高；当水气比大时，驱替更多地表现出水驱的特征，波及厚度与最终采收率相对较小。不过对于渗透率级差较大的油层来说，适当增大水气比可以在一定程度上控制气窜。

（4）注入速度与井距。

在保持注采平衡的前提下，当井距一定时，注入速度越低，采收率提高值越大；当注入速度一定时，随着井距的减小，采收率有所增加。当注入速度较小时，井距对采收率的影响较小。

3）水气交替注氮提高采收率实验研究

为了进一步研究各种条件下注氮方式、注氮参数对氮气非混相驱提高采收率的影响，从室内实验角度评价水气交替注氮提高采收率的潜力，开展了注氮气提高采收率长岩心驱油实验研究。

（1）实验装置。

长岩心驱油实验是在长岩心驱替实验系统上完成的，实验装置主要由注入泵、长岩心夹持器系统、回压调节器、差压表、恒温箱等组成。其中长岩心夹持器是长岩心驱替装置中的关键部分，主要由长岩心外筒、胶皮套和轴向连接器组成。

（2）实验介质。

实验油样为配制的黏度为3.2mPa·s的陵76井区模拟原油(71℃时)，驱替氮气为商品氮气，地层水和注入水根据水成分数据表5-4-2配制。

（3）岩心参数与排序。

本次实验采用陵76斜-2井新下$_1$组油层岩心，岩心的基本物性参数见表5-4-12。

表 5-4-12 长岩心驱油实验岩心参数表

岩心组号	岩心平均渗透率/$10^{-3}\mu m^2$	长度/cm	总孔隙体积/cm^3
1	27.93	34.27	27.311
2	30.98	34.27	26.139

为了将末端效应降低到最低程度，岩心按下列调和平均方式排序：

$$\frac{\overline{L}}{\overline{K}}=\frac{L_1}{K_1}+\frac{L_2}{K_2}+\cdots+\frac{L_i}{K_i}+\cdots+\frac{L_n}{K_n}=\sum_{i=1}^{n}\frac{L_i}{K_i} \tag{5-3}$$

式中，L 为岩心的总长度，cm；$\overline{K}$ 为岩心的调和平均渗透率，μm^2；L_i 为第 i 块岩心的长度，cm；K_i 为第 i 块岩心的渗透率，μm^2。

（4）实验程序。

本次实验为水驱后的氮气-水交替驱油实验，实验温度为地层温度 71℃，驱替速度为 0.3cm^3/min。实验具体步骤如下：

① 装填岩心、抽空、饱和地层水，采用油驱水方式建立束缚水，计算束缚水饱和度和原始含油饱和度。

② 进行水驱油，含水达到 98%后转为氮气-水交替注入的驱油实验。

③ 实验中记录好驱替时间、泵读数、注入压力、注入速度、环压和回压，监测记录采出的油量、气量和水量。

（5）实验结果与分析。

第 1 组岩心在水平状态下进行，水驱至累计含水率 98%时采收率为 27.65%，转 0.2PV 氮气-水交替驱，最终采收率为 37.65%，提高采收率 10.00 个百分点(图 5-4-8)。

考虑到陵 76 井区地层倾角 5°~24°，因此设计了一组倾角为 15°(高注低出)的水气交替注氮长岩心驱油实验。第 2 组岩心在地层倾角 15°下进行水驱至累计含水率 98.00%时采收率为 34.00%，转 0.2PV 氮气-水交替驱，最终采收率为 44.98%，提高采收率 10.98 个百分点。驱油实验结果(图 5-4-9)表明，地层倾角对提高采收率有一定的影响。

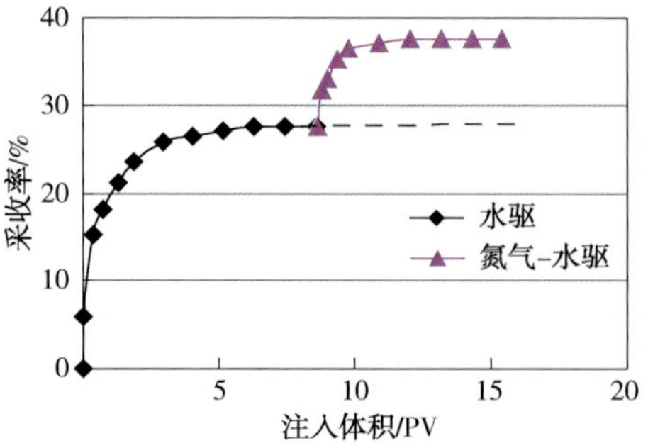

图 5-4-8 长岩心水气交替注氮长岩心驱油实验结果(第 1 组)

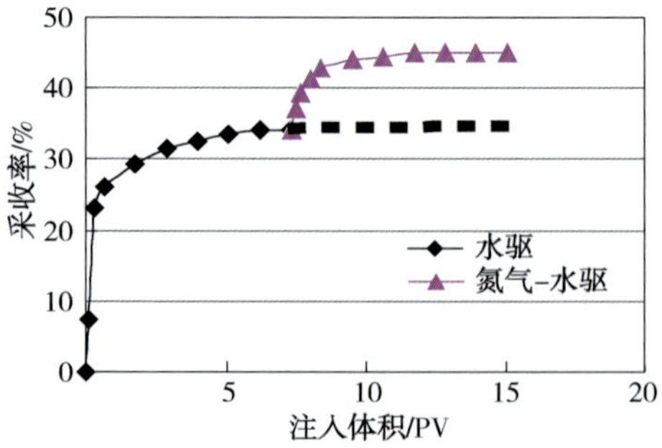

图 5-4-9 长岩心水气交替注氮长岩心驱油实验结果(第 2 组)

试验中发现，气水交替注入地层后，注入压力比水驱结束时均有所提高，主要原因是贾敏效应，地层孔喉中同时发生了气锁和水锁现象；同时，由于气体进入地层后，驱替一部分残余油，形成“油墙”，降低了水相渗透率，使注入压力提高。在现场应用时通过调节气水段塞大小或采用土酸、浓缩酸、非活性酸等酸液增注，大剂量返排气水混合物等方法来降低因气水交替注入而引起的压力上升，改善岩心渗流性能。

3. 可动凝胶调驱技术研究

陵 76 油田经过多年开发，已经从稳产阶段进入产量递减阶段，特别是进入高含水开发后期，层间非均质性和层内非均质性进一步加剧，普遍水淹程度严重，剩余油潜力小，措施选井难度越来越大，井况越来越差，影响油藏的进一步开发。为此开展了调驱技术研究，针对陵 76 油藏渗透率低的情况，在对预交联可动凝胶调驱机理研究的基础上进行了室内实验研究，以扩大水驱波及范围，提高原油采收率，降低综合含水率。

1）调驱技术提高采收率机理

可动凝胶(SMG)颗粒在多孔介质中，在一定的注入水压力驱动下，小于孔喉的颗粒可顺利通过孔喉；稍大于孔喉的颗粒在挤压作用下会发生部分脱水现象，产生变形而通过孔喉，重新进入大孔隙后又可吸水恢复原状，表现出“变形”的特性；当驱动压差较大时，颗粒一直向深部运移；随着运移距离的加大，在远离注水井的油藏深部，驱动压差减小到不足以使颗粒产生形变，颗粒便停留在这一位置，从而达到深部调驱的目的。

可动凝胶颗粒在孔隙中向前运移时，同时还具有一定的微观驱油作用，能迫使残余油启动。对于油湿油层，残余油束缚于岩石表面，在颗粒摩擦作用下，可达到驱替残余油的目的。对于水湿油层，残余油位于孔隙中央，颗粒进入孔喉后，打破孔喉内力的平衡，将残余油驱出孔隙。

2）调驱技术室内实验

(1) 调驱剂溶解性实验。

凝胶颗粒的膨胀性能对配制水中的矿化度较为敏感，在淡水中完全膨胀的情况下，体积可达约 80 倍，而在较高矿化度的水中，体积只膨胀 20~30 倍。温度对凝胶颗粒的膨胀也有一定影响，但影响程度远小于盐度，一般温度越高，膨胀倍数越高。

根据陵 76 井区孔喉特性，选择适应粒径的可动凝胶，在常温下，用陵 76 井区注入水配制不同浓度的可动凝胶溶液，观察其溶解现象，从实验结果来看，3 种凝胶颗粒都能较好地溶解在陵 76 注入水中(表 5-4-13)。

表 5-4-13 调驱剂溶解性实验

调驱剂	浓度/%		
	0.1	0.3	0.5
SMG-1	澄清	澄清	澄清
SMG-2	澄清	澄清	澄清
SMG-3	澄清	澄清	澄清

将上述溶液在71℃下避光放置不同的时间，观察溶液变化情况，从实验结果来看，不同浓度的调驱剂溶液在地层温度下都能保持较长时间的稳定，可用于调驱实验(表5-4-14)。

表5-4-14 调驱剂溶液稳定性实验

调驱剂	浓度/%	时间/d		
		1	5	30
SMG-1	0.1	澄清	澄清	澄清
SMG-2		澄清	澄清	澄清
SMG-3		澄清	澄清	澄清
SMG-1	0.3	澄清	澄清	澄清
SMG-2		澄清	澄清	澄清
SMG-3		澄清	澄清	澄清
SMG-1	0.5	澄清	澄清	澄清
SMG-2		澄清	澄清	澄清
SMG-3		澄清	澄清	澄清

(2) 调驱剂岩心驱替实验。

本次岩心驱替实验采用每组2块平行的陵76岩心，实验用水采用模拟的陵76注入水。实验内容为不同渗透率的岩心同时进行水驱，待稳定后注入调驱剂进行调驱，观察调驱剂的调驱效果，实验温度为地层温度71℃，驱替速度为0.5cm^3/min。实验具体步骤如下：

① 装填岩心、抽空、饱和地层水。

② 进行水驱，当驱替压力与岩心出水量稳定后，分别注入0.2PV的不同调驱剂溶液，调驱剂浓度均为0.1%，然后继续水驱至总驱替体积30PV后结束水驱。

③ 实验中记录好驱替时间、泵读数、注入压力、注入速度、环压，监测记录两块岩心分别采出的水量。

实验结果(图5-4-10)表明，注入调驱剂后，岩心渗透率均有不同程度的下降，高渗岩心下降的幅度比低渗岩心下降的幅度大，说明大部分调驱剂已进入高渗岩心，造成堵塞；同时高渗岩心出水量所占的百分比也都有不同程度的下降，说明注入调驱剂后，改变了注入水的流向，有更多的注入水流经低渗岩心。

从实验结果(表5-4-15)来看，SMG-2的封堵效果最好，实验中低渗岩心的出水百分比提高了12.28个百分点，其余两种效果一般。3种调驱剂的化学性质基本相同，主要差别是颗粒的粒径大小不同，其中SMG-1> SMG-2> SMG-3，说明SMG-2的大小与岩心的渗透率、孔隙和吼道大小最匹配。需要注意的是，由于岩石的微观非均质性，即使一个层位，其岩石渗透率相差也是很大的，因此在选用凝胶颗粒大小时应考虑微观非均质性的影响。实际应用中可用不同大小的凝胶颗粒混合使用，封堵高渗透层时可适当增加大颗粒凝胶所占比例，但同时也应考虑混入一些小颗粒凝胶。

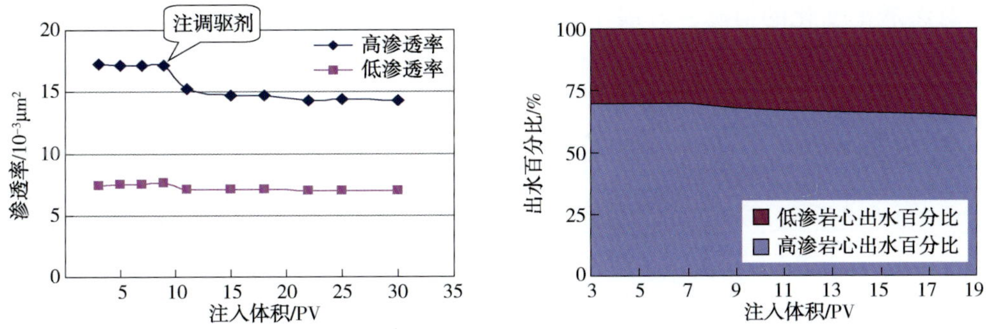

(a)调驱剂SMG-1(0.1%)

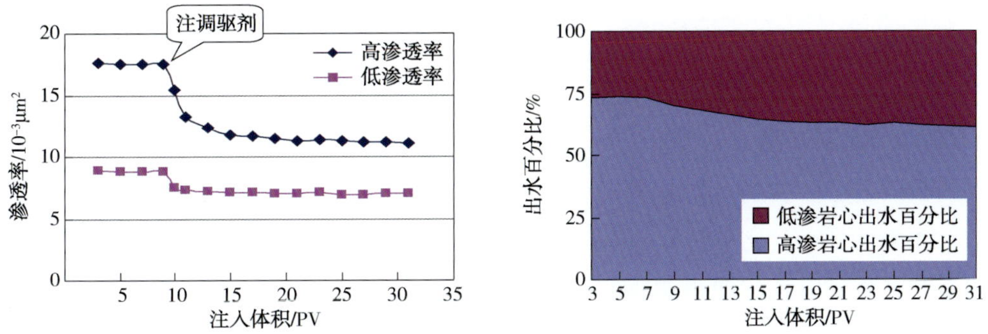

(b)调驱剂SMG-2(0.1%)

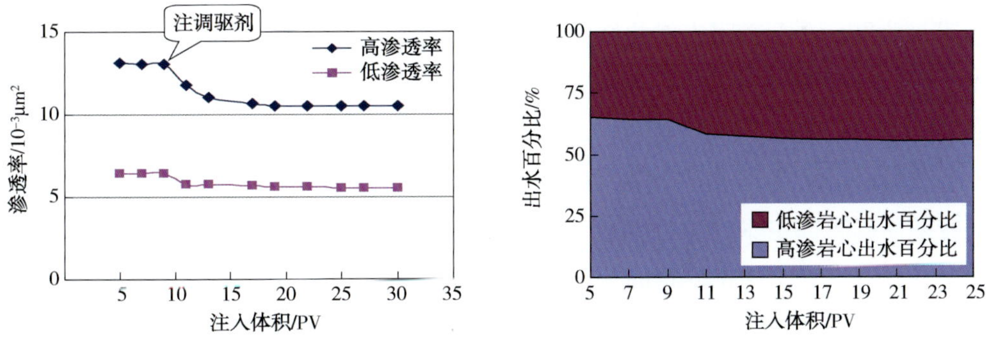

(c)调驱剂SMG-3(0.1%)

图 5-4-10 双岩心注调驱剂实验结果

表 5-4-15 调驱剂岩心驱替实验结果

调驱剂	调驱前				调驱后				低渗岩心出水百分比提高值/个百分点
	高渗岩心		低渗岩心		高渗岩心		低渗岩心		
	渗透率/$10^{-3}\mu m^2$	出水百分比/%	渗透率/$10^{-3}\mu m^2$	出水百分比/%	渗透率/$10^{-3}\mu m^2$	出水百分比/%	渗透率/$10^{-3}\mu m^2$	出水百分比/%	
SMG-1	17.171	69.9	7.502	30.1	14.336	64.47	6.961	35.53	5.43
SMG-2	17.578	73.48	8.797	26.52	11.127	61.2	7.002	38.8	12.28
SMG-3	13.107	65.44	6.401	34.56	10.513	55.72	5.545	44.28	9.72
混合	23.055	74.79	7.143	25.21	17.396	61.52	5.537	38.48	13.27

针对渗透率变化的情况，开展了将3种调驱剂混合注入岩心的实验，3种调驱剂按1∶1∶1配制，总浓度为0.1%，实验条件与单剂驱替相同，实验结果如图5-4-11所示。

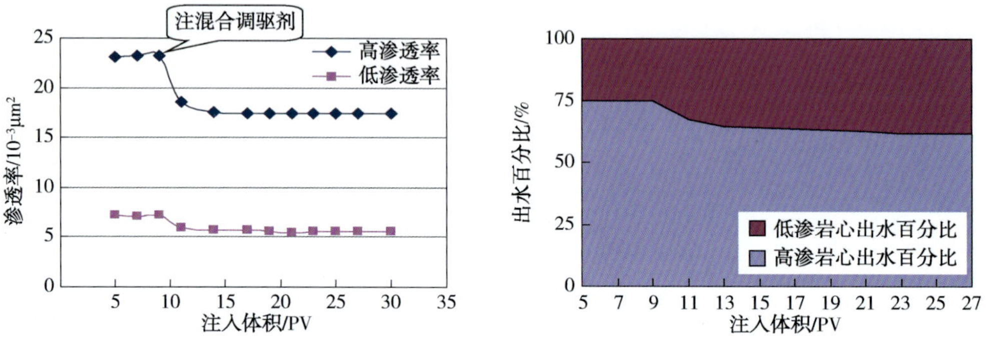

图5-4-11 双岩心注调驱剂实验结果[混合调驱剂SMG-1+SMG-2+SMG-3(总浓度0.1%)]

从调驱剂岩心驱替实验结果可以看出，驱替结束时，低渗岩心的出水百分比最终提高了13.27个百分点，比单独注入调驱剂效果好。说明大小不同的颗粒有选择性地封堵了不同大小的孔隙和吼道，使得调驱的总体效果较好。

(3) 调驱剂注入方式。

陵76油田属低渗透油藏，且经过长时间注水开发，为了将预交联颗粒顺利注入地层，并确保调驱效果，在参考国内成功经验的基础上，制定以下注入方式：

① 注入方式为多段塞注入，注入浓度从低到高。

② 先注入细小粒径段塞，确保注入过程顺利。

由于预交联凝胶颗粒具有较好的选择性进入能力，在调驱作业时，可通过低浓度、细粒径段塞使调驱剂在非目的产油层形成表面堵塞而顺利地进入水驱大孔道，从而达到调驱剂选择性进入封堵层位的目的。

③ 逐步加大注入浓度与粒径大小，改善水驱油方向。

中浓度的主段塞，主要作用在于调整平面和层内非均质性，改善水驱油方向，使注入水绕流，以扩大注入水波及面积。

④ 根据现场注入情况，最后注入高浓度、大颗粒段塞。

注入高浓度、粗颗粒段塞，其目的是在主段塞和后续注入水之间建立一个强固隔离带，避免注入水突破主段塞，从而延长调驱的有效期。

4. 表面活性剂加可动凝胶组合驱体系研究

组合体系由调驱剂SMG与表面活性剂构成，利用调驱剂堵塞水流通道，扩大波及范围，使得驱油剂能够到达未动用的孔隙，从而达到更好的洗油效果。表面活性剂为SH-10，使用浓度为0.3%；调驱剂为SMG可动凝胶，使用浓度为0.1%。

1）实验过程

（1）实验装置。

长岩心双管驱油实验是在两根平行的长岩心夹持器上完成的，实验装置主要由注入泵、长岩心夹持器系统、回压调节器、差压表、恒温箱等组成。其中长岩心夹持器是长岩心驱替装置中的关键部分，主要由长岩心外筒、胶皮套和轴向连接器组成。

（2）实验介质。

实验油样为配制的黏度为 3.2mPa·s 的陵 76 井区模拟原油(71℃时)，地层水和注入水根据水成分数据表 5-4-2 配制，实验用的气源为商品氮气，各种药剂均由模拟注入水配制。

（3）岩心参数。

本次实验采用陵 76-2 井新下[1] 组油层岩心。采用多块岩心拼接成长岩心，长岩心的基本物性参数见表 5-4-16。

表 5-4-16　长岩心驱油实验岩心参数表

岩心组号	岩心平均渗透率/$10^{-3}\mu m^2$	长度/cm	总孔隙体积/cm^3
高渗岩心	23.381	30.53	27.87
低渗岩心	6.032	31.06	22.63

（4）实验程序。

本次实验为水驱后进行调驱，然后注表面活性剂驱油实验，实验温度为地层温度 71℃，驱替速度为 1.0cm^3/min。实验的基本步骤：双管长岩心在水驱后，先注入调驱剂段塞进行调驱，再注入一定浓度的驱油剂段塞，然后继续水驱。

实验步骤：

① 装填岩心、抽空、饱和地层水，采用油驱水方式建立束缚水，计算束缚水饱和度和原始含油饱和度。

② 进行水驱油，含水率达到 98%后转注调驱剂，然后注入表面活性剂。

③ 实验中记录好驱替时间、泵读数、注入压力、注入速度、环压和回压，监测记录采出的油量和水量。

2）实验结果与分析

（1）岩心水驱至综合瞬时含水率达到 98%时停止，此时总采收率为 27.32%。

（2）转注 0.1%混合调驱剂(SMG-1+SMG-2+SMG-3)段塞 0.1PV，然后注 0.3%表面活性剂 SH-10 段塞 0.1PV，继续水驱至综合瞬时含水率达到 98%时停止，此时总采收率为 36.78%，增加幅度达到 9.46 个百分点(图 5-4-12)，其中高渗岩心采收率增加 6.10 个百分点；低渗岩心采收率增加 13.40 个百分点(图 5-4-13)。

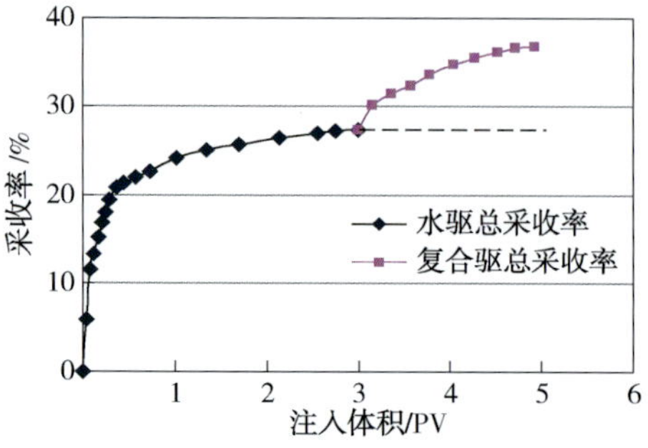

图 5-4-12　组合驱提高采收率

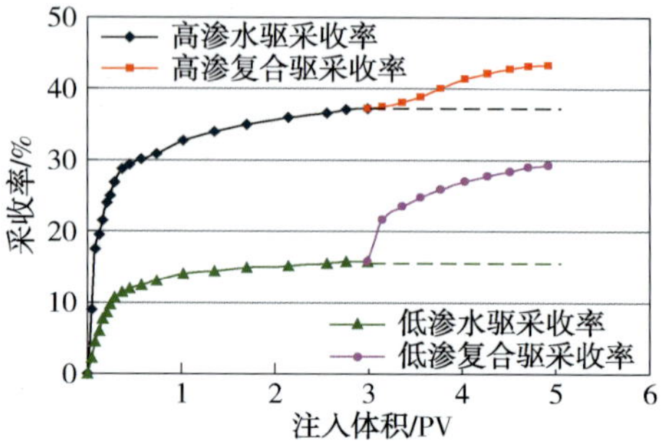

图 5-4-13　不同渗透率岩心提高采收率幅度

从实验结果来看，低渗岩心的采收率大幅增加，说明 SMG 可动凝胶优先进入了高渗岩心，堵塞了部分高渗岩心的水流通道，增大了高渗岩心的水驱阻力，使得后续注入水的驱替方向发生改变，增大了低渗岩心的注入水波及体积。同时，受微观非均质性的影响，即使在高渗岩心中，也存在一些渗透率低的部位，在可动凝胶堵塞高渗带的作用下，这些区域的剩余油也被动用，从而提高了高渗岩心的采收率。

根据实验评价结果，推荐组合驱体系为 SMG 可动凝胶(浓度为 0.1%)，表面活性剂 SH-10(浓度为 0.3%)；注入方式为先注入 SMG 调驱剂段塞，再注入表面活性剂进行驱油。

5. 表面活性剂加可动凝胶加氮气组合驱油体系研究

驱油试验的方法：首先采用 SMG 可动凝胶进行调驱，其次进行氮气气水交替驱，在注入水中加入表面活性剂，为此进行了长岩心双管水驱油实验。

1）实验过程

（1）实验装置。

长岩心双管驱油实验是在两根平行的长岩心夹持器上完成的，实验装置主要由注入泵、长岩心夹持器系统、回压调节器、差压表、恒温箱等组成。其中长岩心夹持器是长岩心驱替装置中的关键部分，主要由长岩心外筒、胶皮套和轴向连接器组成。

（2）实验介质。

实验油样为配制的黏度为 3.2mPa · s 的陵 76 井区模拟原油(71℃时)，地层水和注入水根据水成分数据表 5-4-2 配制，实验用气源为商品氮气，各种药剂均由模拟注入水配制。

（3）岩心参数。

本次实验采用陵 76-2 井新下[1] 组油层岩心。采用多块岩心拼接成长岩心，长岩心的基本物性参数见表 5-4-17。

表 5-4-17 长岩心驱油实验岩心参数表

岩心组号	岩心平均渗透率/$10^{-3}\mu m^2$	长度/cm	总孔隙体积/cm^3
高渗岩心	25.531	33.02	28.17
低渗岩心	6.527	32.13	23.61

(4) 实验程序。

本次实验为水驱后进行调驱，然后进行氮气-水-表面活性剂交替驱油实验，实验温度为地层温度71℃，驱替速度为0.5cm^3/min。实验具体步骤如下：

① 装填岩心、抽空、饱和地层水，采用油驱水方式建立束缚水，计算束缚水饱和度和原始含油饱和度。

② 进行水驱油，含水率达到98%后转注调驱剂，然后继续水驱，含水率达到98%后转为氮气-水-表面活性剂交替注入的驱油实验。

③ 实验中记录好驱替时间、泵读数、注入压力、注入速度、环压和回压，监测记录采出的油量、气量和水量。

2）实验结果与分析

(1) 岩心水驱至综合瞬时含水率达到98%时停止，此时总采收率为26.38%。

(2) 转注0.1%混合调驱剂(SMG-1+ SMG-2+ SMG-3)段塞0.1PV，然后继续水驱至综合瞬时含水率达到98%时停止，此时总采收率为29.62%。

(3) 转注0.1PV 氮气，然后继续水驱至综合瞬时含水率达到98%时停止，此时总采收率为35.30%。

(4) 转注0.3%表面活性剂SH-10段塞0.1PV，然后继续水驱至综合瞬时含水率达到98%时停止，此时总采收率为37.73%。

(5) 转注0.05PV 氮气，然后继续水驱至综合瞬时含水率达到98%时停止，此时最终总采收率为40.16%，提高采收率13.78个百分点(表5-4-18、图5-4-14)。

表 5-4-18 长岩心驱油实验记录表 单位:%

项目	出水百分比(高渗岩心)	出水百分比(低渗岩心)	采收率(高渗岩心)	采收率(低渗岩心)	总采收率
水驱	74.62	25.38	30.90	21.06	26.38
注调驱剂0.1PV	69.33	30.67	34.90	23.41	29.62
注氮气0.1PV	69.05	30.95	42.90	26.35	35.30
注10#表面活性剂0.1PV	69.30	30.70	45.90	28.12	37.73
注氮气0.05PV	69.31	30.69	49.40	29.29	40.16

实验结果表明，经过调驱剂调驱后，低渗岩心出水量的百分比上升，更多的水流经低渗岩心，扩大了注入水的波及范围；在此基础上交替注入氮气、表面活性剂和水能够有效地将岩心内的原油洗脱下来，极大地提高了原油的采收率。

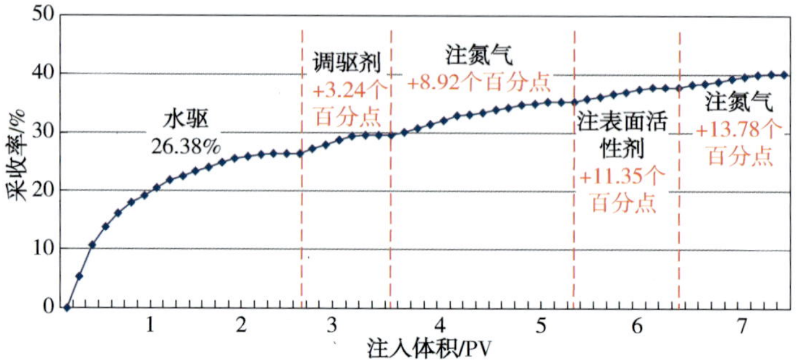

图 5-4-14 长岩心双管驱油实验结果

根据实验评价结果，推荐组合驱油体系：首先注入 SMG 可动凝胶(浓度为 0.1%)段塞进行调驱；其次进行氮气气水交替驱，注入水中加入表面活性剂 SH-10(浓度为 0.3%)。

(二) 陵 72 井区

1. 注水开发原则

(1) 借鉴相似井区注水开发经验指导本井区注水开发，以边缘注水为主。

(2) 立足现有井网，以新下$^{1}_{6+7}$和新下$^{2}_{2}$为主要目的层进行整体注采完善；新下Ⅰ、Ⅱ油组实行分油组开发，油井从下往上逐层动用，注水井上下兼顾、分层注水。

(3) 针对试采开发中暴露出来的问题，结合油藏地质特点，采取针对性的调整措施，对产能低的井采取压裂措施，提高单井产能。

(4) 控制合理采油速度，减缓边水上升速度，保持高效开发。

2. 单井生产能力确定

根据陵 72 井区实际生产资料，初期平均单井日产油 7.1t，研究期平均单井日产油 7.0t，考虑保持合理的采油速度，单井产能标定为 6t/d。

3. 单井日注能力确定

1) 比吸水指数和启动压力

研究期井区有注水井 2 口，其中陵 72 井注水初期测启动压力为 6MPa，未测指示曲线。借鉴同类型油藏陵 76 井区注水资料，每米油层吸水指数保持在 0.35~0.46m^3/(d·MPa)之间，平均为 0.39m^3/(d·MPa)。

2) 破裂压力及最大注水压力

统计陵 72 井区 4 口压裂井的破裂压力平均值为 37MPa，国内外低渗油藏注水开发实践表明，注水极限井底压力一般低于井底破裂压力的注水效果好。注水极限井底压力取 35MPa，对应井口最大注水压力为 22MPa。结合同类型油藏陵 76 井区注水情况，该区注水压力在 10~22MPa。陵 72 井区油藏埋深较陵 76 井区浅，确定陵 72 井区最大井口注入压力为 20MPa。

3）吸水厚度

根据陵72井区实际油藏情况，注水井单注新下Ⅰ油组或新下Ⅱ油组平均吸水厚度为5~10m，若同时对新下Ⅰ油组和新下Ⅱ油组实行分注，平均吸水厚度15~25m。

4）最大注入量计算

根据注水量计算公式：

$$\begin{cases} Q_{\mathrm{i}}=J_{\mathrm{w}}\cdot\Delta P\cdot h \\ \Delta P=P_{井口}+P_{静水柱}-P_{管损}-P_{启动}-P_{\mathrm{f}} \end{cases} \tag{5-4}$$

式中，J_{w} 为比吸水指数，$m^3/(m\cdot d\cdot MPa)$；ΔP 为注水压差，MPa；h 为注水厚度，m；$P_{井口}$ 为井口注入压力，MPa；$P_{静水柱}$ 为静水柱压力，MPa；$P_{管损}$ 为井筒摩擦阻力损失，MPa；$P_{启动}$ 为启动压力，MPa；P_{f} 为地层压力，MPa。

当吸水厚度为5~25m时，计算单井最大吸水能力为20~100m^3/d。实际注水量根据指标预测结果确定。

4. 开发指标影响因素

1）理论相渗曲线分析

根据取心井陵72斜-15相渗曲线资料，绘制出无因次采油(采液)指数随含水率变化曲线(图5-4-15)、含水率与采出程度关系曲线(图5-4-16)和含水率上升率与含水率关系曲线(图5-4-17)。

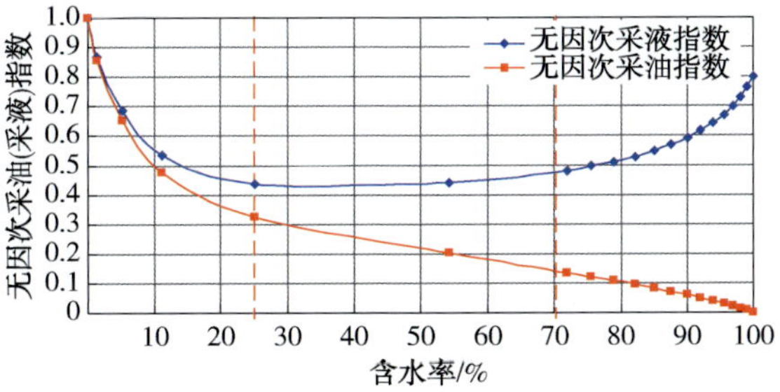

图5-4-15 陵72斜-15井无因次采油(采液)指数与含水关系曲线(理论)

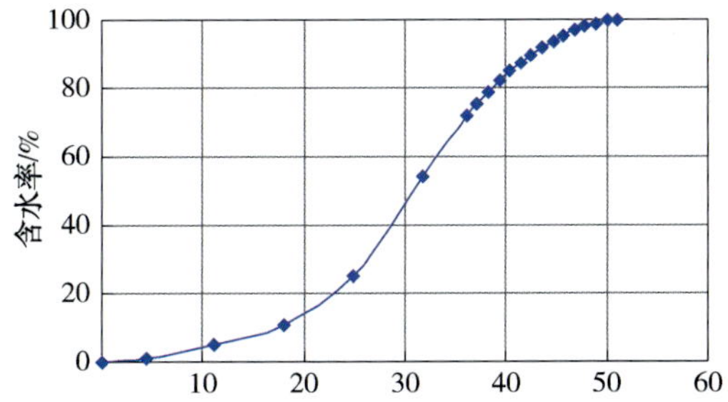

图5-4-16 含水率与采出程度关系曲线(理论)

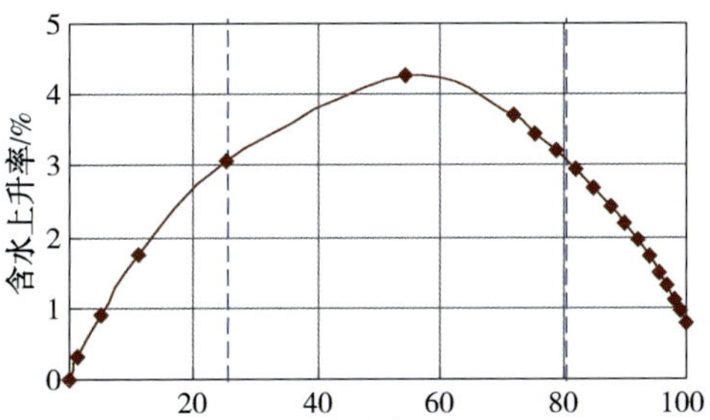

图5-4-17 含水上升率与含水率关系曲线(理论)

从图 5-4-15 可以看出，该块表现为低渗油藏特征，具有以下特点：

（1）低含水率期(f_w<25%)，无因次采液指数 J_{LD}、无因次采油指数 J_{OD} 下降很快，仅为初期的 0.3~0.5 倍左右。

（2）在中含水率期(f_w=25%~70%)，无因次采油指数下降幅度减缓，无因次采液指数基本稳定。

（3）到了含水 f_w>70%以后，无因次采油指数 J_{OD} 继续下降，无因次采液指数 J_{LD} 有所回升，但到含水率为 100%时，也仅为初期的 0.8 倍左右。

图 5-4-16 和图 5-4-17 反映该块表现为稀油油藏含水上升规律，具有以下特点：

（1）低含水率期(f_w<25%)含水率上升较慢，是采油的主要阶段。

（2）含水率在 25%~80%时含水率上升加快，到含水接率近 60%左右含水率上升率达到最大值 4.3。

（3）到了含水率>80%以后，含水率上升速度又开始变缓。

2）相似井区实际开采规律分析

陵 76 井区 1996 年投入试采，1997 年投入注水开发，1999 年产量达到最高峰，采油速度达到 3.36%，但此后产量下降较快，至研究期已有近 15 年的开发历程。至 2009 年底含水率为 92.99%，采出程度为 24.6%。此期间最大单井日产液量为 20t，最大单井日注水量为 57m^3，平均注采比为 1.3(图 5-4-18)。

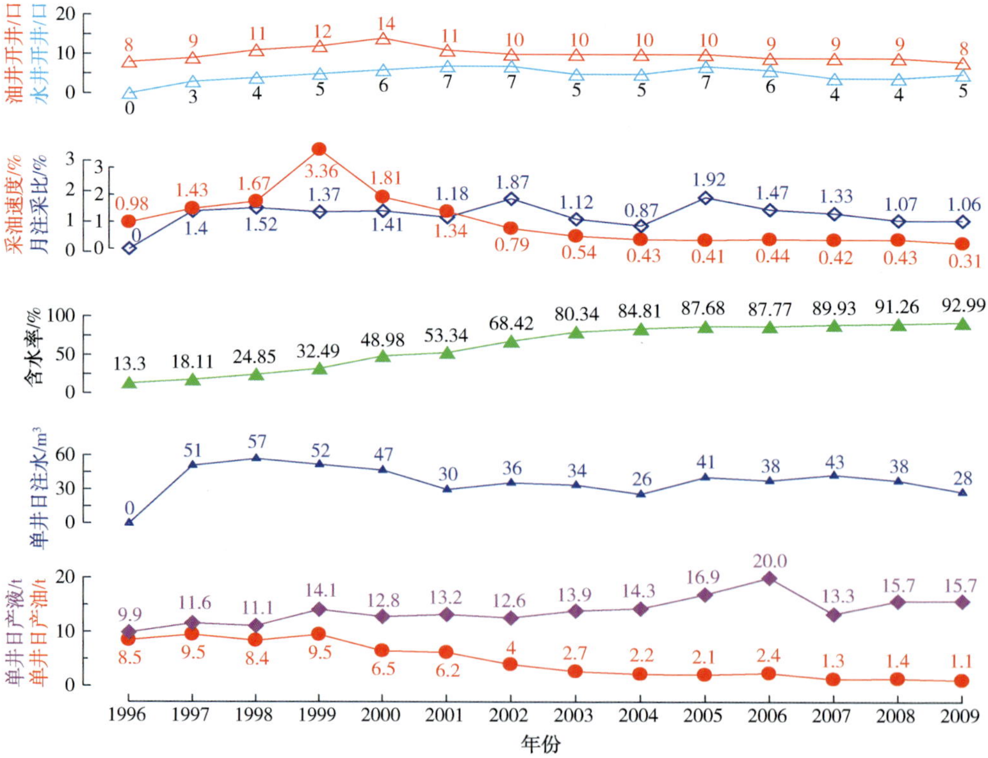

图 5-4-18 陵 76 井区开采曲线

根据陵76井区的实际开采状况分别绘制陵76井区无因次采油(采液)指数随含水率变化曲线(图5-4-19)、含水率与采出程度关系曲线(图5-4-20)和含水率上升率与含水率关系曲线(图5-4-21)。

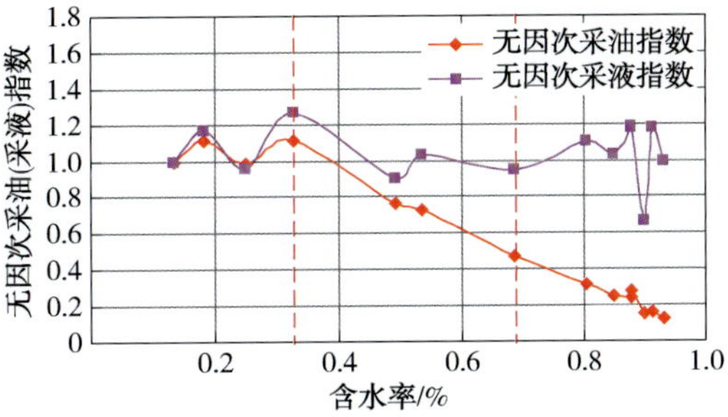

图5-4-19　陵72斜-15井无因次采油(采液)指数与含水率关系曲线(实际)

从陵76井区实际无因次采油(采液)指数随含水变化曲线(图5-4-19)可以看出:

(1) 低含水率期(f_w<30%)因投入开发注水见效,无因次采液指数J_{LD}、无因次采油指数J_{OD}均有所上升。

(2) 在中含水率期(f_w=30%~70%),无因次采油指数J_{OD}下降较快,无因次采液指数J_{LD}开始下降,后来趋于稳定。

(3) 到了含水率f_w>70%以后,无因次采油指数J_{OD}继续下降,无因次采液指数J_{LD}有所回升,具有一定的提液潜力,但提液幅度不大,仅为初期的1.2倍左右。

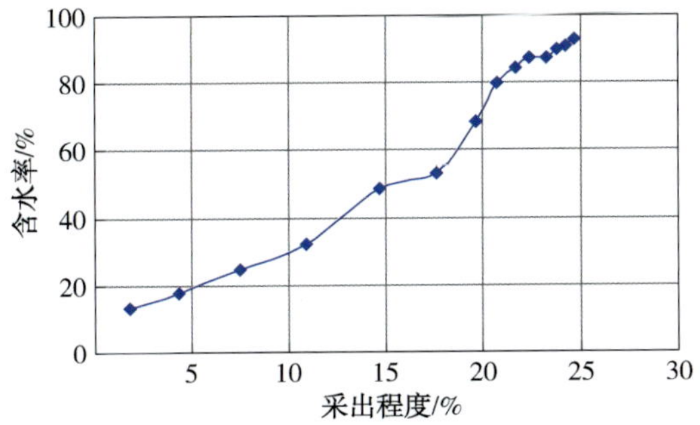

图5-4-20　含水率与采出程度关系曲线(实际)

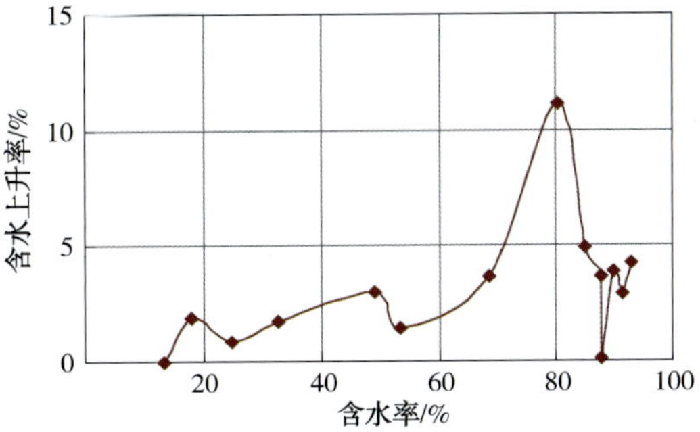

图5-4-21　含水上升率与含水率关系曲线(实际)

图5-4-20和图5-4-21具有以下特点:

(1) 含水率<60%前含水率上升较慢,是采油的主要阶段。

(2) 含水率在60%~80%时含水率上升加快,含水率上升率最大值达到11.1。

(3) 含水率>80%以后含水上升速度又开始变缓。

二、精细开发方案部署及指标预测

(一) 陵76井区

1. 水驱调整部署

1) 产能标定

采油强度法:统计部署井周围13口油井试油成果(表5-4-19),平均单井日产油

14.82t，平均每米厚度产能为1.08t/d，预计新井钻遇油层12~16m，根据邻井油层发育及生产情况，以及目前地层压力等情况，新井日产油能力标定为5t。

表 5-4-19 油井试油成果表

井名	投产时间	生产层位	砂岩厚度/m	有效厚度/m	试油产量/t	初期产量/(t/d)	采油强度/[t/(d·m)]
陵76井	1995年11月	新下$_{1+2}$	16.0	11.4	18.8	24.4	2.140
陵76斜-2井	1996年4月	新下$_2$	12.6	11.4	22.0	23.0	2.018
陵76斜5-6井	1999年3月	新下$_2$	23.2	20.4	4.1	6.2	0.304
陵76斜5-8井	1999年1月	新下$_2$	19.4	18.8	0.0	7.8	0.415
陵76斜6-1井	2000年3月	新下$_2$	24.6	16.0	23.2	23.2	1.450
陵76斜6-2井	1998年6月	新下$_2$	18.2	16.2	1.6	12.9	0.796
陵76斜6-4井	1997年3月	新下$_1$	18.6	16.0	7.6	9.3	0.581
陵76斜6-5井	1996年9月	新下$_{1+2}$	9.8	9.2	0.0	14.6	1.587
陵76斜7-2井	1998年5月	新下$_{1+2}$	16.8	16.2	11.3	12.0	0.741
陵76斜7-3井	1996年4月	新下$_2$	11.0	9.8	9.6	9.5	0.969
陵76斜5-4井	1996年6月	新下$_{1+2}$	27.4	20.2	16.0	23.2	1.149
陵76斜6-3井	1996年7月	新下$_2$	13.8	13.0	17.0	18.2	1.400
陵76斜7-1井	2000年3月	新下$_1$	14.8	13.2	8.3	8.3	0.629
平均			17.4	14.75	10.73	14.82	1.080

2）方案部署

根据部署原则，在剩余油富集区部署油井3口，部署方案见表5-4-20。在断层附近部署2口井陵76斜5-7和陵76斜5-9；中部部署1口井陵76斜7-4。方案新钻井3口，平均井深1715m，钻井总进尺0.51×10^{4}m。

表 5-4-20 新井部署工作量表

序号	井名	井别	井深/m	预计钻遇层位	油层厚度/m	预计日产油/(t/d)
1	陵76斜7-4井	油井	1710	新下$^1_{6+7}$(7m、9m)	16.0	5.0
2	陵76斜5-7井	油井	1720	新下$^1_7$、新下^2(6m、9m)	15.0	6.0
3	陵76斜5-9井	油井	1720	新下^1、新下^2(8m、6m)	14.0	5.0

（1）陵76斜7-4井。

该井部署在井区中部，陵76斜-2井与陵76斜7-3井之间的区域，主探新下$^1_{6+7}$，预计钻遇有效厚度为16m。该区域尽管处于构造的较低部位，但对于注水井陵76斜6-3井来说则处于非主流线位置，因此该区域成为剩余油相对富集区(图5-4-22、图5-4-23)。

（2）陵76斜5-7井。

该井部署在新下$^1_7$和新下$^2_1$小层北部断层附近，主探新下$^1_7$、新下^2，预计钻遇有效厚度为

15m。该区域注采井网不完善，油层水淹程度较低，剩余油相对富集(图5-4-23、图5-4-24)。

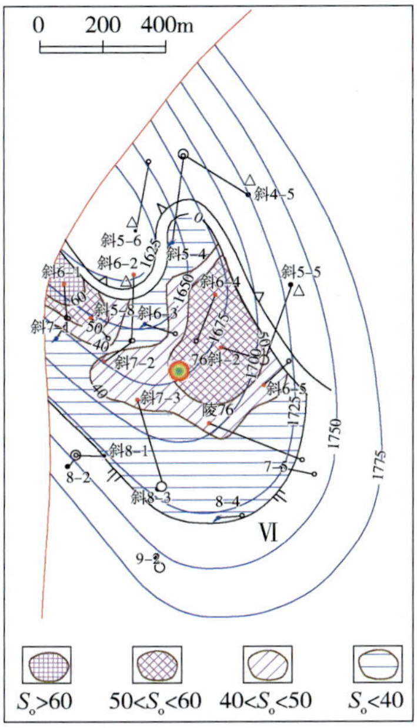

图 5-4-22 剩余油分布图
(新下$_6^1$)

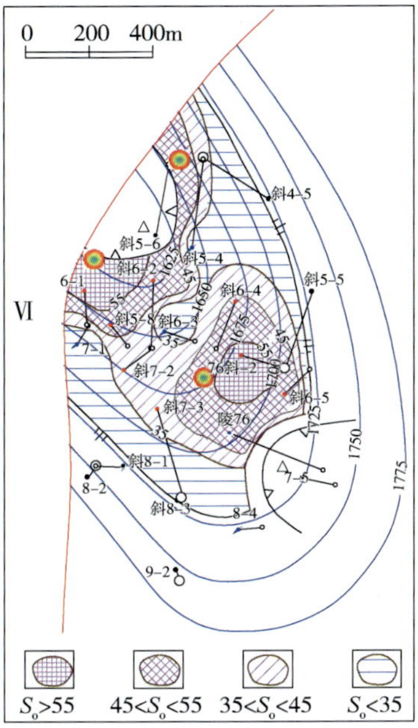

图 5-4-23 剩余油分布图
(新下$_7^1$)

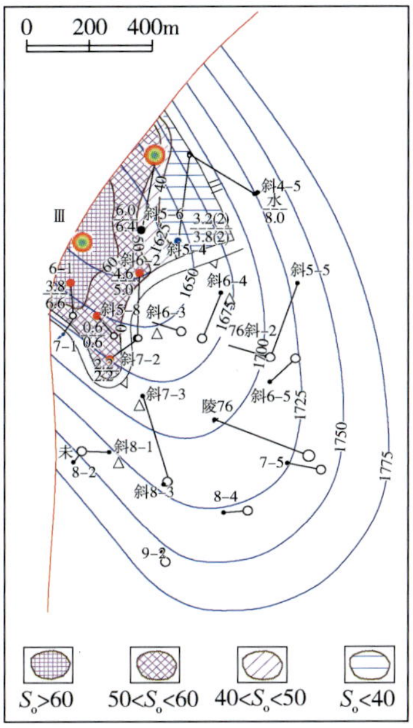

图 5-4-24 剩余油分布图
(新下$_1^2$)

(3) 陵76斜5-9井。

该井部署在新下$_7^1$和新下$_1^2$小层西北断层附近，陵76斜6-1井北部(图5-4-23、图5-4-24)，主探新下^2，预计钻遇有效厚度为14m。为了给新下$_1^2$小层补充能量，建议将陵76斜5-6井(2005年转注、2008年停注)恢复注水，日注水30m^3。

3) 开发指标预测

采用综合法进行预测，稳产期以油定液，递减期以液定油，含水上升规律参照陵76井区实际规律，计算从2009年开始至2019年10年期内调整后的开发指标(表5-4-21、表5-4-22)，根据3口新井产能标定进行估算，以10年为限，截至2019年，预计可以增油30226t，全区可以提高采收率2.92%。

表 5-4-21 水驱(未调整)开发指标预测结果

时间	累计产油/10^4t	年产油/t	累计产水/10^4m^3	年产水/10^4m^3	累计注水/10^4m^3	年注水/10^4m^3	含水率/%	采出程度/%
2009年12月31日	25.53	4221	45.40	4.83	97.36	4.62	92.99	24.60
2010年12月31日	25.94	4036	51.53	6.13	103.93	6.57	93.30	24.99
2011年12月31日	26.31	3783	57.67	6.14	110.50	6.57	93.45	25.35
2012年12月31日	26.67	3570	63.84	6.17	117.09	6.59	93.60	25.70
2013年12月31日	27.01	3387	70.01	6.17	123.66	6.57	93.90	26.02
2014年12月31日	27.33	3229	76.18	6.18	130.23	6.57	94.00	26.34

续表

时间	累计产油/10^4t	年产油/t	累计产水/10^4m^3	年产水/10^4m^3	累计注水/10^4m^3	年注水/10^4m^3	含水率/%	采出程度/%
2015年12月31日	27.64	3090	82.36	6.18	136.80	6.57	94.10	26.63
2016年12月31日	27.94	2967	88.58	6.22	143.39	6.59	94.40	26.92
2017年12月31日	28.22	2856	94.80	6.22	149.96	6.57	94.70	27.19
2018年12月31日	28.50	2757	101.04	6.24	156.53	6.57	94.95	27.46
2019年12月31日	28.77	2666	107.30	6.26	163.10	6.57	95.30	27.71

表 5-4-22 水驱(调整)开发指标预测结果

时间	累计产油/10^4t	年产油/t	累计产水/10^4m^3	年产水/10^4m^3	累计注水/10^4m^3	年注水/10^4m^3	含水率/%	采出程度/%
2009年12月31日	25.53	4221	45.40	4.83	97.36	4.62	92.99	24.60
2010年12月31日	26.40	8626	51.68	6.28	104.66	7.30	86.00	25.43
2011年12月31日	27.36	9611	57.84	6.16	111.96	7.30	84.40	26.36
2012年12月31日	28.22	8588	64.14	6.30	119.28	7.32	86.10	27.19
2013年12月31日	28.97	7498	70.55	6.41	126.58	7.30	87.83	27.91
2014年12月31日	29.62	6592	77.07	6.52	133.88	7.30	89.30	28.54
2015年12月31日	30.20	5730	83.69	6.62	141.18	7.30	90.70	29.09
2016年12月31日	30.69	4881	90.44	6.74	148.50	7.32	92.10	29.57
2017年12月31日	31.10	4190	97.24	6.80	155.80	7.30	93.20	29.97
2018年12月31日	31.47	3697	104.10	6.86	163.10	7.30	94.00	30.32
2019年12月31日	31.79	3204	111.02	6.92	170.40	7.30	94.80	30.63

2. 氮气驱调整部署

1）注氮井组的选取

在完成三维地质模型的建立、油藏开发生产历史拟合等研究工作以后，就意味着确定了切合实际的地质参数的分布，在此基础上进行的开发方案设计及动态预测结果就比较合理可靠。根据不同的任务要求，方案预测重点也有所不同。

（1）注氮井组选取原则：

① 气驱目的层油藏密封性好；盖层吸附气体能力较差；断层和岩墙遮挡性较好。

② 储层非均质性好，层间渗透率差异小，无裂缝。

③ 油藏连通性较好，注采井网较完善。

④ 井况较好，不存在如套损等故障问题。

（2）注氮井组的基本情况。

通过对陵76井区油水井动态和数值模拟剩余油分析，结合注氮井组选取原则，确定了陵76斜6-3井组为注氮实验井组，井组含油面积为0.21km^2，控制储量31.2×10^4m^3，注氮目的层为新下$^1_{6+7}$小层。

从渗透率与孔隙度分布图(图5-4-25)上看，该井组附近渗透率为(40~50)×$10^{-3}\mu m^2$，孔隙度为 12%~15%。储层物性较好，非均质性较弱。

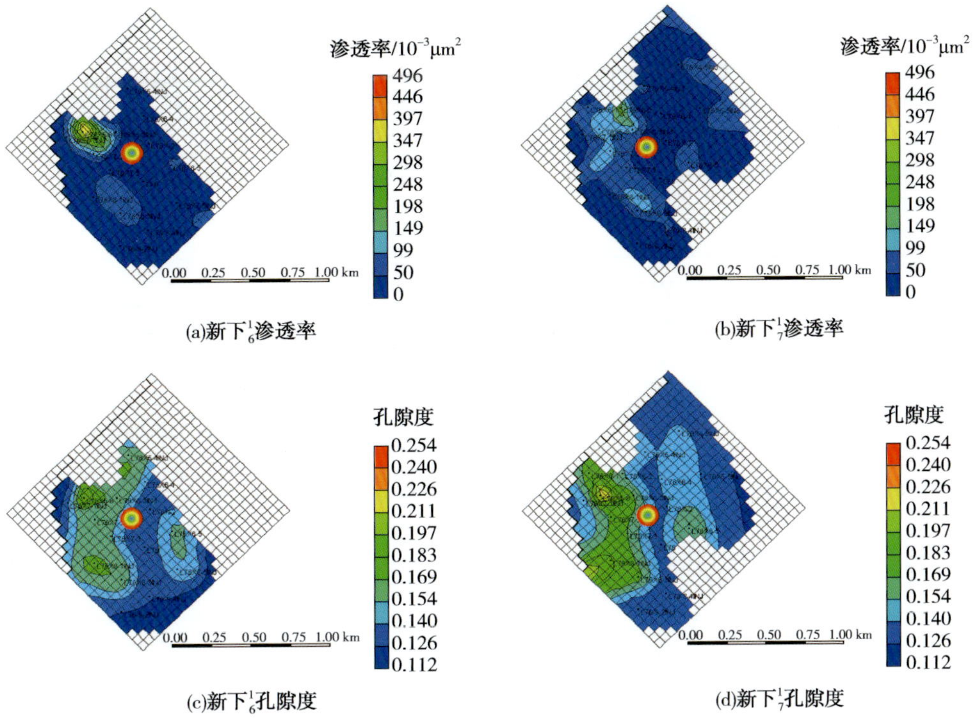

图 5-4-25　新下$_6^1$、新下$_7^1$ 小层渗透率、孔隙度分布图

根据陵 76 斜 6-3 井组截至 2010 年生产现状(表 5-4-23)，结合水驱调整研究结果，在陵 76 斜-2 井与陵 76 斜 7-3 井之间部署调整井陵 76 斜 7-4，可以起到完善注氮井网的作用。因此在进行注氮方案预测时，部署了采油井陵 76 斜 7-4 进行预测。

表 5-4-23　陵 76 斜 6-3 井组生产现状

井名	累计产油/t	累计产水/m^3	目的层累计产油/t	目的层累计产水/m^3	日产油/t	日产水/m^3	含水率/%
陵 76 斜 5-8 井	11717	21173	10739	19406	0.43	8.83	95.29
陵 76 斜 6-2 井	20591	46520	6018	13597	0.47	20.70	97.75
陵 76 斜 6-4 井	31741	51797	30975	50211	2.13	21.80	90.21
陵 76 斜-2 井	37017	27596	36189	26918	5.07	13.80	63.29
陵 76 斜 7-3 井	12544	23338	12544	23338	0.30	8.27	96.37
陵 76 斜 5-8 井	11717	21173	10739	19406	0.43	8.83	95.29
陵 76 斜 6-3 井	10685	3934	7666	2801	日注水 43.3m^3		

2) 注入参数优化

从陵 76 井区的生产实际出发，首先进行注入参数优化，共设计 6 类 21 个方案，进行动态预测。

（1）第一类——“保持现有注采井网”进行注水开发，共1个方案。该方案作为各种参数优化的对比基础方案，方案设计见表5-4-24。

表5-4-24 目前注采现状（水驱）

采油井	注水井	开发方式
陵76井、陵76斜-2井、陵76斜5-8井、陵76斜6-1井、陵76斜6-2井、陵76斜6-4井、陵76斜6-5井、陵76斜7-2井、陵76斜7-3井	陵76斜5-4井、陵76斜6-3井、陵76斜7-1井、陵76-8-4井	注水开发

（2）第二类——“注入方式优化”，共2个方案。陵76斜6-3井采用目前注入量，进行连续注气1年和气水交替注入2年两种方式注入。这两种注入方式和水驱相比，均能提高采收率。采用气水交替注入后，开发效果有明显提高，因此选择气-水交替注入方式（图5-4-26）。

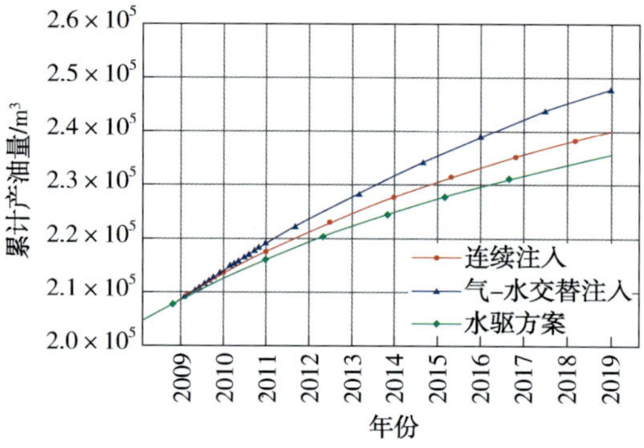

图5-4-26 注入方式优化曲线

（3）第三类——“注入量优化”，共5个开发方案。选取注入周期为30天，气水比为1∶1，注入时间为2年，陵76斜6-3井注入量，以目前实际注水量为基础，将注水量分别取目前注水量的0.5、0.8、1.0、1.2、1.5倍，地下注气量与注水量相同，预测不同注入量的开发指标。预测结果（图5-4-27）表明，采用目前注水量（$30m^3/d$）进气水交替注入时，开发效果较好，注入井的注入量采用目前注入量进行生产。

（4）第四类——“气水比优化”，共5个方案。用前面优选出的最佳注入量，将气水比分别设计为0.5∶1、0.8∶1、1∶1、1.2∶1、1.5∶1，注入周期为30天，气水交替时间为2年，进行开发指标预测，优化的结果是气水比为1.2∶1较好（图5-4-28），因此选取气水比为1.2∶1。

（5）第五类——“注入周期优选”，共4个方案。陵76斜6-3井注入量为目前注入量，气水比为1.2∶1，分别对注入周期1个月、2个月、4个月、6个月4种不同的注入周期进行优化，优化结果表明，气水交替周期对开发效果影响较小，气水交替周期为4个月时开发效果略好（图5-4-29），但如果实际注气时间过长，有可能导致气窜，选择气水交替周期为2个月，即1个月注气、1个月注水。

（6）第六类——“注入时间优化”，共4个方案。陵76斜6-3井采用前面优化的注入参数，进行气水交替1年、2年、3年、5年优化，优化结果表明气水交替时间越长，开发效果越好（图5-4-30），但从图5-4-31中可以看注入时间和年均增油量不成正比，考虑现场实际，结合经济效益，选取气水交替时7间为2年。

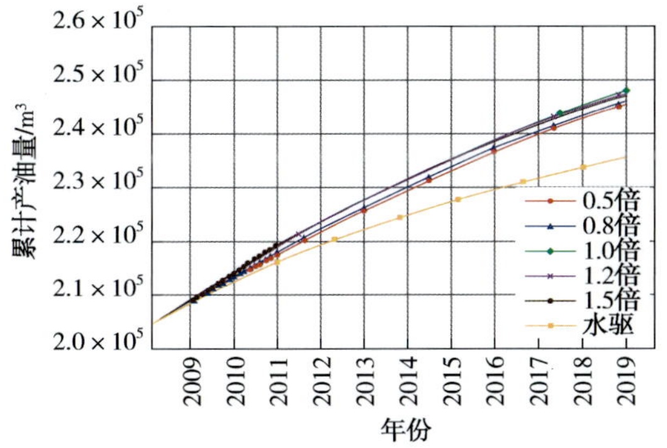

图 5-4-27　注入量优化曲线

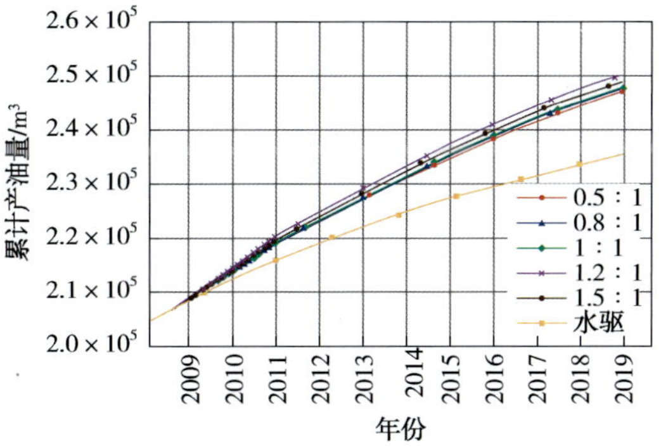

图 5-4-28　气水比优化曲线

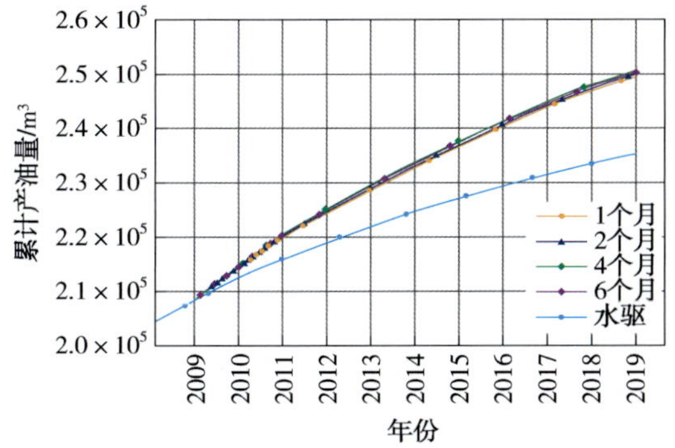

图 5-4-29　注入周期优化曲线

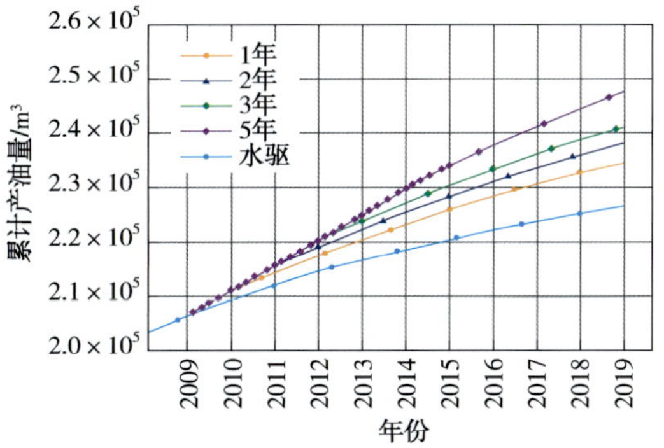

图 5-4-30　注入时间优化曲线

3）气水交替氮气非混相驱开发方案预测

根据数值模拟优化结果，结合现场实际，气水交替注入参数陵 76 斜 6-3 井注水量为 $30m^3/d$，气水比为 1.2：1，气水交替周期为 2 个月，注入时间为 2 年。

根据剩余油研究结果，在陵 76 斜 7-3 和陵 76 斜-2 之间还有剩余油分布，并且井网相对不完善，在这两口井之间部署一口采油井 7-4，陵 76 斜 6-3 井注入参数采用上述优化的注入参数，进行开发指标预测(图 5-4-32、表 5-4-25、表 5-4-26)。

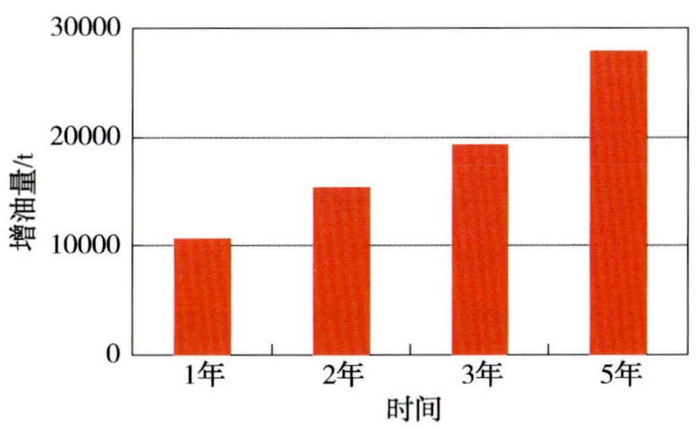

图 5-4-31　不同注入时间增油量图

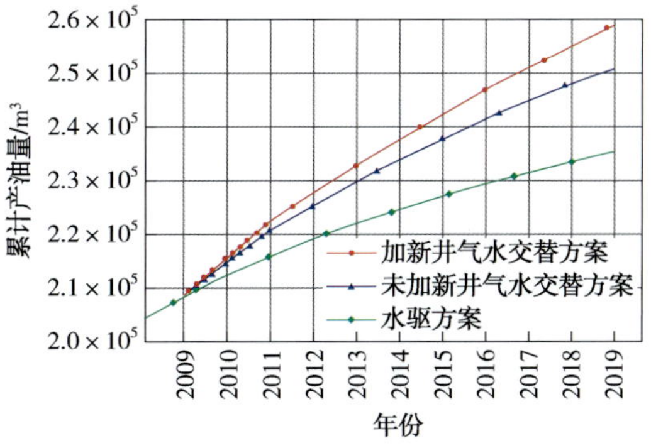

图 5-4-32　气水交替氮气非混相驱开发方案预测曲线

表 5-4-25　新下$_{6}^{1}$、新下$_{7}^{1}$小层水驱开发指标预测表

时间	累计产油/t	年产油/t	累计产水/m^3	年产水/m^3	累计注水/m^3	年注水/m^3	含水率/%	采出程度/%
2009 年 12 月 31 日	177805	3383	299335	32557	607624	39239	89. 50	34. 04
2010 年 12 月 31 日	180818	3013	332432	33098	646968	39345	90. 66	34. 61
2011 年 12 月 31 日	183513	2695	365909	33477	686313	39344	91. 61	35. 13
2012 年 12 月 31 日	185954	2441	399790	33881	725765	39452	92. 39	35. 60
2013 年 12 月 31 日	188172	2218	433838	34047	765109	39344	93. 04	36. 02
2014 年 12 月 31 日	190208	2035	468103	34266	804454	39344	93. 60	36. 41
2015 年 12 月 31 日	192090	1882	502553	34450	843798	39344	94. 06	36. 77
2016 年 12 月 31 日	193845	1756	537254	34702	883250	39452	94. 46	37. 11
2017 年 12 月 31 日	195482	1637	571998	34743	922595	39344	94. 82	37. 42
2018 年 11 月 31 日	197017	1535	606862	34864	961939	39344	95. 13	37. 71

表 5-4-26　新下$_{6}^{1}$、新下$_{7}^{1}$气水交替氮气非混相驱开发指标预测表

时间	累计产油/t	年产油/t	累计产水/m^3	年产水/m^3	累计注水/m^3	年注水/m^3	含水率/%	采出程度/%
2009 年 12 月 31 日	180336	5907	314198	47375	602388	34033	87. 38	34. 52
2010 年 12 月 31 日	186090	5754	361728	47531	636452	34064	88. 27	35. 62
2011 年 12 月 31 日	190481	4391	400609	38880	675810	39357	88. 07	36. 46
2012 年 12 月 31 日	194802	4321	439813	39204	715380	39570	88. 62	37. 29
2013 年 12 月 31 日	198883	4081	479182	39369	754842	39462	89. 22	38. 07
2014 年 12 月 31 日	202754	3871	518802	39620	794303	39462	89. 76	38. 81
2015 年 12 月 31 日	206446	3692	558636	39834	833765	39462	90. 20	39. 52
2016 年 12 月 31 日	210007	3561	598747	40111	873336	39570	90. 56	40. 20
2017 年 12 月 31 日	213420	3413	638914	40168	912798	39462	90. 98	40. 85
2018 年 12 月 31 日	216661	3240	679287	40372	952260	39462	91. 41	41. 47

预测结果表明，陵 76 斜 6-3 井组采用氮气非混相方式注入 2 年，到 2018 年工区累计产油 216661×10^4m^3，含水率 91. 41%，采出程度 41. 47%，增油 19644t，新下$_{6}^{1}$、新下$_{7}^{1}$小层可提高采收率 3. 76 个百分点。

3. 综合方案优化

根据水驱调整与驱油体系的研究结果，分别制定了两个方案进行预测。

1）方案一：水驱调整方案

进行水驱调整，部署 3 口调整井(图 5-4-33)。根据剩余油分布规律，部署 3 口调整井(陵 76 斜 5-7 井、陵 76 斜 5-9 井、陵 76 斜 7-4 井)，恢复陵 76 斜 5-6 井注水，注水层位新下^2，日注水 30m^3。根据产能标定的结果，预计至 2019 年底，可以增油 30266t，全区提高采收率 2. 92 个百分点(表 5-4-27)。

表 5-4-27　水驱调整开发指标预测结果

时间	累计产油/10^4t	年产油/t	累计产水/10^4m^3	年产水/10^4m^3	累计注水/10^4m^3	年注水/10^4m^3	含水率/%	采出程度/%
2009 年 12 月 31 日	25. 53	4221	45. 40	4. 83	97. 36	4. 62	92. 99	24. 60
2010 年 12 月 31 日	26. 48	9427	51. 58	6. 18	104. 66	7. 30	84. 70	25. 51
2011 年 12 月 31 日	27. 38	9057	57. 81	6. 23	111. 96	7. 30	85. 30	26. 38
2012 年 12 月 31 日	28. 21	8334	64. 14	6. 33	119. 28	7. 32	86. 51	27. 18
2013 年 12 月 31 日	28. 96	7498	70. 55	6. 41	126. 58	7. 30	87. 83	27. 91
2014 年 12 月 31 日	29. 62	6592	77. 07	6. 52	133. 88	7. 30	89. 30	28. 54
2015 年 12 月 31 日	30. 20	5730	83. 69	6. 62	141. 18	7. 30	90. 70	29. 09
2016 年 12 月 31 日	30. 68	4881	90. 44	6. 74	148. 50	7. 32	92. 10	29. 56
2017 年 12 月 31 日	31. 10	4190	97. 24	6. 80	155. 80	7. 30	93. 20	29. 97
2018 年 12 月 31 日	31. 47	3697	104. 10	6. 86	163. 10	7. 30	94. 00	30. 32
2019 年 12 月 31 日	31. 79	3204	111. 02	6. 92	170. 40	7. 30	94. 80	30. 63

2）方案二：表面活性剂加可动凝胶组合驱方案

依靠目前的注采井网，在 5 口注水井中，选择陵 76 斜 5-4、陵 76 斜 7-1、陵 76 斜 6-3 和陵 76 井 4 口注水井，开展组合驱增油措施(图 5-4-34)。

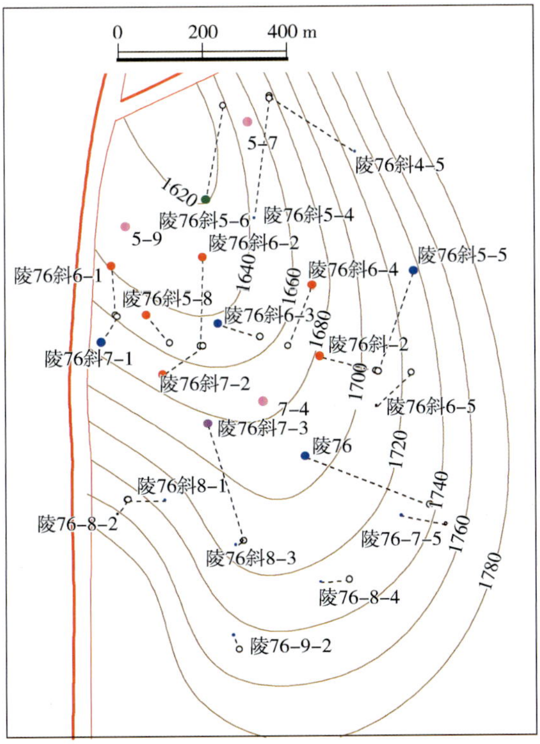

图 5-4-33　方案一部署图

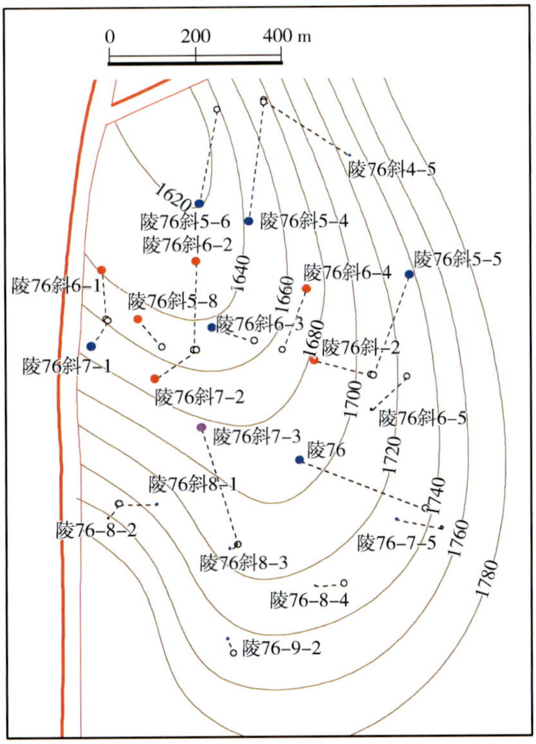

图 5-4-34　方案二部署图

具体措施：

（1）向 4 口注水井中分别注入 500m^3 浓度为 0.1%的 SMG 系列可动凝胶进行调驱。

（2）在后续的注入水中加入 0.3%表面活性剂 SH-10 作为驱油剂。

（3）注水井注水量保持不变。

根据表面活性剂加可动凝胶组合驱实验研究结果预测，截至 2019 年底，可以增油 62708t，全区提高采收率 6.05%（表 5-4-28）。

表 5-4-28 表面活性剂加可动凝胶组合驱开发指标预测结果

时间	累计产油/10^4t	年产油/t	累计产水/10^4m^3	年产水/10^4m^3	累计注水/10^4m^3	年注水/10^4m^3	含水率/%	采出程度/%
2009 年 12 月 31 日	25.53	4221	45.40	4.83	97.36	4.62	92.99	24.60
2010 年 12 月 31 日	26.67	11398	51.35	5.95	104.66	7.30	81.50	25.70
2011 年 12 月 31 日	28.03	13616	57.04	5.69	111.96	7.30	77.90	27.01
2012 年 12 月 31 日	29.47	14333	62.66	5.62	119.28	7.32	76.80	28.39
2013 年 12 月 31 日	30.84	13739	68.33	5.67	126.58	7.30	77.70	29.72
2014 年 12 月 31 日	32.09	12446	74.16	5.83	133.88	7.30	79.80	30.91
2015 年 12 月 31 日	33.06	9735	80.30	6.15	141.18	7.30	84.20	31.85
2016 年 12 月 31 日	33.77	7105	86.78	6.48	148.50	7.32	88.50	32.54
2017 年 12 月 31 日	34.29	5237	93.46	6.68	155.80	7.30	91.50	33.04
2018 年 12 月 31 日	34.70	4066	100.28	6.82	163.10	7.30	93.40	33.43
2019 年 12 月 31 日	35.04	3389	107.18	6.90	170.40	7.30	94.50	33.77

（二）陵 72 井区

1. 老井压裂

结合工区油藏实际情况，对产能低的 4 口井进行储层改造措施，改善其开采效果。其中对物性好的 3 口井陵 72 斜-13、陵 72 斜-4、陵 72 斜-19 通过压裂，解除地层污染，恢复自然产能；对物性差的陵 72 斜-9 井通过压裂提高储层渗透性，增加单井产量（表 5-4-29）。

表 5-4-29 陵 72 井区建议压裂井位生产状况表

序号	井名	生产层位	物性参数				目前生产情况			
			声波/(μs/m)	密度/(g/cm^3)	孔隙度/%	渗透率/$10^{-3}μm^2$	产液量/(t/d)	产油量/(t/d)	产水量/(m^3/d)	含水率/%
1	陵 72 斜-13 井	新下$_6^1$ I	237	2.38	18.0	24.4	1.3	1.3	0.0	0.0
2	陵 72 斜-4 井	新下$_7^1$ I	240	2.38	16.7	18.5	2.6	2.6	0.0	0.0
3	陵 72 斜-19C 井	新下$_1^2$ Ⅲ	250	2.40	16.1	33.5	4.7	4.7	0.0	0.0
4	陵 72 斜-9 井	新下$_7^1$ Ⅲ	250	2.48	10.8	3.8	3.0	3.0	0.0	0.0

2. 工作制度调整

建议调整 4 口井（陵 72 斜-15、陵 72 斜-17、陵 72 斜-12、陵 72 斜-91）的工作制度来控制合理采油速度，减缓边水上升速度(表 5-4-30)。

表 5-4-30　陵 72 井区老井目前生产情况表

序号	井名	生产层次	配产/(t/d)	泵深/m	泵径/mm	冲程/m	冲次	时间/h	产液量/t	产油量/t	产水量/t	含水率/%
1	陵 72 斜-15 井	新下$_7^1$Ⅱ	12.5	1257	38	3	4	24	10.6	9.3	1.3	12.0
2	陵 72 斜-17 井		12.0	1217	38	3	5	24	13.4	10.7	2.7	20.0
3	陵 72 斜-12 井	新下$_2^2$Ⅱ	10.5	1303	38	3	4	24	11.5	9.3	2.2	19.0
4	陵 72 斜-91 井		12.0	1261	38	2	4	24	13.2	10.8	2.4	18.0

3. 注水井网部署

根据注水开发原则，对陵 72 井区进行了整体注水方案部署，部署总井数 22 口(油井 17 口、水井 5 口)，钻新井 5 口(油井 4 口、水井 1 口)。其中新钻 4 口油井中陵 72-41 井为新下Ⅰ、Ⅱ油组兼顾、逐层上返生产，陵 721 井主要针对新下Ⅰ油组部署，陵 72-21 井和陵 72-22 井主要针对新下Ⅱ油组部署；新钻 1 口水井陵 72-20 井为新下Ⅰ、Ⅱ油组兼顾、分层注水。利用老油井 13 口(新下Ⅰ油组 8 口、新下Ⅱ油组 5 口)，利用老水井 4 口(正注井 2 口、待老井转注 2 口，其中陵 72 斜-13 井仅针对新下Ⅰ油组注水、陵 72 斜-14 井对新下Ⅰ、Ⅱ油组进行分层注水)。平均单井控制地质储量 13.25×10^4t/口(表 5-4-31、表 5-4-32)。

表 5-4-31　陵 72 井区注水方案部署工作量表

油组	动用储量/10^4t	总井数/口	新钻井					利用老井/口		建生产井/口	建注水井/口	单井控制储量10^4t/口
			油井/口	水井/口	小计	井深/m	进尺/10^4m	油井	水井			
新下Ⅰ	109.88	14	2	1	2	1300	0.68	8	3	10	4	13.74
新下Ⅱ	62.41	11	3	1	4			5	2	8	3	12.48
小计	172.29	22	4	1	5			13	4	17	5	13.25

表 5-4-32　陵 72 井区注水方案部署井号表

<table>
<tr><th rowspan="3">油组</th><th colspan="4">利用老井</th><th colspan="4">新钻井</th></tr>
<tr><th colspan="2">油井</th><th colspan="2">水井</th><th colspan="2">油井</th><th colspan="2">水井</th></tr>
<tr><th>井数</th><th>井名</th><th>井数</th><th>井名</th><th>井数</th><th>井名</th><th>井数</th><th>井名</th></tr>
<tr><td rowspan="2">新下Ⅰ</td><td rowspan="2">8</td><td rowspan="2">陵 722 井、陵 72 斜-3 井
陵 72 斜-4 井、陵 72 斜-6 井
陵 72 斜-9 井、陵 72 斜-15 井
陵 72 斜-17 井、陵 72 斜-40C 井</td><td>2</td><td>陵 72 斜-8 井
陵 72 斜-13 井</td><td>1</td><td>陵 721 井</td><td rowspan="4">1</td><td rowspan="4">陵 72-20 井</td></tr>
<tr><td rowspan="2">1</td><td rowspan="2">陵 72 斜-14 井</td><td rowspan="2">1</td><td rowspan="2">陵 72-41 井</td></tr>
<tr><td rowspan="2">新下Ⅱ</td><td rowspan="2">5</td><td rowspan="2">陵 72 斜-91 井、陵 72 斜-10 井
陵 72 斜-11 井、陵 72 斜-12 井
陵 72 斜-19C 井</td></tr>
<tr><td>1</td><td>陵 72 井</td><td>2</td><td>陵 72-21 井
陵 72-22 井</td></tr>
<tr><td>小计</td><td>13</td><td></td><td>4</td><td></td><td>4</td><td></td><td>1</td><td></td></tr>
</table>

4. 开发指标预测

根据理论相渗曲线，结合同类型油藏陵 76 井区的实际开采规律，对陵 72 井区注水方案从 2011 年到 2025 年底进行开发指标预测。根据 15 年开发指标预测结果，最大年产液量 4.32×10^4t，最大年产油量 3.06×10^4t，最大年注水量 5.1×10^4m^3，平均最大单井产液量 8.5t/d，平均最大单井产油量 6.0t/d，平均最大单井注水量 30m^3/d，预测期末综合含水率 90.4%，预测期末采油速度 0.23%，采出程度 16.83%(表 5-4-33)。

表 5-4-33 陵 72 井区 15 年开发指标预测表

年份	油井/口	水井/口	年产油/10^4t	年产液/10^4t	年注水/10^4m^3	综合含水率/%	采油速度/%	采出程度/%	累计产油/10^4t	累计产液/10^4m^3	累计注水/10^4m^3
2011	17	5	2.78	3.17	3.95	12.3	1.63	4.22	7.18	7.87	4.45
2012	17	5	3.06	3.88	4.82	21.2	1.80	6.02	10.24	11.75	9.27
2013	17	5	2.96	4.12	5.10	28.2	1.74	7.76	13.20	15.87	14.37
2014	17	5	2.63	3.98	4.91	33.9	1.54	9.30	15.83	19.85	19.28
2015	17	5	2.24	3.63	4.47	38.2	1.32	10.62	18.07	23.47	23.75
2016	17	5	1.96	3.41	4.19	42.4	1.15	11.77	20.03	26.88	27.94
2017	17	5	1.77	3.34	4.11	47.0	1.04	12.81	21.80	30.22	32.05
2018	17	5	1.52	3.25	3.98	53.2	0.89	13.71	23.32	33.47	36.03
2019	17	5	1.30	3.25	3.97	60.0	0.76	14.47	24.62	36.72	39.99
2020	17	5	1.11	3.59	4.37	69.1	0.65	15.12	25.73	40.32	44.37
2021	17	5	0.88	4.10	4.55	78.4	0.52	15.64	26.62	44.42	48.92
2022	17	5	0.69	4.32	4.79	84.0	0.41	16.05	27.31	48.74	53.71
2023	17	5	0.50	4.19	4.64	88.1	0.29	16.34	27.81	52.93	58.34
2024	17	5	0.44	4.10	4.53	89.2	0.26	16.60	28.25	57.04	62.88
2025	17	5	0.39	4.01	4.43	90.4	0.23	16.83	28.64	61.04	67.30

第六章

断块油藏开发技术及实践

第一节 开发特征

一、开发现状

目前花园地区共有采油井 14 口，开井 14 口，日产液 51.0t，日产油 19.5t，单井日产油 1.4t，综合含水率 72.35%，动液面 1288m。花园地区累计产油 25.3751×10^{4}t，累计产水 54.5475×10^{4}m^3，地质储量采油速度 0.62%，采出程度 22.07%，标定采收率 24.05%。水井 4 口，开井 3 口，日注水 84m^3，单井日注水 28m^3，累计注水 82.97×10^{4}m^3，月注采比 1.1，累计注采比 0.96(表 6-1-1)。目前花园地区地层压力保持水平低，其中花园油田地层压力已降到 2.67MPa，李 3 井区地层压力降至 1.19MPa，地层总压降 9.99MPa。

表 6-1-1 花园地区开发现状表

面积/m^2	储量/10^{4}t	油井数/口	油井开井数/口	日产液/t/	单井日液/t	日产油/t	单井日产油/t	综合含水率/%	动液面/m	采油速度/%
1.25	115	14	14	51	3.6	19.5	1.4	72.35	1288	0.62
累计产油量/10^{4}t	**采出程度/%**	**注水井数/口**	**水井开井数/口**	**日注水/m^3**	**月注采比**	**累计注水/10^{4}m^3**	**累计注采比**	**标定采收率/%**	**可采程度/%**	**剩余可采速度/%**
25.3751	22.07	4	3	84	1.1	82.97	0.96	24.05	91.74	27.14

二、含水上升规律分析

花园油田自 1973 年投入开发至今，已陆续投产 25 口油井，其中有 3 口井(陵 1 井、陵 33 井和陵斜 1-1 井)开抽即见水，其中陵 33 井和陵斜 1-1 井投产层为油水同层和水淹层，初期见水，为地层水。另一口井陵 1 井，位于构造高部位，该井于 1968 年 11 完钻，试油过程中因固井质量差，管外窜槽，多次找水、封堵，于 1973 年 7 月投产，初期即见水，分析见水方向为窜槽水。

李 3 井区从 2008 年李 3 井复产见效后，开始滚动开发，陆续投产 5 口油井，除李 3 斜-1 井外，其他 4 口井均投产见水。从 5 口油井生产情况看，均表现为供液不足低液低含水，且油样未见明水，分析见水原因可能是地层束缚水。

花园地区具有无水采油期的油井 23 口，平均无水采油期 12.3 个月。无水采油期大于 1 年的井有 7 口，多位于构造的高、腰部，由于该块断层发育，各油水系统较为独立，有利于油井的长期稳产。累计无水采油期采油量 57328t(表 6-1-2)，占井区总产油量的22.8%。无水采油期最长的是陵2井，无水采油期1892d，无水产油量16621t。

表 6-1-2 花园油田无水期生产情况统计表

有无水期采油井数/口	占投产井数比例/%	初期日产油量/t	无水采油期累计采油量/t
23	76.7	268.4	57328

目前花园地区共有14口采油井，开井14口，其中花园油田开井9口，除今年滚动投产的陵29斜-1井和高部位生产的陵24-3C井、陵39井含水较低外，其他6口井含水率均超过90%，李3井区开井5口，因储层物性差，采油速度低，含水率均低于5%(见表6-1-3)。

表 6-1-3 花园油田单井综合含水率统计表　　单位:%

时间	井区	油井								
2012年10月	花园井区	陵斜23-1井	陵23-2井	陵斜24-1井	陵24-2井	陵24-3C井	陵斜30-1井	陵39井	陵斜1-1井	陵29斜-1井
		94.9	94.5	94.2	93.2	5.1	96.2	65.3	95.7	6
	李3井区	李3斜-1井	李3斜-3井	李3斜-5井	李3斜-6井	李3斜-10井				
		1.6	0	3.2	0	0				

从含水率与生产时间关系曲线(图6-1-1)来看，1980年到1985年含水上升速度较快，特别是1983年至1985年，3年时间花园油田综合含水率从32.0%上升到78.4%，1991年的含水率上升至开发史上最高值，为92.1%，1992年、1999年因高含水井大面积停产、新区滚动，井区含水率波动较大，随后含水率一直保持平稳，含水率上升速度变缓。

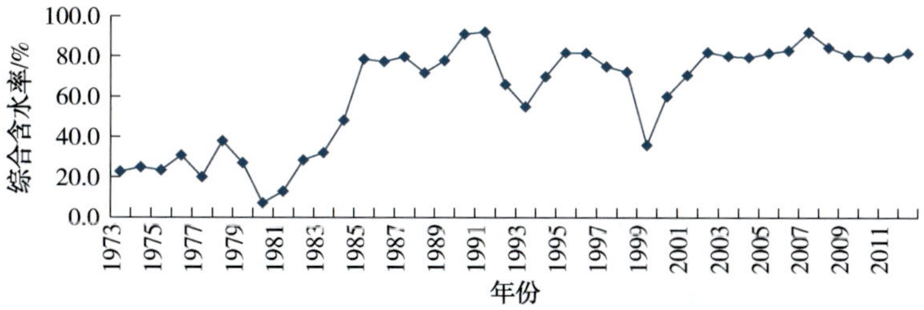

图 6-1-1 花园油田综合含水率与时间关系曲线

针对花园油田在1983年至1985年、1999年至2002年两个阶段含水率上升速度快，通过对井区及单井生产情况统计，从注采比、采油速度、压裂缝、储层物性等几个方面进行了分析研究，发现导致油井含水上升快的主要因素有三个：一是注采比过大；二是采油速度过大；三是储层的层间差异大。

(一) 注采比过大

从花园井区注采比与综合含水率关系曲线(图6-1-2)可以看出，含水率上升速度快的两个阶段，注采比偏大，尤其是1982年至1985年，井区注采比最高达2.79，导致注入水推进过快，油井见水，且含水率上升快，如1982年高部位的3口井(陵2、陵39、陵32)相继见水，且随着注入水推进，含水率持续上升，产量下降。

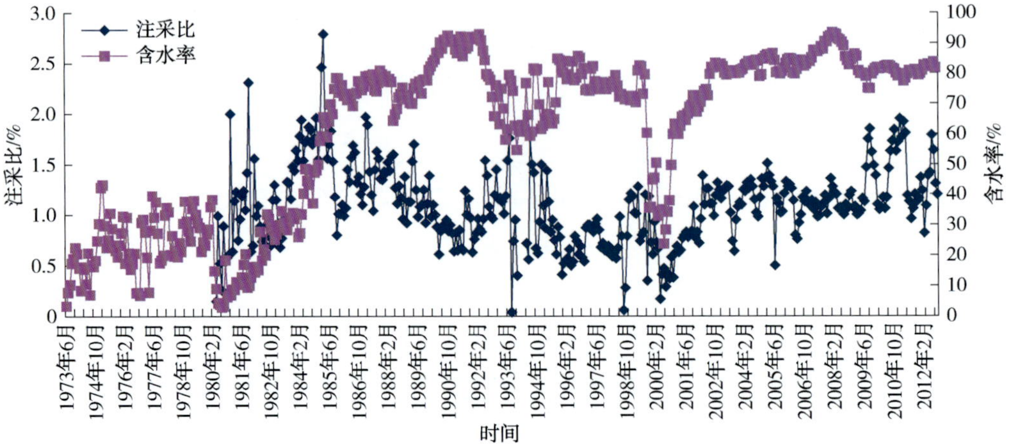

图 6-1-2 花园地区注采比与综合含水率关系曲线

（二）采油速度过大

从花园地区采油（采液）速度与综合含水率关系曲线（图 6-1-3）可以看出，在开发初期，花园地区采油（采液）速度保持低水平开发，含水率稳定，1982 年至 1985 年含水率上升速度快，井区采油速度不是其主要原因，1999 年随着西断块滚动开发，高效井投产后，井区可采储量采油（采液）速度过大，最高可采储量采油速度达到 14.7%（2000 年 7 月），采油速度达到 19.62%，井区产量也达到开发后期最高峰（70t/d），综合含水率 23.75%，随后含水持续上升，仅一年半时间，综合含水率达到 72.71%，日产油下降至 24t。分析认为后期含水率上升快主要受井区采油速度过快影响。

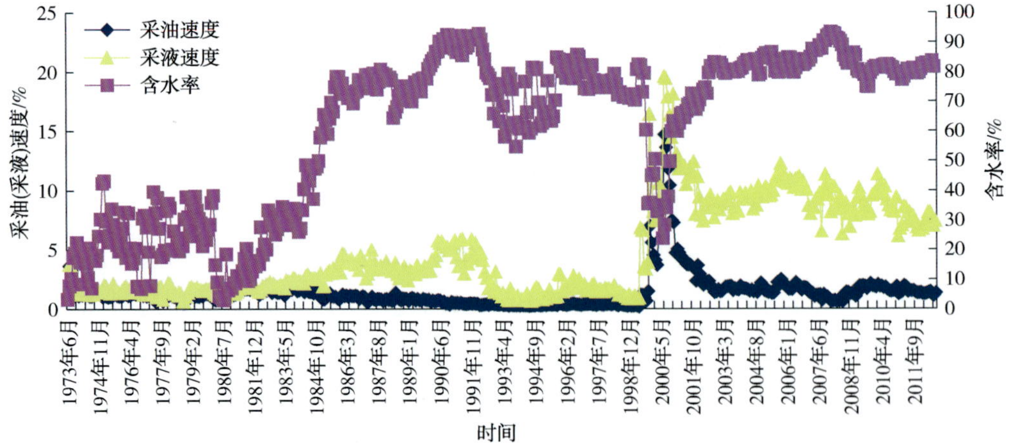

图 6-1-3 花园地区采油（采液）速度与综合含水率与时间关系曲线

（三）层间差异大

花园地区采油井纵向上钻遇油层多，油井投产初期大都合采，受当时开发技术的限制，测试资料较少，在油井见水后，多通过封隔器实施找水、堵水，初期效果较好，但后期普遍高含水，再加上为提高油井产能，对油井多次实施以压裂为主的储层改造措施，其中压裂8口井16井次，压缝的存在加剧了层间矛盾，给找水工作带来难度，致使早期投产的油井在开发后期因高含水而大面积停产。

尽管井区监测资料较少，但从井区测试的产液剖面和吸水剖面资料(表6-1-4、表6-1-5)来看，井区存在层间差异，新下$^1_{4+5+7}$层相对物性较好，为主出力、主吸水层，新下$^1_{2+6}$出力相对较差，注水井吸水性也较差。

表6-1-4　花园地区产液剖面统计表　　单位:%

井名	时间	层位						
		新下$^1_2$	新下$^1_4$	新下$^1_5$	新下$^1_6$	新下$^1_7$	新下$^2_1$	新下$^2_1$及以下
陵23-井	2012年3月7日				25.87	74.13		
陵25井	1990年8月18日	3.6	77.3	19.1				

表6-1-5　花园地区吸水剖面统计表

序号	井名	新下$^1_2$		新下$^1_4$		新下$^1_5$		新下$^1_6$		新下$^1_7$	
		厚度/层数	相对吸水量/%	厚度/层数	相对吸水量/%	厚度/层数	相对吸水量/%	厚度/层数	相对吸水量/%	厚度/层数	相对吸水量/%
1	陵30井	4.4m/1层	86.6	4.0m/2层	0.6	7.6m/3层	0.0				
2	陵40井	4.0m/2层	0.0	6.8m/3层	0.0	8.0m/2层	100	4.2m/1层	0	2.2m/1层	0
3	陵43井	3.6m/1层	46.5	4.6m/2层	46.5	6.6m/2层	7				
4		3.6m/1层	0.0	4.6m/2层	53.9	6.6m/2层	46.1				
5	陵46井	4.0m/1层	20.5	5.0m/2层	2.7	7.2m/1层	53.6	7.0m/1层	23.2		
6	陵新16井	2.0m/1层	0.0	0.8m/1层	21.0	新下$^1_{4+5+7}$，16.6m/2层，相对吸水量79.0%					

层间差异导致油井主出力层高含水，并抑制了物性差的不出力层出力，综合分析认为，井区层间矛盾突出，层间差异大也是导致井区含水上升快的重要因素。

三、注水见效特征分析

由于花园地区滚动开发持续时间较长，在不同阶段，为满足注水开发需要，注水方式和见效特征也有所不同。

(一) 注水初期(1980年4月至1988年10月)

主要针对花园油田最早开发的中部断块，由于地层亏空大，加上边水推进，井区下降较快，最低降至11t/d，为完善注采井网，增加水驱控制储量，为油井补充地层能量，1980年4月至1988年10月采取边缘、点状注水方式，陆续转注4口井。从处于注水受效一线的5口油井见效情况看，高部位点状注水见到明显水驱效果，表现为油井产液量以及产油量均上升，且含水率稳定期长，动液面不同程度回升。边部注水井组表现为不见效或见效较差，见效的井组对应油井见效快，且含水率上升快，产量递减快(表6-1-6)。

表 6-1-6　注水初期油井见效情况统计表

注水井	对应油井	见效前				见效后			
		日产液/t	日产油/t	含水率/%	动液面/m	日产液/t	日产油/t	含水率/%	动液面/m
陵 30 井	陵 37 井	5.4	0.2	96.3	286	1.0	0.3	70.0	154
陵 40 井	陵 2 井	5.4	5.4	0.0	680	6.1	6.1	0.0	605
	陵 39 井	3.2	3.2	0.0	276	5.0	5.0	0.0	365
陵 46 井	陵 43 井	4.3	3.8	11.6	610	5.9	4.5	23.7	464
	陵 25 井	3.6	3.0	16.7	700	6.5	6.5	0.0	497
陵 43 井	陵 38 井	7.0	1.0	85.7	1006	12.4	0.6	95.2	822
陵新 16 井	陵 39 井	9.1	2.9	68.1	1091	11.3	4.1	63.7	1077
陵 24-5 井	陵斜 24-1 井	8.2	2.5	69.5	1118	10.8	2.9	73.1	1092
	陵 24-2 井	5.0	4.8	4.0	1055	8.4	8.0	4.8	1068
	陵斜 24-3 井	19.0	0.7	59.5	1082	26.2	11.6	55.7	1040
	陵 24-3C 井	1.3	1.3	0.0	1105	1.7	1.7	0.0	1071
李 3 斜-8 井	李 3 斜-1 井	1.5	1.5	0.0	1818	1.8	1.8	0.0	1913
李 3 井	李 3 斜-3 井	0.6	0.5	5.8	1757	1.9	1.8	5.2	1780
	李 3 斜-5 井	1.5	1.5	0.0	1850	1.8	1.8	0.0	1773
	李 3 斜-6 井	1.5	1.5	0.0	1794	2.0	1.9	3.3	1769

（二）开发中后期（1994 年至今）

中部断块早期投产井井况恶化、含水率高，油井停产、水井停注，导致注采井网被破坏，1994 年 4 月在构造腰部投注 1 口注水井陵新 16，在注水 3 个月后对应油井陵 39 井见到注水效果，表现为产液量以及产油量均上升、含水率略微下降，1998 年 9 月因作业过程中落物故障，补孔新下$^{1}_{2+4}$层合注，对应油井见效不明显（表 6-1-7）。

表 6-1-7　开发中后期油井见效情况统计表

注水井	对应油井	见效前				见效后			
		日产液/t	日产油/t	含水率/%	动液面/m	日产液/t	日产油/t	含水率/%	动液面/m
陵新 16 井	陵 39 井	9.1	2.9	68.1	1091	11.3	4.1	63.7	1077
陵 24-5 井	陵斜 24-1 井	8.2	2.5	69.5	1118	10.8	2.9	73.1	1092
	陵 24-2 井	5.0	4.8	4.0	1055	8.4	8.0	4.8	1068
	陵斜 24-3 井	19.0	0.7	59.5	1082	26.2	11.6	55.7	1040
	陵 24-3C 井	1.3	1.3	0.0	1105	1.7	1.7	0.0	1071
李 3 斜-8 井	李 3 斜-1 井	1.5	1.5	0.0	1818	1.8	1.8	0.0	1913
李 3 井	李 3 斜-3 井	0.6	0.5	5.8	1757	1.9	1.8	5.2	1780
	李 3 斜-5 井	1.5	1.5	0.0	1850	1.8	1.8	0.0	1773
	李 3 斜-6 井	1.5	1.5	0.0	1794	2.0	1.9	3.3	1769

东部断块开发时间较晚，于 2000 年 3 月滚动开发，陆续投产油井 3 口，初期产量高，

但产量递减快。为完善该断块注采井网，2000 年 11 月采取边部注水方式，投注 1 口注水井陵 24-5，由于储层单一，物性相对较好，且油水井连通性好，转注后，对应油井 2 个月后相继见到水驱效果，表现为产液量以及产油量均上升，但油井见效后含水率上升速度较快，产量递减快，目前井组高含水率与地层能量不足矛盾较为突出。

李 3 井区 2008 年开始滚动开发，陆续投产油井 4 口，为完善注采井网，2009 年 7 月—2010 年 5 月采取边部注水方式，投转注水井 2 口，从对应油井生产情况看，均见到不同程度的注水效果，表现为产液量以及产油量均上升，由于油水井连通性好，油井见效后，含水率明显上升，为控制含水率上升速度，注水井停注，观察油井生产情况，在油井含水率下降的同时，产液量也在下降，含水率上升与地层能量不足矛盾较为突出。目前井区两口注水井因储层物性差，注水压力高，不能完成配注，有待增注。

四、水驱效果评价

（一）含水率与采出程度关系

从含水率与采出程度关系曲线（图 6-1-4）来看，花园地区在开发初期实际曲线偏向 x 轴，在采出程度达到 12%时，实际曲线迅速偏向 y 轴，油井含水率上升很快，在含水率上升到 80%左右后，含水率基本上保持稳定。在采出程度 16%左右时含水率有一个较大的下降，主要是新断块陵 24-1 投入开发，油井含水率较低。从目前曲线来看，由于李 3 井区投入滚动开发及陵 24-1 断块注水见效，实际曲线偏向 x 轴，说明水驱开发效果较好。

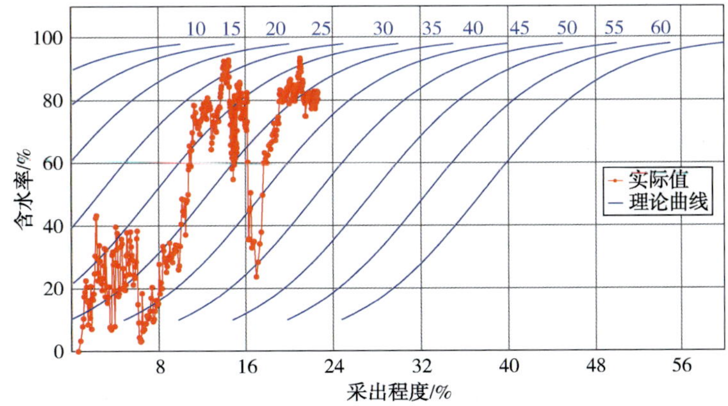

图 6-1-4 花园地区含水率与采出程度关系曲线

（二）含水率上升率

含水率上升率是指每采出 1%地质储量含水率的变化率，其计算公式如下：

含水率上升率 =（当年平均含水率 - 上年平均含水率）/ 年采油速度

年平均含水率 =（年产水量 / 年产液量）×100%

年采油速度 = 年度原油核实产量 / 上年末公报动用储量 ×100%

根据计算公式及花园油田 2012 年生产状况，2012 年 1—10 月含水率上升率为-23.5%(新井投产)，依据评价标准表 6-1-8，花园地区含水率上升率评价等级为好。主要是花园油田新投产井含水率低。

表 6-1-8　含水率上升率评价标准表

评语	好	较好	中等	较差	差
含水率上升率评价系数	<-0.25	-0.25~0.25	0.25~1.00	1.00~2.25	>2.25

(三) 水驱指数

水驱指数是指油田、区块或开发层系注入水地下存水量与累计产油量地下体积之比，用公式表示：

$$R_{wo}=\frac{W_i-W_p}{N_p\cdot B_o/\rho_o} \tag{6-1}$$

式中，N_p 为累计产油量，10^4t；B_o 为原油体积系数，m^3/m^3；ρ_o 为地面原油密度，g/cm^3。

花园地区的相关参数如下：

表 6-1-9　花园地区计算参数及公式

参　数	$B_o/(m^3/m^3)$	$\rho_o/(g/cm^3)$	标准曲线表达式
值及表达式	1.050	0.822	$R_{wo}=\frac{W_i-W_p}{1.302N_p}$

根据上述参数及开发动态资料可求得各年的水驱指数(图 6-1-5)，区块的水驱指数在注水开发初期上升较快，后趋于稳定。近年，由于井区油井水淹严重，层间差异大，又缺乏相应的监测资料，调整难度较大，开发效果变差，水驱指数上升趋势变大，但一直控制在 1 以下，说明注水量能够满足生产的需要，可有效防止因采油造成的地下能量亏空，从该单一指标来看水驱效果较为理想。

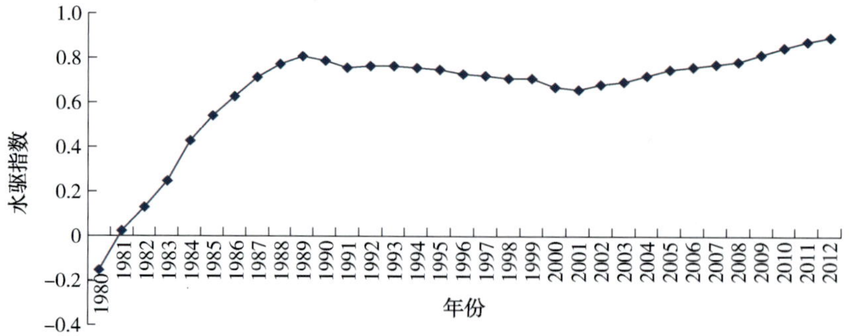

图 6-1-5　1980—2012 年水驱指数

(四) 地下存水率

存水率(累计存水率)是指累计注水量与累计采水量之差和累计注水量之比，是评价注水开发油田注水开发效果的一项重要指标。油田注水开发过程中，随原油采出增加量，综合含水率不断上升，注入水则不断被排出，含水率越高，排水量越大，地下存水率越小，水驱油的效果变差。

存水率的表达式：

$$E_i=\frac{W_i-W_p}{W_i} \tag{6-2}$$

由存水率与采出程度的关系曲线(图 6-1-6)可知，随着采出程度的增加，前期存水率增加，油田水驱利用率提高，能有效地驱替原油，随后存水率开始下降，由注水初期的 62%下降为目前的 36%，表明注入水波及体积减小，开发效果变差。

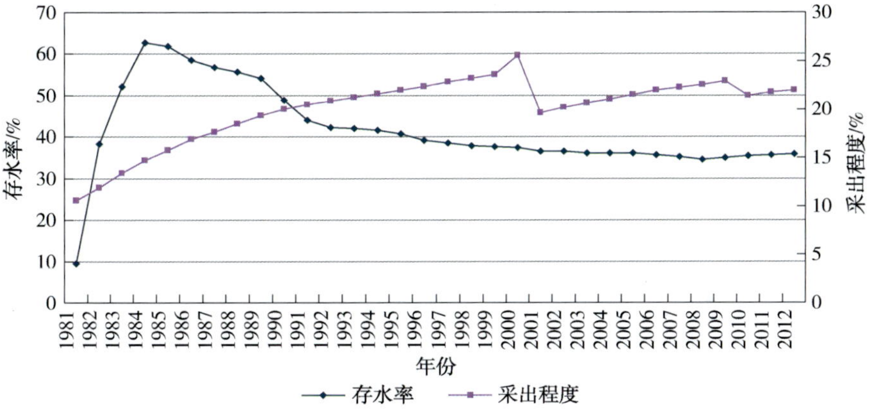

图 6-1-6　存水率与采出程度时间关系曲线

导致存水率下降的原因主要是 1989—1992 年因井况不良，陆续停注了 4 口水井(陵 30 井、陵 40 井、陵 43 井、陵 46 井)；随后存水率基本保持稳定。

(五) 注水利用率

注水利用率=阶段采油量/阶段注水量，即：

$$W_u=Q_o/Q_i \tag{6-3}$$

式中，Q_o 为阶段采油量，10^4t；Q_i 为阶段注水量，10^4m^3。

注水利用率随着井区开发时间的延长而逐步下降，说明注水利用率越来越差(图 6-1-7)。

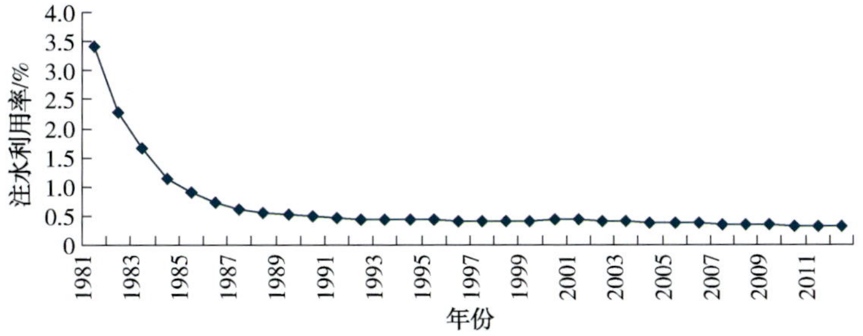

图 6-1-7　注水利用率与时间的关系曲线

五、工艺措施效果分析

花园油田属于中渗透油田，地层物性相对较好，油水井措施以酸化为主、压裂为辅，且大多数集中在李3井区及花园油田的部分渗透性较差的层和物性相对较差部位的生产井。据统计，花园油田先后有31口井进行过试油，获得工业油流的有30口，其中有14口井32井次上过措施作业，措施以酸化和压裂为主，压裂效果要好于酸化效果。先后投转注水井9口，其中有3口井8井次上过措施作业，措施作业主要为酸化。

（一）酸化措施效果不理想

统计花园地区4口油井8井次(1口井重复酸化)酸化措施，其中2口井为补孔酸化，1口井为试油酸化，只有补孔酸化见到增油效果比较明显。

陵24-3C井于2009年3月进行酸化新下$_5^1$小层，井段1128.4~1131.2m，酸化前日产油0.7t，酸化后日产油1.4t，日增油不到1t(表6-1-10)。陵23井1976年1月进行补孔酸化见到增油效果，1977年4月至1978年11月进行重复酸化4次，其中有2次日增油仅为0.6~0.7t，只有有2次无效，主要是该井物性相对较差，地层出力不好。陵30井试油酸化后，日产油为2.1t，从这4口井的酸化措施效果来看，花园油田储层进行酸化改造效果不理想。

表6-1-10 花园地区酸化措施效果分析表

序号	井名	措施内容	施工日期	层位	厚度/层数	酸化前		酸化后	
						日产油/t	日产水/m³	日产油/t	日产水/m³
1	陵23井	酸化	1976年1月	新下$_4^1$	11.9m/3层	1.7	1.4	5.1	
			1977年4月			0.0	0.0	0.6	
			1977年8月						
			1977年11月			0.0	0.0	0.7	3.0
			1978年11月			0.5	0.0	0.0	5.2
2	陵24-3C井		2009年3月	新下$_5^1$	2.8m/1层	0.7	0.0	1.4	0.0
3	陵30井		1970年12月	新下$_2^1$	4.1m/1层			2.1	
4	李3斜-5井		2011年4月	新下$_2^1$	3.2m/1层	0.2	0.2	5.0	1.1

（二）压裂措施增油效果要优于酸化措施

从花园地区压裂前后的增油效果来看，压裂增油效果要优于酸化增油效果，统计13口井23井次(6口井重复压裂)油井的压裂措施增油效果，其中有5口井为试油压裂(表6-1-11)，有7口井14井次的油井压裂措施有效，压裂措施有效率为85.7%。单井次最大日增油为7.3t，平均日增油为2.6t，从压裂效果来看，压裂对该地区的储层改造是适应的，因此我们建议该地区储层改造的主导工艺为压裂。

表 6-1-11　花园地区压裂措施效果分析表

序号	井名	施工日期	层位	厚度/层数	压裂前		压裂后		对比	
					日产油/t	日产水/m^3	日产油/t	日产水/m^3	日产油/t	日产水/m^3
1	陵斜 1-1 井	2005 年 7 月	新下$_3^2$	6.0m/2 层			2.0	0.0	2.0	0.0
2	陵 2 井	1984 年 5 月	新下$_{4+5}^1$	9.8m/3 层	4.8	0.2	7.4	0.7	2.6	0.5
3	陵 23 井	1984 年 6 月	新下$_4^1$	11.9m/3 层	0.9	0.1	1.9	0.4	1.0	0.3
4	陵 30 井	1977 年 1 月	新下$_2^1$	4.1m/1 层	2.5	0.7	3.0	0.7	0.5	0.0
		1978 年 7 月			1.4	0.1	1.7	0.5	0.3	0.4
5	陵 32 井	1973 年 9 月	新下$_{4+5+6}^1$	13.8m/5 层	1.6		3.5		1.9	0.0
		1975 年 5 月	新下 16	5.2m/1 层	2.5		6.3		3.8	0.0
		1976 年 11 月	新下$_{4+5+6}^1$	13.8m/5 层	1.7		3.6		1.9	
		1978 年 3 月			1.3		6.0		4.7	0.0
		1979 年 9 月			1.7		6.6		4.9	0.0
6	陵 34 井	1976 年 4 月	新下$_2^2$	7.0m/1 层	1.6	0.4	2.6	1.1	1.0	0.7
		1978 年 4 月			3.0	2.0	5.2	0.6	2.2	-1.4
7	陵 43 井	1975 年 4 月	新下$_{24}^1$	4.8m/2 层	0.8	0.1	8.1		7.3	-0.1
		1976 年 11 月			1.6		3.4	0.4	1.8	0.4
8	李 3 斜-1 井	2009 年 3 月	新下$_4^1$	4.8m/1 层	1.0	0.0	3.2	1.3	2.2	1.3
9	陵 46 井	1975 年 5 月	新下$_2^1$	4.0m/1 层	3.8	6.6	2.8	8.8	-1.0	2.2
		1978 年 8 月			1.6	7.1	0.9	5.3	-0.7	-1.8
10	李 3 井	1997 年 8 月	新下$_3^1$	3.4m/2 层			1.3	0.0	1.3	0.0
		2008 年 5 月					2.8	7.2	2.8	7.2
11	李 3 斜-3 井	2009 年 3 月	新下$_5^1$	2.2m/1 层			0.1	1.2	0.1	1.2
		2009 年 4 月	新下$_2^1$	2.6m/1 层			0.4	0.1	0.4	0.1
12	李 3 斜-5 井	2009 年 3 月	新下$_5^1$	2.8m/1 层			1.3	0.1	1.3	0.1
13	李 3 斜-6 井	2009 年 4 月	新下$_2^1$	3.2m/1 层			2.5	0.4	2.5	0.4

(三) 水井措施以酸化为主

花园油田水井酸化增注效果较好，统计 3 口水井 8 井次酸化增注措施，酸化增注后日注水量均有不同程度上升，最大日增注水量为 97m^3，平均日增注为 31m^3，效果比较理想（表 6-1-12）。

表 6-1-12　花园地区水井措施效果统计表

序号	井名	措施内容	施工日期	层位	厚度/层数	酸化前		酸化后	
						日注水/m^3	压力/MPa	日注水/m^3	压力/MPa
1	陵 30 井	酸化	1970 年 12 月	新下$_{2+3+4+5}^1$	16.4m/7				
			1981 年 12 月			0	0.0	97	16.5
2	陵 40 井		1981 年 9 月	新下$_{5+6+7}^1$	14.4m/4	34	7.9	73	10.2
			1983 年 6 月			13	9.0	30	10.5
			1983 年 9 月			19	10.5	35	12.0
			1984 年 10 月			25	6.5	34	7.5
			1985 年 4 月			42	6.2	50	6.5
3	陵 46 井		1982 年 1 月	新下$_{5+6}^1$	14.2m/2	15	9.0	43	10.5

六、能量状况评价

油田开发的最终目的是在经济技术条件允许的情况下，最大限度地从地下采出多的油量，油田开发实践表明，注水补充地层能量是保持油井旺盛生产能力的关键，油田可以获得较高的最终采收率。

合理地层压力是指既能满足油田提高排液量对地层能量的需求，又不会造成原油储量损失、降低开发效果的压力水平。一般来说应该保持在饱和压力以上(花园井区饱和压力为1.66MPa)。从花园油田2008—2012年测压情况(表6-1-13)来看，地层压力下降较快，其中花园井区西断块无注水补充能量，平均压力为1.22MPa，压力保持水平仅为10.2%，东断块注采井网较为完善，2010年陵斜24-1井监测压力为4.82MPa，压力保持水平为40.4%。李3井区注采井网较为完善，但注水井因储层物性差，注水压力过高，注水异常。从两口油井地层压力监测情况来看，李3斜-1井2008年投产，所测压力基本反映原始地层压力；李3斜-3井2009年投产，初期监测地层压力较高，但仅一年时间，地层压力已降至1.19MPa，压力保持水平仅为10.0%，因此，花园油田地层能量补充较差。

表6-1-13　花园油田地层压力监测情况统计表

<table>
<tr><th colspan="2">井区</th><th>井名</th><th>2008年</th><th>2009年</th><th>2010年</th><th>2012年</th><th>原始地层压力/MPa</th><th>平均压力/MPa</th><th>压力保持水平/%</th></tr>
<tr><td rowspan="4">花园井区</td><td rowspan="3">西断块</td><td>陵斜30-1井</td><td>0.77</td><td></td><td></td><td></td><td rowspan="6">11.92</td><td rowspan="3">1.22</td><td rowspan="3">10.2</td></tr>
<tr><td>陵23-1井</td><td></td><td>3.89</td><td>1.96</td><td></td></tr>
<tr><td>陵23-2井</td><td></td><td></td><td></td><td>0.94</td></tr>
<tr><td>东断块</td><td>陵斜24-1井</td><td></td><td>7.82</td><td>4.82</td><td></td><td>4.82</td><td>40.4</td></tr>
<tr><td colspan="2" rowspan="2">李3井区</td><td>李3斜-1井</td><td>12.95</td><td></td><td></td><td></td><td rowspan="2">1.19</td><td rowspan="2">10.0</td></tr>
<tr><td>李3斜-3井</td><td></td><td>14.22</td><td>1.19</td><td></td></tr>
</table>

从近20年井区动液面值来看，随着开发时间的延续，井区平均动液面持续下降，目前平均沉没度仅有81m。虽然李3井区、花园井区的中部、东部两个断块注采相对完善，但油井一直处于低液面生产状态，井区地层能量严重不足。油田注采比是指水驱油藏在地下注采平衡状况下注入体积与采出液地下体积之比值。确定合理的注采比，是支撑产液量合理增长、保持或合理恢复地层压力的必要手段。

按照石油行业标准，将能量保持水平分为以下三类。第一类：地层压力保持在原始地层压力水平的85%以上，高于饱和压力，能满足油井放大生产压差需要的；第二类：地层压力保持在饱和压力附近，但没有放大生产压差潜力的；第三类：地层压力低于饱和压力的。按照上述标准，花园油田能量保持水平属于第二类。

七、层系适应性评价

花园井区共解释22个油砂体9个油层，目前以一套开发层系进行生产，油井开井14

口，其中跨层系井 9 口，单层单采井 6 口。注水井开注 4 口，其中多层合注井 3 口，单层单注井 1 口(表 6-1-14)。

表 6-1-14 花园地区油水井生产层系统计表 单位：口

井区	采油井			注水井			
	生产总井数	跨层系井	单层单采	注水井总数	多层合注	多层分注	单层单注
花园	14	9	6	4	3		1

从井区生产井层间非均质统计表(表 6-3-2)可以看出，对于多层合采井，由于层间渗透率差异较大，渗透率级差较大，而对于生产层较单一的油井，层间渗透率变化较小。此次统计共 11 口井，渗透率级差大于 5 的有 4 口，最大的达到 10.4，为陵斜 30-1 井。

全井合采合注在开发中暴露出了层间差异大、各小层出力差异大的问题，两个剖面资料充分反映层间出力差异较大，在生产过程中注采调整效果也越来越差，说明用一套开发层系进行开发已越来越不适应井区的发展需求。

八、开发效果综合评价

采收率是反映注水开发油田水驱效果好坏的综合指标，是油田开发决策的重要依据，其高低也是油田开发水平的重要体现。而预测水驱油田的产量及可采储量的重要方法之一为水驱特征曲线法，本书选择甲、乙两种水驱特征曲线对开发效果进行评价。

甲型(马克西莫夫-童宪章水驱曲线)：

$$\begin{cases} \lg W_p = a + b \cdot N_p \\ N_R = \dfrac{1}{b}\left(\lg \dfrac{21.28}{b} - a\right) \end{cases} \tag{6-4}$$

乙型(沙卓诺夫水驱曲线)：

$$\begin{cases} \lg L_p = a + b \cdot N_p \\ N_R = \dfrac{1}{b}\left(\lg \dfrac{21.72}{b} - a\right) \end{cases} \tag{6-5}$$

式中，L_p 为累计产液量，10^4t；N_p 为累计产油量，10^4t；N_R 为可采储量，10^4t。

利用井区开发动态数据，可作图如下(图 6-1-8)：

利用上述公式，可得甲型水驱特征曲线(图 6-1-8)中：可采储量 $N_{R1}=30.6\times10^4$t；预测采收率 $E_{r1}=30.6\div115\times100\%=26.60\%$。

同理，可得乙型水驱特征曲线(图 6-1-9)，计算出可采储量 $N_{R2}=35.2\times10^4$t，预测采收率 $E_{r2}=30.6\ \%$。综合以上两种评价结果，预测采收率为 28.60%。高于油田标定采收率 24.05%的 4.55 个百分点(表 6-1-15)。

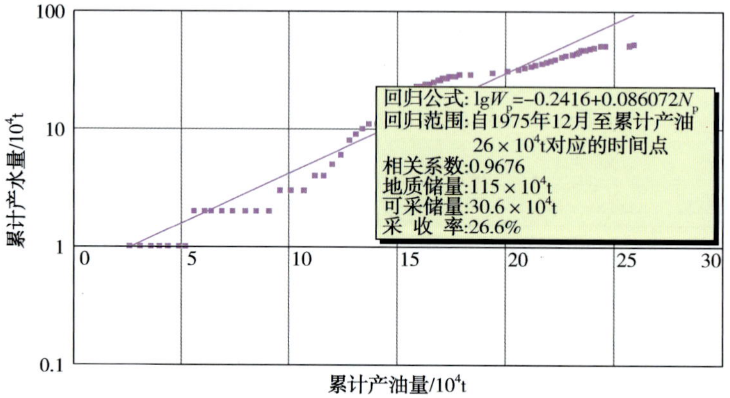

图 6-1-8 甲型水驱特征曲线

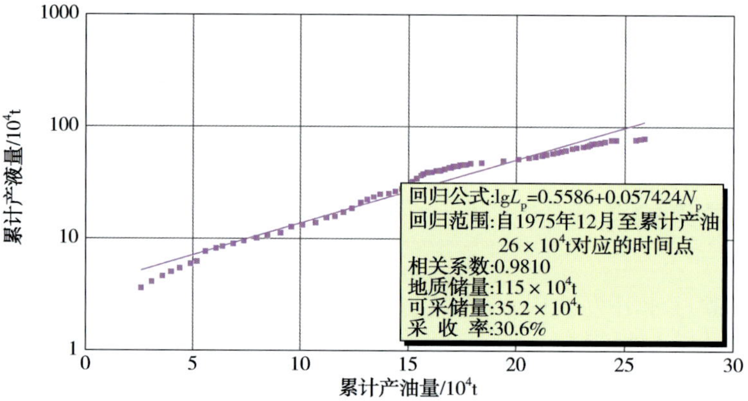

图 6-1-9 乙型水驱特征曲线

表 6-1-15 采收率综合评价表 单位:%

方法	甲型	乙型	综合
采收率	26.60	30.60	28.60

综合含水率上升规律、水驱效果、能量保持状况，并参考剩余可采储量采油速度和年产油量综合递减率等指标评价标准，花园油田开发效果为中等(表 6-1-16、表 6-1-17)。

表 6-1-16 花园油田注水开发效果综合评价表

标定采收率/%	水驱控制程度/%	水驱动用程度/%	能量保持水平	能量利用程度	剩余可采储量采油速度/%	自然递减率/%	综合递减率/%	综合含水率/%
29.48	65.04（差）	73.10（中等）	43.52	二类	5.25	11.56	9.73	93.84

表 6-1-17 剩余可采储量采油速度评价标准表 单位:%

采出程度	开发效果				
	好	较好	中等	较差	差
<50%	>5	4.5~5	4~4.5	3.5~4	<3.5
50%~80%	>7	6~7	5~6	4~5	<4
>80%	>4	3.5~4	3~3.5	2.5~3	<2.5

第二节 剩余油分布规律

花园地区经过五十余年的开发，目前已进入高含水开发期，剩余油分布较复杂，认识剩余油分布规律，挖掘剩余油潜力，提高井区产量，是井区下步综合调整的主要依据和目的。花园地区剩余油分布规律研究思路是在油藏综合地质研究和油藏工程研究的基础上，充分利用油藏注水开发过程中的生产数据和测试资料，用动态分析方法、测井方法、和油藏数值模拟方法，研究剩余油分布规律，为井区综合调整提高开发效果提供科学依据。

一、动态分析

（一）产量劈分法

1. 分产原则

（1）油井按产液剖面结果分产，如果没有产液剖面，则按流动系数进行劈分。

（2）注水井以吸水剖面和分层测试资料劈分注水量，如无吸水剖面和分层测试资料，则以砂厚分水。

2. 分产结论(表 6-2-1)

（1）花园地区标定采收率为 24.05%，通过油井产量劈分结果发现，39 个油砂体中，有 11 个油砂体的采出油量高于可采储量。

（2）采出油量高于可采储量 5000t 的有 4 个油砂体：新下$^{1}_{2(3)}$、新下$^{1}_{4(3)}$、新下$^{1}_{5(1)}$和新下$^{1}_{5(3)}$。

（3）剩余可采储量大于 5000t 的有 4 个：新下$^{1}_{4(1)}$、新下$^{1}_{5(2)}$、新下$^{1}_{5(5)}$和新下$^{2}_{2(1)}$。剩余地质储量较大的油砂体也是下步挖潜的主要对象。

表 6-2-1 累计采出油水量及注入量劈分到油砂体结果表

油砂体号	累计产油量/t	累计产水量/t	注水量/t	含油面积/km^2	地质储量/10^4t	可采储量/10^4t	剩余可采储量/t	采出程度/%
新下$^{1}_{2(1)}$	6031	13734	8776	0.0514	0.77	0.1852	−4179	78.3
新下$^{1}_{2(2)}$	2121	3114	38255	0.0582	1.82	0.4377	2256	11.7
新下$^{1}_{2(3)}$	20969	36298	64441	0.1809	6.12	1.4719	−6250	34.3
新下$^{1}_{3}$	461	180	7523	0.0281	0.5418	0.1303	842	8.5
新下$^{1}_{4(1)}$	2506	3120		0.061	4.38	1.0534	8028	5.7
新下$^{1}_{4(2)}$	2563	10366		0.057	2.4	0.5772	3209	10.7

续表

油砂体号	累计产油量/t	累计产水量/t	注水量/t	含油面积/km^2	地质储量/10^4t	可采储量/10^4t	剩余可采储量/t	采出程度/%
新下$^1_{4(3)}$	25427	46911	48844	0.207	6.93	1.6667	-8760	36.7
新下$^1_{4(4)}$	633	158		0.045	1.71	0.4113	3480	3.7
新下$^1_{4(5)}$	3364	17106		0.043	1.39	0.3343	-21	24.2
新下$^1_{4(6)}$	17138	33187	82578	0.195	7.55	1.8158	1020	22.7
新下$^1_{5(1)}$	54160	64456	41637	0.164	6.78	1.6306	-37854	79.9
新下$^1_{5(2)}$	3700	25465		0.183	8.8	2.1164	17464	4.2
新下$^1_{5(3)}$	31408	26606	42534	0.101	5.65	1.3588	-17820	55.6
新下$^1_{5(4)}$	22481	83831	173287	0.137	7.71	1.8543	-39 38	29.2
新下$^1_{5(5)}$	5740	10074		0.038	4.94	1.1881	6141	11.6
新下$^1_{5(6)}$	4453	14939		0.035	2.16	0.5195	742	20.6
新下$^1_{5(7)}$	11159	10467	94395	0.122	5.57	1.3396	2237	20.0
新下$^1_{6(1)}$	7200	1922	41574	0.099	3.6293	0.8728	1528	19.8
新下$^1_{6(2)}$	2117	8780	0	0.043	1.51	0.3632	1515	14.0
新下$^1_{6(3)}$	178	89		0.034	0.73	0.1756	1578	2.4
新下$^1_{7(1)}$	4328	14272		0.028	1.49	0.3583	-745	29.0
新下$^1_{7(2)}$	812	462	72735	0.018	0.28	0.0673	-139	29.0
新下$^1_{7(3)}$	71	678		0.011	0.1714	0.0412	341	4.1
新下$^1_{7(4)}$			0	0.0101	0.0652	0.0157	157	0.0
新下$^1_{7(5)}$	7815	35538		0.029	3.0595	0.7358	-457	25.5
新下$^2_1$	0	0		0.023	0.73	0.1756	1756	0.0
新下$^2_{2(1)}$	1948	9243		0.052	3.01	0.7239	5291	6.5
新下$^2_{2(2)}$	7699	29867	49211	0.039	2.28	0.5483	-2216	33.8
新下$^2_{3(1)}$	733	1173		0.041	0.58	0.1395	662	12.6
新下$^2_{3(2)}$	1268	2106	28391	0.489	1.41	0.3391	2123	9.0
新下$^2_{3(3)}$	797	1350		0.0337	1.0986	0.2642	1845	7.3
新下$^2_{8(1)}$	215	4279		0.061	1.03	0.2477	2262	2.1
新下$^2_{8(2)}$	429	8558		0.048	0.8	0.1924	1495	5.4
新下$_2^9$	401	6292		0.098	0.6287	0.1512	1111	6.4
合计	250325	524621	794181	1.2	97.7245	23.5029	-11358	25.6

（二）监测资料分析法

1. 产液剖面

花园油田历年来监测资料较少，只有2口井监测过产液剖面，即陵23-2井和陵25井，从产液剖面解释成果来看，存在层间差异，其中新下$^1_4$ 和新下$^1_7$ 出力较好，但含水率高，新下$^1_{5+6}$出力相对较差，新下$^1_2$ 层基本未出力(表 6-2-2)。出力差的层为下步剩余油挖潜的对象。

表 6-2-2 产液剖面成果统计表

井名	时间	层位						
		新下$^1_2$	新下$^1_4$	新下$^1_5$	新下$^1_6$	新下$^1_7$	新下$^2_1$	新下$^2_1$ 及以下
陵 23-2 井	2012 年 3 月 7 日				25.87	74.13		
陵 25 井	1990 年 8 月 18 日	3.6	77.3	19.1				

统计 9 口井补孔资料，从补孔后措施效果来看，补孔新下$^1_{4+5}$时增油效果明显，而补孔新下$^1_{2+6+7}$、新下$^2_8$ 后增油效果不明显，其中新下$^1_2$ 和新下$^2_8$ 基本不出力(表 6-2-3)。

表 6-2-3 油井补孔效果对比表

井名	措施前层位	措施层位	措施日期	措施后层位	措施对比			
					日产液/t	日产油/t	含水率/%	动液面/m
陵 23-2 井	新下$^1_7$	下$^1_{6+7}$	2001 年 2 月 2 日	新下$^1_{6+7}$	17.9	5.4	69.8	1123
					19.4	5.6	71.1	1055
陵斜 30-1 井	新下$^2_2$	新下$^1_{2+4}$	2000 年 10 月 2 日	新下$^1_{2+4}$、新下$^2_2$	7.2	4.5	37.5	1161
					16.0	12.8	20.0	710
陵斜 1-1 井	新下$^2_3$	新下$^2_2$	2006 年 4 月 28 日	新下$^2_{2+3}$	4.6	2.8	39.1	1226
					7.3	6.0	17.8	960
	新下$^2_{2+3}$	新下$^1_7$	2007 年 7 月 31 日	新下$^1_7$、新下$^2_{2+3}$	14.4	3.3	77.1	955
					14.9	3.3	77.9	914
陵 24-2 井	新下$^1_5$	新下$^1_{4+5}$	2003 年 3 月 15 日	新下$^1_{4+5}$	6.1	1.7	72.1	1213
					7.9	4.4	44.3	1103
陵 1 井	新下$^2_3$	新下$^2_2$	1981 年 9 月 28 日	新下$^2_{2+3}$	1.9	0.7	26.9	834
					9.8	7.5	23.5	416
陵 23 井	新下$^1_5$	新下$^1_4$	1976 年 10 月 10 日	新下$^1_4$	3.1	1.7	45.2	428
					5.1	5.1	0.0	205
陵 33 井	新下$^2_9$	新下$^2_8$	1999 年 7 月 25 日	新下$^2_{8+9}$	3.5	0.6	82.9	1012
					0.2	0.1	50.0	941
陵 41 井	新下$^1_{2+3+4}$	新下$^1_5$	1988 年 6 月 3 日	新下$^1_{2+3+4+5}$	13.3	0.5	96.2	658
					20.8	16.0	23.1	564
陵 46 井	新下$^1_4$	新下$^1_2$	1973 年 10 月 3 日	新下$^1_{2+4}$	7.5	4.1	45.3	
					12.2	7.7	36.9	

2. 吸水剖面

花园油田共有 5 口井 6 井次吸水剖面资料(表 6-2-4)。吸水剖面资料表明，注水井层间吸水存在较大差异，新下$_2^1$、新下$_6^1$、新下$_7^1$层吸水相对较差，新下$_4^1$、新下$_5^1$层吸水相对较好，与油井产液剖面基本吻合。两个剖面资料反映出花园油田油、水井均存在层间差异。出力差的层如新下$_2^1$、新下$_5^1$、新下$_6^1$、新下$_7^1$是下一步挖潜的方向。

表 6-2-4　注水井吸水剖面统计表

序号	井名	新下$_2^1$		新下$_4^1$		新下$_5^1$		新下$_6^1$		新下$_7^1$	
		厚度/层数	相对吸水量/%	厚度/层数	相对吸水量/%	厚度/层数	相对吸水量/%	厚度/层数	相对吸水量/%	厚度/层数	相对吸水量/%
1	陵30井	4.4m/1层	86.6	4.0m/2层	0.6	7.6m/3层	0.0				
2	陵40井	4.0m/2层	0.0	6.8m/3层	0.0	8.0m/2层	100.0	4.2m/1层	0.0	2.2m/1层	0.0
3	陵43井	3.6m/1层	46.5	4.6m/2层	46.5	6.6m/2层	7.0				
4		3.6m/1层	0.0	4.6m/2层	53.9	6.6m/2层	46.1				
5	陵46井	4.0m/1层	20.5	5.0m/2层	2.1	7.2m/1层	53.6	7.0m/1层	23.2		
6	陵新16井	2.0m/1层	0.0	0.8m/1层	21.0	下$^1_{4+5+7}$，16.6m/2层，相对吸水量79.0%					

（三）找堵水成果分析法

花园井区由于投产早，纵向上生产层多，早期对生产井多次实施卡堵水，从老井的卡堵效果来看，油井层间出力差异大，部分层不出力，部分层高水淹。不出力层主要集中在新下$^1_{2+4}$层，新下$^1_{5+6}$层多出力较好，为高水淹层。

花园井区目前在用井，由于投产以来一直多层合采，且缺乏相应的动态监测资料，油井未实施过堵水措施。2012年在花园油田综合治理研究的基础上，加大了合采井的监测工作量，根据PNN等剩余油测试成果，实施堵水措施2井次、见效1井次。从堵水效果来看，新下$_5^1$和新下$_3^2$层为高水淹层。实施堵水的两口井中，陵39井低液低产，待油层改造；陵斜1-1井高含水低产，下一步将根据测试资料挖掘不出力层新下$_7^1$层生产潜力。

二、油藏数值模拟

根据花园区块油藏在平面上的分布特征，在其精细三维储层模型的基础上粗化网格，采用86×49×37正交网格，网格i方向为正东方向，j方向为正南方向。划分网格应充分考虑以下因素：①在高产区井密的地方尽可能用密网格以便详细描述地层内油水运动状况，在边部，网格较疏；平面上x方向的网格步长为30m，y方向的网格步长为30m；网格在平面上覆盖整个花园井区。②两口井之间至少相隔3个网格。③井位尽可能布置在网格中心。④网格边界尽可能与断层一致，将所有的断层作封闭断层处理。纵向上根据地质研究成果将新下Ⅰ油组和新下Ⅱ油组分为37个模拟层(图6-2-1)。

PVT性质数据：各种参数的录取尽可能地从多种经验公式、矿场数据来综合分析，以求得最准确的物性资料(表6-2-5)。

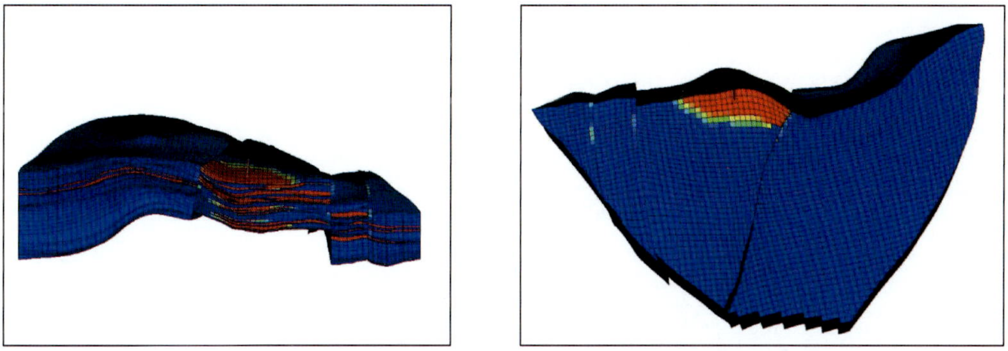

图 6-2-1 花园油田数值模拟网格图

表 6-2-5 花园油田参数取值

参数	取值	参数	取值
油藏原始地层压力/MPa	11.92	原始气油比/(m^3/t)	7.8
饱和压力/MPa	1.66	原油压缩系数/MPa^{-1}	9.5×10^{-4}
原油体积系数	1.050	地层水压缩系数/MPa^{-1}	4.42×10^{-4}
地层原油黏度/(mPa·s)	3.7	岩石压缩系数/MPa^{-1}	4.35×10^{-4}
地层原油密度/(g/cm^3)	0.822	地层水黏度/(mPa·s)	0.41
地面原油黏度/(mPa·s)	5.0	地层温度/℃	56.9

花园井区初始化拟合原始地质储量结果见表 6-2-6。根据储量拟合结果，Ⅰ油组和Ⅱ油组的拟合地质储量 98.33×10^4t，与实际值 98.99×10^4t 相比，拟合相对误差为 0.67%，误差率不到 5%，储量拟合精度较高，说明所给的油水边界位置及网格参数场是可靠的，为方案预测的准确性提供了有力的保证。

表 6-2-6 储量拟合对照表

层位	花园油田			
	地质储量/10^4t	模拟储量/10^4m^3	模拟储量/10^4t	相对误差/%
E_X下Ⅰ	86.16	104.91	86.23	0.08
E_X下Ⅱ	11.57	14.72	12.10	4.62
合计	97.72	119.62	98.33	0.67

(一) 产油量、产水量拟合

含水率拟合分全区含水率拟合和单井含水率拟合。从图 6-2-2 和图 6-2-3 中可以看出，全区产油产水以及含水率与实际含水率不仅趋势一致，而且误差较小、吻合程度较好。

由于油井采用定产油量方法，数值模拟中单井累计产油量与实际生产一致，此次拟合含水率与实际含水率误差较小，因此单井产液量、地层能量也得到了较好拟合。

累计采出曲线与产出曲线拟合好以后，单井和全区的生产曲线(油、气、水的日产量、累计产量、含水率等）都已与实际开发曲线十分接近，拟合好的井 12 口，拟合较好的井 10 口，拟合差的井 3 口，单井符合率达 88.0%，注水井曲线完全拟合。从以上动态拟合曲线可以看出，油田无论是全区还是单井历史都得到了较好的拟合。因此，认为目前油藏地下各小层剩余油饱和度分布和压力分布是可信的，为下一步调整提供了有力支撑。

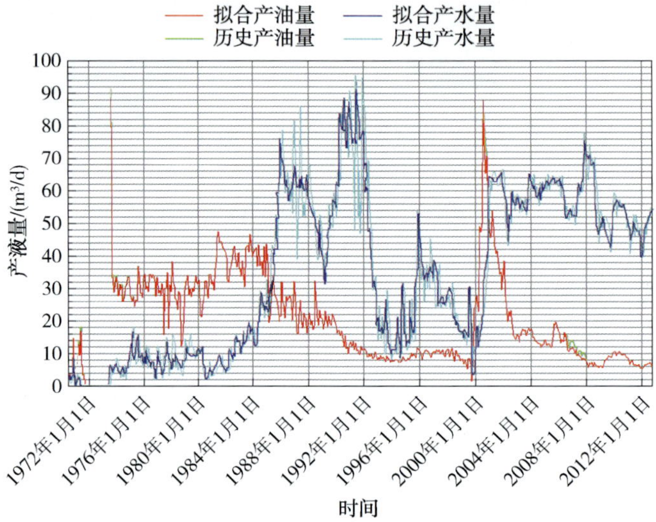

图 6-2-2　花园油田产油、产水拟合曲线

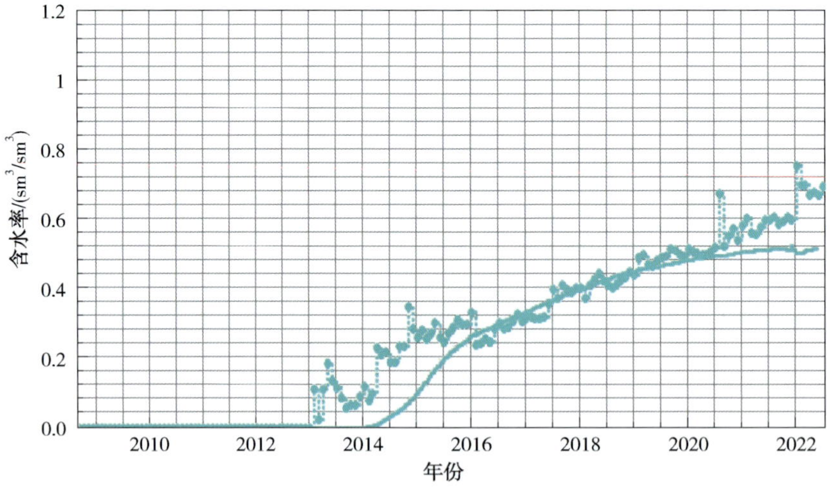

图 6-2-3　花园油田含水率拟合曲线

（二）拟合精度分析

（1）受层与层之间的影响，由于对一些层的吸水、产出状况认识不清，影响了拟合精度。

（2）受油层增产措施的影响，压裂和酸化使得近井地带的储层物性发生了较大变化，地下流体的渗流情况变得更为复杂。

（3）借助吸水、产液剖面进行产量劈分，结果相对准确。若阶段劈产缺吸水、产液剖面资料，产量劈分的准确性将影响拟合精度。

三、平面剩余油分布规律

在生产历史拟合的基础上，得出花园油田各砂体剩余油饱和度分布图(图 6-2-4~图 6-2-13)。

从平面上看剩余油主要分布在以下几个部位：

(1) 断层附近剩余油相对富集：在断层附近，注入水和边水难以波及，即使能够波及驱油效率也很低，因此这些区域含水率较低，含油饱和度较高，剩余油相对富集。

(2) 岩性尖灭区附近剩余油相对富集：在岩性尖灭区附近，储层物性变差，平面差异导致注入水难以波及，剩余油相对富集。如李 3 井区李 3 斜-1 断块的东北部。

(3) 非主流区及注水井二线位置剩余油相对富集：注采井网的非主流区或注水井的二线部位，剩余油饱和度相对较高。如花园油田中部断块新下$^1_{2(3)}$和新下$^1_{4(6)}$油砂体高部位陵 39 井附近，尽管有注水井对应，但注水井对应层不吸水或吸水较差，因此该井周围成为剩余油相对富集区。

(4) 注采井网不完善或储量动用较差部位剩余油相对富集：注采井网不完善区由于缺少注水井点，一般油层水淹程度相对较低。如花园油田中部断块新下$^1_7$层和西断块新下$^1_6$层有采无注，剩余油相对富集。

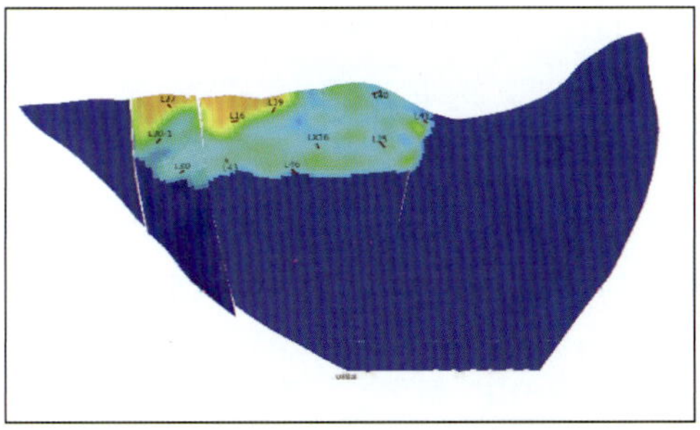

图 6-2-4　新下$^1_{2(1)}$剩余油饱和度图

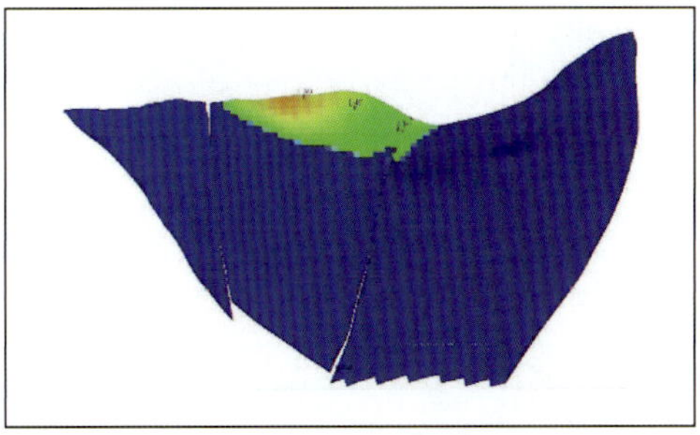

图 6-2-5　新下$^1_{2(2+3)}$剩余油饱和度图

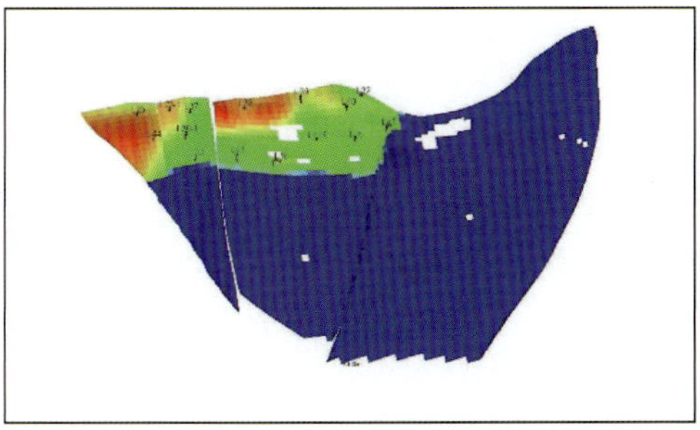

图 6-2-6　新下$^1_{4(1+2+3)}$剩余油饱和度图

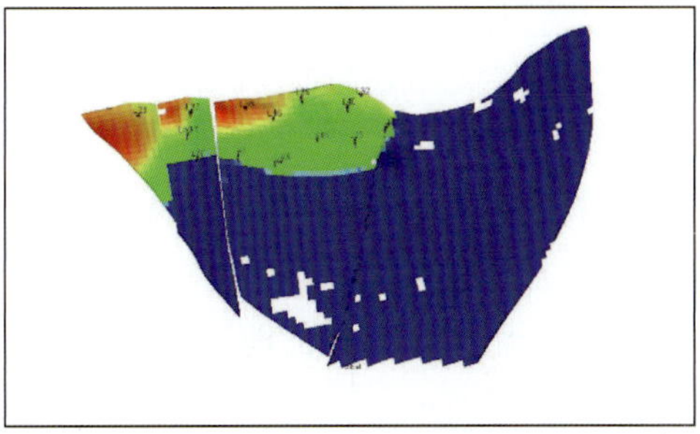

图 6-2-7　新下$^1_{4(4+5+6)}$剩余油饱和度图

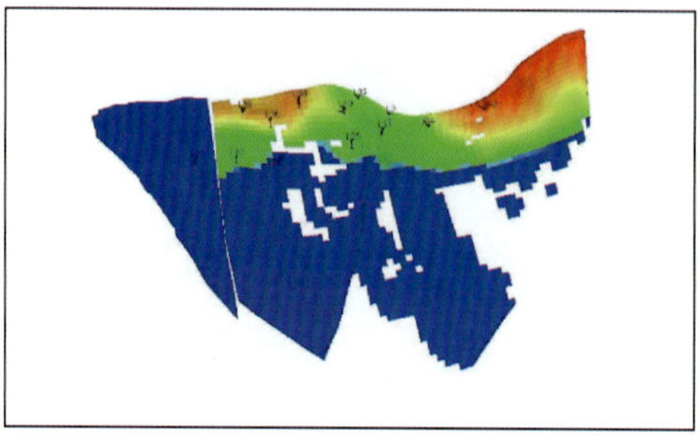

图 6-2-8　新下$^{1}_{5(1+2)}$剩余油饱和度图

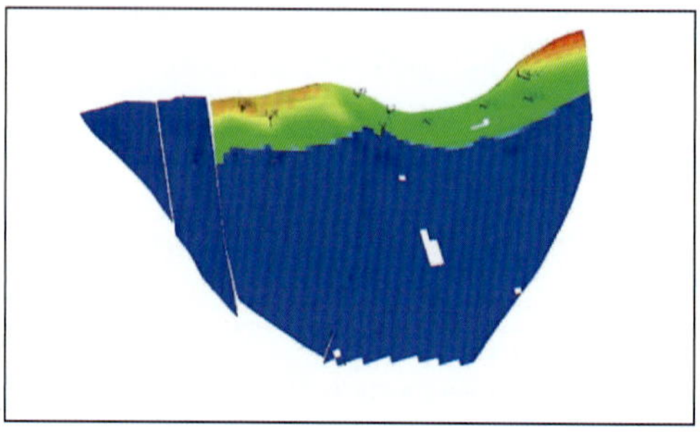

图 6-2-9　新下$^{1}_{5(3+4)}$剩余油饱和度图

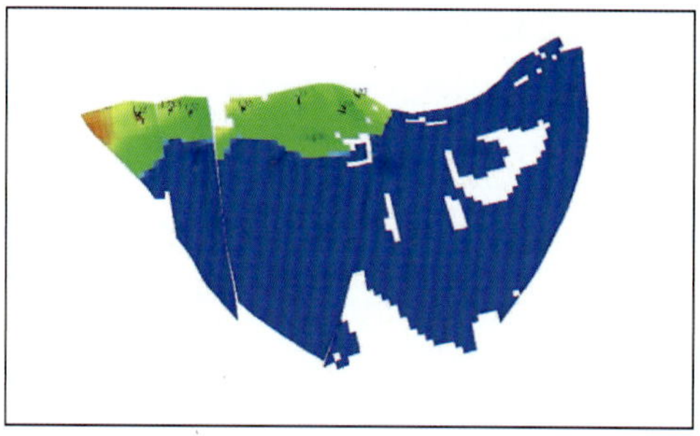

图 6-2-10　新下$^{1}_{5(4+5+6)}$剩余油饱和度图

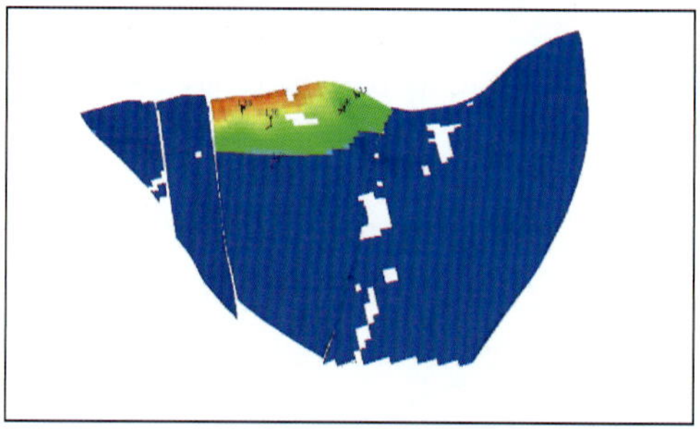

图 6-2-11　新下$^{1}_{6(1)}$剩余油饱和度图

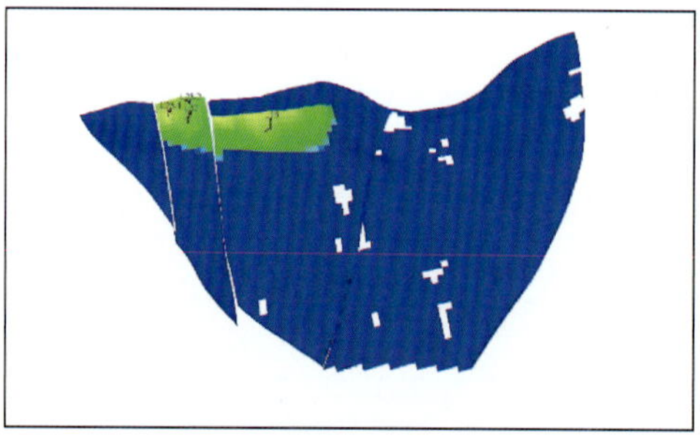

图 6-2-12　新下$^{1}_{6(2+3)}$剩余油饱和度图

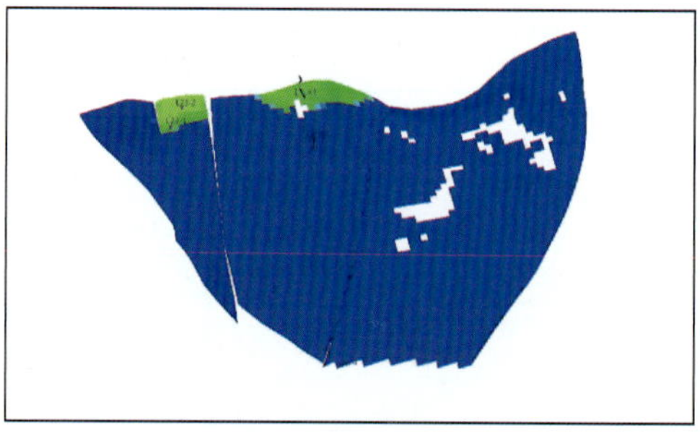

图 6-2-13　新下$^{1}_{7(1+2)}$剩余油饱和度图

四、层内、层间剩余油分布规律

花园油田层间、层内存在非均质性，造成油井纵向上出力不均。通过对主力油砂体地质储量和剩余可采储量的统计(表 6-2-7)，花园油田纵向上剩余油主要集中在新下$^{1}_{4(1)}$、新下$^{1}_{4(2)}$、新下$^{1}_{4(4)}$和新下$^{1}_{5(2)}$、新下$^{1}_{5(5)}$等油砂体上，剩余可采储量均大于 3000t。李 3 井区由于开发时间短，地质储量采出程度只有 2.9%，新下$^{1}_{2}$、新下$^{1}_{4}$和新下$^{1}_{5}$剩余油均较为富集。

表 6-2-7 花园地区油砂体储量及剩余可采储量统计表

区块	序号	油砂体号	累计产油量/t	累计产水量/t	注水量/t	含油面积/km^2	地质储量/10^4t	可采储量/10^4t	剩余可采储量/t	采出程度/%
花园油田	1	新下$^1_{2(1)}$	6031	13734	8776	0.0514	0.77	0.1852	-4179	78.3
	2	新下$^1_{2(2)}$	2121	3114	38255	0.0582	1.82	0.4377	2256	11.7
	3	新下$^1_{2(3)}$	20969	36298	64441	0.1809	6.12	1.4719	-6250	34.3
	4	新下$^1_3$	461	180	7523	0.0281	0.5418	0.1303	842	8.5
	5	新下$^1_{4(1)}$	2506	3120		0.061	4.38	1.0534	8028	5.7
	6	新下$^1_{4(2)}$	2563	10366		0.057	2.4	0.5772	3209	10.7
	7	新下$^1_{4(3)}$	25427	46911	48844	0.207	6.93	1.6667	-8760	36.7
	8	新下$^1_{4(4)}$	633	158		0.045	1.71	0.4113	3480	37.0
	9	新下$^1_{4(5)}$	3364	17106		0.043	1.39	0.3343	-21	24.2
	10	新下$^1_{4(6)}$	17138	33187	82578	0.195	7.55	1.8158	1020	22.7
	11	新下$^1_{5(1)}$	54160	64456	41637	0.164	6.78	1.6306	-37854	79.9
	12	新下$^1_{5(2)}$	3700	25465		0.183	8.8	2.1164	17464	4.2
	13	新下$^1_{5(3)}$	31408	26606	42534	0.101	5.65	1.3588	-17820	55.6
	14	新下$^1_{5(4)}$	22481	83831	173287	0.137	7.71	1.8543	-3938	29.2
	15	新下$^1_{5(5)}$	5740	10074		0.038	4.94	1.1881	6141	11.6
	16	新下$^1_{5(6)}$	4453	14939		0.035	2.16	0.5195	742	20.6
	17	新下$^1_{5(7)}$	11159	10467	94395	0.122	5.57	1.3396	2237	20.0
	18	新下$^1_{6(1)}$	7200	1922	41574	0.099	3.6293	0.8728	1528	19.8
	19	新下$^1_{6(2)}$	2117	8780	0	0.043	1.51	0.3632	1515	14.0
	20	新下$^1_{6(3)}$	178	89		0.034	0.73	0.1756	1578	2.4
	21	新下$^1_{7(1)}$	4328	14272		0.028	1.49	0.3583	-745	29.0
	22	新下$^1_{7(2)}$	812	462	72735	0.018	0.28	0.0673	-139	29.0
	23	新下$^1_{7(3)}$	71	678	0	0.011	0.1714	0.0412	341	4.1
	24	新下$^1_{7(4)}$			0	0.0101	0.0652	0.0157	157	0.0
	25	新下$^1_{7(5)}$	7815	35538		0.029	3.0595	0.7358	-457	25.5
	26	新下$^2_1$	0	0		0.023	0.73	0.1756	1756	0.0
	27	新下$^2_{2(1)}$	1948	9243		0.052	3.01	0.7239	5291	6.5
	28	新下$^2_{2(2)}$	7699	29867	49211	0.039	2.28	0.5483	-2216	33.8
	29	新下$^2_{3(1)}$	733	1173		0.041	0.58	0.1395	662	12.6
	30	新下$^2_{3(2)}$	1268	2106	28391	0.489	1.41	0.3391	2123	9.0
	31	新下$^2_{3(3)}$	797	1350		0.0337	1.0986	0.2642	1845	7.3
	32	新下$^2_{8(1)}$	215	4279		0.061	1.03	0.2477	2262	2.1
	33	新下$^2_{8(2)}$	429	8558		0.048	0.8	0.1924	1495	5.4
	34	新下$^2_9$	401	6292		0.098	0.6287	0.1512	1111	6.4
	小计		250325	524621	794181	1.2	97.7245	23.5029	-11358	25.6

续表

区块	序号	油砂体号	累计产油量/t	累计产水量/t	注水量/t	含油面积/km^2	地质储量/10^4t	可采储量/10^4t	剩余可采储量/t	采出程度/%
李3井区	1	新下$_{2}^{1}$	3567	508	4263	0.46	7.36	1.7701	14134	4.8
	2	新下$_{4(1)}^{1}$	3234	178	9510	0.49	11.76	2.8283	25049	28.0
	3	新下$_{4(2)}^{1}$	1147	162	7816	0.16	1.92	0.4618	3471	6.0
	4	新下$_{5(1)}^{1}$		46		0.23	2.76	0.6638	6638	0.0
	5	新下$_{5(2)}^{1}$	115	16		0.23	3.68	0.885	8735	0.3
	小计		8063	910	21589	0.9	27.48	6.609	58027	2.9
合计			258388	525531	815770	2.1	125.2045	30.1117	42729	20.64

具体来说，纵向上剩余油主要分布在：

（1）新下$_{2(2)}^{1}$、新下$_{4(1)}^{1}$、新下$_{4(2)}^{1}$、新下$_{4(4)}^{1}$和新下$_{5(5)}^{1}$等油砂体。这些砂体剩余可采储量相对较多，且出力较差，是下一步挖潜方向。

（2）新下$_{6(3)}^{1}$、新下$_{3(2)}^{2}$和新下$_{8(1)}^{2}$三个油砂体。虽然有一定剩余可采储量，但由于含油面积小，生产井已高水淹停产，下一步挖潜余地小。

（3）新下$_{5(2)}^{1}$油砂体剩余可采储量较多，但油井水淹程度高，下一步挖潜的余地小。

五、剩余油富集成因分析

油藏开发后期剩余油的分布十分复杂，控制因素也比较复杂。其形成及分布受多种因素影响，既有因储层地质、构造特征对剩余油分布规律的影响而形成的剩余油，主要表现在断层、夹层、裂缝对油水运移规律的影响；也有井网本身的影响。因此概括起来剩余油分布主要受两大因素控制：一是地质因素即储层的非均质性、断层的分割因素、砂体小且动用差及压裂后形成的裂缝等；二是井网不完善和井网控制程度不均造成的剩余油。

（一）地质因素

地质因素是开发过程中影响油水运动规律的主要因素。在花园地区主要包括断层条件和物性条件等。

（1）断层条件：断层是油气聚集的基本条件之一，也是形成剩余油富集区的有利因素。封闭性断层的遮挡作用在断层附近形成剩余油富集区。

（2）物性条件：物性条件及储层非均质性是影响剩余油富集的重要因素。在水驱开发过程中，注入水和边水一般沿高渗透方向突进。花园井区平面和纵向上非均质性中等，由层间差异导致注入水和边水存在突进现象，因此注水非主流区域是剩余油富集的区域。如水井陵新16注新下$_{2+4+5+7}^{1}$层，19.4m/5层，受储层非均质的影响，新下$_{4(2)+5+7}^{1}$小层为主吸层，而不吸水、次吸水层所对应的油井陵39因地层能量不足产量下降较快，井组水驱效果较差，不出力层剩余油富集。

（二）井网因素

井网对地质因素的适应程度决定了开发后期剩余油富集区的分布位置和富集程度。花园地区受井网因素影响存在剩余油富集，主要体现在以下两点：

（1）注采井网不完善区域：花园井区经过44年的注水开发，原边部注水井因井况恶化报废停注，注采井网损坏，3个断块中西断块和中部断块均处于有采无注的生产状态。注采较为完善的区域，在注水初期，大部分注入水的水线未推到油井井底，注水井与注水井之间的水线尚未相交，这就使得各层剩余油呈连片分布态势，而水淹区只在注水井井底附近呈孤岛状分布。这种剩余油的分布特征与油藏的井网完善程度密切相关，随着注入水的不断推进，水线逐渐靠近，剩余油分布形态将由条带状逐渐演变为两端粗，中间细的葫芦状，最后被分割开来，在两端形成片状。因此，未水驱控制的部位及距边水较远部位的油层能量较低，储量动用较差，剩余油富集；而注采不完善的区域，部分储量损失，动用程度差，这部分储量主要零星分布在油层的边角部位（如西部断块新下$^{1}_{2(1)}$、新下$^{1}_{2(2)}$、新下$^{1}_{5(3)}$和新下$^{1}_{6(2)}$小层等）。

（2）未动用或动用差的砂体剩余油饱和度高：从井区油砂体动用情况来看，新下$^{1}_{3}$和新下$^{2}_{1}$两个砂体基本处于未动用状态，由于砂体面积小且储层物性差，下一步动用潜力较小。

第三节 储层渗流特征

一、岩石物理参数

（一）孔隙结构特征

根据花园油田压汞、铸体薄片资料，结合扫描电镜资料综合分析认为，花园油田孔隙结构特征为孔径大，以大孔细喉为主，连通性较好-好，连通长度长，连通孔隙喉道的数目多；填隙矿物含量低，其成分以碳酸盐为主；局部孔隙中发育有良好晶形的自生石英，颗粒边缘有少量石英次生加大，具有良好的孔隙结构，有利于油气储集。

（二）储层非均质性

1. 平面非均质性

平面非均质性是指一个储层砂岩体的几何形状、连续性以及砂体内孔隙度、渗透率的平面变化所导致的不均一性。由于花园油田断层发育，含油层位多而薄，平面上油井钻遇油层不一，因此只对地质储量、分布面积较大的主力油砂体进行平面非均质性研究

（新下$^1_{4(2)}$、新下$^1_{5(2)}$、新下$^1_{7(1)}$）。从统计结果（表 6-3-1）可以看出，该区主力油砂体油层平面非均质性为中等非均质。

表 6-3-1　花园油田平面非均质性统计表

井号	变异系数 V_k	突进系数 α_k	级差 N_k	渗透率变化范围/$10^{-3}\mu m^2$	非均质性类型
新下$^1_{4(2)}$	0.70	192	3.09	7.9～24.6	中等非均质
新下$^1_{5(2)}$	0.69	168	13.36	1.4～18.7	中等非均质
新下$^1_{7(1)}$	0.63	136	7.71	28～21.8	中等非均质

2. 层间非均质性

根据渗透率计算突进系数及变异系数，评价层间非均质性。花园油田在统计的 11 口井中（表 6-3-2），均质性的井 2 口，占 18.2%，中等非均质性的井 9 口，占 81.8%，说明花园油田储层层间渗透率差异较大，层间存在一定的干扰，属中等非均质。

表 6-3-2　花园油田层间非均质性统计表

井　名	变异系数 V_k	突进系数 α_k	级差 N_k	渗透率变化范围/$10^{-3}\mu m^2$	非均质性类型
陵 23-1 井	0.49	1.47	9.16	2.38～21.8	中等非均质
陵 23-2 井	0.32	1.18	2.36	2.8～6.6	中等非均质
陵 24-1 井	0.00	1.00	1.00	1.4～1.4	均质
陵 24-2 井	0.51	1.31	4.57	1.4～6.4	中等非均质
陵斜 24-3 井	0.03	1.02	1.06	7.9～8.4	均质
陵斜 30-1 井	0.71	2.06	10.4	2.4～25	中等非均质
陵斜 1-1 井	0.54	1.45	5.10	13～304	中等非均质
李 3 斜-1 井	0.29	1.14	1.84	8.8～16.2	中等非均质
李 3 斜-3 井	0.28	1.30	1.77	2.6～4.6	中等非均质
李 3 斜-5 井	0.28	1.57	7.90	2.7～21.3	中等非均质
李 3 斜-6 井	0.44	1.16	2.92	1.4～4.1	中等非均质

二、流体特征参数

（一）原油性质

花园油田原油性质较好，具有三低两高的特点：密度小，地面原油密度为 0.822g/cm^3；黏度低，地面原油黏度为 5.0mPa·s；含硫低，为 0.1%；含蜡量为 19.5%；凝固点高，为 27℃。地层原油密度 0.788g/cm^3，地层原油黏度 3.5mPa·s，原油体积系数 1.049，原油压缩系数 8.7×10^{-4}/MPa，原始气油比 8.5m^3/t，溶解系数 0.469m^3/（m^3·MPa）。原油中溶解气相对密度为 1.0206，甲烷含量为 31.74%，氮气含量为 32.90%。

(二) 地层水性质

地层水总矿化度较高，一般为 20.0×10^4mg/L，Cl^- 含量 12.0×10^4mg/L，水型为 $CaCl_2$。

(三) 油藏温度与压力系统

花园油田属于低饱和油藏，原始地层压力为 11.92MPa，平均饱和压力为 1.66MPa，压力系数为 1.013，属正常压力系统，但开采后地层能量下降快，为弹性水压驱动油藏。地层温度为 56.9℃，地温梯度为 3.41℃/100m。

三、渗流物理参数

根据实验室测得相对渗透率曲线分析，油水相对渗透率曲线交点处含水饱和度为 0.57，束缚水饱和度为 0.27，残余油饱和度为 0.31，双相流饱和度为 0.42，最终驱油效率为 57.5%。

第四节 精细开发对策

一、精细开发技术政策研究

花园地区的精细开发工作分为滚动扩边与综合调整，两项工作方案以评价新断块，增加新储量，调整老井区，挖潜剩余油，最终提高采收率为主要目标，通过钻新井、老井侧钻、油水井措施增产的技术论证和攻关，以实现滚动扩边和综合调整最终提高油田采收率的目标。

(一) 滚动扩边方案

1. 滚动扩边思路

(1) 新区块整体部署，老区块调整完善。

(2) 井型以直井和水平井为主，采用边缘注水开发方式，注采同步，配套实施。

(3) 试油产量<2t 考虑采用酸化措施，以提高油井产能。

(4) 采用一套井网，以开发新$下_4^1$小层为主。

2. 滚动扩边方案井位部署

共部署新井 16 口，利用老井 4 口，建成 15 采 5 注的注采井网(其中水平井 5 口)，预计进尺 3.44×10^4m，新建产能 2.16×10^4t(表 6-4-1)。

表 6-4-1 花园地区滚动扩边井位部署表

井区	新钻井/口			进尺/10^4m	利用老井/口	投产油井/口	投转注水井/口	单井日产能力/t		新建产能/10^4t
	井数	油井	水井					直井	水平井	
陵 29-1	5	4	1	1.12	1	4	2	4.0	8.0	0.84
李 3-12	7	5	2	1.47	0	5	2	4.0	8.0	0.72
李 3-10	4	3	1	0.85	3	4	0	4.0	8.0	0.60
合计	16	12	4	3.44	4	13	4	12.0	24.0	2.16

（二）综合调整方案

1. 综合调整思路

（1）花园油田被断层分隔成三个断块：东断块、中部断块、西断块，综合调整以断块为单位进行挖潜调整，李 3 井区整体考虑。

（2）通过钻调整井、侧钻井来挖掘主力砂体剩余油。

（3）以完善注采井网、提高注水效率为目的，对油水井实施油层改造措施，满足油井生产需要。

（4）依据测试资料，了解各小层出力状况，通过卡采、储层改造等手段来挖掘层间剩余油。

2. 花园东断块综合调整方案设计

东断块纵向上仅有新下$_5^1$和新下$_6^1$成藏，现有生产井 3 口、水井 1 口，形成“三采一注”的生产井网，注采井网较为完善，2012 年 10 月平均日产液 22.4t、日产油 2.5t、综合含水率 88.6%、平均动液面 835m、平均沉没度 259m、日注水 47m^3、月注采比为 2.1，井组能量较为充足。由于该断块生产层较单一，层间挖潜的潜力较小。

调整意见：一是通过钻调整井来挖掘断层附近剩余油；二是完善新下$_5^1$砂体注采井网，挖掘主力砂体剩余油。

（1）钻调整井 1 口陵 24 斜-4：

陵 24-3C 井于 2009 年 3 月侧钻，自投产以来一直低液低含水，其东北方向无井点控制，有一定的剩余油。建议在陵 24-3C 的东北向 200m 钻 1 口调整井，陵 24 斜-4 井，目的层下$_{5+6}^1$层，挖掘陵 24-3C 以东靠断层附近剩余油。

（2）完善新下$_{5(2)}^1$砂体注采井网，挖掘主力砂体剩余油：

新下$_5^1$砂体采出程度 4.2%，剩余可采储量 1.74×10^{4}t，现有生产井 2 口（陵 24 斜-1、陵 24-2），下一步将对油井陵 24-3C 实施补孔新下$_5^1$层单压合采，边部水井陵 24-5 井补孔新下$_5^1$层分注，即新下$_5^1$砂体形成“三采一注”的注采井网。

3. 花园中部断块综合调整方案设计

中部断块现有生产井 2 口、水井 1 口，其中陵斜 1-1 井无注水井对应。2012 年 10 月平均日产液6.4t、日产油0.7t、综合含水率89.1%、日注水27m^3、月注采比4.2。

中部断块纵向上钻遇油层多，且层间存在差异，有层间挖掘剩余油的潜力。

调整意见：通过监测资料，挖掘层间剩余油，改善非出力层出力、吸水状况，提高水驱效果。

（1）层间调整井1口：

陵斜1-1井根据2012年PNN测试结果，挖掘不出力层新下$^1_7$层潜力，建议卡采新下$^1_7$层，如果低液则实施储层改造措施。

（2）油层改造井1口：

陵39井2012年2月实施打塞堵水，单采新下$^1_{2+4}$层见到明显增油效果，但由于能量不足，产量下降较快。目前中部断块新下$^1_{2+4}$层仅陵39一口井生产，根据产量劈分结果，新下$^1_{2+4}$层剩余可采储量0.55×10^{4}t，有一定剩余油可挖潜。建议对该井实施酸化措施，提高油井产能。

（3）老井查套找漏，恢复生产井1口：

陵2井于1973年6月投产，初期日产油13.4t，1982年9月见水，无水采油期长。1985年查套找漏，发现两处漏点：600.69~906.58m、873.05~894.27m，2006年5月停产，停产前生产情况：日产液1.3t，全水，动液面565m。该井位于中部断块东北角，经过6年多的停产，油水重新运移，在构造高点可能形成一定的剩余油，建议对该井实施查套，挤堵漏点或卡封，恢复生产新下$^1_5$Ⅰ、Ⅲ层，提高中部断块开井数。陵2井累计产油40626t、产水25560m^3。

（4）水井增注1口：

陵新16井，2012年氧活化测试吸水剖面，新下$^1_{4(2)+5+7}$层为主吸层，而油井陵39井对应的注水层新下$^1_{2+4}$层吸水较差，建议该井通过打塞新下$^1_{5+7}$层、增注新下$^1_{2+4}$层，满足油井生产需要。

4. 花园西断块综合调整方案设计

西断块现有生产井3口，无注水井，2012年10月平均日产液26.5t、日产油1.4t、综合含水率94.8%、平均动液面1047m、平均沉没度86m。该断块有采无注，地层能量严重不足，且水淹严重，生产井均低液高含水低产。

西断块纵向生产层较多，层间存在差异，有层间挖掘剩余油的潜力。

调整意见：利用老井侧钻，挖掘断层附近剩余油，并通过监测资料，挖掘层间剩余油，提高不出力层出力状况。

建议老井侧钻1口：陵23-1井，该井于1999年10月投产，初期日产油17.9t，目前高含水低产，日产液7.9t、日产油0.5t、含水率94.1%、累计产油9543t、累计产水25506m^3，所在断块含油面积较小，且高部位有陵23-2井生产，建议该井侧钻，方向为陵23井东北向50m，目的层是新下$^1_{4+5}$层。陵23井于1973年7月投产，初期日产油8.2t，1975年3月见水，1983年11月查套打印，164.01m处套变，直径由118mm减小为117mm，1997年查找到漏点：1160.3~1160.8m，2001年7月计关，停产前日产液1.4t、日产油0.2t、含水率85.7%、累计产油7891t、累计产水10612m^3。陵23井停产后，所在砂体无井点生产，通过产量劈分，剩余可采储量1.76×10^{4}t（新下$^1_{4(1)}$、新下$^1_{4(4)}$、新下$^1_{5(5)}$），建议通过陵23-1井侧钻，挖掘陵23所在断块剩余油。

层间挖潜1口：陵23-2井，根据2012年产液剖面测试结果，挖掘不出力层潜力，建议卡采新下$^1_6$层，如果低液则实施油层改造措施。

5. 李3井区综合调整方案设计

李3井区现有生产井5口、水井2口，注采井网较为完善。2012年10月平均日产液8.3t、日产油7.2t、含水率13.3%，虽然有注水补充地层能量，但由于储层物性差，注水井注水状况不佳，生产井严重供液不足，除新井李3斜-10井因新投生产还未稳定外，其他4口油井动液面一直保持在泵口，低液生产。

调整意见：通过对注水井实施压裂增注，提高配注合格率，为油井补充地层能量。

调整工作量：注水井增注1口，李3斜-8井，由于储层物性差，注水压力过高，先后实施过纳米增注、酸化增注等措施，增注效果并不理想，有效期较短，注水压力短期内快速上升，注不进后停注。建议该井超高压增注，恢复注水，为油井有效补充地层能量。

二、滚动扩边方案开发指标预测

由于李3-12井区还没有油水井生产，李3-10井区属于老区滚动调整，因此选取陵29-1井区用数模方法进行产能预测。数模结果显示，陵29-1井区按方案投入开发后，总体建成产能0.84×10^{4}t，最大年产液1.8312×10^{4}t，预测期末地质储量采出程度19.4%。平均单井日注水量20m^3，区块最大年注水量1.8655×10^{4}m^3（表6-4-2）。

表6-4-2　陵29-1井区方案15年产量预测表

时间	年产油/10^{4}t	累计产油/10^{4}t	年产水/10^{4}m^3	年注水/10^{4}m^3	含水率/100%	年产液/10^{4}m^3	注采比	地质储量采出程度/%	单井日产油/t
第1年	0.1774	0.1774	0.0000	0.0000	0.00	0.1774	0.0	0.2	4.2
第2年	0.7790	0.9564	0.0015	0.0000	0.10	0.7805	0.0	1.2	6.4
第3年	1.4328	2.3892	0.0003	0.0000	0.12	1.4331	0.0	3.0	7.2
第4年	1.8248	4.2140	0.0064	0.7300	0.57	1.8312	0.3	5.3	6.0
第5年	1.7753	5.9893	0.0121	1.0605	1.39	1.7873	0.6	7.5	5.9
第6年	1.6744	7.6637	0.0804	1.0594	6.92	1.7549	0.6	9.6	5.5
第7年	1.4042	9.0679	0.1530	1.7265	17.44	1.5573	1.0	11.3	4.6
第8年	1.2955	10.3634	0.1292	1.8445	26.33	1.4248	1.2	13.0	4.3

续表

时间	年产油/10^4t	累计产油/10^4t	年产水/10^4m^3	年注水/10^4m^3	含水率/100%	年产液/10^4m^3	注采比	地质储量采出程度/%	单井日产油/t
第 9 年	1. 1965	11. 5599	0. 1537	1. 8655	36. 89	1. 3501	1. 3	14. 5	4. 0
第 10 年	1. 0390	12. 5989	0. 1972	1. 2026	50. 45	1. 2362	1. 0	15. 8	3. 4
第 11 年	0. 8087	13. 4076	0. 1841	1. 0200	63. 11	0. 9929	0. 9	16. 8	2. 7
第 12 年	0. 6470	14. 0546	0. 1046	1. 0200	70. 30	0. 7515	1. 2	17. 6	2. 1
第 13 年	0. 5530	14. 6076	0. 0684	0. 7200	75. 00	0. 6214	1. 2	18. 3	1. 8
第 14 年	0. 4865	15. 0941	0. 0460	0. 6800	78. 16	0. 5325	1. 2	18. 9	1. 6
第 15 年	0. 4385	15. 5326	0. 0337	0. 6500	80. 47	0. 4722	1. 3	19. 4	1. 5

三、综合调整方案开发指标预测

开发指标预测是在地质模型建立和历史拟合的基础上，对油田开发的一种合理尝试，它可以定量描述各种调整方案的指标变化情况，评价各调整方案的开发效果。选取花园油田通过数模方法对调整方案进行指标预测。

（一）方案确定

本次针对调整方案工作量按三套实施方案分别进行 15 年预测。

方案一：现行方案，不作任何调整，年自然递减率按 10%计算。

方案二：综合调整井 7 口，注水井分注 1 口。

方案三：综合调整井 7 口，注水井分注 1 口，钻调整井 1 口，调整井以定井底流压计算，井底流压为 6. 81MPa。

（二）开发指标预测

以花园油田 2012 年 10 月 1 日生产数据为基准方案（在无任何措施情况下），预测 15 年生产各项指标，其中，方案一、方案三的开发指标预测情况见表 6-4-3、表 6-4-4。

表 6-4-3　方案一　15 年开发指标预测表

年份	年产油/10^4t	年产水/10^4m^3	年注水/10^4m^3	综合含水率/%	采油速度/%	采出程度/%	累计产油/10^4t	累计产水/10^4m^3	单井日产油/t
2013	0. 20	2. 04	3. 12	91. 07	0. 20	25. 34	24. 81	53. 35	0. 68
2014	0. 18	2. 34	3. 12	92. 86	0. 18	25. 53	24. 99	55. 69	0. 62
2015	0. 16	2. 33	3. 12	93. 57	0. 16	25. 69	25. 15	58. 02	0. 55
2016	0. 15	2. 41	3. 12	94. 29	0. 15	25. 85	25. 30	60. 50	0. 51
2017	0. 13	2. 42	3. 12	94. 88	0. 13	25. 98	25. 43	62. 91	0. 45
2018	0. 12	2. 44	2. 55	95. 33	0. 12	26. 10	25. 55	65. 35	0. 41
2019	0. 11	2. 45	2. 55	95. 98	0. 11	26. 21	25. 66	67. 98	0. 38

续表

年份	年产油/10^4t	年产水/10^4m^3	年注水/10^4m^3	综合含水率/%	采油速度/%	采出程度/%	累计产油/10^4t	累计产水/10^4m^3	单井日产油/t
2020	0.10	2.48	2.55	96.03	0.10	26.32	25.76	70.40	0.34
2021	0.09	2.49	2.55	96.44	0.09	26.41	25.85	72.84	0.31
2022	0.08	2.63	2.55	96.89	0.08	26.49	25.93	75.33	0.27
2023	0.07	2.88	2.55	97.63	0.07	26.56	26.00	78.21	0.24
2024	0.06	2.96	2.55	98.01	0.06	26.62	26.06	81.17	0.21
2025	0.05	3.31	2.55	98.51	0.05	26.67	26.11	84.47	0.17
2026	0.04	3.56	2.55	98.89	0.04	26.71	26.15	88.04	0.14
2027	0.03	3.98	2.55	99.44	0.03	26.74	26.18	92.02	0.10

表 6-4-4　方案三　15 年开发指标预测表

年份	年产油/10^4t	年产水/10^4m^3	年注水/10^4m^3	综合含水率/%	采油速度/%	采出程度/%	累计产油/10^4t	累计产水/10^4m^3	单井日产油/t
2013	0.53	2.23	3.12	80.80	0.54	25.43	24.89	53.54	1.45
2014	0.51	2.34	3.12	82.13	0.52	25.95	25.40	55.88	1.40
2015	0.48	2.48	3.12	83.78	0.49	26.44	25.88	58.36	1.32
2016	0.46	2.68	3.12	85.34	0.47	26.91	26.34	61.04	1.26
2017	0.44	2.81	3.12	86.44	0.45	27.36	26.78	63.85	1.21
2018	0.42	3.06	2.55	87.92	0.43	27.79	27.20	66.90	1.15
2019	0.40	2.98	2.55	88.17	0.41	28.19	27.60	69.88	1.10
2020	0.38	3.10	2.55	89.09	0.39	28.58	27.98	72.99	1.04
2021	0.35	3.00	2.55	89.54	0.36	28.94	28.33	75.98	0.96
2022	0.33	3.20	2.55	90.65	0.34	29.28	28.66	79.18	0.90
2023	0.30	3.35	2.55	91.77	0.31	29.58	28.96	82.53	0.82
2024	0.28	3.71	2.55	92.99	0.29	29.87	29.24	86.24	0.77
2025	0.26	3.78	2.55	93.56	0.27	30.14	29.50	90.02	0.71
2026	0.23	3.76	2.55	94.24	0.23	30.37	29.73	93.78	0.63
2027	0.19	4.26	2.55	95.73	0.19	30.56	29.92	98.04	0.52

综合调整方案将上述三种方案 15 年后的采出程度进行对比(表 6-4-5)发现，方案三比方案一的采出程度要高 3.82 个百分点，累计采油量要高出 3.74×10^4t。因此推荐执行方案三，即钻新井+综合调整+注水井措施完善井网。

表 6-4-5　3 套方案主要开发指标对比表

项目	15 年后采出程度/%	15 年后累计采油量/10^4t	采出程度与不作调整状况(方案一)的差值/百分点	采油量与不作调整状况(方案一)的差值/10^4t
方案一	26.74	26.18		
方案二	29.43	28.81	2.69	2.63
方案三	30.56	29.92	3.82	3.74

参 考 文 献

[1] 柏道远，李长安，王先辉，等．第四纪华容隆起构造活动、成因及动力机制[J]．地质科学，2010，45(2)：411-427.

[2] 柏道远，吴能杰，李长安，等．华容隆起及周缘第四纪构造-沉积特征与演化[J]．中国地质，2010，37(5)：1243-1256.

[3] 包建平，朱翠山，马安来．江汉盆地烃源岩中甲基化烷基色腈系列的分布及其与成熟度的关系[J]．中国科学(D辑：地球科学)，2008(S2)：31-37.

[4] 蔡芃睿，王春连，刘成林，等．运用扫描电镜和压汞法研究江汉盆地古新统-白垩系砂岩储层孔喉结构及定量参数特征[J]．岩矿测试，2017，36(2)：146-155.

[5] 曹婷婷，马媛媛，黎茂稳，等．江汉盆地潜江凹陷潜三段盐间烃类特征及其指示意义[J]．西安石油大学学报(自然科学版)，2019，34(2)：25-30.

[6] 曹养同，刘成林，焦鹏程，等．中新生代盆地蒸发岩沉积旋回对比及库车盆地成钾探讨[J]．矿床地质，2010，29(4)：657-668.

[7] 陈波，韩定坤，罗明霞，等．江汉盆地白垩系油气藏特征与勘探潜力[J]．石油天然气学报(江汉石油学院学报)，2006(6)：27-31.

[8] 陈波，韩定坤，罗明霞，等．江汉盆地西南缘二次生烃及其对油气成藏的影响[J]．石油与天然气地质，2006(4)：557-562.

[9] 陈波，肖秋苟，曹卫生，等．江汉盆地潜江组与沙市组盐间非砂岩油气藏勘探潜力对比[J]．石油勘探与开发，2007(2)：190-196.

[10] 陈波，肖秋苟，夏永涛，等．江汉盆地西南缘万城断层的封闭性及其对油气成藏的控制[J]．石油天然气学报(江汉石油学院学报)，2006(3)：1-5.

[11] 陈波，张昌民，韩定坤，等．干旱气候条件下陆相高分辨层序地层特征研究：以江汉盆地西南缘晚白垩世渔洋组为例[J]．沉积学报，2007(1)：21-28.

[12] 陈波，张昌民，罗明霞，等．中国南方白垩系油气成藏规律[J]．中国科学(D辑：地球科学)，2008(S2)：71-79.

[13] 陈晨，姜在兴，孔祥鑫，等．潜江凹陷潜江组盐间细粒岩沉积特征及其对页岩含油性的控制[J]．地学前缘，2021，28(5)：421-435.

[14] 陈恭洋．潜江凹陷南部地层水化学特征与油气成藏的关系[J]．江汉石油学院学报，2003(3)：15-17.

[15] 陈建平，孙永革，钟宁宁，等．地质条件下湖相烃源岩生排烃效率与模式[J]．地质学报，2014，88(11)：2005-2032.

[16] 陈钦保，高琴琴．江汉盆地西北缘洋溪组锥齿亚洲冠齿兽的发现及其地层意义[J]．石油学报，1992(2)：127-129.

[17] 陈仲宇，刘明，朱忠云，等．江汉盐湖盆地中高成熟原油的地球化学特征及油源探讨[J]．地球化学，2009，38(4)：379-386.

[18] 程斌，王培荣，王铁冠，等．原油单萜烃的分布及地球化学意义[J]．石油学报，2015，36(11)：1341-1348.

[19] 程亮，刘德华，关富佳，等．江汉盆地新沟嘴组致密油藏成藏特征及其形成环境[J]．科学技术与工程，2016，16(6)：148-156.

[20] 程亮，刘德华，夏志刚，等．江汉盆地潜江凹陷新沟嘴组致密油成藏模式与分布规律[J]．中国石油大学学报(自然科学版)，2015，39(6)：34-41.

[21] 程龙，李志宏，阎春波，等．江汉盆地西缘宜昌地区下白垩统五龙组辫状河沉积特征[J]．地层学杂志，2018，42(1)：90-99.

[22] 程喆，徐旭辉，吴其反，等．东秦岭-大别造山带两侧盆地磁性和密度界面分布特征分析[J]．石油天然气学报，2011，33(4)：109-111.

[23] 崔永强，崔永胜．重论“上生下储”与“侧向运移”[J]．地球物理学进展，2004(3)：547-553.

[24] 戴少武，江荣沛．转换型构造及其在江汉盆地前白垩系油气勘探中的意义[J]．地球学报，1997(1)：19-25.

[25] 戴世昭，江继纲．江汉盆地马王庙地区石油运移的探讨[J]．石油学报，1992(4)：50-59.

[26] 戴世昭．江汉盐湖盆地石油地质[M]．北京：石油工业出版社，1997.

[27] 邓铭哲，何登发．当阳地区地质结构及其对宜昌地区志留系页岩气勘探的意义[J]．成都理工大学学报(自然科学版)，2018，45(4)：487-500.

[28] 董建兴，李义连，杨国栋，等．CO_2-水-岩相互作用对盖层渗透率影响的数值模拟[J]．地质科技情报，2012，31(1)：115-121.

[29] 范小林，陆国新，蒋洪堪．川、鄂、苏中新生代盆地深部地球物理特征浅析[J]．石油物探，1992(1)：63-73.

[30] 方志雄，等．江汉盆地盐湖沉积充填模式[M]．北京：石油工业出版社，2006.

[31] 方志雄．潜江盐湖盆地盐间沉积的石油地质特征[J]．沉积学报，2002(4)：608-613.

[32] 房琦，李义连，程鹏，等．低渗卤水盆地提高 CO_2 注入性的技术方法：以江汉盆地为例[J]．地球科学(中国地质大学学报)，2014，39(11)：1675-1683.

[33] 高宗君，宋满升，李平兰．江汉盆地下第三系钾盐矿床的水化学特征及其演化规律[J]．地质地球化学，1993(4)：69-73.

[34] 戈春培．湖北南襄盆地枣阳凹陷第三纪轮藻化石及其地层意义[J]．微体古生物学报，1994(3)：343-359.

[35] 龚兵，杨峰，胡博宇．江汉盆地潜江组盐间页岩油藏储层盐析伤害特征[J]．特种油气藏，2019，26(6)：141-145.

[36] 顾延生，管硕，马腾，等．江汉盆地东部第四纪钻孔地层与沉积环境[J]．地球科学，2018，43(11)：3989-4000.

[37] 关平，张文涛，吴雪松，等．江汉盆地白垩系渔洋组砂岩的成岩作用及其热力学分析[J]．岩石学报，2006(8)：2144-2150.

[38] 郭飞飞，张先平，吴娟，等．沉湖地区油气系统演化与成藏模式[J]．断块油气田，2010，17(2)：150-155.

[39] 郭彤楼，李国雄，曾庆立．江汉盆地当阳复向斜当深 3 井热史恢复及其油气勘探意义[J]．地质科学，2005(4)：122-130.

[40] 郭旭升，郭彤楼，魏志红，等．中国南方页岩气勘探评价的几点思考[J]．中国工程科学，2012，14(6)：101-105.

[41] 何圣策．江汉盆地通海口海 4 井早奥陶世疑源类化石[J]．江汉石油学院学报，1998(1)：21-23.

[42] 何希鹏，张青．测井资料在江陵凹陷烃源岩评价中的应用[J]．断块油气田，2010，17(5)：637-641.

[43] 何治亮，汪新伟，李双建，等．中上扬子地区燕山运动及其对油气保存的影响[J]．石油实验地质，2011，33(1)：1-11.

[44] 贺其川．江陵凹陷西南原油分子组成非均质性及其意义[J]．石油天然气学报，2011，33(6)：183-187.

[45] 侯献华，张永生，杨玉卿，等．江汉盆地潜江凹陷潜江组非砂岩储层改造实验[J]．石油实验地质，2007(6)：617-622.

[46] 胡涛，陈素．江汉盆地东部新下段层序地层格架与油气成藏[J]．新疆石油地质，2005(2)：158-161.

[47] 胡莹，卢双舫，李文浩，等．江汉盆地新沟嘴组泥质白云岩含油性分析[J]．东北石油大学学报，2015，39(3)：76-82.

[48] 胡忠贵，胡明毅，洪国良，等．潜江凹陷马王庙地区新沟嘴组下段重要层段沉积相特征[J]．沉积学报，2011，29(4)：712-723.

[49] 黄方，刘琼颖，何丽娟．中上扬子区奉节-观音垱剖面深部温度场及热结构特征[J]．地质科学，2014，49(3)：799-811.

[50] 黄华，余嫦娥，张士万，等．基于地球物理测井参数的深层卤水矿化度方法研究[J]．矿床地质，2016，35(6)：1293-1299.

[51] 黄华，袁娟梅，彭伟，等．江汉盆地古近系潜江组盐湖沉积特征与成藏模式[J]．岩性油气藏，2021，33(2)：9-16.

[52] 黄华．江汉盐湖盆地油气形成与运聚特征[J]．西南石油大学学报(自然科学版)，2018，40(6)：69-76.

[53] 黄敏，崔璨，丁聪，等．江汉盆地江陵凹陷申科 1 井古新世孢粉组合及其地质意义[J]．微体古生物学报，2018，35(4)：393-402.

[54] 江华军，李长安，张玉芬，等．嘉陵江曲流型叠置河谷成因对区域地质环境的响应[J]．地球科学(中国地质大学学报)，2014，39(11)：1666-1674.

[55] 江继纲，张青．应用热解技术识别油层[J]．石油勘探与开发，1996(3)：89-92.

[56] 姜光政，高堋，饶松，等．中国大陆地区大地热流数据汇编(第四版)[J]．地球物理学报，2016，59(8)：2892-2910.

[57] 蒋新义，苏传国，季卫华．洞庭盆地石油地质特征及勘探远景评价[J]．石油勘探与开发，2003(6)：13-16.

[58] 焦志峰，杨占龙．地震信息多参数综合分析与岩性圈闭评价[J]．石油实验地质，2008(4)：408-413.

[59] 金之钧，龙胜祥，周雁，等．中国南方膏盐岩分布特征[J]．石油与天然气地质，2006(5)：571-583.

[60] 柯小平，覃建雄，李余生，等．盐湖盆地流体包裹体特征及油气地质意义[J]．大庆石油地质与开发，2006(4)：15-17.

[61] 柯怡兵，李义连，张炜，等．岩盐沉淀对咸水层二氧化碳地质封存注入过程的影响：以江汉盆地为例[J]．地质科技情报，2012，31(3)：109-115.

[62] 蓝先洪．中国海域及邻区某些盆地生油岩的有机地球化学特征[J]．海洋地质与第四纪地质，1992(3)：13-20.

[63] 黎茂稳，马晓潇，金之钧，等．中国海、陆相页岩层系岩相组合多样性与非常规油气勘探意义[J]．石油与天然气地质，2022，43(1)：1-25.

[64] 李超，王岳军，范蔚茗，等．江汉盆地东部早中生代沉积地层碎屑云母成分：对大别高压-超高压岩石暴露作用的约束[J]．大地构造与成矿学，2006(3)：392-400.

[65] 李春梅，蒲秀刚．盐间非砂岩特殊油藏成藏机制与模式研究[J]．石油天然气学报(江汉石油学院学报)，2005(2)：149-153.

[66] 李红梅，秦志军，简玉兵，等．湖北省构造演化与成矿规律探讨[J]．地质学报，2020，94(1)：84-101.

[67] 李君，李少华，程琛，等．储层物性受控于剥蚀面的地质建模：以江汉盆地钟市油田为例[J]．海相油气地质，2014，19(1)：74-78.

[68] 李乐，王自翔，郑有恒，等．江汉盆地潜江凹陷潜三段盐韵律层页岩油富集机理[J]．地球科学，2019，44(3)：1012-1023.

[69] 李玲俐，叶春辉．江汉盆地古新世的介形类[J]．微体古生物学报，1993(1)：53-70.

[70] 李群，巩恩普，郭建华，等．江汉盆地通海口潜山带油气勘探潜力分析[J]．石油天然气学报，2007(3)：56-58.

[71] 李群，郭建华，曾芳，等．江汉盆地白垩系沉积相与沉积演化[J]．西南石油学院学报，2006(6)：5-8.

[72] 李群，吴慕宁，王必金．江汉盆地东部白垩系多源次生成藏条件分析[J]．江汉石油学院学报，2003(1)：14-16.

[73] 李蓉川，吴兴国．江汉洞庭盆地地震活动性研究[J]．地震研究，1992(3)：255-262.

[74] 李睿姗，李海波，杨正明，等．页岩油藏应力敏感实验研究[J]．中国科技论文，2019，14(9)：969-974.

[75] 李水福，何生．原油芳烃中三芴系列化合物的环境指示作用[J]．地球化学，2008(1)：45-50.

[76] 李天义，何生，何治亮，等．中扬子地区当阳复向斜中生代以来的构造抬升和热史重建[J]．石油学报，2012，33(2)：213-224.

[77] 李伟同，刘耕武，Dennis R. Braman，等．湖北当阳陆相白垩系-古近系界线层型问题值得深入研究[J]．地层学杂志，2010，34(2)：187-206.

[78] 李伟同．中国当阳跑马岗组白垩-古近系界线附近的轮藻组合(英文)[J]．微体古生物学报，2003(2)：183-186.

[79] 李文浩，卢双舫，薛海涛，等．江汉盆地新沟嘴组页岩油储层物性发育主控因素[J]．石油与天然气地质，2016，37(1)：56-61.

[80] 李新文，吴华．基于改进毛管压力曲线的非均质储层分级评价与应用[J]．特种油气藏，2022，29(2)：128-134.

[81] 李宜润，姜振学，刘伟伟，等．修武盆地构造热演化史对下寒武统页岩含气性的影响[J]．科学技术与工程，2016，16(34)：44-51.

[82] 李义连，房琦，柯怡兵，等．高盐度卤水对 CO_2 地质封存的影响：以江汉盆地潜江凹陷为例[J]．地球科学(中国地质大学学报)，2012，37(2)：283-288.

[83] 李志明，钱门辉，黎茂稳，等．盐间页岩油形成有利条件与地质甜点评价关键参数——以潜江凹陷潜江组潜 3~4-10 韵律为例[J]．石油实验地质，2020，42(4)：513-523.

[84] 李志勇，曾佐勋，罗文强．褶皱构造的曲率分析及其裂缝估算——以江汉盆地王场褶皱为例[J]．吉林大学学报(地球科学版)，2004(4)：517-521.

[85] 李忠，李任伟，孙枢，等．大别山南麓中生代盆地充填记录对造山作用属性的反映[J]．中国科学(D 辑：地球科学)，2002(6)：469-478.

[86] 李宗星，赵平，孙占学，等．江汉盆地南部热史与下志留统海相烃源岩成熟度演化研究[J]．地球物理学报，2010，53(12)：2918-2928.

[87] 廖梵汐，路辉，董彦君，等．江汉盆地东北缘现今地壳构造应力场及其发震构造[J]．大地测量与地球动力学，2022，42(11)：1143-1148.

[88] 林旭，刘海金，吴中海，等．宜昌第四纪砾石层钾长石主、微量元素物源研究及其地质意义[J]．地质力学学报，2021，27(6)：1024-1034.

[89] 林旭，刘静．江汉和洞庭盆地与周缘造山带盆山耦合研究进展[J]．地震地质，2019，41(2)：499-520.

[90] 林旭，吴中海，赵希涛，等．江汉盆地河流碎屑锆石 U-Pb 年龄特征及其对物源研究的启示[J]．地球学报，2022，43(1)：73-81.

[91] 林宗满．以构造地层学分析中国东部中、新生代构造-沉积特征[J]．石油与天然气地质，1992(1)：37-46.

[92] 刘爱武，唐大卿，郭丽彬，等．江汉盆地潜北断裂带分段差异活动及演化[J]．石油地球物理勘探，2022，57(4)：937-949.

[93] 刘彬，周小进，王果寿．盆地演化阶段性与油气富集——以东部下第三系盆地为例[J]．石油实验地质，2005(4)：346-352.

[94] 刘成林．大陆裂谷盆地钾盐矿床特征与成矿作用[J]．地球学报，2013，34(5)：515-527.

[95] 刘春平，朱国华．江汉盆地构造演化与古潜山油气成藏[J]．石油天然气学报(江汉石油学院学报)，2006(3)：174-177.

[96] 刘刚，周东升．微量元素分析在判别沉积环境中的应用——以江汉盆地潜江组为例[J]．石油实验地质，2007(3)：307-310.

[97] 刘耕武，Dennis R. Braman，李伟同，等．北美西部陆相白垩系-古近系界线孢粉学特征简介——兼评中国东部白垩系-古近系界线研究[J]．地层学杂志，2009，33(1)：18-34.

[98] 刘耕武，李伟同，张清如，等．江汉盆地渔洋组上部的古新世孢粉组合[J]．古生物学报，2006(1)：60-68.

[99] 刘和甫，梁慧社，李晓清，等．中国东部中新生代裂陷盆地与伸展山岭耦合机制[J]．地学前缘，2000(4)：477-486.

[100] 刘江艳，张昌民，朱锐，等．江汉盆地新沟油田新沟嘴组盐韵律多级划分及其地质意义[J]．古地理学报，2015，17(4)：565-572.

[101] 刘景彦，林畅松，卢林，等．江汉盆地白垩-新近系主要不整合面剥蚀量分布及其构造意义[J]．地质科技情报，2009，28(1)：1-8.

[102] 刘俊，卢明国，童小兰，等．江陵凹陷构造演化与含油气系统关系研究[J]．地球学报，2008(1)：89-94.

[103] 刘丽军，肖建新，林畅松，等．江汉盆地江陵凹陷沙市组层序地层与沉积体系分析[J]．石油勘探与开发，2003(2)：27-29.

[104] 刘庆生，徐文凯，丁少飞，等．某些油气田地表土壤的磁性与烃运移相互关系研究[J]．地球物理学报，1996(6)：804-812.

[105] 刘琼，何生，陈振林，等．江汉盆地西南缘白垩系渔洋组砂岩储集层成岩作用和孔隙演化[J]．矿物岩石，2007(2)：78-85.

[106] 刘琼，何生．江汉盆地西南缘油气运移及其成藏模式[J]．石油实验地质，2007(5)：466-471.

[107] 刘琼，何生．江汉盆地西南缘原油中含硫化合物的分布特征及其地球化学意义[J]．地质科技情报，2008(2)：56-62.

[108] 刘锁旺，甘家思，李蓉川，等．江汉洞庭盆地的非对称扩张与潜在地震危险性[J]．地壳形变与地震，1994(2)：56-66.

[109] 刘文汇．过渡带天然气地球化学特征[J]．地球化学，1995(4)：368-378.

[110] 刘晓峰，沈传波，王家豪．中扬子地块宜昌斜坡白垩系陆内挤压盆地的断坳结构[J]．地球科学，2021，46(5)：1677-1691.

[111] 刘晓艳，卢双舫，吴伟，等．岩石中轻质烃的检测及其应用[J]．岩矿测试，2002(1)：59-62.

[112] 刘心蕊，吴世强，陈凤玲，等．江汉盆地潜江凹陷潜江组盐间页岩油储层特征研究——以潜3~4-10韵律为例[J]．石油实验地质，2021，43(2)：268-275.

[113] 刘亚伟，张士万，刘涛，等．深层天然卤水特征及成因探讨——以江陵凹陷深层天然卤水研究为例[J]．矿床地质，2013，32(6)：1291-1299.

[114] 刘引迪，李长安，袁胜元．江汉盆地周老孔0~108m沉积物的稀土元素特征及其物源判别[J]．地质科技情报，2011，30(1)：47-50.

[115] 刘云生，罗劲，黄华，等．江汉盆地江陵凹陷南部斜坡带新沟嘴组下段滩坝成因及控制因素[J]．中国石油勘探，2016，21(3)：92-98.

[116] 刘云生，罗劲，李铭华，等．江汉盆地潜江凹陷潭口地区构造模式及勘探潜力[J]．中国石油勘探，2017，22(4)：84-89.

[117] 刘云生，王延斌．江汉盆地的构造-地质结构样式分析[J]．石油天然气学报，2008(1)：161-165.

[118] 刘云生，杨振武，陈红，等．东秦岭大别造山带南缘隐伏前锋构造与盆地成生关系[J]．江汉石油学院学报，2004(3)：21-24.

[119] 刘章勇，雷慰慈，陈阜．江汉平原涝渍生态环境的演替及其驱动力分析[J]．科技进步与对策，2004(8)：158-160.

[120] 刘中戎，王雪玲．江汉盆地西南缘隐蔽圈闭形成特征及油气勘探意义[J]．石油天然气学报，2009，31(4)：176-179.

[121] 龙玉梅，陈曼霏，陈凤玲，等．潜江凹陷潜江组盐间页岩油储层发育特征及影响因素[J]．油气地质与采收率，2019，26(1)：59-64.

[122] 龙玉梅，柳益群．潜江凹陷下第三系黏土矿物特征及控制因素[J]．西北大学学报(自然科学版)，2003(1)：79-82.

[123] 卢鸿，史权，马庆林，等．傅里叶变换离子回旋共振质谱对中国高硫原油的分子组成表征[J]．中国科学：地球科学，2014，44(1)：122-131.

[124] 卢明国，陈凤玲，刘俊．江汉盐湖盆地沉积特征[J]．中国矿业，2007(4)：102-104.

[125] 卢明国，童小兰，王必金，等．江汉盆地古潜山烃源条件探讨[J]．新疆石油地质，2005(4)：386-388.

[126] 卢明国，童小兰，王必金．江汉盆地江陵凹陷油气成藏期分析[J]．石油实验地质，2004(1)：28-30.

[127] 卢明国，童小兰．江汉盆地新沟嘴组砂岩孔隙结构与产油潜力[J]．大庆石油地质与开发，2007(4)：31-34.

[128] 卢明国，吴朝东，江继刚．江汉盆地气藏特征及成因[J]．天然气工业，2008(8)：12-14.

[129] 卢圣力，赵江，王秋良．江汉盆地典型二级构造带特征分析[J]．大地测量与地球动力学，2019，39(3)：226-230.

[130] 罗劲，李铭华，郭丽彬，等．盐湖盆地复杂岩性区储层预测方法研究——以江汉盆地潜江凹陷为例[J]．石油实验地质，2016，38(2)：273-277.

[131] 罗开平，邱歧，叶建中．江汉盆地江陵凹陷油气富集规律与勘探方向[J]．石油实验地质，2013，35(2)：127-132.

[132] 罗明霞，陈波，夏永涛，等．江汉盆地谢凤桥油田地球化学特征及其勘探意义[J]．石油实验地质，2008(5)：508-511.

[133] 罗锐，张道勇，王超，等．江汉盆地南部监利地区浅层生物气的发现及成因[J]．天然气地球科学，2019，30(11)：1600-1607.

[134] 罗松，姚华建，李秋生，等．长江中下游成矿带高分辨地壳三维横波速度结构及其形成的深部动力学背景[J]．中国科学：地球科学，2019，49(9)：1394-1412.

[135] 罗雨田，倪师军，李素娥．江汉盆地T油田的裂缝特征研究[J]．天然气工业，1993(6)：18-22.

[136] 马安来，李贤庆，包建平，等．低熟烃源岩可溶有机质的荧光特性研究[J]．江汉石油学院学报，2001(4)：11-14.

[137] 马安来，李贤庆，包建平，等．江汉盆地下第三系烃源岩生烃组分剖析[J]．江汉石油学院学报，1999(2)：25-28.

[138] 马黎春，黄华，张连元，等．湖北潜江凹陷古近系深层富钾卤水矿床特征及成因[J]．地质学报，2015，89(11)：2114-2121.

[139] 马晓潇，黎茂稳，蒋启贵，等．陆相页岩含油性的化学动力学定量评价方法[J]．油气地质与采收率，2019，26(1)：137-152.

[140] 马晓潇，黎茂稳，刘鹏，等．江汉盆地盐间页岩中芳基类异戊间二烯烷烃特征及对页岩油勘探的意义[J]．石油实验地质，2020，42(4)：575-585.

[141] 梅廉夫，徐思煌，李春梅，等．江汉盆地王场地区泥岩储层裂缝演化及其模拟[J]．地球科学，1995(3)：256-263.

[142] 梅廉夫，徐思煌，倪昌祥，等．江汉盆地王场地区裂缝作用与烃类运移[J]．科学通报，1994(14)：1312-1315.

[143] 穆延宗，乜贞，卜令忠，等．我国油(气)田水钾资源研究进展[J]．地球科学进展，2016，31(2)：147-160.

[144] 倪师军，罗雨田，刘丽华，等．江汉盆地 T 油田新沟嘴组成岩流体及流体/矿物反应热力学[J]．地球化学，1993(4)：347-355.

[145] 牛新生，黄华，郑绵平．江汉盆地潜江凹陷地下卤水地球化学特征和分布规律[J]．地学前缘，2021，28(6)：56-65.

[146] 潘仁芳，陈波，郭甲世．江汉盆地广北油田潜 3^4 油藏特征描述[J]．江汉石油学院学报，1996(3)：1-6.

[147] 潘银华，黎茂稳，孙永革，等．江汉盆地潜江凹陷盐间云质页岩热压生排烃模拟实验研究[J]．石油实验地质，2018，40(4)：551-558.

[148] 彭平安，盛国英，傅家谟，等．高硫未成熟原油非干酪根成因的证据[J]．科学通报，1998(6)：636-638.

[149] 彭平安，盛国英，傅家谟，等．盐湖沉积环境未成熟油的成因与碳酸盐沉积阶段沉积的有机质有关[J]．科学通报，2000(S1)：2689-2694.

[150] 彭头平，王岳军，范蔚茗，等．江汉盆地早第三纪玄武质岩石～(39)Ar/～(40)Ar 年代学和地球化学特征及其成因意义[J]．岩石学报，2006(6)：1617-1626.

[151] 彭伟，黄华，杜学斌，等．基于多元统计方法的油气成藏关键因素筛选与分析——以江陵凹陷新沟嘴组岩性油藏为例[J]．石油实验地质，2019，41(2)：295-302.

[152] 皮建高，张国梁，梁杏，等．洞庭盆地第四纪沉积环境演变的初步分析[J]．地质科技情报，2001(2)：6-10.

[153] 蒲秀刚，韩德馨，许怀先，等．盐间非砂岩低渗透油藏中原油运移动力学分析[J]．地质地球化学，2002(3)：53-58.

[154] 钱门辉，蒋启贵，黎茂稳，等．泥页岩三维定量荧光分析技术与应用[J]．石油实验地质，2020，42(2)：311-318.

[155] 乔彦波，单业华，田野，等．鄂西白垩纪远安盆地的变形带构造[J]．地质科学，2011，46(1)：181-193.

[156] 乔彦波，单业华，田野，等．鄂西远安白垩纪盆地的宏观构造变形机制[J]．大地构造与成矿学，2012，36(1)：44-55.

[157] 邱登峰，李双建，袁玉松，等．中上扬子地区地史模拟及其油气地质意义[J]．油气地质与采收

率，2015，22(4)：6-13.

[158] 邱耿彪，李义连，张森琦，等．江汉盆地新沟油田二氧化碳地质储存的数值模拟研究[J]．安全与环境工程，2013，20(2)：59-63.

[159] 裘松余，卢兵力．我国东部晚白垩世和早第三纪海侵与油气关系[J]．地质论评，1994(3)：229-236.

[160] 闰春德，俞惠隆，余芳权，等．江汉盆地火山岩气孔发育规律及其储集性能[J]．江汉石油学院学报，1996(2)：1-6.

[161] 沈传波，梅廉夫，刘昭茜，等．黄陵隆起中-新生代隆升作用的裂变径迹证据[J]．矿物岩石，2009，29(2)：54-60.

[162] 沈均均，陈波，王春连，等．江汉盆地江陵凹陷古近系新沟嘴组含膏盐岩系沉积特征及控制因素[J]．古地理学报，2015，17(2)：265-274.

[163] 沈均均，陶国亮，陈孔全，等．江汉盆地潜江凹陷古近系盐间页岩层系湖相白云岩储层发育特征及形成机理[J]．石油与天然气地质，2021，42(6)：1401-1413.

[164] 沈立建，刘成林，徐海明，等．江陵凹陷古新统盐类矿物沉积特征及其成钾指示意义[J]．矿床地质，2014，33(5)：1020-1030.

[165] 沈云琦，金之钧，苏建政，等．中国陆相页岩油储层水平渗透率与垂直渗透率特征——以渤海湾盆地济阳坳陷和江汉盆地潜江凹陷为例[J]．石油与天然气地质，2022，43(2)：378-389.

[166] 盛秋红，肖兰雄．频谱成像技术在采穴构造储层预测中的应用[J]．石油与天然气地质，2008(1)：141-145.

[167] 施小斌，石红才，杨小秋，等．江汉盆地当阳向斜区主要不整合面剥蚀厚度的中低温热年代学约束[J]．地质学报，2013，87(8)：1076-1088.

[168] 石红才，施小斌．中、上扬子白垩纪以来的剥蚀过程及构造意义——低温年代学数据约束[J]．地球物理学报，2014，57(8)：2608-2619.

[169] 宋换新，陈波，沈均均，等．江汉盆地潜江凹陷致密油藏特征及成因[J]．新疆石油地质，2015，36(2)：174-179.

[170] 苏建超，李长安，吴中海，等．江汉盆地周缘主要河流沉积物碎屑磷灰石的微量元素特征及其物源判别指标分析[J]．地球学报，2021，42(5)：641-650.

[171] 孙中良，王芙蓉，韩元佳，等．江汉盆地潜江凹陷古近系潜江组盐间可动页岩油赋存空间多尺度表征[J]．石油实验地质，2020，42(4)：586-595.

[172] 孙中良，王芙蓉，韩元佳，等．潜江凹陷盐间页岩油储层孔隙结构分形表征与评价[J]．地质科技通报，2022，41(4)：125-137.

[173] 孙中良，王芙蓉，何生，等．潜江凹陷古近系盐间典型韵律层页岩孔隙结构[J]．深圳大学学报(理工版)，2019，36(3)：289-297.

[174] 覃建雄，刘岫峰，李余生，等．江汉盆地海相地层油气勘探前景的包裹体证据[J]．地球学报，1999(1)：55-62.

[175] 唐文旭，王永军，曹卫生．江汉盆地白垩系油气成藏条件与勘探策略[J]．石油天然气学报，2007(3)：182-184.

[176] 陶国亮，刘鹏，钱门辉，等．潜江凹陷潜江组盐间页岩含油性及其勘探意义[J]．中国矿业大学学报，2019，48(6)：1256-1265.

[177] 滕晓华，王春连，沈立建，等．江汉盆地SKD1深钻记录的古新世-始新世极热事件时期的古气候[J]．地球学报，2022，43(1)：65-72.

[178] 田蜜，施炜，李建华，等．江汉盆地西北部断陷带构造变形分析与古应力场演化序列[J]．地质学报，2010，84(2)：159-170.

[179] 童国榜，贾秀梅，郑绵平，等．江汉盆地始新世中、晚期气候变化周期性的孢粉学证据[J]．地球学报，2002(2)：159-164.

[180] 童国榜，刘志明，郑绵平，等．江汉盆地始新世中、晚期古气候定量重建初探[J]．地球科学，2002(4)：446-452.

[181] 童国榜，郑绵平，袁鹤然，等．江汉盆地始新世中、晚期孢粉组合特征及其环境意义[J]．地球学报，2001(1)：73-78.

[182] 童小兰，卢明国，张建华．江汉断陷盆地潜山油气成藏模式探讨[J]．油气地质与采收率，2006(4)：48-51.

[183] 汪仕忠，康新荣．江汉盆地及中扬子海相油气勘探论文集[M]．北京：石油工业出版社，2002.

[184] 王必金，林畅松，陈莹，等．江汉盆地幕式构造运动及其演化特征[J]．石油地球物理勘探，2006(2)：226-230.

[185] 王必金，曾芳，刘启凤，等．江汉盆地古潜山勘探前景展望[J]．江汉石油学院学报，2002(4)：13-15.

[186] 王春连，黄华，王九一，等．江陵凹陷富钾锂卤水矿田地质特征及成藏模式研究[J]．地质学报，2018，92(8)：1630-1646.

[187] 王春连，刘成林，胡海兵，等．江汉盆地江陵凹陷南缘古新统沙市组四段含盐岩系沉积特征及其沉积环境意义[J]．古地理学报，2012，14(2)：165-175.

[188] 王春连，刘成林，徐海明，等．湖北江陵凹陷古新统沙市组四段硫酸盐硫同位素组成及其地质意义[J]．吉林大学学报(地球科学版)，2013，43(3)：691-703.

[189] 王春连，刘成林，徐海明，等．江陵凹陷沙市组上段石盐包裹体特征及其记录的古气候信息[J]．矿床地质，2012，31(S1)：483-484.

[190] 王春连，孟令阳，刘成林，等．江陵凹陷古新世地下卤水型硼矿成因研究[J]．岩石矿物学杂志，2021，40(1)：1-13.

[191] 王德良，梅廉夫，刘云生，等．伸展型复合盆山体系下江汉盆地中、新生代幕式沉降与迁移[J]．地球科学，2018，43(11)：4180-4192.

[192] 王芙蓉，何生，郑有恒，等．江汉盆地潜江凹陷潜江组盐间页岩油储层矿物组成与脆性特征研究[J]．石油实验地质，2016，38(2)：211-218.

[193] 王国力，张永生，杨玉卿，等．江汉盆地潜江凹陷古近系潜江组盐间非砂岩储层评价[J]．石油实验地质，2004(5)：462-468.

[194] 王柯，叶加仁，郭飞飞，等．潜江凹陷蚌湖向斜带烃源岩特征及生排烃史[J]．地质科技情报，2011，30(5)：83-88.

[195] 王林生，韩定坤．中扬子区地质特征与含油气性[J]．石油与天然气地质，1996(1)：53-57.
[196] 王培荣，张大江，肖廷荣，等．江汉盆地原油轻烃的地球化学特征[J]．石油勘探与开发，2005(3)：45-47.
[197] 王平，刘少峰，郑洪波，等．扬子北缘晚造山阶段弧形构造特征与盆地演化[J]．古地理学报，2013，15(6)：819-838.
[198] 王平，郑洪波，刘少峰．长江中游反向过程——来自四川盆地东部的构造地貌指示[J]．第四纪研究，2013，33(4)：631-644.
[199] 王庆胜，汤达祯，彭美霞，等．江汉盆地盐间非砂岩储层测井响应特征与识别[J]．石油天然气学报，2010，32(2)：73-77.
[200] 王瑞，姜宝玉．中国晚白垩世古水系展布及其对鸭嘴龙类分布的影响[J]．古地理学报，2021，23(3)：581-599.
[201] 王韶华，胡晓凤，林娟华，等．江汉盆地南部上古生界海相烃源岩生烃史与晚期生烃潜力[J]．天然气地球科学，2009，20(2)：222-227.
[202] 王韶华，罗开平，刘光祥．江汉盆地周缘中、新生代构造隆升裂变径迹记录[J]．石油与天然气地质，2009，30(3)：255-259.
[203] 王韶华，聂惠，马胜钟，等．江汉盆地潜江凹陷古近系潜江组盐间页岩油资源评价与甜点区预测[J]．石油实验地质，2022，44(1)：94-101.
[204] 王梳桐，赵云良，陈立才，等．预浓缩强化江汉盆地卤水吸附提锂的研究[J]．矿冶工程，2023，43(1)：105-109.
[205] 王天琦，施泽进，刘全新．江汉油田储层地震反演结果解释中的几个关键问题[J]．地质科技情报，2003(3)：61-66.
[206] 王雪玲，刘中戎．江汉盆地西南缘油气运移和成藏期次[J]．石油实验地质，2006(2)：142-146.
[207] 王云鹏，丁暄，何在成．江汉含油气盆地土壤光谱特征及烃类蚀变信息提取方案[J]．地球化学，1994(S1)：192-200.
[208] 王云鹏．江汉盆地烃类蚀变信息的遥感探测机理研究(摘要)[J]．地质地球化学，1993(5)：92-93.
[209] 王增银，姚长宏，周梓良．鄂西清江的形成与演化探讨[J]．地质科技情报，1999(3)：25-29.
[210] 王震，刁博．江汉盆地应城-监利剖面重震联合反演[J]．现代地质，2005(4)：603-607.
[211] 魏传义，刘春茹，李长安，等．宜昌砾石层石英 Ti-Li 心 ESR 年龄及其对三峡贯通时限的指示[J]．地震地质，2020，42(1)：65-78.
[212] 文志刚，林九皓，邹华耀．江汉盆地樊参 1 井二元脂肪酸的色谱质谱特征及地球化学意义初探[J]．江汉石油学院学报，1996(3)：25-28.
[213] 沃玉进，汪新伟．中、上扬子地区地质结构类型与海相层系油气保存意义[J]．石油与天然气地质，2009，30(2)：177-187.
[214] 沃玉进，周雁，肖开华．中国南方海相油气成藏条件地区差异性[J]．成都理工大学学报(自然科学版)，2007(5)：519-526.
[215] 吴世强，陈凤玲，姜在兴，等．江汉盆地潜江凹陷古近系潜江组白云岩成因[J]．石油与天然气地

质，2020，41(1)：201-208.

[216] 武晓玲，高波，叶欣，等．中国东部断陷盆地页岩油成藏条件与勘探潜力[J]．石油与天然气地质，2013，34(4)：455-462.

[217] 袭松余，卢兵力，陈永成．中国东部晚白垩世至早第三纪海侵[J]．海洋地质与第四纪地质，1994(1)：97-106.

[218] 肖传桃，姜衍文，朱忠德．江汉盆地早寒武世生态地层及生物古地理特征[J]．地质论评，1995(1)：82-91.

[219] 肖传桃，李维峰，胡明毅．江汉盆地早三叠世生态地层学及古地理特征[J]．沉积学报，1997(1)：86-92.

[220] 谢春安，胡明毅，贾秀容，等．江汉盆地马王庙地区古近系新沟嘴组下段沉积相及其演化[J]．古地理学报，2011，13(2)：209-220.

[221] 熊金玉，关平，韩定坤，等．江汉盆地白垩系储集层中硬石膏的成岩作用及其对油气分布的控制[J]．石油勘探与开发，2007(1)：39-42.

[222] 徐崇凯，刘池洋，郭佩，等．潜江凹陷古近系潜江组盐间泥岩地球化学特征及地质意义[J]．沉积学报，2018，36(3)：617-629.

[223] 徐二社，陶国亮，李志明，等．江汉盆地潜江凹陷盐间页岩油储层不同岩相微观储集特征——以古近系潜江组三段 4 亚段 10 韵律为例[J]．石油实验地质，2020，42(2)：193-201.

[224] 徐论勋，阎春德，俞惠隆，等．江汉盆地下第三系火山岩年代[J]．石油与天然气地质，1995(2)：132-137.

[225] 徐明，赵平，朱传庆，等．江汉盆地钻井地温测量和大地热流分布[J]．地质科学，2010，45(1)：317-323.

[226] 徐文明，蒋启贵，刘伟新，等．江汉盆地潜江凹陷盐间潜 3^4 油组储层微观结构特征及与物性的关系[J]．石油实验地质，2020，42(4)：565-574.

[227] 徐亚东，梁银平，江尚松，等．中国东部新生代沉积盆地演化[J]．地球科学(中国地质大学学报)，2014，39(8)：1079-1098.

[228] 徐政语，卢文忠，林舸，等．秦岭-大别造山带与江南造山带的差异隆升过程：来自江汉盆地中新生代沉积记录的证据[J]．地质科学，2005(2)：179-197.

[229] 薛燕，王春连，刘殿鹤，等．江汉盆地潜江凹陷王场地区深层卤水水化学特征及成因研究[J]．地球学报，2022，43(3)：347-358.

[230] 严金泉，陈学辉．江汉盆地石炭系下三叠统储集层控制因素及发育特征研究[J]．石油天然气学报(江汉石油学院学报)，2005(4)：11-14.

[231] 严金泉，胡晓凤．江汉盆地下三叠统-石炭系水文地质条件及对油气保存条件的影响[J]．石油天然气学报(江汉石油学院学报)，2006(2)：42-44.

[232] 颜开，刘成林，王九一，等．江陵凹陷南缘盐井-申津渡凹地始新统硫同位素特征及古气候和物质来源探讨[J]．地质学报，2018，92(8)：1647-1660.

[233] 杨斌，姚小明，聂光华．江汉油区开发形势分析及对策[J]．石油天然气学报，2008(3)：435-436.

[234] 杨长清，陈孔全．喜马拉雅运动对江陵凹陷油气成藏的影响[J]．石油实验地质，2004(2)：176-179.

[235] 杨攀新，高战武，张俊．江汉盆地构造模式和演化及其与中强地震关系研究[J]．地震，2009，29(4)：123-130.

[236] 杨青雄，田望学，李启文，等．江汉盆地新构造运动对第四纪沉积环境演化的制约[J]．地质力学学报，2016，22(3)：631-641.

[237] 杨欣，李双应．定量恢复大别造山带侏罗—白垩纪的隆升和剥蚀[J]．地质科学，2011，46(2)：308-321.

[238] 杨占龙，陈启林，郭精义，等．流体势分析技术在岩性油气藏勘探中的应用[J]．石油实验地质，2007(6)：623-627.

[239] 杨占龙，沙雪梅，李在光．含油气检测技术及其在岩性圈闭油气藏勘探中的应用[J]．天然气地球科学，2010，21(5)：822-827.

[240] 姚凤英，张昌民．相控储层建模在潜北东区滚动勘探中的应用[J]．石油天然气学报(江汉石油学院学报)，2006(3)：38-39.

[241] 叶舟，支家生，梁兴，等．江汉盆地前白垩系油气勘探前景展望[J]．天然气工业，2005(2)：14-19.

[242] 易积正．江汉盆地古近系新沟嘴组下段沉积相发育特征[J]．石油天然气学报，2011，33(6)：6-10.

[243] 易晶晶，陈科霏．江汉盆地潜江凹陷盐湖浅水三角洲沉积特征与发育模式[J]．西北地质，2021，54(4)：199-210.

[244] 余武，沈传波，杨超群．秭归盆地中新生代构造-热演化的裂变径迹约束[J]．地学前缘，2017，24(3)：116-126.

[245] 余小灿，刘成林，王春连，等．中扬子地区江汉盆地古新统沙市组物源——来自碎屑锆石 U-Pb 年代学及地球化学证据[J]．矿床地质，2016，35(6)：1169-1189.

[246] 余小灿，王春连，黄华，等．湖北潜江凹陷古近系深层富钾卤水成因及演化[J]．地球科学，2022，47(1)：122-135.

[247] 余小灿，王春连，刘成林，等．江陵凹陷古新统沉积岩稀土元素地球化学特征及其地质意义[J]．矿床地质，2014，33(5)：1057-1068.

[248] 袁胜元，李长安，邵磊．江汉盆地 ZL 钻孔微量元素含量的粒度效应与环境意义[J]．沉积学报，2012，30(2)：366-374.

[249] 袁胜元，李长安，张玉芬，等．江汉盆地沉积物微量元素特征与长江上游水系拓展[J]．中国地质，2012，39(4)：1042-1048.

[250] 袁胜元，李长安．基于因子分析的江汉盆地第四纪沉积物源讨论[J]．现代地质，2014，28(5)：980-985.

[251] 袁胜元，闫慧，李长安．基于 Fisher 算法的江汉盆地钻孔岩心沉积阶段划分及其意义[J]．海洋湖沼通报，2013(2)：105-110.

[252] 袁玉松，孙冬胜，周雁，等．中上扬子地区印支期以来抬升剥蚀时限的确定[J]．地球物理学报，

2010，53(2)：362-369.

[253] 袁玉松，朱传庆，胡圣标．江汉盆地热流史、沉积构造演化与热事件[J]. 地球物理学进展，2007(3)：934-939.

[254] 袁志华，赵青，张玉清，等．微生物异常探索江汉盆地江陵凹陷万城断裂带北部油气富集规律及有利区[J]. 地质论评，2021，67(5)：1533-1543.

[255] 曾宏斌，王芙蓉，罗京，等．基于低温氮气吸附和高压压汞表征潜江凹陷盐间页岩油储层孔隙结构特征[J]. 地质科技通报，2021，40(5)：242-252.

[256] 曾琴琴，张恒磊，刘天佑，等．华南燕山、印支与加里东构造面及其对油气影响的地球物理研究[J]. 地质科技情报，2009，28(4)：96-100.

[257] 曾星航，祁尚义，许国庆，等．带压渗吸核磁共振实验研究——以江汉盆地潜江凹陷潜江组泥质白云岩为例[J]. 油气地质与采收率，2023，30(1)：122-128.

[258] 詹冶萍，杨香华，潘知峰，等．江汉盆地潜江凹陷潜三段古地貌与砂体成因分析[J]. 古地理学报，2009，11(4)：405-412.

[259] 张德厚．江汉盆地新构造与第四纪环境变迁[J]. 地壳形变与地震，1994(1)：74-80.

[260] 张华，张刚雄，周建军，等．平原海相低信噪比地震资料处理方法探讨[J]. 江汉石油学院学报，2003(4)：51-52.

[261] 张鹏飞，卢双舫，李文浩，等．江汉盆地新沟嘴组页岩油储层物性下限[J]. 石油与天然气地质，2016，37(1)：93-100.

[262] 张师本，高琴琴，刘椿，等．江汉盆地西北缘下第三系古地磁特征及底界[J]. 石油学报，1992(2)：121-126.

[263] 张士万．江汉盆地白垩系成藏模式及特征[J]. 石油天然气学报，2008(2)：62-66.

[264] 张文涛，关平，熊金玉．成岩作用的热力学分析及应用实例[J]. 自然科学进展，2007(9)：1209-1215.

[265] 张鑫，梁杏，孙立群，等．基于 Fisher 判别准则的河湖相判别模型的构建：以江汉盆地汉江上游段为例[J]. 地球科学，2020，45(11)：4254-4266.

[266] 张洋，陈孝康，林旭，等．江汉盆地新生代早期河流演化研究：来自地表河流和盆地钻孔碎屑锆石 U-Pb 年龄的约束[J]. 地质科技通报，2023，42(6)：106-117.

[267] 张义纲．评《中国石油天然气的勘查与发现》[J]. 石油实验地质，1993(3)：317-319.

[268] 张正军．江汉盆地潜江凹陷东南部油气成藏条件与主控因素研究[J]. 石油天然气学报，2009，31(4)：200-203.

[269] 张枝焕，杨藩，李东明，等．中国新生界咸水湖相烃源岩和原油生物标志物组合特征[J]. 沉积学报，1998(3)：119-123.

[270] 赵长煜，宋海斌，钱荣毅，等．叠合盆地构造热演化模拟方法研究——以江汉盆地为例[J]. 地球物理学报，2010，53(1)：128-137.

[271] 赵海涛，陈波，刘艳．江汉盆地沙市组蒸发岩沉积充填与成藏特征[J]. 西南石油大学学报(自然科学版)，2010，32(2)：25-30.

[272] 赵阳，刘震．中国东部陆相断陷盆地圈闭勘探特点分析[J]. 天然气地球科学，2010，21(2)：

276-280.
[273] 赵宗举，朱琰，王根海，等．叠合盆地油气系统研究方法——以中国南方中、古生界为例[J]．石油学报，2002(1)：11-18.
[274] 赵宗举，朱琰，徐云俊．中国南方古生界-中生界油气藏成藏规律及勘探方向[J]．地质学报，2004(5)：710-720.
[275] 郑洪波，王平，何梦颖，等．长江东流水系建立的时限及其构造地貌意义[J]．第四纪研究，2013，33(4)：621-630.
[276] 郑洪波，魏晓椿，王平，等．长江的前世今生[J]．中国科学：地球科学，2017，47(4)：385-393.
[277] 郑天发，傅宜兴．江汉盆地反转构造类型及分布特征[J]．石油勘探与开发，1997(6)：36-38.
[278] 郑艳，陈胜礼，张炜，等．江汉盆地江陵凹陷二氧化碳地质封存数值模拟[J]．地质科技情报，2009，28(4)：75-82.
[279] 郑有恒．江汉盆地潜江凹陷潜江组岩性油藏勘探方向及对策[J]．石油实验地质，2010，32(4)：330-333.
[280] 郑有伟，付德亮，田兵，等．潜江凹陷盐湖相页岩矿物组成与稀土元素地球化学特征及地质意义[J]．海相油气地质，2021，26(2)：150-158.
[281] 钟洪洋，张道勇，肖明国，等．洞庭盆地第四系极浅层天然气成因类型及地质意义[J]．天然气地球科学，2019，30(3)：361-369.
[282] 周旻玥，李维，田野，等．江汉盆地新沟嘴组非常规油藏成油潜力分析[J]．矿物学报，2013，33(S2)：83-84.
[283] 周雁，文可东．板内造陆变形及其后期转化的油气地质意义[J]．地质科技情报，1996，15(1)：67-70.
[284] 周芝旭，龙国富，龚晨，等．洪湖及周缘地区重磁场特征与地质构造研究[J]．地质科技情报，2014，33(3)：185-190.
[285] 周卓明，邓铭哲．江汉盆地西北部构造变形特征与油气勘探[J]．成都理工大学学报(自然科学版)，2023，50(1)：1-14.
[286] 周总瑛．统计法在石油资源定量评价中的应用——以江汉盆地潜江凹陷为例[J]．石油实验地质，2007(2)：207-211.
[287] 朱定伟，丁文龙，邓礼华，等．中扬子地区泥页岩发育特征与页岩气形成条件分析[J]．特种油气藏，2012，19(1)：34-37.
[288] 朱玲，朱伟，刘靖，等．江汉盆地西南缘圈闭的灰色关联评价[J]．石油与天然气地质，2001(2)：182-184.
[289] 朱锐，张昌民，龚福华，等．粒度资料的沉积动力学在沉积环境分析中的应用：以江汉盆地西北缘上白垩统红花套组沉积为例[J]．高校地质学报，2010，16(3)：358-364.